T0224757

Sportgeographie

Paul Gans · Michael Horn · Christian Zemann
Hrsg.

Sportgeographie

Ökologische, ökonomische und soziale Perspektiven

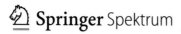

Hrsg.
Paul Gans
Lehrstuhl für Wirtschaftsgeographie
Universität Mannheim
Mannheim, Deutschland

Michael Horn
Geographie
Rheinland-Pfälzische Technische
Universität Kaiserslautern Landau
Landau in der Pfalz, Deutschland

Christian Zemann
Nürnberg, Deutschland

ISBN 978-3-662-66633-3   ISBN 978-3-662-66634-0   (eBook)
https://doi.org/10.1007/978-3-662-66634-0

Die Deutsche Nationalbibliothek verzeichnet diese Publikation in der Deutschen Nationalbibliografie;
detaillierte bibliografische Daten sind im Internet über https://portal.dnb.de abrufbar.

Einbandabbildung: © Sergey Nivens / stock.adobe.com

Planung/Lektorat: Simon Shah-Rohlfs
Springer Spektrum ist ein Imprint der eingetragenen Gesellschaft Springer-Verlag GmbH, DE und ist ein
Teil von Springer Nature.
Die Anschrift der Gesellschaft ist: Heidelberger Platz 3, 14197 Berlin, Germany

Vorwort

Sport hat sich in den vergangenen Jahrzehnten zu einem Massenphänomen in unserer Gesellschaft entwickelt. Zeitgleich vollzog sich ein Wandel im Sport. Es entstanden und entstehen neue Formen sportlicher Aktivitäten, bestehende differenzieren sich aus: Stadtmarathon, Triathlon, Jogging im Wald, Nordic Walking oder Slacklinen in städtischen Parks, Skateboarden auf selbst gebauten Anlagen, Freerunning, Buildering, Bike-Polo, Rafting oder Mountainbiking. Die Beispiele veranschaulichen: Sport bedingt körperliche Bewegung, und Sport braucht Raum. Sie machen zudem deutlich, dass sich im Sport ein Wandel von den traditionell eher leistungsorientierten und von Vereinen organisierten Sportarten hin zu individuell inszenierten, trendigen Sportformen vollzieht. Zugleich verliert für Sporttreibende die Wettkampforientierung an Bedeutung, während – eingebettet in den von Individualisierung und Lifestyle geprägten gesellschaftlichen Wandel – Selbstinszenierung und Selbstdarstellung, aber auch körperliche Fitness oder Gesundheitsprävention an Relevanz gewinnen. Regeln spielen bei Sportformen eine untergeordnete Rolle, und die Mitgliedschaft in einem Verein ist für die Sportausübung nicht erforderlich. Daher findet sie üblicherweise nicht in normierten Sportstätten, wie Sporthallen, Stadien oder Sportanlagen, statt, sondern an den unterschiedlichsten Orten, wie in Städten, im Gebirge, auf Meeren und Seen oder entlang von Flüssen. Der Wandel im Sport führt zu neuen Raumansprüchen, denn neue Bedürfnisse zur Sportausübung verändern nicht nur die Nachfrage nach sportlichen Aktivitäten, sondern auch das Angebot, um der gewünschten Sportform nachzugehen – ein Angebot, das in den vorhandenen Sportstätten nur bedingt bereitgestellt werden kann. Der Wandel spiegelt sich deshalb auch in der Erschließung neuer Räume für den Sport mit neuen Formen der Raumaneignung und unterschiedlicher Raumwirksamkeit auf bisher vom Sport wenig genutzten Flächen.

Neben dem aktiven Sporttreiben ist der passive Konsum von Sport, das Verfolgen von sportlichem Geschehen unmittelbar im Stadion oder mittelbar über die Medien, ein bedeutsames Phänomen mit vielfältigen Wirkungen. Das Interesse von Städten und Regionen an der Ausrichtung sportlicher Großereignisse beruht auf positiven regionalwirksamen Effekten. Attraktive Veranstaltungen im Sportbereich und damit einhergehende Steigerungen des Freizeitwerts können „weiche" Standortfaktoren erheblich verbessern.

Sportliche Aktivitäten sind mit Eingriffen in die Umwelt verbunden. Ökologische Folgen zeigen sich, wenn für Großveranstaltungen, die Zehntausende Menschen anziehen, neue Infrastrukturen geschaffen werden. Welche Konsequenzen hat der alpine Skibetrieb wegen der künstlichen Beschneiung für den Flächen- und Wasserverbrauch? Welche Konflikte bestehen zwischen Natursport und Naturschutz? Aus ökonomischer Perspektive sind u. a. die Wirkungen von Sport auf Einkommen und Arbeitsmarkt relevant. Durch Sportgroßveranstaltungen beispielsweise entstehen neue Arbeitsplätze in unterschiedlichen Branchen, Investitionsentscheidungen werden getroffen, Steuern gezahlt und öffentliche Förderung für städtebauliche Erneuerung oder zum Erreichen von Klimazielen gewährt. Die soziale Relevanz des Sports liegt u. a. in seinem positiven Einfluss auf die Gesundheit der Sporttreibenden. Auch sein Beitrag zur Integration von Menschen mit Migrationshintergrund oder

Beeinträchtigung ist nicht zu unterschätzen, denn die Kommunikation bei Sport in der Gemeinschaft wird von akzeptierten Regeln bestimmt, während z. B. unterschiedliche Sprachkenntnisse eine geringe Relevanz innehaben. Inwiefern trägt Sport zum Empowerment, zur Verbesserung der sozialen Position von Frauen in der Gesellschaft, bei? Finden Menschen, die in benachteiligten städtischen Quartieren wohnen, angemessene Möglichkeiten für Spiel, Sport und Bewegung als Beitrag zur Gesundheitsvorsorge? Sportveranstaltungen und Sportvereine können zudem sozial wirken, indem sie das Zusammengehörigkeitsgefühl der Bewohnerinnen und Bewohner des Austragungsorts stärken.

Der Wandel im Sport führt zu neuen raumbezogenen Ansprüchen durch sportliche Aktivitäten mit vielfältigen Wirkungen auf Ökologie, Ökonomie und Gesellschaft eines Raums, mit denen sich die integrierte Sportentwicklung im Rahmen der Stadt- und Regionalplanung nicht zuletzt wegen der gewachsenen gesellschaftlichen Bedeutung des Sports befassen muss. Für die Sportgeographie kristallisieren sich fünf thematische Schwerpunkte heraus, an denen sich die inhaltliche Struktur des vorliegenden Bands orientiert: Raum, die drei Komponenten der Nachhaltigkeit, Ökologie, Ökonomie, Soziales bzw. Gesellschaft, und Planung.

Alleinstellungsmerkmal dieses Buchs ist, dass erstmals ein umfassender Überblick über die zahlreichen Formen des Sports mit seinen Wirkungen auf Umwelt, Wirtschaft und Gesellschaft gegeben wird. Die inhaltliche Breite wird von einer Vielfalt empirischer Forschungsmethoden in den Beiträgen ergänzt. Sie reichen von explorativ qualitativen Studien, mündlichen wie schriftlichen Befragungen, Online-Erhebungen, Auswertungen amtlicher Statistiken bis zur Anwendung von Input-Output-, Wirkungs- oder Sozialraumanalysen sowie mathematisch-statistischen Modellen. Basierend auf teils langjährigen, teils aktuellen Forschungen prägen die Autorinnen und Autoren aus unterschiedlichen Disziplinen die inhaltliche wie methodische Vielfalt. Als Lehrbuch bietet der Band einen linearen Einstieg und Überblick. Im Sinne eines Sammelbands kann jedes Kapitel für sich gelesen werden. Die Erkenntnisse sind von Interesse für Forschende und Studierende der Fächer Geographie, Sportwissenschaft, Sozialwissenschaft und Wirtschaftswissenschaften sowie der Raum-, Regional- und Stadtplanung.

Dass das Buch in dieser Form erscheinen konnte, ist vor allem den Kolleginnen und Kollegen zu verdanken, die sich mit ihren Beiträgen beteiligten. Dank gebührt auch den Kartografinnen und Kartografen verschiedener Geographischer Institute, besonders Frau Isolde Bauer (Rheinland-Pfälzische Universität in Landau, AG Geographiedidaktik), die alle Abbildungen einheitlich gestaltete. Unser Dank gilt auch dem Springer-Verlag, insbesondere Frau Carola Lerch und Herrn Simon Shah-Rohlfs, für die sehr gute Kooperation bei der Bandvorbereitung.

Paul Gans
Mannheim, Deutschland

Michael Horn
Landau in der Pfalz, Deutschland

Christian Zemann
Nürnberg, Deutschland

Inhaltsverzeichnis

II   Ökologie und Sport

III   Ökonomie und Sport

IV   Gesellschaft und Sport

V   Sport, Planung und Politik

Verzeichnis der Autorinnen und Autoren

Jenny Adler Zwahlen Dr. phil., ist wissenschaftliche Mitarbeiterin der Fachstelle Integration und Prävention am Bundesamt für Sport in Magglingen (Schweiz). Sie studierte Sportwissenschaft, Sozialanthropologie sowie Allgemeine Ökologie an der Universität Bern und promovierte zum Thema „Soziale Integration von Menschen mit Migrationshintergrund im organisierten Vereinssport". In Thüringen geboren, war sie aktive Biathletin bis 2008.

Gabriel Ahlfeldt Professor für Urban Economics and Land Development an der London School of Economics, ist zudem Dozent an der TU Berlin und unterrichtet dort das Fach Stadtökonomie im Masterstudiengang Real Estate Management. Gabriel Ahlfeldt ist Herausgeber der Fachzeitschrift *Regional Science and Urban Economics*. Er wird im aktuellen *Handelsblatt*-Ranking im Bereich Regionalökonomie als einer der forschungsstärksten Ökonomen im/aus dem deutschsprachigen Raum geführt.

Muriel Backmeyer studierte Bio-Geo-Wissenschaften an der Universität Koblenz (B. Sc. 2021). Derzeit ist sie Studentin der Psychologie an der Georg-August-Universität Göttingen. Ihre Interessensschwerpunkte liegen in den Bereichen raumkompetentes Umweltverhalten, interregionale Kooperation und Integration sowie nachhaltige Entwicklung.

Boris Braun ist Professor für Anthropogeographie mit Schwerpunkt Wirtschaftsgeographie an der Universität zu Köln. Seine Forschungsschwerpunkte umfassen Aspekte der regionalen und globalen Wirtschaftsentwicklung sowie die Anpassung an den Klima- und Umweltwandel, insbesondere im Globalen Süden. Immer wieder hat er aber auch zu Themen des Sports gearbeitet. Seit 2022 ist er der Vorsitzende des Verbands für Geographie an deutschsprachigen Hochschulen und Forschungseinrichtungen (VGDH).

Maike Cotterell Diplom-Volkswirtin und -Sportökonomin, begann ihre berufliche Laufbahn als wissenschaftliche Mitarbeiterin am Institut für Außenhandel und Wirtschaftsintegration der Universität Hamburg. Es folgte eine Zeit in der Geschäftsführung eines mittelständischen Familienbetriebs in Hamburg. Später war sie als Autorin, u. a. für das Hamburger WeltWirtschaftsInstitut (HWWI), und als Personal Trainerin tätig. Parallel dazu war sie im Amateur-Leistungssport aktiv. Heute arbeitet Maike Cotterell mit Jugendlichen an einer Berufsschule in der Ausbildungsvorbereitung.

Thomas Feldhoff Dipl.-Regionalwissenschaftler mit Schwerpunkt Ostasien/Japan, promovierte und habilitierte sich in Humangeographie an der Universität Duisburg-Essen. Seit 1996 ist er wissenschaftlich an Universitäten in Deutschland, Großbritannien und Japan tätig, seit 2016 als Professor für Humangeographie am Geographischen Institut der Ruhr-Universität Bochum mit Schwerpunkten in der Geographischen Energie-, Ressourcen- und Ostasienforschung.

Thomas Fickert Dr. rer. nat., studierte Geographie mit den Nebenfächern Geologie und Biologie an der Friedrich-Alexander-Universität Erlangen-Nürnberg. Nach seiner Promotion an derselben Universität zu einem vegetationskundlichen Thema war er wissenschaftlicher Mitarbeiter am Lehrstuhl für Physische Geographie der Universität Passau, wo er 2014 habilitierte. Seit 2021 ist er Referent in der Abteilung Naturschutz beim Landesverband Baden-Württemberg des Deutschen Alpenvereins e. V.

Paul Gans hatte bis Anfang 2017 den Lehrstuhl für Wirtschaftsgeographie in der Abteilung Volkswirtschaftslehre der Universität Mannheim inne. Seine Forschungen befassen sich mit Themen zu Bevölkerung und Stadt; sie erstrecken sich zudem auf die Wirkungen von Sport und Sportgroßveranstaltungen. Er war Mitglied zahlreicher außeruniversitärer Gremien, darunter im Senat und Evaluationsausschuss der Leibniz-Gemeinschaft, in Wissenschaftlichen Beiräten sowie Kuratorien von Forschungsinstituten und internationalen Zeitschriften. Mit den Herausgebern verbindet ihn eine lange Zusammenarbeit im Bereich der Sportgeographie.

Pierre-André Gericke Prof. Dr., lehrt seit 2017 Wirtschaftswissenschaften an der Hochschule des Bundes für öffentliche Verwaltung. Seine Interessengebiete sind die Arbeitsmarktanalyse sowie die Wirtschafts- und Sozialstatistik. Vor seiner Tätigkeit als Hochschullehrer war er bei der Bundesagentur für Arbeit im Bereich Statistik/Arbeitsmarktberichterstattung tätig und nahm Lehraufgaben an verschiedenen Universitäten und Hochschulen wahr.

Frauke Haensch studierte an der Universität zu Köln die Fächer Geographie und Englisch für das Gymnasial- und Gesamtschullehramt und schloss das Studium 2022 mit dem Master of Education ab. Ihre Studienschwerpunkte lagen in der Stadt- und Wirtschaftsgeographie. Von 2017 bis 2022 war sie als wissenschaftliche Hilfskraft am Lehrstuhl für Wirtschaftsgeographie tätig. Sie absolviert derzeit ihr Referendariat an einem Gymnasium in Stolberg.

Stephanie Haury arbeitet seit 2009 als Stadtforscherin für das Bundesinstitut für Bau-, Stadt- und Raumforschung (BBSR) in Bonn. Nachhaltige und informelle Ansätze in der Stadtentwicklung sowie Grün- und Freiräume stellen Schwerpunkte ihrer Forschung dar. Zum Thema „Jugendliche im Stadtquartier" forschte sie zu verschiedenen Fragestellungen im Rahmen von Projekten zum informellen Sport. Stephanie Haury studierte Architektur und Stadtplanung in Karlsruhe und Barcelona.

Michael Horn ist Geograph und Akademischer Direktor an der Rheinland-Pfälzischen Technischen Universität Kaiserslautern-Landau am Campus Landau. Er studierte an der Universität Mannheim und promovierte dort am Lehrstuhl für Wirtschaftsgeographie. Seine Arbeitsschwerpunkte liegen in den Bereichen Geographiedidaktik, Bevölkerungs-, Stadt- und Wirtschaftsgeographie. Mit den Herausgebern verbindet ihn eine lange Zusammenarbeit im Bereich der Sportgeographie.

Carmen de Jong ist seit 2015 Professorin für Hydrologie am LIVE, Fakultät für Geographie und Raumplanung der Universität Straßburg, Frankreich. Seit 2006 untersucht sie sowohl die Umweltauswirkungen von Kunstschnee und Skigebieten als auch die Wasserknappheit in den Alpen, den europäischen Mittelgebirgen und Gebirgen in China, Türkei und Sibirien. Weitere Forschungsschwerpunkte sind Dürren und Umweltprobleme im Rheingraben.

Robin Kähler Prof. Dr., ist Direktor a. D. des Sportzentrums der Christian-Albrechts-Universität zu Kiel. Er ist Sportwissenschaftler mit den Schwerpunkten Sportsoziologie, -ökonomie sowie -pädagogik. Er fungiert mit seiner Expertise für Sportstätten-, Sportraum- und Sportentwicklungsplanung in Städten und Gemeinden als Gutachter und Berater der Bundesregierung. Er ist Vorsitzender der Internationalen Vereinigung für Sportstätten und Freizeitanlagen, IAKS Deutschland.

Bernhard Köppen   Prof. Dr., studierte Geographie an den Universitäten in Erlangen, Bamberg und Grenoble. Nach dem Studium war er wissenschaftlicher Mitarbeiter an der TU Chemnitz, Juniorprofessor an der Universität Koblenz-Landau, Senior Researcher in Luxemburg/Esch-sur-Alzette und am Bundesinstitut für Bevölkerungsforschung in Wiesbaden. Seit 2017 hat er eine Professur für Humangeographie an der Universität Koblenz inne und beschäftigt sich mit Fragen zu Bevölkerungsgeographie, Regionalentwicklung sowie zu Grenzen und Grenzräumen.

Holger Kretschmer   ist Akademischer Rat am Geographischen Institut der Universität zu Köln. Nach einem Studium der Geographie an der Universität zu Köln und einer Promotion an der Deutschen Sporthochschule Köln forscht und lehrt er heute zu Themen der Stadtentwicklung, Digitalisierung und Sportentwicklung. Dabei stehen vor allem die Wechselwirkungen zwischen Digitalisierung und integrierter Stadtentwicklung im Fokus der Betrachtungen.

Jochen Laub   Dr., ist promovierter wissenschaftlicher Mitarbeiter der AG Geographiedidaktik der Rheinland-Pfälzischen Technischen Universität Kaiserslautern-Landau am Campus Landau. Seine Lehr- und Forschungsschwerpunkte umfassen Aspekte der Neuen Kulturgeographie und Geographiedidaktik. Dabei sind seine Schwerpunkte bildungstheoretische Grundfragen der Geographiedidaktik, ethisches Urteilen im Geographieunterricht und in der Bildung für nachhaltige Entwicklung. Als (Trail-)Marathonläufer nahm er an zahlreichen internationalen Läufen teil.

Wolfgang Maennig   ist Professor für Volkswirtschaftslehre am Fachbereich Volkswirtschaftslehre der Universität Hamburg. Er war u. a. Gastprofessor an der University of California Berkeley, am MIT und an der Universität Stellenbosch (Südafrika). Seine Forschungsarbeiten zur Stadt- und Sportökonomik wurden in den führenden internationalen wissenschaftlichen Zeitschriften veröffentlicht. Wolfgang Maennig ist Mitherausgeber u. a. des *International Handbook on the Economics of Mega Sporting Events* sowie des Buchs *Understanding German Real Estate Markets*. Er ist Olympiasieger im Achter (1988) und Träger des Olympischen Ordens und hat bei den deutschen Olympiabewerbungen Berlin 2000, Leipzig 2012 und München 2018 gutachterlich mitgearbeitet. Er ist Ehrenvorsitzender des Deutschen Ruderverbands.

Janine Maier   Dr., studierte B. A. Staatswissenschaften, M. A. Geographie mit den Fächern Kultur, Umwelt, Tourismus und promovierte in Geographie. Sie war als wissenschaftliche Mitarbeiterin am Lehrstuhl für Anthropogeographie (2011–2013) und an der Professur für Regionale Geographie (2013–2021) tätig. Seit 2020 ist sie Projektleiterin bei CENTOURIS (Projekte in den Bereichen Tourismus, Regional- und Stadtentwicklung) und Lehrbeauftragte in Geographie an der Universität Passau. Ihr Interesse für den Frauenfußball beruht auf ihrer Erfahrung als Spielerin (2. Frauen-Bundesliga) und Trainerin (A-Lizenz).

Christina Masch   ist seit 2014 wissenschaftliche Mitarbeiterin am Niederrhein Institut für Regional- und Strukturforschung (NIERS) an der Hochschule Niederrhein in Mönchengladbach. Zuvor schloss sie ihr Masterstudium in Business Management an der Hochschule Niederrhein ab. Ihre Forschungsschwerpunkte liegen in den regionalwirtschaftlichen Effekten von Sportvereinen, der Bedeutung von Standortfaktoren für Unternehmensentscheidungen sowie der Wahrnehmung von Hochschulen und Hochschulstandorten.

Sabine Müller   Dr., ist seit 2018 als Dozentin und Projektleiterin am Institut für Tourismus und Mobilität der Hochschule Luzern in der Schweiz tätig. Zu ihren Themengebieten gehören nachhaltige Tourismusentwicklung, Sporttourismus, Outdoorsport und Events. Sie leitet Beratungsprojekte zu verschiedenen touristischen Themen und ist in Aus- und Weiterbildung tätig. Zuvor hat sie als Beraterin für private Unternehmen, Nichtregierungsorganisationen bis hin zu nationalen Regierungen in verschiedenen Ländern gearbeitet.

Sebastian Rauch   ist seit 2015 wissenschaftlicher Mitarbeiter an der Professur für Sozialgeographie der Universität Würzburg tätig. In seiner Promotion beschäftigte er sich mit dem Zusammenhang von Migration und sozialen Netzwerken im professionellen Sport. Seine weiteren Forschungsschwerpunkte liegen in den Bereichen der medizinischen Geographie, der Mobilitäts- und Verkehrsforschung sowie Methoden der quantitativen Sozialforschung.

Finja Rohkohl   Dr., ist seit 2010 wissenschaftliche Mitarbeiterin am Arbeitsbereich „Sportökonomie und Sportsoziologie" am Institut für Sportwissenschaft der Christian-Albrechts-Universität zu Kiel. Sie ist promovierte Sportwissenschaftlerin und studierte zudem Volkswirtschaftslehre und Pädagogik. Schwerpunkt ihrer Arbeit ist die Sportentwicklungs- und Sportraumplanung. Hier verfügt sie über langjährige Erfahrungen. Ihre zentralen Forschungsfelder sind die Themenbereiche der Sportentwicklung.

Nadine Scharfenort   PD Dr., ist beim Bundesverband der Deutschen Tourismuswirtschaft e. V., Projektleitung Deutscher Klimafonds Tourismus (DKT), tätig. Sie promovierte in Geographie an der Universität Wien und habilitierte in Geographie an der Johannes Gutenberg-Universität Mainz. In ihren Forschungen befasst sie sich mit der urbanen, wirtschaftlichen, sozialen und politischen Transformation sowie der touristischen Entwicklung in Ländern der Arabischen Halbinsel (v. a. VAE, Katar, Oman), mit Halal-Tourismus und interkulturellem Dialog im touristischen Alltag.

Jürg Stettler   promovierte an der Universität Bern zum Thema „Sport und Verkehr". Er ist Vizedirektor und Forschungsleiter der Hochschule Luzern – Wirtschaft sowie Leiter des Instituts für Tourismus und Mobilität (ITM). Das Institut forscht, berät und lehrt in den Bereichen Tourismus, Mobilität und Nachhaltigkeit. Die Kernkompetenzen von Jürg Stettler liegen in den Themenbereichen Destinationsmanagement, Nachhaltigkeit sowie Sportökonomie mit Schwerpunkt auf den volkswirtschaftlichen Wirkungen von Sportgroßveranstaltungen.

Henning Vöpel   ist Vorstand der Stiftung Ordnungspolitik und Direktor des Centrums für Europäische Politik mit Sitz in Berlin, Freiburg im Breisgau, Paris und Rom. Außerdem ist er Professor an der BSP Business and Law School. Zuvor war er von 2014 bis 2021 Direktor und Geschäftsführer des Hamburger WeltWirtschaftsInstituts (HWWI). 2003 promovierte er mit einer Arbeit zu den „Stabilisierungswirkungen der Geldpolitik". Seine Forschungsschwerpunkte sind Globalisierung und Digitalisierung sowie Regional- und Sportökonomik.

Fabio P. Wagner   Dr. phil., Programmleiter am Internationalen Fußball Institut (IFI) in München, Ismaning. Er lehrte und forschte im Bereich Sportmanagement von 2016 bis 2021 an der Johannes Gutenberg-Universität Mainz. Nach seiner Promotion wurde er Programmleiter für das Institutszertifikat „Management im leistungsorientierten Fußball" am IFI sowie Dozent für Organisation, Marketing, Social Media und Stakeholder im Fußballmanagement an der Hochschule für angewandtes Management.

Anna Wallebohr ist seit 2013 am Institut für Tourismus und Mobilität der Hochschule Luzern – Wirtschaft tätig. Sie erlangte ihr Diplom in Sportwissenschaften an der Friedrich-Schiller-Universität Jena und schloss dort 2019 ihre Promotion zum Dr. phil. ab. Zu Ihren Tätigkeiten gehört neben der Lehre die Bearbeitung von Forschungs- und Beratungsprojekten in den Themenfeldern Sporttourismus, Events und Gesundheitstourismus.

Julian M. L. Wilsch Dipl.-Päd., ist als Businesstrainer im Unternehmenskontext in München tätig. Während seines Studiums an der Universität Koblenz-Landau unterstützte er die wissenschaftlichen Erhebungen zur Reisemotivation der deutschen Fußballfans bei der Weltmeisterschaft 2014 in Brasilien.

Christian Zemann studierte Geographie an der Universität Mannheim und promovierte 2005 am dortigen Lehrstuhl für Wirtschaftsgeographie zum Thema „Sportgroßveranstaltungen". In seinen Projekten im Kontext Sport und Geographie entwickelte er Verfahren zur Bewertung sportlicher Ereignisse nach den Dimensionen der Nachhaltigkeit. Er leitet den Fachbereich fachliche Entwicklung und Analytik der Statistik der Bundesagentur für Arbeit. Mit den Herausgebern verbindet ihn eine lange Zusammenarbeit im Bereich der Sportgeographie.

Sportgeographie aus Perspektiven der Nachhaltigkeit – eine Einführung

Paul Gans, Michael Horn und Christian Zemann

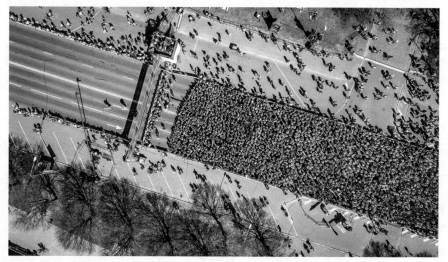

Stadtmarathon kurz vor dem Start. (© bint87/stock.adobe.com)

P. Gans et al. (Hrsg.), *Sportgeographie*, https://doi.org/10.1007/978-3-662-66634-0_1

Inhaltsverzeichnis

Einleitung

Sport ist ein Phänomen, das seit den 1990er-Jahren unsere Gesellschaft auf neue Weise durchdringt. Es entstehen neue Formen sportlicher Aktivitäten, bestehende differenzieren sich aus. Ihre Ausübung ist zumeist nicht an Sportstätten gebunden, sondern sie eignen sich die unterschiedlichsten Orte an, z. B. Jogging im Wald, Nordic Walking oder Slacklinen in städtischen Grünanlagen, Schwimmen in Seen, Skateboarden mithilfe selbst gebauter Anlagen auf ungenutzten Flächen, Stadtmarathon (Kapiteleröffnungsbild), Triathlon oder Freerunning – eine Disziplin, die im Vergleich zum klassischen 100-Meter-Lauf athletische, akrobatische und ästhetische Elemente verbindet – in Stadt- oder Naturlandschaften. Die Beispiele verdeutlichen zum einen, dass „Sport per se an Raum gebunden ist" (Peters & Roth, 2006, S. 7), zum anderen, dass sich im Zuge des gesellschaftlichen Wandels hin zu Individualisierung und Lifestyle Raumansprüche sportlicher Aktivitäten ausdifferenzieren. Zugleich ändert sich die Raumwirksamkeit des Sports, dessen Ausübung sich zudem von einem hohen Organisationsgrad mit weitgehender Beschränkung auf Sportanlagen unterschiedlichster Art hin zu zunehmend von institutionalisierter Begrenzung und Normierung emanzipierten sportlichen Aktivitäten mit ubiquitären Raumnutzungen entwickelte.

1.1 Was versteht man unter Sport?

Sport ist an Bewegung geknüpft – wenn auch nicht jede unmittelbar dem Sport zuzuordnen ist (Tibbe et al., 2011). Sporttreibende können individuell oder im Team ganz unterschiedliche Ziele mehr oder minder bewusst verfolgen, wie sich körperlich zu ertüchtigen, insbesondere fit zu sein und gesund zu bleiben, in Gemeinschaft zu sein, Abstand oder Ausgleich zum Alltag zu gewinnen, Selbstbewusstsein und Selbstwirksamkeit zu verbessern, Bestleistungen aufzustellen, Herausragendes oder Einzigartiges zu leisten. Die vielfältigen Formen von und Motive für Sport erschweren eine Begriffsbestimmung (Peters & Roth, 2006, S. 18). Zudem weicht die Auffassung zwischen Personen, was unter Sport zu verstehen ist, durchaus voneinander ab. Treibt man z. B. mit Schachspielen, Angeln in der Freizeit oder Radfahren zum Einkaufen Sport? Zur Umgehung dieser Schwierigkeiten legt Robin Kähler eine inhaltlich allgemein gehaltene Definition vor (▶ Kap. 20): „Unter Sport wird alles verstanden, was der Mensch unter seinem Sport selbst sieht" oder „Sport ist das, was die Menschen selbst darunter verstehen".

Diese breite Auffassung von Sport strukturieren Tibbe et al. (2011, S. 10) nach den vier Dimensionen persönliche Merkmale der Sporttreibenden, Ort, Organisationsform und Motivation ihrer sportlichen Handlungen: „Der Begriff des Sports umfasst vielfältige Bewegungs-, Spiel- und Sportformen, an denen sich alle Menschen unabhängig von Geschlecht, Alter, sozialer und kultureller Herkunft an unterschiedlichsten Orten allein oder in Gemeinschaft mit anderen zur Verbesserung des physischen, psychischen und sozialen Wohlbefindens sowie zur körperlichen und mentalen Leistungssteigerung beteiligen können."

Tibbe et al. (2011) leiten aus den unterschiedlichen Zielen, **Sport** zu treiben, zwei Kategorien zur Beschreibung sportlicher Aktivitäten ab. Unter **Sportarten** subsumieren sie den traditionellen, Profi- wie Amateursport einschließenden Leistungssport, der „eindeutig definierte, messbare Ziele" aufweist, „einem internationalen Regelwerk" unterliegt und in Form von „Wettkämpfen organisierbar" ist (Tibbe et al., 2011, S. 10). Diese Auffassung von Sport bildete die Grundlage für den *Goldenen Plan* zur Sportstättenentwicklung in

Deutschland Anfang der 1960er-Jahre sowie den *Goldenen Plan Ost* 1992 (▶ Kap. 20 und 21). In den gebauten, normierten Sportanlagen, Sporthallen oder Stadien findet Leistungssport statt, weil die Wettkämpfe entsprechend den vorgegebenen Regeln durchgeführt werden können. Der Zugang zu diesen Sportstätten ist gewöhnlich an die Mitgliedschaft in Sportvereinen gebunden, die den Leistungssport weitgehend organisieren. Veranstaltungen im Leistungssport unterscheiden sich in der Reichweite ihrer Ausstrahlung. Man denke nur an Fußballspiele in der Kreisliga mit lokaler oder Spiele eines Vereins der Fußball-Bundesliga mit nationaler und durchaus internationaler Orientierung (▶ Kap. 13). Klassische Beispiele, für die Medien, Wirtschaft, Politik, Zuschauerinnen und Zuschauer weltweit ein hohes Interesse zeigen, sind die Olympischen Sommer- wie Winterspiele (▶ Kap. 7, 8 und 22), Fußball-Weltmeisterschaften der Frauen wie Männer (▶ Kap. 9, 14 und 19), Formel-1-Grand-Prix (▶ Kap. 10 und 18) oder die Tour de France (▶ Kap. 2).

Sportarten spiegeln ein enges Verständnis von Sport wider, weil ihnen u. a. die messbaren Ziele des klassischen Leistungssports zugrunde liegen. **Sportformen** fehlen dagegen Merkmale des traditionellen Sports; sie stehen für sportliche Aktivitäten, die in Gruppen oder individuell eigenständig organisiert sind, für die Regeln zur Ausübung eine untergeordnete Rolle spielen, eine Vereinsmitgliedschaft nicht erforderlich ist und die üblicherweise nicht in normierten Sportstätten, sondern in frei zugänglichen **Sporträumen** wie Grünanlagen, öffentlichen Freiräumen oder brachliegenden Gewerbeflächen ausgeübt werden (▶ Kap. 4, 20 und 21). Sporträume schließen alle organisierten und informellen sportlichen Aktivitäten unabhängig davon, wo sie stattfinden, ein: Reiten oder Marathon auf der Erdoberfläche, Rafting auf dem oder Tauchen im Wasser, Gleitschirmfliegen oder Bungeespringen in der Luft (Peters & Roth, 2006,

S. 27). Bewegungen von Personen als Voraussetzung einer Sportart oder -form müssen keine sportlichen Ziele haben und schließen auch Orte außerhalb von Sporträumen ein. Bewegungsräume umfassen Sporträume.

Sportformen repräsentieren die seit den 1990er-Jahren an Bedeutung gewinnende erweiterte Auffassung von Sport, die in einen breiten gesellschaftlichen Wandel eingebettet und gekennzeichnet ist von einer Hinwendung zu postmaterialistischen Einstellungen, die Selbstverwirklichung und Individualisierung, Emanzipation und Autonomie einen hohen Stellenwert beimessen. Infolge dieser gesellschaftlichen Veränderungen gewinnen im Sport ichbezogene Verhaltensweisen und Selbstinszenierungen an Bedeutung, die u. a. darin zum Ausdruck kommen, dass die überwiegende Mehrheit aller Sport- und Bewegungsaktivitäten selbst oder informell organisiert ist. Dies wiederum führt zu einer steten Transformation in der Ausübung des Sports aufgrund von Innovationen, z. B. durch die Kombination verschiedener Bewegungsformen oder die Einführung neuer Regeln, und setzt Maßstäbe für neue Trends im Sport (▶ Kap. 4). Die Lösung des Sports von seinem traditionellen leistungsorientierten Verständnis durchdringt seit den 1990er-Jahren die Gesellschaft und zeigt eine Entwicklung auf, die auch als „Versportlichung" der Gesellschaft, „Sportisierung" oder als „sportives Zeitalter" bezeichnet wird (Peters & Roth, 2006, S. 19; ▶ Kap. 6).

1.2 Sportgeographie

Von einigen früheren Arbeiten abgesehen, kann der Beginn einer eigenständigen Sportgeographie auf die 1970er- und 1980er-Jahre in der englischsprachigen Geographie festgelegt werden. Vor allem die Arbeiten von Rooney (1974), *A Geography of American Sport: From Cabin Creek to Anaheim*, und Bale (1982), *Sport and Place: A Geography of Sport in England, Scotland and Wales*, sind herauszuheben. Die Forschungen in dieser Zeit entsprachen dem **raumwissenschaftlichen** Ansatz der Humangeographie. Sie basierten auf einer quantitativen, deskriptiv-statistischen Methodik, deren Schwerpunkt auf der kartographischen Erfassung von Vereinen, einzelnen Sportarten oder der Herkunft von Sportlerinnen und Sportlern lag.

Bale (1993a) selbst kritisierte dieses Vorgehen später und bezeichnete es als „kartographischen Fetischismus". Seine Kritik ist als Reaktion auf die qualitative Revolution – *cultural turn* – in der Humangeographie der 1990er-Jahre zu verstehen und bedeutete eine Öffnung der Sportgeographie für sozial- und kulturwissenschaftliche Methoden und Themen. Die bloße kartographische Beschreibung von Sport wurde durch eine interpretativ geprägte Forschung ergänzt bzw. ersetzt. Sporttreibende und deren individuelles Handeln im Raum rückten in den Vordergrund der Betrachtung (Maier, 2020, S. 23). Es entstanden Forschungsarbeiten zur Mobilität und zu Wanderungsmotiven von Sportlerinnen und Sportlern (Bale, 1991), zu Sportlandschaften (Bale, 1994; Raitz, 1995) und zum Verhältnis von Sport und Stadt (Bale, 1993b).

In der jüngsten Phase, ab ca. den 2000er-Jahren, war und ist die **postmoderne Sportgeographie** gekennzeichnet durch den Wegfall von disziplinären Grenzen und die weitere Öffnung für eine Vielzahl von Methoden. Diese Entwicklung bildet der vorliegende Band ab. Es erfolgte eine Ausdifferenzierung, bei der das sportliche Handeln im Raum noch stärker in den Fokus der Betrachtung rückte (Peters & Roth, 2006). Es wurden Untersuchungen zu ökologischen, ökonomischen und sozialen Themenfeldern durchgeführt. Beispielsweise untersuchten Egner (2001) die Auswirkungen von Trend- und Natursportarten auf die Umwelt, Gericke et al. (2012) die sportbezogenen Arbeitsmärkte und Maier (2020) die soziokulturellen Veränderungsprozesse des Empowerments durch Frauenfußball. Ein

anderer sportgeographischer Schwerpunkt dieser Phase war die Untersuchung der Effekte von Sportgroßveranstaltungen. So entwickelten Gans et al. (2003) ein Bewertungsverfahren für die ökonomischen, ökologischen und sozialen Wirkungen von Sportgroßveranstaltungen im Sinne der Nachhaltigkeit. Die aufgezählten Studien behandelten jeweils Teilbereiche der Sportgeographie. Mit der Schrift *Sportgeographie – Versuch einer Systematik von Sport und Raum* legten Peters und Roth (2006) aus der Perspektive der Sportwissenschaft eine ausführliche Darstellung der zeitlichen Entwicklung der Forschungsdisziplin vor. Maier (2020, S. 21) kritisierte diese Arbeit und merkte an, dass „[…] die Geographie im (postmodernen) kulturwissenschaftlich-konstruktivistischen Verständnis bereits seit Anfang der 2000er-Jahre […]" über das von den Autoren „[…] primär essentialistische Raumdenken (‚Containerraum') hinweggekommen ist […]". Grundsätzlich können zur Analyse sportlicher Aktivitäten vier miteinander kombinierbare **Raumkonzeptionen**, in die Jochen Laub (► Kap. 2) einführt, differenziert werden[1] (Wardenga, 2002): Raum als Container, Raum als System von Lagebeziehungen, wahrgenommener Raum und Raum als soziales Konstrukt.

In den einzelnen Beiträgen finden unterschiedliche Methoden und Herangehensweisen Anwendung, beziehen die Autorinnen und Autoren aus unterschiedlichen Fachdisziplinen Raum in ihrer Betrachtungsweise ein und folgen dabei dem Interesse, aus geographischer Perspektive sportbezogene Handlungen zu erfassen, zu beschreiben, zu systematisieren und vor allem kritisch zu hinterfragen. Die Beziehung zwischen **Sport** und **Raum** ist Erkenntnisobjekt **sportgeographischer Forschung**, welche unter Beachtung ökologischer, ökonomischer und/

---

1 Weitere Typologien unterscheiden zwischen absoluten, relativen, relationalen und topischen Räumen (► Kap. 3; Suwala, 2021).

oder sozialer Fragestellungen sportliche Aktivitäten untersucht, Wirkungen prognostiziert und im Planungsprozess zur Gestaltung sportbezogener Handlungen im Raum beiträgt.

1.3 Sport aus den Perspektiven Raum, Nachhaltigkeit und Planung

Mit dem Wandel der Gesellschaft geht ein Wandel im Sport einher. Dessen Transformation äußert sich in neuen Bedürfnissen zur Sportausübung und verändert nicht nur die Nachfrage nach sportlichen Aktivitäten, sondern auch das Angebot, um der gewünschten Sportform nachzugehen. Die Entwicklung spiegelt sich in sozialen und kulturellen Fragestellungen zum Sport, betrifft ökonomische Aspekte, wird in ihrer Bedeutung für die Gesellschaft von der Politik aufgegriffen, führt zu ökologischen Herausforderungen, erschließt neue Räume für den Sport mit neuen Formen der Raumaneignung und unterschiedlicher Intensität der Raumwirksamkeit auf bisher vom Sport wenig genutzte Räume. Es entstehen neue raumbezogene Ansprüche durch sportliche Aktivitäten, mit denen sich die integrierte Sport- und Stadtentwicklungsplanung nicht zuletzt wegen der gewachsenen gesellschaftlichen Bedeutung des Sports befassen müssen. Für die **Sportgeographie** kristallisieren sich fünf thematische Schwerpunkte heraus, an denen sich die inhaltliche Struktur des vorliegenden Bands orientiert: Raum, die drei Komponenten der Nachhaltigkeit (Ökologie, Ökonomie, Soziales bzw. Gesellschaft) und Planung.

Raum und Sport

Sporttreiben bedingt, sich im Raum zu bewegen. Sportliche Aktivitäten sind immer mit Raumaneignung verknüpft, wie Gleit-

fliegen, Nordic Walking, Bergsteigen oder Schwimmen verdeutlichen. Raumeigenschaften beeinflussen, wo die jeweilige Sportform ausgeübt wird, und der Sport – organisiert wie informell – wirkt auf räumliche Strukturen. Den Zusammenhang zwischen Sport und Raum bzw. Sport und Geographie erörtert Jochen Laub in seinem Beitrag „Raum und Räumlichkeit des Sports als gesellschaftliche Praxis" (▶ Kap. 2) am Beispiel des Mont Ventoux, wiederholt Etappenziel der Tour de France, aus der Perspektive der vier Raumkonzepte der Deutschen Gesellschaft für Geographie (DGfG, 2002). Die Betrachtungsweise **Raum als Container** erfasst einen konkreten Raumausschnitt auf ganzheitliche Weise nach physisch- sowie humangeographischen und topographischen Merkmalen. Auf dem Weg zum 1905 m hohen Mont Ventoux stellen die sommerlichen Temperaturen des mediterranen Klimas, verstärkt noch durch die starke Sonneneinstrahlung im Gebiet des weitgehend vegetationsfreien Kalkgipfels, und der Mistral, der Orkanstärke erreichen kann, besondere Herausforderungen an die Radrennfahrerinnen und Radrennfahrer. Jeder Raumausschnitt ist Teil eines Systems von Räumen, die sich mit ihrer unterschiedlichen Charakteristik in **Lagebeziehungen** zueinander befinden. Der Mont Ventoux, Gigant der Provence, ist am Rand des Rhône-Tals gelegen der weithin höchste Berg und ein Magnet für Radfahrerinnen und Radfahrer, die mit dem 21 km langen Anstieg zum Gipfel ihre Leistungsfähigkeit testen. Das Konzept der **Wahrnehmung des Raums** basiert auf dem individuellen Erfassen von und subjektiven Erfahrungen mit dem Raum. Beim Anstieg zum Mont Ventoux spüren die Sporttreibenden die Grenzen ihres Leistungsvermögens, die Hitze, die Rückstrahlung des Kalksteins, den Mistral – und genießen umso mehr die großartige Aussicht vom Gipfel, die an klaren Tagen bis zum Mittelmeer reicht. **Raum als soziales Konstrukt** entwickelt sich aus Zuschreibungen medialer Repräsentation von Raum. Jochen Laub greift die gesellschaftliche Wahrnehmung von Sport und seine Instrumentalisierung am Beispiel der Beleuchtung der Allianz Arena in den Regenbogenfarben anlässlich des Fußballspiels zwischen den Nationalmannschaften Deutschlands und Ungarns auf. Die Beispiele zeigen, dass die vier Raumkonzepte helfen, die vielfältigen Beziehungen zwischen Sport und Raum aus den verschiedensten Perspektiven zu analysieren.

Der Beitrag von Boris Braun zu Natursportarten (▶ Kap. 3) spiegelt die Auswirkungen des gesellschaftlichen Wandels auf die Art und Weise wider, warum und wo Sport ausgeübt wird. **Natursportarten** sind Ausdruck des Wunschs einer in Städten lebenden Gesellschaft nach Selbstverwirklichung, Entspannung und Erholung vom Alltag in Verbindung mit dem Erleben der Natur. Es sind spezifische Herausforderungen der jeweiligen Natursportart, die dazu motivieren, sind sie doch Ausdruck anspruchsvoller, individueller Fähigkeiten, die den Unterschied ausmachen, wie dies beim Klettern der Fall ist: Körperliche Fitness, Fachkenntnisse und finanzieller Aufwand für die Ausrüstung schließen bestimmte Bevölkerungsgruppen aus. Der Trend zu den Natursportarten, die mit der Corona-Pandemie einen zusätzlichen Impuls erfuhren (▶ Kap. 6), entfaltet eine beträchtliche **Raumwirksamkeit**, deren Ausmaß z. B. von den körperlichen und finanziellen Anforderungen der Sportart, den jeweiligen Eigenschaften des Raums und dessen Wahrnehmung durch die Sporttreibenden beeinflusst wird. So wirkt sich alpiner Skisport flächen- und wasserverbrauchend aus (▶ Kap. 7), während Sportarten, die – auch infolge geringer Zahlen von Sporttreibenden – weniger Infrastrukturen benötigen, wie Klettern oder Kanufahren, mit ihrer räumlich konzentrierten Nutzung Räume formen können. Sie sind je nach Natursportart von spezifischen ökologischen Belastungen geprägt und führen

in Ausmaß und Intensität zu unterschiedlichen Konflikten mit dem **Naturschutz** (▶ Kap. 6).

Aus geographischer Perspektive sind **Trendsportarten** und -formen wie Bike-Polo, Crossminton oder Buildering, auf die Stephanie Haury am Beispiel städtischer Räume eingeht (▶ Kap. 4), besonders interessant. Trendsportlerinnen und Trendsportler beeinflussen zum einen mit ihrer Kreativität und ihrer Nichtbeachtung von Regeln und Standards den Wandel im Sport und reflektieren zeitnah gesellschaftliche Veränderungen. Zum anderen haben sie je nach Sportart eine spezifische Wahrnehmung des Raums, die sich z. B. an dessen Nutzbarkeit und Zugänglichkeit orientiert. Sie heben sich von der konventionellen Art des traditionellen Sports ab (▶ Kap. 20), sind selbstorganisiert, entwickeln neue Bewegungskulturen und lifestylegerechte Innovationen. Trendsportlerinnen und Trendsportler erschließen neue, selbst gesuchte Räume, Orte zur Selbstdarstellung, an denen sie ihre körperliche Exzellenz und Einzigartigkeit präsentieren können. Es handelt sich um alle für Trendsportarten geeigneten Orte im Stadtraum: Areale des öffentlichen Raums, undefinierte Resträume, die in der Stadtplanung wenig – wenn überhaupt – Beachtung finden (▶ Kap. 21), z. B. unter Brücken oder entlang von Gleisanlagen, zudem brachliegende Gewerbe- und Industrieflächen oder Baulücken. Es sind sogenannte praktizierte Freiräume, von den Nutzerinnen und Nutzern selbst geformte Räume, die sich von den gestalteten Räumen, deren Funktionen von der Stadtplanung festgelegt sind, unterscheiden. Im Zuge verschiedener Formen der Raumaneignung, die am Beispiel Nomadentum, Zwischenmiete und Entrepreneurship vorgestellt werden, interpretieren Trendsportlerinnen und Trendsportler die Nutzung der Areale neu.

Bernhard Köppen und Muriel Backmeyer beschäftigen sich in ihrem Beitrag mit den Potenzialen des Sports für das politische Ziel der EU, die regionale **grenzüber-**

schreitende **Integration** zu stärken (▸ Kap. 5). So ist seit 2014 Sport dem Programm Erasmus+ zugeordnet, das auf die Begegnung, den Austausch zwischen den Bevölkerungen der Mitgliedstaaten fokussiert. Die Sinnhaftigkeit dieser politischen Instrumentalisierung des Sports zeigt sich in seinen Eigenschaften, insbesondere Respektieren vereinbarter Regeln und Einhalten von Fairness, die sprachlichen und kulturellen Barrieren für die Kommunikation zwischen Bevölkerungsgruppen eine untergeordnete Rolle beimessen (▸ Kap. 16). Sport schafft gute Voraussetzungen für den Austausch zwischen Menschen in benachbarten Grenzräumen, fördert die wechselseitige Vertrauensbildung und trägt dadurch zur grenzüberschreitenden Kooperation und zum europäischen Gemeinschaftsgefühl bei. In diesem Sinne stellt „Sport auf symbolische Weise einen transnationalen Begegnungsort" dar. Eine explorative, qualitative Befragung von Mitgliedern einer Wandergruppe aus Frankreich und Deutschland zur Wahrnehmung des **Grenzraums** Schwarzwald und Vogesen gibt Hinweise, dass **Grenzüberschreitung** heute etwas Selbstverständliches ist und Grenze nicht mehr automatisch zwei Container definiert, dass die dadurch mögliche grenzüberschreitende integrierte Raumaneignung nicht zwingend auf die EU-Politik bezogen wird und dass Personen unabhängig von ihrer Staatsangehörigkeit positiv wahrgenommen werden.

Ökologie und Sport

Sport ist in vielfacher Weise umweltrelevant. Seine **ökologischen Auswirkungen** stellt Thomas Fickert in einem detailreichen Überblick gegliedert nach drei Aspekten vor (▸ Kap. 6). Sporttreiben selbst ist mit unterschiedlichen Eingriffen in die Umwelt verbunden und dokumentiert sich z. B. in den Natursportarten, die mit dem Wandel im Sport weiterhin an Bedeutung gewinnen werden, wie das wach-sende Interesse an Mountainbiking, Bergsteigen, Golfen, Kanufahren oder Skilaufen belegt (▸ Kap. 3, 7 und 21). Zugleich verdrängt der um sich greifende Wettkampfgedanke das Motiv, durch den Sport Natur zu erleben, und verleiht Rekorden einen hohen Stellenwert. In extremer Weise zeigt sich dies im Alpinismus, wenn es darum geht, wer am schnellsten die 14 Achttausender der Welt besteigt (Schüller, 2022). Der Bau von Sportanlagen beeinflusst die Qualität des Landschafts- und Stadtbilds (▸ Kap. 23) oder beeinträchtigt Landschaftsschutzgebiete. **Sportgroßveranstaltungen** haben einen besonders großen **ökologischen Fußabdruck** infolge des Energieverbrauchs während des Events und des auf ihn zurückzuführenden Reiseverkehrs. Lärmbelastungen, Luftschadstoffimmissionen oder große Abfallmengen sind weitere Begleiterscheinungen (Gans et al., 2003; ▸ Kap. 8 und 22). Sport wirkt sich auf die Umwelt aus, diese beeinflusst aber auch den Sport und seine Ausübung. Diese Wechselwirkung zeigt sich am Beispiel des Klimawandels, der in den Alpen die schneesichere Zeit verkürzt (▸ Kap. 7). Als Antwort der Forschung auf die bestehenden Herausforderungen plädiert Thomas Fickert für eine integrative **Sportökologie**, die sich mit den facettenreichen Interaktionen zwischen Sport und Umwelt befasst.

Mit diesen wechselseitigen Beziehungen und ihren **ökologischen Folgen** befasst sich der Beitrag „Umweltauswirkungen von Skigebieten und Olympischen Winterspielen" von Carmen de Jong (▸ Kap. 7). Ausgangspunkt ist der **Klimawandel**, der in Wintersportgebieten eine Verkürzung der Skisaison verursacht. Zur Kompensation wurde in den 1980er-Jahren erstmals die künstliche Beschneiung räumlich begrenzt eingesetzt. Heute ist die Beschneiung ein flächendeckendes Instrument, den Winter entgegen der fortschreitenden Erwärmung zu verlängern, und sie betrifft mit den erforderlichen Infrastrukturen auch zu den Skipisten benachbarte Gebiete: Erhöhter

Wasserbedarf, Wasserkonflikte, Bau von Speicherbecken in Senken in Höhenlagen und damit zusammenhängend die Vernichtung von Feuchtgebieten, erosionsanfällige Böden, verminderte Biodiversität oder zunehmende Naturrisiken, wie Muren und Hangrutschungen, sind Schlagworte zur Beschreibung der vielfältigen Folgen. Sie werden am Beispiel der Olympischen Winterspiele von 2010 bis 2022, die in Nachbarschaft zu oder gar in **Naturschutzgebieten** stattfanden, aufgezeigt und es werden die Verstöße gegen den Umweltschutz, insbesondere auch gegen die eigene Nachhaltigkeitsstrategie des Internationalen Olympischen Komitees (IOK), verdeutlicht. Auch in den alpinen Skigebieten wird **Umweltschutz** trotz gesetzlicher Vorgaben unter häufiger Anwendung von Ausnahmeregelungen missachtet. Ob schärfere Kontrollen und ein umfassendes Monitoring helfen, die Herausforderungen zu lösen, bleibt abzuwarten, denn die politisch und wirtschaftlich Verantwortlichen sowie die internationalen Sportorganisationen haben offenbar noch nicht erkannt, dass die Durchsetzung von Maßnahmen zu Naturschutz und Klimawandel mehr und mehr gefragt sind.

Die wachsende Relevanz von Umwelt- und **Nachhaltigkeitskonzepten** bei der Umsetzung von **Sportgroßveranstaltungen** dokumentieren Boris Braun und Frauke Haensch in einer vergleichenden Betrachtung der **Olympischen Sommerspiele** von Sydney (2000), London (2012) und Brisbane (2030; ▸ Kap. 8). Der fortschreitend höhere Stellenwert des Umwelt- und Naturschutzes spiegelt sich in den spezifischen Nachhaltigkeitsstrategien wider: Sydney führte Umweltschutzrichtlinien ein, London verfolgte einen ganzheitlichen Ansatz von Nachhaltigkeit (*Legacy*; ▸ Kap. 24) als integrierten Bestandteil der Spiele, und Brisbane setzt auf eine Einbindung der Vorhaben in eine Zusammenführung von **Regional- und Stadtentwicklungsplanung**. Die einzelnen Projekte zur Umsetzung, die die Bereiche Energie, Biodiversität/Umweltschutz, Abfall, Transport sowie Sportstätten betreffen, reduzieren zwar die ökologischen Belastungen, vermeiden sie aber nicht. Trotzdem könnten Vorzeigeprojekte, wie der Ausbau des ÖPNV oder ökologisch nachhaltiges Bauen der Olympischen Dörfer und Sportstätten (▸ Kap. 22), langfristig eine positive Bilanz erzielen. Boris Braun und Frauke Haensch empfehlen bei der Planung von Sportgroßveranstaltungen ein konsequentes Monitoring (▸ Kap. 24), einschließlich der Berechnung des **ökologischen Fußabdrucks** (▸ Kap. 6), die Einbindung von Nichtregierungsorganisation (NGOs) oder keine Ausweitung der Großereignisse durch weitere Sportarten oder Mannschaften.

Der Beitrag von Nadine Scharfenort zur **FIFA Fußball-Weltmeisterschaft 2022** in Katar macht die vielfältige **Raumwirksamkeit** und facettenreiche Instrumentalisierung des Sports in Ökologie, Ökonomie und Gesellschaft im Rahmen einer Großveranstaltung sichtbar (▸ Kap. 9). Mit der Zusage, erstmals eine CO_2-neutrale Fußball-WM zu organisieren, erhielt Katar trotz des extrem ariden und heißen Klimas den Zuschlag. Die **ökologische Instrumentalisierung** des Sports beschränkt sich im Wesentlichen auf die Reduzierung des Energie- sowie Wasserverbrauchs und der Müllmenge. Maßnahmen sind kurze Transportwege, die Wiederverwendung bzw. der Rückbau der WM-Stadien, die Verlegung der WM vom Sommer in den Herbst, der Bau einer U-Bahn oder der Ausgleich unvermeidbarer Emissionen durch die Anpflanzung von Bäumen. Ob die CO_2-Neutralität erreicht werden kann, ist jedoch bei den vorliegenden klimatischen Bedingungen anzuzweifeln. Die **ökonomische Instrumentalisierung** des Sports zeigt sich darin, dass er seit Jahren Treiber einer Soft-Power-Strategie der Regierung mit Investitionen in Medien, Kultur, Tourismus und Sport ist, um das Land auf der „Weltbühne" zu etablieren (Sons, 2022, S. 1) und zugleich die katarische Wirtschaft zu diversifizieren (Sons, 2022; Steinberg, 2022). Nach ersten Sportveranstaltungen Mitte der 1990er-Jahre mit regionaler Ausstrahlung gelang mit den *Asian Games* 2006 der internationale Durchbruch, und 2010 war die Vergabe der Fußball-WM 2022 aus politischer und ökonomischer Sicht ein epochaler Erfolg für Katar. Das kleine Land wurde über Nacht weltweit bekannt (Steinberg, 2022, S. 21) und attraktiv für Weltmeisterschaften verschiedener Sportarten, z. B. der Leichtathletik 2019.

Die **politische Instrumentalisierung** des Sports wurde durch den Ausbau der Sportinfrastruktur und Investitionen in den internationalen Spitzensport noch forciert und dient dem Emirat als wichtiger Baustein, Nation Building zu betreiben. Ziel ist, nach außen das Land als positive Marke zu positionieren, nach innen politische Machtstrukturen sowie die Loyalität zum Herrscherhaus zu sichern und identitätsstiftend zu wirken (Sons, 2022; ▶ Kap. 18). Katar kann die Soft-Power-Strategie ohne ausländische Arbeitskräfte nicht umsetzen. Ihre Arbeitsverhältnisse, an denen sich massive Kritik entzündete und die die Bezeichnung „Katar: WM der Schande" begründeten (Reimann Graf, 2016), basieren auf dem Kafala-System, bei dem Arbeitnehmende vollständig von Arbeitgebenden abhängen. Diese „Bürgen" besitzen gegenüber den Arbeitsmigrantinnen und -migranten eine enorme Verfügungsgewalt. Sie können den Arbeitskräften „u. a. den Reisepass abnehmen, deren Bewegungsfreiheit kontrollieren und vertragliche Absprachen modifizieren" (Sons, 2022, S. 18). Zwar wurden 2017 Arbeitsrechtsreformen eingeführt, 2020 das Kafala-System offiziell abgeschafft und ein Mindestlohn bezahlt, aber Menschenrechtsverletzungen aufgrund der weiterhin miserablen Arbeitsverhältnisse, der katastrophalen Wohnbedingungen, der mangelnden Frauen- und LGBTIQ+-Rechte bleiben ein Thema der Schlagzeilen. Erstmals wird eine Fußball-WM in einem arabischen Land aus-

getragen. Die Bevölkerung folgt dem Wahabismus und damit dessen Verhaltensnormen im Alltag und öffentlichen Raum. Bestehenden Vorschriften zu Bekleidung, Ess- und Trinkgewohnheiten sollten die Fußballfans mit Respekt begegnen, sich z. B. dezent bekleiden, auf Schweinefleisch und Alkohol verzichten.

Ökonomie und Sport

Am Beispiel des Hockenheimrings schätzen Paul Gans und Michael Horn die **regionalwirtschaftlichen Impulse**, die von Veranstaltungen auf die Region ausgehen (▶ Kap. 10). Grundlage sind die Ergebnisse umfassender empirischer Erhebungen zum Ausgabeverhalten der Besucherinnen und Besucher anlässlich der 320 Veranstaltungen auf dem Ring im Jahr 2014. Die Vorgehensweise basiert auf der **Wirkungsanalyse**, bei der angenommen wird, dass sich jede ökonomische Aktivität in einer Nachfrage niederschlägt. Diese Nachfrage nach Waren und Dienstleistungen in einer Region bedeutet einen Wertzuwachs für Unternehmen und Kommunen. Zugleich löst sie einen wirtschaftlichen Folgeeffekt aus, weil zur Bereitstellung der nachgefragten Waren und Dienstleistungen Vorleistungen anderer Betriebe benötigt und wiederum Ausgaben getätigt werden. Die Konsumausgaben der Besucherinnen und Besucher entsprechen den Bruttoumsätzen, die nach Abzug der Mehrwert- bzw. Umsatzsteuer die Nettoumsätze der Unternehmen ergeben. Aus der Anwendung branchenspezifischer Nettowertschöpfungsquoten berechnet sich ein zusätzliches Einkommen von 9,3 Mio. Euro auf der ersten und 6,6 Mio. Euro auf der zweiten Umsatzstufe, insgesamt ein Einkommen von 15,9 Mio. Euro für die Region Hockenheim infolge der 320 Veranstaltungen auf dem Hockenheimring.

Ob aktiv ausgeübt oder passiv konsumiert, Sport erhöht die Nachfrage nach Waren und Dienstleistungen, die – noch verstärkt durch seine fortschreitende kommerzielle Durchdringung – zu Effekten auf **Arbeitsmärkten** führt. Pierre-André Gericke und Christian Zemann zeigen in ihrem Beitrag „Sportbezogene Arbeitsmärkte" (▶ Kap. 11) Struktur und Entwicklung von Arbeitskräfteangebot und -nachfrage in der Querschnittsbranche Sport in Deutschland auf. Dafür grenzen sie Arbeitsmärkte berufsbezogen sowie regional ab und greifen auf fachlich und regional tief differenzierbare Daten der amtlichen Arbeitsmarktstatistik zurück. Ihr Fokus liegt auf der Beschäftigung in fünf Berufsaggregaten, darunter Management, Unterricht und Berufssport, denen in Deutschland regional unterschiedliche Bedeutung zukommt.

Im Beitrag „Ökonomische Effekte einer vitalen Sportstadt – das Beispiel Hamburg" (▶ Kap. 12) schätzen Maike Cotterell und Henning Vöpel die volkswirtschaftliche Bedeutung des Sports für die Hansestadt mit einer Kosten-Nutzen-Analyse und Input-Output-Rechnung (▶ Kap. 10). Die Ergebnisse zu den **Einkommens- und Beschäftigungseffekten** machen die ökonomische Relevanz des Sports für die Finanzen und den Arbeitsmarkt (▶ Kap. 11) Hamburgs sichtbar. Für die Wertschöpfung des Sport-Ökosystems spielen schon aufgrund der Zuschauerzahlen die Ausdauerevents, wie der IRONMAN, eine zentrale Rolle. Eine Vertiefung und Verlängerung der Wertschöpfungskette, z. B. durch ein erweitertes Rahmenprogramm (Sportmesse, Etablierung neuer Events und Formate), würden nicht nur die mehrdimensionalen **ökonomischen Effekte** auf Einkommen und Beschäftigung erhöhen, sondern auch die Bekanntheit Hamburgs stärken, das Alleinstellungsmerkmal sowie die Markenbildung schärfen und dadurch die Wirksamkeit des **Image** der Hansestadt verbessern (▶ Kap. 13). Zur Aktivierung weiterer Potenziale der Querschnittsbranche Sport zielt Hamburg mit seiner Active-City-Strategie auf eine Aufwertung und einen Ausbau des Sport-Ökosystems mit seinen vielfältigen Wechselwirkungen zwischen den Bereichen des Sports (▶ Kap. 11 und 17) und den Zugängen zum Sport (▶ Kap. 16 und 17). Aus einer ganzheitlichen Perspektive von Sport wurde in der Hansestadt eine Strategie entwickelt, die auf die Sportbedürfnisse der Bevölkerung ausgerichtet ist und Umfang wie Art der Sportangebote in die Stadtentwicklungsplanung integriert (▶ Kap. 20). Sport soll im Alltag der Menschen mehr Raum erhalten und dadurch zur Verbesserung der Lebensqualität in der Stadt beitragen. Die vitale Sportstadt Hamburg kann als soziales Konstrukt der Stadtentwicklung betrachtet werden. Als Alleinstellungsmerkmal werden sowohl der Wirtschaftsstandort Hamburg als auch das Eigenimage der Bevölkerung gestärkt (▶ Kap. 13).

Das **Image** eines Standorts stellt für eine Region oder Stadt im nationalen oder internationalen Wettbewerb eine relevante Größe für ihre zukünftige Entwicklung dar. Image ist ein komplexes Konstrukt, das aus dem Zusammenwirken verschiedener Faktoren resultiert und einen Gesamteindruck des Standorts vermittelt. Dieser beeinflusst je nach individueller Bewertung Entscheidungen zu Wohn- oder Unternehmensstandorten. Welche Rolle kann ein professioneller Sportverein für die Bekanntheit und das Image eines Standorts spielen? Dieser Frage geht Christina Masch in ihrem Beitrag „Beziehungen zwischen Vereins- und Stadtimage – eine empirische Analyse am Beispiel von Borussia Mönchengladbach" (▶ Kap. 13) nach. Als Grundlage dienen drei empirische Erhebungen: eine Befragung von Heim- und Auswärtsfans der Borussia bei drei Heimspielen, Interviews mit Passanten in der Mönchengladbacher Innenstadt und in den Zentren der umliegenden Städte sowie eine Online-Erhebung, die auch Personen von außerhalb der Region Mönchengladbach einbezieht. Die Analyse der Ergebnisse mithilfe statistischer Methoden ergibt, dass professionelle Sportvereine einen Einfluss auf den Bekanntheitsgrad und das Image seines

Standorts ausüben können. Wie stark dieser Einfluss ist, hängt zum einen von der Sportart und damit vom medialen Interesse oder den Erfolgen des Vereins ab (▶ Kap. 18), zum anderen von Gegebenheiten des Standorts. So fehlen Mönchengladbach überregional bekannte Wahrzeichen oder Sehenswürdigkeiten, sodass die Borussia wichtigster Imageträger der Stadt ist.

Gesellschaft und Sport

Janine Maier geht in ihrem Beitrag „Soziokulturelle Veränderungsprozesse des Empowerments durch Frauenfußball" (▶ Kap. 14) den Auswirkungen des Sports auf gesellschaftliche Strukturen nach. Sie unterscheidet zwischen dem Wandel des Sports in weniger und weiter entwickelten Ländern. Die zunehmende Akzeptanz des **Frauenfußballs** stärkt die Autonomie von Frauen, erweitert ihren Handlungsspielraum und festigt ihre Teilhabe an Entscheidungsprozessen im sportlichen Bereich wie im Alltag. **Empowerment** verdrängt traditionelle Rollenverteilungen und bricht eingeschränkte Freiräume von Frauen auf. Der Diskurs ist geprägt von ihrer Chancengleichheit auf individueller Ebene, von ihrer sozialen Position in der jeweiligen Gesellschaft und deren Kultur sowie von rechtlichen wie institutionellen Reformen. Am Beispiel Jordaniens zeigt Janine Maier, wie Frauen in einer patriarchalisch geprägten Gesellschaft ihre soziale Position infolge der Entwicklung durch Fußball verbessern und stärken. Eine Entwicklung des Fußballs ist in westlich orientierten Ländern charakteristisch und geprägt vom Fortschritt, „überhaupt spielen zu dürfen", hin zu neuen administrativen Organisationen und Sportinfrastrukturen für den Frauenfußball.

Sebastian Rauch befasst sich in seinem Beitrag „Sport verbindet – Migration im Profisport" (▶ Kap. 15) mit **sportbedingter Migration** – einem Phänomen, das seit Mitte des 20. Jahrhunderts zahlenmäßig deutlich

zulegte. Fortschreitende Globalisierung und die Rücknahme nationalstaatlicher Regelungen in der EU nach dem Bosman-Urteil 1994/95 verstärkten diesen Trend noch. Aus gesellschaftlicher Perspektive ist insbesondere internationale sportbedingte Migration ein hochselektiver Prozess. Personen, die migrieren, haben entweder ihre sportlichen Qualitäten nachgewiesen, oder es sind junge Talente, die sich von einer Migration die Weiterentwicklung ihrer sportlichen Fähigkeiten, eine internationale Karriere und einen sozialen Aufstieg erhoffen. Die Vereine versprechen sich sportliche Erfolge infolge eines Gewinns an Wettbewerbsfähigkeit, eine Steigerung ihres Bekanntheitsgrads und ihrer Anziehungskraft auf neue Talente, Zugang zu neuen Märkten und Investoren. Diese Attraktivität löst ökonomisch positive Effekte auf die Zielregion aus, trägt zu ihrem Image bei (▶ Kap. 13) und wirkt identitätsstiftend (▶ Kap. 18). Die Entscheidung, wohin eine Sportlerin oder ein Sportler migriert, ist das Ergebnis eines Aushandlungsprozesses innerhalb eines sozialen Netzwerks, bestehend aus den Sportlerinnen und Sportlern selbst, Trainerinnen und Trainern, Scouts, Verantwortlichen im Management des Vereins und Agenturen. Erfolgreiche Netzwerke basieren auf einem wechselseitigen Vertrauen zwischen diesen Akteuren und sind in soziale Kontexte eingebunden. Räumliche, sprachliche oder kulturelle Nähe und historische Beziehungen beeinflussen die Ausweitung der Netzwerke und damit die Migrationsrouten der Sportlerinnen und Sportler.

Bewegungsräume sind auch **Begegnungsräume**. Organisierter Sport verfügt über ein hohes sozial-integratives Potenzial, denn er stärkt das gesellschaftliche Miteinander, führt zu Kontakten zwischen Personen mit ganz verschiedenen sozialen und kulturellen Herkünften, legt die Basis zu wechselseitiger Toleranz. Jenny Adler Zwahlen stellt in ihrem Beitrag zur **sozialen Integration** von Kindern und Jugendlichen mit Migrationshintergrund im organisierten Sport zwei

Praxisbeispiele in der Schweiz vor (► Kap. 16). Das Netzwerk Miteinander Turnen – finanziell ausreichend gefördert – befindet sich an 22 Standorten in drei Sprachregionen der Schweiz. Ziel ist, Familien mit Migrationshintergrund, mit sozioökonomischen Herausforderungen und mit beeinträchtigten Kindern in die Gemeinschaft zu integrieren. Die niederschwelligen Sportangebote setzen keine sportmotorischen oder sprachlichen Kompetenzen voraus, und Eltern können ihren Kindern bei den zielgruppenspezifischen Aktivitäten helfen. Bei MidnightSports treffen sich 13- bis 17-jährige Jugendliche samstags zwischen 20 und 23 Uhr in leer stehenden Sporthallen ihrer Gemeinden unter Aufsicht von Coaches zum freien Spiel. Bewegungsangebote passend zu den Wünschen der Jugendlichen sind kostenlos, erfordern keine spezifische Kleidung oder kein bestimmtes sportliches Leistungsniveau. Beide Beispiele belegen, dass öffentliche wie private Einrichtungen, Kindertagesstätten, Jugendorganisationen oder von Stiftungen geförderte Vereine, die soziale Integration proaktiv fördern und eine Alternative zum organisierten Sport sein können.

Der Zugang zu Bewegungs- und Sporträumen ist nicht in allen städtischen Gebieten in gleichem Maße gegeben. Robin Kähler und Finja Rohkohl heben in ihrem Beitrag „Sozialräumliche Analyse von Sporträumen in Stadtquartieren" (► Kap. 17) hervor, dass in benachteiligten Wohnvierteln mit beengten Wohnverhältnissen, fehlenden Freiflächen und öffentlichen Räumen Quantität und Qualität der Sportstätten wie -räume unzureichend und mangelhaft im Vergleich zu den Optionen der Bevölkerung in der Gesamtstadt sind. Eine Folge dieser ungleichen Verteilung ist, dass Kinder und Jugendliche in **benachteiligten Quartieren** geringere Zugangschancen zu **Sportangeboten** haben und dadurch seltener Sport treiben als Gleichaltrige in Vierteln mit einer sozial besser gestellten Bevölkerung. Dieser Bewegungsmangel ist häufig eine Ursache für Übergewicht bis hin zu Adipositas. Sportentwicklungsplanung verstanden als Teil der Stadtentwicklungsplanung sollte dieser räumlichen Ungleichwertigkeit, die auch Ausdruck schlechterer Lebensverhältnisse ist, gegensteuern (► Kap. 12 und 20). Zur Umsetzung dieses Ziels ist es erforderlich, zunächst die benachteiligten Wohnquartiere zu ermitteln. Hierzu dient die **Sozialraumanalyse**, aus der der Zusammenhang zwischen der Situation der Sportstätten, der Bewegungsräume und der Sozialstruktur der Bevölkerung zu erkennen ist. Eine anschließende **Mängelanalyse** stellt die materiell-objektive Struktur der Ausstattung mit Sportgelegenheiten auf Grundlage der Ergebnisse der Sozialraumanalyse dar. Am Beispiel Bonns skizzieren Robin Kähler und Finja Rohkohl die Vorgehensweise.

Hochwertige Sportstätten oder erfolgreiche Vereine können soziale Wirkungen auf die Bevölkerung der jeweiligen Orte wie die Stärkung des **Zusammengehörigkeitsgefühls** oder der **regionalen Identität** entfalten. Im Beitrag von Paul Gans und Michael Horn wird mithilfe zweier empirischer Studien der identitätsstiftenden Wirkung am Beispiel des Hockenheimrings und des Fußballclubs 1. FC Kaiserslautern (FCK) im Sinne von Raum als soziales Konstrukt nachgegangen (► Kap. 18). Die Bevölkerung Hockenheims beeindruckt durch eine hohe Identifikation mit der Rennstrecke. Sie ist das weltweit bekannte Alleinstellungsmerkmal der Stadt. Trotz kritischer Äußerungen zu den Einschränkungen im Alltag während der Veranstaltungen auf dem Ring vermitteln die Aussagen der Befragten ein Wir- und Zusammengehörigkeitsgefühl und eine enge emotionale Bindung an die Rennstrecke. Im Vergleich dazu ist die Einschätzung des FCK nicht so einhellig. Zwar ist er von großer Bedeutung für die Außenwahrnehmung der Stadt, unter den Befragten vor Ort kristallisieren sich jedoch zwei Positionen heraus. Die einen charakte-

1

risieren den Verein als eine finanzielle Last, die anderen als eine Stärke der Stadt. Im Vergleich zu Hockenheim ist das Wir- und Zusammengehörigkeitsgefühl in Kaiserslautern deutlich schwächer ausgeprägt, die emotionale Bindung der Bevölkerung an den Verein weniger stark und die identitätsstiftende Wirkung geringer als die des Hockenheimrings. Die Ursachen könnten in der Größe, im Prestige und in der Ausstrahlung der jeweiligen Veranstaltungen liegen.

Sportveranstaltungen entwickeln vielfältige **soziale Wirkungen** sowohl auf die jeweiligen Zuschauerinnen und Zuschauer als auch auf die Bevölkerung des Veranstaltungsorts. Am Beispiel der Fußball-WM der Männer 2014 in Brasilien untersuchen Fabio Wagner und Julian Wilsch die Reisemotive deutscher Fußballfans (▶ Kap. 19). Als Hauptanlass nannten diese das Sportevent Fußball-WM, Stadionbesuche und die Unterstützung der Nationalmannschaft. Im Vergleich dazu spielten die Erholung vom Alltag, der Besuch von Sehenswürdigkeiten, das Kennenlernen der Kultur oder des Naturraums in Brasilien eine untergeordnete Rolle. Auch die Art und Weise, wie die Reise organisiert war, verweist auf einen sportorientierten Veranstaltungsurlaub, bei dem es nicht um einen aktiven, sondern vielmehr um einen passiv erlebten Sport mit sozialen Wirkungen wie Unterhaltung, Vermittlung eines Gemeinschaftsgefühls oder Anregung zu eigener sportlicher Betätigung ging.

Planung und Sport

„Sport braucht Räume, ohne Räume kein Sport." Genügen die heutigen **Sportstätten** nach ihrer Struktur, Qualität und Nutzung den zukünftigen Bedürfnissen von Sporttreibenden? Mit dieser zentralen Frage befasst sich Robin Kähler in seinem Beitrag „Sportstättenentwicklungsplanung: Künftiger Sportstättenbedarf unter Berücksichtigung demographischer Veränderungen" (▶ Kap. 20). Der gesellschaftliche, insbeson-

dere der demographische Wandel ändert das **Sportverhalten** der Bevölkerung. An Bedeutung gewinnt der informelle Sport, selbstbestimmt, wenig organisiert, der im Gegensatz zum konventionellen Schul- und Leistungssport weniger auf eine Sportanlage angewiesen ist. Ähnliches trifft auch für den fitness- sowie gesundheitsorientierten Sport älterer Menschen zu. Zeitgleich breiten sich digitale Angebote für sportliche Aktivitäten aus, die auch im privaten Bereich wahrgenommen werden können. Der Bau der heutigen Sportanlagen orientierte sich am Schul- und Leistungssport. Die normierten Sportstätten, Ergebnis einer infrastrukturbezogenen Objektplanung, können die nach Sportform und Raumbedarf vielfältigen Bedürfnisse nicht erfüllen. Die integrierte **Sportstättenentwicklungsplanung** kann hierzu Lösungen entwerfen, die gesellschaftliche Veränderungen sowie die Eigenarten der Kommunen berücksichtigen und das Sportverhalten der Bevölkerung einbeziehen. Ziel ist die Schaffung bewegungsfreundlicher Lebensräume für alle Menschen in der Stadt.

Mit diesem Thema setzt sich auch Holger Kretschmer in seinem Beitrag „Sport und urbanes Grün – Bewegungsraum-Management in der kommunalen Freiraumplanung" auseinander (▶ Kap. 21). Urbanes Grün (Parks, Grünflächen oder Hausgärten) dient vielfältigen Funktionen und wirkt sich auf allen Ebenen der Nachhaltigkeit positiv aus, z. B. Verbesserung der Luftqualität, Stärkung der Wohnattraktivität, Förderung von Erholung und Gesundheit der Bevölkerung. Freiräume werden aber auch von Neubautätigkeit oder Ausbau von Infrastrukturen beansprucht. Sport steht in vielfacher Konkurrenz um Flächen mit verschiedenen Funktionen, und Konflikte sind aufgrund ihrer unterschiedlichen Nutzungsansprüche abzusehen. Urbanes Grün eröffnet den an gesellschaftlicher Bedeutung gewinnenden Sportformen Flächen für sportliche Aktivitäten: Ballspiele, Frisbee, Yoga oder Slacklinen werden auf Grünflächen individuell, in Gruppen und nicht organisiert ausgeübt. Informeller Sport schafft sich neue Sporträume (► Kap. 3 und 4), dringt auf Freiflächen wie nicht genutzte Grundstücke oder Baulücken vor. Zur Lösung plädiert Holger Kretschmer für einen kooperativen Ansatz der **Stadtentwicklung**, der aufgrund der vielfältigen Anknüpfungspunkte des Sports die verschiedenen Bereiche der Stadtplanung in Form einer intersektoralen Zusammenarbeit integriert. Diese ganzheitliche Betrachtung muss flexibel z. B. auf sich ändernde Raumansprüche des Sports reagieren können. Hierzu bildet das **Bewegungsraum-Management** einen politischen Handlungsrahmen, der die Bedeutung von Sport in der Gesellschaft anerkennt.

Sind **Sportgroßveranstaltungen** Impulsgeber für die **Stadterneuerung** der Veranstaltungsorte? Dieser Frage geht Thomas Feldhoff am Beispiel von Tokio nach (► Kap. 22). Die Olympischen Sommerspiele in Tokio 2020/21 wirkten wie die Spiele 1992 in Barcelona oder 2012 in London als Katalysator für eine städtebauliche und infrastrukturelle Erneuerung der japanischen Hauptstadt, deren Entwicklung mit den zur Verfügung gestellten Finanzmitteln und der politischen Unterstützung einen zusätzlichen Anstoß und eine neue Dynamik erfuhr. Ziele waren die Stärkung Tokios im globalen Metropolenwettbewerb und die Verbesserung der Lebensqualität in der Stadt. Die Maßnahmen konzentrierten sich auf Waterfront Development mit Flaggschiff-Hochhäusern, die Schließung innerstädtischer Baulücken durch die Vertikale, die weitere Verbesserung des ÖPNV, Klimaschutz- und Klimaanpassungsmaßnahmen wie das Athletendorf als erste „Wasserstoffstadt" der Welt oder die Begrünung von Gebäudefassaden, Barrierefreiheit im öffentlichen Raum oder die Entwicklung von Nachnutzungskonzepten für neu errichtete Sportstätten. Die Olympischen Spiele bewirkten einen Bedeutungsverlust der Stadterhaltung bei gleichzeitiger Beschleunigung der Transformationsprozesse und den damit

verbundenen Exklusionstendenzen im Rahmen einer **profitorientierten Stadtentwicklung**.

Gabriel Ahlfeldt und Wolfgang Maennig beschäftigen sich in ihrem Beitrag mit den Ausstrahlungseffekten **ikonischer Architektur** am Beispiel von Stadionneubauten (► Kap. 23). Ikonische Gebäude zeichnen sich mit ihrer innovativen und einzigartigen Formgebung durch eine starke symbolische Aufladung aus, steigern die Sicht- und Wahrnehmbarkeit der Stadt, schaffen im Rahmen strategischer Ziele der Stadtentwicklung eine durchaus globale Referenz für Investoren, Touristinnen und Touristen (► Kap. 22). Am Beispiel der Berliner „Olympiahallen", Velodrom und Max-Schmeling-Halle, analysieren die Autoren die Ausstrahlungseffekte auf die städtische Umgebung der Standorte. Ausgangpunkt ist die These „Erhöht sich die Lageattraktivität infolge einer städtebaulichen Maßnahme, so erhöhen sich monetär messbare Werte". Die Grundstückspreise verzeichnen in unmittelbarer Nähe zum Velodrom die höchsten Preisaufschläge, die sich mit zunehmender Distanz verringern. Bei der Max-Schmeling-Halle steigen sie in Form einer Parabel von „unverändert" in unmittelbarer Nachbarschaft bis zu einem Maximum in mittlerer Entfernung. Diesen abweichenden Einfluss auf die Immobilienpreise in der Umgebung der beiden Hallen führen die beiden Autoren auf die unterschiedliche Nutzung der Hallen zurück. Städte sollten bei der Planung eines neuen Stadions Standort und zukünftige Nutzung in ihre strategischen Ziele einbinden.

Sportgroßveranstaltungen lösen kurz- wie langfristige, positive wie negative Wirkungen auf Städte, Regionen und Länder aus. Diese Effekte sollten nachhaltig sein, Innovationen wie die Nutzung digitaler Technologien einführen und ein positives Vermächtnis (*Legacy*) anstreben (► Kap. 8). Strukturen, die für oder während des Events geschaffen werden, sollten nach dem Ereignis noch Bestand haben und insgesamt positive Effekte auf die

Region auslösen. Um dieses langfristige Ziel zu erreichen, wurde das **NIV-Konzept** (NIV = Nachhaltigkeit, Innovation, Vermächtnis) entwickelt, das im Beitrag von Jürg Stettler, Anna Wallebohr und Sabine Müller am Beispiel der FIS Alpinen Ski-Weltmeisterschaften in St. Moritz 2017 mit den vier zentralen Elementen Vision, NIV-Charta, NIV-Projekte und Anspruchsgruppen detailliert vorgestellt wird (▶ Kap. 24). Die Evaluierung der Veranstaltung lieferte wertvolle Erkenntnisse für die erfolgreiche Umsetzung, insbesondere die erforderliche Kooperation der drei wichtigsten Anspruchsgruppen Veranstalter, Vertreterinnen und Vertreter des Austragungsorts und des Verbands, zeigte aber auch Chancen und Grenzen des NIV-Konzepts auf.

1.4   Fazit

Der vorliegende Band gibt einen umfassenden Überblick über die vielfältigen Formen des Sports mit seinen Wirkungen auf Umwelt, Wirtschaft und Gesellschaft. Im Sport vollzieht sich ein Wandel von den traditionell eher leistungsorientierten und von Vereinen organisierten **Sportarten** hin zu individuell inszenierten, trendigen **Sportformen**. Diese Entwicklung führte im Rahmen gesellschaftlicher Änderungen zu neuen Raumansprüchen, die die vorhandenen Sportstätten nicht erfüllen konnten und auf die die Sportentwicklung von Städten und Regionen mit Monitoring und integrativen Planungskonzepten reagieren sollte. Die inhaltliche Breite wird von einer Vielfalt empirischer Forschungsmethoden in den Beiträgen ergänzt. Sie reichen von explorativ qualitativen Studien, mündlichen wie schriftlichen Befragungen, Online-Erhebungen, Auswertungen amtlicher Statistiken bis zur Anwendung von Input-Output-, Wirkungs- oder Sozialraumanalysen sowie mathematisch-statistischen Modellen.

❓ Übungs- und Reflexionsaufgaben

1. Mit welchen Inhalten befasst sich Sportgeographie?
2. Erläutern Sie die Beziehungen zwischen Sport und Raum.

Zum Weiterlesen empfohlene Literatur
Bale, J. (2003). *Sports Geography*. Routledge.

Literatur

Bale, J. (1982). *Sport and place: A geography of sport in England, Scotland and Wales*. Hurst.

Bale, J. (1991). *The Brawn Drain. Foreign student-athletes in American universities*. University of Illinois Press.

Bale, J. (1993a). Cartographic fetishism to geographical humanism: Some central features of a geography of sports. *Innovation, 5*(4), 71–88.

Bale, J. (1993b). *Sport, space and the city*. Routledge.

Bale, J. (1994). *Landscapes of modern sport*. Leicester University Press.

DGfG – Deutsche Gesellschaft für Geographie. (2002). *Grundsätze und Empfehlungen für die Lehrplanarbeit im Schulfach Geographie. Arbeitsgruppe Curriculum 2000+ der Deutschen Gesellschaft für Geographie (DGfG)*. DGfG. https://www.geographie. uni-jena.de/geogrmedia/curriculum2000.pdf. Zugegriffen am 15.11.2022.

Egner, H. (Hrsg.). (2001). *Natursport – Schaden oder Nutzen für die Natur?* Czwalina.

Gans, P., Horn, M., & Zemann, C. (2003). *Sportgroßveranstaltungen – ökonomische, ökologische und soziale Wirkungen. Ein Bewertungsverfahren zur Entscheidungsvorbereitung und Erfolgskontrolle*. (Schriftenreihe des Bundesinstituts für Sportwissenschaft, 112). Hofmann.

Gericke, P., Werth, S., & Zemann, C. (2012). Sportbezogene Arbeitsmärkte in Deutschland. *Geographische Rundschau, 64*(5), 28–34.

Maier, J. (2020). *„Entwicklungskick" – Sporttraum und Sportraum im Wandel. Sozial-kulturelle Veränderungsprozesse des Empowerments durch Frauenfußball an Beispielen aus dem Globalen Norden und Süden*. (Passauer Schriften der Geographie, 31). Selbstverlag Fach Geographie der Universität Passau.

Peters, C., & Roth, R. (2006). *Sportgeographie – Entwurf einer Systematik von Sport und Raum*. (Schriftenreihe „Natursport und Ökologie", 20).

Institut für Natursport und Ökologie der Deutschen Sporthochschule.

Raitz, K. (Hrsg.). (1995). *The theater of sport*. John Hopkins University Press.

Reimann Graf, M. (Juni 2016). Katar: WM der Schande. *Magazin Amnesty*. https://www.amnesty.ch/de/ueber-amnesty/publikationen/magazin-amnesty/2016-2/katar-wm-der-schande. Zugegriffen am 09.11.2011.

Rooney, J. (1974). *A geography of American sport: From Cabin Creek to Anaheim*. Addison-Wesley.

Schüller, T. (September 2022). Mit allen Mitteln. Rheinpfalz am Sonntag, 10./11, S. 9.

Sons, S. (2022). Katar. *bpb: infoaktuell 39*.

Steinberg, G. (2022). Katars Außenpolitik. Entscheidungsprozesse, Grundlinien und Strategien. *SWP-Studien 12*, Berlin.

Suwala, L. (2021). Concepts of space, re-figuration of spaces and comparative research – Perspectives from economic geography and regional economics. *Forum Qualitative Sozialforschung (FQS), 22*(3), 1–48.

Tibbe, H., Wopp, C., Hendricks, A., Klaus, S., Kocks, M., & Zarth, M. (2011). *Sportstätten und Stadtentwicklung*. (Werkstatt: Praxis, 73). Bundesamt für Bauwesen und Raumordnung.

Wardenga, U. (2002). Alte und neue Raumkonzepte für den Geographieunterricht. *Geographie heute, 23*(200), 8–11.

Raum und Sport

Inhaltsverzeichnis

Raum und Räumlichkeit des Sports als gesellschaftliche Praxis

Jochen Laub

Mont Ventoux während der Tour de France 2013. (© Razvan/Getty Images/iStock)

© Der/die Autor(en), exklusiv lizenziert an Springer-Verlag GmbH, DE, ein Teil von Springer Nature 2023
P. Gans et al. (Hrsg.), *Sportgeographie*, https://doi.org/10.1007/978-3-662-66634-0_2

Inhaltsverzeichnis

Einleitung

In der Provence, im Departement Vaucluse, etwa 50 km nordöstlich von Avignon liegt der 1910 m hohe Mont Ventoux. Die weiße Spitze des Berges ist weithin sichtbar und überragt die Umgebung deutlich. Die Erscheinung des Berges wird vom sehr hellen, weißgrauen Kalkgestein geprägt, der das Geröllfeld oberhalb der Vegetationsgrenze dominiert. Diese „Mondlandschaft" gibt dem Berg einen nahezu ikonischen Charakter. Bereits im April 1383 berichtet Francesco Petrarca in einem Brief von der Besteigung des Mont Ventoux. Auch wenn der Berg im Vergleich zu den Gipfeln der Alpen und anderer Gebirge nicht durch seine absolute Höhe beeindruckt, gelten seine Besteigung und der Bericht Petrarcas darüber als eine der Geburtsstunden des Alpinismus (Steinmann, 2004).

Heute ist der Mont Ventoux weltweit bekannt. Dies verdankt er vor allem seiner Rolle bei der Tour de France (Reyna, 2007). Er war Etappenziel, sein Anstieg von Süden Strecke des Einzelzeitfahrens (2013) oder musste von den Fahrern gar mehrfach an einem Tag bewältigt werden (2021). Im Laufe der Jahre bekam er einen fast mythischen Charakter und wird oft als der „mythische Berg" oder der „Gigant der Provence" (Reyna, 2007, S. 400) bezeichnet. Hierbei spielt auch der tragische Tod des Radfahrers Tom Simpson im Jahr 1967 eine Rolle (Burkert, 2013), zu dessen Ehren sich ein Denkmal am Weg an der Südflanke befindet. Sport ist für den Tourismus der Region sehr wichtig. Jährlich kommen etwa 550.000 Besucher auf den Gipfel des Ventoux. Allein mehr als 500 Radfahrer überqueren den Pass täglich (Reyna, 2007, S. 399).

Ob Radfahren, Laufen, Bergsteigen, Klettern, Rudern, Surfen, Triathlon, Fußball, Ringen, Golf oder Schach – der Zusammenhang von Sport und Geographie leuchtet bereits intuitiv ein. Sport als „körperliche Praxis" ist eingebettet in Raum (Peters, 2010, S. 200). Zumeist geht es bei sportlichen Aktivitäten um eine Art **Raumaneignung**, beispielsweise die Überwindung von Distanzen in gewissen Zeiten, das Überwinden räumlicher Hindernisse oder strategische Raumnahmen wie beim Schach. Die Bedeutung von Raum in Form eines „Spielfelds" und die Regelung des Umgangs mit ihm im Regelwerk (z. B. Abseitsregeln im Fußball oder Eishockey) sind grundlegend für alle Sportarten. Sportliche Praxis ist eigentlich immer auch räumliche Praxis (Peters & Roth, 2006, S. 7). Im Vollzug sind Sport und Raum miteinander verbunden. Dies gilt für stark individuelle Aktivitäten (Laufen, Skateboarding etc.), stärker organisierte Aktivitäten (Mannschaftssportarten, Meisterschaften in verschiedenen Sportarten etc.) oder Sportgroßveranstaltungen (Fußball-WM, Olympische Spiele, Marathon-Großveranstaltungen etc.). Sportgeographie steht als interdisziplinäre Perspektive am Schnittpunkt verschiedener Disziplinen, die diese Zusammenhänge untersuchen, vor allem von Geographie und Sportwissenschaft (Peters & Roth, 2006).

Nach einer Zeit der Raumvergessenheit erlebt **Raum** in den Kultur- und Sozialwissenschaften seit etwa 15 Jahren ein Comeback (Schroer, 2005, S. 161). Dieser als *spatial turn* bezeichnete paradigmatische Wandel ist hinsichtlich der Analyse sportlicher Aktivitäten von Bedeutung. Bei der Betrachtung von Sport in den Kultur- und Sozialwissenschaften wird Räumlichkeit als ein Aspekt gesellschaftlicher und kultureller Praxis verstanden. Einerseits hat Raum eine Bedeutung für Sport, andererseits hat Sport auch eine Bedeutung für räumliche Strukturen der Gesellschaft und deren (historische) Entwicklung. Sport kann als Teil unserer Kultur betrachtet werden, der vielseitige Funktionen und Aufgaben hat (Alkemeyer, 2014).

Der Beitrag möchte herausstellen, welche Dimensionen von Sport mit dem Blick durch die Brille verschiedener **Raumkonzepte** Bedeutung erlangen. Warum sind eigentlich

Kenntnisse über verschiedene Raumkonzepte wichtig, um über Sport nachzudenken? Erstens ermöglichen differenzierte Raumbegriffe einen reflektierten Zugang zur Räumlichkeit von Phänomenen. Zweitens kann eine analytische Differenzierung Klarheit darüber erzeugen, wovon in konkreten Diskursen überhaupt die Rede ist. Drittens eröffnen sich bedeutsame Perspektiven für die Betrachtung von Sportarten und -ereignissen.

2.1 Sport aus der Perspektive der Raumkonzeption der Deutschen Gesellschaft für Geographie (DGfG)

In der Problemgeschichte der philosophischen und insbesondere der geographischen Reflexion sind verschiedene Begriffe und Vorstellungen dessen diskutiert worden, was unter Raum verstanden werden kann (Dünne & Günzel, 2006). Für die wissenschaftliche Betrachtung des Zusammenhangs von Sport und Raum bzw. Sport und Geographie können je nach Perspektive und Forschungsfrage sehr verschiedene **Raumkonzepte** relevant sein. Grundlegend für jede Unterscheidung ist die Differenzierung der Drei-Welten-Theorie nach Popper (1987). Er unterscheidet drei ontologische Ebenen: die physisch-materielle Welt (Welt 1), die mentale Ebene subjektiver Wahrnehmungen und Bewusstseinszustände (Welt 2) und die symbolisch-geistige Welt der Begriffe und Theorien (Welt 3). Damit erweitert er die dualistische Vorstellung von physischer Welt (1) und Bewusstseinswelt (2) um die Ebene der Inhalte des Denkens und der Kultur (Welt 3) (Popper, 1987; Weichhart, 2008). Als körperliche Betätigung, mentale Herausforderung, aber auch als soziale Praxis haben sportliche

Aktivitäten einen gesellschaftlichen Hintergrund und sind nur als soziale Praktiken zu verstehen (Bourdieu, 1987, S. 44), die Beziehungen zwischen den Welten herstellen.

Der Beitrag bezieht sich auf die Differenzierung von Raumbegriffen der Deutschen Gesellschaft für Geographie, die auch in der Geographiedidaktik unter der Bezeichnung *Curriculum 2000+* relative Prominenz erhielt (DGfG, 2002). Dabei werden vier unterschiedliche Perspektiven auf Raum eröffnet. Die **Raumkonzepte** sind mit verschiedenen möglichen Betrachtungsweisen verbunden und auch untereinander kombinierbar (Wardenga, 2002). In ihnen sind die von Popper (1987) differenzierten Welten erkennbar. Andere Systematisierungen zeigen die sozialgeographischen Lehrbücher von Fliedner (1992) und Weichhart (2008) oder die Einführung in die Kulturgeographie von Lossau (2014). Zudem entwickeln sich systematische Auseinandersetzungen mit Raumbegriffen hinsichtlich deren Bedeutung für bestimmte Sportarten, z. B. Wilhelm (2018) für Fußball, Kilberth (2021) für Skateboarding (▶ Kap. 4), Egner et al. (1998) für Natursportarten (▶ Kap. 3). Einen sehr umfassenden systematischen Überblick über Raumbegriffe der **Sportgeographie** geben Peters und Roth (2006).

Die vier **Raumkonzepte der DGfG** sind nicht nur analytisch zu trennen, sondern auch als historische Abfolge zu begreifen. Das sich verändernde Verständnis von Raum ist eng mit dem Paradigmenwandel geographischen Denkens verbunden (Eisel, 1980; Werlen, 1995; Wardenga, 2002; Weichhart, 2008). Die fachhistorische Entwicklung der Geographie zeigt zunächst eine Dominanz länderkundlicher Ansätze. Das Aufkommen systemfunktionalistisch-relationaler Raumkonzepte ist mit der zunehmenden Bedeutung des raumwissenschaftlichen Paradigmas nach dem Kieler

Geographentag im Jahr 1969 verbunden. Die inhaltlich und methodisch stark quantitative Ausrichtung zielt darauf ab, Raumgesetze zu erkennen (Fliedner, 1992; Werlen, 2000). Mit der zunehmend sozial- und kulturwissenschaftlichen Betrachtung seit den 1980er-Jahren wendete man sich vom raumwissenschaftlichen Zugang ab (Eisel, 1980). Die Perspektive ging hin zum Menschen und nahm zunächst das Individuum und dessen Wahrnehmung (Perzeption) in den Blick. Man orientierte sich dabei an psychologischen Ansätzen (Werlen, 2000). In der weiteren Entwicklung erlangten sozial- und kulturwissenschaftliche Konzepte zunehmend an Einfluss. Der wachsenden Bedeutung sprachlicher und medialer Repräsentationen von Raum für die räumliche Praxis der Gesellschaft tragen aktuell Ansätze der Neuen Kulturgeographie Rechnung (Werlen, 2000; Freytag, 2014). Diese betrachten die Repräsentationen von Räumen in sprachlichen und bildlichen Aushandlungsprozessen, deren Bedeutung für die gesellschaftliche Produktion von Raum und die dabei relevanten Machtverhältnisse (Freytag, 2014). Auch für sportgeographische Fragestellungen sind die Images von Räumen relevant (▶ Kap. 13), wie Hürthen (2007) an der Bedeutung des Images von Mallorca für den Radtourismus ausführt.

Die Konzentration auf bestimmte **Raumkonzepte** stellt eine Komplexitätsreduktion dar (Wardenga, 2002; Hoffmann, 2011), die mit Vor- und Nachteilen verbunden sein kann. Im Sinne einer Einführung in eine Thematik kann die Reduktion der vereinfachenden Strukturierung dienen und eine systematische Einnahme veränderter Perspektiven ermöglichen (Hoffmann, 2011). Die vier Raumkonzepte der DGfG stellen aber, dies sei hier betont, keinesfalls das einzige Schema zur Ordnung von Raumbegriffen dar. Gerade im Hinblick auf die jüngere Diskussion in der *new cultural geography* muss etwa auf die Unterscheidung von **space** und **place** hingewiesen werden (Vertinsky & Bale, 2004). *Space* bezieht sich auf einen geometrisch-abstrakten Raum, *place* als ganzheitliches phänomenologisches Verständnis von Raum auch auf die Sinnstrukturen, die mit Raum verbunden werden (Freytag, 2014, S. 16). Auf *space* beziehen sich somit stärker die ersten beiden, auf *place* eher die beiden letzteren Raumkonzepte der DGfG.

2.2 Die Geographie des Sports und der Raum als Container

Häufig stellen sich Menschen unter Raum einen dreidimensionalen Ausschnitt der Erdoberfläche vor. Räume sind dabei sehr eng mit physisch-materiellen Gegebenheiten verbunden (Wardenga, 2002). Diese Vorstellung wird als **Containerraum** bezeichnet und zeigt sich uns auch in Alltagserfahrungen. Auf (Welt-)Karten beispielsweise finden sich mehrere solcher Containerräume als Staaten nebeneinander. Diese sind durch Grenzen gekennzeichnet, die zwischen innen und außen unterscheiden (Freytag, 2014, S. 14; ▶ Kap. 5). Solche Grenzen können physisch-materielle Entsprechungen haben, müssen es allerdings nicht und müssen auch nicht mit staatlichen Grenzen zusammenfallen. Weichhart (2008) differenziert zwischen dem konkreten Erdraumausschnitt, der im Container enthalten ist, und der Struktur des Containers selbst. Diese betrachtet Weichhart (2008, S. 78) als eigenständige ontologische Struktur („Haferl"), die auch ohne Inhalt besteht.

Die **Raumausschnitte** (Container) sportgeographischer Untersuchungen sind meist nicht abstrakt, sondern beziehen sich auf konkret bestehende Räume und auf die Beschreibung von Gegebenheiten innerhalb dieser Räume (▶ Kap. 20 und 21). Die Konzeption des Containerraums zeigt sich in der Geschichte der Geographie lange Zeit als das dominierende Raumkonzept (Wardenga, 2002). Für die zugehörigen Ansätze ist der deskriptive Zugang zu Raum charakteristisch. Beobachtungen der verschiedenen geographischen Ebenen (Klima, Geomorphologie, Bodenkunde, Vegetations-, Bevölkerungs-, Siedlungs-, Verkehrsgeographie etc.) werden beschreibend zusammengestellt, um einen konkreten Erdraumausschnitt zu erfassen. Klimatische, biogeographische (z. B. Vegetation), demographische, wirtschaftliche und nicht zuletzt topographische Eigenschaften eines Raums haben starken Einfluss auf Sportarten, die ausgeübt bzw. in einigen Fällen nicht ausgeübt werden können. Windsegeln kann man typischerweise dort, wo auch Wind herrscht, Gleitschirmfliegen nur dort, wo Thermik, Topographie und Bebauung es erlauben (▶ Kap. 11 und 22). In klassischen (kultur-)geographischen Betrachtungen werden die Entwicklungen bestimmter Sportarten historisch mit den Eigenschaften bestimmter Landschaften verbunden. Als Beispiele können etwa die Skilanglaufdisziplinen in Skandinavien gelten. Umgekehrt wird die Fußball-WM in Katar häufig vor dem Hintergrund der klimatischen Situation kritisiert, weil man die Stadien kühlen muss und dies einen enormen energetischen Aufwand bedeutet (▶ Kap. 9).

Auf den Raum des Mont Ventoux bezogen, zeigen sich exemplarisch die klimatische, die vegetationsgeographische, die geologische und die siedlungsbezogene Struktur

◘ **Abb. 2.1** Der Mont Ventoux. (© ChristiLaLiberte/Getty Images/iStock)

als relevant. Das sommertrockene mediterrane Klima mit dem Einfluss des Mistrals, der für enormen Wind sorgen kann, die an diese Bedingungen angepasste Vegetation (Macchien, Lavendel), die typischen Kalkgesteine, die oberhalb der Vegetationsgrenze zu erkennen sind (Rettstatt, 2010), bilden die Kulisse für die Entwicklung der sportlichen Betätigung in der Region (Kapiteleröffnungsbild; ◘ Abb. 2.1). Das **Raumkonzept des Containers** erlaubt es, einen ganzheitlich-beschreibenden Blick auf den konkreten Raumausschnitt „Mont Ventoux" zu werfen. Im Sinne des idiographischen Verfahrens wird dabei mehr auf die Besonderheit der Region abgehoben als allgemein gültige Gesetzmäßigkeiten abzuleiten.

Eng mit dem **Containerraum** ist das Konzept der **Landschaft** verbunden. Die Verbindung geht bis auf Petrarcas Bericht der Besteigung des Mont Ventoux zurück. Im Moment seines Blicks vom Gipfel beschreibt Petrarca (2004) seinen ganzheitlichen Eindruck seiner Umgebung und liefert damit eine erste Beschreibung der Landschaft im modernen Sinn (Küster, 2012, S. 25). Die Entstehung des Landschaftsbegriffs selbst ist damit zentral mit der Verbindung körperlicher und sinnlich-ästhetischer Wahrnehmung verbunden, wie sie für sportliche Betätigung typisch wird. Dies verdeutlicht, wie eng die Entwicklung von Sport mit unserer kulturellen Räumlichkeit verbunden ist.

Auch im Denkschema der Landschaftsgeographie werden Räume als Behälter (Container) betrachtet, in denen alles enthalten ist: das Gestein, das Klima, die Oberflächenformen, die Böden, die Gewässer, die Pflanzen, die Tiere und die Menschen sowie deren Siedlungen, Verkehrswege und andere Strukturen (Wardenga, 2002). Jeder einzelne dieser Räume bildet für die Landschaftsgeographie eine real existierende Ganzheit, wobei ihm die Aufgabe zufällt, diese Ganz-

heit in ihrer unverwechselbaren Einmaligkeit zu beschreiben und zu erklären. Als **Landschaft** wird ein Raum einzigartiger Kombination geofaktorialer Merkmalsausprägungen in einem abgrenzbaren Erdraumausschnitt verstanden (Werlen, 2000). Der „individuelle Totaleindruck" der Landschaft ist für die ästhetische Bedeutung der Umgebung bei sportlichen Aktivitäten ein wichtiger Aspekt. Dies gilt insbesondere für Natursportarten (Egner, 2001) und Sportarten mit *green tendencies* (Bale, 2003) wie Radfahren. In der Sportgeographie hat sich insbesondere der Begriff der *sportscape* (Sportlandschaft) herausgebildet (▶ Box 2.1, ▶ Kap. 3).

Box 2.1 *Sportscape*

Unter *sportscape* versteht Bale (2000) eine Landschaft, die von ihrer Nutzung als Raum für Sport geprägt ist. *Sportscape* kann heute als Sammelbegriff verschiedener Konzepte gelten. Ursprünglich waren zwei grundlegende Eigenschaften für Sportlandschaften charakteristisch: einerseits die kulturelle Überprägung von Räumen für sportliche Praxen, andererseits die klare Abgrenzung der Räume (etwa Stadien). Hinsichtlich der Permanenz der Prägung des Raums durch Sport zeigt sich der Begriff als sehr variabel. *Sportscapes* können sowohl völlig überformte Räume, wie Golfplätze oder Fußballstadien, als auch nur kurzzeitig durch Veranstaltungen, wie große

Stadtmarathons, beeinflusste Räume sein (Hürthen, 2007, S. 23). Bale (2003) beschreibt die zunehmende Standardisierung von Sport als einen Ausgangspunkt der Abgrenzung und Überprägung von Sportlandschaften. Es zeigen sich allerdings auch Gegenbewegungen, wie Natursportarten (▶ Kap. 3), Wandern oder Radfahren, die sich eher durch Entgrenzung auszeichnen (Bale, 2003; Hürthen, 2007). So können auch relativ unberührte Landschaften als *sportscapes* etwa von Natursportarten betrachtet werden, auch wenn hier weder eine starke Überprägung noch eine klare Abgrenzung der Sportstätten besteht (Hürthen, 2007).

2

Wettkämpfe, die auf der Ebene von Nationalmannschaften ausgetragen werden, offenbaren das Konzept des **Containerraums** in Bezug auf Nationalstaaten (▶ Kap. 9 und 22). Auch im Hinblick auf nationale Ligen, wie etwa die Bundesliga, ist der Containerraum ausschlaggebend. Anhand seiner Grenzen wird deutlich (▶ Kap. 5), welcher Verein etwa in der Bundesliga, welcher in der französischen Ligue 1 spielt. Kompliziert wird es, wenn Spielerinnen oder Spieler mehrere Staatsangehörigkeiten besitzen. Dann kann die Zuordnung zu einem Nationalteam nicht eindeutig sein und hängt auch von der Entscheidung der Sportlerin oder des Sportlers ab. Eine weitere Problematik des Konzepts des Containerraums ist die Vorstellung von interner Homogenität im betreffenden Raum. Da vor allem typische Eigenschaften betrachtet werden, werden diese auf den gesamten Raum übertragen. Dies zeigt sich auch im Landschaftsbegriff. Die Heterogenität innerhalb der gezogenen Grenzen gerät dabei aus dem Blick (Freytag, 2014, S. 15).

2.3 Sport im Raum als System von Lagebeziehungen

Mit der Entwicklung komplexer funktionsbezogener Betrachtungsweisen innerhalb der Geographie, wie vor allem in der Raumwissenschaft seit den 1970er-Jahren vorangetrieben, wurde das Konzept des Containerraums zunehmend abgelöst. Ins Zentrum der raumwissenschaftlichen Erklärungsversuche rückten die Strukturen von Räumen. Verflechtungen und Relationen von Orten und materiellen Objekten wurden immer stärker zum Gegenstand geographischer Forschung, die nun auf Modellierung und kausale Erklärungen räumlicher Strukturen abzielte (Werlen, 2000; Weichhart, 2008). Die raumwissenschaftliche Geographie entwickelte Raumkonzepte, die der funktionalen bzw. **systemtheoretischen**

Betrachtung physischer und sozialer Strukturen und Vorgänge Rechnung tragen konnten. Dabei wird Raum als System von Lagebeziehungen verstanden. Die raumwissenschaftlichen Ansätze versuchen Gesetzmäßigkeiten im Raum zu bestimmen und greifen auf ein **relationales Konzept** zurück (Weichhart, 2008, S. 80). Den Elementen des Raums kommt dabei die zentrale Bedeutung zu „Raumbildner" zu sein, „sie schaffen die Ordnung" (Fliedner, 1992, S. 139). Absolute Distanzangaben als Erklärung wurden in der Entwicklungsgeschichte zunehmend von Relationen zwischen Orten oder Elementen ersetzt, denn, so die Erkenntnis, die Beschreibung und Erklärung von räumlichen Verteilungsmustern und ihren zeitlichen Veränderungen betreffen nicht allein die Entfernung zweier Orte, charakterisiert durch die räumliche Nähe, sondern auch die Intensität von Beziehungen zwischen diesen beiden Orten, wie Verkehrsströme oder Wanderungsverflechtungen (Werlen, 2000, S. 202 ff.). In der Sportgeographie zeigen viele gängige Untersuchungen zur Herkunft von Touristen und Touristinnen (▶ Kap. 19), ökonomischen Verflechtungen oder einfach räumlichen Infrastrukturen, die mit Sport verbunden sind, das Konzept des Raums als System von Lagebeziehungen (▶ Kap. 15). Von einer bestehenden gesellschaftlichen Wirklichkeit ausgehend werden mithilfe von Distanzen, Relationen und Lagebeziehungen zwischen Orten und Objekten beobachtete räumliche Zusammenhänge aufgezeigt und erklärt (Wardenga, 2002). Dies kann sich in vielfältiger Art auf Sportstätten beziehen. So können etwa Distanzen von Fußballstadien zu Städten, deren Anbindung an Verkehrsinfrastrukturen oder die Einzugsgebiete von Fanclubs oder Veranstaltungen betrachtet werden.

Dieses Raumkonzept kann auf unterschiedliche Ebenen bezogen auf einzelne Räume angewendet werden. Der Mont Ventoux beispielsweise ist ein Magnet für Sporttouristen. Die Bedeutung, die der Berg aufweist, zeigt sich auch aufgrund seiner exponierten Lage. Die knapp über 1900 m Höhe stellten in den Alpen wohl keine Besonderheit dar. In der Provence allerdings ist der Mont Ventoux aufgrund seiner Höhe weithin die höchste Erhebung. Diese Lagebeziehung kann als ein Ausgangspunkt der Bedeutung betrachtet werden, die dem Berg heute auch auf medialer Ebene (▶ Abschn. 2.5) zukommt. Auch zeigt sich das Profil des Mont Ventoux als besonders interessant für den Radsport. Der 21 km lange Anstieg von Bedoin weist einen Höhenunterschied von ca. 1550 Höhenmetern auf. Das Profil mit einer durchschnittlichen Steigung von 7,3 % zeigt sehr steile Abschnitte bis zu 10,2 % (◻ Abb. 2.2).

Aufgrund seiner Lage weist der Mont Ventoux eine weitere besondere Situation auf. Er erhebt sich über die lokale

Vegetationsgrenze und zeigt daher das typische Bild der Spitze aus weißgrauem Kalkstein. Neben der Erhebung spielt auch die Lage innerhalb der Siedlungs- und Verkehrsstrukturen eine bedeutende Rolle für sportgeographische Betrachtungen. So stellt die Erreichbarkeit der Bergspitze für Touristinnen und Touristen wie Radfahrerinnen und Radfahrer ein zentrales Interesse der Sportgeographie dar. Solche touristischen Strukturen können über Raum als System von Relationen verstanden werden. Das **Netzwerk** aus Reisenden zeigt sich gerade am Mont Ventoux als sehr stark durch den Berg und seine sporttouristische Anziehungskraft beeinflusst. Im Vergleich zu benachbarten Regionen zeichnet sich das Gebiet um den Mont Ventoux gerade nicht durch Museen und Kulturveranstaltungen aus (Reyna, 2007). Touristinnen und Touristen geben in der Umgebung des Bergs täg-

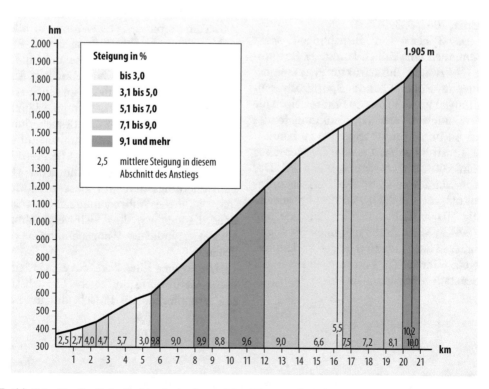

◻ **Abb. 2.2**   Das Profil der Radstrecke hoch zum Mont Ventoux, Südseite ab Bedoin. (Nach CC BY-SA 3.0;
▶ https://commons.wikimedia.org/w/index.php?curid=6927870)

2

lich etwa 30 € aus, was deutlich weniger ist als in den benachbarten Regionen (etwa 50 € täglich in Avignon oder etwa 40 € täglich in Luberon; Reyna, 2007, S. 397). Tourismus stellt den zweitwichtigsten Wirtschaftsfaktor der Region dar. Bezeichnend ist etwa die Tatsache, dass auch an einem gewöhnlichen Tag Sportfotografen am Pass sind, um Radfahrer, Läufer und Wanderer zu fotographieren (Pyrolirium, 2015). Dabei führen nur drei Straßen auf den Mont Ventoux. Die Routen von Süden und Nordwesten sind die auch von der Tour de France bekannten Radstrecken auf den Berg (Kapiteleröffnungsbild). Trotz der schwierigen Erreichbarkeit des Mont Ventoux kommen jährlich 642.000 Besucherinnen und Besucher in das Gebiet um den Berg und verbringen hier 3,1 Mio. Übernachtungen (Reyna, 2007, S. 397). Sie stammen mehrheitlich aus Frankreich (53,5 %), gefolgt von Großbritannien, Belgien, Deutschland, Italien, der Schweiz und den Niederlanden (Reyna, 2007, S. 398).

Als System von Beziehungen spielt Raum auch hinsichtlich konkreter Strukturen (Netzwerke, Infrastruktur etc.) eine bedeutende Rolle. Gerade Sportgroßveranstaltungen wie die Tour de France zeigen die Notwendigkeit, auf ein funktionierendes Netz an Infrastruktur zugreifen zu können. Der Tourtross umfasst etwa 6000 Menschen (Gohr, 2004, S. 5; ▶ Kap. 8, 9 und 22). Der Berlin-Marathon stellt die Verkehrsinfrastruktur vor die Herausforderung, gleichzeitig 50.000 Teilnehmende, Helfende und bis zu 1 Mio. Zuschauerinnen und Zuschauer in der Stadt zu bewegen und zu versorgen, während der Lauf auf 42 km in der Innenstadt für Sperrungen sorgt.

2.4 Sport im wahrgenommenen Raum

Wenn wir Sport treiben, spielt unsere körperliche und geistige Erfahrung der Umgebung eine wichtige Rolle. Die Kategorie „Wahrnehmung" des Raumkonzepts fokussiert auf den Menschen und dessen **Wahrnehmung des Raums**. Damit rücken nun weniger Strukturen oder der Raum selbst als Gegebenheit, sondern die subjektiven Erfahrungen in einem Raum in den Blickpunkt. Die Perspektive bezieht sich auf die Mikroebene und die individuelle Wahrnehmung, wie sie in psychologischen Betrachtungen etwa in der *behavioral geography* Grundlage ist. Popper (1987) bezeichnet diese Bewusstseinsebene als Welt 2 (Weichhart, 2008, S. 91). Dieses Raumkonzept gewinnt vor dem Hintergrund sozialpsychologischer Ansätze der 1970er- und 1980er-Jahre an Bedeutung. Grundsätzlich sind diese mit einem konstruktivistischen Grundgedanken verbunden. Es werden vor allem wahrgenommene Empfindungen von Räumen wie Gerüche, Geräusche und andere sinnliche Wahrnehmungen betrachtet. Auch Gefühle und Erinnerungen spielen hierbei eine Rolle. In der Sportgeographie können diese etwa Perzeptionen von Besucherinnen und Besuchern von Veranstaltungen auf der Rennstrecke des Nürburgrings (▶ Kap. 18) oder des Marathons in Berlin sein. Man sieht allerdings durchaus, dass viele Menschen ähnliche Wahrnehmungen aufweisen oder diese teilen, dass also vergleichbare Muster räumlicher Wahrnehmungen vorliegen.

Die eigenen Eindrücke, das eigene ästhetische Gefühl und der eigene Geruchssinn sind grundlegend für Entscheidungen über

Räume, in denen man Sport treiben möchte. Auch die Wahrnehmung während der sportlichen Betätigung ist wichtig. So zeigen sich individualisierte Sportarten wie Laufen, Triathlon, aber auch Wandern sehr stark von den sinnlichen Empfindungen der Umgebung geprägt. Gerade Natursportarten sind an eine bestimmte Wahrnehmung der Natur gebunden (Egner, 2001). Die Orte, an denen diese Sportarten durchgeführt werden, dienen als Kulisse für sportliche Praxis (► Kap. 3 und 4). Sportveranstaltungen profitieren gerade davon, spektakuläre Kulissen zu bieten (► Kap. 18), wenn sie bei Teilnehmerinnen und Teilnehmern das Gefühl unterstützen können, besonders schöne oder außergewöhnliche Momente zu erleben.

Dies trifft auch auf den Mont Ventoux zu. Wie dieser von Sportlerinnen und Sportlern wahrgenommen wird, bezieht sich zunächst auf unterschiedliche sinnliche Wahrnehmungen, wie Gerüche, Hitze oder den Wind. Insbesondere der Geruch des Lavendels (◘ Abb. 2.1), die Rückstrahlung von den vegetationsfreien Geröllfeldern und Straßen sind im Sommer Ausgangspunkt für typische Beschreibungen individueller Eindrücke während der Auffahrt (◘ Abb. 2.3). Das Gefühl des Erhabenen, das sich beim Aufstieg einstellt, wenn der weite Blick bis zu den östlichen Alpengipfeln und dem südlich gelegenen Mittelmeer reicht, findet

sich auch in Petrarcas (2004, S. 17) Bericht. Grundsätzlich kann die subjektive Wahrnehmung eines Raums durchaus durch mediale Repräsentationen beeinflusst sein (► Abschn. 2.5).

Große Laufveranstaltungen sowie Triathlons werden hinsichtlich der Wahrnehmung der Teilnehmerinnen und Teilnehmer evaluiert und verändert (► Kap. 12). Die subjektiven Wahrnehmungen während des Köln Marathons sind ein Beispiel hierfür (Wiktorin, 2004, S. 18 f.). Die Ergebnisse der Erhebungen können zentrale Ansatzpunkte der Planung zukünftiger Veranstaltungen ergeben (► Kap. 24).

2.5 Sport und Raum als soziale Konstruktion

Der Mont Ventoux wird häufig als „mythischer Berg" (Reyna, 2007) bezeichnet. Insgesamt werden dem Berg sehr verschiedene Attribute zugeschrieben. Teilweise hängen diese stark mit seinen physischen Eigenschaften zusammen („der windige Berg", „Gigant der Provence", „Mondlandschaft"). Die Zuschreibungen finden sich auf der sprachlichen oder auf der bildlichen Ebene und werden in Medien etabliert und weitergeführt. Als sprachliche Mittel verstanden zeigen sie stark überzeichnende und gar überhöhende Eigenschaften („Höllenberg", Burkert, 2013). Insbesondere die Perspektive der neuen Kulturgeographie betrachtet, wie räumliche Phänomene dargestellt werden (sprachlich, visuell, medial etc.) und wer dabei in welcher Weise Einfluss auf diese Repräsentation nimmt. In der Tradition von Gregorys „imaginierte[n] Geographien" (Bale, 2003, S. 160) bezieht sich diese Perspektive vor allem auf die Konstruiertheit der geographischen Zuschreibungen (Peters & Roth, 2006, S. 84). Dies unterscheidet sie grundsätzlich von „kognitiven Landkarten" des wahrgenommenen Raums. **Raum als soziale Konstruktion** meint nicht selbst er-

◘ **Abb. 2.3** Der Aufstieg zum Mont Ventoux aus der Perspektive von Radfahrerinnen und Radfahrern. (© Razvan/Getty Images/iStock)

2

fahrenen Raum, sondern mediale Repräsentationen von Raum. Gerade mit Blick auf die wachsende Bedeutung des Tourismus in den Sommermonaten in den Alpen zeigt sich die Tour de France als sehr wichtiger Bestandteil des Markenimages von Alpenorten und Regionen, wie etwa Alpe d'Huez (Gohr, 2004).

Sport ist Teil unserer gesellschaftlichen und kulturellen Praxis und reicht über den eigenen Bedeutungsrahmen als Spiel und Wettkampf auch hinsichtlich seiner Räumlichkeit weit hinaus. Sport ist immer auch politisch (Heckemeyer & Schmidt, 2019, S. 4). Dass die sprachlich symbolische Ebene auch mit Blick auf **gesellschaftliche Wahrnehmung von Sport** eine erhebliche Rolle spielt, zeigt beispielsweise die Diskussion um die Farbgebung der Allianz Arena zum EM-Qualifikationsspiel der Deutschen Fußball-Nationalmannschaft 2020 gegen Ungarn (🔲 Abb. 2.4).

Betrachten wir die gesellschaftlichen Debatten über die Austragung der Olympischen Winterspiele in China (▶ Kap. 7), der Fußball-Weltmeisterschaft 2022 in Katar (▶ Kap. 9) oder die Beleuchtung der Allianz Arena in Regenbogenfarben als symbolische Solidaritätserklärung mit der LGBTIQ-Bewegung, so wird deutlich, dass auch die Räumlichkeit des Sports eine gesellschaftliche Dimension hat. Sport war immer schon ein Mittel kultureller Repräsentation (▶ Kap. 23). Große internationale Sportveranstalt-

ungen haben eine Bedeutung bei der kulturellen Selbstvergewisserung von Gesellschaften. Bourdieu (1998, S. 125) hebt diese Dimension in seiner Betrachtung der Olympischen Spiele hervor. Ihm zufolge muss es darum gehen, nicht nur die Ergebnisse sportlicher Wettkämpfe, sondern Sport als Ganzes, als gesellschaftliche Praxis, genauer als „Kommunikationsinstrument", zu betrachten. Gerade hinsichtlich der Olympischen Spiele verweist er auf den engen Bezug zu Nationalstaatlichkeit und den nationalen Wettkampf, der ihm für die soziale Reproduktion **nationalstaatlicher Identifikation** zentral erscheint. Aber auch die räumlichen Manifestationen und Artefakte der sportlichen Praxis einer Gesellschaft haben geographische Relevanz. Insbesondere während des Kalten Kriegs wird die politische Bedeutung von Sport und dessen Räumlichkeit erkennbar (Peters & Roth, 2006). Expeditionen in den Himalaya und historische Erstbesteigungen spiegeln dies wider, so etwa die deutsche Himalaya-Expedition und die Erstbesteigung der Eiger-Nordwand (Peters & Roth, 2006, S. 54). Das Raumkonzept „Raum als soziale Konstruktion", wie es die DGfG ausweist, bezieht sich auf die Repräsentation von Räumen in Medien gesellschaftlicher Kommunikation. Bezogen auf die Räumlichkeit des Sports kann dabei auch als relevant gelten, wie in einer Gesellschaft über regionale Vereine (▶ Kap. 13 und 18) oder Sportstätten (▶ Kap. 23) gesprochen wird oder wie räumliche Aspekte bei der Besprechung von Sportarten thematisiert werden. Gerade am Beispiel des Mont Ventoux zeigen sich Zusammenhänge und Reichweite dieser sozialen Konstruktion. Allerdings ist gerade am Beispiel des Mont Ventoux zu erkennen, dass die soziale Konstruktion des Raums nicht eindimensional betrachtet oder stark vereinfacht werden darf. Das **Image** eines Raums ist hochkomplex und multidimensional (▶ Kap. 13). Ein Image spiegelt nicht lediglich objektive

🔲 **Abb. 2.4** Allianz Arena in Regenbogenfarben. (© anahtiris/Getty Images/iStock)

Sachverhalte wider. Besondere Akzentuierungen und Betonungen, aber auch Ausklammerungen sind dabei zentral. Images bestehen in verschiedenen Gruppen in verschiedenem Maße und mit unterschiedlichen Akzenten (Hürthen, 2007, S. 39). Dieser Sachverhalt lässt sich auch mit Realitätsdistanz des Images erläutern (Eck, 1986). Aus der Perspektive von Radfahrern hat die Insel Mallorca beispielsweise eine andere Bedeutung als für andere Besucherinnen und Besucher (Hürthen, 2007).

2.6 Fazit

Als soziale Praxis ist Sport bzw. sind sportliche Ereignisse sowohl Ergebnis als auch Ausgangspunkt räumlicher Strukturen der Gesellschaft (▶ Box 2.2). Sportliche Praxen können in verschiedener Hinsicht als raumwirksam bezeichnet werden: von der Nutzung von Naturräumen für Individualsportarten (▶ Kap. 3) über die Konstruktion sozialer Räumlichkeit des Sports (▶ Kap. 4) bis hin zum Bau von Sportstätten (▶ Kap. 23),

die als räumliche Artefakte der gesellschaftlichen Praxis alltäglichen Geographie-Machens (Werlen, 2000) verstanden werden können. Verschiedene Raumbegriffe, wie sie von der DGfG formuliert wurden, helfen, die Beziehung von Sport und Raum differenziert zu betrachten und ganz verschiedene räumliche Aspekte von Sport analytisch zu greifen.

Die Trennung der Raumbegriffe hilft zu erkennen, welches Verständnis bzw. welche Verständnisse von Raum und welche Perspektiven auf Raum in der jeweiligen Betrachtung der sportlichen Praxis eine Rolle spielen, auch wenn dabei Aspekte verschiedener Raumbegriffe miteinander verbunden sind. Die didaktische Bedeutung resultiert nicht zuletzt aus der Tatsache, dass Lernenden erkennbar gemacht werden kann, „dass ein Weltbild nicht einfach ein Spiegel der äußeren Welt ist, sondern objektiv und subjektiv gebrochene Wahrnehmung" (Rhode-Jüchtern, 1996, S. 56). Im Unterricht müssen die „Dinge" nach allen Seiten gedreht, Informationen aus verschiedenen „Fenstern" entnommen werden.

Box 2.2 Fragen der Sportgeographie vor dem Hintergrund verschiedener räumlicher Konzepte	
Raum als Container	**Raum als System von Lagebeziehungen**
Bezug: **Für Sport(-stätten) relevante Merkmale des Raums auf verschiedenen Ebenen des Containerraums**	Bezug: **Für Sport(-stätten) relevante Relationen auf verschiedenen Maßstabs- und Systemebenen**
Beispiele: Klimatische Bedingungen bei Wettkämpfen (Ironman Hawaii), Bedeutung der Landschaft (Trailrunning, Wandern, Bergsteigen, Segeln)	Beispiele: Verkehrsanbindung von Stadien, regionales Fanpotenzial für Vereine, Herkunft der Teilnehmerinnen und Teilnehmer, Höhenmeter auf Wettkampfstrecken
Fragen: Welche Eigenschaften eines Raums können auf verschiedenen Ebenen (Geologie, Geomorphologie, Vegetation, Klima, Siedlungsstruktur etc.) beschrieben werden? Welche Eigenschaften spielen für Sport eine Rolle (Temperatur, Einstrahlung oder Höhe)?	Fragen: Wie ist die Anbindung/Erreichbarkeit von Sportstätten? Welche wirtschaftliche Bedeutung hat der Sporttourismus für die Region? Wie sind Einzugsbereiche von Sportstätten? Wie ist die Lage in einem übergeordneten Bezugssystem/-raum (z. B. Höhenunterschiede)?

2

Wahrgenommener Raum	Raum als soziale Konstruktion
Bezug: **Wahrnehmung des Raumes durch verschiedene Akteure und Akteursgruppen**	Bezug: **Kritische Analyse der medialen Repräsentation des Raums/von Räumen sportlicher Praxis**
Beispiele: Wahrnehmung von Räumen bei individuellem Sporttreiben oder bei organisierten Sportveranstaltungen (Tour de France, Köln-Marathon), Wahrnehmung von Räumen aufgrund historischer Sportveranstaltungen (Olympiapark München, Wembley Stadium, Matterhorn)	Beispiele: Bedeutungszuschreibung zu Räumen (Mont Ventoux), große Gipfel und Wände der Alpen (Eiger-Nordwand, Matterhorn), besondere Sportstätten (Wimbledon, Wembley-Stadion), Zuschreibungen von Fankulturen, Bedeutung der Ausrichtung von Wettkämpfen auf der symbolischen Ebene (Olympische Spiele)
Fragen: Wie nehmen Sporttreibende selbst/Zuschauende einen Raum wahr? (z. B. Stadion, Marathonstrecke, Mont Ventoux)? Welche Wahrnehmungen sind für die Verortung von Sport bedeutend (z. B. Naturnähe)?	Fragen: Wie werden Räume sportlicher Praxis sozial/medial konstruiert/repräsentiert? Welche Zuschreibungen zu Räumen bestehen im Zusammenhang mit Sport? Wie werden Räume bewertet? Wie werden Räume für symbolische Kommunikationen gestaltet (Olympiastadion Berlin)? Wie lassen sich Spannungsfelder räumlicher Konstruktion in die Planung räumlicher Anlagen konzeptuell einbeziehen (Kilberth, 2021)?

❓ **Übungs- und Reflexionsaufgaben**

1. Erläutern Sie die Bedeutung der Raumkonzepte am Beispiel einer selbst gewählten Sportart und deren Sportstätten.

2. „Unter den Bedingungen der digitalisierten Informationsgesellschaft kommt der sozialen Konstruiertheit des Raums zunehmend Bedeutung bei." Erläutern Sie die Aussage in Bezug auf Sporträume und nehmen Sie Stellung.

Zum Weiterlesen empfohlene Literatur
Kilberth, V. (2021). *Räume für Skateboarding zwischen Subkultur und Versportlichung*. Transcript.
Peters, C., & Roth, R. (2006). *Sportgeographie – Entwurf einer Systematik von Sport und Raum*. (Schriftenreihe „Natursport und Ökologie", 20). Institut für Natursport und Ökologie der Deutschen Sporthochschule.

Literatur

Alkemeyer, T. (2014). Editorial zum Themenheft – Sport als kulturelle Praxis. *Sport und Gesellschaft, 11*(3), v–vi. https://doi.org/10.1515/sug-2014-0303

Bale, J. (2000). *Sportscapes*. Geographical Association.

Bale, J. (2003). *Sports geography*. Routledge.

Bourdieu, P. (1987). *Die feinen Unterschiede. Zur Kritik der gesellschaftlichen Urteilskraft*. Suhrkamp.

Bourdieu, P. (1998). *Über das Fernsehen*. Suhrkamp.

Burkert, A. (2013). *Der Mont Ventoux bei der Tour de France*. https://www.sueddeutsche.de/sport/mont-ventoux-bei-der-tour-de-france-setzt-mich-wieder-auf-das-rad-1.1720649. Zugegriffen am 08.08.2022.

DGfG – Deutsche Gesellschaft für Geographie. (2002). *Grundsätze und Empfehlungen für die Lehrplanarbeit im Schulfach Geographie. Arbeitsgruppe Curriculum 2000+ der Deutschen Gesellschaft für Geographie (DGfG)*. DGfG. https://www.geographie.uni-jena.de/geogrmedia/curriculum2000.pdf. Zugegriffen am 08.08.2022.

Dünne, J., & Günzel, S. (2006). *Raumtheorie. Grundlagentexte aus Philosophie und Kulturwissenschaften*. Suhrkamp.

Eck, H. (1986). *Image und Bewertung des Schwarzwaldes als Erholungsraum nach dem Vorstellungsbild der Sommergäste* (Tübinger Geographische Studien, 92). Geographisches Institut.

Egner, H. (Hrsg.). (2001). *Natursport – Schaden oder Nutzen für die Natur?* Czwalina.

Egner, H., Escher, A., Kleinhans, M., & Lindner, P. (1998). Extreme Natursportarten – Die raumbezogene Komponente eines aktiven Freizeitstils. *Die Erde, 128*, 121–138.

Eisel, U. (1980). *Die Entwicklung der Anthropogeographie von einer „Raumwissenschaft" zur Gesellschaftswissenschaft* (Urbs et regio. Kasseler Schriften zur Geographie und Planung, 17). Dissertation, Gesamthochschule, Kassel.

Fliedner, D. (1992). *Sozialgeographie. Lehrbuch der Allgemeinen Geographie, 12.* De Gruyter.

Freytag, T. (2014). Raum und Gesellschaft. In J. Lossau, T. Freytag & R. Lippuner (Hrsg.), *Schlüsselbegriffe der Kultur- und Sozialgeographie* (S. 12–24). Ulmer.

Gohr, B. (2004). Die Tour de France. Ein Sportspektakel auf Rädern. *Geographie heute, 25*(219), 5–9.

Heckemeyer, K., & Schmidt, H. (2019). Fußball, Politik und Gesellschaft. *Zeitschrift für Fußball und Gesellschaft, 1*, 3–7. https://doi.org/10.3224/fug.v1i1.01

Hoffmann, K. W. (2011). Vier Blicke auf den Nürburgring. *TERRASSE, KlettMagazin, 2*(2011), 3–7.

Hürthen, D. (2007). „Sportscape" Mallorca. Eine geographische Untersuchung der ökonomischen Bedeutung und Raumwirksamkeit des mallorquinischen Radtourismus. Dissertation, Universität zu Köln.

Kilberth, V. (2021). *Räume für Skateboarding zwischen Subkultur und Versportlichung.* Transcript.

Küster, H. (2012). *Die Entdeckung der Landschaft. Einführung in eine neue Wissenschaft.* Beck.

Lossau, J. (2014). Kultur und Identität. In J. Lossau, T. Freytag & R. Lippuner (Hrsg.), *Schlüsselbegriffe der Kultur- und Sozialgeographie* (S. 25–37). Ulmer.

Peters, C. (2010). Sport als räumliche Praxis. Zur Thematisierung von Raum als Gegenstand des Sportunterrichts. *Sportunterricht, 59*(7), 200–205.

Peters, C., & Roth, R. (2006). *Sportgeographie – Entwurf einer Systematik von Sport und Raum* (Schriftenreihe „Natursport und Ökologie", 20).

Institut für Natursport und Ökologie der Deutschen Sporthochschule.

Petrarca, F. (2004). *Die Besteigung des Mont Ventoux.* Reclam.

Popper, K. R. (1987). *Auf der Suche nach einer besseren Welt. Vorträge und Aufsätze aus dreißig Jahren.* Piper.

Pyrolirium. (2015). *Fotojob auf 1900 Metern. Die Rennradler-Fotographen vom Mont Ventoux.* https://pyrolim.de/pyropro/fotojob-auf-1911-metern-hoehe-die-rennradler-fotografen-vom-mont-ventoux/. Zugegriffen am 30.03.2022.

Rettstatt, T. (2010). *Provence between Ardèche and Verdon gorge.* Bergverlag Rother.

Reyna, K. (2007). Tourisme et accueil du public au mont Ventoux. *Forêt Méditerranéenne XXVIII*(4), 397–400.

Rhode-Jüchtern, T. (1996). *Den Raum lesen lernen. Perspektivenwechsel als geographisches Konzept.* Oldenbourg.

Schroer, M. (2005). *Räume, Orte, Grenzen. Auf dem Weg zu einer Soziologie des Raumes.* Suhrkamp.

Steinmann, K. (2004). Nachwort und Anmerkungen zu Francesco Petrarcas „Die Besteigung des Mont Ventoux". In F. Petrarca (Hrsg.), *Die Besteigung des Mont Ventoux.* Reclam.

Vertinsky, P., & Bale, J. (2004). *Sites of sport. Space, place, experience.* Routledge.

Wardenga, U. (2002). Räume der Geographie. Zu dem Raumbegriffen im Erdkundeunterricht. *Geographie heute, 23*(200), 8–11. https://homepage.univie.ac.at/christian.sitte/FD/artikel/ute_wardenga_raeume.htm. Zugegriffen am 30.03.2022.

Weichhart, P. (2008). *Entwicklungslinien der Sozialgeographie. Von Hans Bobek bis Benno Werlen.* Steiner.

Werlen, B. (1995). *Sozialgeographie alltäglicher Regionalisierungen. Band 1: Zur Ontologie von Gesellschaft und Raum.* Steiner.

Werlen, B. (2000). *Sozialgeographie. Eine Einführung.* UTB.

Wiktorin, D. (2004). Der Köln Marathon. 42,195 km durch die Stadt. *Geographie heute, 25*(219), 15–19.

Wilhelm, J. L. (Hrsg.). (2018). *Geographien des Fußballs. Themen rund ums runde Leder im räumlichen Blick* (Potsdamer Geographische Praxis, 14). Universitätsverlag.

Natursportarten – räumliche Wirkungen und Konflikte

Boris Braun

Weitgehend unverbaute, naturnahe Flüsse wie die Obere Isar sind bei Kanusportlerinnen und -sportlern sehr beliebt. (© Boris Braun)

© Der/die Autor(en), exklusiv lizenziert an Springer-Verlag GmbH, DE, ein Teil von Springer Nature 2023
P. Gans et al. (Hrsg.), *Sportgeographie*, https://doi.org/10.1007/978-3-662-66634-0_3

Inhaltsverzeichnis

Einleitung

Natursportarten versprechen in einer urbanisierten und in ihrer Arbeitswelt immer stärker durchgetakteten Gesellschaft Spaß, Selbstverwirklichung, Individualität und Spontaneität sowie das Wiedererleben und -erfahren von Natur (Türk et al., 2004, S. 171; ▶ Kap. 4). Sie halten für die sie Ausführenden besondere Herausforderungen bereit und verstehen sich (zumindest in Teilen) als Alternativen zum klassischen Vereinssport und seinen Werten. Sie sind weniger als traditionelle Sportarten von der Interaktion und dem spielerischen Wettbewerb mit anderen Menschen als von der Begegnung und der Auseinandersetzung mit den natürlichen Elementen und der eigenen technischen Ausrüstung geprägt (Krein, 2018). Aufgrund dieser gemeinsamen Charakteristika schlagen Melo et al. (2020) *nature sports* bzw. „Natursportarten" als Dachkonzept für die verschiedenen naturbezogenen Individualsportarten vor, die ausschließlich oder überwiegend außerhalb von städtisch geprägten Räumen betrieben werden (Egner et al., 1998). Auch der vorliegende Beitrag folgt diesem Begriffsverständnis. Aufgrund seiner Bedeutungszunahme wird der Natursport immer mehr zum Gegenstand wissenschaftlicher Auseinandersetzungen (Durán-Sánchez et al., 2020).

3.1 Natursportarten im Trend

Natursportarten liegen im Trend. Diese steigende Bedeutung schlägt sich nicht zuletzt auch in einer zunehmenden Vielfalt von zum Teil synonymen, zum Teil auch konkurrierenden Begriffen nieder: Abenteuersport, Outdoor-Sport, Extremsport, Risikosport, Action-Sport oder sogar *Alternative Sports*, *Lifestyle Sports* oder Trendsport beschreiben alle mit etwas unterschiedlichen Konnotationen physische Aktivitäten, die nicht in eigens hierfür erstellten baulichen Anlagen ausgeübt werden. Natursportarten können

zum einen als eine Abkehr vom traditionellen Leistungs- und Breitensport verstanden werden, zum anderen reproduzieren sie Mechanismen der **Kommerzialisierung**, Kommodifizierung und kapitalistischen Vermarktung. Gerade „neue" Sportarten wie das Wellenreiten/Surfen in den 1950er- und 1960er-Jahren, Windsurfen, Mountainbiking oder Snowboarden in den 1970er- bis 1990er-Jahren oder Stand-up-Paddling (SUP) in den 2000er-Jahren sind ohne Kommerzialisierung bei Sportgeräten, Bekleidung und entsprechenden Reisezielen sowie die bewusste Produktion von vermeintlich anstrebenswerten und vermarktungsfähigen **Lebensstilen** kaum vorstellbar. Auch „ältere" Natursportarten wie Bergwandern, Klettern, Skifahren oder Paddeln werden – in teilweise abgeschwächter Form – hiervon erfasst und bilden neue Modalitäten mit neuen Vermarktungschancen aus, die mit einer immer weiteren Ausdifferenzierung der Disziplinen einhergehen (z. B. Bouldern, Trailrunning, Heliskiing, Kanu-Freestyle, Kitesurfen; Fickert, 2020; Melo et al., 2020; ▶ Kap. 4). Allein das aufgrund der Größe des Markts ökonomisch besonders relevante Mountainbiking hat inzwischen unzählige Varianten und Untervarianten ausgeprägt (Egner, 2000). Zudem lassen sich viele Natursportarten nicht klar von weiteren Freizeitaktivitäten abgrenzen und gehen eine enge Verbindung mit der Tourismuswirtschaft ein. So ist einerseits die Grenzziehung zwischen **Natursport** und anderen Freizeitaktivitäten im Freien (entspanntes Wandern, Spazierengehen, Fahrradfahren, Angeln, Schnorcheln usw.) nicht immer scharf, andererseits sind viele Natursportarten typische Urlaubsaktivitäten (z. B. Bergwandern, Surfen, Tauchen, Skifahren) und finden insbesondere im Rahmen des sogenannten Abenteuertourismus statt. Letzterer hat sich in den vergangenen Jahrzehnten zu einem ökonomisch höchst relevanten Segment der touristischen Angebote entwickelt (Groß & Sand, 2022; ▶ Kap. 11). Mittlerweile setzen deshalb viele Destinationen auch durch den gezielten Ausbau einer spezifischen Infrastruktur auf bestimmte Natursportarten. Nicht selten erfolgt dies in Form einer Mehrfachnutzung, wie Skilifte und -pisten im Winter und Fahrrad-Downhill-Anlagen im Sommer.

Während die Zahl der Extremsportlerinnen und -sportler in allen Natursportarten relativ begrenzt ist, ist die Gesamtzahl der Natursporttreibenden inzwischen durchaus beachtlich. Eine aktuelle Online-Befragung von 1500 Personen ab 18 Jahren im deutschsprachigen Raum von Groß und Sand (2022, S. 165 ff.) ergab, dass niederschwellige Natursportarten wie Bergwandern oder Joggen von einem größeren Anteil der Befragten regelmäßig ausgeübt werden (◻ Abb. 3.1). Sportarten mit höheren technischen, körperlichen, zeitlichen und/oder finanziellen Einstiegshürden werden zwar naturgemäß von weniger Menschen und auch nicht immerzu betrieben, aber auch eher ausrüstungsintensive Sportarten wie das Mountainbiking oder der Kanusport – von denen jeweils extremere und gemäßi-

gtere Varianten existieren – sind in der Bevölkerung weit verbreitet.

Die Erklärungsansätze für das starke Interesse an sportlichen Aktivitäten in der Natur sind vielfältig und reichen über das Motiv der reinen Körperertüchtigung weit hinaus. Nach einer qualitativen Studie aus dem Jahr 2019 lassen sich für Outdoor-Aktivitäten vier Motivgruppen herausstellen (rheingold institut o. J.):

1. Der **gerahmte Eskapismus**, bei dem es vor allem um alltagsnahe, zeitlich begrenzte und flexible Möglichkeiten des Naturerlebens geht
2. Die **klassische Naturliebe**, die mit dem Wunsch verbunden ist, bei der Sportausübung in der Natur in einen „persönlichen Flow" zu kommen und abschalten zu können
3. Der Typ des *Urban Warriors*, dem es vor allem um die Bewältigung von Herausforderungen geht und der sich selbst gerne als Kämpfer inszeniert, ohne in einem organisierten Rahmen wirkliche Risiken einzugehen

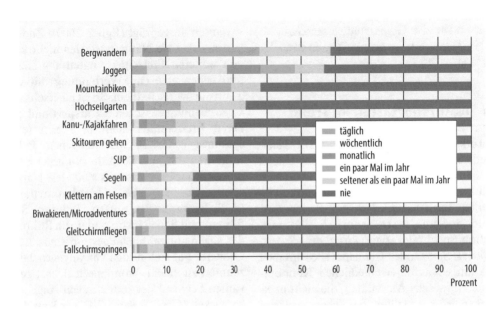

◻ **Abb. 3.1**   Regelmäßig ausgeübte Natursportarten von 1500 Befragten im deutschsprachigen Raum. (Nach Groß & Sand, 2022, S. 171; leicht verändert)

4. Die **Survival- und Adrenalinsuchenden**, denen es vor allem um die unmittelbare Erfahrung mit der Natur und die direkte Auseinandersetzung mit den Elementen geht

Im Gegensatz zur klassischen Naturliebe möchte die letzte Gruppe die möglichst beeindruckende Naturumgebung zähmen und ihre besonderen Fähigkeiten unter Beweis stellen. Selbstverständlich kommen auch Mischformen dieser Idealtypen vor.

Bei den allermeisten Natursportarten geht es den Ausübenden nicht oder zumindest nicht nur um ein Zurück zur Natur, sondern um die Suche nach der individuellen Herausforderung und um die Ausdifferenzierung von Lebensstilen in einer zunehmend individualisierten Konsumgesellschaft. Natursportarten dienen damit auch dem Streben nach sozialer Distinktion im Sinne Bourdieus (1987). Die auffällige Präsenz des Natursports in den sozialen Medien wie Instagram oder YouTube hat diese Trends weiter verstärkt. Die *Instagrammability* spielt heute nicht nur für touristische Destinationen eine wichtige Rolle, sondern auch für die Diffusion von (neuen) Sportarten und den mit ihnen verbundenen Lebens- und Konsumstilen. Sogenannte *lead users*, die ihre besondere Prominenz nicht zuletzt ihrer Reichweite in den sozialen Medien zu verdanken haben, spielen für das Marketing der Sportartikelhersteller inzwischen eine gewichtige Rolle (Schreier et al., 2007).

Natursportarten haben aber nicht nur im virtuellen Raum einen besonderen Platz, sondern sie sind auch eng verknüpft mit den Räumen, in denen sie ausgeübt werden, die von ihnen geprägt werden und an deren gesellschaftlicher Konstruktion sie beteiligt sind (▶ Kap. 2). So wird die Wahrnehmung von einzelnen Landschaftselementen sowie ganzen Landschaften auch durch die Sportarten geprägt, die in ihnen ausgeführt werden (z. B. Surfstrände, Kletterfelsen, Skiarenen). Hierdurch ändert sich nicht nur die Art, wie Sport wahrgenommen, betrieben

und verstanden wird, sondern es ändern sich auch dessen Raumwirkungen sowie die dahinterliegenden Raumverständnisse und -konstruktionen.

3.2 Geographische Raumkonstruktionen und Natursport

In der deutschsprachigen Geographie haben sich seit vielen Jahren vier Raumkonzeptionen bzw. Raumverständnisse etabliert (▶ Kap. 2): **Raum als Container**, **Raum als System von Lagebeziehungen**, **wahrgenommener Raum** und **Raum als Konstrukt** (Wardenga, 2002). Weitere Raumtypologien unterscheiden in einem ähnlichen Sinne beispielsweise absolute, relative, relationale und **topische Räume** (Suwala, 2021, aus Sicht der Wirtschaftsgeographie). Während die Begriffe des absoluten und des relativen Raums jeweils weitestgehend mit der Kategorisierung von Containerräumen und Räumen als System von Lagebeziehungen identisch sind, stellt der relationale Raum die sozialen Beziehungen (im Gegensatz zu den physischen Lageparametern) in den Vordergrund. Etwas andere Vorstellungen als der wahrgenommene und der konstruierte Raum verfolgt die Idee des topischen Raums. Dieser geht über die reine Wahrnehmung und sozialen Konstruktionen hinaus und schreibt dem Raum selbst eine strukturierende und steuernde Wirkung auf Wahrnehmung und Konstruktion zu. So werden Landschaften und damit auch **Sportlandschaften** oder *sportscapes* (z. B. Hürthen, 2007) aus dieser Perspektive als etwas gesehen, was einerseits durch soziale Handlungen konstruiert wird, andererseits aber auch bestimmte physische Merkmale aufweist, die Handlungen und Wahrnehmungen strukturieren und steuern (Suwala, 2021). So sind beispielsweise bestimmte Landmarken an bestimmte Orte und Räume gebunden und machen deren soziale (und ökonomische) Bedeutung aus.

Für Natursportarten spielen alle diese Raumkonzepte, die sich nicht zwangsläufig gegenseitig ausschließen, eine Rolle. Dies gilt sowohl für eher raumgreifende Sportarten wie Mountainbiking, Bergwandern, Segeln, Paragliding oder den Kanusport, bei denen in der Regel größere Strecken zurückgelegt werden, als auch für Sportarten, die eher kleinräumig ausgeführt werden (z. B. Felsklettern, Bouldern, Angeln, Surfen). Fast alle diese Sportarten werden in bestimmten Regionen betrieben, die sich absolut verorten, abgrenzen und idiographisch beschreiben lassen (Raum als Container, absoluter Raum). Vielfach sind bestimmte physische Merkmale dieser Räume eine Voraussetzung für die Ausführung bestimmter Natursportarten (Felswände, Wildflüsse, Schneesicherheit, Skilifte, Wanderwege usw.). Viele Natursportarten sind auf technisches Equipment angewiesen, das nicht an den Orten konsumiert wird, an denen es produziert wird, was Lieferbeziehungen bedingt, über die diese Orte miteinander verbunden werden. Zudem sind viele Natursportarten touristisch relevant (Groß & Sand, 2022), woraus sich ebenfalls komplexe Systeme von Lagebeziehungen ergeben (z. B. touristische Ströme oder Investitionen zwischen Herkunftsgebieten und Destinationen). Vielfach werden auch durch die sportliche Betätigung selbst Orte entlang der zurückgelegten Routen miteinander verbunden (z. B. beim Wandern, Joggen, auf Radtouren oder beim Kanuwandern).

Auch die anderen Ebenen der **geographischen Raumkonzepte** sind für Natursportarten relevant und damit in diesem Kontext wissenschaftlich analysierbar. Die Wahrnehmung von Räumen spielt für deren Attraktivität bei der Sportausübung eine ganz erhebliche Rolle. Besonders deutlich wird dies bei der wahrgenommenen Naturnähe, welche für viele Natursporttreibende besonders wichtig ist. Aber auch andere Faktoren, wie die wahrgenommenen Schwierigkeiten eines Skihangs, einer Felswand, eines Wildwasserflusses oder der lokalen Thermik, sind für die tatsächliche Sportausführung und die Risikoabschätzung der Sporttreibenden relevant.

Offensichtlich ist auch, dass Räume, in denen Natursport ausgeübt wird, davon in besonderer Weise geprägt sowie sozial konstruiert und rekonstruiert werden. Dies ist besonders dann der Fall, wenn eine Landschaft zur **Sportlandschaft** wird, sie als Gesamtheit oder bestimmte Elemente von ihr von zumindest einem Teil der Gesellschaft als „Sportstätte" wahrgenommen, erlebt und kommuniziert wird (Egner, 2000, S. 17). Beispiele hierfür finden sich vor allem in Hochgebirgen mit ihren Skiarenen (z. B. Portes du Soleil in den schweizerisch-französischen Alpen), bekannten Kletterrouten (z. B. an der Eiger-Nordwand) oder Wildbächen (z. B. die Soča in Slowenien). In diesen Räumen ist – in der Regel durch das Tourismusmarketing unterstützt – ihr Sportstättencharakter inzwischen ein dominanter Teil ihrer Identität. Ganz im Sinne **topischer Räume** kommt es hier zu einer wechselseitigen Bedingtheit von physischer Raumausstattung und sozial konstruierten (Sport-) Landschaften.

3.3 Raumwirkungen und Raumkonflikte

Aufgrund der großen Beliebtheit von Natursportarten haben diese vielerorts eine erhebliche **Raumwirksamkeit** erlangt. Sie verändern Räume nicht nur physisch (z.B. durch Liftanlagen, Downhill-Parcours oder weitere touristische Infrastruktur), sondern auch in ihrer gesellschaftlichen Wahrnehmung (▶ Kap. 4). Allerdings ist die Raumwirksamkeit nicht bei allen Natursportarten gleich. ◻ Abb. 3.2 stellt für ausgewählte Natursportarten den Zusammenhang zwischen deren Angewiesensein auf eine spezifische **Infrastruktur** sowie deren Wirkung auf den Ausbau der weiteren,

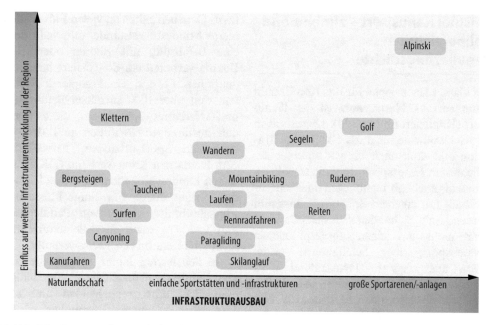

◘ **Abb. 3.2** Zusammenhang zwischen der spezifischen Infrastruktur für Natursportarten und deren Einfluss auf die allgemeine Infrastrukturentwicklung in der Region. (Nach Türk et al. 2004)

sportunspezifischen Infrastruktur dar (Türk et al., 2004). So verlangt beispielsweise der moderne Alpinskisport den Ausbau aufwendiger Liftanlagen, die Bereitstellung von präparierten Pisten und immer mehr auch die Installation von Beschneiungsanlagen – mit allen damit einhergehenden Eingriffen in das Landschaftsbild und teilweise massiven ökologischen Folgen (z. B. de Jong, 2020; ▶ Kap. 7). Darüber hinaus bedingt der Alpinskisport allein durch die große Zahl der Sporttreibenden und seine räumliche Konzentration auf entsprechende Bergregionen den regionalen Ausbau der weiteren Infrastruktur (Verkehrserschließung, Parkflächen, Beherbergungskapazitäten usw.). Dies ist in der Regel mit substanziellen regional-ökonomischen Potenzialen verbunden, verschärft aber auch die **räumliche Konkurrenz** mit anderen Nutzungsansprüchen und **ökologische Belastungen**. Ähnlich trifft dies auch auf den Golfsport zu, der in einer stark modifizierten Natur stattfindet und seit jeher besonders flächenintensiv ist (Seewald et al.,

1998, S. 207 ff.). Andere Sportarten wie Kanufahren, Sporttauchen oder Klettern sind weniger flächenverbrauchend und kommen mit deutlich weniger spezifischer Infrastruktur aus. Sie haben aufgrund der geringeren Zahl der Sporttreibenden in der Regel auch weniger umfassende räumliche Wirkungen. Allerdings können auch bei diesen Sportarten durch die hohe räumliche Konzentration der Sportausübung auf bestimmte Kletterfelsen, Tauchplätze oder Flussabschnitte erhebliche Konflikte entstehen. Vielfach finden solche „reinen" Natursportarten in ökologisch besonders sensiblen Räumen statt. Dies bedingt Konflikte mit Naturschutzinteressen. Hinzu kommen ökologische Belastungen durch die An- und Abreise, die gerade bei diesen Sportarten bevorzugt mit privaten Autos erfolgt. Diese Belastungen reichen von Luftverschmutzung und Lärm über wildes Parken bis hin zu den in den letzten Jahren in den Mittelpunkt der Diskussion gerückten CO_2-Emissionen des Verkehrs.

Beispiel Kanusport – zunehmend unübersichtliche Regulierungsdichte

Ein klassisches Beispiel für das Konfliktfeld **Natursport** vs. **Naturschutz** ist der Kanusport (Kapiteleröffnungsbild). Dieser hat in Deutschland eine mehr als 100-jährige Tradition und zählt nach wie vor zu einer der beliebtesten Natursportarten, die sowohl im Verein als auch mit Leihbooten oder sehr individuell mit eigenem Sportgerät ausgeübt werden kann. Es handelt sich beim Paddeln zwar nicht um einen ausgesprochenen Massensport, aber Schätzungen gehen davon aus, dass in Deutschland etwa 1,4 Mio. Menschen zumindest gelegentlich mit Paddelbooten oder SUP-Boards aufs Wasser gehen (BMWi, 2016, S. 25; ◨ Abb. 3.1). In Form des Stand-up-Paddling erlebte der Paddelsport in der letzten Dekade sogar einen regelrechten Boom.

Naturgemäß dringen Paddlerinnen und Paddler fast zwangsläufig in besonders geschützte Auenbereiche der Flüsse sowie in Rückzugsräume seltener und gefährdeter Pflanzen vor, weitestgehend unabhängig davon, ob das Paddeln als Wildwassersport, als Kanuwandersport oder als in der Regel weniger ambitionierter SUP-Sport betrieben wird. Vielerorts sind ökologisch besonders wertvolle Gewässer, Gewässerrandstreifen und Auen durch den Kanutourismus bereits erheblich belastet. Um die Belange des **Naturschutzes** auf der einen sowie die Sport-, Freizeit- und Tourismusinteressen auf der anderen Seite auszugleichen, wurden an einigen besonders beliebten Flüssen wie der Lahn („LiLa Living Lahn – ein Fluss, viele Ansprüche") oder dem Obermain („Flussparadies Franken") integrierte Konzepte entwickelt, die die unterschiedlichen Interessen miteinander in Einklang bringen sollen. An vielen anderen Gewässern besteht mittlerweile eine erhebliche **Regelungsdichte**, die vor allem ganzjährige oder saisonale Befahrungs- oder Uferbetretungsverbote umfasst. Daneben gelten an vielen Flüssen definierte Mindestpegelstände, unterhalb derer eine Befahrung mit Booten oder SUP-Boards verboten ist. So existiert heute auf deutschen Flüssen ein komplexes System von weit über 1000 einzelnen Befahrungs- und Uferbetretungsverboten, die zwischen den zuständigen Behörden und den betreffenden Sportverbänden, insbesondere dem Deutschen Kanu-Verband (DKV) und seinen Landesverbänden, ausgehandelt werden (Braun, 2020). Für einige Flüsse bzw. Flussabschnitte werden von Paddlerinnen und Paddlern sogar spezielle naturschutzrechtliche Kenntnisnachweise verlangt.

In den letzten Jahren sorgten die 2019 vom Landratsamt Bad Tölz-Wolfratshausen erlassenen, sehr weitgehenden und ausgesprochen kleinteilig formulierten Befahrungsregelungen (bestehend aus 13 Einzelregelungen) für die Obere Isar für erhebliche Medienwirksamkeit. Die kleinteiligen Regelungen sind schwer zu definieren, (stör-)ökologisch schwierig zu begründen und auch durch die vom Landkreis angestellten „Isar-Ranger" kaum lückenlos zu kontrollieren. Eine vom Bayerischen Kanuverband gegen die Verordnung angestrengte Petition an den Bayerischen Landtag blieb erfolglos. Ein beim Bayerischen Verwaltungsgerichtshof eingereichter Antrag auf Normenkontrolle gegen die Verordnung blieb letztlich ebenfalls ohne Erfolg (Ahn-Tauchnitz, 2022).

Auch anderenorts wird die hohe **Regulierungsdichte** zunehmend unübersichtlich, und die komplexen Regeln sind schwer zu kontrollieren, zumal sich diese nicht selten beim Übertritt über kommunale Grenzen ändern. In der Regel werden Befahrungsregelungen von den Kommunen in Form von Rechtsverordnungen (sogenannten Schutzgebietsverordnungen) erlassen, die sich auf den Rechtsrahmen des Bundesnaturschutzgesetzes und die entsprechenden Naturschutzgesetze der Länder beziehen. Teilweise bildet auch das Wasserrecht den juristischen Bezugsrahmen (Dilling, 2019). Ein Lösungsansatz für die zunehmend unübersichtliche Situation sind die an einigen Flüssen in Deutschland, aber auch in anderen Ländern eingeführten Online-Buchungssysteme für Bootskapazitäten, die für mehr Transparenz und klarere Regelungen sorgen sollen (z. B. an der deutschen und der niederländischen Rur/Roer oder an der Lippe). Während sich organisierte Vereinssportlerinnen und -sportler mit solchen Systemen gut erreichen lassen, bleibt der Zugang zu den unorganisierten Freizeitpaddlerinnen und -paddlern sowie insbesondere zu SUP-Nutzerinnen und -Nutzern schwierig.

Beispiel Klettersport – vom Konflikt zur Zusammenarbeit

Als positives Beispiel für raumbezogenen Ausgleich von **Naturschutz** und Sportinteressen gilt heute der Klettersport. Anders als Paddeln, Mountainbiking oder viele andere Natursportarten wird das Klettern heute häufig in Kletterhallen an künstlichen Wänden ausgeübt, ist also nur noch teilweise ein reiner Natursport. Die Ausübung des Klettersports an Kunstwänden ist aus Umweltsicht in der Regel unproblematisch, weil sich die Anlagen meist nicht in ökologisch besonders sensiblen Räumen, häufig sogar in städtischen Gewerbegebieten, befinden. Findet das Klettern aber in einer seiner vielen Varianten am Naturfels statt, ergeben sich schnell Konflikte mit dem Natur- und Landschaftsschutz. Ähnlich wie beim Paddelsport existieren auch beim Klettersport große räumliche Schnittmengen zwischen Klettergebieten auf der einen sowie Flora-Fauna-Habitat-(FFH)-, Naturschutz- und Landschaftsschutzgebieten auf der anderen Seite. Die in Mitteleuropa seltenen, auf einige Mittelgebirge sowie die Alpen konzentrierten Felsbiotope sind bevorzugte Lebensräume vieler seltener Pflanzenarten

und bedrohter Tierarten (z. B. Dahlbeck & Breuer, 2001; Fickert, 2013). Neben der störökologischen Dimension ergeben sich durch die kleinräumige Konzentration von **Kletterrouten** weitere Probleme (Abnutzungsspuren am Fels, eingeschlagene Sicherungshaken usw.). Nach einigen Jahrzehnten einer ausgesprochen konfliktreichen Beziehung zwischen Klettersport und Naturschutz, die in den 1980er-Jahren ihren Höhepunkt erreichte, haben sich in jüngerer Zeit zunehmend kooperative Formate entwickelt (z. B. Löser, 2013). Die großräumige Sperrung der Klettergebiete zwang die Kletterszene, sich zu organisieren, um ihre Interessen gemeinsam besser durchsetzen zu können. Vor allem der Deutsche Alpenverein (DAV) sowie der als Reaktion auf die Probleme der 1980er-Jahre im Jahr 1991 gegründete Bundesverband IG Klettern und deren Regionalorganisationen haben seither dazu beigetragen, die Philosophie des naturverträglichen Kletterns in der deutschen Kletterszene nachhaltig zu etablieren (DAV, 2015).

Die erfolgreiche Durchsetzung von **Schutzregelungen** beruht zu einem Großteil auf der Selbstkontrolle der Kletterszene und dem ehrenamtlichen Engagement der Mitglieder des DAV und der IG Klettern. Sogenannte Gebietsbetreuerinnen und -betreuer der Verbände engagieren sich vor Ort für ein naturverträgliches Klettern und vermitteln zwischen den Sportausübenden und den Behörden. Zudem erstellen sie umfassende Informationsmaterialien zu Klettergebieten und -routen und ermöglichen damit eine sorgfältige Planung und Durchführung des Klettertrainings. Über verschiedene Bildungsangebote von DAV und IG Klettern wird die Sensibilität von Kletterinnen und Kletterern für Naturschutzthemen erhöht. Die relativ hohen Einstiegshürden in den Sport hinsichtlich körperlicher Fähigkeiten, Sachkenntnis und Ausrüstung unterstützen die Durchsetzung und Akzeptanz der kooperativen Strategien. Zudem werden das Klettern von Laien sowie das touristische Klettern erschwert, indem Hakenmaterial sparsam eingesetzt wird und Informationen zu anfängerfreundlichen Tropope-Felsen nicht allgemein publiziert werden. Der Klettersport nimmt somit inzwischen eine Vorbildfunktion im Konfliktfeld **Natursport** und **Naturschutz** ein, von dem auch die Debatten in anderen Natursportarten profitieren können.

Beispiel Mountainbiking – starke Individualisierung, komplexe Konfliktlinien

Mountainbiking ist eine weitere Natursportart, zu der es immer wieder kritische Stimmen gab und gibt. Diese kamen zumindest zu Beginn weniger aus einer ökologischen Richtung, sondern vor allem von anderen Nutzerinnen und Nutzern von Wanderwegen, Forstwegen, Wäldern oder naturnahen Flächen (Seewald et al., 1998, S. 192). Wanderinnen und Wanderer fühlen sich von den schnelleren Fahrrädern vor allem auf schmalen Wegen gestört und teilweise sogar gefährdet. Jägerinnen und Jäger sowie Försterinnen und Förster sorgen sich um das Wild, das durch das Fahrradfahren gestört wird, und Grundeigentümerinnen und -eigentümer beklagen die unrechtmäßige Nutzung ihrer Wege und Flächen (▶ Kap. 21). Auch illegal angelegte Downhill-Kurse und Schanzenanlagen im Wald sorgen immer wieder für eine negative Berichterstattung. In touristisch geprägten Regionen wie dem Sauerland konnten durch die Einrichtung von Bike-Parks Konflikte um illegale Downhill-Strecken jedoch reduziert werden (Löser, 2013, S. 19).

Selbst wenn sich einige Konflikte durch das Abklingen des Mountainbike-Hypes inzwischen etwas beruhigt haben, bleiben ökologische Bedenken. Neben negativen Effek-
ten auf den Pflanzenwuchs durch die Ausweitung des Wegenetzes (Verbreiterung bestehender Wege, neue Abkürzungen usw. – besonders problematisch in Höhenlagen über der Waldgrenze) sowie auf Wildtiere, bei denen die relativ leisen, aber schnellen Fahrräder starke Fluchtreflexe auslösen können, betrifft die Kritik vor allem die von den schmalen Reifen ausgelöste Bodenverdichtung, welche die Ausbildung von Erosionsrinnen begünstigt (Seewald et al., 1998, S. 193 ff.). Je nach individueller Rücksichtnahme der einzelnen Radsportlerinnen und -sportler fallen diese negativen Effekte unterschiedlich stark aus, besonders deutlich treten sie in der Regel aber beim **Downhill-Mountainbiking** hervor. Da das Mountainbiking in der Regel sehr individuell ausgeführt wird und es kaum ausgeprägte Verbands- und Vereinsstrukturen gibt, sind die räumlichen Konflikte schwerer in den Griff zu bekommen als beim Kanu- und Klettersport.

Eine derzeit intensiv diskutierte Problematik stellen die **E-Mountainbikes** dar, deren Zahl in den letzten Jahren stark zunimmt. Diese sind nicht nur schwerer als ihre unmotorisierten Pendants, sondern sie erlauben es ihren Fahrerinnen und Fahrern auch, in Gebiete und Höhenlagen vorzudringen, die sie aus eigener Kraft nicht erreichen könnten. Durch die **E-Bikes**, die trotz erheblicher Motorleistungen, welche ein Vielfaches der Eigenleistung der Radlerinnen und Radler ausmachen können, rechtlich als Fahrräder gelten, dringt der motorisierte Verkehr kaum kontrollierbar in die Höhenlagen beispielsweise der Alpen vor. Vor dem E-Bike-Boom waren die Höhenlagen der Hochgebirge vor motorisiertem Individualverkehr jahrhundertelang effektiv geschützt. Deshalb fordern Fachleute ein Verbot von E-Bikes in den Alpen oder zumindest eine Beschränkung der Nutzung auf speziell ausgewiesenen Wegen (Göttler, 2021).

Kumulationseffekte

Es sind aber nicht nur die räumlichen **Nutzungskonflikte** und ökologischen Folgen von einzelnen Sportarten, die zu beachten sind. Aufgrund der Tatsache, dass immer mehr Menschen immer weiter ausdifferenzierte Natursportarten betreiben, kommt es auch zu Kumulationseffekten, weil sich in für viele Sportarten attraktiven Gebieten wie den Alpen und vielen Mittelgebirgen sowie auf größeren Gewässern mehrere Sportnutzungen und die von ihnen ausgehenden Nutzungskonflikte und **ökologischen Belastungen** überlagern (Seewald et al., 1998, S. 197 ff.). Letztlich bevorzugen Natursporttreibende weitgehend unabhängig von der einzelnen Sportart vor allem Landschaftstypen, die in Mitteleuropa relativ selten sind (Berge, Seen, Flüsse, Küsten usw.). Ein Ausweichen auf andere Weltregionen löst die Probleme nicht, sondern verschiebt sie oft nur, weil auch dort schnell Nutzungskonflikte und Überlastungen auftreten können.

3.4 Fazit

Natursportarten haben in den letzten Jahrzehnten nicht nur eine erhebliche Ausdifferenzierung der Einzeldisziplinen, sondern auch eine deutliche zahlenmäßige Zunahme der sie Betreibenden erfahren. Da sie vor allem in naturnahen Landschaften bzw. in der Fläche ausgeübt werden, besitzen sie vielfältige **Raumwirksamkeiten**, die sowohl Konkurrenzen mit anderen Flächennutzungen und ökologische Belastungen auslösen als auch touristische und regionalökonomische Potenziale umfassen. Die geographische Forschung auf diesem Gebiet ist nicht neu, aber weiter ausbaufähig, wobei interdisziplinäre Ansätze, beispielsweise gemeinsam mit den Sportwissenschaften, erhebliche Potenziale bieten dürften. Die Bezüge zu klassischen geographischen Perspektiven sind dabei vielfältig, insbesondere

im Hinblick auf die Mensch-Umwelt-Forschung, die Landschaftsforschung, die Kultur- und Sozialgeographie sowie die Wirtschafts- und die Tourismusgeographie. Die vergleichsweise gut erforschten Konflikte und Konfliktlösungsmöglichkeiten mit dem Naturschutz zeigen, dass es vor allem auf die spezifischen Charakteristika der Natursportarten und ihrer vielfältigen Ausdifferenzierungen ankommt (Organisationsgrad der Sportlerinnen und Sportler, technische und finanzielle Einstiegshürden, räumliche Dimension der Sportausübung usw.), wenn es darum geht, wirksame Konfliktlösungsmöglichkeiten zu entwickeln.

❓ Übungs- und Reflexionsaufgaben

1. Erläutern Sie, wie Natursport definiert werden kann und warum es viele Überschneidungsbereiche mit anderen Begrifflichkeiten wie Abenteuersport, Outdoor-Sport, Extremsport, Risikosport oder Trendsport gibt.
2. Diskutieren Sie anhand konkreter Beispiele, von welchen Bedingungen es abhängt, ob effektive und handhabbare Lösungsmöglichkeiten für Konflikte zwischen einzelnen Natursportarten und anderen Flächennutzerinnen und -nutzern sowie dem Naturschutz gefunden werden können.

Zum Weiterlesen empfohlene Literatur
Eine grundlegende Einführung in den Bereich der Sportökologie bietet:
Seewald, F., Kronbichler, E., & Größing, S. (1998). *Sportökologie. Eine Einführung in die Sport-Natur-Beziehung*. Limpert.

Einen aktuellen Überblick über die konzeptionellen Debatten zum Thema Natursport liefert:
Melo, R., van Rheenen, D., & Gammon S. J. (2020). Part I: Nature sports: a unifying concept. *Annals of Leisure Research*, 23(1), 1–18.

Literatur

Ahn-Tauchnitz, V. (2022). Klagen gegen Bootfahrverordnung abgewiesen: Die Gewinnerin ist die Isar. https://www.merkur.de/lokales/bad-toelz/bad-toelz-ort28297/klagen-gegen-bootfahrverordnung-abgewiesen-die-gewinnerin-ist-die-isar-91544624.html. Zugegriffen am 26.08.2022.

BMWi – Bundesministerium für Wirtschaft und Energie. (2016). *Die wirtschaftlichen Potenziale des Wassertourismus in Deutschland.* BMWi.

Bourdieu, P. (1987). *Die feinen Unterschiede. Zur Kritik der gesellschaftlichen Urteilskraft.* Suhrkamp.

Braun, B. (2020). Kanusport und Naturschutz – ein Spanungsverhältnis mit hoher Regelungsdichte. *Geographische Rundschau, 72*(6), 22–27.

Dahlbeck, L., & Breuer, W. (2001). Der Konflikt zwischen Klettersport und Naturschutz am Beispiel der Habitatansprüche des Uhus (Bubo bubo). *Natur und Landschaft, 76*(1), 1–7.

DAV – Deutscher Alpenverein e. V. (2015). *Klettern und Naturschutz. Leitbild zum naturverträglichen Klettern in Deutschland.* DAV.

De Jong, C. (2020). Umweltauswirkungen der Kunstschneeproduktion in den Skigebieten der Alpen. *Geographische Rundschau, 72*(6), 34–39.

Dilling, O. (2019). Zwischen Naturschutz und Naherholung. Befahrungsregelungen aus rechtlicher Sicht. *Kanusport, 88*(12), 31.

Durán-Sánchez, A., Álvarez-García, J., & de la Cruz del Río-Rama, M. (2020). Nature sports: State of the art of research. *Annals of Leisure Research, 23*(1), 52–78.

Egner, H. (2000). Trend- und Natursportarten und Gesellschaft. In A. Escher, H. Egner, & M. Kleinhans (Hrsg.), *Trend- und Natursportarten in den Wissenschaften. Forschungsstand, Methoden, Perspektiven* (S. 2–20). Edition Czwalina.

Egner, H., Escher, A., Kleinhans, M., & Lindner, P. (1998). Extreme Natursportarten – Die raumbezogene Komponente eines aktiven Lebensstils. *Die Erde, 128,* 121–138.

Fickert, T. (2013). Zum Einfluss des Klettersports auf silikatische Felsökosysteme. Eine Fallstudie in einem seit langem intensiv genutzten Bouldergebiet im Fichtelgebirge (Oberfranken). (Mitteilungen der Fränkischen Geographischen Gesellschaft, 59, S. 47–58). Selbstverlag der Fränkischen Geographischen Gesellschaft.

Fickert, T. (2020). Sport und Umwelt – eine nicht immer konfliktfreie Beziehung. *Geographische Rundschau, 72*(6), 4–9.

Göttler, D. (2021). Thesen von Alpenforscher bergen Zündstoff: Er plädiert für Wolfsabschuss und E-Bike-Bann. https://www.merkur.de/bayern/alpen-bayern-naturschutz-wolf-e-bikes-almenwirtschaft-forscher-buch-zr-91046011.html. Zugegriffen am 24.08.2022.

Groß, S., & Sand, M. (2022). *Draußen erleben! Abenteuer – Outdoor – Tourismus.* UVK Verlag.

Hürthen, D. (2007). *„Sportscape" Mallorca. Eine geographische Untersuchung der ökonomischen Bedeutung und Raumwirksamkeit des mallorquinischen Radtourismus.* Diss. Universität zu Köln.

Krein, K. (2018). *Philosophy and nature sports.* Routledge.

Löser, T. (2013): *Waldnutzungskonflikte durch Outdooraktivitäten. Eine Analyse am Beispiel der touristischen Destination Sauerland.* GEOFOCUS, 6. https://www.uni-marburg.de/de/fb19/disciplines/human/stadtgeographie-raumordnung-raumplanung/geofocus. Zugegriffen am 24.08.2022.

Melo, R., van Rheenen, D., & Gammon, S. J. (2020). Part I: Nature sports: A unifying concept. *Annals of Leisure Research, 23*(1), 1–18.

rheingold institut. (o. J.) Eine qualitative Forschungserhebung des rheingold instituts in Kooperation mit OutDoor by ISPO. https://www.rheingold-marktforschung.de/outdoor-is-the-new-church/. Zugegriffen am 15.08.2022.

Schreier, M., Oberhauser, S., & Prügl, R. (2007). Lead users and the adoption and diffusion of new products: Insights from two extreme sport communities. *Marketing Letters, 18*(1), 15–30.

Seewald, F., Kornbichler, E., & Größing, S. (1998). *Sportökologie. Eine Einführung in die Sport-Natur-Beziehung.* Limpert.

Suwala, L. (2021). Concepts of space, re-figuration of spaces and comparative research – Perspectives from economic geography and regional economics. *Forum Qualitative Sozialforschung (FQS), 22*(3), 1–48.

Türk, S., Jakob, E., Krämer, A., & Roth, R. (2004). Outdoor recreation activities in nature protection areas – Situation in Germany. *Working Papers of the Finnish Forest Research Institute 2.* https://www.metla.fi/julkaisut/workingpapers/2004/mwp002.htm. Zugegriffen am 15.08.2022.

Wardenga, U. (2002). Alte und neue Raumkonzepte für den Geographieunterricht. *Geographie heute, 23*(200), 8–11.

Trendsportarten und Stadt – neue Formen der Raumaneignung

Stephanie Haury

Öffentlicher Fitnessplatz am Monbijoupark, Berlin. (© Stephanie Haury)

© Der/die Autor(en), exklusiv lizenziert an Springer-Verlag GmbH, DE, ein Teil von Springer Nature 2023

P. Gans et al. (Hrsg.), *Sportgeographie*, https://doi.org/10.1007/978-3-662-66634-0_4

Inhaltsverzeichnis

Einleitung

Der demographische Wandel und die Pluralisierung der Lebensstile führen zu immer differenzierteren Ansprüchen an die Gestaltung der Städte mit Auswirkungen auf deren Planung und Konstitution (▶ Kap. 20). Das übergeordnete Ziel besteht darin, Städte lebenswert, nutzerfreundlich und wandelbar zu gestalten.

Leisten können dies flexible **Raumkonstellationen**, die sich wechselnden Ansprüchen anpassen. Im Fokus der Planung steht der **öffentliche Raum**, der durch die Interaktion der Bewohnerinnen und Bewohner und deren unterschiedliche Interessen und Rollen geprägt ist. Zu den großen Nutzungen im öffentlichen Raum zählen die verschiedenen Erscheinungsformen von Bewegung und Sport. So fordert beispielsweise der Architekt Gehl (2018, S. 185), dass öffentliche Räume eine „bauliche Einladung an die Menschen" darstellen und sie als Orte „für Selbstdarstellung, Spiel und Sport eine wichtige Rolle zur Herstellung lebendiger und gesunder Städte spielen" (Kapiteleröffnungsbild). Damit Städte adäquat auf die verschiedenen existierenden Ansprüche an Bewegung und Sport reagieren und handeln können, müssen große Anstrengungen unternommen werden, weil die Ortung und Identifizierung nicht einfach sind (Haury, 2020, S. 34). Rund zwei Drittel aller Sport- und Bewegungsaktivitäten finden selbstorganisiert statt (Roth et al., 2008, S. 10) und nehmen daher einen großen Stellenwert in der Gesellschaft ein. Informeller Sport entwickelt neue Bewegungsmuster und erschließt neue Räume in der Stadt auch außerhalb konventioneller Sportanlagen (▶ Box 4.1).

Den größten Wandel innerhalb des informellen Sports erleben Trendsportarten. Was versteht man unter Trendsportarten? Wer sind die Akteure? Welche neuen Formen der Raumaneignung bringen sie hervor? Welche Auswirkungen haben diese neuen Formen der Nutzung von Flächen, z. B. des öffentlichen Raums oder der Inanspruchnahme von Grünflächen?

4.1 Trendsport – eine von vielen Definitionen

Sport ist gekennzeichnet durch eine große Zahl an Ausdrucksformen, verwendeten Materialien und Orten, an denen er stattfindet. Dies bestätigen auch Breuer und Michels (2003, S. 11), wenn sie von einer großen „Vielfalt und Unübersichtlichkeit (als) typische Merkmale des modernen Sports" sprechen. **Trendsport** bildet auf Grundlage einer Anpassung an aktuelle Bedürfnisse und der hieraus resultierenden Nachfrage der Sporttreibenden neue Formen, Varianten und Verbindungen des bestehenden Sports aus. Er kann zu bewegungskulturellen Erneuerungen und lifestylegerechten Innovationen führen (Schwier, 2003, S. 18 ff.) und geht auf diese Weise immer wieder neue Verbindungen ein. Durch seine konstante Transformation stellt er etablierte Vorstellungen zur Ausübung von Sport infrage. Es kommt zu einer Überschreitung bekannter und eingeübter Grenzen des menschlichen Sichbewegens. Orientierung finden Trendsportarten nicht an übergestülpten Formaten oder Marketingprozessen, sondern an den vorhandenen Interessen, Bedürfnissen und Leidenschaften von Menschen, was ihn zu einer auf die jeweilige Person bezogenen Handlungsweise macht.

Trendsport kann als Teilgebiet des **informellen Sports** bezeichnet werden. Bindel (2017, S. 418) unterscheidet zwei Definitionen: Informeller Sport hebt sich einerseits „vom Traditionellen und Konventionellen" ab, „bei dem andere Sinnrichtungen, andere Praktiken und andere Haltungen bei den Akteuren zu beobachten sind". Beispiele sind Inlineskaten, Parkour, Cross-Boccia oder Downhill-Radfahren. Andererseits können unter informellem Sport auch solche Praktiken gemeint sein, „die zwar traditionellen Sportarten entsprechen […], die aber die Aktiven in Eigenorganisation betreiben. Sie benötigen dafür weder eine Schule noch einen Verein" (Bindel, 2017, S. 418). Zu diesen meist gesundheitsbezogenen Trendsportarten sind Fitness im Park, Fußball, Radfahren oder Joggen zu zählen.

Wopp (2006, S. 15) identifiziert vier verschiedene Arten von Trends, nämlich „die Mode, den Hype, den Nischentrend und Megatrend" und gruppiert diese nach Wirkungsdauer und Wirkungsbreite ein. Je nach Ausprägung des jeweiligen Trends hat er einen kleinen oder großen Einfluss auf die Gesellschaft, ist nur eine temporäre Erscheinung, verfestigt sich oder stirbt aus. Von der Genese her treten meist erst nur partielle Bewegungsformen auf, die sich erst nach geraumer Zeit zu **Trendsport** entwickeln, und zwar dann, wenn sie eine gewisse Verbreitung und Kontinuität aufweisen (Breuer & Sander, 2003, S. 47).

Box 4.1 Raumaneignung durch Trendsport auf unterschiedlichen Ebenen (nach Wopp, 2006, S. 388 ff.)

- **Mikroebene:** Bedeutungsgewinn der unmittelbaren Wohnumgebung für den Sport; Rückgewinnung urbaner Räume für Bewegung, Spiel und Sport; Bedarf an Sportgelegenheiten; nachlassende Attraktivität wettkampforientierter Sporträume; wachsender Bedarf an kleinen, ästhetisch anspruchsvoll gestalteten Multifunktionsräumen für den Sport, Bedeutungszunahme von Spots
- **Mesoebene:** Verwendung stillgelegter Bäder für Poolsoccer; Ropecourses; Gestaltung von Erlebnisräumen für Jugendliche
- **Makroebene:** Festivalisierung als Gegensatz zur Enträumlichung; Routen zum Inlineskaten

Eine weitere Einteilung hat Schwier (2003) mit sechs trendsporttypischen Strukturmerkmalen entwickelt:

- **Stilisierung:** Sportart als Element des eigenen Lebensstils
- **Beschleunigung:** Erhöhte Aktionsdichte und extreme Rasanz der Bewegung
- **Extremisierung:** Stark übertriebene konventionelle Bewegungspraktiken, Suche nach neuen Herausforderungen
- **Virtuosität:** Untergeordneter sportlicher Erfolg; Betonung der künstlerischen Komponente
- **Sampling:** Erweiterung oder Vermischung bereits existierender Bewegungspraktiken oder Sportarten
- **Eventorientierung:** Fokus auf den künstlerischen und ästhetischen Aspekt der Sportart

Viele **Trendsportarten** entstehen infolge einer Reduktion der Zahl der Mitspielerinnen und Mitspieler in Mannschaftssportarten wie Fußball oder Basketball, die im Zuge der Verkleinerung der Mannschaftsgröße gemäß dem Sampling zu einem neuen Trendsport werden. Kennzeichen dieser neuen kleinen Gruppensportarten ist eine spontane und ungeplante Teilnahme, die den Sportlerinnen und Sportlern entsprechend ihrem eigenen Lebensstil eine hohe Flexibilität und Unverbindlichkeit garantiert (Telschow, 2000).

Der Wunsch nach Flexibilität und freier Entscheidung im Trendsport zeigt sich in der Technik, die möglichst ohne Regeln oder Standards des Breitensports angewendet wird. Im Vordergrund steht die Erprobung des eigenen Könnens. Wichtig ist daher die Befreiung von vorhandenen Zwängen in der Anwendung, die z. B. durch bestimmte Institutionen wie Vereine auferlegt werden könnten. Dies macht die verschiedenen Trendsportarten zu kreativen Bewegungsformen (► Box 4.2), die sich stetig verändern und durch neue Erkenntnisse des jeweiligen Anwenders und zufälligem Erproben materiell und technisch erweitern. Breuer und Sander (2003, S. 49) beschreiben diesen Effekt in ihrem Modell zur Genese von Trendsporten als die Entdeckung von „Neuem", das durch das Verlangen nach Abgrenzung entsteht.

Box 4.2 Auswahl aktueller Trends, die sich zu möglichen neuen Trendsportarten entwickeln könnten (Stand: 2022; eigene Zusammenstellung)

- **Bike-Polo:** Aus Seattle stammender Trendsport, bei dem auf Fahrrädern Polo gespielt wird
- **Bossaball:** Mischung aus Volleyball, Turnen, Akrobatik und Trampolinspringen
- **Buildering:** Besteigen von Hausfassaden und Industriebauten als eine neue Sparte von Parkours
- **Crossminton:** Aus Berlin stammend, eine Mischung aus Tennis, Squash und Badminton in Parks
- **Crunning:** Aus Australien stammend, vereint „Crawling" und „Running", bei denen man auf allen Vieren krabbelt, kriecht und rennt

- **Inline-Downhill:** Mit Inlineskates Bergstraßen oder Bobbahnen herunterrasen
- **Plogging:** Für umweltbewusste Jogger, bestehend aus Joggen und Müllaufsammeln
- **Skiken:** Mischung aus Skilanglauf, Fahrradfahren und Inlineskaten; die Füße werden auf zwei Leichtmetallschienen mit zwei sehr kleinen, luftgefüllten Reifen festgeschnallt
- **Spikeball:** Am ähnlichsten dem Beachvolleyball; auf eine Art Trampolin wird eine Kugel geschlagen
- **Ultimate Frisbee:** Mischung aus Frisbee und American Football mit Auszonen

4.2 Die Trendsportlerinnen und Trendsportler im Profil

Trendsportlerinnen und Trendsportler sind meist aktive, dynamische und selbstbewusste Personen. Vorwiegend junge Menschen fühlen sich mit dem Trendsport verbunden. Die ungezwungene Ausübung, die Vielfalt an Möglichkeiten und das Ausloten von Grenzen überschneiden sich mit der lebensweltlichen Einstellung. Junge Menschen sind sehr experimentierfreudig und nutzen den Raum anders als Erwachsene. Städtische Räume werden dadurch stetig verändert, und daher bevorzugen sie eher dynamische Räume als Räumlichkeiten mit einer festgeschriebenen Funktion (Haury, 2012).

Die **SINUS-Jugendstudie** enthält genauere Aussagen, wie Jugendliche im Alter von 14 bis 17 Jahren Sport orientiert an ihren Lebenswelten ausüben (Calmbach et al. 2020). Es zeigt sich, dass sich eher bildungsnahe postmaterielle bzw. postmoderne Jugendliche für diverse Sportarten interessieren, darunter auch Randsportarten wie Rugby, Lifestylesportarten wie etwa Bouldern oder exotische Sportarten. Hierzu zählt auch die Erprobung außergewöhnlicher Sportarten oder neuer Trends. Vor allem die Experimentalisten[1] und Expeditiven[2] aus der Gruppe junger bildungsnaher Menschen üben Trendsportarten wie Skateboarding oder Parkour aus und identifizieren sich mit der entsprechenden Szene.

Diese Tendenz bestätigt sich auch beim Thema **Bewegungsorte**. Die Konsum-Materialisten nutzen den öffentlichen Raum als „Bühne der Selbstinszenierung des Körpers" und stellen dort ihre durchtrainierten Körper zur Schau. Ihre lebenswelttypische Sportmotivation besteht darin, ihren Körper durch Sport zu kräftigen. Typische Sportart dieser Gruppe ist z. B. Parkour. Die Grundhaltung der Konsum-Materialisten ist gekennzeichnet durch hohe Konsumfreude, ausgeprägtes Markenbewusstsein, Genussorientierung und einer starken Affinität zu Mode. Bei den Experimentalisten steht hingegen die kreative Selbstinszenierung in sozialen Medien im Vordergrund. Zu dieser Inszenierung eignen sie sich einen Bewegungsort an, der eine wichtige Rolle in ihrer Szenerie spielt. Dies kann ein Skatepark oder eine Tanzhalle sein. In der Gruppe der Expeditiven sind die persönliche Herausforderung zur Höchstleistung, die eigene Beherrschung und Kontrolle der Umwelt zentral. Entsprechend ihrer stark ichbezogenen und risikoaffinen Basisorientierung sind sie an sportlichen Höchstleistungen interessiert.

Studien, die sich auf die Sportausübung junger Menschen beziehen, gehen davon aus, dass mehr Jungen als Mädchen Trendsportarten ausüben. Die Jugendstudie 2020 aus Baden-Württemberg zeigt, dass Mädchen insgesamt weniger körperlich aktiv sind als Jungen (Antes et al., 2020, S. 24). 89 % der befragten Jungen und 84 % der Mädchen gaben an, auch informellen Sport außerhalb von Vereinen auszuüben (Antes et al., 2020, S. 23). Auch Alkemeyer (2002) stellt fest, dass es sich beim Trendsport mehrheitlich um Vertreter des männlichen Geschlechts handelt, und beschreibt diese als „Großstadtcowboys", die das kontrollierende Heim des Vereins verlassen und im öffentlichen Raum „in selbst gesuchten Herausforderungen körperliche Exzellenz und Einzigartigkeit beweisen" (Alkemeyer, 2002, S. 106).

---

1 Spaß- und szeneorientierte Nonkonformisten mit Fokus auf dem Leben im Hier und Jetzt.
2 Erfolgs- und lifestyleorientierte Networker auf der Suche nach neuen Grenzen und unkonventionellen Erfahrungen.

4.3 Die Räume trendsportlicher Aktivitäten

So vielfältig die Definition von Trendsport und seinen verschiedenen Formen ist, so groß ist auch das Repertoire an Orten, an denen er stattfindet. Sie sind auch deshalb schwer zu benennen, weil fortlaufend neue Sportarten aus dem Boden sprießen. Über die Hälfte der Bürgerinnen und Bürger nutzt den **öffentlichen Raum** für ihre sportlichen Aktivitäten (▶ Kap. 21), und immer mehr Sportvereine verlassen ihre ihnen fest zugeschrieben Flächen. Sport findet mehr und mehr in öffentlichen (Frei-)Räumen, Park- und Grünanlagen, auf Wegen und Plätzen statt (Kähler, 2016). Eine groß angelegte Studie der Senatsverwaltung in Berlin zum Sportverhalten (SenInn, 2018, S. 24) stellt fest, dass 31 % aller sportlichen Aktivitäten auf Grün- oder Erholungsflächen betrieben werden und 23 % auf den Berliner Straßen. Trendsport findet im Prinzip an **allen dafür geeigneten Orten im Stadtraum** statt. Er hat sich somit von den für Sport „ursprünglich" zugeschriebenen festen Orten und Räumen emanzipiert. Damit verlagert sich in der Kommunalverwaltung auch die Zuständigkeit. „Ein großer Teil des Sporttreibens spielt sich in Räumen ab, die nicht von den kommunalen Sportverwaltungen, sondern von Grünflächenamt, Stadtplanung, Schulamt, Sozial- und Jugendamt u. a. betreut werden, die eher weniger ausgewiesene Sportfachkenntnisse besitzen" (Kähler, 2016, S. 289). Die verteilte Zuständigkeit in den verschiedenen Fachämtern kann zu unterschiedlichen und unabgestimmten Handhabungen und Sichtweisen führen. Noch schwieriger ist der Umgang mit Trendsport in sogenannten **Resträumen** in der Stadt. Er befindet sich überhaupt nicht auf dem Radar von Stadtpolitik und wird eher als Verschnitt betrachtet. Rummel (2017,

S. 109) bezeichnet diese Räume trotz ihrer hohen Nutzungsintensität und weit verzweigten Inanspruchnahme als **unbestimmte Stadträume**, als in der Stadt verstreute undefinierte Areale, z. B. unter Brücken, entlang von Gleisanlagen oder Zwischenzonen neben Bauten. In der Stadtverwaltung muss es daher zu einem Blickwechsel kommen, und es müssen alle potenziellen **Sport-** und **Bewegungsräume** sowie der **öffentliche Raum** als wichtige Orte des Sports anerkannt werden (▶ Kap. 21).

Doch was zeichnet Orte des Trendsports konkret aus? Trendsportlerinnen und Trendsportler bespielen „Orte, die sie mit Deutungshoheit einnehmen und an denen sie Sport selbst gestalten können" (Bindel, 2017, S. 418). Klein (2020, S. 392) beschreibt Bewegungsmuster in Städten als eine „Choreografie" in der Stadt, in der Menschen mit unregelmäßigem Rhythmus eine „situationale und performative" Ordnung herstellen, die es unmöglich macht, die Stadt als ein System mit einer klaren Raumstruktur und einer vorgegebenen Bewegungsordnung anzusehen. Trendsportlerinnen und Trendsportler erproben nicht nur neue Bewegungsmuster, sondern können als städtische Pioniere auch „verloren geglaubte Sporträume" (Breuer & Michels, 2003, S. 11) wieder zum Leben erwecken.

Eine Typologie von Räumen, die von Trendsporttreibenden genutzt werden, haben Eichler und Peters (2015, S. 22) vorgenommen. Sie teilen diese Areale in zwei Kategorien ein: **Freiräume**, die durch Planerinnen und Planer im Rahmen der Sportentwicklungsplanung und Stadtplanung förmlich festgelegt werden (▶ Kap. 20 und 21), bezeichnen sie als „gestaltete Freiräume" im städtischen Gefüge. Gestaltete Freiräume sind z. B. Sportplätze, aber auch Sportanlagen in Parks wie Multisportfelder. Die Schwierigkeit mit dieser starren Festlegung besteht in den spezifischen Nutzungserwartungen und -vorschlägen, die Alternativen ausschließen. Interpretation und Aneignung sind nur bedingt realisierbar. Die zweite Kategorie bezeichnen sie als „praktizierte Freiräume", die durch Nutzerinnen und Nutzer eigenständig und in Koproduktion in der ganzen Stadt angeeignet werden. Sie garantieren mehr Freiheit und bergen Potenziale für unterschiedliche Ausdrucksformen und Funktionen von Sport. Diese Form der Freiräume entspricht dem Bild der gesamten Stadt als **Bewegungsraum**. Eichler und Peters (2015, S. 23) sprechen hierbei von einer Entgrenzung der Raumnutzung und einer Überschreitung konventioneller Raumdifferenzierung.

4.4 Raumaneignung im Profil

Trendsport im öffentlichen Raum ist oft durch eine Uminterpretation, einer alternativen Gebrauchsweise von Räumen und einem neuen **Raumverständnis** gekennzeichnet (▶ Kap. 2). Bestehende Grenzen eines Raums samt seinem Mobiliar werden ausgelotet, und Raum wird ständig aufs Neue verhandelt. Die monofunktionale Sichtweise auf Raum wird außer Kraft gesetzt, und die vorhandenen Räume werden multicodiert; es entstehen neue Raumnutzungen.

Doch welche Prozesse laufen bei der individuellen **Aneignung von Raum** ab? Die Veränderung von Raumfunktionen setzt voraus, dass die Räume nicht statisch sind und Spielräume bestehen. Schon Lefebvre (1974/2006) beschreibt Räume als Produkt sozialer Akteure und als **erlebte Räume** (*espace vécu*). Für ihn gibt es keine Wissenschaft des Raums und damit auch keine Planbarkeit. Diese würde nach seiner Ansicht die Perspektive auf konkrete Phänomene und soziale Produktionen hemmen und ausschließen. Bezogen auf Trendsport lässt sich dieser Gedanke im Ansatz übertragen, denn auch diese Räume sind nicht planbar und entstehen durch das Verhalten und die Bewegungsmuster von Menschen. Lefebvre (1974/2006) propagiert daher eine *connaissance* bzw. Erkenntnis des Raums, die eine Beobachtung und Erfassung vorhandener Nutzungen impliziert. Die Transformation eines Raums steht so in engem Verhältnis zum veränderten Verständnis des Raums. Dieses Verständnis, das Lefebvre (1974/2006) als kritische Gesellschaftsbeschreibung verfasst hat, bereitete den *spatial turn* in der Soziologie vor. Nach Sichtweise von Löw (2019, S. 155 ff.) hängt die Entstehung von Raum von der aktiven Verknüpfung durch Menschen sowie der Platzierung von Subjekten und Objekten durch Menschen zusammen. Menschen „konstituieren" damit nach ihrer Sichtweise Raum und werden selbst mit ihrem Körper zu einem Bestandteil der relationalen (An-) Ordnung und dem Prozess des *spacing*.

Die Inbesitznahme spezifischer Orte, sei es temporär, kurz- oder langfristig, hat auch mit einer neuen Lebenskultur und Einstellung zu tun. Kaschuba (2017, S. 21) bezeichnet diese „urbane Kulturrevolution" ganz passend mit der „Stadt als Lebenswelt statt Arbeitswelt, als Sozialraum statt Massensilo, als Kulturlandschaft statt Verkehrsfläche, als Heimat statt Fremde". In dieser neuen Kultur spielen Vorstellungen von Individualität und Autonomie, von öffentlichen und gemeinsamen Stadträumen, von Draußensein und Naturnähe eine ganz zentrale Rolle, und in diesem Bild finden auch entsprechende sportliche Aktionen und Projekte ihren entsprechenden Platz, weil sie ein wichtiger Teil dieser Kulturlandschaft sind. Der städtische Raum mit seinen funktionalen, physischen und symbolischen Eigenschaften, seiner spezifischen Materialität und Atmosphäre beeinflusst die jeweiligen Möglichkeiten des Handelns und die jeweilige Formation des Trendsports (Alkemeyer, 2002).

Durch ihre Interaktion mit Raum nutzen Trendsportlerinnen und Trendsportler die Stadt als Trainingsraum und als große Bühne, die ihnen nicht nur den passenden Raum für ihre spezifische Sportart zur Verfügung stellt, sondern ihnen gleichzeitig auch einen gewissen Grad an Identität verleiht. Darum finden Trendsportarten größtenteils auch im Außenraum statt. Die Bühne ist nicht auf die horizontale Achse begrenzt, sondern erweitert sich in ihrer Vertikalen mit Flächen wie Fassaden, Mauern oder Treppenhäusern.

4.5 Formen der Aneignung im Trendsport

Zur Darstellung der vielfältigen Ansätze der **Raumaneignung** werden im Folgenden drei verschiedene Gruppen von Trendsportlerinnen und Trendsportlern und ihre entsprechenden Räume vorgestellt (Haury, 2014). Der Auswahl liegen die vier Bereiche von Interventionen im öffentlichen Raum zugrunde (El Khafif, 2011, S. 29), die eine Einteilung in Hardware (Gebautes), Software (Programmatik), Orgware (Regulierung und Netzwerke) und Brandware (Repräsentation und Zeichensysteme) beinhalten (▶ Box 4.3, 4.5 und 4.6). Die drei Typen von Raumaneignungen werden Nomadentum, Zwischenmiete und Entrepreneurship benannt und anhand von Beispielen der Skaterszene erläutert.

Nomadentum: Uminterpretation öffentlich zugänglicher Räume und Kreation von neuen temporären Situationen

Viele Trendsportarten finden im **öffentlichen Raum** statt. So werden Fußwege zu Laufbahnen von Joggern, Vorbereiche von Gebäuden zu temporären Übungsgeländen für Traceure und Bäume in Parkanlagen zu den Säulen von Slacklinern. Nomadinnen und Nomaden befinden sich ständig in Bewegung. Ihre „Zelte" im öffentlichen Raum bauen sie auf und ab. Das **Nomadentum** greift auf Lösungen zurück (▶ Box 4.3), die nicht von Dauer sind. Es kommt zu einer intensiven Uminterpretation des Raums und zu einer spielerischen und temporären Aneignung nutzbarer Räume. Im Trend stehen Parks und Grünzüge; dort dominieren vor allem das selbstbestimmte, ungeregelte, sportliche Spielen und neue raumgreifende Sportformen wie Slackline (Kähler, 2014).

Parkour-, Lauf- und Fitnesssportlerinnen und -sportler bewegen sich linear im Raum. Fußwege, Straßen und Plätze in der Stadt stehen in ihrem Fokus, wie für Traceure, die sich als „Flâneure der Postmoderne" verstehen (Gebauer et al., 2004, S. 25) und ihren Sport als persönliche Herausforderung, aber auch als Kunst betrachten, die die scheinbar festgelegten Bedeutungszuweisungen und bestehenden Funktionen von Material und Orten hinterfragen und interpretieren. Nomadinnen und Nomaden sind ständig damit beschäftigt, die Nutzungsoptionen von Raum zu überprüfen und ihre Möglichkeiten auszuloten.

4

Box 4.3 Nomadentum

- **Hardware:** Verkehrsraum, öffentliche Plätze, zugängliche oder zugänglich gemachte private Bereiche, wechselnde Orte, lineare Bewegung im Raum
- **Software:** Laufsport, Radsport/Biken, Parkour, Skaten
- **Orgware:** Nutzung öffentlich zugänglicher Bereiche erlaubt, Einschränkung durch Ordnungsrecht (Lärm, Vermüllung, Gefährdung anderer Passanten etc.), Aushandeln der Räume mit anderen Nutzerinnen und Nutzern des öffentlichen Raums, konfliktreich, meist Einzelsport oder in kleineren Gruppen
- **Brandware:** Großes Präsentationsbedürfnis, öffentlicher Raum als Bühne

Nomadentum: Auswirkung und Herausforderung

Für Kommunen ist diese Form des Sports schwer greifbar, vor allem dann, wenn den Räumen neue Funktionen zugewiesen werden, die sich mit dem gewöhnlich angewandten System der „Planung" nicht decken (▶ Box 4.4; ▶ Kap. 20). Neue, nicht geplante Aktionen, temporäres Inventar im öffentlichen Raum oder eine nicht genehmigte Nutzung werden zumeist in erster Linie als „Problem" oder sogar „Bedrohung" der klassischen **Stadtplanung** angesehen. Daher ist der erste Kontakt der Nomadinnen und Nomaden zur Stadtverwaltung durch die Prüfung des ordnungsrechtlichen Rahmens (Gefährdung, Belästigung, Vermüllung, Lärm, Betreten fremden Eigentums etc.) gekennzeichnet. Diese Beurteilung kann mangels eines Orientierungs- und Bewertungsrahmens nicht kategorisch stattfinden. Die Nomadinnen und Nomaden werden daher als städtische Akteurinnen und Akteure im Konstrukt der städtischen Gesellschaft geduldet, ihre Gratwanderung zwischen nichtlegaler Inanspruchnahme öffentlicher und privater Flächen (wie beim Buildern) ist heikel. Sie kann immer wieder aufs Neue auf Konfrontation mit Eigentümerinnen und Eigentümern oder der städtischen Verwaltung hinauslaufen. Es kommt oft zu räumlichen Verlagerungen der Szene.

Ein prominentes Beispiel hierfür ist der „Umzug" der Kölner Skaterszene auf der Domplatte aufgrund lärmtechnischer Störungen der darunterliegenden Philharmonie (Eichler & Peters, 2015, S. 24). Die Stadtverwaltung siedelte die Skaterszene an einen dezentral gelegenen Ort um (◘ Abb. 4.1). Die Ersatzfläche ist für das Skaten geeignet, hat jedoch keinen repräsentativen Charakter mehr. Das räumliche Verlagern von Skatern stieß auf Kritik (Klose, 2012, S. 7). Es sei wichtig, die Skaterkunst im öffentlichen Raum zu präsentieren, weil der öffentliche Platz als Schaubühne fungiere. Half-Pipes an den Stadtrand zu bauen, hätte nur das Ziel der Gesellschaft, einen Ort zu finden, an dem die Szene niemanden störe. Städte können

◘ **Abb. 4.1** Beachvolleyball und Skate Plaza am Rheinauhafen, Köln. (© olle kima/stock.adobe.com)

sich auf „nomadische" Trendsportarten gezielt und langfristig einlassen und geeignete zentrale Räume zur Verfügung stellen. Ein Beispiel, der Landhausplatz in Innsbruck,[3] zeigt die Komplexität „nomadischer" Nutzungen im öffentlichen Raum. Was mit einer umfangreichen skaterfreundlichen Umgestaltung des Platzes durch Architekten des Institute for Advanced Architecture of Catalonia begann, ist seither gekennzeichnet durch Konflikte mit der Nachbarschaft. Diese fühlt sich aufgrund der ausgedehnten Nutzung des Platzes und der Entwicklung zu einem touristischen, auch nächtlichen Hotspot gestört. Das Revier der Nomadinnen und Nomaden ist der öffentliche Raum, und dieser unterliegt immer gegensätzlichen Interessen und Aushandlungen mit und in der Gesellschaft. Vermeiden lassen sich Konfrontationen daher prinzipiell nicht, eindämmen lassen sie sich durch ein Aufeinanderzugehen der Parteien und durch einen offenen Umgang miteinander.

Box 4.4 *Sportification* – deutscher Beitrag Architektur-Biennale Venedig 2004

Das Planungsbüro „complizen" aus Halle (Saale) und Berlin untersucht seit vielen Jahren kreative Möglichkeiten neuer Sportarten im **öffentlichen Raum**. Der Prozess *sportification* macht Brachen (◘ Abb. 4.1), Grünräume und leer stehende Häuser zu Spielwiesen des urbanen Sports. Es entstehen experimentelle Ansätze wie Downstairs-Competition (mit dem Fahrrad abwärts durch Treppenhäuser fahren), Frisbeerace (Frisbee-Spiel über die Dächer mehrerer Hochhäuser) und Foampit-Contests (spektakuläre Sprünge im Wettbewerb von Skatern und Bikern in Schaumstoffgruben) sowie neue Arten von Parkour- und BMX-Strecken. Mithilfe kreativer und innovativer Ansätze des Trendsports wird Sport gezielt als ein Mittel zur Stadtteilentwicklung eingesetzt und vergessene Stadträume werden aufgewertet (Peters & Roth, 2006, S. 15). *Sportification* war 2004 auf der Architektur-Biennale in Venedig einer der deutschen Beiträge und thematisierte die Symbiose von radikalem Sport und Architektur (Wopp, 2006, S. 401). Das Planungsbüro „complizen" verbindet seine Ansätze auch mit dem Begriff des *urban hacking*, womit die Eroberung und kreative Uminterpretation von Räumen gemeint ist. Der Sport „hackt" und verändert Städte, wenn Sportlerinnen und Sportler ihre Aktivitäten nicht an den vorgegebenen räumlichen oder rechtlichen Rahmen anpassen, sondern der Sport den Raum neu definiert und damit dominiert. „Das Besondere ist, dass dabei die eigene sportliche Weiterentwicklung, also die individuellen Interessen, die Leistungsbereitschaft, in Bezug zur urbanen Entwicklung tritt" (Dobberstein, 2015, S. 193).

---

3 ▶ https://www.skateboard-club-innsbruck.at/lhp/

Zwischenmiete: Umgestaltung vorhandener ungenutzter Grundstücksflächen und zeitlich befristete Bespielung

Zwischenmieterinnen und Zwischenmieter nutzen Flächen für ihr persönliches städtisches Experiment als ein zeitlich befristetes Laboratorium. Die Unsicherheit der Orte steht hier im Zentrum, denn oft sind es brachliegende städtische Leerräume des Übergangs mit unklarer Definition (Rick, 2011, S. 36). Durch ihre Aneignung zeigen Zwischenmieterinnen und Zwischenmieter auf ihrer Suche nach Heimat und Identität die Vielschichtigkeit und Mehrdeutigkeit dieser Flächen auf und werden dadurch auch zu Entdeckerinnen und Entdeckern in Vergessenheit geratener Orte (▶ Box 4.5).

Sie setzen sich mit den vorgefundenen Verhältnissen auseinander und verändern alltägliche Sichtweisen auf Raum, fabrizieren Irritationen und Interpretationen. Die **Zwischennutzung** bietet nur eine ungewisse Perspektive, die einer mittel- oder langfristigen Aufgabe der urbanen Interventionen entgegensteht. Diese Unsicherheit wird aufgrund der hohen Flächenknappheit in der Stadt hingenommen und mit dem Prinzip maximaler Anpassung an den jeweiligen Ort ausgeglichen, sogar unter Hinnahme rechtswidriger Zustände (Oswalt et al., 2013, S. 56). Neue Spots, Strecken oder alternative Spielfelder entstehen unter großem persönlichem Einsatz, unkonventionellen baulichen Lösungen (Eigenbau) und einem hohen zeitlichen Investment.

Box 4.5 Zwischenmiete

- **Hardware:** Ungenutzte, unattraktive bzw. aktuell nicht im Visier des Immobilienmarkts stehende Grundstücke in Kern-, Misch-, Gewerbe- oder Industriegebieten, Resträume, Brach- und Grünflächen, temporäre Nutzung leer stehender Gebäude
- **Software:** Skaten, Radsport/Biken, Ballsport mit Kleinspielfeldern, nutzungsoffene Multisportfelder
- **Orgware:** Anpassung des Vorgefundenen und der bestehenden Räume an die eigenen Bedürfnisse, Nutzung möglich durch

Zwischennutzungsverträge oder -vereinbarungen, oft ohne offizielle Genehmigung, sondern aktiv oder passiv geduldet, unsichere Zukunft, mögliche Konflikte bei empfindsamer Nachbarschaft, Nutzung ausgehend von einem Initiatoren- und Gründungsteam, wachsendes Netzwerk
- **Brandware:** Repräsentation in der jeweiligen Szene, Veranstaltung von Events, Bekanntheitsgrad abhängig vom Erfolg des „Branding" und der Eignung des Orts

Das Projekt des „2er-Skateboardvereins" in Hannover Linden beinhaltet die Umwandlung einer Brachfläche in einen informellen Skatepark. Eingebettet zwischen verwahrlosten Gewerbegrundstücken mit viel Wildwuchs haben die Mitglieder im Eigenbau verschiedene Skatespots ausgebildet. Interessant ist die Herangehensweise, ohne Rücksicht auf vorhandene Regeln und Standards. Vieles, was auf den ersten Blick zum Scheitern verurteilt ist, wird trotz vorhandener „Unlogiken" ausprobiert. Der Erfolg der sportlichen **Zwischennutzung** hängt vor allem von der Qualität und Erreichbarkeit der Infrastruktur des Orts sowie der Größe und Qualität des Akteursnetzwerks ab (Oswalt et al., 2013, S. 55). Erfolge des Projekts können zu größerer Bekanntheit, Ausweitung oder fortschreitender Professionalisierung führen. Dadurch verbessern sich die Chancen auf Fördermittel oder Sponsoring, denn die Finanzen der Gruppen sind knapp oder erst gar nicht vorhanden. Zurückgegriffen wird daher auf recycelte oder upgecycelte Baumaterialen (z. B. Waschmaschinen als Skaterspot).

Zwischenmiete: Auswirkung und Herausforderung

Die Suche nach geeigneten Flächen ist eine Suche nach der „Nadel im Heuhaufen". Die hohe Flächenkonkurrenz und der Nutzungsdruck, der Mangel an Gewerbe- und Wohnimmobilien führen dazu, dass immer weniger urbane Flächen zugänglich sind. Intermediäre wie private Unterstützerinnen oder Unterstützer, städtische Koordinatoren wie in Stuttgart oder organisierte Zwischennutzungsagenturen wie ZZZ Bremen helfen bei der Flächenvermittlung. Um die geplante Nutzung abzusichern, bieten sich Zwischennutzungsverträge oder Zwischennutzungsvereinbarungen an (BBSR, 2020). Eine weitere große Herausforderung besteht darin, sich mit den planungs- und ordnungs-

rechtlichen Erfordernissen auseinanderzusetzen. „Im Gegensatz zu Erwachsenen erkundigen sie sich nicht zuerst nach den rechtlichen Rahmenbedingungen, sondern legen direkt mit ihren Projekten los. Auftretende Probleme werden im Projektverlauf sukzessiv gelöst" (Haury & Willinger, 2020, S. 10).

Das Image und der Bekanntheitsgrad der Zwischenmieterinnen und Zwischenmieter unterliegen einem ständigen Wandel, der von verschiedenen Faktoren abhängt, nicht zuletzt auch, ob sich die jeweilige Sportart noch im Trend befindet. Neben der Codierung der **Zwischennutzungsfläche** mit Trendsport treten häufig Ansätze einer Mehrfachnutzung in Erscheinung. Die damit in Zusammenhang stehende Multicodierung beinhaltet eine Überlagerung vorhandener Interessen und Funktionen. Es entstehen vielfältige Nutzungsmuster. Ein Trendsportfeld kann sich z. B. mit *Urban Gardening* oder Flächen für Kunst überlagern und wird so zu einem bunten Mosaik suburbaner Kultur in der Stadt. Die Projekte können sehr integrativ sein und haben einen hohen soziokulturellen Stellenwert.

Entrepreneurship: Groß angelegte Trendsportprojekte mit Perspektive, Zukunft und festem Standort

Entrepreneurinnen und Entrepreneure entwickeln Projekte mit Zukunftsperspektive. Sie initiieren langfristig angelegte Prozesse und symbolisieren eine ganz besondere Form zivilgesellschaftlicher Teilhabe. Ihr Engagement ist durch die Übernahme von hoher Verantwortung, von Risiko und Investitionen geprägt und verknüpft Interessen von Zivilgesellschaft, Projekt- und Stadtentwicklung. Die Projekte beziehen sich z. B. auf Skaterparks in leer stehenden Gebäuden, Dirtbikeflächen in Gewerbegebieten oder neue Kleinsportfelder auf

Abb. 4.2 Selbst fabrizierte Halfpipe, Mellowpark
Berlin-Köpenick. (© Stephanie Haury)

Brachflächen (▶ Box 4.6; ▣ Abb. 4.2). Die
Raumsuche konzentriert sich nicht auf zentral gelegene Flächen, die sich im Visier des
Immobilienmarkts befinden, sondern auf
Grundstücke in Randlage, die vom Strukturwandel und den damit in Verbindung stehenden Veränderungsprozessen nicht betroffen sind. Aus Sicht der Immobilienwirtschaft wirken die Projekte wie Konkurrenten
und „stören" den Markt. Doch im Gegensatz zu Investorenansätzen passen sie die jeweiligen Räume nur minimal und auf das
Nötigste begrenzt ihren jeweiligen Ansprüchen an. Dabei gehen sie sukzessiv und
unter Verwendung kostengünstiger Materialien bei hohem ehrenamtlichem Einsatz vor
und entscheiden wichtige Dinge meist ge-
meinschaftlich. Viele Entrepreneurinnen
und Entrepreneure haben bereits selbst Ver-

drängungen an anderen Orten erfahren oder
sind schon mit anderen Projekten ge-
scheitert. Oft entstehen ihre Projekte daher
auf Basis einer Protest- oder Alternativ-
bewegung. Prominentes Beispiel hierfür ist
der Mellowpark in Berlin-Köpenick (▣ Abb.
4.2). Gestartet als Zwischennutzung auf
einer gewerblichen Brachfläche hat sich der
Park sehr schnell zu einem bedeutenden
Magneten entwickelt. Als sich das Projekt
aufgrund des Verkaufs der zuerst genutzten
Brachfläche an einen Investor auf die Suche
nach einem neuen Gelände machen musste,
wurde klar, welche Bedeutung der Park für
das Quartier bereits erlangt hatte. Der Be-
zirk bot infolge Druckausübung des Vereins
eine Ersatzfläche an, und es kam zu einer
Verlagerung mit Perspektive.

Entrepreneurship steht in engem Zusammenhang mit dem von den Montag Stiftungen[4] geprägten Begriff der Raumunternehmen, deren Ziel darin besteht, als
„lokal-räumliche Initiativen selbstbestimmte
Räume zu entwerfen und mit Leben zu füllen" (Buttenberg et al., 2017). Raumunternehmen des Trendsports bilden Orte mit dem
Fokus auf eine oder mehrere Sportarten aus,
meist ergänzt mit Gemeinschaftsstrukturen
und gemeinwohlorientierten Angeboten aus
dem soziokulturellen Bereich.

---

4   ▶ https://www.montag-stiftungen.de/

Box 4.6 Entrepreneurship

- **Hardware:** Ungenutzte und aktuell seitens des Immobilienmarkts nicht im Visier stehende Grundstücke in Gebieten, die für sportliche Nutzungen planungsrechtlich geeignet sind oder angepasst werden, Nutzung und Umbau leer stehender Gebäude
- **Software:** Skaten, Radsport/Biken, Ballsport auf Kleinspielfeldern, nutzungsoffene Multisportfelder, auch große auf eine Trendsportart bezogene Nutzungen möglich, geeignet für Großevents, im Innen- und Außenraum
- **Orgware:** Anpassung der vorgefundenen Räume an die eigenen Bedürfnisse, Nutzung möglich durch Miete, Erbpacht oder Erwerb, offizielle Genehmigung nötig/vorhanden, Projektentwicklung mit Perspektive, Projektträgerschaft durch Vereinsbildung, erfahrenes Team vorhanden, großes Netzwerk und Kundenstamm, mögliche Konflikte werden im Genehmigungsverfahren abgeprüft
- **Brandware:** Hohe Außenwirkung, über den Ort hinausgehende Sichtbarkeit, Veranstaltung von kleinen und großen Events, hoher Bekanntheitsgrad, zieht Sponsoren an

Entrepreneurship: Auswirkung und Herausforderung

Entrepreneurinnen und Entrepreneure bilden aus ursprünglich informell zusammengesetzten Gruppen verbindliche Organisationsformen wie Vereine oder GmbHs. Durch diese können sie nach außen unternehmerisch und rechtswirksam agieren. Sie sind Netzwerkprofis und nutzen diese auch, um verschiedene Kompetenzen zu bündeln und sinnvoll einzusetzen. Für ihre langfristige Perspektive müssen sie Genehmigungen einholen, Miet- und Pachtverträge schließen und ertragreiche Finanzierungsmodelle entwickeln, Sponsorenmodelle inbegriffen. Dies kann so weit führen, dass sie sich als Vorhabenträger zur Entwicklung neuer Bebauungspläne anbieten wie beim Mellowpark in Berlin-Köpenick. Im Trendsport entwickeln sich viele Sportparks durch Bottom-up-Ansätze. Diese haben sich mit der Zeit stark professionalisiert, feste Strukturen und Öffnungszeiten ausgebildet, neue Partnerschaften geformt und neue Schnittstellen aufgebaut. Sie stellen neue Kristallisationspunkte im Quartier und wichtige Treffpunkte der soziokulturellen Szene dar. Sie stehen oft in Konkurrenz zu den alteingesessenen Sportvereinen, für die sie oft als Bedrohung und nicht als eine Angebotsergänzung oder Bereicherung angesehen werden. In Kassel hat der Skaterverein Mr. Wilson e. V. zusammen mit dem Cluster e. V. eine alte denkmalgeschützte Industriehalle zu einer Indoor-Skaterhalle samt angeschlossenem Kulturzentrum entwickelt (■ Abb. 4.3). Das Projekt wurde aufgrund seines integrierten Ansatzes in großen Teilen auch inhaltlich vom Jugendamt unterstützt. Ziel war es nicht nur, die Interessen junger Sportlerinnen und Sportler mit dem Bau zufriedenzustellen, sondern das Projekt bietet durch die Zusammenarbeit mit dem soziokulturellen Verein Cluster e. V. auch ein großes Angebot an Kulturveranstaltungen an. Dieses Beispiel verdeutlicht die Verknüpfung sportlicher Aktivitäten mit sozialen Nutzungen. Dem Sport können somit neue Aufgabenbereiche und Zuständigkeiten zugeschrieben werden. Zu dieser Erkenntnis führt auch das Resümee auf die vielen vom Bundesinstitut für Bau-, Stadt- und Raumforschung (BBSR) untersuchten Stadtmacherprojekte. „Nie kam es darauf an, sich abzugrenzen, immer ging ihr Engagement um die lebenswerte Stadt mit offenen Angeboten für möglichst viele" (Haury & Willinger, 2020, S. 10).

4

Abb. 4.3 Skaterhalle in der Kesselschmiede Kassel. (© Stephanie Haury)

4.6 Fazit

Was zeigen uns die vorgestellten Ansätze aus dem Trendsport? Offensichtlich wird, dass die Umsetzung neuer innovativer Formate in städtischem Raum komplex ist und viele Hürden übersprungen werden müssen. Künftige Aufgabe von Stadtverwaltungen muss es daher sein, in den Quartieren Kreativnutzungen zuzulassen und die Rahmenbedingungen einer temporären Bespielung zu erleichtern. Um die Rahmenbedingungen solcher kreativer Nutzungen im **öffentlichen Raum** wenigstens etwas zu erleichtern, hat das BBSR (2020) die Freiraumfibel *Wissenswertes über die selbstgemachte Stadt* herausgegeben. Die Fibel enthält Regeln und Ansätze, wie man sich Räume in einer Stadt aneignen kann, und zeigt auch vorhandene rechtliche Schlupf-

löcher sowie Hinweise zu Ermessungsspielräumen der Kommunen. Junge Akteurinnen und Akteure aus dem Trendsport sind mit den vorhandenen rechtlichen Instrumentarien und Regeln oft überfordert. Warum kann es keine einfacheren Zugänge und Wege für zivilgesellschaftliche Akteurinnen und Akteure geben, die unsere Städte mit Trendsport bereichern? Kann es keine offenen Räume in der Stadt geben, die man sich spielerisch und auf legale Weise aneignen kann? Wie kann es gesellschaftlich zu einem Umdenken kommen?

Die Forderung nach offenen Räumen hat sich auch im ExWoSt-Forschungsfeld „Jugend.Stadt.Labor" herauskristallisiert, in dem 40 Jugendliche ein „Manifest für offene Räume" erstellten. Diese Räume sollen ergebnisoffen, für alle nutzbar, selbst gemacht, am Gemeinwohl orientiert und experimentell sein. Auf den öffentlichen Raum bezogen verbindet sich diese Forderung mit der Diskussion um die „Rückgewinnung" des öffentlichen Raums und der Bekämpfung der Eintönigkeit, Monofunktionalität und Kommodifizierung von Räumen. Städte sollten von spezialisierten und festgefahrenen Nutzungen wegkommen und Neues zulassen, das durch Spontaneität, Zufall und Chaos geprägt ist und sich an lokalen Bedürfnissen ausrichtet. Die Nutzung und Veränderung von Räumen durch sportliche Aktivitäten im öffentlichen Raum spiegeln das neue Bild von Stadtentwicklung wider: Eine Stadt funktioniert bei ihrer Gestaltung nur durch die Mitsprache der Bürgerinnen und Bürger. Lebendigkeit und Vitalität kann nur durch das Zulassen von Veränderung entstehen. Dies kann nur mit einem Rückzug bzw. der Zurückhaltung staatlichen Eingreifens einhergehen. Die zukünftige Freiflächen- und **Sportentwicklungsplanung** muss offene Räume und nutzungsneutrale Angebote für den Trendsport schaffen (▶ Kap. 21). Diese Forderung korrespondiert mit dem aktuellen Sportverhalten, das sich gravierend geändert hat.

❓ Übungs- und Reflexionsaufgaben

1. Wie definiert sich Trendsport, an welchen Orten findet er statt? Was passiert bei der Aneignung städtischer Räume?
2. Welche Stufen von Raumaneignungen durch den Trendsport bestehen? Mit welchen Aspekten der Stadtplanung müssen sich Initiatorinnen und Initiatoren auseinandersetzen, wenn sie ein Projekt starten und umsetzen wollen?

Zum Weiterlesen empfohlene Literatur

BBSR – Bundesinstitut für Bau-, Stadt und Raumforschung (Hrsg.) (2020). *Freiraumfibel – Wissenswertes über die selbstgemachte Stadt.*

Breuer, C., & Michels, H. (2003). *Trendsport: Modelle, Orientierungen und Konsequenzen.* Meyer & Meyer.

Löw, M. (2015): Space Oddity. Raumtheorie nach dem Spatial Turn. *sozialraum.de.* Ausgabe 1/2015. ► https://www.sozialraum.de/space-oddity-raumtheorie-nach-dem-spatial-turn.php. Zugegriffen: 14. März 2022.

Literatur

Alkemeyer, T. (2002). Zeichen, Körper und Bewegung. Praxisformen der Vergemeinschaftung und der Selbst-Gestaltung im neuen Straßensport. *Spektrum der Freizeit. Forum für Wissenschaft, Politik und Praxis, 24*(2), 95–110.

Antes, W., Gaedicke, V., & Schiffers, B. (Hrsg.). (2020). *Jugendstudie Baden-Württemberg 2020. Die Ergebnisse von 2011 bis 2020 im Vergleich und die Stellungnahme des 13. Landesschülerbeirats.* Schneider.

BBSR – Bundesinstitut für Bau-, Stadt und Raumforschung (Hrsg.). (2020). *Freiraumfibel – Wissenswertes über die selbstgemachte Stadt.*

Bindel, T. (2017). Informeller Jugendsport – institutionelle Inanspruchnahme und Wandel eines deutungsoffenen Geschehens. *Journal of Childhood and Adolescence Research, 12*(4), 417–426. https://doi.org/10.3224/diskurs.v12i4.03. Zugegriffen am 01.06.2020.

Breuer, C., & Michels, H. (2003). *Trendsport: Modelle, Orientierungen und Konsequenzen.* Meyer & Meyer.

Breuer, G., & Sander, I. (2003). *Die Genese von Trendsportarten im Spannungsfeld von Sport, Raum und Sportstättenentwicklung.* Feldhaus.

Buttenberg, L., Overmeyer, K., & Spars, G. (2017). Was Raumunternehmen ausmacht – Von Raumpionieren zu Raumunternehmen. *sozialraum.de* (9). Ausgabe 1/2017. https://www.sozialraum.de/was-raumunternehmen-ausmacht-von-raumpionieren-zu-raumunternehmen.php. Zugegriffen am 28.03.2022.

Calmbach, M., Flaig, B., Edwards, J., Möller-Slawinski, H., Borchard, I., & Schleer, C. (2020). *SINUS-Jugendstudie 2020. Lebenswelten von Jugendlichen im Alter von 14 bis 17 Jahren in Deutschland.* (Bundeszentrale für politische Bildung. Schriftenreihe, 10531). Druck- und Verlagshaus Zarbock.

Dobberstein, T. (2015). „Urbane Sport Hacks" als sportbezogene Aneignungsformen städtischer Freiräume. In R. S. Kähler (Hrsg.), *Städtische Freiräume für Sport, Spiel und Bewegung* (S. 185–194). Feldhaus.

Eichler, R., & Peters, C. (2015). Wie frei ist ‚Freiraum'? – Zur praktischen Verhandlung von Freiraum in informellen Sport- und Bewegungskulturen. In R. S. Kähler (Hrsg.), *Städtische Freiräume für Sport, Spiel und Bewegung: 8. Jahrestagung der dvs-Kommission „Sport und Raum" vom 29.-30. September 2014 in Mannheim* (S. 17–28). Feldhaus.

El Khafif, M. (2011). Inszenierter Urbanismus als Konstruktion für den öffentlichen Raum? In Projektteam Temporäre Stadt an besonderen Orten 2008–2010 (Hrsg.), *Temporäre Stadt an besonderen Orten* (S. 22–31). Dortmund.

Gebauer, G., Alkemeyer, T., Boschert, B., Flick, U., & Schmidt, R. (2004). *Treue zum Stil. Die aufgeführte Gesellschaft.* Transcript.

Gehl, J. (2018). *Städte für Menschen.* Jovis.

Haury, S. (2012). Das Forschungsfeld „Jugendliche im Stadtquartier". *sozialraum.de* (4). Ausgabe 2/2012. https://www.sozialraum.de/das-forschungsfeld-jugendliche-im-stadtquartier.php. Zugegriffen am 22.03.2022.

Haury, S. (2014). Nomaden, Zwischenmieter und Siedler: Junge Raumaneigner in der Stadt. In U. Deinet & C. Reutlinger (Hrsg.), *Tätigkeit – Aneignung – Bildung: Positionierungen zwischen Virtualität und Gegenständlichkeit* (S. 233–244). Springer.

Haury, S. (2020). Die Welt des selbstgemachten Sports. Die Bedeutung informeller Ansätze für die Sport- und Stadtentwicklung. *RaumPlanung, 208*(5), 32–37.

Haury, S., & Willinger, S. (2020). Junge Stadtmacher in der offenen Stadt – Urbane Transformation neu denken. *Planerin, 2020*(5), 9–11.

Kähler, R. S. (2014). Städtische Freiräume für Sport, Spiel und Bewegung. *Forum Wohnen und Stadtentwicklung, 2014*(5), 267–270.

Kähler, R. S. (2016). Integrierte Stadtentwicklung und Sport – Kommunale Herausforderungen und Lösungen. *Forum Wohnen und Stadtentwicklung, 2016*(6), 287–293.

Kaschuba, W. (2017). Die Stadt, ein großes Selfie? Urbanität zwischen Bühne und Beute. *Aus Politik und Zeitgeschichte, 67*(48), 19–24.

Klein, G. (2020). Soziale Choreografie. Bewegungsordnungen und -praktiken in urbanen Räumen. In I. Breckner, A. Göschel & U. Matthiesen (Hrsg.), *Stadtsoziologie und Stadtentwicklung. Handbuch für Wissenschaft und Praxis* (S. 391–402). Nomos.

Klose, A. (2012). Treffpunkt Straße? Öffentlicher Raum zwischen Verdrängung und Rückgewinnung. Einige geschichtliche und aktuelle Entwicklungen. *sozialraum.de* (4). Ausgabe 2/2012. https://www.sozialraum.de/treffpunkt-strasse.php. Zugegriffen am 20.03.2022.

Lefebvre, H. (1974/2006). Die Produktion des Raums. In J. Dünne & S. Günzel (Hrsg.), *Raumtheorie. Grundlagentexte aus Philosophie und Kulturwissenschaften.* (S. 330–342). Suhrkamp.

Löw, M. (2019). *Raumsoziologie* (10. Aufl.). Suhrkamp.

Oswalt, P., Overmeyer, K., & Misselwitz, P. (Hrsg.) (2013). *Urban Catalyst. Mit Zwischennutzungen Stadt entwickeln.* DOM Publishers.

Peters, C., & Roth, R. (2006). *Sportgeographie – Entwurf einer Systematik von Sport und Raum.* (Schriftenreihe „Natursport und Ökologie", 20). Institut für Natursport und Ökologie der Deutschen Sporthochschule.

Rick, M. (2011). Die Kraft des Temporären. In Projektteam Temporäre Stadt an besonderen Orten 2008–2010 (Hrsg.), *Temporäre Stadt an besonderen Orten* (S. 32–41). Dortmund.

Roth, R., Türk, S., Kretschmer, H., Armbruster, F., & Klos, G. (2008). *Menschen bewegen – Grünflächen entwickeln. Ein Handlungskonzept von Bewegungsräumen in der Stadt.* LV Druck.

Rummel, D. (2017). Aneignung pur im Restraum und die Justierung des städtischen Freiraums. In T. E. Hauck, S. Hennecke & S. Körner (Hrsg.), *Aneignung urbaner Freiräume – Ein Diskurs über städtischen Raum* (S. 104–126). Transcript.

Schwier, J. (2003). Was ist Trendsport? In C. Breuer & H. Michels (Hrsg.), *Trendsport. Modelle, Orientierungen und Konsequenzen* (S. 18–31). Meyer & Meyer.

SenInn – Senatsverwaltung für Inneres und Sport (Hrsg.). (2018). *Sportstudie Berlin 2017 – Untersuchung zum Sportverhalten.*

Telschow, S. (2000). *Informelle Sportengagements Jugendlicher.* (Wissenschaftliche Berichte und Materialien des Bundesinstituts für Sportwissenschaft, 5). Sport und Buch Strauß.

Wopp, C. (2006). *Handbuch zur Trendforschung im Sport: Welchen Sport treiben wir morgen?* Meyer & Meyer.

Sport als politisches und gesellschaftliches Instrument in Grenzräumen

Bernhard Köppen und Muriel Backmeyer

Verpflegungspunkt beim jährlichen Wandermarathon des Biosphärenreservats Pfälzer Wald/ Vosges du Nord. (© Bernhard Köppen und Muriel Backmeyer)

P. Gans et al. (Hrsg.), *Sportgeographie*, https://doi.org/10.1007/978-3-662-66634-0_5

Inhaltsverzeichnis

Einleitung

Sport ist „mehr als ein Spiel" und besitzt über die eigentliche körperliche Aktivität hinaus zahlreiche direkt damit verbundene sowie mittelbar nachgeordnete Facetten. Als ausgesprochen wirkmächtig ist hierbei die **politische Dimension des Sports** anzusehen (Vinokur, 1988; Bale, 2003; Koch, 2016). Aktiver Sport wie auch Sport durch Zuschauen gilt insbesondere als identitätsstiftend (▶ Kap. 18 und 24) und ist in diesem Zusammenhang gezielt geopolitisch im positiven wie auch negativen Sinne instrumentalisierbar (▶ Kap. 9), so etwa im Zuge von Nation Building (Koch, 2013), der Forcierung von Nationalismus oder Überhöhung von Patriotismus (Arnold, 2021), der Nutzung von Sportgroßveranstaltungen im Sinne politischer Soft-Power-Strategien (Grix & Houlihan, 2014; Grix & Brannagan, 2016) oder zum Sportswashing autoritärer Regime (Kobierecki & Strożek, 2021; ▶ Kap. 9). Auf lokaler Ebene sind beispielsweise ethnisch-kulturelle Konflikte in Fußballligen keine Ausnahme (Metzger, 2015). Diesen kritischen Aspekten stehen jedoch (geo-)politisch positive Eigenschaften gegenüber.

Dem gemeinsam betriebenen Sport wird neben gesundheitsfördernden Aspekten und individuellem Wohlbefinden (▶ Kap. 12) auch stets eine integrative Komponente zugeschrieben (▶ Kap. 16). Dies gründet vor allem auf der **Gemeinwohlorientierung** des organisierten Sports und der somit impliziten sozialen Dimension und findet beispielsweise seinen Ausdruck in der strategischen Bedeutung des Sports bei der Integration von Migrantinnen und Migranten (Flensner et al., 2021; ▶ Kap. 16), aber auch bezüglich der Bildung von **Sozialkapital** in einem erweiterten Kontext (Nicholson und Hoye, 2008) bis hin zu Diplomatie über Sport (Pamment, 2016; Postlethwaite & Grix, 2016).

Diese integrative Wirkung vorausgesetzt, erscheint es nur folgerichtig, sportlichen Aktivitäten und Veranstaltungen großes Potenzial in Hinblick auf die Förderung nachbarschaftlicher, zwischenstaatlicher Kontakte und hierbei insbesondere auch **grenzüberschreitender Integration** auf lokaler Ebene beizumessen (Kapiteleröffnungsbild).

Am Beispiel der Europäischen Union lohnt sich ein genauerer Blick, welche Rolle der grenzüberschreitenden Kooperation durch und mit Sport tatsächlich zukommt bzw. zukommen kann. Exemplarisch wird am Beispiel des durch die EU gesetzten Rahmens zu grenzüberschreitender Integration reflektiert, welche Rolle gemeinsamer Sport hat, und die Ergebnisse einer explorativen, qualitativen Untersuchung zum Wandersport im deutsch-französischen Grenzraum werden kurz vorgestellt.

5.1 Sport und grenzüberschreitende regionale Integration

Die wissenschaftliche Beschäftigung mit **Grenzen** und **Grenzräumen** ist ein vorrangig in den Gesellschaftswissenschaften verortetes, interdisziplinäres Unterfangen, wobei in der Geographie Grenzen gemeinhin als Trennlinien zwischen räumlich fassbaren Systemen (z. B. politisch, ökonomisch, kulturell) verstanden werden. Diese Trennung wiederum ist nicht „gegeben", sondern das Ergebnis von gesellschaftlicher Aushandlung und Konstruktion (z. B. Paasi, 1996; Newman, 2006). Im Zentrum aktueller Grenzraumforschung stehen insbesondere Fragen der „everyday construction of borders among communities and groups, through ideology, discourses, political institutions, attitudes and agency" (Scott, 2015, S. 27 f.). Grenzen, die ursächlich dem Schutz vor äußeren und inneren Bedrohungen dienen (sollen) sowie territoriale Manifestation politischer, kultureller und sozialer Gruppen darstellen, sind demnach grundsätzlich verhandelbar. Sie können in ihrer trennen-

5

den Wirkung unterschiedlich stark sein und unterliegen zudem Wandlungsprozessen bis hin zur Auflösung. Die durch Grenzen getrennte Koexistenz verschiedener Systeme kann sowohl konfliktbehaftet sein als auch – entsprechende Durchlässigkeit vorausgesetzt – für die im unmittelbaren Grenzraum lebenden Menschen, angesiedelten Unternehmen und Institutionen Vorteile verschaffen. Die Grenze mit ihrem Nebeneinander unterschiedlicher Systeme stellt also auch eine potenzielle Ressource dar (Sohn, 2014, 2016). Letztere Sichtweise macht sich die EU zu eigen und fördert gezielt **grenzüberschreitende Integration**, wobei (und dies darf bei allen Überlegungen nicht außer Acht gelassen werden) insbesondere ökonomische Integration im Sinne eines gemeinsamen, effizienten Markts sowie politische Beziehungen im Vordergrund stehen. Die sogenannte *People to People*-Perspektive wird als eine Basis hierfür anerkannt und ebenfalls gefördert, ist jedoch nicht das leitende Paradigma.

In diesem Zusammenhang sind sowohl **grenzüberschreitende Kooperation** mit dem Ziel der **regionalen Integration von Grenzräumen** als auch die gezielte Nutzung von Sport als Instrument zur „Europäisierung" der Bürgerinnen und Bürger (Gasparini, 2011) klar formulierte Elemente der Politiken von Europäischem Parlament und Europäischer Kommission. Im Vertrag von Lissabon findet Sport explizite Erwähnung: „Die [Europäische] Union trägt zur Förderung der europäischen Dimension des Sports bei und berücksichtigt dabei dessen besondere Merkmale, dessen auf freiwilligem Engagement basierende Strukturen sowie dessen soziale und pädagogische Funktion" (Europäische Union, 2007, S. 82).

Die zugrunde liegende Logik, dass gemeinsame sportliche Aktivitäten ein grundsätzlich hervorragend geeignetes Instrument für Kennenlernen und Vertrauensbildung als Basis für grenzüberschreitende alltägliche **Kooperation** und **Identitätsbildung**

sind, ist leicht nachvollziehbar sowie sehr bestechend. Sport folgt vorher vereinbarten Regeln, Fairness ist ein zentraler Wert, sprachliche und kulturelle Barrieren spielen während der an klare Vereinbarungen gebundenen sportlichen Betätigung eine untergeordnete oder gar keine Rolle.

Somit eignet sich gemeinsame sportliche Aktivität auf den ersten Blick grundsätzlich ideal für ein persönliches Kennenlernen auf persönlicher Ebene über Grenzen hinweg und auch in einem weiteren internationalen Kontext, der sich nicht nur auf aneinandergrenzende Regionen beschränkt. Dementsprechend geben gemäß Euro-Barometer 2018 befragte EU-Bürgerinnen und EU-Bürger den Sport nicht ganz überraschend als ihrer Meinung nach drittwichtigstes Element eines europäischen Gemeinschaftsgefühls an (EU-Kommission, 2018, S. 34).

Das persönliche Kennenlernen wiederum ist Voraussetzung für die Herausbildung von Vertrauen, welches unabdingbare Grundlage erfolgreicher Kooperation nicht nur im politischen, sondern auch im ökonomischen Kontext darstellt. Die Herausbildung erfolgreicher ökonomischer Cluster beispielsweise wird als grundsätzlich an Vertrauen und *embeddedness* („Einbettung" in regionale soziale Kontexte) geknüpft gesehen, und diese Erkenntnis kann auch auf erfolgreiche **grenzüberschreitende Kooperation** übertragen werden (Kortelainen & Köppen, 2009).

Im Europa der EU und in mit der EU assoziierten Staaten, welche sich mit sehr wenigen Ausnahmen dem Schengener Abkommen angeschlossen haben, wurden Hindernisse zur Überschreitung von Staatsgrenzen für Bürgerinnen und Bürger beseitigt. Grenzüberschreitendes, alltägliches Handeln bzw. individuelle **Raumaneignung** (Löw, 2001) ist somit unproblematisch, was letztlich auch ein zentrales Anliegen des Schengener Abkommens darstellt (Sondersituationen, denen mit Grenzschließung und *re-bordering* begegnet wird, etwa im Zuge der Corona-Pandemie ausgenommen).

Somit bestehen grundsätzlich gute Voraussetzungen für Sport und sportliche Aktivitäten im grenzüberschreitenden Kontext. Der politische Wille bzw. die politische Akzeptanz ist gegeben, und freie Mobilität über Grenzen hinweg wird ebenfalls gewährleistet. Bezüglich des praktischen Einsatzes von Sport als Instrument der **grenzüberschreitenden Integration** sowie zur Bildung einer grenzüberschreitenden regionalen Identitätsstiftung zeigen sich in der „praktischen" Umsetzung allerdings auch strukturelle Hemmnisse, welche nicht etwaige physisch-infrastrukturelle Defizite umfassen und im lokalen Einzelfall durchaus wirksam sein können.

Wie bereits erwähnt, kann Sport aufgrund der bekannten und akzeptierten Regeln gemeinsam ausgeübt werden, ohne dass kulturelle und soziale Hintergründe oder individuelle Sprachkenntnisse so hemmend wirken wie bei anderen Aktivitäten internationaler Begegnung, weil nonverbale und konkret fassbare Interaktionen dominieren. Bei aller Euphorie über diesen günstigen Umstand darf aber nicht vergessen oder gar negiert werden, dass Sport eben doch in genau diese Bezüge eingebettet ist, welche zudem durchaus Einfluss auf das Gelingen von Begegnungen haben. Inwiefern sportliche Begegnungen integrative Aspekte mit sich bringen, ist also keinesfalls unabhängig von kultureller und sprachlicher Kompetenz (Bröskamp, 2011). Die Herauslösung des Sports aus seinen sozialen und kulturellen Kontexten mag schöne Hypothesen ermöglichen, es ist aber naiv, die integrative Wirkung auf Basis solcher Grundannahmen zu beurteilen.

Europhiler Bekenntnisse und Diskurse zum Trotz sind Vereinssport sowie ein erheblicher Teil von Wettbewerben beispielsweise regional und nationalstaatlich organisiert und nicht einer grenzüberschreitenden Logik entsprechend anpassbar. So sind etwa Freundschaftsspiele zwischen Vereinen beiderseits der Grenze unproblematisch. Die In-

tegration im Ausland lebender Sportlerinnen und Sportler im Ligabetrieb oder für regionale bzw. nationale Wettbewerbe kann im Einzelfall wiederum sehr schwierig sein. Nationale Regelungen können vorsehen, dass zur Ausübung eines Sports spezielle medizinische Testate gefordert werden oder der Nachweis von Schulungen, welche im Endeffekt grundsätzlich motivierte Personen dann doch abhalten, die Grenze als Chance und Ressource für grenzüberschreitenden Vereins- und Wettbewerbssport zu erfahren. Während etwa der Kfz-Führerschein von EU-Staaten gegenseitig anerkannt ist, so gilt dies für sportbezogene medizinische Nachweise oder Lizenzen nicht in jedem Fall.

Diese grundsätzliche Problematik illustriert der Fall des italienischen Leichtathleten Daniele Biffi. Biffi lebt in Berlin und ist seit 2012 als Athlet in Deutschland registriert. Zwischen 2012 und 2016 hat er mehrere Wettbewerbe in Deutschland gewonnen, einschließlich Meisterschaften. Eine Regeländerung des Deutschen Leichtathletik-Verbandes (DLV) im Jahre 2016 knüpfte die Teilnahme an nationalen Wettbewerben nun an die deutsche Staatsbürgerschaft, womit der in Deutschland lebende und auch im Verein aktive Biffi vom hochrangigen Wettkampfgeschehen ausgeschlossen wurde. Eine Klage von Biffi vor dem Europäischen Gerichtshof (EuGH) erwies sich insofern als erfolgreich, als die Regelung des DLV als diskriminierend und unverhältnismäßig erachtet wurde. Der Ausschluss von ausländischen Sportlerinnen und Sportlern von nationalen Wettbewerben bleibt grundsätzlich möglich, muss jedoch gut begründet sein. Die Staatsbürgerschaft an sich kann ein solcher Grund nicht sein (Urteil des EuGH, 2019, EC-LI:EU:C:2019:497).

Anders stellt sich die Situation im nicht an Ligen oder Verbände gebundenen Sport und bei sportlichen Freizeitaktivitäten im weiteren Sinne sowie für speziell im **grenzüberschreitenden Kontext** organisierte Einzelveranstaltungen (z. B. durch nationale Verbände oder Institutionen) dar. Diese sind nicht nur problemlos möglich, sondern werden im europapolitischen Sinne explizit begrüßt. So ist beispielsweise seit 2014 die Förderung von Sport durch die EU gezielt dem Programm Erasmus+, also einer Maßnahme, die auf Austausch in (Aus-)Bildung und Wissenschaft fokussiert, zugeordnet. Wenngleich die hier dezidiert für internationalen sportlichen Austausch bereit gestellten Fördersummen eindeutig zu den geringeren Ausgaben im Vergleich zu anderen Sektoren (mit internationalem und dadurch auch Grenzraumbezug) zählen, so ist die Bedeutung dieser Maßnahme in ihrer Symbolkraft nicht zu unterschätzen. Vor dem Hintergrund des in der EU geltenden Subsidiaritätsprinzips zählt Sport vorrangig zu den Kompetenzbereichen auf nationaler, regionaler und lokaler Ebene.

Dass Sport in der politischen Sphäre als taugliches Instrument der **grenzüberschreitenden Integration** gewertet wird, kann auch daraus abgeleitet werden, dass die deutschen Länder mit einer internationalen Grenze dies auch, etwa auf den Webseiten ihrer mit Sport oder Europa befassten Ministerien, entsprechend erwähnen. Nur ist dieser politische Common Sense in der Regel nicht mit konkreten Förderprogrammen bzw. formal und dauerhaft bereitgestellten finanziellen Mitteln untersetzt, wie dies durch Erasmus+ der Fall ist.

Für die Europäische Kommission scheinen die Dinge bezüglich des **Sports als wirkmächtigem Integrator** klar auf der Hand zu liegen: „Il promeut la participation active des citoyens de l'Union européenne à la société et contribue de la sorte à favoriser une citoyenneté active" (EU-Kommission, 2007, S. 2). Der Sport fördere demnach aktiv den gesellschaftlichen Zusammenhalt Europas durch aktive Bürgerinnen und Bürger.

Gasparini (2011) argumentiert, dass Sport auf symbolische Weise **einen transnationalen Begegnungsort** darstellt, welcher die Schaffung einer „communauté de pensée européenne à propos du sport" begünstigt (Gasparini, 2011, S. 53). So hätte sich gezeigt, dass sich für junge Menschen in Frankreich über den Sport Berührungspunkte mit Deutschland, Belgien, Polen oder Spanien ergeben, etwa im Zusammenhang mit schulischem Austausch und Wettbewerben (also selbst aktiv), aber auch durch im Fernsehen übertragene Turniere usw. Dies wiederum führe zu Vertrautheit von Sportlerinnen und Sportlern mit Vereinen und Lebensstilen im jeweiligen Land. Diese **Europäisierung durch Sport** sei allerdings bisher wenig fundiert erforscht, sodass diese *idée séduisante* („bestechende Idee") aus wissenschaftlicher Sicht doch noch eher als Hypothese zu behandeln sei (Gasparini, 2011, S. 54).

5.2 Die Wirkmacht von Sport im Rahmen grenzüberschreitender Kooperation und Integration

Vor dem Hintergrund, dass Sport als ein quasi perfektes Instrument zur Förderung internationaler, interkultureller und auch kleinräumig grenzüberschreitender Begegnung und Integration (im politischen wie auch „landläufigen" Sinne) erachtet wird, mag es erstaunen, dass es nur wenige wissenschaftliche Studien oder auch Auftragsstudien zur tatsächlichen Bedeutung sowie Wirkkraft des Sports im speziellen Kontext von (Staats-)Grenze(n) und Sport gibt. Und dies gilt nicht nur für das Beispiel der Europäischen Union, sondern weltweit. Insbesondere individuelle, persönliche Begegnung im Sport und daraus resultierende, empirisch nachweisbare Effekte erweisen sich als wenig intensiv erforscht.

Empirische Forschung zu Grenze bzw. Grenzraum und Sport fokussiert bislang vorrangig auf Themen mit Schwerpunkt grenzüberschreitender Tourismus oder Freizeitgestaltung in Grenzräumen bzw. über Staatsgrenzen (hierzu die systematische Literaturanalyse von Hernández, 2020). Exemplarisch etwa seien die Arbeit von Zaitseva et al. (2016) genannt, welche sich mit grenzüberschreitender Regionalentwicklung durch Tourismus und Freizeitangebote befasst, oder die Dissertation von Erkina (2018) zur Entwicklung von grenzüberschreitendem Sporttourismus. Auch Gesundheit, Fußball und die Repräsentation von Sport des Nachbarlands in den Medien beiderseits von Grenzen wurden untersucht.

Es ist festzustellen, dass die räumliche Identifikation über Sport oder Teams sowie auch Ausgrenzung in der Sportgeographie und Soziologie zwar ein wiederkehrender Forschungsgegenstand ist (z. B. Shobe, 2008; Spaaij et al., 2014; Wise & Harris, 2014; Hylton & Lawrence, 2015), die direkte Verknüpfung von grenzüberschreitender **regionaler Identität(sbildung)** im engeren Sinne bisher jedoch empirisch weitgehend unerforscht bleibt. Hier schließen aktuell neuere Initiativen wie etwa das Projekt TranSPORT(S)[1] ( Abb. 5.1) der Universitäten Bordeaux, Grenoble und Strasbourg mit Partnerinstitutionen in Frankreich, Deutschland, Spanien und Italien sukzessive die Lücke(n). Auffällig ist immerhin, dass sich das wissenschaftliche Interesse an Sport und Grenze seit 1986 bis 2018 steigert, wenngleich die gesamte Zahl an Projekten bzw. Publikationen bislang überschaubar bleibt (Hernández, 2020).

Abb. 5.1 Logo des transnationalen Projekts TranSPORT(S). (© Yannick Hernández)

5.3 Wandern im Nachbarland mit Nachbarinnen und Nachbarn

In Zusammenhang mit dem internationalen Projekt TranSPORT(S) wurden im Sommer/Herbst 2021 unter anderem eine explorative, qualitative Studie zur Wahrnehmung des Grenzraums Schwarzwald und Vogesen durch im organisierten Wandersport aktive Personen sowie eine teilnehmende Beobachtung bei einer organisierten deutsch-französischen Wanderung im Schwarzwald durchgeführt (elf Interviews, davon zehn deutsche in Wandervereinen organisierte Personen und eine im Club Vosgien eingeschriebene Person). Zu berücksichtigen ist hierbei, dass im Verein organisiertes Wandern eine tendenziell von älteren Menschen ausgeübte sportliche Betätigung ist und die qualitative Studie nur einen Einblick in die vielfältigen Facetten der Thematik erlauben kann, jedoch nicht repräsentativ für alle in Grenzräumen ausgeübten sportlichen Aktivitäten sowie sportlichen Kooperationen ist.

Wandern als sowohl frei organisierte, aber auch in Verbänden ausgeübte Aktivität bietet sich für eine explorative Studie insofern an, als diese Form des Sports aus-

---

1 TranSPORT(S) ist ein vom Réseau national de Maison des Sciences de l'Homme (RnMSH) finanziertes, internationales Projekt des MSHA Aquitaine, MISH Alsace und MSH Alpes unter Beteiligung französischer, spanischer, deutscher und italienischer Universitäten sowie Forschungseinrichtungen.

gesprochen häufig ausgeübt wird. So wird für Deutschland festgestellt, dass „fast jeder dritte Deutsche an[gibt], dass er mindestens fünf bis sechsmal im Halbjahr oder sogar mehrmals im Monat wandert und noch einmal gut 20 % geben an, mindestens ein- bis zweimal pro Jahr zu wandern" (BMWi, 2010, S. 24).

Bezüglich der Relevanz des Wanderns im Grenzraum bzw. dem respektiven Nachbarland zeigt sich, dass einerseits das Überschreiten einer Staatsgrenze bewusst wahrgenommen wird, andererseits aber der Gedanke, hierbei einen womöglich (politisch) wünschenswerten Beitrag zur **grenzregionalen Integration** oder Herausbildung eines europäischen Bewusstseins zu leisten, weniger präsent ist.

Von allen Befragten wurde die Grenze mehrmals im Jahr überschritten, wobei das Wandern in den Vogesen ein zentrales Motiv ist. Dennoch war nur für zwei der elf Befragten Wandern an sich alleiniges Motiv, sich in das Nachbarland (Frankreich) zu begeben. Neben der Ausübung des Sports spielen daran gekoppelte andere Aktivitäten, wie etwa Shopping-Tourismus oder die Inanspruchnahme von Dienstleistungen, wie auch das „Erlebnis" der internationalen Reise an sich (wenn auch „nur" ins nahe gelegene Ausland) eine Rolle.

Die **Grenzüberschreitung** „an sich" wird dabei unterschiedlich bewertet. Die „Grenze im Kopf" im Sinne einer kollektiven Erinnerung ist ebenso präsent wie die positive Bewertung, dass die Staatsgrenze heute keine greifbare Rolle mehr spielt.

> » „Der Rhein ist für den Schwarzwälder eher mal eine echte Grenze gewesen und das steckt noch tief in den Köpfen. Überhaupt über die Grenze zu gehen, ist erstmal eine Überwindung." (Befragung 1)

Die Mehrheit der befragten Personen gibt tatsächlich positive Assoziationen wieder. Die Grenze sei „gar nicht mehr erfühlbar" (Befragung 3), unter anderem auch, weil sie nicht dicht und geschlossen sei, sondern fließ-

ßend, „wie ein Übergang" (Befragung 10). Die Grenzüberschreitung kann als positives Erlebnis wahrgenommen werden, das mit Urlaub, Erholung, Genuss und Vertrautheit in Verbindung gebracht wird.

> » „Es ist immer ein schönes Gefühl, jetzt bin ich im Elsass. […] Ich passiere die Grenze und bin schon ein anderer Mensch, das ist verrückt. Ich fühle mich einfach besser. […] Wenn ich auf dem höchsten Punkt [der Passerelle] stehe, wo die Grenze angezeigt wird, einfach nur schön." (Befragung 8)

Sohn (2016) weist in diesem Zusammenhang darauf hin, wie prägend die individuelle Perspektive auf das jeweilige Verständnis von der Grenze ist.

> » „Für mich war es aber eigentlich nie eine Grenze. Wenn ich jetzt über die Grenze ginge und es würde jeder nur Französisch sprechen, dann wäre es vielleicht eine Hemmschwelle. Aber du bist rübergekommen und warst bei Freunden. Gleiche Sprache, gleiche Kultur. Wir sind alle alemannischer Abstammung. Für mich war der Rhein nie eine Grenze." (Befragung 11)

Dem entgegen stehen allerdings auch andere Einschätzungen, ungeachtet dass die Staatsgrenze für die Ausübung sportlicher Aktivitäten regelmäßig und vor allem bereits seit langer Zeit selbstverständlich überschritten wird.

> » „Der Rhein ist die Grenze. Es ist anders, es ist einfach ein anderes Leben auf der einen und der anderen Seite." (Befragung 5)

> » „Ich glaube, wenn du jetzt in Bayern bist oder drüben in Österreich. Da würde das nicht auffallen, wenn nicht gerade andere Kennzeichen rumfahren, sonst würdest du es nicht merken. […] aber in Frankreich merkst du es sofort. Du kommst rüber an die Grenze und du bist in einer anderen Welt." (Befragung 6)

Diese Feststellung oder Festlegung von Unterschieden zwischen der Bevölkerung beiderseits der Grenze sind wiederum nicht zwangsläufig negativ konnotiert, sondern im Kontext der bewusst im Nachbarland und mit Nachbarn wandernden Personen eine positive, interessante Erfahrung. Unterschiede und Gemeinsamkeiten können reflektiert und in der Summe als reizvoll wie auch den eigenen Vorlieben als nicht entsprechend erfahren werden.

» „Beim Wandern kriegste die Menschen mit. Beim Fahrradfahren nicht. […] Du kannst Gespräche festlegen. […] Ja, und du hast das Herz dabei, du siehst die Leute, du hast den direkten Kontakt. Das ist das Wichtigste am Wandern für mich." (Befragung 5)

» „Vor allem mittags. 12:00 Uhr, die [Franzosen] gehen Mittagessen. Da sind die Gaststätten auch voll. Da machen wir erst recht einen großen Bogen drum. Und sind froh, die sind versorgt und wir haben zwei Stunden unsere Ruhe." (Befragung 7)

» „Also von den Menschen her ist das so, wir [die Deutschen] haben einen ganz anderen Biorhythmus. Die Deutschen möchten um 12 Uhr Mittagessen so ungefähr, um vier Kaffeetrinken und um 18 Uhr einkehren. Und die Franzosen möchten ja vor 20 Uhr nix essen. Und das führt manchmal so zu Differenzen, weil die möchten immer picknicken und die Deutschen ins Lokal. Im strömenden Regen stehen die dann da und packen ihr Picknick aus. Da kriegen unsere deutschen Kollegen ab und zu einen Vogel. […] Und dann passiert es schonmal, dass wir irgendwo einen Kaffee trinken gehen und die Franzosen stehen draußen im Regen […]" (Befragung 5)

» „Die haben grundsätzlich den Bordeaux dabei und die Schokolade. Das, was das

Herz begehrt. […] Wie das dort auch als Lebensprinzip so gilt, man bietet dem anderen etwas an. Es war einfach faszinierend, mit einer Selbstverständlichkeit." (Befragung 8)

» „Die Herzlichkeit hat mich einfach immer wieder fasziniert. Da sind wir Alemannen hier etwas anders gestrickt. […] Ja, zurückhaltend auf eine Art. […] Das habe ich drüben anders erlebt, wie die so offen aufeinander zugegangen sind." (Befragung 8)

Neben praktischen Beschreibungen des gemeinsamen Wanderns wird eine positive Wertung der französischen Personen vorgenommen, die in sich aber pauschalisierend ist. Der Assimilationseffekt, bei dem allen Individuen einer Nation dieselben Eigenschaften zugeschrieben werden, kommt hier zum Vorschein (Lipiansky, 2002). Dennoch scheint es die Wahrnehmung positiv zu beeinflussen. Es wird auch angeführt, dass gerne mit Freunden gewandert wird, die die französische Sprache beherrschen, weil die Mehrheit der Studienteilnehmerinnen und -teilnehmer gar kein Französisch spricht oder nur rudimentäre Kenntnisse besitzt.

Die Motivation deutscher Wandersportlerinnen und Wandersportler, in die Vogesen zu fahren, wiederum ergibt sich aus spezifischen Unterschieden der Regionen Schwarzwald und Vogesen und nicht etwa dem Bewusstsein, eine Europäisierung bzw. Forcierung der grenzüberschreitenden Integration und des europäischen Gedankens zu bewirken.

» „Also, wenn ich ehrlich bin, laufe ich lieber in den Vogesen. Die Vogesen haben noch sehr viele natürliche und kleine Wanderwege. Bei uns im Schwarzwald läuft man meistens Fahrwege. […] Aus dem Grund laufe ich wirklich lieber in den Vogesen, egal wo. Das ist dort drüben sagenhaft, das vermisse ich im Schwarzwald." (Befragung 11)

5

» „Es ist viel entspannter, jaja. In den Vogesen ist es längst nicht so gut ausgeschildert wie hier. Das ist der Unterschied, das sagen die Franzosen aber auch. In den Vogesen kann es sein, du stehst plötzlich vor einer Wand oder einem Abhang und weißt gar nicht, wo du bist. Das ist gar nicht so ungefährlich drüben." (Befragung 5)

Dass die eigene sportliche Aktivität in einem **politisch-formal ausgestalteten grenzüberschreitenden, regionalen Konstrukt** – dem Eurodistrikt Strasbourg-Ortenau – ausgeübt wird, ist prinzipiell bekannt, wird aber als letztlich wenig relevant erachtet.

» „Also ich finde – wie soll ich dir das sagen? Man lebt halt drin, da macht man sich gar keine Gedanken mehr." (Befragung 5)

» „Weißt du, ich wohne hier, ich nehme es vielleicht gar nicht mal so sehr wahr." (Befragung 8)

Die bereits erwähnte Problematik, dass die praktische grenzüberschreitende Verbandsarbeit im Einzelfall mit administrativen Hürden konfrontiert wird, etwa weil Sport in national organisierte Strukturen eingebettet ist, findet in einem Interview Erwähnung. So seien die Europaidee und der Eurodistrikt gut. Gleichzeitig gäbe es „grenzüberschreitend schon Probleme" (Befragung 11), wenn man die bürokratische Ebene betrachte. Ein Verband, welcher seinen Sitz außerhalb des Eurodistrikts habe, dürfe keine Anträge auf Finanzierung von grenzüberschreitenden Aktivitäten mit Unterstützung des Eurodistrikts stellen.

Grundsätzlich aber herrscht nur wenig Kenntnis über die tatsächlichen Kompetenzen sowie fassbaren Handlungsspielräume des Eurodistrikts und eventuellen Möglichkeiten, die sich daraus ergeben.

» „Da kann ich nichts zu sagen, vielleicht gibt es etwas, und ich weiß nicht, dass es eurodistriktveranlasst ist." (Befragung 8)

Lediglich in dem Aspekt, dass über den Eurodistrikt keine Wanderungen veranstaltet werden, sind sich alle Befragten sicher. Dies bedeutet aber keinesfalls, dass die Relevanz dieses Instruments der **grenzregionalen Kooperation** zwangsläufig infrage gestellt würde. Die Gebietskörperschaft ist eben kein direkt erfahrener Teil des Alltags bzw. des Sports.

» „Also man bekommt immer die Negativerscheinungen mit. Und was funktioniert, erscheint immer selbstverständlich." (Befragung 5)

Das Funktionierende im grenzüberschreitenden Alltag der Bürgerinnen und Bürger scheint zugunsten eines stärkeren Fokus auf Probleme in den Hintergrund zu rücken. Dass dadurch bereits erreichte Erfolge von Integration nicht wahrgenommen werden und der Istzustand ohne weiteres Tun nicht gehalten werden kann, sollte bei der Bewertung berücksichtigt werden. Dass europäische, dezidiert auf Grenzräume bezogene Politik einen unmittelbaren Zusammenhang mit individueller, **grenzüberschreitend integrativer (Raum-)Aneignung** haben könnte, wird nicht zwingend reflektiert.

» „Wann tut es sich vermischen [Deutsche und Franzosen]? Eigentlich doch nur, wenn du Arbeitskollegen hast, die drüben sind. Dass du dann nochmal privat zusammenkommst oder durch Vereine." (Befragung 7)

» „Aber das [gemeinsame Wandern beiderseits der Grenze] könntest du auch so machen, dafür brauchst du keinen Eurodistrikt. Zum Beispiel unser Schwarzwaldverein selber sucht sich drüben einen Verein." (Befragung 6)

» „Weißt du, du lernst ja viele Leute kennen und man begegnet sich. Und trotzdem geht's wieder verloren. Man kann nicht alles mitnehmen auf dem Weg, weißt du? Aber du erinnerst dich an die Momente und weißt, dass es schön und gut war. Und du teilst. Und das ist wichtig, in dem Moment bist du auch der beste Botschafter für dein Land. Man kämpft gegen Vorurteile, durch dein eigenes Verhalten kannst du die am besten abbauen." (Befragung 5)

Die formalisierte Kooperation und Förderung von Zusammenarbeit über das Instrument des Eurodistrikts werden eher verhalten bis skeptisch bewertet. So wird trotz zahlreicher vorhandener Kooperationsprojekte, etwa im Bereich Integration des Arbeitsmarkts, die Förderung des Sports als wenig ausgeprägt wahrgenommen.

» „Da ging es zur Sache, auch mit Kooperationen ohne Ende […]. Aber sportlich nicht. Da sagt man, okay, die Deutschen können ja rübergehen. Die Franzosen kommen ja auch ins Schwimmbad rüber. Nicht pejorativ, aber wir können es ja genauso machen. […] Der Eurodistrikt besteht zwar. Aber er ist ein bisschen tot, sage ich einfach mal." (Befragung 8)

Es wird aber auch formuliert, dass ein stärkeres Engagement von als übergeordnete Institutionen wahrgenommenen Körperschaften sogar kritisch zu sehen sei.

» „Das würde ich den einzelnen Vereinen überlassen. Die suchen das dann doch schon irgendwo. […] Wenn das von oben runter diktiert wird, wäre das für's Wandern zu – nee, die sollen sich um ihre politischen Probleme kümmern. Ganz ehrlich." (Befragung 5)

» „Also ich glaube nicht, dass wir uns da zu sehr auf Politiker oder auf Einrichtungen verlassen sollten. Wenn wir das selber nicht leben, klappt's nie. […] Dass man mit den entsprechenden Partnergemeinden und den Menschen, die man kennengelernt hat, dann diese Verbindungen

pflegt. Das ist viel besser, als wenn von oben irgendwas runtergeordnet wird." (Befragung 3)

Großen Wert besitzt das gemeinsame Erleben und Miteinander, welches als positiv empfunden wird.

» „Wenn ich mit einer normalen deutschen Wandergruppe gegangen wäre, wäre das wahrscheinlich gar kein Vergleich gewesen. Man hat also gleich zwei Kulturen zusammen in einem Bus und das war – die Bewegungen, der Geruch der unterschiedlichen Kulturen." (Befragung 8)

» „[…] und nachher aus dem Bus, sind wir uns alle um den Hals gefallen. Und das war die absolute Verbrüderung, und es war total egal, wer gewinnt am Ende. Wir haben wirklich zusammen dann gefeiert." (Befragung 5)

» „Ich denke, da kannst du mit dem Ereignis schon verbinden. […] Dann verbindest du schon Menschen. Die können sich über das Ereignis ja auch schon irgendwo austauschen und identifizieren." (Befragung 7)

» „Da ist es wursch, wo man herkommt, da ist das Schöne, ins Gespräch zu kommen. Da guckt man, oh wie redet der, kann ich mit ihm reden? Ich bin ja auch gar nicht schüchtern, ich kann das dann auch. Manch andere Leute würden das vielleicht nicht machen. […] Ich meine, das kommt natürlich auch alles immer darauf an, wie man auf die Leute zugeht." (Befragung 10)

Zuletzt geht es auch ein Stück weit um Sympathie zwischen den Menschen und beiderseitige Offenheit. Die Befragten beziehen sich neben größeren sportlichen Veranstaltungen hier auf deutsch-französische Wanderungen, die ebenso diese Bedingung erfüllen müssen, um am Ende integratives Potenzial zu haben. Gerade in der Beschreibung der Offenheit als im Alltag nicht immer gegebene Voraussetzung wird deutlich, dass die gegenseitige positive Neugier in europapolitischen Diskursen zu selbstverständlich angesehen werde. Wassenberg (2013) spricht in diesem Zusammenhang von einem in der politischen Sphäre stellenweise imaginierten idealisierten Integrationszustand.

» „Aber ich denke, dass bei diesem Gefühl der Eurodistrikt nichts machen kann." (Befragung 11)

Aufgrund der Vielzahl an Voraussetzungen für einen integrativen Prozess im sportlichen Sinne nehmen einige Befragten ihren Enthusiasmus, den sie gegen Anfang in puncto „europäisch sein" versprühten, bei der Frage nach einer Gemeinschaft im bzw. über den Eurodistrikt zurück.

» *„[…] aber die sind eine Gemeinschaft, und wir sind eine Gemeinschaft. Das wird in dem Sinne nicht gelebt." (Befragung 7)*

Zwar sei ein „Ineinanderwachsen links und rechts des Rheins" (Befragung 10) bemerkbar, vielleicht langfristig auch die Zukunft, dennoch seien aktuell viele Unterschiede gegeben.

» „Die Unterschiede sind da. Aber du hast auch Unterschiede zwischen Bayern und Hamburg, weißte? Ich denke mal, wenn Toleranz da ist und Respekt vor allem, dann sind die Unterschiede eigentlich sekundär. Die sind da, das kann man nicht wegleugnen, das ist ganz klar." (Befragung 5)

» „[…] und das [Grenzgefühl] wird immer mehr verblassen und verblassen. Irgendwann sind die Grenzen dann weg. Die Sprachbarrieren verschwinden dann auch immer mehr." (Befragung 10)

Die Tendenz der Befragten, sich europäisch zu fühlen, ist zweifelsfrei mit deren Lebenswelt in einem Grenzraum verbunden und wird durch **grenzüberschreitenden Sport** gestärkt. Dennoch sehen sie dadurch keine zwingende deutsch-französische Gemeinschaft, auch, wenn diese als nicht unmöglich erachtet wird. Die regional relevanten politisch verfassten Institutionen sowie europapolitische Diskurse wiederum werden grundsätzlich als vorhanden wahrgenommen und reflektiert, aber nicht zwingend in direkten Bezug zur eigenen **grenzüberschreitenden Raumaneignung** gesetzt.

5.4 Selbstverständliche Integration auch durch grenzüberschreitenden Sport

Grenzüberschreitende sportliche Aktivität leistet einen Beitrag zur gesellschaftlichen **regionalen Integration**. Allerdings ist die Motivation zur Teilnahme an internationalen Wettbewerben oder die Ausübung organisierten wie auch individuellen Sports über Grenzen und in Grenzräumen eher selten ein dezidiert (europa-)politisches Statement. Zwar mag die Tatsache der grenzüberschreitenden sportlichen Raumaneignung durch Grenzraum integrierende Politiken als eine Basis bedingt sein, dies wird allerdings nicht tiefgründig reflektiert, sondern mit zunehmender Dauer und Wirksamkeit dieser Politik als selbstverständlich erachtet.

Diese Selbstverständlichkeit der **Grenzüberschreitung** zur Sportausübung – sei es nun mit Menschen des benachbarten Staats oder nicht – allerdings ist ein starker Indikator für de facto bestehende regionale Integration, welche ihren sichtbaren Ausdruck auch durch die Ausübung von Sport im jeweiligen Nachbarland findet.

? **Übungs- und Reflexionsaufgaben**

1. Gemeinsamer Sport gilt als das Kennenlernen und die Integration fördernde Aktivität, welche zudem leicht sprachliche und kulturelle Barrieren überwindet. Inwiefern ist es

aber auch vorstellbar, dass genau das Gegenteil bewirkt werden könnte?

2. Ist es angemessen und überhaupt sinnvoll, dass die individuelle Ausübung von Sport politisch aufgeladen und zu einem der grenzüberschreitenden Integration dienlichen Instrument erklärt wird?

Zum Weiterlesen empfohlene Literatur

Bale, J. (2003). Sports Geography. 2. Aufl. Taylor & Francis

Hernández, Y. (2020). Pratiques sportives, espaces transfrontaliers et Union européenne: une revue de littérature. In A. Suchet & A. El Akari (Hrsg.), *Développement du sport et dynamique des territoires. Expériences internationales comparées* (S. 167–180). AFRAPS.

Koch, N. (Hrsg.) (2016). *Critical Geographies of Sport*. Taylor & Francis.

Wise, N., & Kohe, G. Z. (2020). Sports geography: new approaches, perspectives and directions, *Sport in Society, 23*(1), 1–10. doi.10.1080/17430437.2018.1555209.

Literatur

Arnold, R. (2021). Nationalism and sport: A review of the field. *Nationalities Papers, 49*(1), 2–11. https://doi.org/10.1017/nps.2020.9

Bale, J. (2003). *Sports geography* (2. Aufl.). Taylor & Francis.

BMWi – Bundesministerium für Wirtschaft und Technologie. (2010). *Grundlagenuntersuchung Freizeit- und Urlaubsmarkt Wandern*. Forschungsbericht 591. Berlin.

Bröskamp, B. (2011). Migration, Integration, interkulturelle Kompetenz, Fremdheit und Diversität: zur Etablierung eines aktuellen Feldes der Sportforschung; eine Sammelbesprechung. *Sport & Gesellschaft, 8*(1), 85–94.

Erkina, E. (2018). *The development of cross border sports tourism*. Diss. Saima Univeristy of Applied Sciences.

EuGH – Europäischer Gerichtshof. (2019). EUR-Lex: Judgment of the Court (Third Chamber) of 13 June 2019. TopFit e. V. and Daniele Biffi vom Deutschen Leichtathletikverband e. V. Request for a preliminary ruling from the Amtsgericht Darmstadt. Reference for a preliminary ruling – Citizenship of the Union – Articles 18, 21 and 165 TFEU – Rules of a sports association – Participation in the national championship of a Member State by an amateur athlete holding the nationality of another Member State – Different treatment on the basis of nationality – Restriction on free movement. Case C-22/18. Document 62018CJ0022. ECLI identifier: ECLI:EU:C:2019:497.

EU-Kommission. (2007). Livre blanc sur le sport. https://eur-lex.europa.eu/legal-content/FR/TXT/PDF/?uri=CELEX:52007DC0391&from=GA. Zugegriffen am 31.08.2022.

EU-Kommission. (2018). Special Eurobarometer 472. Sport and physical activity. http://eose.org/ressource/special-eurobarometer-472-on-sport-and-physical-activity. Zugegriffen am 31.08.2022.

Europäische Union. (2007). *Vertrag von Lissabon zur Änderung des Vertrags über die Europäische Union und des Vertrags zur Gründung der Europäischen Gemeinschaft, unterzeichnet in Lissabon am 13. Dezember 2007*. Document C2007/306/01.

Flensner, K. K., Korp, P., & Lindgren, E.-C. (2021). Integration into and through sports? Sport-activities for migrant children and youths. *European Journal for Sport and Society, 18*(1), 64–81. https://doi.org/10.1080/16138171.2020.1823689

Gasparini, W. (2011). Un sport européen? Genèse et enjeux d'une catégorie européenne. *Savoir/Agir, 15*(1), 49–57.

Grix, J., & Brannagan, P. M. (2016). Of mechanisms and myths: Conceptualising states' "Soft Power" strategies through sports mega-events. *Diplomacy & Statecraft, 27*(2), 251–272. https://doi.org/10.1080/09592296.2016.1169791

Grix, J., & Houlihan, B. (2014). Sports mega-events as part of a nation's soft power strategy: The cases of Germany (2006) and the UK (2012). *The British Journal of Politics and International Relations, 16*(4), 572–596. https://doi.org/10.1111/1467-856X.12017

Hernández, Y. (2020). Pratiques sportives, espaces transfrontaliers et Union européenne : une revue de littérature. In A. Suchet & A. El Akari (Hrsg.), *Développement du sport et dynamique des territoires. Expériences internationales comparées* (S. 167–180). AFRAPS.

Hylton, K., & Lawrence, S. (2015). Reading Ronaldo: Contingent Whiteness in the Football Media. *Soccer & Society, 16*(5/6), 765–782. https://doi.org/10.1080/14660970.2014.963310

Kobierecki, M. M., & Strožek, P. (2021). Sports mega-events and shaping the international image of states: How hosting the Olympic Games and FIFA World Cups affects interest in host nations. *International Politics, 58*(1), 49–70. https://doi.org/10.1057/s41311-020-00216-w

Koch, N. (2013). Sport and soft authoritarian nation-building. *Political Geography, 32*(1), 42–51. https://doi.org/10.1016/j.polgeo.2012.11.006

Koch, N. (Hrsg.). (2016). *Critical geographies of sport.* Taylor & Francis.

Kortelainen, J., & Köppen, B. (2009). "Trust" as a basic factor for effective cross-border co-operation: The examples of the German-Czech and Finnish-Russian Border Areas. In M. Fritsch, P. Jurczek, B. Köppen, J. Kortelainen & P. Vartiainen (Hrsg.), *Cross-border structures and co-operation on the Finnish-Russian and German-Czech borders: A comparative perspective.* (Reports of the Karelian Institute, 2/2009, S. 17–29). Karelian Institute.

Lipiansky, E.-M. (2002). Die Sozialpsychologie und die Beziehungen zwischen Gruppen. In J. Demorgon & C. Wulf (Hrsg.), *Binationale, trinationale und multinationale Begegnungen: Gemeinsamkeiten und Unterschiede in interkulturellen Lernprozessen* (S. 60–78). DFJW.

Löw, M. (2001). *Raumsoziologie.* Suhrkamp.

Metzger, S. (2015). Kontaktarena Kreisliga: Amateurfußball und Migration im Ruhrgebiet. In D. Osses (Hrsg.), *Von Kuzorra bis Özil. Die Geschichte von Fußball und Migration im Ruhrgebiet. Begleitbuch zur Ausstellung* (S. 81–91). Klartext-Verlag.

Newman, D. (2006). Borders and bordering: Towards an interdisciplinary dialogue. *European Journal of Social Theory, 9*(2), 171–186. https://doi.org/10.1177/1368431006063331

Nicholson, M., & Hoye, R. (2008). *Sport and social capital.* Routledge.

Paasi, A. (1996). *Territories, boundaries and consciousness.* John Wiley.

Pamment, J. (2016). Rethinking diplomatic and development outcomes through sport: Toward a participatory paradigm of multi-stakeholder diplomacy. *Diplomacy & Statecraft, 27*(2), 231–250.

Postlethwaite, V., & Grix, J. (2016). Beyond the acronyms: Sport diplomacy and the classification of the International Olympic Committee. *Diplomacy & Statecraft, 27*(2), 295–313.

Scott, J. W. (2015). Bordering, border politics and cross-border cooperation in Europe. In A. Celata & R. Coletti (Hrsg.), *Neighbourhood policy and the construction of the European external borders.* (GeoJournal Library, 115, S. 27–44). Springer.

Shobe, H. (2008). Place, identity and football: Catalonia, Catalanisme and Football Club Barcelona, 1899–1975. *National Identities, 10*(3), 329–343. https://doi.org/10.1080/14608940802249965

Sohn, C. (2014). The border as a resource in the global urban space: A contribution to the cross-border metropolis hypothesis. *International Journal of Urban and Regional Research, 38*(5), 1697–1711. https://doi.org/10.1111/1468-2427.12071

Sohn, C. (2016). Navigating borders' multiplicity: the critical potential of assemblage. *Area, 48*(2), 183–189.

Spaaij, R., Magee, J., & Jeanes, R. (2014). *Sport and social exclusion in global society.* Routledge.

Vinokur, M. (1988). *More than a game: Sports and politics.* Greenwod Press.

Wassenberg, B. (2013). Einführung. In J. Beck & B. Wassenberg (Hrsg.), Integration und (trans-)regionale Identitäten: Beiträge aus dem Kolloquium „Grenzen überbrücken: auf dem Weg zur territorialen Kohäsion in Europa", 18. und 19. Oktober 2010, Straßburg (Studien zur Geschichte der Europäischen Integration = Études sur l'Histoire de l'Intégration Européenne 22). Steiner.

Wise, N., & Harris, J. (2014). Finding football in the dominican republic: Haitian migrants, space, place and notions of exclusion. In R. Elliott & J. Harris (Hrsg.), *Football and migration: Perspectives, places and players* (S. 180–193). Routledge.

Zaitseva, N. A., Semenova, L. V., Garifullina, I. V., Larionova, A. A., & Trufanova, S. N. (2016). Transfrontier cooperation strategy development based on utilization efficiency increase of tourism and recreational territory potential. *International Electronic Journal of Mathematics Education, 11*(7), 2537–2546.

5

Ökologie und Sport

Inhaltsverzeichnis

Sport und seine ökologischen Auswirkungen – ein Überblick

Thomas Fickert

Mountainbiker an der Fuorcla Surlej (2755 m ü. d. M.) im schweizerischen Engadin.
(© Thomas Fickert)

P. Gans et al. (Hrsg.), *Sportgeographie*, https://doi.org/10.1007/978-3-662-66634-0_6

Inhaltsverzeichnis

Einleitung

Sport ist, wie alle menschlichen Aktivitäten, mit Eingriffen in die Umwelt verbunden. Sie können dabei an die Sportausübung selbst geknüpft sein – dies ist insbesondere bei Natursportarten der Fall ▶ Kap. 3 und 20) –, aber auch der Landschaftsverbrauch bei der Errichtung von Sportstätten oder Sportgroßveranstaltungen mit einem großen ökologischen Fußabdruck stellen umweltrelevante Aspekte dar (Fickert, 2020; ▶ Kap. 8, 9, und 22). Auswirkungen des Sports auf die Umwelt werden in jüngerer Zeit unter dem Begriff **Sportökologie** subsumiert (Seewald et al., 1998; McCullough et al., 2020), die als Wissenschaftsdisziplin im Überschneidungsbereich von Sportwissenschaft und Ökologie angesiedelt ist (◘ Abb. 6.1). Der Begriff wurde im deutschsprachigen Raum Ende der 1990er-Jahre von Sportwissenschaftlern der Universität Salzburg in den wissenschaftlichen Diskurs eingeführt (Seewald et al., 1998). Auslöser war eine seinerzeit zunehmende gesellschaftliche Relevanz des Konfliktfelds Sport und Umwelt. Der deutsche Politikwissenschaftler Graf von Krockow (1984, S. 24) betonte bereits einige Jahr zuvor: „Der Sport stellt in unserer Gesellschaft einen Bereich dar, von dem zunächst einmal feststeht, daß [sic!] er wächst und wächst. Sein Siegeszug scheint unaufhaltsam." Peters und Roth (2006) sprechen von einer **Versportlichung der Gesellschaft**, einer **Sportisierung**, ja gar von einem **sportiven Zeitalter** im ausgehenden 20. Jahrhundert. Begründet wird der starke Bedeutungszuwachs des Sports u. a. mit einem Mehr an zur Verfügung stehender Freizeit sowie einem grundlegenden Wandel im Freizeitverhalten des Menschen: Wurde früher die wenige Freizeit für die Erholung von einer körperlich schweren Arbeit genutzt, steht heute der Wunsch nach sportlicher Aktivität und Erlebnis im Vordergrund.

Der Aufschwung, den der Sport im ausgehenden 20. Jahrhundert erfährt, fällt in eine Zeit zunehmender ökologischer Sensibilisierung der Gesellschaft, weshalb vermehrte Interessenskonflikte zwischen Sport und Umwelt wenig überraschen. Die Sportwissenschaftlerin Hartmann-Tews (1997, S. 5) erkennt Anzeichen dafür, „dass eine bisher unproblematische Beziehung problematisch geworden ist". Je nach Sportart und Form der Sportausübung (u. a. organisiert vs. individuell, Amateursport vs. Profisport, Natursport vs. anlagegebundener Sport) zeigt sich hierbei ein breites Spektrum unterschiedlicher Konfliktfelder, die im Folgenden schlaglichtartig beleuchtet werden sollen.

6.1 Das Konfliktfeld Sport und Ökologie

Die Definition von **Ökologie** als Wissenschaftsdisziplin geht auf Haeckel (1866, S. 286) zurück: „Unter Oecologie verstehen wir die gesamte Wissenschaft von den Beziehungen des Organismus zur umgebenden Aussenwelt, wohin wir im weiteren Sinne alle ‚Existenz-Bedingungen' rechnen können. Diese sind theils organischer, theils anorganischer Natur; sowohl diese als jene sind [...] von der grössten Bedeutung für die Form der Organismen, weil sie dieselbe zwingen, sich ihnen anzupassen." Im Kern hat sich an dieser Definition bis heute nichts geändert. Es sind die Wechselwirkungen zwischen Organismen und ihrer Umwelt, die im Zentrum der Ökologie stehen, wobei sich je nach Fokussierung Teildisziplinen wie Pflanzenökologie, Tierökologie, Klimaökologie, Stadtökologie, Humanökologie oder eben Sportökologie abgrenzen lassen (◘ Abb. 6.1).

Komplizierter wird es beim Begriff **Sport**, für den es keine eindeutige, allgemein akzeptierte Definition gibt. Vielmehr wird unter dem Begriff je nach Sichtweise Unterschiedliches verstanden, wie folgender Eintrag im *Sportwissenschaft-*

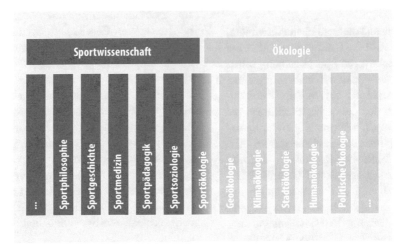

⬚ Abb. 6.1 Sportökologie als Wissenschaftsdisziplin im Überschneidungsbereich von Sportwissenschaft und Ökologie. Nach Peters und Roth (2006)

lichen Lexikon (Röthig & Prohl, 2003, S. 493 f.) verdeutlicht: „Seit Beginn des 20. Jahrhunderts hat sich Sport zu einem umgangssprachlichen, weltweit gebrauchten Begriff entwickelt. Eine präzise oder gar eindeutige begriffliche Abgrenzung lässt sich deshalb nicht vornehmen. Was im Allgemeinen unter Sport verstanden wird, ist weniger eine Frage wissenschaftlicher Dimensionsanalysen, sondern wird weit mehr vom alltagstheoretischen Gebrauch sowie von den historisch gewachsenen und tradierten Einbindungen in soziale, ökonomische, politische und rechtliche Gegebenheiten bestimmt." Nach Röthig und Prohl (2003) ist Sport

— vorwiegend körperliche Bewegung (motorische Aktivität),
— das Streben nach körperlicher Leistung,
— die Optimierung der leiblichen Motorik,
— sinnhaft auch ohne Fertigung eines Produkts im Rahmen von Gewerbe oder Kunst,
— von sportartspezifischen, sozial definierten Mustern geprägt.

Sport ist demnach ein Überbegriff für das breit gefächerte Repertoire der Bewegungs-, Spiel- und Körperkultur, das in unserer heutigen Gesellschaft existiert (Digel & Burk, 2001). Bei einer Betrachtung der ökologischen Auswirkungen des Sports dürfen daher nicht nur die traditionellen, von einem Regelwerk geleiteten und meist in Mannschaften, Vereinen und Verbänden organisierten (Wettkampf-)Sportarten betrachtet werden, sondern auch bewegungs-, spiel- und körperkulturelle Aktivitäten, denen solche traditionellen Sportmerkmale fehlen (Peters & Roth, 2006; ▶ Kap. 4). Ein so erweiterter Sportbegriff beinhaltet eine Vielzahl von Aktivitäten mit unterschiedlichen Merkmalskombinationen bezogen auf die Zahl der Sporttreibenden, die genutzten Sporträume, die notwendige Sportinfrastruktur, die Wettkampforganisation und/ oder das mediale Interesse, woraus sich unterschiedliche umweltrelevante Effekte ergeben (Fickert, 2020).

Ein aus sportökologischer Perspektive wichtiger Punkt ist, dass Sport heute nicht mehr auf Sportanlagen und Sporthallen beschränkt ist, sondern quasi überall betrieben wird: in Parkanlagen, Stadtwäldern und auf Brachflächen im urbanen Raum (Kretschmer & Türk, 2020; ▶ Kap. 4 und 21) ebenso wie in Naturräumen, die zuvor nicht oder zumindest nicht so intensiv wie heute sportlich genutzt wurden (Digel & Burk, 2001; Peters & Roth, 2006; ► Kap. 3). Abgesehen von einigen wenigen sportlichen Aktivitäten wie Jogging, Nordic Walking oder Schach, deren ökologische Auswirkungen vernachlässigbar sind, hat eine multivariate Analyse basierend auf den angesprochenen unterschiedlichen Merkmalskombinationen aller 71 vom Bundesministerium für Wirtschaft und Technologie (BMWi, 2012) anerkannten Sportarten drei Themenkomplexe mit jeweils eigenen sportökologischen Problemfeldern identifiziert, die – zugegebenermaßen etwas pointiert – auf einer Klassifikation sportlicher Aktivitäten in Individual-, Breiten- und Profisport beruhen (Fickert, 2020):

– Beim **Individualsport**, unter dem hier Sportarten verstanden werden sollen, die informell und individuell in Raum und Zeit und häufig ohne straffe Organisation in Vereinen betrieben werden – hierzu zählen vor allem die Natur- oder Outdoor-Sportarten –, resultieren die ökologischen Auswirkungen aus der Sportausübung selbst, weil sie nicht selten in sensiblen Naturräumen ausgeübt werden (► Abschn. 6.2; ► Kap. 3). Hier kann es zu unmittelbaren Auswirkungen des Sporttreibens auf Natur und Umwelt kommen, u. a. durch Störung von Flora und Fauna, durch verstärkte Erosion oder Umweltverschmutzung (Monz et al., 2009).

– Beim **Breitensport**, der in der Regel in Vereinen organisiert ist und eine große Anzahl aktiver Sportlerinnen und Sportler aufweist, ist Flächenversiegelung und ein generell hoher Landschaftsverbrauch für die Errichtung von Sportstätten inklusive der angegliederten Infrastruktur oder die Verwendung umweltbelastender Stoffe beim Bau aus ökologischer Sicht kritisch zu betrachten (► Abschn. 6.3).

– Beim **Profisport**, bei dem der Wettkampfgedanke im Vordergrund steht und der sich mittlerweile zu einem globalen, umsatzstarken Geschäft entwickelt hat, rufen Sportgroßveranstaltungen mit hohen Zuschauerzahlen einen großen ökologischen Fußabdruck hervor (► Abschn. 6.4; ► Kap. 8 und 9).

Zweifellos bestehen fließende Übergänge, etwa wenn auch im leistungsorientierten Amateursport Wettkämpfe ausgetragen werden, **Sportgroßveranstaltungen** nicht selten mit Landschaftsverbrauch in Verbindung stehen oder wenn sich eine Individualsportart im Laufe der Zeit zu einem Breiten- und/oder Profisport entwickelt, beispielsweise Sportklettern, das 2021 in Tokio erstmals olympische Disziplin war (Beste et al., 2020). Für einen Überblick der vielfältigen Zusammenhänge zwischen Sport und Umwelt mag eine derartige Vereinfachung aber nützlich sein. **Motorsport** wird hier bewusst ausgeklammert, weil er „in jedem Fall als ökologische bedenklich einzustufen [ist] (es gibt keinen umweltfreundlichen Motorsport)" (Seewald et al., 1998, S. 162), und sportökologische Ansätze für eine umweltverträgliche Sportausübung hier nicht greifen.

6.2 Ökologische Auswirkungen individuell ausgeübter Natursportarten

Unter **Natursportarten** sollen hier sportliche Aktivitäten verstanden werden, die im Wald, auf Flüssen und Seen, an Felsen, in der Luft oder am Meer ausgeübt werden (► Kap. 3). Sie setzen keine sportspezifische bauliche Infrastruktur voraus (Schemel & Erbguth, 2000; BMWi, 2012), womit sie sich von anderen im Freien betriebenen Sportarten wie Tennis, Fußball oder Golf unterscheiden. Das sportliche Ziel liegt i. d. R. nicht im Besiegen eines Gegners, vielmehr stellt die Natur die sportliche Herausforderung (Wellen, Stromschnellen, Topographie, Felsstruktur etc.). Wenn auch in vielen Natursportarten heute der Wettkampfgedanke Einzug gehalten hat, bleibt doch für einen

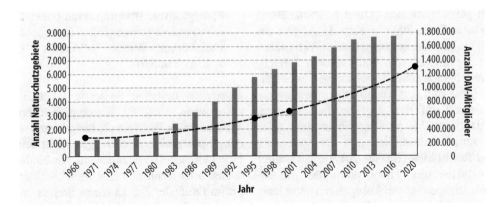

6

□ **Abb. 6.2** Anzahl ausgewiesener Naturschutzgebiete in Deutschland (rote Balken) und Entwicklung
der Mitgliederzahlen des Deutschen Alpenvereins
(DAV) (schwarze Linie, Proxy für die Zahl Natur-
sporttreibender). Der DAV ist einer der größten Natur-

sportverbände Deutschlands, dessen Kernsportarten
Wandern, Bergsteigen, Klettern, Skibergsteigen und
Mountainbiken, inklusive ihrer Ausdifferenzierungen,
in den letzten Jahrzehnten einen starken Zulauf erfahren haben. (Nach Statista, 2022; DAV, o. J.)

Großteil der Aktiven das Naturerlebnis die
zentrale Motivation für die Sportausübung
(Schemel & Erbguth, 2000; Liedtke, 2005).
Natursportarten haben in den letzten Jahrzehnten einen enormen Boom erlebt, wofür
u. a. die gestiegene Mobilität, die Individualisierung von Lebensstilen und die bewusste
Suche nach Gegenräumen zu den meist
urbanen Alltagsräumen der Sporttreibenden
eine Rolle spielt. Parallel zum Boom der
Natursportarten erfolgt seit der zweiten
Hälfte des 20. Jahrhunderts mit wachsendem
Umweltbewusstsein in Gesellschaft und Poli-
tik eine verstärkte Ausweisung von Naturschutzgebieten in Deutschland (□ Abb. 6.2),
wodurch einem immer größer werdenden
Personenkreis, der Freizeitaktivitäten in der
Natur nachgeht, immer weniger Raum zur
Verfügung steht (Hammerich, 1994).

Die heute existierenden Natursportarten
lassen sich auf einige wenige traditionelle
Sportarten zurückführen (u. a. Skilaufen,
Bergsteigen, Radfahren; Fickert, 2020). Die
starke Ausdifferenzierung der Natursportarten sowie die starke Zunahme aktiver
Sportlerinnen und Sportler haben die
Nutzungsintensität – räumlich wie zeitlich –
verändert. Zum einen werden immer neue

Sporträume erschlossen, zum anderen werden auch neue Zeiträume, die zuvor anderen
Gruppen (Jagd, Waldbau, Forst) vor-
behalten oder völlig ungenutzt waren, für
die Sportausübung herangezogen (tageszeit-
lich: abends, zur Dämmerungsphase; saisonal: Ausweitung der Sportausübung in
Jahreszeiten mit vorher geringer Frequentie-
rung).

Je nach Sportart zeigen sich hierbei unterschiedliche ökologische Problemfelder, z. B.
beim Kanusport Störungen der Fisch- und
ufernahen Vogelpopulationen sowie Ver-
schleppung invasiver Arten, beim Schn-
eeschuhwandern und Skibergsteigen Störungen von Tieren in einer für sie ohnehin
schwierigen Jahreszeit, beim Klettersport am
Naturfels Beeinträchtigungen von Fels-
brütern oder der speziell angepassten Fels-
vegetation oder beim Downhill-Biken (Kapiteleröffnungsbild) verstärkte Bodenerosion.
Eine problematische aktuelle Entwicklung
stellt die zunehmende Nutzung von E-Mountainbikes dar, zum Beispiel in den Alpen
oder in den höheren Mittelgebirgen Deutschlands. Sie gelten als normale Fahrräder, ermöglichen aber mit Motorkraft, die je nach
Wahl das Drei- bis Fünffache der Eigen-

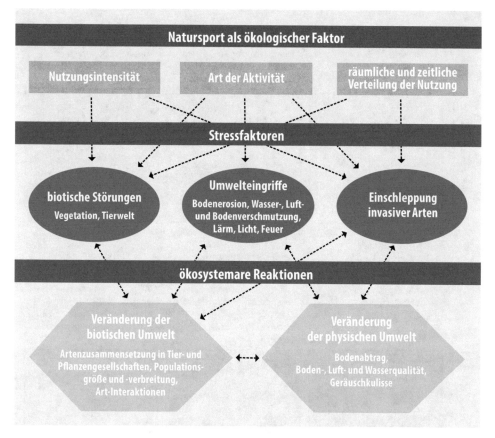

Abb. 6.3 Natursport als ökologischer Faktor. (Nach Monz et al. 2009; Fickert 2020)

leistung ausmacht, Zugang in bisher dem Wanderer und Bergsteiger vorbehaltene Regionen, wo es zu umweltrelevanten Beeinträchtigungen kommen kann (Beste et al., 2020). Die genannten Aspekte decken keineswegs das gesamte Spektrum möglicher sportinduzierter Störungen in der Natur ab, sie zeigen aber exemplarisch, dass der **Natursport** zu einem ökologischen Faktor geworden ist (■ Abb. 6.3; Monz et al., 2009; Fickert, 2020; ▶ Kap. 3).

Störungen und Stresseinflüsse haben Veränderungen der biotischen und abiotischen Umwelt zur Folge, wobei die Reaktionen je nach Art und/oder Ökosystem unterschiedlich ausfallen. Den in ■ Abb. 6.4 dargestellten Unterschieden ökosystemarer Reaktionsweisen auf natursportinduzierten

Stress sollte bei der Entwicklung von Lösungsansätzen für eine umweltverträgliche Ausübung von Natursportarten Rechnung getragen werden, denn ein generelles Ausschließen des Menschen aus der Natur darf nicht das Ziel des Naturschutzes sein. Während in Naturschutzgebieten im buchstäblichen Sinn der Schutz der Natur Vorrang vor allen anderen Formen der Nutzung hat, sollte in Bereichen mit einem weniger strengen oder gar fehlendem Schutzstatus eine (gelenkte) Ausübung von Natursport möglich sein. Ein **Naturschutz**, der den Menschen als „etwas grundsätzlich Unnatürliches, Naturfremdes oder gar als eine Fehlentwicklung der Natur" (Reichholf, 2011, S. 35) aus der Natur aussperren will, geht an der Realität vorbei und ist unter Umständen

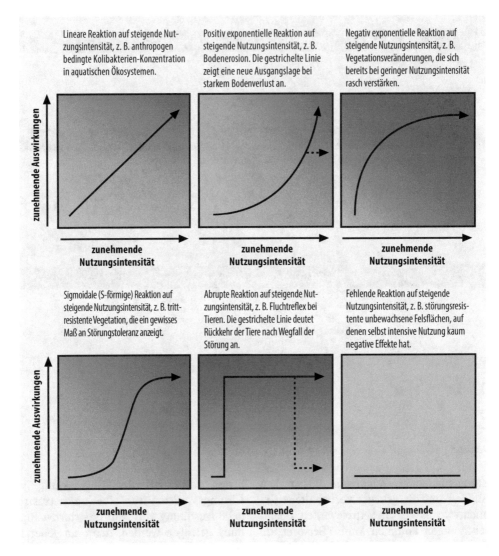

■ Abb. 6.4 Hypothetische ökologische Reaktionsweisen auf natursportinduzierte Störungen. Nach Monz et al. (2009)

sogar kontraproduktiv, weil sich der Mensch immer weiter von der Natur entfremdet, anstatt für Naturschutzbelange sensibilisiert zu werden. Der Mensch ist Teil der Natur, und der „Naturschutz hat als Treuhänder zu wirken. Im besten Sinne für die Menschen und für die Natur, nicht gegen beide" (Reichholf, 2011, S. 230). Ziel muss es daher sein, differenzierte zeitliche und räumliche Lenkungs-

konzepte zu entwickeln, um eine möglichst umweltverträgliche Sportausübung in der Natur zu gewährleisten. Die Akzeptanz solcher manchmal mühsam zwischen Interessenvertreterinnen und Interessenvertretern von Natursport und Naturschutz ausgehandelten Kompromisse steigt, wenn die Zusammenarbeit der beiden Seiten respekt- und vertrauensvoll abläuft.

6.3 Landschaftsverbrauch im Breitensport durch die Bereitstellung von Sportstätten

Neben dem Schulsport ist insbesondere der vereinsgebundene Breitensport auf Sportanlagen angewiesen. Eine Bestandsaufnahme des Bundesministeriums für Wirtschaft und Technologie für das Jahr 2012 belegt 136.754 Sporteinrichtungen in Deutschland (BMWi, 2012; 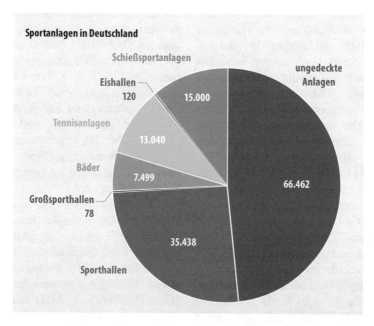 Abb. 6.5). Auf 500 Einwohner kommt damit ungefähr eine Sportstätte. Diese hohe Dichte in Deutschland geht auf den **Goldenen Plan** zurück, mit dem die Deutsche Olympische Gesellschaft (DOG) zu Beginn der 1960er-Jahre eine flächendeckende Versorgung der Bevölkerung mit Sporteinrichtungen gewährleisten wollte (▶ Kap. 21). Mit der Bereitstellung finanzieller Mittel von Bund und Ländern wurde damals der Ausbau der Sportinfrastruktur in Deutschland enorm vorangebracht. Exakte Angaben zur Gesamtfläche, die in Deutschland von Sport-

anlagen eingenommen wird, liegen nicht vor. Zieht man aber die hohe Zahl an Sportstätten (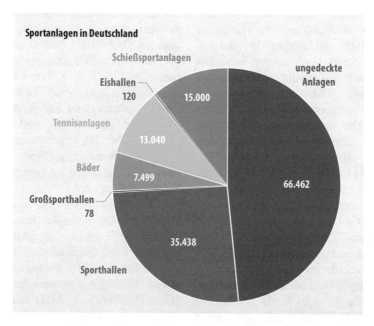 Abb. 6.5) und deren durchschnittliche Größe in Betracht, ist von einem erheblichen Flächenbedarf auszugehen, der grob überschlagen mindestens 3.000 km^2 erreicht.

Einen besonders hohen Flächenbedarf unter den anlagegebundenen Sportarten hat der **Golfsport**. Ein 18-Loch-Golfplatz mittlerer Größe nimmt inklusive Infrastruktur (Gebäude, Parkplatz) 60–80 ha ein, es existieren aber auch Golfplätze mit über 100 ha Fläche. Bei über 700 Golfplätzen in Deutschland errechnet sich allein für den Golfsport ein Flächenverbrauch von über 500 km^2, eine Fläche doppelt so groß wie die Stadt Frankfurt am Main. Golfplätze brauchen aber nicht nur Platz, sie tragen auch zur Fragmentierung der gewachsenen Kulturlandschaft bei und erfordern häufig das Einbringen fremder, trittresistenter Grasarten sowie einen hohen Pestizideinsatz. Nicht zuletzt führt die intensive Bewässerung der Rasenflächen zu einem hohen Wasserverbrauch, was im Zuge häufiger und länger an-

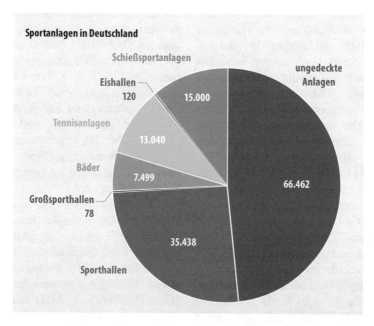

■ **Abb. 6.5**   Anzahl von Sportanlagen in Deutschland. (Nach BMWi 2012)

haltender Dürrephasen im Zuge des Klimawandels hydrologische Probleme hervorrufen kann. Golfplätze sollten aber nicht grundsätzlich verurteilt werden. Wenn ökologische Aspekte bei der Planung berücksichtigt werden und Areale naturbelassen bleiben, können Golfplätze in intensiv genutzten, strukturarmen Agrarlandschaften sogar eine Verbesserung für Arten- und Lebensgemeinschaften und eine ökologische Aufwertung herbeiführen (Seewald et al., 1998).

Eine weitere flächenintensive Breitensportart mit einem großen **ökologischen Fußabdruck** ist der alpine **Skisport** (▶ Kap. 7). Der Wintersporttourismus ist einer der bedeutendsten Wirtschaftszweige im Alpenraum, zugleich trägt er aber durch Rodung, Verschmutzung und Kunstschneeproduktion maßgeblich zur Naturbeeinträchtigung dort bei. Bereits heute existieren in den Alpen 30.000 Pistenkilometer, die von 11.000 Seilbahnen und Liften bedient werden; ein Ende der Erschließung ist dennoch nicht in Sicht. Aus ökologischer Sicht besonders problematisch sind hoch gelegene Mega-Skiresorts, die in den sensiblen Hochregionen zu Zerschneidung von Ökosystemen, Habitatverlusten von Flora und Fauna sowie Vertreibung von Wildtieren führen. Kleinere Skigebiete in tieferen Lagen, die weitaus nachhaltiger betrieben werden könnten, fallen der nachlassenden Schneesicherheit und dem Konkurrenzdruck der expandierenden Mega-Skigebiete zum Opfer. Die Erschließung der Hochlagen für den Skisport ist mit gravierenden Eingriffen in den Naturraum verbunden. Durch Reliefkorrekturen für die Anlage von Pisten, die Installation von Rohrleitungen und Speicherseen für die künstliche Beschneiung sowie den Bau von Straßen, um die Erschließung überhaupt durchführen zu können, wird die Hochgebirgslandschaft völlig umgebaut (de Jong, 2020; ▶ Kap. 7). Ein Ausbau der Infrastruktur für die künstliche Beschneiung findet heute selbst dort noch statt, wo aufgrund des Klimawandels in absehbarer Zeit die klimatischen Bedingungen für eine Kunstschneeproduktion nicht mehr gegeben sein werden. Diese zunächst irrational erscheinende Tatsache beruht darauf, dass die kalkulierten Amortisationszeiten der Betreiber bei zehn bis 20 Jahren liegen. Investoren interessiert nur der prognostizierte Temperaturanstieg innerhalb solch kurzer Zeiträume. Die weitere Erschließung wird daher noch eine ganze Weile anhalten. Dabei existieren durchaus alternative Modelle, wie es im Salzburger Skigebiet Gaißau-Hintersee vorgemacht wird. Nach Konkurs des kleinen, talnah gelegenen Skigebiets entstand hier ein Skitourenpark mit Parkraumbewirtschaftung, Besucherlenkung und Erhalt der lokalen Gastronomie, sodass eine lokale Wertschöpfung gegeben ist, obwohl die Lifte stillstehen.

6.4 Der ökologische Fußabdruck von Sportgroßveranstaltungen im Profisport

Sportgroßveranstaltungen sind für austragende Städte und Regionen sowie die verantwortlichen Sportverbände ökonomisch und gesellschaftlich bedeutsame Spektakel (Gans et al., 2003; Streppelhoff & Pohlmann, 2020; ▶ Kap. 8, 9 und 22). Als Großereignisse gelten dabei solche mit über 10.000 Zuschauerinnen und Zuschauern, mit über 5.000 Teilnehmerinnen und Teilnehmern sowie solche mit einer besonderen sportbezogenen Bedeutung (Welt- und Europameisterschaften, Copa América, Olympische Spiele, Weltcups etc.).

Umweltrelevant ist bei Sportgroßveranstaltungen vor allem der hohe Energieverbrauch und damit der große CO_2-Fußabdruck. Die Olympischen Sommerspiele in Rio de Janeiro 2016, die als die am wenigsten nachhaltigen Sommerspiele aller Zeiten gelten (Müller et al., 2021), hatten beispielsweise einen Ausstoß von 4,5 Mio. Tonnen CO_2 (Rio 2016 Carbon Footprint Report,

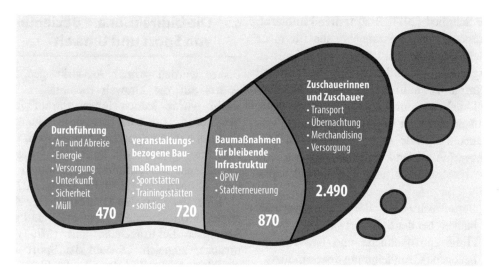

◘ Abb. 6.6 CO_2-Fußabdruck der Olympischen und Paralympischen Spiele in Rio de Janeiro 2016 in Kilotonnen CO_2-Äquivalenten. (Nach Rio 2016 Carbon Footprint Report 2016)

2016). Der CO_2-Fußabdruck setzt sich dabei aus der Errichtung der notwendigen Sport- und sonstigen Infrastruktur, der Durchführung der Veranstaltung und den durch das Publikum verursachten direkten und indirekten Emissionen zusammen, wobei letztere mehr als die Hälfte der gesamten CO_2-Bilanz ausmachen (◘ Abb. 6.6).

Neben der An- und Abreisemobilität der Zuschauermassen und des Teilnehmerfelds (inklusive der begleitenden Entourage aus Trainerinnen und Trainern, Medizinerinnen und Medizinern etc.) tragen Baumaßnahmen zu einem hohen CO_2-Fußabdruck bei Sportgroßveranstaltungen bei, insbesondere wenn alle Wettkampfstätten neu errichtet werden müssen (▶ Kap. 8 und 22). Bewerber, die auf eine bestehende **Sportinfrastruktur** zurückgreifen könnten, zwingt nicht selten massiver Widerstand aus der Bevölkerung, von einer Bewerbung Abstand zu nehmen – siehe Münchens Interesse für die Olympischen Winterspiele 2022 –, während aufgrund fragwürdiger Vergabeverfahren der verantwortlichen Organisationen (FIFA, IOC etc.) immer häufiger autokratisch geführte Länder den Zuschlag erhalten, selbst bei wenig geeigneten Rahmen-

bedingungen und fehlenden Sportstätten (▶ Kap. 9). Wintersportgroßereignisse sind hier besonders kritisch zu sehen, weil deren Wettkämpfe zum Großteil in der Natur stattfinden. Die Winter-Olympiade 2014 im russischen Schwarzmeerküstenresort Sotschi (Scharr et al., 2020) steht mit den hier erfolgten großflächigen Landschaftsumgestaltungen exemplarisch für diese ungute Entwicklung. Wintersport war hier zuvor weitgehend unbekannt. Es mussten alle Pisten, Stadien etc. sowie z. T. auch die begleitende Infrastruktur (Autobahn, Bahnstrecke, Energieversorgung, Hotels, olympisches Dorf etc.) mit hohem Ressourcen- und Landschaftsverbrauch neu errichtet werden – selbst vor Schutzgebieten machte die Erschließung nicht halt. Nach Müller et al. (2021) stellen die Olympischen Winterspiele in Sotschi das Pendant zu Rio als die am wenigsten nachhaltige Winterolympiade aller Zeiten dar.

Die Vorstellung, **Sportgroßveranstaltungen** ohne ökologische Auswirkungen abzuhalten, ist utopisch. „Keine Umweltauswirkungen haben nur Veranstaltungen, die nicht stattfinden. Für den Sport darf und kann dies aber nicht die Konsequenz sein", wie Schmied (2011, S. 9) treffend anmerkt. Dennoch gibt es Strategien, die für mehr Nachhaltigkeit bei Sportgroßereignissen sorgen können, und auch das International Olympic Committee (IOC) hat 1994 „Umwelt" neben „Sport" und „Kultur" als dritte Dimension in der Olympischen Charta verankert. Folgende Aspekte sollten im Vergabeverfahren und bei der Planung von Sportgroßveranstaltungen eine Rolle spielen:

— Berücksichtigung der Umweltverträglichkeit bei der Standortwahl
— Hohe sportfachliche und bewerbungsbezogene Grundeignung des Standorts
— Vermeidung bzw. Minimierung von Eingriffen in Schutzgebiete/Biotopflächen
— Reduzierung von Flächenverbrauch in Natur und Landschaft, u. a. durch die Nutzung vorhandener Sportstätten
— Konzepte zu einer Folgenutzung

Zudem sollten praktische Maßnahmen ergriffen werden, um negative ökologische Auswirkungen von Sportgroßveranstaltungen zu minimieren. Durch die Verwendung von Regen- und Oberflächenwasser konnte beispielsweise bei der FIFA WM 2006 in Deutschland der Verbrauch von Trinkwasser um 20 % reduziert werden. Das hohe Abfallaufkommen lässt sich durch unverpackte Speisen oder die Verwendung recyclingfähiger Materialien und entsprechender Abfalltrennsysteme reduzieren. Und durch Förderung des ÖPNV und damit der Reduzierung des Individualverkehrs sowie durch energiesparende Maßnahmen beim Betrieb der Veranstaltungsstätten selbst (z. B. Flutlicht) lässt sich der CO_2-Fußabdruck signifikant verkleinern.

6.5 Die bidirektionale Beziehung von Sport und Umwelt

Bisher wurden primär Auswirkungen des Sports auf die Umwelt thematisiert. Zu Recht wurde jedoch jüngst darauf hingewiesen, dass auch die Umweltbedingungen Einfluss auf die Sportausübung haben, das Beziehungsgeflecht von Sport und Umwelt folglich ein bidirektionales Phänomen ist (McCullough et al., 2020; Orr et al., 2022).

Eines der zentralen Themen unserer Zeit ist der anthropogene **Klimawandel**, und der Sport ist Leidtragender und (Mit-)Verursacher zugleich. Obwohl der Sport auf vielfältige Weise Teil des CO_2-Problems ist (Paquito et al., 2021), hat eine ernsthafte Auseinandersetzung mit den Effekten des Sports auf Klima und Klimaschutzziele in den Sportwissenschaften bislang kaum stattgefunden (Abu-Omar & Gelius, 2020; Schneider & Mücke, 2021). Dabei wird es höchste Zeit, auch im Sport eine Klimaagenda zu etablieren, um eine Reduktion des sportinduzierten CO_2-Ausstoßes zu erreichen (Abu-Omar & Gelius, 2020; Paquito et al., 2021). Hier ist ein großes Potenzial für Einsparungen gegeben, allerdings steckt die Entwicklung von Klimaschutzstrategien im Sportbereich noch in den Kinderschuhen. Ein signifikanter Beitrag zur Verkleinerung des CO_2-Fußabdrucks würde z. B. geleistet, wenn Sportgroßveranstaltungen nur noch an Austragungsorte vergeben würden, die von den klimatischen Rahmenbedingungen her auch geeignet sind. Bewerber, die Austragungsstätten mit hohem Energie- und Ressourcenaufwand kühlen müssen (Leichtathletik WM in Doha 2019, Fußball WM in Katar 2022; ▶ Kap. 9) oder, wie im Falle der Olympischen Winterspiele in Peking 2022, zur Durchführung der Wettkämpfe im großen Stil Kunstschnee produzieren müssen (▶ Kap. 7), würden in Zukunft leer ausgehen, zum Nutzen des globalen Klimas. CO_2-Einsparungspotenziale im Sport bleiben aber nicht auf Sportgroßereignisse beschränkt, denn auch im Breiten- und Individualsport lassen sich Klimaschutzmaßnahmen etablieren, etwa durch die energetische Sanierung von Sportstätten oder durch die Nutzung klimafreundlicher An- und Abfahrtsmöglichkeiten.

Dass der Sport zugleich Leidtragender des **Klimawandels** ist (Paquito et al., 2021; Schneider & Mücke, 2021), wird wohl am offensichtlichsten am Beispiel des Wintersports, wo die nachlassende Schneesicherheit den alpinen und den nordischen Skilauf vielerorts beeinträchtigt, die Saison verkürzt und ökonomische Einbußen im Wintersporttourismus mit sich bringt (Knowles et al., 2020). Weniger offensichtlich sind die Auswirkungen des Klimawandels auf den Sommersport, wo in erster Linie gesundheitliche Beeinträchtigungen der Sporttreibenden aufgrund steigender Temperaturen zu nennen sind (Jurbala & Mallen, 2020). Schäden an Sportstätten durch klimatische Extremereignisse oder die Absage von Sportereignissen wegen ungeeigneter Witterungsbedingungen (Hitze, Starkregen, Sturm; Orr et al. 2022) sind weitere kostenintensive Folgen des Klimawandels für den Sport. Nicht zuletzt wird sich der Klimawandel auch auf Sportgroßereignisse im Spitzensport auswirken. Einer Analyse von Scott et al. (2019) zufolge werden von den 21 Austragungsorten der vergangenen Olympischen Winterspiele im Jahr 2080 nur noch zwölf klimatisch geeignet sein, selbst unter günstigen Emissionsszenarien. Einen ähnlichen Trend belegen Smith et al. (2016) für die Olympischen Sommerspiele. Ihre Modellierung hat gezeigt, dass ein Großteil der infrage kommenden Metropolen im Jahr 2080 für eine Durchführung schlicht zu heiß

sein wird, darunter die drei Bewerber für die Olympischen Sommerspiele 2020, Tokio, Istanbul und Madrid.

Ein anderes aktuelles Thema mit sportökologischen Auswirkungen – positiven wie negativen – war die weltweite **Corona-Pandemie**. Aufgrund von Kontakt- und Reisebeschränkungen blieben zu Beginn der Pandemie Fußballstadien über längere Zeiträume leer, und auch die Olympischen Spiele von Tokio im Sommer 2021 und Peking im Winter 2022 fanden vor leeren Rängen statt. Ruft man sich den CO_2-Fußabdruck in Erinnerung, der durch die An- und Abreisemobilität sowie Konsum des Publikums bei Sportgroßereignissen generiert wird, lässt sich die Menge des eingesparten Kohlenstoffdioxids erahnen (Mastromartino et al., 2020). Und auch im Breitensport konnten aufgrund geschlossener Sportstätten die sportbedingten Treibhausgasemissionen deutlich reduziert werden, u. a. durch nicht erforderliche Klimatisierung sowie verringerte Mobilität der Sporttreibenden. Die Phase geschlossener Sportstätten, Fitnessclubs und Sportplätze ging allerdings auch mit einem signifikanten Rückgang von Freizeitsport in der deutschen Bevölkerung einher (Mutz & Gerke, 2020), was aus sportsoziologischer und gesundheitlicher Perspektive sicher nicht positiv zu bewerten ist. Wenn überhaupt, wurde Sport entweder zu Hause oder aus Infektionsschutzgründen in der Natur betrieben (Mutz & Gerke, 2020; ▶ Kap. 21). Dieser pandemiebedingte Ansturm auf die heimische Natur – generell, aber auch aus einer sportlichen Motivation heraus (Weinbrenner et al., 2021) –, führte zu Problemen sowohl aus ökologischer (Zunahme ökosystemarer Störungen) als auch aus gesellschaftlicher Perspektive (Müll, Lärm, Parkraumüberlastung). Ferner verstärkten sich durch den Besucherandrang bereits zuvor bestehende Konflikte zwischen unterschiedlichen Nutzergruppen, z. B. zwischen Wanderern und Mountainbikern.

6.6 Fazit: Sportökologie als junge Teildisziplin der Humanökologie

Eine integrative Sportökologie, die sich mit den facettenreichen Zusammenhängen und Interaktionen von Sport und Umwelt beschäftigt, stellt eine junge, aber zunehmend wichtiger werdende Sparte der Humanökologie dar. Dieser Bedeutungszuwachs drückt sich auch in einer wachsenden Anzahl an Publikationen aus. Als hochaktuelle, sportökologisch relevante Handlungsfelder können folgende identifiziert werden:

- **Energiewende und Klimaschutz:** Der Sport als Betroffener und Verursacher des Klimawandels wird nicht umhinkommen, seinen Beitrag zum Klimaschutz zu leisten, u. a. durch die Reduzierung der durch Sport verursachten CO_2-Emissionen im Individualsport z. B. bei der An- und Abreisemobilität, im Breitensport z. B. durch die energetische Sanierung von Sportstätten und im Spitzensport z. B. durch nachhaltigere Sportgroßveranstaltungen und begrenzte Rotation der Olympischen Winter- und Sommerspiele zwischen einigen wenigen, auch in Zukunft noch geeigneten Austragungsorten (Müller et al., 2021).
- **Naturschutz und Biodiversität:** Sportliche Aktivitäten in der Natur und Naturschutz sind zwei Seiten der gleichen Medaille. Für Vertreter der jeweiligen Seite ist Achtung der Natur gemeinsames Zeichen ihrer Wertorientierung, nur: „Für die einen soll Natur dem Menschen Freude bereiten und zu Aktivität anreizen, für die anderen ist die Natur vor dem Menschen zu schützen" (Hammerich, 1994, S. 21). Dieser Interessenskonflikt kann bei entsprechender Kompromissbereitschaft entschärft werden, denn bei Natursportlern ist grundsätzlich ein Verständnis für Naturschutzbelange zu erwarten. Der Erlebniswert des Natursports wird maßgeblich von einer intakten Natur bestimmt; sie gilt es zu erhalten. Eine respekt- und vertrauensvolle Zusammenarbeit von Sportverbänden und Naturschutzbehörden kann dazu beitragen, negative Auswirkungen des Sporttreibens in der Natur zu reduzieren und die Akzeptanz getroffener Kompromisse zu erhöhen.

- **Sport in der Stadt:** In Zukunft wird Sport nicht mehr nur an traditionellen Sportstätten stattfinden, sondern immer stärker von Sportgelegenheiten, also informellen Sportflächen wie Parks, Plätzen und Wegen Gebrauch machen (Kretschmer & Türk, 2020; ▶ Kap. 21). Diese informelle Raumaneignung hat wichtige Implikationen für die Stadtplanung zur Folge, ist aus Klimaschutzgründen aber durchaus positiv zu werten, weil mit Emissionen verbundene Anfahrten zum Sporttreiben reduziert werden.

Eine inter- bis transdisziplinär ausgerichtete Sportökologie kann wichtige Beiträge zu den angesprochenen Themenfeldern im Kontext von Sport, Umwelt und Ökologie liefern und zu einer Versachlichung der oft von Missverständnissen und Vorurteilen überschatteten Diskussion der Sport-Umwelt-Beziehungen beitragen. Und sie kann Ansätze liefern, um bestehende Konfliktfelder zu minimieren und den Weg für einen umweltverträglichen Sport zu ebnen.

❓ Übungs- und Reflexionsaufgaben

1. Sport und Umwelt stehen in einer bidirektionalen Beziehung zueinander. Beschreiben Sie dieses Phänomen am Beispiel des Klimawandels und entwickeln Sie Strategien, die eine klimafreundliche Sportausübung auf Ebene des Individual-, des Breiten- und des Profisports in Zukunft fördern könnten.

2. Die Corona-Pandemie hat massive Auswirkungen auf das gesellschaftliche Leben in Deutschland, auch auf den Individual-, den Breiten- und den Profisport. Sportökologisch lassen sich dabei negative und positive Effekte feststellen. Diskutieren Sie diese kritisch.

Zum Weiterlesen empfohlene Literatur
Aktuelle englischsprachige Bestandsaufnahme zum Thema Sport, Umwelt und Nachhaltigkeit, wobei nicht nur Auswirkungen des Sports auf die Umwelt, sondern auch umgekehrt Auswirkungen von Umweltveränderungen auf den Sport behandelt werden:

Dingle, G., & Mallen, Ch. (2020). *Sport and environmental sustainability: Research and strategic management*. Routledge.

Sportgeographische Auseinandersetzung mit Raumwirksamkeit von und Raumaneignung durch Sport:

Peters, C., & Roth, R. (2006). *Sportgeographie – Entwurf einer Systematik von Sport und Raum* (Schriftenreihe Natursport und Ökologie, 20). Institut für Naturschutz und Ökologie, Deutsche Sporthochschule Köln.

Grundlagenwerk zu Zusammenhängen von Sport und Ökologie, wobei eher eine geisteswissenschaftliche als eine naturwissenschaftliche Perspektive im Vordergrund steht:

Seewald, F., Kronbichler, E., & Größing, S. (1998). *Sportökologie. Eine Einführung in die Sport-Natur-Beziehung*. UTB.

Literatur

Abu-Omar, K., & Gelius, P. (2020). Klima und Sport? Klima und Sport! *German Journal of Exercise and Sport Research, 50*(1), 5–9. https://doi.org/10.1007/s12662-019-00630-0

Beste, B., Erlacher, R., Stierle, R., & Fickert, T. (2020). Der Deutsche Alpenverein (DAV) – Interessenvertreter im Spannungsfeld zwischen Natursport und Naturschutz. *Geographische Rundschau, 72*(6), 40–43.

BMWi – Bundesministerium für Wirtschaft und Technologie. (2012). *Die wirtschaftliche Bedeutung des Sportstättenbaus und ihr Anteil an einem zukünftigen Sportsatellitenkonto*. https://www.bmwi.de/Redaktion/DE/Publikationen/Studien/abschlussbericht-sportstaettenbau.html. Zugegriffen am 17.03.2022.

DAV – Deutscher Alpenverein. (o. J.). *150 Jahre DAV*. https://www.alpenverein.de/geschichte/. Zugegriffen am 17.03.2022.

Digel, H., & Burk, V. (2001). Sport und Medien. Entwicklungstendenzen und Probleme einer lukrativen Beziehung. In G. Roters, W. Klingler & M. Gerhards (Hrsg.), *Sport und Sportrezeption* (S. 15–31). Nomos.

Fickert, T. (2020). Sport und Umwelt – eine nicht immer konfliktfreie Beziehung. *Geographische Rundschau, 72*(6), 4–9.

Gans, P., Horn, M., & Zemann, C. (2003). *Sportgroßveranstaltungen – ökonomische, ökologische und soziale Wirkungen* (Schriftenreihe des Bundesinstituts für Sportwissenschaft, 112). Karl Hofmann.

Graf von Krockow, C. (1984). Gesellschaftliche und politische Funktionen des Sports. In Bundeszentrale für politische Bildung (Hrsg.), *Gesellschaftliche Funktionen des Sports* (S. 24–33). Druck- und Verlags-Gesellschaft mbH.

Haeckel, E. (1866). *Generelle Morphologie der Organismen. Allgemeine Grundzüge der organischen Formen-Wissenschaft, mechanisch begründet durch die von Charles Darwin reformirte Descendenztheorie. Erster Band: Allgemeine Anatomie der Organismen*. Georg Reimer.

Hammerich, K. (1994). Neue Konfliktfelder: Naturschutz versus Freizeitnutzung. *Freizeitpädagogik, 16*(1), 18–29.

Hartmann-Tews, I. (1997). Sport und Ökologie – Anmerkungen aus gesellschaftstheoretischer Sicht. *DVS-Informationen, 12*(2), 5–8.

de Jong, C. (2020). Umweltauswirkungen der Kunstschneeproduktion in den Skigebieten der Alpen. *Geographische Rundschau, 72*(6), 34–39.

Jurbala, P., & Mallen, C. (2020). Summer sport and climate change. In G. Dingle & C. Mallen (Hrsg.), *Sport and environmental sustainability* (S. 126–139). Routledge. https://doi.org/10.4324/9781003 003694-7

Knowles, N., Scott, D., & Steiger, R. (2020). Winter sports and climate change. In G. Dingle & C. Mallen (Hrsg.), *Sport and environmental sustainability* (S. 140–161). Routledge. https://doi.org/10.4324/ 9781003003694-8

Kretschmer, H., & Türk, S. (2020). Sport und urbanes Grün – Probleme und Lösungsansätze bei der Planung. *Geographische Rundschau, 72*(6), 10–14.

Liedtke, G. (2005). *Die Bedeutung von Natur im Bereich der Outdooraktivitäten* (Schriftenreihe Natursport und Ökologie, 18). Institut für Natursport und Ökologie, Deutsche Sporthochschule Köln.

Mastromartino, B., Ross, W. J., Wear, H., & Naraine, M. L. (2020). Thinking outside the 'box': A discussion of sports fans, teams, and the environment in the context of COVID-19. *Sport in Society, 23*(11), 1707–1723. https://doi.org/10.1080/1 7430437.2020.1804108

McCullough, B., Orr, M., & Kellison, T. (2020). Sport ecology: Conceptualizing an emerging subdiscipline within sport management. *Journal of Sport Management, 34*(6), 509–520. https://doi. org/10.1123/jsm.2019-0294

Monz, C. A., Cole, D. N., Leung, Y.-F., & Marion, J. L. (2009). Sustaining visitor use in protected areas: Future opportunities in recreation ecology research based on the USA experience. *Environmental Management, 45*(3), 551–562. https://doi. org/10.1007/s00267-009-9406-5

Müller, M., Wolfe, S. D., Gaffney, C., Gogishvili, D., et al. (2021). An evaluation of the sustainability of the Olympic Games. *Nature Sustainability, 4*, 340–348. https://doi.org/10.1038/s41893-021-00696-5

Mutz, M., & Gerke, M. (2020). Sport and exercise in times of self-quarantine: How Germans changed their behaviour at the beginning of the Covid-19 pandemic. *International Review for the Sociology of Sport, 56*(3), 1–12. https://doi.org/10.1177/1012690220934335

Orr, M., Inoue, Y., Seymour, R., & Dingle, G. (2022). *Impacts of climate change on organized sport: A scoping review.* WIREs Climate Change. https://doi.org/10.1002/wcc.760

Paquito, B., Chevance, G., Kingsbury, C., Baillot, A., et al. (2021). Climate change, physical activity and sport: A systematic review. *Sports Medicine, 51*(5), 1041–1059.

Peters, C., & Roth, R. (2006). *Sportgeographie – Entwurf einer Systematik von Sport und Raum* (Schriftenreihe Natursport und Ökologie, 20). Institut für Natursport und Ökologie, Deutsche Sporthochschule Köln.

Reichholf, J. H. (2011). *Die Zukunft der Arten – Neue ökologische Überraschungen.* DTV.

Rio 2016 Carbon Footprint Report. (2016). *Comitê Organizador dos Jogos Olimpicos e Paralimpicos Rio 2016.* https://quantis-intl.com/wp-content/uploads/2017/02/rio-2016-carbon-jul2016-ing.pdf. Zugegriffen am 17.03.2022.

Röthig, P., & Prohl, R. (2003). *Sportwissenschaftliches Lexikon* (7. Aufl.). Karl Hofmann.

Scharr, K., Minenkova, V. V., & Steinecke, E. (2020). Sotschi 2014 und danach? Sozialökologische Transformation einer Kulturlandschaft am Schwarzen Meer. *Geographische Rundschau, 72*(6), 16–21.

Schemel, H.-J., & Erbguth, W. (2000). *Handbuch Sport und Umwelt.* Meyer & Meyer.

Schmied, M. (2011). Umweltverträglichkeit von Sportgroßveranstaltungen. In DOSB – Deutscher Olympischer Sportbund (Hrsg.), *Nachhaltige Sportgroßveranstaltungen* (Schriftenreihe Sport und Umwelt 30, S. 9–16). DOSB.

Schneider, S., & Mücke, H.-G. (2021). Sport and climate change – How will climate change affect sport? *German Journal of Exercise and Sport Research.* https://doi.org/10.1007/s12662-021-00786-8

Scott, D., Steiger, R., Rutty, M., & Fang, Y. (2019). The changing geography of the Winter Olympic and Paralympic Games in a warmer world. *Current Issues in Tourism, 22*(11), 1301–1311. https://doi.org/10.1080/13683500.2018.1436161

Seewald, F., Kronbichler, E., & Größing, S. (1998). *Sportökologie. Eine Einführung in die Sport-Natur-Beziehung.* UTB.

Smith, K., Woodward, A., Lemke, B., Otto, M., et al. (2016). The last Summer Olympics? Climate change, health, and work outdoors. *The Lancet, 388*(10045), 642–644. https://doi.org/10.1016/S0140-6736(16)31335-6

Statista. (2022). *Anzahl der Naturschutzgebiete in Deutschland in den Jahren 1968 bis 2017.* https://de.statista.com/statistik/daten/studie/953795/umfrage/anzahl-der-deutschen-naturschutzgebiete/. Zugegriffen am 17.03.2022.

Streppelhoff, R., & Pohlmann, A. (2020). *Sportgroßveranstaltungen in Deutschland, 1: Bewegende Momente.* https://www.bisp.de/SharedDocs/Downloads/Publikationen/Publikationssuche_Sonderpublikationen/ Sportgrossveranstaltungen Band1.pdf?__blob=publicationFile&v=7. Zugegriffen am 17.03.2022.

Weinbrenner, H., Breithut, J., Hebermehl, W., Kaufmann, A., et al. (2021). „The forest has become our new living room" – The critical importance of urban forests during the Covid-19 pandemic. *Frontiers in Forests and Global Change, 4,* 672909. https://doi.org/10.3389/ffgc.2021.672909

Umweltauswirkungen von Skigebieten und Olympischen Winterspielen

Carmen de Jong

Beschneite Pisten für die alpinen Abfahrten in Yanqing, Olympische Winterspiele von Peking 2022. (braune Flächen im Hintergrund: Erosion; grüne Flächen und graue Mauern: Hangstabilisierung), Februar 2021. (© REUTERS/Tingshu Wang)

P. Gans et al. (Hrsg.), *Sportgeographie*, https://doi.org/10.1007/978-3-662-66634-0_7

Inhaltsverzeichnis

Einleitung

Die Frage der **Nachhaltigkeit** von Wintersportgebieten und Standorten der Olympischen Winterspiele hat durch den **Klimawandel** in den Bereichen Wasser, Energie, Landschaft und Licht neue Dimensionen erreicht (▶ Kap. 8). Viele Umweltprobleme bedrohen, zum Teil irreversibel, durch Übernutzung und Verschmutzung von **natürlichen Ressourcen** die Nachhaltigkeit von Wintersportgebieten (de Jong, 2020). Insbesondere werden die fehlenden Schneefälle und geringeren Schneehöhen immer systematischer durch Kunstschnee kompensiert. Die Situation wird infolge von Dürren und unzureichenden winterlichen Wasserressourcen zunehmend kritischer. Lokale Wasserressourcen und -qualität werden zunehmend belastet und Böden erosionsanfällig, und die Biodiversität wird vermindert. Wasser- und Energieverbrauch haben zum Teil die Grenzen der Nachhaltigkeit überschritten. Viele Skigebiete werden mit zahlreichen neuen Problemen konfrontiert, z. B. mit Lichtverschmutzung durch Nachtskifahren. Umweltmonitoring und Kontrollen sind oft intransparent oder selbstreguliert. Rechte und Regulierungen zum Management von Wasser und Umweltschutz sollten verstärkt angewandt und vollzogen werden. In Zukunft sind weitere Umweltmanagementpläne und Dürreverordnungen, angepasst an den Klimawandel und die zunehmenden industriellen (z. B. Kunstschneefabriken) und infrastrukturellen Nutzungen (z. B. Speicherbecken, Wasserleitungen, Zufahrtsstraßen; ◘ Abb. 7.2) der Gebirgslandschaften, erforderlich. Wissenschaftlerinnen und Wissenschaftler sollten sachkundigen Betroffenen helfen, alternative Nischenprodukte zu entwickeln, die gleichermaßen auf die lokale Natur, Kultur und Kulinarik ausgerichtet sind.

7.1 Kunstschnee und Klimawandel

Die ersten **Skigebiete** entstanden in den Alpen vor etwa 100 Jahren, die ersten Olympischen Winterspiele fanden 1924 statt, und 1936 gab es erstmals alpine Skiwettbewerbe in Garmisch-Partenkirchen. Vor 60 Jahren kam es zur größten alpenweiten Neubauphase (Bätzing, 2015). Doch es gab keine Entwicklungsphase, die so tiefgreifende ökologische, technische und gesellschaftliche Veränderungen mit sich brachte wie die vor 40 Jahren gestartete Phase der **künstlichen Beschneiung** und Pistenplanierung, die nach drei schneearmen Wintern in den 1980er-Jahren – zeitgleich mit einem deutlichen Anstieg der winterlichen Temperaturen in den Alpen – eingeführt wurden (◘ Abb. 7.1). Bereits 1 °C Erwärmung führte zu einem neuen, alpenweiten Trend der Beschneiung. Insbesondere in den letzten 20 Jahren gab es immense infrastrukturelle und landschaftliche Veränderungen durch den Ausbau von hoch gelegenen Wasserspeicherbecken, Pistenbegradigungen und -vergrößerungen (de Jong, 2012).

Heute gibt es in den Alpen fast kein Skigebiet mehr, das nicht über eine weitflächige und ressourcenintensive Beschneiungsinfrastruktur verfügt (▶ Kap. 6). Die **Beschneiung** wird als Anpassungsstrategie an den **Klimawandel** angesehen, obwohl sich die Winter deutlich verkürzt haben. Heute bleibt die natürliche Schneedecke in den Schweizer Alpen bereits sechs Wochen kürzer liegen als in den 1970er-Jahren (Klein et al., 2016). Bis zum Jahr 2100 ist mit einem prognostizierten Verlust von bis zu 70 % der Schneedecke zu rechnen, verbunden mit einer deutlich verkürzten Skisaison (Marty et al., 2017). Trotzdem wird der Klimawandel nicht als Warnsignal gesehen, um nachhaltigen Tourismus zu fördern

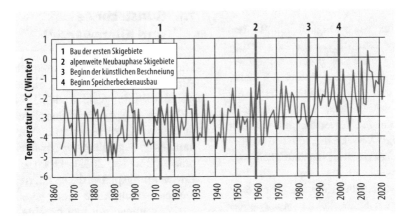

Abb. 7.1 Skigebietsausbau und Anstieg der mittleren Wintertemperatur (zwischen Anfang November und Ende April) in Davos, Schweiz (1594 m), inklusive Winter 2021/22. (Nach Daten von MeteoSwiss)

oder die Berge anders zu nutzen, sondern der Winter wird, entgegen des Erwärmungstrends, künstlich verlängert (**Abb.** 7.1).

Was früher als örtlich begrenzte Lösung diente, um besonders exponierte Teile der Pisten während der Skisaison mit **Kunstschnee** zu sichern, hat sich heute zur flächenhaften Anwendung ausgebreitet (Hamberger & Doering, 2015), wenn es die jeweiligen hydrologischen, klimatologischen und ökologischen Bedingungen erlauben (Art. 14, Abs. 2 im Tourismusprotokoll zur Alpenkonvention, 2002). Entgegen der Alpenkonvention ist heutzutage das Ziel, noch vor Beginn der Wintersaison und vor den natürlichen Schneefällen die gesamten beschneibaren Pisten mit einer 30 cm mächtigen Kunstschneeschicht zu bedecken. Falls notwendig, folgen während der laufenden Skisaison Nachbeschneiungen. Dies betrifft selbst Gletscher und Gipfelbereiche.

7.2 Umweltauswirkungen von Skigebieten

Wasserbedarf und Speicherbecken

Die **Wasserverfügbarkeit** ist für die Beschneiung oftmals ein limitierender Faktor.

Abb. 7.2 Bau des Leiterli-Speicherbeckens (88.500 m³) im Skigebiet Lenk, Schweiz, auf 1897 m oberhalb des Quellhorizonts. Das Wasser muss vom Talboden mehr als 700 m hochgepumpt werden. (© Carmen de Jong, September 2020)

Es werden meist alle umliegenden Quellen, Bäche und Seen angezapft. Reicht dies nicht aus, werden **Speicherbecken** angelegt (**Abb.** 7.2). Bei steigendem Wasserbedarf wachsen das Volumen, die Anzahl und die Höhenlage der Speicherbecken (**Tab.** 7.1). Große Skigebiete haben mehr als zwölf Speicherbecken (Saalbach-Hinterglemm, Österreich) und mehr als 1100 Schneekanonen und Lanzen (Ischgl, Österreich). Mehrmals während der Saison muss genügend Wasser zur Grund- und Nachbeschneiung der gesamten Pisten zur Verfügung stehen. Die als „Speicherteiche" ver-

◘ Tab. 7.1 Geschätzte Anzahl der Speicherbecken für die künstliche Beschneiung in den Alpen. Geschätzte Summe 2022 ca. 1.300

Land	Speicherbecken	Jahr
Österreich[1]	450	2019
Italien[2]	373	2016
Frankreich[2]	157	2016
Schweiz[2,3]	80	2015
Deutschland[2]	26	2016
Slowenien[2]	17	2016
Liechtenstein[2]	0	2016
Gesamt	**1103**	–

Nach [1]Nach Lindinger et al. (2021)
[2]Nach Ringler (2016)
[3]Nach Iseli (2015)

niedlichten Speicherbecken sind bis zu 20 m tief, undurchlässig und verstärken die Verdunstung (◘ Abb. 7.2). Das alpenweit höchste und größte Speicherbecken „Panoramasee" in 2900 m Höhe hat ein Volumen von 405.000 m³ (Sölden, Österreich). Es wurde 2010 gebaut, um die Beschneiung für den jährlich im Oktober stattfindenden Alpine Ski World Cup der Fédération Internationale de Ski (FIS) weiterhin zu ermöglichen.

Speicherbecken erhöhen oft den Wasserbedarf vor allem für die Nachfüllung während der abflussarmen Wintermonate. Größere Speicherbecken können im Winterhalbjahr zwei- bis dreimal gefüllt werden (Evette et al., 2011), kleinere bis zu 20-mal (DDT, 2020). Die Wasserentnahmen sind ein immenser Eingriff in den **Wasserhaushalt** und verschärfen oft die **Wasserknappheit**. Da die meisten Speicherbecken oberhalb von 2000 m Höhe und somit oberhalb des Quellhorizonts liegen (◘ Abb. 7.2 und 7.3), reicht das lokal verfügbare Wasser fast nie für das Füllen aus. Es werden zunehmend Trinkwasserleitungen, Seen, Fernleitungen aus

Stauräumen, Bäche aus anderen Einzugsgebieten, Flüsse und sogar das Grundwasser im Tal (aus 50 m bzw. 200 m Tiefe, z. B. Lenggries, Bayern, bzw. Feclaz, Savoyen) angezapft und Hunderte von Höhenmetern hochgepumpt. Im Notfall wird Wasser selbst per Lkw hertransportiert. Im Falle des Leiterli-Speicherbeckens muss das Wasser vom Talboden mehr als 700 m hochgepumpt werden (◘ Abb. 7.2). Das Hochpumpen des Wassers ist sehr energieaufwendig und teuer. Zum Beispiel benötigt das Hochpumpen von 100.000 m³ Wasser über 1000 m Höhe 0,56 GWh Strom und verursacht damit einen Ausstoß von ca. 300 t CO_2. Manche Skigebiete, z. B. Goldried, Osttirol, erhielten sogar widerrechtlich kostenloses Wasser für die Beschneiung (Dolomitenstadt, 2019).

Der **Klimawandel** – in den Alpen beinahe doppelt so stark wie im globalen Durchschnitt – führt zu Dürre- und Hitzeperioden, die immer länger dauern und intensiver werden (Gobiet et al., 2014). In den letzten Jahren verstärkten sich die **Wasserkonflikte**. In manchen Tälern werden jetzt schon die Grenzen der Wasserverfügbarkeit erreicht (Lanz, 2016). Während der Winterdürre 2017/18 durfte im La Berra, Freiburg (Schweiz), kein Wasser mehr vom Schwarzsee für die Beschneiung entnommen werden. Der Skibetrieb wurde während mehrerer Wochen im Januar eingestellt. Wenn die bewilligte Menge nicht ausreicht, werden aber oft die Genehmigungen für Wasserentnahmen aus Bächen entsprechend erhöht. Trotzdem werden Wasserverfügbarkeit und Wasserentnahmen häufig gar nicht erst gemessen.

Wasserqualität und Wasserverbrauch

Die Undurchlässigkeit der Pisten beeinträchtigt die Filterfunktion des Bodens und damit die **Wasserqualität**. Außerdem hat Kunstschnee eine deutlich höhere Konzentration an Mineralien und Salzen als Naturschnee (Rixen et al., 2003) und kann zudem Kohlenwasserstoffe aus Schneekanonen und Dieselreste von Pistenfahrzeugen enthalten (Evette et al., 2011). Die Wasserqualität kann auch durch Schneezusatzstoffe wie Snomax (*Pseudomonas syringea*, Bakterium) oder Drift (ein Trisiloxane-Tensid) beeinträchtigt werden. Bei Snomax gibt es potenziell negative Auswirkungen auf Pflanzengewebe und selbst auf die menschliche Gesundheit, ausgelöst z. B. durch überlebende Bakterien oder durch Giftstoffe von Bakterien, die sich von Snomax ernähren (Lagriffoul et al., 2010). Die Auswirkungen von Drift sind noch gravierender, weil es nicht nur das Wasser kontaminiert, sondern auch die Eigenschaften der Böden verändert, mit direkten Auswirkungen auf die menschliche Gesundheit und den landwirtschaftlichen Ertrag.

Das aus dem Tal hochgepumpte Wasser ist generell von sehr viel schlechterer Qualität als das lokale Quellwasser. Es stagniert über Monate hinweg in den Schneeleitungen zur künstlichen Beschneiung und Speicherbecken, wo es sich außerdem erwärmt und sich oft Algen und Biofilme bilden. Kunstschnee verbraucht somit reines Wasser. Wenn das mit Keimen kontaminierte Wasser über die Beschneiung in das Trinkwasser gelangt, kann es Magen-Darm-Krankheiten auslösen wie 2003 in Peisey-Nancroix, Frankreich, oder 2012 im Skigebiet Fiss, Österreich. Eigene Untersuchungen zur Wasserqualität in Les Menuires, Frankreich, ergaben, dass die Kolibakterienkonzentration in der Hochsaison 1000-fach über den EU-Grenzwerten lag. Trinkwasserquellen wurden auch durch Dieselreste im Karst oder durch von Starkregen ausgelöste Pistenerosion im Sommer (z. B. Villard-la-Lans und Chamrousse, Isère, Frankreich) kontaminiert.

Nachhaltigkeit und Naturrisiken

Die Wahl der Standorte zum Bau von **Speicherbecken** beeinträchtigt die Nachhaltig-keit grundlegend. Wegen der wenigen verfügbaren natürlichen Mulden auf den steilen Gebirgshängen werden fast immer bestehende Feuchtgebiete mit Seen oder Quellen ausgebaut und damit vernichtet (Evette et al., 2011). Die Auswirkungen auf die Gewässer sind vielfältig. Die angezapften Quellen, Bäche und Feuchtgebiete trocknen aus, und das ursprüngliche aquatische Ökosystem wird vernichtet. Darüber hinaus kommt es auch zur regelrechten „Enthauptung" von Bergspitzen und dem „Stutzen" von jahrtausendealten Moränen. Selbst traditionelle Almen werden für den Einbau eines Speicherbeckens zerstört. Diese Eingriffe sind irreversibel. Manche Speicherbecken werden sogar in gefährdeten Gebieten gebaut, z. B. in Lawinensturzbahnen oder extrem verwittertem Gestein wie Schiefer.

Hinzu kommt der großmaßstäbige Straßenbau und -ausbau für das Befahren mit schweren Fahrzeugen zur Konstruktion und zum Unterhalt der **Speicherbecken**, der zugehörigen Wasserkühltürme und der Kunstschneefabrik mit den Wasserpumpen (◘ Abb. 7.2). Im Gegensatz zu den kleinen, flachen, natürlichen Seen benötigt man für die Speicherbecken einen großen Aushub und den Bau eines Damms. Manche Dämme sind über 40 m hoch und vernichten selbst den Sichthorizont. Das Material beim Aushub des Speicherbeckens wird einerseits in den Damm eingebaut, andererseits auf den Skipisten ausgebreitet, ist langfristig allerdings sehr erosionsgefährdet. Für den Bau des Damms werden oft auch benachbarte Schutthalden oder Moränen abgebaut. Eine andere, rezente irreversible Auswirkung ist der intensive Abbau der örtlichen Gletscherlandschaft, inklusive der Moränen und jahrtausendealter Blockgletscher (◘ Abb. 7.3) als Auffüllmaterial gegen die unaufhaltsam zunehmende sommerliche Erosion der Pisten.

Naturrisiken, speziell Rutschungen, Muren und Erosion, können durch Ablagerungen von Baumaterial für **Speicherbecken**, Pistenkorrekturen und durch de-

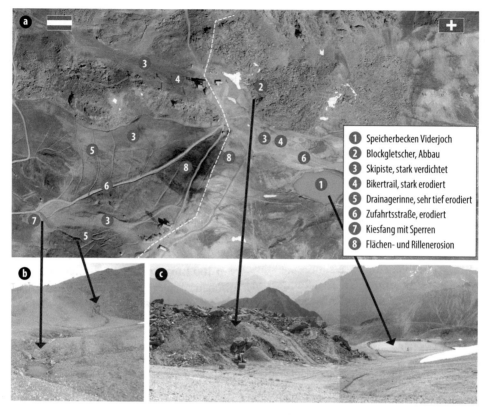

❶	Speicherbecken Viderjoch
❷	Blockgletscher, Abbau
❸	Skipiste, stark verdichtet
❹	Bikertrail, stark erodiert
❺	Drainagerinne, sehr tief erodiert
❻	Zufahrtsstraße, erodiert
❼	Kiesfang mit Sperren
❽	Flächen- und Rillenerosion

◻ **Abb. 7.3** **a** Quasiflächendeckende Zerstörung der Gebirgslandschaft an der Österreichisch-Schweizer Grenze von Ischgl-Samnaun, Sommer 2019. (©swisstopo). **b** Tieferodierte Piste (2600–2751 m) unterhalb der Bergstation Idjoch, Ischgl. **c** Abbau von Blockgletschern (2730 m) unterhalb der Flimspitz, Juli 2018. (© Carmen de Jong)

fekte unterirdische Wasserleitungen für den Kunstschnee hervorgerufen werden. Am Kronplatz in Südtirol kam es zwei Tage nach Saisonende zu einer gefährlichen Hangrutschung, nachdem eine gebrochene Wasserleitung den Hang über Monate hinweg durchnässt hatte (de Jong, 2012). Die Rutschmasse kam nur wenige Hundert Meter vor einer Siedlung zum Stillstand.

Böden und Vegetation

Die Anreicherung von Mineralien und Salzen im **Kunstschnee** führt nicht nur zur Verminderung der Biodiversität auf den Pisten (Rixen et al., 2003), sondern auch zur Verbreitung von invasiven Arten, im Extremfall von Salzpflanzen (persönliche Mitteilung Schratt-Ehrendorfer, Universität Wien).

Aus Kostengründen wird versucht, das Kunstschneevolumen möglichst zu reduzieren. Mit der sogenannten Pistenkorrektur werden alle für die Berghänge typischen Unregelmäßigkeiten wie Mulden, Hügel, Steine und stabilisierende Vegetation entfernt (◻ Abb. 7.4). Dies ergibt erosionsanfällige Flächen, auch dort, wo als Ersatz schnell wachsende Grasarten gepflanzt werden. Die Erosion und Bodenverdichtung durch die starke Hangbearbeitung für die Pistenkorrektur und die sehr mächtige Kunstschneedecke ist deutlich ersichtlich. Die schwere, nahezu undurchlässige Kunstschneedecke und die intensive, überwiegend nächtliche Pistenbearbeitung durch bis zu

7

🔲 **Abb. 7.4** Intensiv künstlich beschneite Pisten bei der Bergstation Le Doron (2050 m), Skistation Les Menuires, Frankreich, am 20. April 2011. (© Kees Wolthoorn)

14,5 t schwere Pistenraupen führen zu starker Bodenverdichtung. Untersuchungen in den französischen und italienischen Alpen haben gezeigt, dass eine Skipiste durchschnittlich etwa 20-mal undurchlässiger ist als der natürliche Boden (De Jong et al., 2014) und ab einer Tiefe von etwa 20 cm im Mittel sogar völlig undurchlässig ist. Das Hangwasser kann somit nicht in den Boden eindringen, fließt an der Oberfläche ab und verursacht oft tiefe Rinnenerosion und Hangbewegungen.

Lichtverschmutzung

Lichtverschmutzung ist die unangemessene oder exzessive Nutzung von künstlichem Licht während der Nacht, was ernsthafte Auswirkungen auf Menschen, Tiere und auf das Klima haben kann (International Dark-Sky Association, 2022). Seit den 1960er-Jahren werden im Zusammenhang mit alpinen Skiwettkämpfen Pisten nachts beleuchtet, heutzutage ist jedoch das Nachtskifahren generell zum Trend geworden. In den Alpen und Pyrenäen bieten ca. 30 % der Skigebiete Nachtskifahren an. Deutschland führt mit 46 %, gefolgt von Slowenien mit 40 % und Österreich mit 33 %. Das Nachtskifahren auf beleuchteten Pisten ist eine Folge des wachsenden Be-

dürfnisses für das Skifahren nach der Arbeit. Die Lichtverschmutzung dauert meistens bis 22.30 Uhr und ist in den dunklen Winternächten besonders stark. Zusätzliche Lichtverschmutzung entsteht einerseits durch die Scheinwerfer der Pistenraupen, die fast während der ganzen Nacht in Betrieb sind, und andererseits durch die Beleuchtung der Schneekanonen, solange sie nächtlich Kunstschnee produzieren. Lichtverschmutzung wird maßgeblich gesteigert durch die hohe Reflexionswirkung von Schnee, durch Refraktion des Lichts und seine starke Projektion auf die umgebenden Hänge. Obwohl die europäische DIN EN 12193 eine Beleuchtungsstärke von 100 Lux für Veranstaltungen der Olympischen Winterspiele, aber nur 20 Lux für Freizeitsport empfiehlt, installieren viele Skigebiete 150 Lux.

7.3 Olympische Winterspiele und das Dilemma des Naturschutzes

Aktuelle Studien zeigen, dass sich im Laufe der Zeit die **Nachhaltigkeit** der Olympischen Winterspiele immer mehr verschlechterte (Müller et al., 2021). Während Wissenschaftler sogar von vorsätzlichen und irreversiblen Umweltschäden ausgehen (Geeraert & Gauthier, 2018), behauptet unterdessen das Internationale Olympische Komitee (International Olympic Committee, IOC), dass die heutigen Spiele positive Auswirkungen auf die Umwelt haben. Bemerkenswerterweise unterstützen alle ebenfalls am Genfersee ansässigen Umweltorganisationen International Union for Conservation of Nature (IUCN), United Nations Environment Programme (UNEP) und World Wide Fund for Nature (WWF) diese Behauptung. Auch das im Voraus vergebene ISO-Nachhaltigkeitszertifikat, das ausdrücklich die Durchführung der Spiele miteinbeziehen sollte, verstärkt nur diesen

Widerspruch und den Missbrauch des Begriffs der Nachhaltigkeit. Die **Olympischen Winterspiele** sind jedoch nicht nur wasser- und energieintensiver als der Betrieb einer normalen Skisaison in einem vergleichbaren Zeitraum, sondern sie benötigen auch einen viel größeren infrastrukturellen Ausbau. Ihr großes Prestige führt dazu, dass das Umweltrecht eigentlich weder im Zusammenhang mit dem Ausbau noch während der Spiele respektiert wird. Kompromisse, wie die Übernahme von existierenden Standorten oder Verlegung in weniger spektakuläre Räume außerhalb von **Naturschutzgebieten** oder eine Absage laufender Spiele wegen inakzeptabler Maßnahmen zur Sicherung des Pistenschnees bei Tauwetter, werden erst gar nicht in Erwägung gezogen. Dabei verstößt das IOC gegen seine eigenen Nachhaltigkeitsstrategien, z. B. „Respekt vor Naturschutzgebieten" und „Nutzung von existierenden Infrastrukturen" (IOC, 2017). Zudem schließt das IOC nicht nur vor Rechtsverstößen die Augen, sondern trägt in seinen Evaluierungsberichten aktiv zum **Greenwashing** bei. Sachkundige werden ausgeklammert, z. B. gibt es keinen einzigen Umweltexperten im Umweltbeirat des IOC.

Beunruhigend ist, dass seit Sotschi 2014 vom IOC zunehmend exotischere Ziele in niederen Breiten von 27 bis 43° N zugelassen werden. Bis 2010 fanden die 21 Spiele mit fünf Ausnahmen (wovon Nagano 1998 auf der damals niedrigsten Breite von 36° N inzwischen wegen des Klimawandels aufgegeben wurde) viel weiter nördlich zwischen 44 und 61° N statt. Seither werden bei jedem neuen Austragungsland neue Skianlagen mit neuen Rekorddimensionen für Skipisten, Beschneiungsanlagen, Sprungschanzen, Bobbahnen usw. gebaut. Infolgedessen wurden bei den letzten drei Winterspielen große Teile – bis hin zu gesamten Kernzonen – von extrem geschützten, oft weltweit einzigartigen Gebirgsökosystemen für den Neubau zerstört. Betroffen sind vor allem Rote-Liste-Spezies. Obwohl es nur noch ca. 20 Individuen des Persischen Leoparden in ganz Russland und 20 Individuen des Goldenen Leoparden in ganz China gibt, wurden genau die wenigen, zu deren Schutz dienenden **Naturschutzgebiete** für die alpinen Skiabfahrten von Sotschi 2014 und Peking 2022 geopfert. Unter dem Deckmantel des internationalen Sports werden zunehmend Eingriffe in die international bedeutungsvollsten Naturschutzgebiete der Welt gerechtfertigt, anstatt den Sport zu nutzen, um Bewusstseinsbildung und Unterstützung für die Umwelt zu generieren (WWF, 2015).

Bei der Anlage neuer Skipisten werden vielmehr die von FIS/IOC definierten Kriterien für standardisierte Skipisten und **künstliche Beschneiung** „mit ausreichender Kapazität" (meistens 100 %) umgesetzt. Dies bedeutet nicht nur, dass ein Höhenunterschied von mindestens 800 m mit steilem Gefälle eingehalten werden soll, sondern auch, dass **Speicherbecken** und Kunstschneeleitungen ausgebaut werden sollen. Bei der Suche nach geeigneten Standorten wird das Gebirge zur Kulisse, ganz unabhängig von Naturschutzwürdigkeit und Wasserverfügbarkeit für die Beschneiung. Paradoxerweise erhielten sowohl Pyeongchang 2018 wie Peking 2022 bereits zwei bzw. drei Jahre im Voraus die Umweltzertifizierung nach ISO 20121 (IOC, 2019). Dabei wurden Umweltaspekte entweder überhaupt nicht oder nur unzureichend berücksichtigt.

Schlimmer noch: Nach den Spielen werden Verpflichtungen gegenüber dem IOC zur Einhaltung von **Umweltschutz** oder Umweltkompensation fast immer aufgrund von fadenscheinigen Argumenten gestrichen. Der touristische Aus- und Neubau von Skigebieten geschieht selbst dort, wo der Rückbau Bedingung war (Lee, 2019). In manchen Fällen ist der postolympische Ausbau von Skigebieten noch invasiver als der olympische Ausbau. Bereits ein Jahr nach Sotschi wurde anstelle der versprochenen Einrichtung von zwei neuen **Naturschutzgebieten** am Rande des westkaukasischen

Weltnaturerbes eine massive Erweiterung von Skigebieten auf Kosten der Reduzierung des zweitgrößten Naturschutzgebiets Europas durchgeführt (WWF, 2015). Die Wiedereinführung des Persischen Leoparden in die Region im Jahr 2016 hatte wegen der Fragmentierung der Hauptwanderrouten durch die Skigebiete bisher nur wenig Erfolg.

Seit 2010 übertrifft sich jeder Standort mit dem Anspruch, die „grünsten und nachhaltigsten Spiele je" zu sein. Doch Vancouver 2010 wurde extrem energie- und wasserintensiv. Am subalpinen Cypress-Mountain-Standort wurde Wasser zur **Beschneiung** hochgepumpt und im Vorfeld gespeichert. Dennoch kam es kurz vor Start zu Schneemangel wegen Tauwetters bei Temperaturen von +12 °C und Regen. Der drei Monate im Voraus produzierte und vor Ort gelagerte sowie bereits auf den Pisten verteilte **Kunstschnee** schmolz in den niedrigen Lagen weg. Zur Rettung der Spiele wurden ca. 1000 Strohballen (57 t) im 5-min-Takt per Hubschrauber herantransportiert, um aus Stroh eine 3 m hohe Grundlage für die Pisten zu erzeugen. Es folgte Schnee, der aus höheren Lagen in dreistündiger Entfernung mit ca. 350 Lkw-Ladungen hertransportiert und dann mit ca. 300 Hubschrauberladungen auf dem Stroh verteilt wurde. Alle Schneedepots wurden zur Rettung per Hubschrauber in die höheren Lagen transportiert. Pistenschnee wurde mit Trockeneis gekühlt. Insgesamt benötigten die Spiele ca. 850.000 m^3 Wasser zur Beschneiung. Erstaunlicherweise spiegeln sich die außerordentlichen **CO_2-Emissionen** für den Stroh- und Schneetransport sowie der hohe Wasserverbrauch für die Beschneiung in keinerlei **Energiebilanz** oder wissenschaftlicher Studie wider (Müller et al., 2021). Trotz der bereits 2010 auftretenden Probleme und neuer Wasserengpässe am höheren Whistler-Standort gilt Vancouver als Standort der **Olympischen Winterspiele** in Szenarien sogar bis 2080 als äußerst schneesicher (Scott et al., 2022).

Sotschi stand nicht nur 2014 vor noch größeren Herausforderungen. Es ist bis heute mit katastrophalen Langzeitfolgen konfrontiert. Bereits 2007 appellierten 47 russische Umweltorganisationen ohne Erfolg an das IOC gegen den Ausbau in den **Naturschutzgebieten**. Das Gebirge rund um die Skiorte Krasnaya Polyana und Rosa Khutor war vor den Winterspielen nicht nur unverbaut, sondern auch Teil der Kernzone des Sotchi National Park und Caucasian State Biosphere Reserve (Shevchenko, 2018). Grünes Licht zur Aufhebung der Naturschutzgebiete wurde vom Umweltminister persönlich gegeben (Shevchenko, 2018). Der widerrechtliche Ausbau der Skiinfrastrukturen und Olympischen Dörfer auf unbebaubarem Land zerstörte ca. 60 km^2 des kaukasischen Reservats durch Fragmentierung (O'Hara, 2015) und verursachte 2013 im Sotchi National Park beinahe das Aussterben des Braunbären (*Ursus arctos meridionalis*; Gazaryan & Shevchenko, 2014). Ferner wurde versehentlich der Buchsbaumzünsler bei der Begrünung der Wettkampfstätten 2012 miteingeführt, was beinahe das Aussterben der lokalen Buchsbäume am Nordhang des Kaukasus verursachte (NABU, 2016).

Auch Menschen waren vom Ausbau betroffen. 2009 wurden beim Bau von Auto- und Eisenbahn alle Brunnen des Dorfs Akhshtyr oberhalb des Flusses Mzymta verschüttet. Es gab daraufhin kein fließendes Wasser mehr. Gegen diese humanitäre Katastrophe wurde nichts unternommen, obwohl Human Rights Watch sechs Jahre vor Sotschi den IOC-Präsidenten dazu aufforderte (O'Hara, 2015). Ferner führten die Entwaldung und Bauarbeiten im Gebirge zu Verschmutzungen und Niedrigwasser der Flüsse Achipse, Laura sowie Mzymta und reduzierten ihre Fischbestände fast auf null (O'Hara, 2015).

Die Entwaldung für den Pistenbau auf den steilen Hängen vermehrte Naturgefahren durch Muren, Rutschungen und Lawinen. Meterhohe Muren unterbrachen die einzige Straße zum Olympischen Dorf von Krasnaya Polyana bereits wenige Monate nach den Spielen (persönliche Mitteilung Nikolay Kazakov, ehemaliger Leiter des Institute of Avalanche and Debris Flows, Russian Federation). Inzwischen haben die Muren derart zugenommen, dass sie Menschenleben gefährden (Shvarev et al., 2021). Lawinen beschädigten oder zerstörten ebenfalls mehrmals jährlich fast alle im Bau befindlichen sportlichen Einrichtungen und Zufahrtsstraßen (Kazakov et al., 2012). Wegen massiver Entwaldung, künstlicher Versteilung der Skipisten und Bearbeitung der Schneedecke nahm die Lawinengefahr stark zu, und infolge mangelnder Lawinenprävention (d. h. künstlicher Auslösung) gab es bereits einen Monat nach den Spielen zwei Lawinenopfer.

Zugleich litt Sotschi trotz 80 % künstlicher Beschneiung unter Schneemangel. Ein Teil der 450.000 m³ Kunstschnee, der über den Winter gespeichert wurde, schmolz gegen Ende der Spiele ebenfalls bei Temperaturen von +12 °C weg. Der Pistenschnee wurde mit 24 t grobkörnigem Salz „gerettet", das mit einem gecharterten Flugzeug aus Zürich eingeflogen wurde. Die Auswirkungen des Salzes auf das Ökosystem und die Infrastrukturen waren immens. Auch hier fehlt eine wissenschaftliche Energie- oder Umweltbilanz.

Pyeongchang 2018 war zu 90 % beschneit und setzte sich ebenfalls auf gravierende Weise über Naturschutzgesetze hinweg. Der alpine Skistandort von Jeongseon unterhalb des Bergs Gariwang zerstörte Teile eines der bedeutendsten **Naturschutzgebiete** mit Urwald weltweit (Lee, 2020). Der einzigartige Gebirgswald enthält 500 bis 1000 Jahre alte Bäume. 2008 stellte der südkoreanische Forstdienst den Wald als genetisches Ressourcenschutzgebiet unter Schutz. Doch strich der Forstdienst 2013 eigenhändig den Namen des Naturschutzgebiets aus seiner Liste der genetischen Schutzgebiete für den alpinen Skiausbau. Das Organisationskomitee setzte sich über die verbleibenden Einschränkungen für das

Naturschutzgebiet hinweg, indem es erfolgreich ein speziell für die Olympischen Spiele erstelltes Gesetz einforderte. Die Entscheidung wurde mit den FIS-Auflagen zur Anlage von Pisten gerechtfertigt. Das IOC berücksichtigte nicht die Aufforderung von Umweltgruppen, bestehende Skigebiete mit kürzeren, in Ausnahmefällen zulässigen Hängen auszuwählen (Lee, 2019). Koreanische Umweltaktivistinnen und -aktivisten schickten vergebens eine Petition an das IOC, um die Pläne für die Entwaldung zu verwerfen. In der Folge wurden ca. 58.000 Bäume, darunter seltene Arten wie die nur in Korea vorkommende riesige Wangsasure-Hybrid-Espe sowie Eiben und Koreas älteste Eichen auf 78 ha des insgesamt 2175 ha großen Schutzgebiets gefällt. Die lokale, selbstsuffiziente Bergbevölkerung verlor durch den Verlust des Berghabitats sowohl ihre Ernährungsgrundlage als auch ihr Einkommen (Yoon, 2020). Das unrealistische Versprechen, die uralten Bäume umzupflanzen und nach den Spielen jüngere Bäume auf die Piste zu setzen, wurde nicht eingehalten. Man erweiterte das Skigebiet mit dem absurden Argument, Ökotourismus betreiben zu wollen (Lee, 2019).

Peking 2022 wurde vom IOC erstmals als „grün" und „CO_2-neutral" angekündigt. Die Spiele wurden aber wegen des Mangels an natürlichem Schnee, ariden Klimas und extremer Wasserknappheit eher die „unnachhaltigsten Winterspiele aller Zeiten".[1] Es wurden nicht nur 100 % der Skipisten, sondern auch alle Zufahrtsstraßen für die Pistenfahrzeuge beschneit. Hohe Windgeschwindigkeiten verursachten hohe Schnee- und Verdunstungsverluste. Die Böden mussten im Vorfeld für die Haftung des Kunstschnees benässt werden. Für die Beschneiung wurde drei- bis viermal so viel Wasser pro Hektar wie in den Alpen benötigt; insgesamt

---

1 ► https://www.theguardian.com/world/2021/nov/06/mounting-concern-over-environmental-cost-of-fake-snow-for-olympics

Abb. 7.5 Skiabfahrten der Olympischen Winterspiele in Yanqing, Peking 2022, quer durch die Kernzone (rot) des Naturschutzgebiets Songshan (gesamte farbige Flächen), Stand 2015. (Nach eigener Kartierung; © CNN; Google Earth)

waren es mindestens 2,5 Mio. m³. Das Wasser wurde überwiegend aus Reservoiren für Trink- und Bewässerungswasser aus 30 km hertransportiert und anschließend in den beiden Standorten auf 1000 m Höhe in Zhangiakou und auf 1700 m Höhe in Yanqing hochgepumpt. Um genügend Wasser für die Beschneiung bereitzustellen, musste sogar die Bewässerung über große Flächen im Vorfeld eingestellt werden.

Die alpinen Skiabfahrten von Yanqing legte man quer durch die ehemalige Kernzone des **Naturschutzgebiets** Songshan, ausgewiesen zum Schutz von Rote-Liste-Arten wie dem Goldenen Leoparden, Goldenen Adler oder seltenen Orchideen (■ Abb. 7.5). Anstatt den olympischen Standort zu verlegen, hob man die Kernzone auf und verlegte die Grenzen des Naturschutzgebiets. Die Existenz des Naturschutzgebiets wurde im *Sustainability Report* (Beijing Organising Committee, 2022) nicht erwähnt. Für die Skipisten, Zufahrtsstraßen, Straßen, Park- und Hubschrauberlandeplätze wurden ca. 20.000 Bäume in der Kernzone entfernt.

Mehrere Dörfer wurden abgebaut und durch Bobbahn, Sprungschanze, Autobahnen, Parkplätze oder Teile der Olympischen Dörfer ersetzt. Die traditionellen landwirtschaftlichen Terrassen in Zhangiakou mussten dem Bau von Skipisten und Unterkünften oder Plantagen mit europäischen Fichten weichen, um als alpine Hintergrundkulisse zu dienen.

Inwiefern die Olympischen Winterspiele in Cortina d'Ampezzo 2026 nachhaltiger sein werden, wenn Standorte 400 km entfernt voneinander liegen und warum die Infrastruktur der Spiele von Turin 2006 nicht wiedergenutzt wurde, bleibt offen. Seit den letzten Winterspielen in Cortina d'Ampezzo 1956 ist die mittlere Wintertemperatur von −1,45 °C um beinahe 4 °C auf +2,4 °C[2] gestiegen und wird sicherlich die Schneesicherheit infrage stellen.

---

2   Eigene Berechnungen mit Daten von ARPAV; ▶ http://www.arpa.veneto.it/temi-ambientali/meteo

7.4 Umweltrecht und Umweltschutz versus Ausnahmeregelungen

Einerseits wird der Umweltschutz durch immer strengere gesetzliche Vorschriften der Europäischen Union gestärkt (EU, 2014). Andererseits kann die betroffene Öffentlichkeit oft die Verletzung von Umweltrechten nicht geltend machen, weil es bei der Beteiligung im Bewilligungsverfahren oder in der Folge an einem wirksamen Zugang zu Rechtsschutz fehlt. Zudem sind aufgrund der Komplexität der Umweltprobleme und wirtschaftlicher Interessen immer mehr Akteure an der Debatte für oder gegen den Ausbau von Skigebieten beteiligt. Der Einfluss der verschiedenen Interessengruppen ist jedoch ungleich verteilt, Umweltprobleme werden kaum vermieden oder gelöst.

Weltweit ähnelt sich der Konflikt um den Ausbau und die Modernisierung von Skigebieten in empfindlichen Gebirgsregionen. Oft sind es einzelne, zugezogene, meist pensionierte Akademikerinnen und Akademiker, die eine Initiative zur Lösung von Umweltproblemen ergreifen. Dieser Gruppe stehen Personen mit starken, vorwiegend profitorientierten Interessen in der Skilobby gegenüber, z. B. aus der Politik (meistens Bürgermeisterinnen und Bürgermeister, Landrätinnen und Landräte), Seilbahnbetreibende, Vertreter und Vertreterinnen aus der Tourismus- oder Forstwirtschaft, des IOC oder der lokalen Organisationskomitees der Winterspiele und manchmal sogar beteiligte Wissenschaftlerinnen und Wissenschaftler. Die Bewilligungen für den Ausbau und die Modernisierung von Skigebieten erfolgt im behördlichen Bewilligungsverfahren durch Landratsämter und kommunale Behörden. Sie spielen auch bei der Erteilung von Ausnahmebewilligungen eine zentrale Rolle. Fast immer wird der Ausbau von Skigebieten und deren Beschneiung befürwortet, ohne die negativen Auswirkungen auf den Klimawandel und die Umwelt oder die Rechte der betroffenen Zivilgesellschaft zu berücksichtigen. In vielen Fällen werden die Argumente dieser Gruppe bei der Entscheidung nicht einbezogen, und meistens erfolgt auch keine Beteiligung am Verfahren.

Somit ist anzuzweifeln, ob z. B alle wasserrechtlichen Genehmigungen für die flächenhafte künstliche Beschneiung von Pisten rechtskonform sind und nicht eindeutig im Widerspruch zum Tourismusprotokoll der Alpenkonvention (2002) und zum europäischen Recht stehen. Darüber hinaus bestehen auch Zweifel, ob die Auflagen in den Bewilligungen, also z. B. die erlaubten Entnahmemengen trotz steigenden Wasserbedarfs und festgelegten Restwasserabflusses eingehalten, darüber hinaus die vorgeschriebenen Aufzeichnungen über die Wasserentnahmen pflichtgemäß durch die Behörden kontrolliert und bei Verstößen Maßnahmen ergriffen werden.

Die juristischen Vorgaben der Europäischen Union sehen zwar eine Pflicht für **Umweltverträglichkeitsprüfungen** (UVP) von Beschneiungsanlagen vor (EuGH, 2015). Doch muss diese Regelung in den Mitgliedstaaten in nationales Gesetz umgesetzt werden. Somit werden UVP oder Baugenehmigungen für Kunstschneeinfrastruktur von den Seilbahnbetreibern oft umgangen oder durch Ausnahmeregelungen im Nachhinein ermöglicht (Vorarlberg Online, 2018b). Bei Gerichtsfällen wird den Seilbahnbetreibern meistens eine vorübergehende Genehmigung erteilt und dadurch der volle Ausbau ermöglicht. Gutachten zu UVP beziehen selten Kernaspekte wie Klimawandel, Dürren und Wasserverfügbarkeit ein, oder es wird ohne Messgrundlage geschlussfolgert, dass es „immer reichlich Wasser gibt".

In Bayern besteht nach nationalem Recht für Beschneiungsanlagen nur dann eine UVP-Pflicht, wenn die künstlich beschneite Fläche größer als 15 ha ist oder über 1800 m Höhe liegt. Trotzdem fiel zwi-

7

schen 2010 und 2020 nur eine einzige UVP negativ aus (Bayerischer Landtag, 2020). In Österreich besteht nur für Speicherbecken eine UVP-Pflicht, doch erst ab 10 Mio. m^3 Fassungsvermögen (Bußjäger & Ennöckl, 2019), d. h. das 25-Fache des größten Speicherbeckens. Deshalb behauptete das Seilbahnunternehmen im Bewilligungsverfahren eines in den Alpen größten Speicherbeckens in einem Naturschutzgebiet mit Hochmooren am Schwarzköpfle, Montafon, dass der Bau nicht „umweltverträglichkeitsprüfungsrelevant" sei (Vorarlberg Online, 2018a). Die Bewilligung wurde ungeachtet der Umweltfolgen erteilt, jedoch einer gerichtlichen Prüfung unterzogen. Die beauftragten Verfassungs- und Verwaltungsjuristen schlussfolgerten, dass die UVP-Regelungen in Österreich hinsichtlich Beschneiungsanlagen EU-konform auszulegen seien (Bußjäger & Ennöckl, 2019). Das Seilbahnunternehmen zog in dem bereits vier Jahre laufenden Rechtsstreit den Bauantrag zurück, weil offenbar im Falle einer gerichtlichen Entscheidung eine eventuelle UVP mit Präjudiz für alle Beschneiungsanlagen in Österreich befürchtet wurde (Vorarlberg Online, 2020). Zur Frage der UVP-Pflicht von Beschneiungsanlagen läuft zurzeit ein Vertragsverletzungsverfahren der EU gegen Österreich (Umweltbundesamt, 2021).

Viele Betroffene beklagen fehlende Transparenz und Einflussmöglichkeiten. Ausbaupläne werden zu kurzfristig an die Öffentlichkeit vermittelt, z. B. nur drei Wochen Zeit für die Sichtung eines 1400-seitigen Gutachtens für den Speicherbeckenbau in La Clusaz, Frankreich. Dort drohen die Austrocknung eines Feuchtgebiets und die Gefahr einer 6 m hohen Flutwelle infolge eines plötzlichen Wasserausbruchs. Trotz einer Petition mit 53.000 Unterschriften gegen das Projekt und kontinuierlicher Proteste (◻ Abb. 7.6) wurde der Ausbau befürwortet. In vielen Fällen erfolgt jedoch im Widerspruch zum europäischen Recht und insbesondere zur Aarhus-Konvention keine

◻ **Abb. 7.6** Großaufgebot von Polizei (150 Personen) entlang des leeren Speicherbeckens Etales bei einer Demonstration (500 Personen) gegen den Ausbau des Speicherbeckens La Clusaz, 25. Juni 2022. (© Moran Kerinec/Reporterre)

Beteiligung der Öffentlichkeit (EuGH, 2015). Auch wird betroffenen Einzelpersonen und Umweltorganisationen der Zugang zu Rechtsschutz entweder erschwert oder überhaupt nicht gewährt. Umweltverletzungen können dadurch nur schwer bekämpft werden. Gegen Österreich und Deutschland läuft in diesem Zusammenhang ein Vertragsverletzungsverfahren (Europäische Kommission, 2021). In dieser Hinsicht gab der EuGH der Umweltorganisation „Protect Natur-, Arten- und Landschaftsschutz" Recht, als sie klagte, dass sie keinen Zugang zu Rechtsschutz bekam und die Verletzung des Umweltrechts im Zusammenhang mit der Verschlechterung der Wasserkörper durch eine Beschneiungsanlage im Skigebiet Aichelberglift Karlstein, Österreich, nicht geltend machen konnte (EuGH, 2017). Zudem werden Umweltkritikerinnen und -kritiker von Skigebieten nicht nur in den Alpen mit juristischen Maßnahmen wie Schweigeverpflichtungen und zivilrechtlichen Klagen bedroht.

Die Rolle der Umweltvereine ist ambivalent. In manchen Fällen werden sie geschwächt, weil sie von staatlicher Finanzierung abhängen und Vereinbarungen mit der Skiindustrie eingehen, um eigene Vorteile in anderen Bereichen zu erzielen. Zudem fehlt es oft an Mitteln für Gerichtsverfahren mit geringen Erfolgsaussichten. Auch werden mittlerweile Umweltorganisationen erst ab einer Mitgliederzahl von mindestens 100 rechtlich anerkannt, um Rechte geltend machen können.

Touristinnen und Touristen haben wegen genereller Intransparenz und Desinformationen im Kontext der Verfahren oft zu wenig Einblick in die Umweltprobleme. Einerseits wird der Wintersport als grün und umweltschonend dargestellt, andererseits wird die Kunstschneeproduktion nicht als eine Reaktion auf den mangelnden Schnee und den Klimawandel gedeutet, sondern vielmehr als ein vermarktbares Produkt, das den Anforderungen der „Schneequalität" der Nutzer entspricht.

❓ Übungs- oder Reflexionsaufgaben

1. Vergleichen Sie die Umweltauswirkungen von Olympischen Winterspielen in Asien und in den Alpen unter besonderer Berücksichtigung des geographischen Breitengrads.
2. Beschreiben Sie, auf welche Umweltauswirkungen von Skigebieten der Klimawandel den größten Einfluss haben könnte.

Zum Weiterlesen empfohlene Literatur

Boykoff, J. (2021). Olympic sustainability or Olympian smokescreen. *Nature Sustainability, 4*(4), 294–295.

Dunstan, A. (2019). Victims of "adaptation": Climate change, sacred mountains, and perverse resilience. *Journal of Political Ecology, 26*(1), 704–719.

Literatur

Alpenkonvention. (2002). *Protokoll zur Durchführung der Alpenkonvention von 1991 im Bereich Tourismus.* https://www.fedlex.admin.ch/eli/fga/2002/410/de. Zugegriffen am 10.07.2022.

Bätzing, W. (2015). *Die Alpen: Geschichte und Zukunft einer europäischen Kulturlandschaft.* C. H. Beck.

Bayerischer Landtag. (2020). *Schriftliche Anfrage der Abgeordneten Christian Hierneis, Patrick Friedl, Ludwig Hartmann BÜNDNIS 90/DIE GRÜNEN „Skigebiete in Bayern".* Drucksache 18/11061.

Beijing Organising Committee (2022). *Sustainability for the future. Beijing 2022 pre-games sustainability report.* Beijing.

Bußjäger, P., & Ennöckl, D. (2019). Beschneiungsanlagen, Schigebiete und UVP-Pflichtigkeit in Österreich. *Natur und Recht, 41*(12), 802–807.

DDT – Direction Départementale des Territoires de la Savoie. (2020). *Observatoire Neige de Culture en Savoie – Saison 2018–2019.* http://www.observatoire.savoie.equipement-agriculture.gouv.fr/PDF/Etudes/Observatoire_NC_2018_2019.pdf. Zugegriffen am 19.07.2022.

Dolomitenstadt. (12. Januar 2019). *Gratis Wasser für Schultz: Matrei klagt den TVBO.* https://www.dolomitenstadt.at/2019/01/12/gratis-wasser-fuer-schultz-matrei-klagt-den-tvbo/. Zugegriffen am 18.09.2022.

EU – Europäische Union. (2014). *UVP Änderungsrichtlinie 2014/52/EU.* https://eur-lex.europa.eu/legal-content/DE/TXT/?uri=celex%3A32014L0052. Zugegriffen am 19.07.2020.

EuGH – Europäischer Gerichtshof. (2015). *Vertragsverletzung eines Mitgliedstaats – Richtlinie 2011/92/EU.* https://curia.europa.eu/juris/document/document.jsf;jsessionid=72F55200CA28E760B4993CCB39ACFD54?text=&docid=169823&pageIndex=0&doclang=de&mode=lst&dir=&occ=first&part=1&cid=2757913. Zugegriffen am 18.09.2022.

EuGH – Europäischer Gerichtshof. (2017). *Vorlage zur Vorabentscheidung – Umwelt – Richtlinie 2000/60/EG.* https://curia.europa.eu/juris/document/document.jsf;jsessionid=8F6DCD6E882FA409634F4965B208AB9D?text=&docid=198046&pageIndex=0&doclang=de&mode=lst&dir=&occ=first&part=1&cid=2993257. Zugegriffen am 18.09.2022.

Europäische Kommission. (2021). *Übereinkommen über den Zugang zu Informationen, die Öffentlichkeitsbeteiligung an Entscheidungsverfahren und den Zugang zu Gerichten in Umweltangelegenheiten. Mit Österreich und der Schweiz abgestimmte Fassung.* https://www.bmuv.de/fileadmin/bmu-import/files/pdfs/allgemein/application/pdf/aarhus.pdf. Zugegriffen am 18.09.2022.

Evette, A., Peyras, L., François, H., & Gaucherand, S. (2011). Environmental risks and impacts of mountain reservoirs for artificial snow production in a context of climate change. *Journal of Alpine Research|Revue de géographie alpine, 99*(4). https://doi.org/10.4000/rga.1471

Gazaryan, S., & Shevchenko, D. (2014). *Sochi-2014: Independent environmental report.* Environmental

Watch on North Caucasus. https://fayllar.org/environmental-watch-on-north-caucasus-sochi-2014-independent-e.html. Zugegriffen am 19.07.2020.

Geeraert, A., & Gauthier, R. (2018). Out-of-control Olympics: Why the IOC is unable to ensure an environmentally sustainable Olympic Games. *Journal of Environmental Policy & Planning, 20*(1), 16–30.

Gobiet, A., Kotlarski, S., Beniston, M., Heinrich, G., Rajczak, J., & Stoffel, M. (2014). 21st century climate change in the European Alps – A review. *Science of the Total Environment, 493*, 1138–1151.

Hamberger, S., & Doering, A. (2015). *Der gekaufte Winter – Eine Bilanz der künstlichen Beschneiung in den Alpen.* Gesellschaft für Ökologische Forschung und BUND Naturschutz in Bayern BN, 123.

International Dark-Sky Association. (2022). *Light pollution.* https://www.darksky.org/light-pollution/. Zugegriffen am 10.07.2022.

IOC – International Olympic Committee (2017). *IOC sustainability strategy.*

IOC – International Olympic Committee. (08. November 2019). *Beijing 2022 receives international sustainable event certification.* https://olympics.com/ioc/news/beijing-2022-receives-international-sustainable-event-certification. Zugegriffen am 19.07.2020.

Iseli, G. (2015). *Künstliche Beschneiung in der Schweiz: Ausmaß und Auswirkungen. Eine Forschungsarbeit durchgeführt im Rahmen des Praktikums Nachhaltige Entwicklung.* Universität Graz.

de Jong, C. (2012). Zum Management der Biodiversität von Tourismus- und Wintersportgebieten in einer Ära des globalen Wandels. *Jahrbuch des Vereins zum Schutz der Bergwelt, 76/77*(2011/2012), 131–168.

de Jong, C. (2020). Umweltauswirkungen der Kunstschneeproduktion in den Skigebieten der Alpen. *Geographische Rundschau, 72*(6), 34–39.

de Jong, C., Carletti, G., & Previtali, F. (2014). Assessing impacts of climate change, ski slope, snow and hydraulic engineering on slope stability in ski resorts (French and Italian Alps). In G. Lollino, A. Manconi, J. Clague, W. Shan, & M. Chiarle (Hrsg.), *Engineering geology for society and territory 1 – Climate change and engineering geology* (S. 51–55). Springer.

Kazakov, H. A., Gensiorovsky, Ю. В., & Kazavoka, E. H. (2012). Лавинные процессы в бассейне реки Мзымты и проблемы противолавинной защиты Олимпийских объектов в Красной Поляне (Avalanche processes in the Mzimta River basin and anti-avalanche protection problems of the Olympic objects in Krasnaya Polyana). *Геориск (Georisk), 2*, 10.

Klein, G., Vitasse, Y., Rixen, C., Marty, C., & Rebetez, M. (2016). Shorter snow cover duration since 1970 in the Swiss Alps due to earlier snowmelt

more than to later snow onset. *Climatic Change, 139*(3/4), 637–649.

Lagriffoul, A., Boudenne, J. L., Absi, R., Ballet, J. J., Berjeaud, J. M., et al. (2010). Bacterial-based additives for the production of artificial snow: What are the risks to human health? *Science of the Total Environment, 408*(7), 1659–1666.

Lanz, K. (2016). *Wasser im Engadin. Nutzung, Ökologie, Konflikte.* Gammeter. https://docplayer.org/33658517-Wasser-im-engadin-nutzung-oekologie-konflikte.html. Zugegriffen am 19.07.2022.

Lee, J. W. (2019). A winter sport mega-event and its aftermath: A critical review of post-Olympic Pyeongchang. *Local Economy, 34*(7), 745–752.

Lee, J. W. (2020). A thin line between a sport mega-event and a mega-construction project: The 2018 Winter Olympic Games in Pyeongchang and its event-led development. *Managing Sport and Leisure, 26*(5), 395–412.

Lindinger, H., et al. (2021). *Wasserschatz Österreichs – Grundlagen für nachhaltige Nutzungen des Grundwassers.* Bundesministerium für Landwirtschaft, Regionen und Tourismus.

Marty, C., Schlogl, S., Bavay, M., & Lehning, M. (2017). How much can we save? Impact of different emission scenarios on future snow cover in the Alps. *Cryosphere, 11*(1), 517–529.

Müller, M., Wolfe, S. D., Gaffney, C., Gogishvili, D., Hug, M., & Leick, A. (2021). An evaluation of the sustainability of the Olympic Games. *Nature Sustainability, 4*(4), 340–348.

NABU – Naturschutzbund Deutschland. (2016). *Gut gedacht, schlecht gemacht. Invasion des Buchsbaumzünslers bedroht Natur im Kaukasus.* Naturschutz ohne Grenzen. Die internationale Arbeit des NABU und der NABU International Naturschutzstiftung 2015/2016.

O'Hara, M. (2015). 2014 Winter Olympics in Sochi: An environmental and human rights disaster. *The State of Environmental Migration, 2015*, 203–220.

Ringler, A. (2016). Skigebiete der Alpen: landschaftsökologische Bilanz, Perspektiven für die Renaturierung. *Jahrbuch des Vereins zum Schutz der Bergwelt, 81/82*(2016/17), 29–130.

Rixen, C., Stoeckli, V., & Ammann, W. (2003). Does artificial snow production affect soil and vegetation of ski pistes? A review. *Perspectives in Plant Ecology, Evolution and Systematics, 5*(4), 219–230.

Scott, D., Knowles, N. L., Ma, S., Rutty, M., & Steiger, R. (2022). Climate change and the future of the Olympic Winter Games: Athlete and coach perspectives. *Current Issues in Tourism,* 1–16.

Shevchenko, D. (2018). *Environmental Watch on North Caucasus Sochi-2014* [Independent environmental report].

Shvarev, S. V., Kharchenko, S. V., Golosov, V. N., & Uspenskii, M. I. (2021). A quantitative assessment of mudflow intensification factors on the Aibga Ridge Slope (Western Caucasus) over 2006–2019. *Geography and Natural Resources, 42*(2), 122–130.

Umweltbundesamt. (2021). *8. UVP-Bericht an den Nationalrat. Bericht über die Vollziehung der Umweltverträglichkeitsprüfung in Österreich.* Bundesministerium Klimaschutz, Umwelt, Energie, Mobilität, Innovation und Technologie.

Vorarlberg Online. (29. Januar 2018a). *LR Rauch: „Ist ein überdimensioniertes Beschneiungsprojekt im Öffentlichen Interesse?".* https://presse.vorarlberg.at/land/dist/vlk-55895.html. Zugegriffen am 19.07.2020.

Vorarlberg Online. (14. Februar 2018b). *Stausee-Projekt im Montafon: Leitungen ohne Genehmigung verlegt.* Vorarlberg Online. https://www.vol.at/stausee-projekt-im-montafon-leitungen-ohne-genehmigung-verlegt/5669472. Zugegriffen am 18.09.2022.

Vorarlberg Online. (19. Juni 2020). *Vorarlberger Landesrat Rauch: Seilbahnwirtschaft fürchtet UVP-Verfahren.* https://www.vol.at/vorarlberger-landesrat-rauch-seilbahnwirtschaft-fuerchtet-uvp-verfahren/6651280. Zugegriffen am 19.07.2020.

WWF – World Wide Fund for Nature. (2015). *Controversial construction plan threatens world heritage and tarnishes Olympic legacy.* https://wwf.panda.org/wwf_news/?256878/Controversial-construction-plan-threatens-world-heritage-and-tarnishes-Olympic-legacy. Zugegriffen am 19.07.2020.

Yoon, L. (2020). Understanding local residents' responses to the development of Mount Gariwang for the 2018 PyeongChang Winter Olympic and Paralympic Games. *Leisure Studies, 39*(5), 673–687.

Schneller, höher, ökologischer? Die Auswirkungen von Sportgroßveranstaltungen wie den Olympischen Spielen auf Natur und Umwelt

Boris Braun und Frauke Haensch

Blick vom Olympiapark der Sommerspiele von Sydney 2000 auf die 14 km entfernt liegende Innenstadt. (© Boris Braun)

P. Gans et al. (Hrsg.), *Sportgeographie*, https://doi.org/10.1007/978-3-662-66634-0_8

Inhaltsverzeichnis

Einleitung

Sportgroßereignisse wie Olympische Spiele, Fußball-Weltmeisterschaften, Formel-1-Grand-Prix oder die Tour de France sind ohne Belastung der natürlichen Umwelt nicht vorstellbar. Für Sportstätten und den oft notwendigen Ausbau der Infrastruktur werden Flächen in Anspruch genommen und natürliche Ressourcen verbraucht. Sportlerinnen und Sportler, Offizielle sowie Zuschauerinnen und Zuschauer müssen an- und abreisen, was kaum völlig CO_2-neutral erfolgen kann, und es entsteht zusätzlicher Abfall (Gans et al., 2003, S. 95 ff.; Roth et al., 2007). Für das Maß der **Umweltbelastung** ist die Art des Sportereignisses und dessen Dimension von entscheidender Bedeutung. Während beispielsweise ein Radrennen oder ein Marathonwettbewerb auf bereits vorhandenen Straßen und Wegen durchgeführt werden kann, müssen für **Olympische Spiele** in der Regel eine Vielzahl neuer Sportanlagen errichtet und die Infrastruktur der jeweiligen Gastgeberstädte ausgebaut werden (▶ Kap. 9 und 22). Für die entstehenden Abfallmengen, den zusätzlichen Energie- und Flächenverbrauch sowie die mit dem Ereignis verbundenen Treibhausgasemissionen ist die jeweilige Zahl der Einzelwettbewerbe, der teilnehmenden Athletinnen und Athleten sowie der Besucherinnen und Besucher von hoher Relevanz.

Spätestens seit den frühen 1990er-Jahren versuchen die Verantwortlichen, die ökologischen Belastungen von Großereignissen signifikant zu reduzieren, etwa indem bevorzugt schon vorhandene Sportstätten für die Wettbewerbe genutzt werden, neue Sportstätten nicht mehr auf der Grünen Wiese, sondern innerhalb des bereits bebauten Bereichs von Städten oder sogar auf Industrie- und Gewerbebrachen errichtet werden (▶ Kap. 23), umweltfreundliche Transport-

systeme zur Anwendung kommen sowie auf erneuerbare Energien, Abfallreduktion und umweltfreundliche Baumaterialien gesetzt wird (Karamichas, 2013). Außerdem werden große Sportereignisse heute auch als Chance wahrgenommen, die Umweltbedingungen in den sie austragenden Städten und Regionen langfristig zu verbessern (▶ Kap. 9 und 22). So können beispielsweise im Zuge eines Großereignisses der öffentliche Verkehr in der betreffenden Region ausgebaut, Athletinnen- und Athletenunterkünfte als ökologische Mustersiedlungen konzipiert sowie Altlastensanierungen auf Industriebrachen realisiert werden. Letztlich bedeutet dies, dass sich zwar während des Sportereignisses selbst zusätzliche ökologische Belastungen nur reduzieren, aber nicht vollständig vermeiden lassen, sich langfristig aber Chancen eröffnen, die **Umweltqualität** in einer Region nachhaltig zu verbessern. Je größer die Dimension des Sportereignisses ist, desto größer ist – zumindest theoretisch – auch das Potenzial, langfristig positive Umweltwirkungen zu erzielen, weil auch die Menge der für Verbesserungen zur Verfügung stehenden Finanzmittel sowie die politische Unterstützung hierfür umfangreicher sind. Der vorliegende Beitrag schaut deshalb vor allem auf Olympische Sommerspiele. Diese sind die größten räumlich und zeitlich konzentrierten Sportereignisse – mit der Folge besonders hoher ökologischer Belastungen, aber auch eines besonders ausgeprägten Potenzials, langfristige Verbesserungen beim Umwelt- und Naturschutz anstoßen zu können. Da **Umweltschutzkonzepte** von Sportgroßveranstaltungen immer stärker als ein integraler Teil von umfassenderen **Nachhaltigkeitsstrategien** verstanden werden, spielt auch die Einbettung des Umwelt- und Naturschutzes in den Dreiklang von ökologischen, sozialen und ökonomischen Zielen für die Analyse eine wichtige Rolle.

8.1 Ökologische Auswirkungen von Sportgroßveranstaltungen

Sportgroßveranstaltungen beeinträchtigen Natur und Umwelt in vielfacher Hinsicht (◘ Abb. 8.1). Während einige Belastungen wie zusätzliche Lärmemissionen, zusätzlich erzeugte Abfallmengen oder der zusätzlich generierte Energieverbrauch nach dem eigentlichen Ereignis schnell wieder zurückgehen, wirken andere **Umweltauswirkungen** erheblich langfristiger. So werden einmal überbaute Flächen – abgesehen von rein temporären Anlagen – in der Regel nicht wieder in ihren Ursprungszustand zurückgeführt. In vielen Fällen werden auch eventuelle ästhetische Beeinträchtigungen des Stadt- oder Landschaftsbilds nicht so schnell wieder verschwinden. In extremen Fällen können auch irreversible Schäden an Ökosystemen entstehen und **Ökosystemdienstleistungen** langfristig beeinträchtigt werden. Besonders herausfordernd stellt sich die Situation dar, wenn in Regionen mit wenigen bestehenden Sportstätten und wenig unterstützender Infrastruktur (Flughäfen, leistungsfähige Straßen und Schienenverbindungen, Hotels etc.) vieles erst neu aufgebaut werden muss (Steinbrink et al., 2015 zu Südafrika und Brasilien; Scharfenort, 2020 zu Katar; ► Kap. 9) und/oder wenn für die neu gebauten Sportarenen keine sinnvollen Nachnutzungen gefunden werden können (Searle, 2012 zu Sydney; ► Kap. 24).

Eine jüngst publizierte Studie von Müller et al. (2021) hat die **Nachhaltigkeit** von 16 Olympischen Sommer- und Winterspielen untersucht, die seit 1992 stattfanden. Neben je drei ökonomischen (Überschreitung des Kostenrahmens, öffentlicher Finanzierungsanteil, Nachnutzung der Sportanlagen) und sozialen Indikatoren (Unterstützung der Spiele durch die Bevölkerung, Umsiedlungsmaßnahmen, beschlossene bzw. erlassene Sondergesetze und -regeln) berücksichtigt die Studie auch drei ökologische Indikatoren: den Anteil von neu gebauten Sportstätten als Maß für den zusätzlichen Ressourcen- und Flächenverbrauch, die Zahl der verkauften Tickets als Maß für den sogenannten *visitor footprint* sowie die Anzahl der Akkreditierungen als Maß für die Größe des Sportereignisses. Die Studie berücksichtigt also keine Indikatoren für die unmittelbaren **Umweltwirkungen**, sondern solche, die zumindest mit hoher Wahrscheinlichkeit zu Umweltbeeinträchtigun-

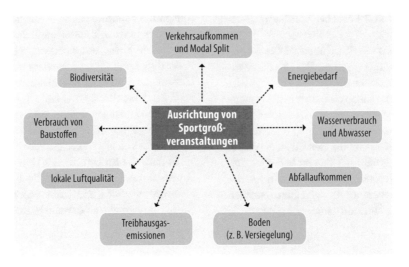

◘ **Abb. 8.1** Bedeutende Umweltbelastungen durch Sportgroßereignisse. (Nach eigenem Entwurf)

gen führen. Trotz dieser Einschränkungen liefert die Studie wichtige und zum Teil überraschende Befunde. So kommen die Autorinnen und Autoren zu dem Schluss, dass die Gesamtnachhaltigkeit der **Olympischen Spiele** in den letzten Jahrzehnten eher ab- als zugenommen hat. Nach ihren Berechnungen waren die Winterspiele von Salt Lake City 2002 die nachhaltigsten der letzten 30 Jahre, während die Winterspiele von Sotschi 2014 und die Sommerspiele von Rio de Janeiro 2016 zu den am wenigsten nachhaltigen zählen (Müller et al., 2021, S. 342). Olympische Spiele, die in besonderem Maße als grün oder nachhaltig beworben wurden, wie diejenigen von Sydney 2000, Vancouver 2010 oder London 2012, erreichen bei der Bewertung nur Mittelplätze. Insgesamt schneiden Winterspiele ähnlich ab wie Sommerspiele. Während aber die Winterspiele in der Regel deutlich kleiner bleiben, also prinzipiell einen kleineren **ökologischen Fußabdruck** haben, müssen für sie höhere Anteile an Sportstätten neu gebaut bzw. angelegt werden (▶ Kap. 6). Die Winterspiele in Peking im Frühjahr 2022 gerieten beispielsweise trotz der von der chinesischen Regierung angestrebten CO_2-Neutralität auch deshalb in die Kritik, weil Skipisten in einem Naturschutzgebiet, dem Naturreservat Songshan, angelegt bzw. dessen Grenzen hierfür verändert wurden. Außerdem musste in dem zwar kalten, aber sehr trockenen Winterklima für die extensive künstliche Beschneiung der Pisten in erheblichem Umfang Wasser aus anderen Regionen abgepumpt werden (Deutsche Welle, 2022; Mallapaty, 2022; ▶ Kap. 7).

Betrachtet man in der Studie von Müller et al. (2021) ausschließlich die ökologischen Indikatoren, ist über die Zeit ebenfalls ein negativer Trend zu erkennen – allerdings mit großen Unterschieden zwischen den einzelnen Olympischen Spielen. Während die Spiele von Sotschi 2014, Nagano 1998, Peking 2008 und Tokio 2020/21 im Hinblick auf die ökologischen Indikatoren schlecht abschnitten, erreichten diejenigen von Bar-

celona und Albertville (beide 1992), Lillehammer 1994, Salt Lake City 2002, Athen 2004 sowie Turin 2006 überdurchschnittlich positive Bewertungen. Ein wesentlicher Grund für das relativ schlechte Abschneiden vieler der jüngeren Olympischen Spiele liegt nicht zuletzt an den immer weiter zunehmenden Dimensionen der Spiele. Mehr Wettbewerbe, mehr Sportlerinnen und Sportler, mehr Zuschauerinnen und Zuschauer vergrößern systematisch den ökologischen Fußabdruck des Sportereignisses (▶ Kap. 6).

Das **Internationale Olympische Komitee** (International Olympic Committee, IOC) versucht, den zunehmenden gesellschaftlichen Forderungen nach mehr Umweltschutz und **Nachhaltigkeit** vor allem dadurch nachzukommen, dass es seine Leitlinien schrittweise weiterentwickelt und sich grundsätzlich dem Nachhaltigkeitsgedanken verpflichtet hat (◘ Abb. 8.2). Die Schritte hin zur einer Ökologisierung der **Olympischen Spiele** waren aber nur teilweise intrinsisch motiviert, sie sind vor allem als eine Reaktion auf die weltweite Kritik an Überkommerzialisierung und Gigantismus sowie die Furcht vor einem dauerhaften Imageschaden zu verstehen (Cantelon & Letters, 2000). Auf die relativ dynamische Entwicklung in den 1990er-Jahren mit vielen Maßnahmen folgten erst wieder Mitte der 2010er-Jahre mehrere Veröffentlichungen, mit denen das IOC versuchte, Umwelt- und Nachhaltigkeitsfragen proaktiver anzugehen. Der vorläufige Höhepunkt dieser Entwicklung ist die Olympic Agenda 2020+5 (IOC, 2021), mit der die Agenda 2020 fortgeschrieben wurde und im Rahmen derer die Ziele der **Nachhaltigkeit** und der *Legacy* einen noch höheren Stellenwert erhielten (▶ Kap. 24).

Unter *Legacy*, im Deutschen in der Regel mit Vermächtnis übersetzt, werden nach Preuss (2007) alle geplanten und ungeplanten, positiven und negativen, materiellen und immateriellen Strukturen verstanden, die für und durch ein Ereignis ge-

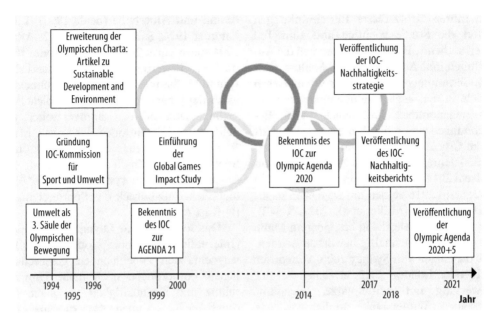

Abb. 8.2 Chronologie der Implementierung von Umweltschutz und Nachhaltigkeit in der Olympischen Bewegung. (Nach Gold und Gold, 2013; Karamichas, 2013; Ross & Leopkey, 2017; Müller et al., 2021)

schaffen werden und länger als das Ereignis selbst bestehen bleiben (Preuss, 2015; ▶ Kap. 24). Dabei setzte sich vor allem in der Vorbereitung der Spiele von London die Auffassung durch, dass positive *Legacies* nicht einfach entstehen, sondern bewusst und strategisch entwickelt werden müssen (Agha et al., 2012, S. 132). Außerdem formulierte das IOC, dass bis 2030 klimapositive Spiele erreicht werden und keine permanenten olympischen Bauten in Natur- und Kulturschutzgebieten mehr entstehen sollen (IOC, 2021, S. 6). Die Kritik am IOC und seinem großzügigen Umgang mit Umweltproblemen in den Austragungsstädten und -regionen ist durch diese Initiativen aber nie wirklich abgerissen und erhielt insbesondere während der Olympischen Winterspiele in Peking 2022 wieder neue Nahrung (▶ Kap. 7). Zudem gefährdet der Klimawandel zunehmend die Austragung vor allem der Winterspiele – eine Problematik, die bei den Aktiven und ihren Trainerin-

nen und Trainern mittlerweile erhebliche Besorgnis auslöst (Scott et al., 2022).

Aus zwei Gründen lohnt sich ein genauerer Blick auf konkrete Beispiele Olympischer Spiele, um deren ökologische Nachhaltigkeit besser beurteilen können. Zum einen können wenige quantifizierbare Indikatoren komplexe Umweltstrategien und -wirkungen nicht umfassend abdecken, und zum anderen spielen insbesondere bei Großereignissen wie Olympischen Spielen auch längerfristige Effekte eine wichtige Rolle.

8.2   Drei Beispiele Olympischer Sommerspiele von 2000 bis 2032

Im Folgenden sollen die Umwelt- und Nachhaltigkeitskonzepte von drei Olympischen Sommerspielen genauer betrachtet werden: Sydney 2000, London 2012 und die geplanten Spiele in Brisbane 2032. Sydney ging in die Geschichte der Olympischen Spiele als Austragungsort der Green Games ein, bei den Spielen in London wurde das Konzept der *Legacy* erstmals umfassend umgesetzt, und das Beispiel Brisbane steht für die Zukunft der Olympiaplanungen. Zudem sind der politische, soziale und kulturelle Kontext der drei Fallbeispiele sehr ähnlich, was direkte Vergleiche einfacher macht.

Die Green Games von Sydney 2000

Anfang der 1990er-Jahre wurde der **Umweltschutz** für die Ausrichter von Sportgroßereignissen und das IOC zu einem zunehmend wichtigen Thema. Dies führte dazu, dass seit den Winterspielen von Lillehammer 1994 der Umwelt- und **Naturschutz** neben den traditionellen Bestrebungen nach der Förderung des Sports und der Kultur die dritte Säule der Olympischen Bewegung darstellt (◘ Abb. 8.2). Bereits vor der Erteilung des Zuschlags für die Ausrichtung der 27. Olympischen Sommerspiele durch das IOC im Jahr 1993 hatten die Verantwortlichen in Australien die Zeichen der Zeit erkannt und für die Spiele in Sydney auf ein explizit umweltschonendes Konzept gesetzt. So war beispielsweise die weltweit agierende Umweltschutzorganisation Greenpeace schon früh an Konzeption und Planung sowie insbesondere auch an den vom Bundesstaat New South Wales erlassenen Umweltrichtlinien beratend beteiligt. Diese Umweltrichtlinien sahen detaillierte und überprüfbare Selbstverpflichtungen in den Bereichen Energieeinsparung und erneuerbare Energien, Gewässerschutz und Wassereinsparung, Müllvermeidung und Recycling, Gesundheits- und Arbeitsschutz sowie Schutz natürlicher Ökosysteme und des kulturellen Erbes vor (Braun, 2000, S. 197). Konkret sollten beispielsweise alle Sportstätten während der Spiele mit öffentlichen Verkehrsmitteln erreichbar sein, außerdem bestanden detaillierte Anforderungen u. a. an die Nutzung von Solarstrom und den Verzicht auf umweltschädliche Baumaterialen (◘ Tab. 8.1). Durch eine starke Einbindung des Privatsektors in die Bauvorhaben sollten nicht nur die öffentlichen Kassen entlastet werden, sondern auch Impulse für die Diffusion neuer Umwelttechnologien in der australischen Wirtschaft gesetzt werden. Kernelemente der Planung der Spiele waren der Olympiapark in Homebush Bay, der ca. 14 km vom Stadtzentrum entfernt auf einer Industrie- und Gewerbebrache angelegte wurde, sowie das nahe gelegene **Olympische Dorf**, das als ökologische Mustersiedlung den Kern eines neuen Stadtteils (Newington) bilden sollte. In beiden Bereichen mussten aufwändige Altlastensanierungen durchgeführt werden, die neben Fragen des Artenschutzes immer wieder Anlass zu Diskussionen boten (Braun, 2000, S. 199 f.).

Für die Durchführung der Olympischen Sommerspiele erhielten Australien, New South Wales und die Stadt Sydney viel Lob. Dieses galt nicht nur der Ausrichtung der sportlichen Wettbewerbe selbst, vielmehr gelang es in Sydney auch, den Umwelt- und Naturschutz ins Zentrum der Durchführung der Spiele zu rücken. Insbesondere haben die Verkehrs- sowie die Artenschutz-, Landschaftsschutz- und Renaturierungskonzepte gut funktioniert. Fragen werfen allerdings die längerfristigen Effekte der Spiele auf. Da rund zwei Drittel aller Sportstätten neu gebaut werden mussten, bedeutete dies einen enormen Energie- und Ressourcenverbrauch. Aus dieser Sicht erscheint es problematisch, dass viele der neu erstellten Sportstätten sowie das zentrale Olympiagelände nach den Spielen nur noch selten mit voller Kapazität genutzt werden (Searle, 2012). Hiervon ist vor allem auch das Stadium Australia, das ehemalige Olympiastadion, betroffen. Dieses wurde zwar nach den Spielen von 110.000 Plätzen auf 80.000 Plätze

◘ Tab. 8.1 Ökologische Aspekte der Nachhaltigkeitskonzeption der Olympischen Spiele von Sydney 2000. (Nach Sydney Olympics 2000 Bid Limited, 1993a, b; Sydney Organizing Committee for the Olympic Games 2000)

Sydney 2000

Nachhaltigkeitsstrategie		Umweltschutzrichtlinien Dominanz der ökologischen Nachhaltigkeit bzw. des Natur- und Umweltschutzes
Maßnahmen für ökologisch nachhaltige Olympische Spiele	Energie	Fotovoltaikanlagen auf den Dächern des Olympischen Dorfs sowie auf Sport- (z. B. Sydney Super Dome) und Beleuchtungsanlagen Steigerung der Energieeffizienz durch optimierte Luftzirkulation (z. B. International Aquatic Center, Olympisches Dorf, Olympiastadion) Energieversorgung aller Sportstätten zu 100 % aus erneuerbar hergestelltem Strom während der Spiele
	Biodiversität/ Umweltschutz	Artenerhaltung von einheimischen Pflanzen auf dem Olympiagelände Schutz und Erhalt der Cumberland Plain Woodlands auf dem Olympiagelände Schutz der umliegenden Feuchtgebiete und ihrer Arten (Mangroven, Green and Golden Bell Frog usw.), Schutz von Reptilienarten, Fledermäusen, Opossums etc. Schutz von Buschland, Wäldern, Fauna, bedrohten Ökosystemen
	Abfall	Recycling von 80 % des anfallenden Abfalls während der Spiele Entwicklung eines integrierten Abfallmanagementsystems (Vermeidung von Abfalldeponien)
	Transport	Neubau einer S-Bahn-Verbindung zum Olympiagelände Keine Zufahrtsmöglichkeit zu Sportstätten mit privaten Pkw Verknüpfung aller Sportstätten und Gebäude mit Shuttle-Bussen
Sportstätten		Neun von 28 Sportwettbewerben fanden in bestehenden Sportstätten statt. Umweltanforderungen waren rahmengebend für die Planung aller neuen Sportstätten.

zurückgebaut, jedoch finden in Sydney nur wenige Sportveranstaltungen statt, für die sich ein Stadion dieser Größe mit Leichtathletiklaufbahn eignet. Auch der neue Stadtteil Newington, der selbst nicht direkt an die neue S-Bahn-Line angeschlossen wurde, hat sich seither zu einer relativ normalen australischen Vorortsiedlung mit hoher Automobilabhängigkeit entwickelt. Auch die für das Olympische Dorf prägende Ausstattung der Dächer mit Fotovoltaikanlagen wurde bei den Siedlungserweiterungen aus Profitabilitätsgründen aufgegeben.

Die Legacy Games von London 2012

Die *Legacy*-Spiele von London 2012 zeichneten sich durch eine betont ökologische Zielsetzung aus, die in der **Nachhaltigkeitsstrategie** „Towards a One Planet Olympics" durch das Londoner Organisationskomitee in Zusammenarbeit mit den Nichtregierungsorganisationen World Wild Fund for Nature (WWF) und BioRegional ausgearbeitet wurde. Diese enthält fünf Kernthemen: Drei davon können der ökologischen (Klimawandel, Abfall, Biodiversität) und zwei der sozialen Nachhaltigkeit zugeordnet werden (Inklusion, Gesundheit und Wohlbefinden). Kennzeichnend für die Nachhaltigkeitsstrategie, aber auch die gesamte Konzeption der Olympischen Spiele ist der systematisch berücksichtigte *Legacy*-Gedanke (Kretschmer & Braun, 2016). Die Ausrichtung der Olympischen Spiele sollte neben dem Umwelt- und Naturschutz auch vielfältige Impulse u. a. für den Wohnungsbau, die regionalwirtschaftliche Entwicklung, die Beschäftigung sowie den Ausbau von Sportanlagen für den Breitensport setzen (Dietsche & Braun, 2010).

Das zentrale **Olympiagelände** wurde im Londoner Osten auf einer großen industriellen Brachfläche im Lower Lea Valley errichtet (Braun & Viehoff, 2012). Dieses war im 19. Jahrhundert Standort für das produzierende Gewerbe in den Branchen Porzellan, Farben, Chemie und Textilien. Die damals übliche Abfallentsorgung in umliegende Gewässer oder über Deponierung in den Boden führte dazu, dass die Boden- und Gewässerqualität stark beeinträchtigt wurde (Gold & Gold, 2017). Die aufwendige und kostspielige Sanierung des Lower Lea Valleys stellt einen der größten ökologischen Erfolge der Olympischen Spiele von London dar. Gleichzeitig wurde die Gestaltung des Olympiageländes sowie der Bau des Olympischen Dorfs von Beginn an als Initiative zur Stärkung des sozial schwächeren Londoner Ostens geplant. Im sogenannten North Park ist eine naturnahe Parklandschaft entstanden, in der Ökosysteme und Habitate für zahlreiche Tier- und Pflanzenarten geschaffen wurden. 4000 neu gepflanzte Jungbäume, über 1 Mio. weitere Pflanzen und die Installation von 675 Vogel- und Fledermausunterschlupfen tragen bis heute zur Stärkung der Biodiversität im Park bei (LOCOG, 2012; Gold & Gold, 2015). Das Vorhaben für den South Park unterscheidet sich von dem zuvor genannten insofern, als dieser sich eher zu einem urbanen Lebensort mit vielfältigen Begegnungsräumen für Londonerinnen und Londoner sowie als Veranstaltungsort mit touristischen Potenzialen entwickelte (Gold & Gold, 2015). Im South Park befinden sich die wichtigsten Sportstätten sowie das ehemalige Athletinnen- und Athletendorf, das zu einem Wohnviertel umfunktioniert und um fünf zusätzliche Wohnviertel erweitert wurde (LOCOG, 2012).

◻ Tab. 8.2 zeigt einen Auszug der Nachhaltigkeitskonzeption für die Londoner Spiele, der die ökologische Dimension der Nachhaltigkeit betrifft. Es wird deutlich, dass viele der getroffenen Maßnahmen langfristige Wirkungen haben (z. B. Ausbau erneuerbarer Energien, Dekontamination der Böden, Revitalisierung des Lower Lea Valleys) und Vorbildcharakter entwickeln können (z. B. Abfallmanagement). Gleichzeitig zeigt die Auflistung aber auch, dass nicht alle Ziele und geplanten Maßnahmen umgesetzt werden konnten.

Ein Novum der Londoner Olympischen Spiele im Hinblick auf ihre ökologische Nachhaltigkeit war die Berechnung des **CO_2-Fußabdrucks** der Sportveranstaltung (▸ Kap. 6). Gold und Gold (2013) argumentieren, dass erstmalig über den Zeitraum ab der Vergabe bis hin zur Durchführung der Spiele die CO_2-Emissionen für alle Bereiche der Olympischen Spiele antizipiert und berechnet wurden. Hierfür wurde ein Referenzfußabdruck für ein *Business as usual*-Szenario bestimmt, der sich

□ Tab. 8.2 Ökologische Aspekte[1] der Nachhaltigkeitskonzeption der Olympischen Spiele von London 2012. (Nach LOCOG, 2004, 2012)

London 2012		
Nachhaltigkeitsstrategie		Towards a One Planet Olympics Ökologische Schwerpunktthemen: Klimawandel, Abfall, Biodiversität Nachhaltige Entwicklung als integraler Bestandteil der Spiele (Bewerbung, Vorbereitung, Durchführung, positives Vermächtnis)
Maßnahmen für ökologisch nachhaltige Olympische Spiele	Energie	20 % des Energiebedarfs im Olympischen Park durch neue, lokale Energiegewinnungsanlagen gedeckt *Konstruktion einer 120 m hohen Windkraftanlage im Olympischen Park* Nachhaltige, ökologische Architektur
	Biodiversität/ Umweltschutz	Revitalisierung des Lower Lea Valleys Gestaltung des Olympischen Parks als heterogenen Lebensraum Berechnung des CO_2-Fußabdrucks der Olympischen Spiele Revitalisierung des Flussökosystems, Kontrolle invasiver Wasserpflanzen Klimakompensationsprogramm
	Abfall	Ziel: *zero waste* (*to landfill*), d. h. keine Nutzung von Abfalldeponien Mülltrennung, nationale Aufräum- und Aufklärungskampagne Olympische Spiele als Katalysator für neues Abfallmanagement
	Transport	Kostenloser ÖPNV für Beschäftigte, Zuschauerinnen und Zuschauer Keine private Pkw-Zufahrtsmöglichkeit zu Sportstätten Emissionsfreie Shuttle-Busse für Transport auf olympischem Gelände Ausbau des Radwegenetzes
Sportstätten		*Rückbau des Olympiastadions von 80.000 auf 25.000 Sitzplätze* Neubau von Velodrom und Schwimmhalle aufgrund langfristiger lokaler Bedarfe Prüfung hinsichtlich temporärer Sportstätten (z. B. für Basketball, Hockey)

[1] Nicht realisierte Maßnahmen und Zielsetzungen im Kursivdruck

auf 3,4 Mio. t CO_2 belief (Hayes & Horne, 2011, S. 755). Das Organisationskomitee ergriff unterschiedliche Maßnahmen (60 % aller für die Spiele genutzten Sportstätten bestanden schon, Einsatz erneuerbarer Energien, Entwicklung CO_2-armer Technologien), um den Fußabdruck auf 1,9 Mio. t CO_2 zu senken. Hieraus leitet sich eine wichtige Empfehlung für zukünftige Großveranstaltungen ab, diese Berechnungen systematisch zu implementieren, um das Bewusstsein für Nachhaltigkeit zu stärken und tatsächliche Veränderungen zu erwirken.

Die Embedded Games von Brisbane 2032

2032 werden die Olympischen Spiele im australischen Brisbane stattfinden. Die Vision, die das Bewerbungskomitee erarbeitet hat, orientiert sich stark am Konzept der Spiele von Sydney, stellt sich aber auch den gewachsenen Anforderungen an eine Großveranstaltung 30 Jahre später. An dieser Stelle sei angemerkt, dass die folgenden Ausführungen auf den ersten Planungsentwürfen basieren und die Konzeption und die Ausgestaltung der Spiele von Brisbane bis 2032 noch eine Vielzahl von Konkretisierungen (und ggf. Veränderungen) erfahren dürften.

Ein wesentliches Merkmal der Konzeption für die Olympischen Spiele im Raum Brisbane ist die Forcierung katalytischer Effekte für die **Regionalentwicklung**. Die gesamte Region South East Queensland soll durch die Ausrichtung der Olympischen Spiele nachhaltig gestärkt werden – auch indem die Wettbewerbe nicht nur in Brisbane selbst, sondern ebenfalls in den Städten Gold Coast (65 km entfernt) und Sunshine Coast (85 km entfernt) stattfinden sollen (◻ Abb. 8.3). Brisbane hat bei der Bewerbung um die Ausrichtung der Spiele deutlich gemacht, dass viele der notwendigen Maßnahmen, wie der Ausbau von

Sportstätten und der Verkehrsinfrastruktur, im Einklang mit bereits existierenden Stadtentwicklungsvorhaben und -plänen stehen. Somit würde die Sportgroßveranstaltung keine ungenutzten Stadien hinterlassen, sondern sich nahtlos in die längerfristige **Regionalplanung** von South East Queensland einfügen.

Die weite räumliche Verteilung der Sport- und Veranstaltungsstätten erfordert ein komplexes und leistungsfähiges Transportsystem. Das Bewerbungsdokument identifiziert daher die Förderung von integrierten und nachhaltigen Verkehrslösungen als ein Kernziel der Olympiaplanungen (Brisbane 2032 Consortium, 2021, S. 7). Bislang sind alle bestehenden und neu geplanten Sportstätten über das Straßennetz mit dem Pkw erreichbar, der Großteil soll bis 2032 jedoch auch an den öffentlichen Verkehr angebunden werden. Hierfür sind umfassende Investitionen und Kapazitätserweiterungen im Bus- und Bahnverkehr von Brisbane vorzunehmen. Nicht nur die Ausrichtung der Olympischen Spiele, sondern auch das starke Bevölkerungswachstum in der Metropolitan Area erfordern den Ausbau des öffentlichen Verkehrs, denn bereits heute hat die bestehende Verkehrsinfrastruktur ihre Belastungsgrenze erreicht. Insbesondere der exzessive motorisierte Individualverkehr verursacht nicht nur hohe **CO_2-Emissionen** und den Ausstoß von Luftschadstoffen, sondern führt auch zu einer Überlastung der Hauptverkehrsachsen.

◻ Abb. 8.3 veranschaulicht, dass die Unterbringung der Sportlerinnen und Sportler dezentral in den Städten Brisbane, Gold Coast und Sunshine Coast organisiert werden soll. Dabei stehen die Unterkünfte in Brisbane als Hauptstandort der Olympischen Spiele im Vordergrund. Das zentrale Dorf für die Athletinnen und Athleten wird als Teil eines großen Stadterneuerungsvorhabens gebaut, mit dem das alte Hafengelände Hamilton Northshore grundlegend transformiert werden soll. Bereits seit 2008

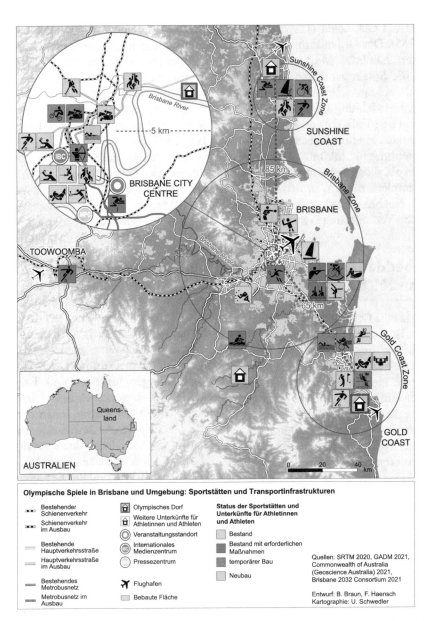

□ Abb. 8.3 Geplante Austragungsorte und Infrastrukturmaßnahmen der Olympischen Spiele in Brisbane und Umgebung 2032. (Nach Brisbane 2032 Consortium, 2021, S. 15)

wird an der Entwicklung dieses 300 ha großen Geländes gearbeitet. Nach den Olympischen Spielen soll das Olympische Dorf zu frei verkäuflichen Wohneinheiten für verschiedene Bevölkerungsgruppen (auch altersgerechtes Wohnen, Sozialwohnungen usw.) umgewandelt werden. Der derzeitige Planungsstand der Olympischen Spiele sieht allerdings erst relativ wenige konkrete ökologische Maßnahmen vor (□ Tab. 8.3).

◻ **Tab. 8.3** Ökologische Aspekte der Nachhaltigkeitskonzeption der Olympischen Spiele von Brisbane 2032. (Nach Brisbane 2032 Consortium, 2021)

Brisbane 2032		
Nachhaltigkeitsstrategie		Klimapositive Olympische Spiele Einbettung der Spiele in existierende Regionalentwicklungspläne
Maßnahmen für ökologisch nachhaltige Olympische Spiele	Energie	Einsatz von erneuerbaren Energien für das „Queensland Renewable Energy"-Ziel (Energieversorgung mit 50 % erneuerbaren Energien bis 2030)
	Biodiversität/ Umweltschutz	Kein Bau von Sportstätten in Naturschutzgebieten oder auf kulturell bedeutsamen Stätten der Aborigines
	Abfall	Förderung von Abfallreduzierung und Kreislaufwirtschaft
	Transport	Elektrisch betriebener Fuhrpark für die Olympischen Spiele Keine Pkw-Zufahrtsmöglichkeiten zu den Sportstätten Ausbau von Fahrrad- und Fußwegen Förderung von integrierten Transportlösungen
Sportstätten		Nutzung von 31 bereits bestehenden Sportstätten sowie temporären Sportanlagen (insges. 84 % aller Sportstätten) Neubau von sechs Sportstätten, deren Bau bereits in der Regionalplanung vorgesehen ist

8.3 Entwicklungslinien: Ökologie und Nachhaltigkeit von Olympischen Spielen

Aus der Betrachtung der Fallbeispiele Sydney, London und Brisbane lassen sich vier zentrale Entwicklungslinien bei der Gestaltung der Nachhaltigkeits- und Umweltschutzkonzepte von Olympischen Sommerspielen ableiten.

Von ökologischer zu umfassender Nachhaltigkeit

Die **Nachhaltigkeitskonzepte** einschließlich ihrer ökologischen Ausrichtung wurden mit der Zeit komplexer und gehen von einem zunehmend ganzheitlichen Nachhaltigkeits-

verständnis aus. Mit dem klaren Fokus der Spiele von Sydney auf den **Umwelt-** und **Naturschutz** erhielt der ökologische Nachhaltigkeitsgedanke erstmals einen zentralen Platz in der Konzeption von Olympischen Sommerspielen. Mit der Erarbeitung der **Environmental Guidelines** entstand ein Dokument, das zum Maßstab bei der Konzeption späterer Olympischer Spiele wurde (Chalkley & Essex, 1999). Dies kommt auch in der Nachhaltigkeitsstrategie der Londoner Spiele explizit zum Ausdruck. Darüber hinaus waren die Londoner Spiele geprägt durch die systematische Berücksichtigung der *Legacy* der Spiele in jeder Phase (Bewerbung, Konzeption, Planung, Durchführung, Evaluation; ◻ Tab. 8.2). Durch die Formalisierung und systematische Berücksichtigung des *Legacy*-Gedankens hat London einen ganzheitlichen Ansatz von Nachhaltigkeit eingebracht, so Girginov (2012), der auch in der Konzeption der Spiele von Brisbane zum Ausdruck kommt. Dieser verfolgt zwei zentrale Anliegen: Zum einen werden alle drei Nachhaltigkeitsdimensionen angesprochen, und zum anderen sollen langfristige Effekte für die gesamte Region eine positive *Legacy* ermöglichen. Insgesamt zeigt sich, dass sich der Nachhaltigkeitsgedanke von seiner noch stark ökologisch dominierten Interpretation im Jahr 2000 bis heute zu einem breiteren Verständnis gewandelt hat, in dem vor allem die langfristigen sozialen und regionalwirtschaftlichen Komponenten mehr Beachtung finden.

8 Vom kompakten Olympiagelände zur dezentralen Olympiaregion

Eine weitere erkennbare Entwicklungslinie betrifft die räumliche Struktur der Olympischen Spiele. Während bei den Olympischen Spielen von Sydney nur ein Drittel der benötigten Sportstätten bereits existierte, werden es 2032 bei den Spielen in Brisbane über zwei Drittel sein. Nur 16 % aller Sportstätten sollen in Brisbane neu errichtet werden (Brisbane 2032 Consortium, 2021).

Der kompakt gestaltete Olympic Park an der Homebush Bay in Sydney entsprach den damaligen Wünschen des IOC nach einer räumlichen Konzentration der Sportstätten und des Olympischen Dorfes. Gleichzeitig war die Realisierung eines solchen Projekts aber nur weit außerhalb des Stadtzentrums möglich (Kapiteleröffnungsbild), sodass das **Olympiagelände** von Beginn an räumlich relativ isoliert war und mit den angrenzenden, neu entstandenen Stadtteilen bis heute nicht optimal an das öffentliche Verkehrsnetz angebunden ist. Das Beispiel London ähnelt in einigen Punkten den Gegebenheiten von Sydney. Das Londoner Olympiagelände entstand ebenfalls auf einer Industriebrache und zeichnete sich durch kurze Wege zwischen den Sportstätten aus. Die derzeitigen Planungen für die Olympischen Spiele in Brisbane zeichnen ein deutlich anderes Bild. Ein kompaktes Olympiagelände ist hier nicht mehr vorgesehen, das Konzept baut vielmehr auf die weitgehende Nutzung bereits vorhandener Sportstätten. Während es in Sydney und London noch relativ kompakte, zentrale Standorte für die Wettbewerbe gab, wird in Brisbane die gesamte Großregion South East Queensland in die Planungen eingebunden.

Olympische Dörfer: von ökologischen und sozialen Vorzeigeprojekten zu gentrifizierten Siedlungen

Das Olympische Dorf von Sydney war zu seiner Zeit ein ökologisches Vorzeigeprojekt: Auf allen Dächern der Unterkünfte wurden Fotovoltaikanlagen installiert und eine für australische Verhältnisse relativ verdichtete Siedlungsstruktur umgesetzt. Im Anschluss an die Spiele wurde das Dorf durch private Investitionen umgebaut und zu einem neuen Suburb Sydneys erweitert. Die stringenten Vorgaben für eine energieeffiziente Bauweise wurden dabei ebenso gelockert wie die Verpflichtung zum Einsatz von Fotovoltaikanlagen (Cashman, 2017). Aus dem einstigen Vorzeigeprojekt wurde somit ein Wohnort für eine eher wohlhabende Bevölkerung, der sich von anderen australischen Suburbs heute nur noch wenig unterscheidet. Das Organisationsteam der Londoner Spiele hat sich Sydney im Hinblick auf das Athletinnen- und Athletendorf und dessen Weiterentwicklung zu städtischem Wohnraum zumindest teilweise als Vorbild genommen. Während die Planungsphase jedoch noch explizit das Ziel der Schaffung von Sozialwohnungen im sozioökonomisch schwächeren Londoner Osten verfolgte, wurde die Sozialwohnungsquote später deutlich reduziert (Viehoff & Kretschmer, 2013; Watt & Bernstock, 2017).

Dieses Risiko besteht auch mit Blick auf das geplante zentrale Athletinnen- und Athletendorf in Brisbane. Als Teil eines großen Stadterneuerungsvorhabens auf dem alten Hafengelände Northshore Hamilton wird in den Bewerbungsunterlagen zwar eine diverse zukünftige Bevölkerungsstruktur skizziert, im direkten Umfeld des geplanten Olympischen Dorfs sind zuletzt jedoch fast ausschließlich exklusive und hochpreisige Wohnungen entstanden, sodass eine ausgeglichene Mischung aus günstigen Sozialwohnungen, bezahlbarem Seniorenwohnen und gehobenen Wohneinheiten an diesem Standort nur schwer vorstellbar ist. So erscheint es nicht unwahrscheinlich, dass sich auch in Brisbane, wie zuvor in Sydney und London, die weitreichenden Vorstellungen von den Olympischen Dörfern als ökologische und soziale Vorzeigeprojekte dauerhaft nicht durchhalten lassen.

Vom Umweltschutz zur Nachhaltigkeit zur *Legacy*

Die Analyse der drei Fallbeispiele zeigt, dass Nachhaltigkeit bei der Konzeption der Olympischen Spiele eine sukzessiv stärkere Berücksichtigung gefunden hat. Angefangen mit einem noch stark ökologisch geprägten Nachhaltigkeitsverständnis bei den Spielen von Sydney hat das Nachhaltigkeitskonzept in London nicht nur eine deutlich stärkere soziale Dimension erhalten, sondern wurde insbesondere auch um den *Legacy*-Gedanken erweitert. Seit London 2012 berücksichtigen die Konzepte für die Ausrichtung der Olympischen Spiele das Ziel eines möglichst positiven Vermächtnisses. Zahlreiche Studien konstatieren jedoch, dass Megaevents wie Olympische Spiele aufgrund ihrer Größe und ihrer vielfältigen Anforderungen an die Ausrichtungsstädte überhaupt nicht

nachhaltig sein können (z. B. Gaffney, 2013; Müller et al., 2021). Gerade auch deshalb kommt der Frage der dauerhaften positiven Effekte für die Ausrichtungsstädte und die sie umgebenden Regionen eine besondere Bedeutung zu. Bei der Konzeption der Spiele von Brisbane spielt dieser Aspekt dann auch eine zentrale Rolle, bei einer allerdings im Vergleich zu Sydney auffällig geringeren Betonung ökologischer Verbesserungen.

8.4 Fazit

Maßnahmen zur Erhöhung der Umweltverträglichkeit von Sportgroßveranstaltungen können im Einzelnen viele verschiedene Formen annehmen. Es lassen sich aber auch einige grundsätzliche Empfehlungen für zukünftige Planungen ableiten. Durch eine möglichst weitgehende Nutzung bereits bestehender Sportstätten und Infrastruktur lassen sich in erheblichem Umfang Ressourcen, Energie und Treibhausgasemissionen einsparen. Die Flächenneuinanspruchnahme ist deutlich reduziert und die Problematik der Nachfolgenutzung der Sportstätten erheblich vermindert. Eine solche Strategie ist für Sportgroßveranstaltungen wie Fußball-Weltmeisterschaften, Tour de France oder Vierschanzentournee allerdings einfacher umzusetzen als für Olympische Spiele. Ob es realistisch ist, wie etwa Müller et al. (2021) vorschlagen, Olympische Spiele nur noch innerhalb einer kleinen Gruppe von festgelegten Austragungsstädten rotieren zu lassen, in denen die gesamte Infrastruktur dann jeweils schon bestünde, ist fraglich. Eine solche Lösung wäre zwar zweifellos ökologisch sinnvoll, würde den Vorstellungen des IOC, die Olympische Idee weltweit zu verbreiten und auf allen Kontinenten erlebbar zu machen, aber doch erheblich widersprechen. Außerdem wäre damit vielen anderen Städten und Regionen die Möglichkeit genommen, die Austragung Olympischer Spiele als Motoren für ihre (nachhaltige) Stadt- und Regionalentwicklung zu nutzen (▶ Kap. 22).

Schneller und einfacher umsetzbar wären andere Vorschläge. So erscheint es ratsam, bei der Ausrichtung von Sportgroßereignissen konsequent maßgebliche Nachhaltigkeitsindikatoren zu erfassen und die entstehenden ökologischen Fußabdrücke konsequent zu berechnen, zu kontrollieren und für jeweils alternative Lösungen zu bewerten. Es wäre wichtig, dass dies von einer unabhängigen Organisation erfolgt, die überörtlich die Einhaltung von vergleichbaren Mindeststandards sicherstellen kann. Bereits in der Vergangenheit hat sich die Kooperation mit Nichtregierungsorganisationen bewährt. Durch diese lässt sich eine externe Überprüfung von Umweltauswirkungen sicherstellen, die das IOC wie auch andere große Sportverbände (FIFA, UEFA usw.) durch ihre starke Einbindung in die jeweiligen Organisationsprozesse und ihre wirtschaftlichen Interessen nicht leisten können.

Letztlich muss aber auch die Frage gestellt werden, ob Sportgroßereignisse wirklich weiterhin so groß sein oder sogar noch wachsen müssen. Ein Downsizing der Veranstaltungen würde sich auf nahezu alle Umwelt- und Nachhaltigkeitsindikatoren positiv auswirken sowie den Energie- und Ressourcenverbrauch unmittelbar deutlich vermindern. Höher, schneller, weiter und größer ist eben in aller Regel nicht nachhaltiger und schon gar nicht ökologischer.

❓ Übungs- und Reflexionsaufgaben

1. Erläutern Sie, welche Umweltauswirkungen Sportgroßereignisse haben können – differenziert nach kurzfristigen Auswirkungen während der Veranstaltung selbst und langfristigen Auswirkungen in der Zeit danach.
2. Entwickeln Sie Vorschläge, wie die negativen Umweltauswirkungen von Olympischen Spielen signifikant vermindert werden können.

Zum Weiterlesen empfohlene Literatur
Für einen aktuellen und umfassenden Überblick zu Olympischen Spielen:

Gold, J. R., & Gold, M. M. (Hrsg.). (2017). *Olympic cities: City agendas, planning, and the world's games, 1896–2020.* Routledge.

Girginov, V. (Hrsg.). (2010). *The Olympics – A critical reader.* Routledge.

Eine grundlegende Einführung in den Bereich der Sportökologie bietet:

Seewald, F., Kronbichler, E., & Größing, S. (1998). *Sportökologie. Eine Einführung in die Sport-Natur-Beziehung.* Limpert.

Literatur

Agha, N., Fairley, S., & Gibson, H. (2012). Considering legacy as a multi-dimensional construct: The legacy of the Olympic Games. *Sport Management Review, 15*(1), 125–139.

Braun, B. (2000). Wie grün sind Sydneys Grüne Spiele? Umweltaspekte der 27. Olympischen Sommerspiele. *Zeitschrift für angewandte Umweltforschung, 13*(1/2), 196–209.

Braun, B., & Viehoff, V. (2012). London 2012 – Olympische Spiele als nachhaltiger Impulsgeber für die Stadterneuerung? *Geographische Rundschau, 64*(6), 4–11.

Brisbane 2032 Consortium. (2021). *IOC future host commission questionnaire response.* https://stillmed.olympics.com/media/Documents/International-Olympic-Committee/Commissions/Future-host-commission/The-Games-of-The-Olympiad/Brisbane-2032-FHC-Questionnaire-Response.pdf?ga=2.90274904.31916 0526.1643116691-733759365.1632123977. Zugegriffen am 20.09.2021.

Cantelon, H., & Letters, M. (2000). The making of the IOC environmental policy as the third dimension of the Olympic movement. *International Review for the Sociology of Sport, 25*(3), 294–308.

Cashman, R. (2017). Sydney Olympic Park 2000 to 2010: a case study of legacy implementation over the longer term. In R. Holt & D. Ruta (Hrsg.), *Routledge handbook of sport and legacy* (S. 99–110). Routledge.

Chalkley, B., & Essex, S. (1999). Sydney 2000: The 'green games'? *Geographical Association, 84*(4), 299–307.

Deutsche Welle. (2022). *Peking 2022: Winterspiele ohne Schnee?* Zugegriffen am 27.04.2022.

Dietsche, C., & Braun, B. (2010). London als globale Bühne: Flaggschiffprojekte und die Planungen für die Olympischen Spiele 2012. In K. Zehner & G. Wood (Hrsg.), *Großbritannien – Geographien eines europäischen Nachbarn* (S. 110–120). Spektrum.

Gaffney, C. (2013). Between discourse and reality: The un-sustainability of mega-event planning. *Sustainability, 5*(9), 3926–3940.

Gans, P., Horn, M., & Zemann, C. (2003). *Sportgroßveranstaltungen – ökonomische und soziale Wirkungen. Ein Bewertungsverfahren zur Entscheidungsvorbereitung und Erfolgskontrolle* (Schriftenreihe des Bundesinstituts für Sportwissenschaft, 112). Hoffmann.

Girginov, V. (2012). Governance of the London 2012 Olympic Games legacy. *International Review for the Sociology of Sport, 47*(5), 543–558.

Gold, J. R., & Gold, M. M. (2013). "Bring it under the legacy umbrella": Olympic host cities and the changing fortunes of the sustainability agenda. *Sustainability, 5*(8), 3526–3542.

Gold, J. R., & Gold, M. M. (2015). Framing the future: Sustainability, legacy and the 2012 London Games. In R. Holt & D. Ruta (Hrsg.), *Routledge handbook of sport and legacy: Meeting the challenge of major sports events* (S. 142–158). Routledge.

Gold, J. R., & Gold, M. M. (2017). The enduring enterprise: The summer Olympics, 1896–2012. In J. R. Gold & M. M. Gold (Hrsg.), *Olympic cities: City agendas, planning, and the world's games, 1896–2020* (S. 21–63). Routledge.

Hayes, G., & Horne, J. (2011). Sustainable development, shock and awe? London 2012 and civil society. *Sociology, 45*(5), 749–764.

IOC – International Olympic Committee. (2021). *Olympic agenda 2020+5: 15 recommendations.* https://stillmed.olympics.com/media/Document%20Library/OlympicOrg/IOC/What-We-Do/Olympic-agenda/Olympic-Agenda-2020-5-15-recommendations.pdf. Zugegriffen am 28.12.2021.

Karamichas, J. (2013). *The Olympic Games and the environment.* Palgrave Macmillan.

Kretschmer, H., & Braun, B. (2016). Die Olympischen Sommerspiele 2012 – Festivalisierung und Stadtentwicklung im Londoner Osten. In V. Selbach & K. Zehner (Hrsg.), *London – Geographien einer Global City* (S. 135–151). Transcript.

LOCOG – London Organising Committee of the Olympic Games and Paralympic Games. (2004). *London 2012 candidate file.* Volume 1 and 2. https://webarchive.nationalarchives.gov.uk/ukgwa/20080107210715/. https://www.london2012.com/news/publications/candidate-file.php. Zugegriffen am 08.11.2021.

LOCOG – London Organising Committee of the Olympic Games and Paralympic Games. (2012). *London 2012: Post-games sustainability report – A legacy of change.* https://webarchive.nationalarchives.gov.uk/ukgwa/20130228091909/. https://learninglegacy.london2012.com/publications/london-2012-post-games-sustainability-report-a-legacyof.php?stylesheet=normal. Zugegriffen am 27.11.2021.

Mallapaty, S. (2022). China's Winter Olympics are carbon-neutral – How? *Nature news,* February 4. https://doi.org/10.1038/d41586-022-00321-1.

Müller, M., Wolfe, S. D., Gaffney, C., Gogishvili, D., Hug, M., & Leick, A. (2021). An evaluation of the sustainability of the Olympic Games. *Nature Sustainability, 4*(4), 340–348.

Preuss, H. (2007). The conceptualisation and measurement of mega sport event legacies. *Journal of Sport & Tourism, 12*(3/4), 207–227.

Preuss, H. (2015). A framework for identifying the legacies of a mega sport event. *Leisure Studies, 34*(6), 643–664.

Ross, W. J., & Leopkey, B. (2017). The adoption and evolution of environmental practices in the Olympic Games. *Managing Sport and Leisure, 22*(1), 1–18.

Roth, R., Türk, S., & Klos, G. (Hrsg.). (2007). *Kongressbericht „Umwelt, Naturschutz und Sport im Dialog". Sportgroßveranstaltungen – Neue Wege. 3. Kongress an der Deutschen Sporthochschule Köln vom 20.–21. November 2006* (Schriftenreihe Natursport und Ökologie, 21). Institut für Natursport und Ökologie, Deutsche Sporthochschule Köln.

Scharfenort, N. (2020). Nachhaltig, klimaneutral, Turnier der kurzen Wege? Die Fußballweltmeisterschaft 2022 in Katar. *Geographischen Rundschau, 72*(6), 28–32.

Scott, D., Knowles, N. L. B., Ma, S., Rutty, M., & Steiger, R. (2022). Climate change and the future of the Olympic Winter Games: athlete and coach perspectives. *Current Issues in Tourism.* https://doi.org/10.1080/13683500.2021.2023480

Searle, G. (2012). The long-term urban impacts of the Sydney Olympic Games. *Australian Planner, 49*(3), 195–202.

Steinbrink, M., Ehebrecht, D., Haferburg, C., & Deffner, V. (2015). Megaevents und favelas. Strategische Interventionen und sozialräumliche Effekte in Rio de Janeiro. *sub/urban, 3*(1), 45–74.

Sydney Olympics 2000 Bid Limited. (1993a). *Sydney 2000: Share the spirit.* Candidature file volume 2. https://library.olympics.com/Default/doc/SYRACUSE/37644/sydney-2000-share-the-spiritsydney-olympics-2000-bid-ltd?_lg=en-GB. Zugegriffen am 15.12.2021.

Sydney Olympics 2000 Bid Limited. (1993b). *Environmental guidelines for the summer Olympic Games – Sydney 2000.* https://www.sustainable-design.ie/

sustain/environmentalguidelines.pdf. Zugegriffen am15.12.2021.

Sydney Organizing Committee for the Olympic Games. (2000). *The environmental games. Environmental achievements of the Sydney 2000 Olympic Games.* https://library.olympics.com/Default/doc/SYRACUSE/43227/the-environmental-games-environmental-achievements-of-the-sydney-2000-olympic-games-dir-kate-hughes?lg=en-GB. Zugegriffen am 18.10.2021.

Viehoff, V., & Kretschmer, H. (2013). *Olympic Games Munich 1972 and London 2012: Creating urban legacies – Similar concepts in different times?* Final report. https://library.olympics.com/Default/doc/SYRACUSE/43797. Zugegriffen am 15.10.2021.

Watt, P., & Bernstock, P. (2017). Legacy for whom? Housing in Post-Olympic East London. In P. Cohen & P. Watt (Hrsg.), *London 2012 and the Post-Olympics City. A hollow legacy?* (S. 91–138). Palgrave Macmillan.

8

Nachhaltigkeitsziele von Sportgroßveranstaltungen auf der Arabischen Halbinsel: Die Fußball-Weltmeisterschaft der Männer 2022 in Katar

Nadine Scharfenort

Blick auf West Bay, Doha. (© Nadine Scharfenort)

© Der/die Autor(en), exklusiv lizenziert an Springer-Verlag GmbH, DE, ein Teil von Springer Nature 2023
P. Gans et al. (Hrsg.), *Sportgeographie*, https://doi.org/10.1007/978-3-662-66634-0_9

Inhaltsverzeichnis

Einleitung

Die FIFA Fußball-Weltmeisterschaft 2022™, die mit großem medialen Interesse weltweit verfolgt wurde, war seit ihrer Vergabe im Dezember 2010 mit mehreren Überraschungen und kleinen „Sensationen" verbunden: So handelte es sich um die erste Fußball-Weltmeisterschaft (WM), die in einem muslimisch-arabischen Land ausgetragen und aufgrund der extremen klimatischen Verhältnisse aus dem bisher üblichen Zeitfenster der Nebensaison der europäischen Fußball-Ligen (Juni/Juli) in den europäischen Winter (20.11.–18.12.2022) verlegt wurde. Weiterhin setzte sich das Land, das keine nennenswerte Fußballtradition aufweist, gegen Konkurrenten wie Australien, Japan, Südkorea und die USA durch.

Die Vergabe des **Megaevents** an Katar polarisierte die Weltöffentlichkeit und wurde ambivalent diskutiert. Die zeitliche Verlegung des Events hatte einerseits Auswirkungen auf den etablierten medialen Sportübertragungskalender und auf herkömmliche Gewohnheiten der (westlichen) Fankultur (z. B. Public Viewing, Fanmeilen, Outdoor Viewing), die nach Lösungsansätzen verlangten. Andererseits wurden die einflussreiche Rolle der FIFA sowie Bestechungsversuche, die Vergabe von Übertragungsrechten, aber insbesondere die Situation von Arbeitsmigrantinnen und -migranten in Katar über Jahre hinweg diskutiert.

Menschenrechtsorganisationen, Repräsentantinnen und Repräsentanten aus Wissenschaft, Politik und Wirtschaft, Athletinnen und Athleten aus unterschiedlichen sportlichen Disziplinen, organisierte Fußballfans und andere Akteurinnen und Akteure riefen im Vorfeld des Sportgroßereignisses zum Boykott auf. Im Vergleich zur WM in Russland (2018), Brasilien (2014) oder Südafrika (2010) erreichte die Verurteilung der Austragung der WM in Katar im öffentlichen Diskurs eine neue Qualität und ein bislang unbekanntes emotionales Ausmaß. Die in vielen europäischen Ländern geübte Kritik wurde insbesondere in den Diskussionen über Benachteiligung von Frauen, Verletzung von Menschenrechten, Diskriminierung der sexuellen Identität, menschenunwürdige Arbeitsbedingungen oder der gelebten Wertkonservativität in Katar sichtbar.

Der Beitrag diskutiert Aspekte der politischen, wirtschaftlichen, ökologischen und soziokulturellen Nachhaltigkeit, die im engen Kontext mit der umstrittenen Austragung dieses prestigeträchtigen Sportturniers stehen.

9.1 (Mega-)Sportevents – Strategie für Wachstum und Entwicklung

Megaevents in öffentlichkeitswirksamen Sportarten, wie Olympische Spiele (▶ Kap. 8 und 22), Formel-1-Grand-Prix (▶ Kap. 10 und 18), Tour de France (▶ Kap. 2), insbesondere aber die FIFA Fußball-Weltmeisterschaften der Männer (◘ Abb. 9.1), erhalten eine hohe mediale Aufmerksamkeit mit globaler Reichweite und bieten somit den austragenden Standorten und allen beteiligten Akteurinnen und Akteuren eine Plattform zur Realisierung ihrer spezifischen Interessen (Mittag & Nieland, 2011, S. 623). Aufgrund der unmittelbaren ökonomischen Implikationen sowie indirekten Wirkungen (z. B. Beeinflussung von Images, Wahrnehmungen; ▶ Kap. 13), folgen die **Vergaben** wirtschaftspolitischen Strategieentscheidungen, die sich vermehrt über Konventionen, Normen und Werte sowie Grenzen von Transparenz, Akzeptanz, Gewohnheit und Toleranz hinwegsetzen (▶ Kap. 22).

Parallel dazu hat die zunehmende Internationalisierung von Sportevents den Sporttourismus gefördert, und Menschen treffen eine Reiseentscheidung auch im Zusammenhang mit der Teilnahme an Sportveranstaltungen (▶ Kap. 18). Aus Zuschauersicht wird das Interesse, in eine bestimmte

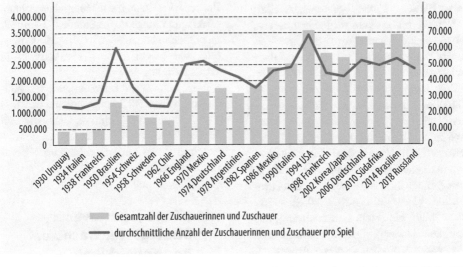

Abb. 9.1 Anzahl der Zuschauerinnen und Zuschauer bei Fußball-Weltmeisterschaften, 1930–2018. (Nach Statista, 2022a, S. 31)

9

Stadt oder ein Land zu reisen, von der Attraktivität und individuellen Wahrnehmung der Destination beeinflusst (Madichie, 2013, S. 1852 f.). Folglich kann sich ein negatives Image einerseits auf die Reiseentscheidung auswirken und andererseits dem Ruf der Destination und somit dem Aufbau der Tourismuswirtschaft schaden.

Fußball – weltweites Phänomen mit hoher Aufmerksamkeit

Zweifelsohne ist Fußball eine der beliebtesten Sportarten der Welt und mit seinen vielfältigen Facetten ein gesellschaftliches, wirtschaftliches, mediales, kulturelles und nicht zuletzt ein politisches Phänomen. Bei der **Vergabe** von **Sportgroßereignissen** wurden in den vergangenen Jahren vorzugsweise Staaten berücksichtigt, deren Märkte noch sportökonomisches Wachstumspotenzial versprachen. Dabei diffundierte der Fußballsport aus den gesättigten Sportmärkten zunehmend in Schwellenländer (*emerging markets*). Neben der Konstruktion z. B. neuer Fußballnationen erfolgte die

Integration mehr oder weniger einflussreicher Player in das globale Netzwerk. Die austragenden Standorte erhofften sich dadurch eine erhöhte Sichtbarkeit sowie langfristig positive ökonomische Effekte (Maier, 2020, S. 15 f.; ▶ Kap. 10, 12 und 13). Tatsächlich generieren sportliche Großereignisse, insbesondere die FIFA-WM, regelmäßig ein erhebliches – und damit auch soziale, räumliche und ethnische Grenzen überschreitendes – Zuschauerinteresse (Mittag & Nieland, 2011, S. 624; ▶ Kap. 19), wodurch die Destinationen von Vor-Ort-Besucherinnen und -Besuchern sowie externe Leistungsträger (z. B. nationale Fernsehanstalten, Streaming-Dienste, sonstige Dienstleister, Lizenznehmerinnen und -nehmer) von der Vielzahl an „stationären" Konsumentinnen und Konsumenten profitieren.

Auch die **FIFA** verfolgt mit ihrem Motto „Making Football Truly Global" ein ehrgeiziges Ziel und strebt seit ihrem Strategiewechsel 2016 die Wahrnehmung als global aktive, offene und inklusive Institution an, um den Fußballsport auf allen Kontinenten in gleicher Weise auf ein wettbewerbsfähiges

Spitzenniveau zu entwickeln. Die 1904 von den nationalen Fußballverbänden Belgiens, Dänemarks, Frankreichs, Schwedens, der Niederlande und der Schweiz gegründete FIFA war einer der ersten professionellen, international operierenden Sportverbände. Die Anzahl der Mitglieder hat sich bis heute auf 211 erhöht und liegt damit deutlich über der Mitgliederzahl von internationalen Organisationen wie beispielsweise der Vereinten Nationen (193). Die FIFA fördert und pflegt ihre Präsenz durch wechselnde Sponsorenpartnerschaften mit global agierenden Unternehmen wie Adidas, Coca-Cola, Hyundai, Qatar Airways, Visa und Wanda (FIFA, 2022).

Sport, Macht und Politik

Seit den 1990er-Jahren haben sich ausweitende und intensivierende **Globalisierungsprozesse** auch den Bereich des (Profi-)Sports erfasst. Neben hoch dotierten Spielertransfers, Franchisepartnerschaften oder dem weltweiten Vertrieb von Fanartikeln erschließen auch Sportevents neue Standorte und drängen in neue konsumentenstarke Absatzmärkte aus den gesättigten traditionellen „Sportländern" in Nord- wie Südamerika und Westeuropa (Nys, 1999, zit. nach Ratten & Ratten, 2011, S. 617 f.). Beispiele aus dem Fußball sind die FIFA-WM in Korea und Japan (2002), Südafrika (2010), Russland (2018) oder die FIFA Klub-Weltmeisterschaft in Marokko (2013, 2014), Katar (2019, 2020) und den Vereinigten Arabischen Emiraten (VAE; 2009, 2010, 2017, 2018, 2021).

Die Austragung von Sportmegaevents stellt einen milliardenschweren Wirtschaftsfaktor dar und bedeutet für den Gastgebenden zusätzlich ein hohes Maß an öffentlicher Aufmerksamkeit auf der „globalen Bühne" (Mittag & Nieland, 2011, S. 623) – und damit eine einmalige Chance, sich der Weltöffentlichkeit zu präsentieren. Fortschreitende Verflechtungen des Sports mit anderen gesellschaftlichen Bereichen haben allerdings dazu geführt, dass es zu einer immer stärkeren **Instrumentalisierung des Sports** für Interessen und Ziele *jenseits* des Sports gekommen ist (▶ Kap. 5). Immer mehr Länder entwickeln Nation-Branding-Strategien, um sich mit der Austragung von Megaevents konkurrenzfähig im globalen Netzwerk zu positionieren – ungeachtet der (sport-)politischen, ökonomischen, ökologischen und soziokulturellen Herausforderungen und Implikationen, die mit der Ausrichtung verbunden sind (▶ Abschn. 9.3). Begleitet werden diese Strategien häufig durch staatliche Initiativen zur Förderung des Spitzen- und Breitensports (▶ Kap. 14) sowie öffentliche Unterstützung im Bewerbungsverfahren.

Bei den für die Weltöffentlichkeit häufig intransparenten **Vergabeentscheidungen** üben international agierende Sportverbände (z. B. FIFA, IOC) einen essenziellen Einfluss auf die Organisation vor und die Durchführung während des Events aus. Zunehmend in der Kritik stehen neben den aufwendigen Verfahren mit erheblichem Einsatz von finanziellen, personellen und materiellen Ressourcen auch ungelöste und z. T. negierte **Interessenskonflikte** (z. B. Vertreibung von Bevölkerungsgruppen, prekäre Arbeitsbedingungen), mitunter begleitet durch Proteste und Boykottaufrufe. Auch der Nexus von Sport und der Orientierung und Durchsetzung von westlichen Interessen, Normen, Werten und Konzepten wie **Nachhaltigkeit** (▶ Kap. 7) und **Menschenrechte**, stehen im medialen und wissenschaftlichen Diskurs (Mittag & Nieland, 2011, S. 626 f.).

Die Vergabe von Sportgroßereignissen an wachstumsstarke, aber häufig instabile Demokratien oder autoritär geführte Staaten wie Saudi-Arabien, Katar, die VAE oder China lässt den Vorwurf des **Sportswashings** aufkeimen, nämlich mithilfe des (Spitzen-)Sports ein freundliches, inklusives und weltoffenes Image zu vermitteln. Dieses Ziel offenbart das Verhältnis von wirtschaftlichem Renditedenken und politischem Desinteresse an humanitären oder demokratiebezogenen Aspekten. Menschenrechtsproblematiken, Korruption oder Amtsmissbräuche, die im Zusammenhang mit sportlichen Megaevents bekannt wurden (z. B. EURO 2012 Polen/Ukraine, FIFA-WM 2018 in Russland, Olympische Winterspiele 2022 in China), führten zwar zu vorübergehenden Forderungen nach Kartenrückgaben bis hin zu **Boykottdrohungen** durch politische Amtsinhaberinnen und -inhaber, Sportinteressierte, Athletinnen und Athleten sowie andere Personen des öffentlichen Lebens, wurden letztendlich jedoch nicht konsequent durchgesetzt (Mittag & Nieland, 2011, S. 626 ff.).

Sportifizierung der Arabischen Halbinsel

Bis Mitte des 20. Jahrhunderts war die **Arabische Halbinsel**, insbesondere die heutigen Länder Bahrain, Katar und die VAE, infrastrukturell kaum entwickelt sowie geopolitisch und ökonomisch unbedeutend. Ihr Erdöl- und Erdgasreichtum führten zu einer hochgradigen Integration in die globale Wirtschaft, und der Export der fossilen Ressourcen erlaubte den monarchischen Regimen eine rasante Modernisierung durch massive Investitionen in den Aufbau der Infrastruktur. Die Region erlebte ein beispielloses wirtschaftliches, städtebauliches und demographisches Wachstum. Der Mangel an Arbeitskräften und Know-how führte zum Zuzug überwiegend männlicher Migranten aus arabischen Ländern, Asien und Europa, sodass sich von 1970 bis 2018 die Bevölkerungszahl von 8 auf 85 Mio. vervielfachte (Scharfenort, 2020, S. 4). Zur Sicherung ihres Wohlstands leiteten alle Staaten eine **Diversifizierung der Wirtschaft** ein, bei der Tourismus und die Austragung von Sportevents eine bedeutende Rolle spielen. Diese Entwicklung war eng verknüpft mit einer zunehmenden Mobilität von Kapital, Gütern und Menschen, was sich wiederum auf die Veränderung der Stadtlandschaften, Lebensstile, Konsummuster und auf die Bevölkerungszusammensetzung auswirkte. Diese Dynamik stellte und stellt eine ständige Herausforderung für die Staaten und ihre Bevölkerung dar.

Neue Sportmärkte

Sportgroßereignisse werden von Staatsoberhäuptern im Allgemeinen als willkommene Geldbringer (*cash cows*) sowie als einmalige Gelegenheit, die Gastfreundschaft eines Standorts zu demonstrieren und Stereotypen wie Vorurteile zu überwinden, gesehen. Regierungen investieren daher in großem Umfang in den Sport mit der Erwartung, dass er die wirtschaftliche und soziale Entwicklung vorantreibt (Hoye et al., 2006, zit. nach Madichie, 2013, S. 1843). Auch wenn in den Staaten am Persischen Golf die Wahrnehmung und Konnotation von **Sport**, körperlicher Betätigung sowie Bewegungs- und Fankultur im Vergleich zum europäischen Raum einen anderen gesellschaftlichen Stellenwert aufweisen, ist es übergeordnetes Ziel, als Sportdestination auf globaler Ebene wahrgenommen zu werden. Daher wird das Engagement im Profisport Teil der Marketingstrategie und als politisches und ökonomisches Investment betrachtet (Bromber & Krawietz, 2013).

Besonders die Austragung hoch dotierter Sportevents in den VAE, Katar und Bahrain hat in den letzten Jahren internationale Aufmerksamkeit erregt. Wenn auch vielfach umstritten, hat die Formel-1 vier Standorte auf der Arabischen Halbinsel in ihren Rennkalender aufgenommen. Weitere internationale Turniere, z. B. Tennis, Golf, Rad- sowie Kamel- und Pferderennen, finden im regelmäßigen Turnus statt. Seit Jahren bekannt – und nicht weniger umstritten – ist das Engagement von Flagschiffunternehmen, Investmentorganisationen oder Privatpersonen aus den arabischen Golfstaaten speziell im europäischen Fußball in Form von Eigentümerschaften (wie im Falle Manchester City oder Paris St. Germain), Namensrechten (z. B. das Emirates Stadium in London), Trikotsponsoring (z. B. FC Bayern München und FC Barcelona) oder sonstigen Partnerschaften im Zusammenhang mit Sport und Events (z. B. die UEFA Europameisterschaft 2020).

Klimatische Barrieren

Das heiße Wüstenklima auf der Arabischen Halbinsel ist mit Tageshöchsttemperaturen von z. T. weit über 40 °C zwischen Mai und Oktober eine nicht zu unterschätzende Herausforderung. Ein längerer Aufenthalt oder gar sportliche Betätigung im Freien sind für über die Hälfte des Jahres aus gesundheitlichen Gründen ausgeschlossen. Umso bedeutender ist unter diesen Umständen ein ausgewogenes Angebot an klimatisierten Einrichtungen zur Ausübung von Sport- und Freizeitaktivitäten, die aber im Grundsatz eine zusätzliche **ökologische Belastung** bedeuten. In den vergangenen Jahren wurden im Zuge des Ausbaus der Freizeitinfrastruktur zumindest in den größeren Städten der GKR-Staaten[1] zahlreiche Institutionen (z. B. Clubs, Trainingszentren, Fitnessstudios) für die lokale Bevölkerung geschaffen, die klimatisierte Innenräume, aber auch Outdoorbereiche anbieten. Die Nutzung der Angebote ist in der Regel an hohe Mitgliedschaftsgebühren gebunden, was für einen erheblichen Teil der Bevölkerung aus finanziellen Gründen nicht leistbar ist. Die Nutzung erhält somit einen elitären Charakter (Scharfenort, 2016, S. 54). Weiterhin wurden an einigen Stand-

orten Sportakademien zur Förderung des nationalen Breiten- und Einzelsports (z. B. Katar: Aspire Academy for Sports Excellence 2004) eingerichtet. Sie werden von internationalen Athletinnen und Athleten sowie Teams wie dem FC Bayern München oder Borussia Dortmund als Wintertrainingslager und für Testspiele genutzt.

9.2 Katar und die FIFA Fußball-Weltmeisterschaft der Männer 2022

Seit der offiziellen Verkündigung am 10. Dezember 2010 polarisiert die Vergabe der WM an Katar die Weltöffentlichkeit, und es wird in den Medien, im öffentlichen sowie im privaten Raum über Katars Legitimation, dieses prestigeträchtige Turnier auszutragen, spekuliert und ambivalent diskutiert. Während eine fehlende Fußballtradition sowie die Qualität des künstlichen Rasens vergleichsweise triviale Argumente darstellen, geben Anschuldigungen infolge von **Menschenrechtsverletzungen, Diskriminierungen** und **Ausnutzung von Arbeitskräften** sowie Vorwürfe wegen **Korruption, Intransparenz** und **Bestechlichkeit** von Funktionärinnen und Funktionären eindringlich Anlass zu einer ernsthaften und sachlichen Auseinandersetzung, besonders aber zu einer Beseitigung der angesprochenen Missstände. Diese Aspekte können jedoch nicht ausschließlich auf Katar projiziert werden, sondern sind Teil – und damit Schwäche – der Gesamtstruktur des globalen Fußballs, verkörpert durch die Institution **FIFA** sowie deren Delegierte, und müssen zweifelsohne hinterfragt werden.

Katar war bereits als erstes Land im Nahen Osten Gastgeber der *2006 Asian Games*, des zum damaligen Zeitpunkt größten Events in der Geschichte der *Asian Games* mit 45 teilnehmenden Ländern in 40 Sportarten. Das Land hat seither aufgrund seiner

---

1 Mitglieder des Golf-Kooperationsrats (GKR) sind die Staaten Bahrain, Katar, Kuwait, Oman, Saudi-Arabien und die VAE.

wirtschaftlichen und politischen Wirksamkeiten internationale Sichtbarkeit erlangt, ist jedoch mit seinen politischen Positionierungen und Aktivitäten, wie der Unterstützung terroristischer Organisationen, der Führung von diplomatischen Beziehungen mit dem Iran und Israel oder dem Vorwurf, eine Politik der Destabilisierung gegenüber anderer Länder zu führen, nicht unumstritten, was auch zu politischen Spannungen innerhalb der Region geführt hat. Die Katar-Krise mit einer Teilblockade und temporärem Abbruch der diplomatischen Beziehungen zu Bahrain, Saudi-Arabien, Ägypten und den VAE zwischen 2017 und 2021 hat diese angespannte und vulnerable Situation zutage gebracht. Um dies einzuordnen, mangelt es jedoch im mitteleuropäischen Kontext aufgrund geographischer und historischer Distanz an Informationen über Land, Region und Menschen, während das Wissen häufig – auch unterstützt durch einseitige Medienberichterstattung – auf einfältigen Stereotypen und Vorurteilen basiert, was zu schnellen, aber vermeidbaren Pauschalverurteilungen führt.

Kleines Land, großer Auftritt

Katar liegt auf einer Halbinsel an der Ostseite der Arabischen Halbinsel am Persischen Golf und grenzt im Westen an Saudi-Arabien sowie im Süden an die VAE (◘ Abb. 9.2). Mit einem Bruttoinlandsprodukt pro Kopf in Höhe von 68.581 US-Dollar (Deutschland 42.918 USD, 2021; Statista, 2022b) zählt Katar, dessen Reichtum primär auf den Erlös des Exports fossiler Ressourcen zurückgeht, zu den wohlhabendsten Ländern weltweit. Auf globaler Ebene ist Katar der größte Produzent von verflüssigtem Erdgas und der drittgrößte Lieferant von Rohöl (BP, 2019, S. 14, 30).

Mit einer Fläche von 11.586 km^2 ist Katar nach Bahrain der kleinste Staat der Arabischen Halbinsel. In der Municipality Doha leben gut 40 %, in der Doha Metropolitan Region konzentrieren sich etwa 70 % der insgesamt 2,51 Mio. Einwohnerinnen und Einwohner Katars (◘ Tab. 9.1). Aufgrund eines jahrelangen dynamischen Bevölkerungswachstums durch Migrationsgewinne ist die Bevölkerung gekennzeichnet durch ein Ungleichverhältnis zwischen Qatari und der ausländischen Bevölkerung von etwa 1:10 (!) sowie einem Geschlechterverhältnis zwischen Männern und Frauen von 2,5:1. Mit einem Durchschnittsalter von 31,9 Jahren ist die Bevölkerung relativ jung (Deutschland: 44, Jahre, Statista, 2022c; PSA, 2021, S. 18 f.).

Stadt- und Wirtschaftsentwicklung

Seit dem Auffinden von Erdöl in Dukhan (1937) hat Katar eine bemerkenswert rasche wirtschaftliche, urbane und sozioökonomische Transformation durchlaufen. Diese steht sinnbildlich für die Entwicklung aller GKR-Staaten seit deren Unabhängigkeit (◘ Tab. 9.1). Mit Beginn des 21. Jahrhunderts hat sich diese Dynamik durch den Einfluss von **Globalisierungsprozessen** noch verstärkt. Besonders der Aufstieg Dubais zu einem global sichtbaren Wirtschaftszentrum hat den **regionalen Standortwettbewerb** initiiert und befeuert. Der dadurch entstandene Konkurrenzdruck erfordert, die Sichtbarkeit und Wettbewerbsfähigkeit Katars nicht nur in der arabischen Golfregion, sondern auch auf internationaler Ebene durch zielgerichtete und projektorientierte Maßnahmen zur Stadt- und Wirtschaftsentwicklung zu steigern (Scharfenort, 2019, S. 263 f.).

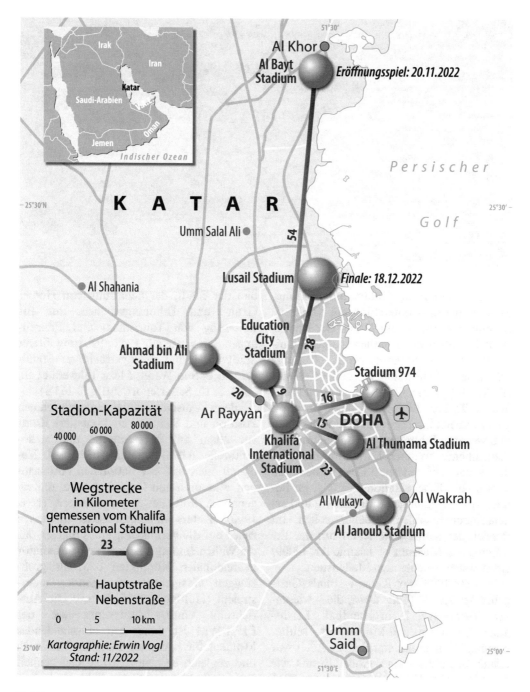

■ **Abb. 9.2** Lage der Austragungsorte und Kapazitäten der Stadien

◼ **Tab. 9.1** Geographische Eckdaten der Staaten der Arabischen Halbinsel. (Nach CIA World Factbook, 2022)

Staat	Unabhängig-keit	Haupt-stadt	Fläche (km²)	Bevölkerung (2021)	Anteil Nationals in %
Bahrain	1971	Manama	760	1,54 Mio.	47
Katar	1971	Doha	11.586	2,51 Mio.	12
Kuwait	1961	Kuwait	17.818	3,07 Mio.	31
Oman	1971	Muscat	309.500	3,76 Mio.	61
Saudi-Arabien	1932	Riad	2.149.690	35,35 Mio.	61
VAE	1971	Abu Dhabi	83.600	9,92 Mio.	13

Die Ausrichtung Katars auf Bildung, Sport und Kunst unterstützt die Konkretisierung eines Images für Doha. Die Hauptstadt ist neben der staatlichen Qatar University (1973) Standort von 24 internationalen Universitäten und Colleges (PSA, 2021, S. 31). Qatar Foundation gründete 1997 den Bildungscluster Education City mit neun internationalen Universitäten und weiterer Bildungseinrichtungen und ist Schirmherrin weiterer Forschungsinstitute, die Katar auf internationaler Ebene zu wissenschaftlichem Renommee u. a. im Bereich von nachhaltiger Entwicklung und erneuerbarer Energien verhelfen sollen. Im Bereich der Kunst legte Katar mit der Eröffnung des Museum of Islamic Art (2009) einen ersten bedeutenden Meilenstein.

Bereits 1993 war Katar erstmals Gastgeber der *Tennis Qatar Open*, die – wie andere Turniere z. B. in Handball, Leichtathletik, Fahrrad- und Motorsport – seither regelmäßig in Doha stattfinden. Auch war Katar Ausrichter einiger großer Events, wie der FIFA U20-WM (1995) oder des 2011 *AFC[2] Asian Cup*. Die Austragung der *2006 Asian Games*, erstmals im Nahen Osten, gab weitere Impulse zum infrastrukturellen Ausbau der Stadt, der Schaffung von Hotels, Grün- und Erholungsflächen, zur Erweiterung von Tourismus- und Freizeitangeboten sowie zur Revitalisierung älterer Stadtviertel und prestigeträchtiger Standorte (z. B. Suq Waqif; Meza Talavera et al., 2019, S. 10; Scharfenort, 2019, S. 263 f.).

Beim Ausbau seiner internationalen Position und Sichtbarkeit fokussiert Katar vor allem auf ökonomische und soziokulturelle Attraktivitäten sowie auf Kooperationen mit internationalen Akteurinnen, Akteuren und Organisationen, um sogenannte Soft Power zu erlangen (Nye, 1990). Katars außenpolitische Interessen zielen auf die Vermittlung eines Images, das die Wahrnehmung des Landes als Mediator in regionalen Konflikten bzw. als großzügigen Gastgeber und Spender unterstreicht (Holthaus, 2016, S. 65). Die Ausrichtung eines Megaevents wie der FIFA-WM ist daher ein entscheidendes Moment für Katar als Land im Umbruch und zugleich eine einzigartige Gelegenheit ein nachhaltiges positives Erbe zu hinterlassen (Meza Talavera et al., 2019, S. 10). Die anhaltende Debatte über die Verletzung von **Menschenrechten** und Ausbeutung von Arbeitskräften im Sinne einer „modernen Sklaverei" sowie die zweifelhafte Vergabe der WM an Katar führten bislang jedoch

2   Asian Football Confederation.

eher zu einem internationalen Prestigeverlust anstelle eines -gewinns.

Vorbereitung auf das Event

Nach der Fläche ist Katar der bislang kleinste Ausrichter einer FIFA Fußball-Weltmeisterschaft. Die WM wurde zwar in vergleichbar kleinen Ländern wie Uruguay 1930 und der Schweiz 1954 ausgetragen, jedoch mit deutlich weniger Athleten (13 gegenüber 32 Teams), kürzeren Veranstaltungszeiten (zwei gegenüber vier Wochen) und deutlich geringeren Besucher- und Zuschauerzahlen.

Vorbereitung und Durchführung von Sportgroßveranstaltungen stellen für ein kleines Land große Herausforderungen mit erheblichen langfristigen Auswirkungen auf Wirtschaft, Gesellschaft und Umwelt im Gastgeberland sowie in angrenzenden Regionen dar. Die katarische Bewerbung schlug ein neues, räumlich kompaktes Modell für die WM vor, das sich überwiegend auf den Raum Doha konzentriert und das Ziel verfolgte, das erste kohlenstoffneutrale Turnier auszurichten (Meza Talavera et al., 2019, S. 1). In seiner Bewerbung hatte Katar daher konzeptionell ein nachhaltiges und **klimaneutrales Turnier** mit kurzen Wegstrecken zwischen den rückbaufähigen Stadien, die nach Beendigung des Turniers in ausgewählte Standorte in afrikanischen und asiatischen Ländern verlegt werden sollen, versprochen (FIFA, 2010). Weiterhin verpflichtete sich die Regierung Katars zu einem umfassenden infrastrukturellen Auf- und Ausbau des Lands zur Bereitstellung der von der FIFA geforderten Kapazitäten wie ein Minimum von 60.000 Hotelzimmern in unterschiedlichen Kategorien (FIFA, 2010, S. 16 ff.). Mit diesen umsichtigen baulichen Maßnahmen sollte der Gefahr eines „weißen Elefanten" begegnet werden, nämlich der Vermeidung des Leerstands von Stadien oder der Unternutzung der Kapazitäten aufgrund fehlender Nachfrage im Nachgang des Spektakels, die konträr zu den hohen Investitionen stehen würden. Zugleich profitiert die Bevölkerung von einer Verbesserung der Lebensqualität durch ein neu gestaltetes Alltagsumfeld.

CO_2-neutrales Turnier der kurzen Wege

Katars Bewerbung mit innovativen konzeptuellen Zugängen versprach ein nachhaltiges und **klimaneutrales Turnier** mit kurzen Wegstrecken. Durch die Entwicklung neuer Technologien im Bereich der Kühlsysteme, die Nutzung erneuerbarer Energien sowie die modulare Gestaltung und Wiederverwendbarkeit von Teilen der Stadien für Sportprojekte in weniger entwickelten Ländern sollte Emissionsneutralität erreicht werden (FIFA, 2010, S. 4, 8, 10 f.). Alle Austragungsorte bis auf Al Khor liegen innerhalb eines Radius von nur 30 km von Doha entfernt, was den Besuch mehrerer Spiele am gleichen Tag ermöglichen und sich positiv in der Emissionsbilanz der Mobilität von Besucherinnen und Besuchern, Athletinnen und Athleten sowie Personal niederschlagen sollte.

Das vorgelegte Konzept des **Turniers der kurzen Wege** spiegelt sich auch in der Organisation der Unterkünfte wider. Für die Teams und ihr begleitendes Personal waren die Koppelung von Teamhotel und nahe gelegenem Trainingsbereich oder sogenannte *Villages*, die Wohn- und Trainingsmöglichkeiten vereinen, vorgesehen. Um den Aufbau unnötiger Kapazitäten z. B. im Bereich des Gastgewerbes, die langfristig ungenutzt bleiben würden, zu vermeiden, wurden temporäre Lösungen, wie die Aufstockung durch *Fan Villages*, Apartments, Kreuzfahrtschiffe oder Privatangebote der Sharing Economy, angemietet (Al Jazeera, 2019).

9

Die Vorbereitungen, die sich über einen ungewöhnlich langen Zeitraum von zwölf Jahren zwischen Vergabe und Austragung erstreckten, umfassten gemäß den FIFA-Vorgaben einen umfangreichen kapazitiven Ausbau von Sportstätten, Hotellerie und Gastronomie sowie der allgemeinen städtischen Infrastruktur und des Transportwesens, vor allem des öffentlichen Personennahverkehrs. Auf kleinräumiger Ebene erfolgten die Renovierung und Neugestaltung älterer Stadtteile, um das Image einer modernen Stadt (z. B. Msheireb;  Abb. 9.3) nach außen zu spiegeln (Scharfenort, 2019, S. 259 ff.).

Viele der genannten baulichen Maßnahmen gehen Hand in Hand mit der langfristig angelegten landesweiten Entwicklungsstrategie Katars. Im Jahr 2006 wurde das General Secretariat for Development Planning (GSDP) mit dem Auftrag der Entwicklung eines holistischen Strategieplans gegründet. Die Umsetzung der sogenannten *Qatar National Vision 2030* (GSDP, 2008) mit dem Ziel einer nachhaltigen internen Entwicklung und externen Erhöhung der Sichtbarkeit des Lands im regionalen wie internationalen Maßstab folgt einem Maßnahmenkatalog zur politischen, wirtschaftlichen und gesellschaftlichen

Abb. 9.3 Der Stadtteil Al Asmakh wurde ab 2011 abgerissen und neu gebaut, was zur Verdrängung ärmerer Bevölkerungsschichten geführt hat. (© Nadine Scharfenort)

Transformation sowie der (Neu-)Positionierung des Lands, in die auch Maßnahmen zur Stadtentwicklung (*green technologies*, *green building*) eingebettet sind (Meza Talavera et al., 2019, S. 1; Scharfenort, 2012, S. 212 f.). Katar hat sich seither schrittweise dem neoliberalen Wandel geöffnet und zahlreiche Projekte zur Modernisierung hin zu einer wissensbasierten Gesellschaft fertiggestellt. Das Land setzt große Hoffnungen in das Turnier und sieht es als weiteren Katalysator für den wirtschaftlichen Wandel im Land und in der Region im Allgemeinen (Madichie, 2013, S. 1853).

9.3 Widerstand gegen die Fußball-Weltmeisterschaft

Die Vergabe der FIFA Fußball-Weltmeisterschaft an Katar galt als Sinnbild der Korruption im Fußball und ein dem Fußball unwürdiges Turnier. Die deutschen Medien deklarierten es wiederholt als „Sündenfall" (Ahrens, 2021) oder „WM der Schande" (Scheck, 02.09.2021). Konkret beziehen sich die Vorwürfe auf die Verletzung von Menschenrechten, auf unwürdige Arbeitsbedingungen, fehlende Fußballkultur, den Kommerz statt Fußball sowie den Verdacht auf Korruption (#BoycottQatar 2022; Beyer-Schwarzbach, 2021). Zugleich musste sich der Gastgeber soziokulturellen Herausforderungen stellen, wie freizügige Bekleidung, Toleranz gegenüber sexuellen Identitäten, keine Geschlechtertrennung im öffentlichen Raum oder Genuss von Alkohol, die eng im Zusammenhang mit Gewohnheiten der Fans aus Europa stehen und bereits im Vorfeld des Events harsch kritisiert und diskutiert wurden.

Bekleidung

Im Islam gilt das Verhüllungsgebot der Aura unterschieden nach Geschlecht und sozialem Status gleichermaßen für Männer wie Frauen. Während der männliche Körper vom Nabel bis zum Knie verdeckt sein muss, wird von Frauen erwartet, den gesamten Körper mit Ausnahme von Füßen, Händen und Gesicht mit weiter Bekleidung zu verhüllen (▶ Kap. 14).

Artikel 57 der Verfassung des Lands besagt sinngemäß, dass die Einhaltung der öffentlichen Ordnung und der Moral, die Beachtung der nationalen Traditionen und der bestehenden Bräuche eine Pflicht für alle, die sich im Staat Katar aufhalten oder sein Hoheitsgebiet betreten, sei. Daher wird von allen Personen erwartet, dass sie sich in einem unauffälligen und dezenten Stil kleiden, der islamische Normen und Werte respektiert. Gleiches gilt für das Auftreten und Verhalten im öffentlichen Raum, das sich in der zwischenmenschlichen Interaktion deutlich konservativer gestaltet.

Bier und Bratwurst

Schweine gelten im Islam als unrein (*haram*), weshalb der Genuss von Schweinefleisch verpönt ist. Fans, die den Genuss von „Bier und Bratwurst" beim Stadionbesuch gewohnt sind, müssen sich daher auf alternative Speiseangebote einstellen. Eine jedoch nicht zu unterschätzende Herausforderung war der Verkauf von **Alkohol**, der zum Synonym für Sport im Allgemeinen und Fußball im Besonderen geworden ist. Alkohol ist in muslimischen Ländern allgemein – und vor allem in den wertkonservativen GKR-Staaten – ein sensibles Thema, gilt nicht als Teil der Kultur und wird von einem Großteil der Bevölkerung abgelehnt. In den VAE, Bahrain und Katar ist Alkohol zwar nicht per se verboten, allerdings beschränkt sich der Konsum auf Luxushotels bzw. deren lizensierte Restaurants und Bars sowie auf Privatclubs. Alkoholgenuss sowie Trunkenheit in der Öffentlichkeit stellen eine Straftat dar. Privatpersonen können Alkohol streng reglementiert in Abhängigkeit der Höhe des Einkommens nur mit einer Lizenz in wenigen sogenannten *Liquor Stores* erwerben (Scharfenort, 2012, S. 222 f.; Madichie, 2013, S. 1854).

Das Organisationskomitee hatte – auch aufgrund des von der FIFA und der Brauerei Anheuser-Busch ausgeübten Drucks – zugesichert, dass die strengen Alkoholgesetze in speziell ausgewiesenen Fanzonen („*wet*" *fan zones*) und in den Stadien für den Zeitraum des Turniers gelockert würden, um den Ausschank von ggf. alkoholreduziertem Bier zu ermöglichen, der auch Teil der Vertragsbedingungen ist. Die Organisatoren gerieten aufgrund dieses Kompromisses aus den eigenen Reihen und von konservativeren Gruppen scharf in die Kritik, weil sie sich einerseits den Forderungen der FIFA und den Erwartungen der westlichen Fans beugten und andererseits bewusst das Risiko des Alkoholmissbrauchs sowie der Förderung von Schmuggelaktivitäten in Kauf nahmen (Scharfenort, 2012, S. 222).

Dubai und Bahrain konnten in mehrfacher Hinsicht ebenfalls von der Fußball-WM profitieren. Beide Standorte gelten als wesentlich liberaler als Katar, was die Toleranz gegenüber Alkoholkonsum, Lebensstilen und Prostitution – wenn auch in beiden Ländern per Gesetz verboten – anbelangt, und sind beliebte Ziele von (überwiegend männlichen) „Wochenendreisenden" (Hopfinger & Scharfenort 2020, S. 138 ff.). Mit einer Flugzeit von nur 15 (!) min nach Bahrain und 65 min nach Dubai konnten Besucherinnen und Besucher der WM mit wenig Zeitaufwand, aber ökologisch bedenklich, zwischen Hotel- und Spielstandort pendeln (Rookwood, 2019, S. 38). Der Tourismussektor ist in Bahrain und Dubai exzellent ausgebaut, sodass fehlende Kapazitäten im Gastgewerbe durch das Angebot der Nachbarn abgefedert wurden – mit der Folge einer Verringerung der Wertschöpfung und eines niedrigeren Kaufkraftzuflusses für Katar.

Klimatische Herausforderungen

Aus mehreren Gründen finden große Sportevents mit globaler Reichweite in den Sommermonaten statt. Einerseits existiert ein etablierter Übertragungskalender für Sportveranstaltungen, die im jährlichen Rhythmus regelmäßig ausgetragen werden. Zudem befinden sich die meisten Austragungsstandorte auf der Nordhalbkugel, aus der ebenso ein Großteil der Zuschauerinnen und Zuschauer stammt. Gerade Sportgroßveranstaltungen wie die Fußball-WM haben eine enorme Breitenwirkung, wodurch sich spezifische Verhaltensweisen entwickelt haben: Mit der Austragung im Juni und Juli fällt das Event in den europäischen Sommer, der bei angenehmen Temperaturen das Mitverfolgen des Turniers im Freien gestattet (Matzarakis & Fröhlich, 2015, S. 481). Aus dieser Gewohnheit heraus hat sich eine **Fankultur** etabliert, die sich auf den Aufenthalt im Freien im öffentlichen oder privaten Raum mit sommerlich leichter Bekleidung, Nahrungs- und Alkoholgenuss und z. T. ausschweifenden Zusammenkünften konstituiert. Zudem sind die thermischen Bedingungen auch für Sportlerinnen und Sportler gesundheitlich überwiegend vertretbar.

Temporäre Lösungen für den Zeitraum der Fußball-WM im November und Dezember 2022 wurden in vielfacher Hinsicht mit-, wenn auch nicht in allen Fällen zu Ende gedacht. Für den Besuch der Spiele wurden die Stadien mit einer automatisierten Kontrolle der Lufttemperatur ausgestattet, ihre Steuerung in anderen Räumen, wie Trainingsbereichen oder Fanzonen, war jedoch nur eingeschränkt möglich (Matzarakis & Fröhlich, 2015, S. 482).

Ökologische Herausforderungen

Der *Living Planet Report* attestierte Katar nach Kuwait bereits 2016 den weltweit höchsten **ökologischen Fußabdruck**, was auf den hohen CO_2-Ausstoß, den Wasserverbrauch, die Klimatisierung sowie Wasser- und Luftverschmutzung als Folgen von intensiver Nutzung eines ökologisch sensiblen und aufgrund seiner physisch-geographischen Voraussetzungen quasi lebensfeindlichen Raums zurückzuführen ist (▶ Kap. 6). Die Einschätzung der Gefahren aus dem Zusammenspiel von natürlichen Risiken, Auswirkungen des Klimawandels und Wasserknappheit sowie deren Implikationen auf die natürliche Umwelt, Wirtschaft und Gesellschaft erweist sich daher als eine der wichtigsten Herausforderungen der kommenden Jahre (Scharfenort, 2020, S. 29).

Der umfassende infrastrukturelle Ausbau bei gleichzeitig anhaltender dynamischer Entwicklung der Bevölkerungszahlen, die eine zusätzliche Nachfrage nach Wohn- und Lebensraum generiert, führen zu einer (weiteren) Verdichtung des Stadtraums, Versiegelung des Bodens sowie Verlust von Frei- und Grünflächen. In Kombination mit den natürlichen Bedingungen führen die anthropogenen Eingriffe zu temperaturbedingten Gesundheitsbeschwerden und negativen ökologischen Auswirkungen, die sich entsprechend auch auf die Umwelt- und Lebensqualität auswirken.

9.4 Zwischen Boykott, Begeisterung und Bestürzung

In einem muslimischen Land, dessen Bevölkerung dem wertkonservativen Wahhabismus folgt, der den Alltag und den öffentlichen Raum nach religiösen und kulturellen Normen und Werten strukturiert und organisiert sowie Geschlechtertrennung praktiziert, werden öffentlicher Alkoholgenuss, freizügige Bekleidung oder Zuneigungsbekundungen nicht toleriert und gesetzlich geahndet. Obwohl die Gastgeber versichern, eine temporäre Lösung für diesen „Ausnahmezustand" anzubieten, sind soziokulturelle Konflikte vorprogrammiert (Scharfenort, 2020, S. 31).

#BoycottQatar2022 – die Spiele boykottieren?

Während also Boykottaufrufe vor allem aus den „klassischen Fußballnationen" Europas hinsichtlich Verletzung von **Menschenrechten**, der Ausbeutung von Arbeitskraft sowie der Einschränkung von Fangewohnheiten laut wurden, echauffierte sich ein Teil der Bevölkerung in der arabischen Welt gegenüber der möglichen Verletzung von Normen und Werten sowie Respektlosigkeit durch ignorante Besucherinnen und Besucher. Selten wurde in den Diskursen jedoch die Sorge um **Nachhaltigkeit** artikuliert.

Der Ansatz der kurzen Wege aufgrund der geringen Distanzen zwischen den Spielorten ist immer noch innovativ, dennoch bleiben aufgrund mangelnder Transparenz die ökologischen Kosten und sowie die Art der Parameter zur Messung von **Nachhaltigkeit** und Emissionsneutralität unklar. Immerhin schlug sich die Verlegung des Turniers in die Wintermonate positiv in der Bilanz nieder, weil der Kühlaufwand für Stadien und andere öffentliche und private Räume wie Metrostationen, **Public Viewing** oder Trainingsbereiche deutlich geringer ausfiel (Scharfenort, 2020, S. 30 f.).

Beyond Qatar 2022

Die Gestaltung und Ästhetisierung des öffentlichen Raums und der Infrastrukturausbau erfolgten innerhalb eines kurzen Zeitfensters, das keine Verzögerungen gestattete. Die Entwicklung des Lands und seiner Bevölkerung endet jedoch nicht mit der FIFA-WM 2022, sondern geht darüber hinaus in eine **Post-Event-Zukunft**. Die Maßnahmen im Zuge der Austragung der WM leisten einen wesentlichen Beitrag zur wirtschaftlichen Diversifizierung und Tourismusentwicklung sowie zur Verbesserung der Lebensqualität eines Teils der Bevölkerung durch Aufwertung von Stadtteilen, Aus-

weitung von Alltags- und Freizeitangeboten sowie der Mobilität im Bereich des ÖPNV. Diese Implikationen sind positiv zu bewerten, und es bleibt zu hoffen, dass von den Kapazitätserweiterungen keine „weißen Elefanten" übrig bleiben.

Trotz Unterzeichnung der Konvention Nr. 29 der International Labour Organization (ILO) und der Allgemeinen Erklärung der **Menschenrechte** besteht nach wie vor eine erhebliche Diskrepanz zwischen der formalen Anerkennung dieser Normen und strukturellen wie ungeahndeten Praktiken von Menschenhandel und Zwangsarbeit wie im Baugewerbe (Holthaus, 2016, S. 75 f.). Trotz angekündigter Abschaffung des praktizierten Sponsoren- oder Kafala-Systems, welches den rechtlichen Status von Arbeiternehmern sowie Ein- und Ausreiseerlaubnis von einem lokalen Bürgen wie dem jeweiligen Arbeitgeber abhängig macht, sowie Reformen im Aufenthalts- und Arbeitsrecht wurden zur Abwehr von transnationalem Protest Missstände nur punktuell beseitigt. Das katarische Regime hat bisher nur strategisch reagiert und wenig ernsthaftes Interesse gezeigt, die Arbeitsbedingungen auf Baustellen effektiv zu verbessern, und es ist zu vermuten, dass die Regierung weiterhin strategisch agieren wird, solange es keine lokalen Akteure gibt, die nachhaltige Veränderungen einfordern. Als erstes Land der Region hat Katar jedoch 2020 signifikante Änderungen des Sponsorensystems eingeführt (z. B. Arbeitgeberwechsel, Mindestlohn; HRW, 24.09.2020).

Neue geopolitische Macht- und Kräfteverhältnisse

Der im Februar 2022 ausgebrochene Ukraine-Krieg hat nur wenige Monate vor Beginn des Turniers die Weichen für neue wirtschaftliche Beziehungen gelegt, die mittel- bis langfristig zu neuen geopolitischen Macht- und Kräfteverhältnissen insbesondere auf dem

Energiemarkt führen werden. Auf der Suche z. B. von Deutschland nach alternativen Quellen fossiler Ressourcen, wie Erdgas, die aufgrund unzureichender Kapazitäten nicht vollends durch europäische Partner gedeckt werden können, schweifte der Blick rasch in Richtung Golfregion. Auch wenn das international umworbene Öl- und Gasförderland Katar zunächst Erwartungen einer raschen Substitution gedämpft hat, stehen die Zeichen auf Kooperation.

Fair Play!

Die WM in Katar verkörpert eine nicht zu unterschätzende Symbolkraft und Signalwirkung, insbesondere für arabische Länder. Besucherinnen und Besucher der WM hatten die Möglichkeit, sich über soziale Medien mit einem globalen Publikum zu verbinden und ihre Erlebnisse und ihre Begeisterung zu teilen, während Zuschauerinnen und Zuschauer das Spektakel über TV-Bildschirme oder per Livestreaming verfolgten. Trotz der offensichtlichen sozialen, wirtschaftlichen und politischen Missstände und Herausforderungen blieb somit das Potenzial bestehen, Katar als freundlichen und offenen Gastgeber zu erleben, der einerseits eine innovative, integrative und inklusive Version dieses ultimativen Sportereignisses präsentierte (Rookwood, 2019, S. 39 f.) und sich andererseits als fairer und zuverlässiger Partner bewies, der abgegebene Versprechen einhielt.

❓ Übungs- und Reflexionsaufgaben

1. Reflektieren Sie darüber, inwiefern medial übermittelte Informationen über Länder und Menschen Stereotype und Vorurteile schüren und welchen Beitrag Sportevents leisten können, diese abzubauen oder zumindest kritisch zu hinterfragen.
2. Erläutern Sie auf Basis eigener Recherchen zur WM in Katar, welche (sport-)politischen, ökonomischen,

ökologischen und soziokulturellen Herausforderungen und Implikationen vor und während des Events mit der Austragung verbunden sind.

Zum Weiterlesen empfohlene Literatur
Bens, J., Kleinfeld, S., & Noack, K. (2014). *Fußball. Macht. Politik: Interdisziplinäre Perspektiven auf Fußball und Gesellschaft.* Transcript.

Goldblatt, D. (2006). *The ball is round: A global history of football.* Penguin.

Schulze-Marmeling, D. (2014). *Die Geschichte der Fußball-Weltmeisterschaft* (6. Aufl.). Verlag Die Werkstatt.

Literatur

Ahrens, P. (2021). Qualifikation zur Katar-WM. Der Sündenfall des Weltfußballs. *SPIEGEL Sport.* Ausgabe 25. März 2021. https://bit.ly/3CUDSzm. Zugegriffen am 19.03.2022.

Al Jazeera. (19. November 2019). Qatar to charter cruise ships to accommodate World Cup fans. *Al Jazeera News.* https://bit.ly/3yhHk6b. Zugegriffen am 24.06.2022.

Beyer-Schwarzbach, B. (2021). *Warum wir die WM 2022 boykottieren werden. #BoycottQatar2022.* Die Werkstatt Medien-Produktion GmbH. https://bit.ly/3igSOy2. Zugegriffen am 19.03.2022.

BP. (2019). *Statistical review of world energy 2019.* https://on.bp.com/2AEpfEf. Zugegriffen am 24.06.2022.

Bromber, K., & Krawietz, B. (2013). The United Arab Emirates, Qatar, and Bahrain as a modern sport hub. In K. Bromber, B. Krawietz & J. Maguire (Hrsg.), *Sport across Asia: Politics, cultures, and identities* (S. 189–211). Routledge.

CIA – Central Intelligence Agency. (2022). *The world Factbook Qatar.* https://bit.ly/3ngW3rY. Zugegriffen am 24.06.2022.

FIFA – Fédération Internationale de Football Association. (2010). *2022 FIFA world cup.* Bid evaluation report: Qatar. https://fifa.fans/3M6vdwR. Zugegriffen am 15.04.2022.

FIFA – Fédération Internationale de Football Association. (2022). *About FIFA.* https://fifa.fans/3v4mwxk. Zugegriffen am 22.04.2022.

GSDP – General Secretariat for Development Planning. (2008). *Qatar national vision 2030.* https://bit.ly/3uKAwfG. Zugegriffen am 15.04.2022.

9

Holthaus, L. (2016). Zur Debatte über die Fußball-weltmeisterschaft 2022 und moderne Sklaverei. Zwangsarbeit in Katar und anderen Golf-Kooperationsrats-Staaten. *Zeitschrift für Menschenrechte. Journal for Human Rights, 2*(2016), 64–79.

Hopfinger, H., & Scharfenort, N. (2020). Tourism geography of the MENA region: Potential, challenges and risks (editorial). In H. Hopfinger & N. Scharfenort (Hrsg.), Tourism in the Arab World (Special issue). *Zeitschrift für Tourismuswissenschaft, 12*(2), 131–157.

HRW – Human Rights Watch. (24. September 2020). *Qatar: Significant labor and kafala reforms. Enforcement needed, other provisions in effect still carry risk of abuse.* https://www.hrw.org/news/2020/09/24/qatar-significant-labor-and-kafala-reforms. Zugegriffen am 23.09.2022.

Madichie, N. O. (2013). Ode to a "million dollar" question: Does the future of football lie in the Middle East? *Management Decision, 51*(9), 1839–1860.

Maier, J. (2020). *„Entwicklungskick" – Sportraum und Sporttraum im Wandel. Sozial-kulturelle Veränderungsprozesse des Empowerments durch Frauenfußball an Beispielen aus dem Globalen Norden und Süden* (Passauer Schriften der Geographie, 31). Selbstverlag Fach GEOGRAPHIE der Universität Passau.

Matzarakis, A., & Fröhlich, D. (2015). Sport events and climate for visitors – The case of FIFA World Cup in Qatar 2022. *International Journal of Biometeorology, 59*(4), 481–486.

Meza Talavera, A., Al-Ghamdi, S. G., & Koç, M. (2019). Sustainability in mega-events: Beyond Qatar 2022. *Sustainability, 11*(22), 6407. https://doi.org/10.3390/su11226407

Mittag, J., & Nieland, J. U. (2011). Die globale Bühne: Sportgroßereignisse im Spannungsfeld von politischer Inszenierung und demokratischen Reformimpulsen. *Zeitschrift für Politikwissenschaft, 21*(4), 623–632.

Nye, J. (1990). Soft power. *Foreign Affairs, 80*(3), 153–171.

PSA – Planning and Statistics Authority. (2021). *Qatar in figures 2020.* 36th issue. https://bit.ly/3xvAEBF. Zugegriffen am 15.04.2022.

Ratten, V., & Ratten, H. (2011). International sport marketing: Practical and future research implications. *Journal of Business & Industrial Marketing, 26*(8), 614–620.

Rookwood, J. (2019). Access, security and diplomacy perceptions of soft power, nation branding and the organisational challenges facing Qatar's 2022 FIFA World Cup. *Sport, Business and Management: An International Journal, 9*(1), 26–44.

Scharfenort, N. (2012). Urban development and social change in Qatar: The Qatar National Vision 2030 and the 2022 FIFA World Cup. *Journal of Arabian Studies, 2*(2), 209–230.

Scharfenort, N. (2016). Gleichberechtigung, Freiheit, Selbstbestimmung? – Partizipation von Frauen im Sport in der arabischen Golfregion. *Zeitschrift für Menschenrechte. Journal for Human Rights, 2*(2016), 44–63.

Scharfenort, N. (2019). Revitalisierung und neue Zentrenbildung: Das Msheireb-Projekt in Doha. In A. Al-Hamarneh, J. Margraff & N. Scharfenort (Hrsg.), *Neoliberale Urbanisierung. Stadtentwicklungsprozesse in der arabischen Welt* (S. 255–297). Transcript.

Scharfenort, N. (2020). Die Arabische Halbinsel. Zwischen Wohlstand, wirtschaftlicher Diversifizierung und sozioökonomischen Herausforderungen. *Praxis Geographie, 50*(10), 4–9.

Scheck, N. (02. September 2021). „WM der Schande" – Warum ein DFB-Boykott in Katar nichts bringt. *Frankfurter Rundschau.* https://bit.ly/3br6Qx1. Zugegriffen am 24.06.2022.

Statista. (2022a). *Weltweite Sportevents.* Dossier. https://bit.ly/3OvMjWU. Zugegriffen am 21.04.2022.

Statista. (2022b). *Katar: Bruttoinlandsprodukt (BIP) pro Kopf in jeweiligen Preisen von 1980 bis 2021 und Prognosen bis 2026 (in US-Dollar).* https://bit.ly/3uTGda0. Zugegriffen am 07.04.2022.

Statista. (2022c). *Durchschnittsalter der Bevölkerung in Deutschland von 2011 bis 2020.* https://bit.ly/37S8TbJ. Zugegriffen am 15.04.2022.

Ökonomie und Sport

Inhaltsverzeichnis

Regionalökonomische Wirkungen von Sportgroßveranstaltungen – ein Fallbeispiel aus dem Motorsport

Paul Gans und Michael Horn

Die Rennstadt Hockenheim begrüßt ihre Gäste. (© Paul Gans und Michael Horn)

P. Gans et al. (Hrsg.), *Sportgeographie*, https://doi.org/10.1007/978-3-662-66634-0_10

Inhaltsverzeichnis

Einleitung

Befürworterinnen und Befürworter der Ausrichtung von Sportgroßereignissen erwarten positive regionalökonomische Effekte für Städte und Regionen. Events sollen ein überregionales Publikum anziehen und damit Umsätze, Wertschöpfung, Einkommen, Steuereinnahmen sowie Beschäftigung generieren (Feddersen, 2016). Darüber hinaus sollen sportliche Großveranstaltungen zu einem internationalen Bekanntheitsgrad verhelfen, von dem eine wirtschaftliche Positionierung erhofft wird. Im Rahmen eines internationalen Standortwettbewerbs zwischen Städten und Regionen um die Ansiedlung von Unternehmen und wissenschaftlichen Einrichtungen sowie um kaufkräftige Konsumenten gewinnen „weiche" Standortfaktoren zunehmend an Bedeutung. Attraktive Veranstaltungen im Kultur- und Sportbereich und die damit einhergehende Steigerung des Freizeitwerts können diese „weichen" Standortfaktoren erheblich verbessern (Horn & Gans, 2012). Mit der Durchführung einer Großveranstaltung ist aber auch oft der Einsatz von öffentlichen Mitteln verbunden. Damit werden zugleich Entscheidungen gegen andere mögliche Verwendungen dieser Ressourcen getroffen. Gegnerinnen und Gegner der Durchführung von Sportgroßveranstaltungen lehnen diese Subventionierung von Sportveranstaltungen und Sportstätten ab, weil sie deren wirtschaftliche Bedeutung anzweifeln. Dies geschieht vor allem vor dem Hintergrund gestiegener Kosten für die Austragung von Events, berechtigten Misstrauens gegenüber den international bedeutenden Sportverbänden wie FIFA oder IOC (▶ Kap. 8, 9 und 22) und der strafrechtlichen Verfolgung einiger Sportfunktionäre. So scheiterte beispielsweise auch die Bewerbung Hamburgs für die Olympischen Sommerspiele 2024 an der NOlympia-Bewegung (Kurscheidt, 2016).

Die öffentliche Debatte zwischen den Befürwortenden und Ablehnenden von Sportgroßveranstaltungen erfordert eine fundierte Abschätzung der ökonomischen Wirkungen, die derartige Events hervorrufen. Die **Wirkungsanalyse** kann als eine geeignete Methode für eine bilanzierende Betrachtung angeführt werden, und diese wird in diesem Beitrag exemplarisch zur Abschätzung der ökonomischen Bedeutung der Veranstaltungen, die während eines Jahres auf dem Hockenheimring stattfinden, eingesetzt. In welchem Umfang entstehen Umsätze aufgrund der Aktivitäten auf dem Hockenheimring? Welche Wertschöpfungs- und Einkommenseffekte lassen sich für die Region Hockenheim ableiten?

10.1 Regionalökonomische Wirkungen von Sportgroßveranstaltungen

Die potenziellen regionalökonomisch positiven (Nutzen) und negativen (Kosten) Wirkungen, die von Sportgroßveranstaltungen ausgehen, lassen sich unterscheiden nach direkten (internen), d. h. unmittelbar mit der Sportgroßveranstaltung verbundenen Nutzen und Kosten, und indirekten (externen) Effekten. Nach ihrer Quantifizierbarkeit werden diese nach tangiblen, d. h. monetär quantifizierbaren, intangiblen, also nicht monetär quantifizierbaren, und nicht quantifizierbaren Nutzen und Kosten unterschieden (▶ Kap. 12 und 22).

Zu den **direkten Wirkungen** zählen alle Kosten und Nutzen, die beim **Veranstalter** (Investitionsträger) anfallen. Diese entsprechen somit den Kosten- und Nutzenelementen, die auch in einen betriebswirtschaftlichen Finanzierungssaldo mit eingehen. Beispiele für direkte Kosten sind die Personal- und Sachkosten für Planung und Durchführung der Sportgroßveranstaltung (z. B. für Verwaltung, Logistik, Versicherungen und Abgaben an Sportverbände), die Kosten für die Leistungen Dritter (z. B. für die Sicherheit und Abfallbeseitigung), die Kosten für den Auf- und Ausbau und den Betrieb von Sportstätten und sonstiger veranstaltungsbezogener Infrastruktur und die Finanzierungskosten. Auf der Nutzenseite sind u. a. Einnahmen aus dem Eintrittskartenverkauf, aus der Vergabe von Übertragungsrechten, aus Werbe- und Sponsorenverträgen und aus eigener (Stadion-)Gastronomie sowie Zuschüsse seitens der öffentlichen Hand zu nennen (Gans et al., 2003; Horn & Zemann, 2006). Nach Maennig (1998) ist es genau dieser Finanzierungssaldo, auf den sich die öffentliche Aufmerksamkeit konzentrieren sollte, weil mit diesem die Frage, ob die Sportveranstaltung ohne öffentliche Zuschüsse finanzierbar ist, beantwortet werden kann.

Die Gruppe der **indirekten Wirkungen** umfasst alle Kosten- und Nutzenelemente, die bei Dritten anfallen und somit in einem betriebswirtschaftlichen Finanzierungssaldo nicht ausgewiesen werden (▸ Kap. 12). Diese können unterschiedlichen Akteuren zugeordnet werden. Dazu gehören das Beherbergungswesen, die Gastronomie, der Einzelhandel, sonstige Wirtschaftsbranchen, die Besucherinnen und Besucher der Veranstaltung, die öffentliche Verwaltung und die Bevölkerung des Veranstaltungsortes bzw. der -region. Die indirekten Kosten und Nutzen sind somit die Wirkungen, die zur Beurteilung einer Maßnahme unter dem Gesichtspunkt der gesellschaftlichen Wohlfahrtssteigerung berücksichtigt werden müssen (Gans et al., 2003).

Die ökonomischen Wirkungen auf **Beherbergungswesen**, **Gastronomie** und **Einzelhandel** beruhen vor allem auf den Ausgaben des Veranstalters, der Zuschauerinnen und Zuschauer und des Trosses (Sportlerinnen und Sportler, Betreuerinnen und Betreuer, Journalistinnen und Journalisten). Darüber hinaus kann die Tourismuswirtschaft auch langfristig von einer Imagesteigerung des Veranstaltungsorts profitieren, wozu die Übermittlung des Ereignisses über die Medien wesentlich beiträgt. Diesen positiven Wirkungen können auch Kosten gegenüber-

stehen. Während eines Sportereignisses kann es zur Verdrängung anderer Touristen kommen, wenn sich diese nicht für die Veranstaltung interessieren und aufgrund negativer Erscheinungen wie Überfüllung und erhöhter Preise abgeschreckt werden (Rahmann et al., 1998; Gans et al., 2003; Horn & Zemann, 2006).

Nicht nur die Tourismuswirtschaft und der Einzelhandel, sondern auch **sonstige privatwirtschaftliche Unternehmen** können von der Durchführung von Sportgroßveranstaltungen profitieren. So kann die Bauwirtschaft durch Aufträge der öffentlichen Hand oder des Veranstalters für die Errichtung von Sportstätten, für die technischen Gebäudeausstattungen oder auch für die Verkehrsinfrastruktur Aufträge erhalten. Branchen, die Vorleistungen für die Tourismuswirtschaft erbringen, können ebenfalls Einkommenszuwächse verzeichnen (Gans et al., 2003; Horn & Zemann, 2006).

Zu den ökonomischen Wirkungen auf die **Bevölkerung** können zusätzliche Einkommensmöglichkeiten (z. B. aus der privaten Vermietung von Zimmern und Parkplätzen) und zusätzliche Arbeitsplätze gehören. In der Regel sind solche veranstaltungsbedingten Beschäftigungseffekte aber zeitlich befristet und lediglich für Aushilfskräfte wirksam (Klein, 1996). Ökonomische Effekte bei den **Besucherinnen** und **Besuchern** bestehen im Wesentlichen aus den Ausgaben für den Eintritt, für die Verpflegung und Unterkunft sowie für die An- und Abreise (Gans et al., 2003; Horn & Zemann, 2006).

Die **öffentliche Verwaltung** des Austragungsorts erzielt z. B. Einnahmen aus Steuern, Gebühren und Pachten, trägt ggf. aber auch Kosten z. B. für den Ausbau von Infrastruktur oder in Form von Zuschüssen an Veranstalter (Gans et al., 2003; Horn & Zemann, 2006).

Die ökonomischen Wirkungen einer Sportgroßveranstaltung, einer Sportstätte oder eines Profivereins beruhen vor allem auf den **Konsumausgaben** der Besucherinnen und Besucher sowie der Sportlerinnen und Sportler (bei Teilnehmerevents wie bei Volksläufen) von außerhalb der Veranstaltungsregion. Durch ihre Ausgaben wird dem Veranstaltungsraum ein Kaufkraftzufluss von außen zugeführt. Nach der ökonomischen Kreislauf- oder Basistheorie stellen diese Gelder sogenannte autonome Mittel dar, die wiederum Multiplikatorprozesse auslösen können (Kurscheidt, 2016). Es wird angenommen, dass die Ausgaben der einheimischen Besucherinnen und Besucher sowie Teilnehmerinnen und Teilnehmer für Sportveranstaltungen nicht zusätzlich erfolgen, sondern lediglich Kaufkraftverschiebungen darstellen und damit gleichzeitig Einnahmeverluste an anderer Stelle (Kino, Restaurant etc.) bewirken (Schwark, 2020).

Eine wesentliche Rolle bei der Ermittlung der Wirkungen von Sportgroßveranstaltungen spielt die **regionale Abgrenzung des Untersuchungsraums**. Je größer der Betrachtungsraum gewählt wird, desto mehr wirtschaftliche Effekte fallen innerhalb des Raums an. Je kleiner die räumliche Abgrenzung gewählt wird, desto größer sind hingegen die zusätzlichen wirtschaftlichen Nachfrageimpulse, welche von außerhalb des Betrachtungsraums der regionalen Wirtschaft zugutekommen (Gans et al., 2003). Nach Feddersen (2016) sind die ökonomischen Effekte von Sportgroßveranstaltungen, Sportstadien und Profivereinen, verglichen mit der allgemeinen Volkswirtschaft eines Nationalstaats, unbedeutend. Beispielsweise wurde durch Befragungen nach den Konsumausgaben von Besucherinnen und Besuchern der Fußball-Weltmeisterschaft in Deutschland ein Primärimpuls von rund 2,8 Mrd. Euro ermittelt, der sich durch Multiplikatoreffekte auf 3,2 Mrd. Euro erhöht. Dies entsprach im Jahr 2006 lediglich 0,1 % des deutschen Bruttoinlandsprodukts. Diese geringe wirtschaftliche Bedeutung ist aber nicht der Sportveranstaltung anzulasten, sondern der

zu großen räumlichen Betrachtung. Für die Bewertung ökonomischer Effekte von Sportgroßveranstaltungen empfiehlt es sich, deutlich kleinere administrative Einheiten als Staaten oder Bundesländer heranzuziehen.

10.2 Die Wirkungsanalyse

Der Ausgangsgedanke einer Wirkungsanalyse ist, dass sich jede ökonomische Aktivität in Veränderungen der regional- oder volkswirtschaftlichen Nachfrage niederschlägt. Diese wird in den verschiedenen Modellen der Wirkungsanalyse als unabhängige Variable angesehen und beeinflusst die abhängigen Variablen Produktion, Wertschöpfung, Beschäftigung, Einkommen und Steuereinnahmen. Das bedeutet, dass die mit einer bestimmten ökonomischen Aktivität verbundene Nachfrage, beispielsweise die Infrastrukturinvestitionen des Staats oder die Konsumgüterkäufe der Besucherinnen und Besucher einer Großveranstaltung, als Anstoßpotenzial für Folgeeffekte auf nachgelagerte Wirkungsstufen oder Inzidenzstufen verstanden werden kann (Schätzl, 1994). Bei der ökonomischen Bewertung von Sportgroßveranstaltungen finden die Wertschöpfungs- und Multiplikatoranalyse als Formen der Wirkungsanalyse zahlreiche Anwendung. Diese können vor und nach der Durchführung einer Sportgroßveranstaltung als Ex-ante- und Ex-post-Analyse eingesetzt werden (Horn, 2005).

Die Wertschöpfungsanalyse

Der Begriff **Wertschöpfung** beschreibt den Wertzuwachs, den ein Unternehmen, eine Institution oder eine Organisation in einer bestimmten Zeitspanne erzielt. Es wird zwischen Brutto- und Nettowertschöpfung unterschieden (◻ Abb. 10.1). Die Bruttowertschöpfung stellt den Unternehmens-

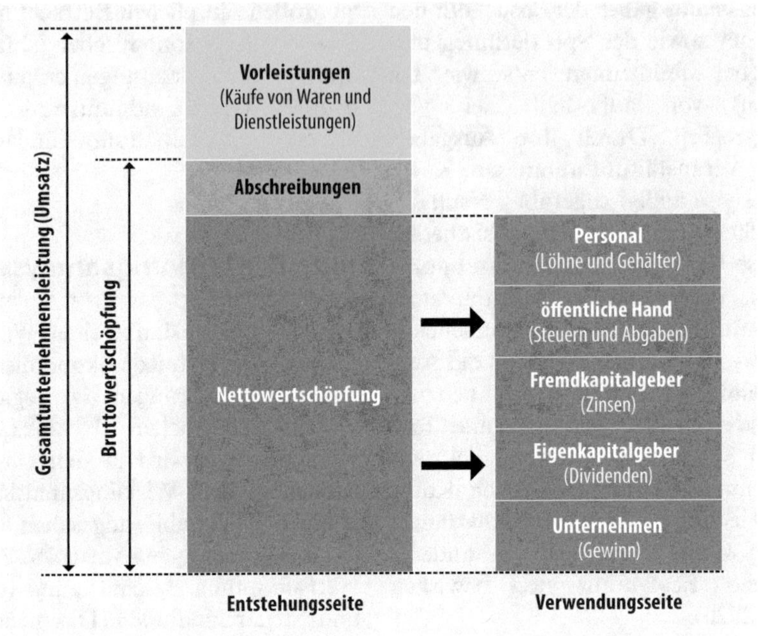

Abb. 10.1   Vereinfachtes Wertschöpfungsmodell. (Nach Rütter et al., 2002)

10

umsatz abzüglich der sogenannten Vorleistungen (von Dritten bezogene Güter
und Dienstleistungen) dar. Aus volkswirtschaftlicher Perspektive (volkswirtschaftliche
Gesamtrechnung) entspricht die Bruttowertschöpfung dem Bruttoinlandsprodukt.
Die Nettowertschöpfung, welche der Bruttowertschöpfung abzüglich der Abschreibungen entspricht, wird auf die Mitarbeiter
in Form von Löhnen und Gehältern, auf
den Staat in Form von Steuern, auf die
Kapitalgeber in Form von Zinsen und Divi-
denden und auf das Unternehmen in Form
von Gewinn verteilt. Bedingt durch die Vorleistungen, die Nachfrage nach Gütern und
Dienstleistungen von Dritten, entstehen in
der Folge bei einer Reihe von Unternehmen
bzw. Branchen Umsätze. Durch diesen Verkauf und Kauf von Waren und Diensten

entstehen Wertschöpfungsnetzwerke, in denen
die verschiedenen Akteure miteinander verbunden sind. Mit der Wertschöpfungsanalyse
kann die Leistung eines Unternehmens oder
einer Branche im volkswirtschaftlichen Sinn
ausgewiesen werden (Rütter et al., 2002;
Horn, 2005).

Bei der Bewertung von Großveranstaltungen wird die **Wertschöpfungsanalyse**
häufig für die Untersuchung einzelner Branchen angewendet. Sie ist gut geeignet, um
makroökonomische Auswirkungen quantitativ zu erfassen. Ihre Vorteile liegen in der
einfachen Berechnung und in ihrer relativen
Klarheit und Vergleichbarkeit der Ergebnisse. Ihre Nachteile liegen in der Be-
schränktheit auf ökonomische Effekte von
Sportgroßveranstaltungen (Stettler, 2000;
Horn, 2005).

Die Multiplikatoranalyse

Die Grundannahme der Multiplikatoren-analyse ist, dass einer Region aufgrund der Austragung einer Großveranstaltung Finanzmittel zufließen, die zum Teil investiv und zum Teil konsumtiv verausgabt werden. Dadurch erfolgen in der Veranstaltungs-region eine Nachfragesteigerung und ein Produktionsanstieg bei den Unternehmen sowie eine Erhöhung der Beschäftigung (Primäreffekt). Die einmalige Erhöhung der Nachfrage löst Folgeeffekte aus (Sekundäreffekte), deren Wirkungen über einen regionalspezifischen Multiplikator bestimmt werden können. Zum einen erhöht sich durch den Primäreffekt die Nachfrage der Unternehmen nach Vorleistungen, zum anderen entstehen zusätzliche Einkommen, die wiederum verausgabt werden. Dieser Prozess wiederholt sich fortlaufend, wobei sich mit jeder Runde die zusätzlich entstandene Nachfrage durch Abflüsse aus der Veranstaltungs-region in andere Regionen, z. B. durch Importe, Steuern, abfließende Kaufkraft und nicht für den Konsum verwendete Mittel (Sparen) reduziert. Der so entstehende Gesamteffekt überschreitet in der Regel die Höhe des auslösenden Nachfragevolumens, sodass eine multiplikative Wirkung entsteht (Schätzl, 1994; Horn, 2005).

Der Anstoß zu einer Kettenreaktion von Nachfrageimpulsen und Einkommens-steigerungen kann durch die Ausrichtung einer Sportgroßveranstaltung gegeben werden (◘ Abb. 10.2). Die Sach- und Personal-ausgaben des Veranstalters sowie die Ausgaben der Veranstaltungsbesucherinnen und -besucher sorgen für einen regionalen Einkommenszuwachs. Allerdings verbleiben diese Mittel nicht vollständig in der Veranstaltungsregion. Ein Teil der Personal-ausgaben geht an Beschäftigte, die nicht in der Veranstaltungsregion wohnen, und ein Teil der Sachausgaben geht an auswärtige Zulieferer. Aus den entstandenen regionalen Einkommen ergibt sich – nach Abzug von Steuern, Sozialversicherungsbeiträgen und Spareinlagen – ein erneuter Nachfrage-impuls, von dem wiederum ein bestimmter Anteil regionsbezogen verausgabt wird. Nach diesem Schema ergeben sich weitere aufeinanderfolgende Runden regionaler Einkommensentstehungen, deren Ausmaß, aufgrund der Abflüsse, mit jeder Runde kontinuierlich geringer wird (Fanelsa, 2002; Horn, 2005).

Ein methodisches Problem bei der Bewertung von regionalen Auswirkungen einer Sportgroßveranstaltung mittels der Multiplikatoranalyse ist, dass Verdrängungseffekte nicht berücksichtigt werden. Tritt beispielsweise aufgrund einer Nachfrageerhöhung eine Preissteigerung ein, so überschätzt diese Methode die potenziellen Effekte. Nach Preuß (1999) ist es daher nicht verwunderlich, dass volkswirtschaftliche Untersuchungen von Sportgroßveranstaltungen, die sich allein auf Multiplikatoranalysen stützen, überwiegend von Befürworterinnen und Befürwortern einer Veranstaltung durchgeführt werden.

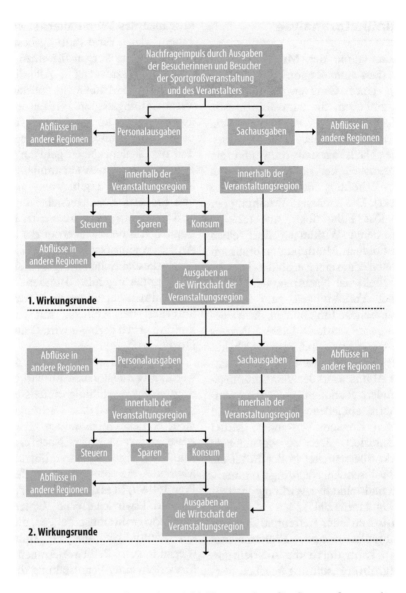

◻ Abb. 10.2 Schematische Darstellung der Multiplikatoranalyse für Sportgroßveranstaltungen. (Nach Fanelsa, 2002)

10.3 Die regionalökonomische Bedeutung der Veranstaltungen auf dem Hockenheimring

Der Hockenheimring hat nicht nur mit seinen Motorsport- und Musikgroßveranstaltungen, sondern auch mit seinen Events mit einem geringeren Gästeaufkommen der Stadt und der Region zur internationalen Bekanntheit verholfen. Die Rennstrecke mit ihren jährlich rund 300 Veranstaltungen wirkt in der Bevölkerung identitätsstiftend (▶ Kap. 18) und führt durch die Konsumausgaben der Eventbesucherinnen und -besucher zu erheblichen regionalwirtschaftlichen Impulsen. Diese sind aber aufgrund fehlender empirischer Daten schwer zu quantifizieren. Zwar wurden zu einzelnen Veranstaltungen, wie für den Formel-1-Grand-Prix 2000 (Zemann et al., 2001), umfangreiche empirische Primärerhebungen durchgeführt, doch fehlt eine bilanzierende Gesamtbetrachtung aller Aktivitäten auf dem Hockenheimring innerhalb eines Jahres. Auch lassen sich die gewonnenen Daten auf Basis des Formel-1-Grand-Prix nicht auf andere Veranstaltungen übertragen, weil sich diese hinsichtlich der Gästestruktur (z. B. Alter, Geschlecht und räumliche Herkunft) und somit auch im Ausgabeverhalten der Besucherinnen und Besucher deutlich unterscheiden.

Mit dem Ziel, die jährlichen ökonomischen Wirkungen der Rennstrecke zu quantifizieren, wurden die 320 verschiedenen Veranstaltungen des Jahres 2014 nach inhaltlichen Kriterien und Gästeaufkommen zu fünf Klassen zusammengefasst (Horn & Gans, 2018). Unterschieden wird zwischen Motorsportgroßveranstaltungen, Motorsportveranstaltungen, Musikgroßveranstaltungen, Touristenfahrten und sonstigen Tagesbesuchen (◘ Tab. 10.1).

Um für diese Veranstaltungstypen die ökonomischen Wirkungen quantifizieren zu können, wurde eine **Onlinebefragung** durchgeführt. Es wurden die Abonnentinnen und Abonnenten des Newsletters der Hockenheimring GmbH per E-Mail und die Be-

◘ **Tab. 10.1** Klassifizierung der Veranstaltungen auf dem Hockenheimring 2014. (Nach Angaben der Hockenheimring GmbH, 2014)

Motorsportgroßveranstaltungen (> 20.000 Besucherinnen und Besucher pro Tag)	
DTM – Saisonauftakt	Formel-1-Grand-Prix
DTM – Finale	
Motorsportveranstaltungen (≤ 20.000 Besucherinnen und Besucher pro Tag)	
1000 km Hockenheim	Porsche Sports Cup
ADAC GT Masters	Public Race Day/Supermoto
Bosch Hockenheim Historic	Sport Auto High Performance Days
Formula Student Germany	Tuner Grand Prix & DriftChallenge
Hockenheim Classics	Superbike*IDM
NitrOlympX-Drag Racing	
Musikgroßveranstaltungen (> 20.000 Besucherinnen und Besucher pro Tag)	
Böhse Onkelz	Rock'n'Heim
Touristenfahrten/Fahrprogramme	
Touristenfahrten	Fahrsicherheitstraining
Fahrprogramme	
Sonstige Tagesbesuche/Führungen	
BASF Firmencup	Motorsportmuseum
Insider Führung	Veterama

sucherinnen und Besucher der Homepage der Hockenheimring GmbH (▶ www.hockenheimring.de) per Pop-up-Fenster angesprochen und über einen Link zur jeweiligen Befragung weitergeleitet. Insgesamt haben 842 Personen an der Befragung teilgenommen. Ergänzt wurde diese Erhebung durch umfangreiche **standardisierte mündliche Befragungen** der Besucherinnen und Besucher des Formel-1-Grand-Prix (n = 617), des Formula Student Germany (n = 566) und des Rock'n'Heim (n = 593; Horn & Gans, 2018).

Der Formel-1-Grand-Prix 2014 fand als Teil der von der FIA (Fédération Internationale de l'Automobile) veranstalteten Rennserie „FIA Formula One World Championship" im Juni 2014 an drei Tagen statt und wurde von rund 95.000 Gästen besucht. Die Formula Student Germany ist ein internationaler Konstruktionswettbewerb für Studierende, der unter der Schirmherrschaft des Vereins Deutscher Ingenieure e. V. ausgerichtet wird. Studierende aus aller Welt treffen sich für mehrere Tage am Hockenheimring, um ihre selbst konstruierten Rennwagen miteinander zu messen und dabei Fachleuten aus Industrie und Wirtschaft deren Leistungsfähigkeit zu zeigen. Bei der Formula Student gewinnt das Team mit dem besten Gesamtpaket aus Konstruktion, Rennperformance, Finanzplanung und Verkaufsargumenten. Besucht wurde die Veranstaltung im August 2014 an sechs Tagen von rund 27.000 Gästen. Bei Rock'n'Heim 2014 handelt es sich um ein Musikfestival, bei dem mehr als 40 internationale Rock- und Pop-Bands an drei Tagen aufgetreten sind. Besucht wurde das Festival im August 2014 von rund 105.000 Gästen (Hockenheimring GmbH, 2014). Mit der Auswahl dieser Fallstudien wurde versucht, die Veranstaltungstypen Motorsportgroßveranstaltungen, Motorsportveranstaltungen und Musikgroßveranstaltungen beispielhaft zu erfassen. Die Erhebungen erfolgten vor Ort, weil zu erwarten war, dass sich die Gäste zu diesem Zeitpunkt besser an ihr Ausgabever-

halten erinnern als bei einer späteren postalischen Befragung. Die Kernfragen der Onlinebefragung und der standardisierten mündlichen Befragungen bezogen sich auf die demographische Struktur sowie Herkunft der Gäste und auf das Ausgabeverhalten der Veranstaltungsbesucherinnen und -besucher, differenziert nach den verschiedenen Orten und Branchen.

Die **Gästestruktur** aller über die standardisierten mündlichen Befragungen untersuchten Veranstaltungen auf dem Hockenheimring 2014 ist stark von männlichen Besuchern geprägt. So sind 81 % der Gäste des Formel-1-Grand-Prix, 74 % der Gäste des Formula Student und 56 % der Gäste von Rock'n'Heim männlich. Die Altersstruktur der einzelnen Veranstaltungen ist recht unterschiedlich. Die Besucherinnen und Besucher des Formel-1-Grand-Prix sind durchschnittlich 39 Jahre, die des Formula Student 28 Jahre und die von Rock'n'Heim 24 Jahre alt.

Alle untersuchten Veranstaltungen verursachen ein zusätzliches Aufkommen an Touristen in der Region, für die zwar das Event der Anlass ihres Aufenthalts ist (zwischen 90 % und 96 %), die aber auch (zu einem geringen Teil) Stadt und Region erkunden. Als Ziele werden hier auch Heidelberg, Speyer und Mannheim genannt. Die Besucherinnen und Besucher kommen in der Regel aus ganz Deutschland (mit einem hohen Anteil aus Südwestdeutschland), aber auch aus dem Ausland (28 % der Gäste des Formel-1-Grand-Prix, 18 % der Gäste des Formula Student und 5 % der Gäste von Rock'n'Heim).

Der Anteil der Besucherinnen und Besucher, die übernachten, beträgt zwischen 72 % beim Formel-1-Grand-Prix (mit durchschnittlich ca. drei Übernachtungen), 75 % beim Formula Student (mit durchschnittlich ca. fünf Übernachtungen) und etwa 89 % bei Rock'n'Heim (mit ca. drei Übernachtungen). Bei der Frage nach der Art der Übernachtung spielt die Altersstruktur und damit das Einkommen eine große Rolle. Mit

95 % der Gäste von Rock'n'Heim und 78 % von Formula Student übernachten deutlich höhere Anteile auf einem Campingplatz als beim Formel-1-Grand-Prix (33 %). Demgegenüber nutzen 49 % der Formel-1-Grand-Prix-Besucherinnen und -Besucher Hotels in der Region (nur etwa 20 % der Besucherinnen und Besucher des Formula Student).

Die Berechnung der **ökonomischen Wirkungen** der Rennstrecke für die Region Hockenheim (Umkreis von 50 km um den Hockenheimring) basiert auf der Erfassung der Bruttoumsätze, die durch die **Konsumausgaben der Gäste** der Veranstaltungen generiert werden. Die Ausgaben wurden pro Tag und Kopf in den einzelnen Bereichen Verpflegung auf der Rennstrecke, Einkauf von Fanartikeln, lokaler Transport, Unterkunft, Gastronomiebesuche, Lebensmitteleinkäufe, sonstige Einkäufe, Freizeit und sonstige Ausgaben erhoben bzw. berechnet. Es wurden nur die Ausgaben der Besucherinnen und Besucher berücksichtigt, für die das Event das Hauptmotiv für ihren Aufenthalt in der Region Hockenheim darstellte, weil nur deren Kosten als durch die Veranstaltung verursacht bezeichnet werden können. Auch wurden nur die Ausgaben von Gästen berücksichtigt, die nicht in der Region Hockenheim wohnen, weil allein diese einen zusätzlichen Kaufkraftimpuls für die Region darstellen. Es wurde zwischen Tagesgästen und Übernachtungsgästen differenziert, weil die beiden Gruppen deutliche Unterschiede in der Höhe und Struktur ihrer Ausgaben aufweisen (❑ Tab. 10.2).

Die **Gesamtausgaben der Übernachtungsgäste** während der einzelnen Veranstaltungen variieren sehr stark von 18,61 € für Formula Student bis zu 122,13 € für den Formel-1-Grand-Prix (❑ Tab. 10.2). An Veranstaltungen, bei denen ein jüngeres Publikum die Besucherstruktur dominiert und der Campingplatz Hauptunterkunftsart ist, profitieren regionale Beherbergungsbetriebe deutlich weniger. Die Ausgaben variieren von 1,57 € für Rock'n'Heim bis zu 37,24 € für den Formel-1-Grand-Prix. Die sehr niedrigen Ausgaben für den Bereich Übernachtung bei Rock'n'Heim lässt sich darauf zurückführen, dass die Kosten für den Campingplatz bereits mit dem Ticketkauf abgedeckt wurden. Hotelgäste nutzen erwartungsgemäß zur Verpflegung hauptsächlich die regionale Gastronomie. So kann das regionale Gastgewerbe aufgrund des Formel-1-Grand-Prix erhebliche Einkünfte verzeichnen. Eine wichtige Rolle bei den Kosten der Besucherinnen und Besucher spielt auch die Versorgung mit Essen und Getränken. Die Nutzung der vorhandenen Verpflegungseinrichtungen im Motodrom ist dabei, je nach Veranstaltungsart, unterschiedlich und beträgt zwischen 2,69 € bei Formula Student bis zu 38,43 € beim Formel-1-Grand-Prix. Auch der ortsansässige Lebensmitteleinzelhandel profitiert von Veranstaltungen am Hockenheimring. Die höchsten Ausgaben in diesem Bereich tätigen die Besucherinnen und Besucher des Formula Student.

Die **Gesamtausgaben der Tagesgäste** (❑ Tab. 10.2) fallen deutlich niedriger aus als die der Übernachtungsgäste und variieren ebenfalls, wenn auch nicht so stark, zwischen den einzelnen Veranstaltungen (von 15,72 € bei Formula Student bis zu 39,08 € beim Formel-1-Grand-Prix). Die größten Beträge entfallen bei den Tagesgästen auf den Bereich Verpflegung auf der Rennstrecke. Auch hier geben die Gäste des Formel-1-Grand-Prix mit 25,91 € am meisten aus.

Die Ergebnisse der Fallstudien bestätigen die zuvor aufgestellte Vermutung, dass sich die Ausgabengrößen für die unterschiedlichen Events stark unterscheiden und nicht einfach von einer auf die andere Veranstaltung übertragen werden können. In der durchgeführten Onlinebefragung wurden deshalb die **Ausgaben der Besucherinnen und Besucher für die einzelnen Veranstaltungstypen** ermittelt (❑ Tab. 10.3). Es

10

Tab. 10.2 Ausgaben in Euro der Übernachtungs- und Tagesgäste der ausgewählten Veranstaltungen 2014 in den einzelnen Bereichen pro Tag und Person in der Region Hockenheim. (Nach eigener Auswertung der Befragungen 2014)

Ausgaben in den einzelnen Bereichen	Formel-1-Grand Prix		Formula Student		Rock'n'Heim	
	Übernachtungsgäste	Tagesgäste	Übernachtungsgäste	Tagesgäste	Übernachtungsgäste	Tagesgäste
Verpflegung auf dem Hockenheimring	38,43	25,91	2,69	12,75	20,53	17,84
Einkauf von Fanartikeln	15,30	11,48	0,16	0,45	4,75	3,92
Sonstige Ausgaben im Bereich der Rennstrecke	1,15	0,35	0,01	0,04	0,16	0,20
Lokaler Transport	5,24	0,39	0,84	0,00	0,29	0,00
Verpflegung in regionaler Gastronomie	14,04	0,72	0,82	2,21	0,96	0,43
Unterkunft	37,24	0,00	9,34	0,00	1,57	0,00
Pauschalarrangements	5,47	0,00	0,00	0,00	0,00	0,00
Lebensmittel im regionalen Einzelhandel	3,57	0,23	4,52	0,27	2,60	0,10
Freizeitaktivitäten	0,24	0,00	0,02	0,00	0,05	0,00
Sonstige Ausgaben	1,45	0,00	0,21	0,00	0,02	0,00
Summe	**122,13**	**39,08**	**18,61**	**15,72**	**30,93**	**22,49**

Tab. 10.3 Ausgaben in Euro der Besucherinnen und Besucher des Hockenheimrings 2014 in den einzelnen Bereichen pro Tag und Person in der Region Hockenheim nach Veranstaltungstypen. (Nach eigener Auswertung der Befragungen 2014)

Ausgaben in den einzelnen Bereichen	Motorsport-veranstaltungen	Motorsportgroß-veranstaltungen	Musikgroß-veranstaltungen	Touristenfahrten/Fahr-programme	Sonstige Tagesbesucher/Führungen
Verpflegung auf dem Hockenheimring	15,31	26,38	27,08	10,81	11,36
Einkauf von Fanartikeln	9,70	9,81	14,40	3,39	1,92
Sonstige Ausgaben im Bereich der Rennstrecke	3,58	6,56	9,99	27,91	3,97
Lokaler Transport	2,44	0,67	2,52	0,00	0,00
Verpflegung in regionaler Gastronomie	6,24	5,75	7,74	6,91	8,42
Unterkunft	5,75	11,35	3,57	2,90	0,97
Pauschalarrangements	0,06	1,63	0,00	0,00	0,00
Lebensmittel im regionalen Einzelhandel	1,72	3,09	1,43	1,23	0,92
Freizeitaktivitäten	0,57	0,19	0,00	0,00	0,00
Sonstige Ausgaben	0,29	0,38	2,86	6,52	4,36
Summe	**45,67**	**65,81**	**69,60**	**59,67**	**31,94**

ist auffällig, dass die Ausgaben der Gäste der Großveranstaltungen (>20.000 Besucher) vor allem im Bereich Verpflegung auf dem Hockenheimring (26 € bis 27 €) deutlich höher sind als die der übrigen Gäste (etwa 11 € bis 15 €). Dagegen tätigen die Besucherinnen und Besucher der kleineren Veranstaltungen höhere Ausgaben in der regionalen Gastronomie. Beim Einkauf von Fanartikeln liegen die Besucherinnen und Besucher von Musikgroßveranstaltungen mit durchschnittlich 14 € vorn. Insgesamt wenden die Teilnehmerinnen und Teilnehmer der Onlinebefragung zwischen 32 € und 70 € pro Tag und pro Kopf in der Region Hockenheim auf, was noch einmal die große Spannbreite der Ausgaben zwischen den Veranstaltungsarten verdeutlicht.

Sowohl mit den Fallstudien als auch mit der Onlinebefragung wurden die Konsum-ausgaben der Besucherinnen und Besucher ermittelt; diese Ausgaben stellen die Grundlage für die Berechnung der **Bruttoumsätze** dar. Diese errechnen sich durch die Multiplikation der Ausgaben in den einzelnen Bereichen pro Tag und Person mit der durchschnittlichen Besucherzahl pro Tag. Die Umsätze aus dem Eintrittskartenverkauf blieben unberücksichtigt, weil der weitaus größte Teil der Vorleistungen aus diesem Bereich räumlich nicht der Region zuzurechnen ist. Der Gesamtbruttoumsatz für die Region liegt für 2014 bei rund 37 Mio. Euro. Zu diesem Ergebnis tragen vor allem die Großveranstaltungen (rund 21 Mio. Euro Motorsport und rund 11 Mio. Euro Musikveranstaltungen) bei. Aber auch kleinere Veranstaltungen wie Formula Student 2014 generieren mit 0,5 Mio. Euro erhebliche Bruttoumsätze (◘ Tab. 10.4).

◘ **Tab. 10.4** Bruttoumsätze (in Euro) in der Region Hockenheim durch die Besucherinnen und Besucher des Hockenheimrings 2014 nach Veranstaltungstypen. (Nach eigener Auswertung der Befragungen 2014)

Veranstaltungstyp	Bruttoumsatz
Motorsportveranstaltungen	3.465.099
darunter Formula Student Germany	539.226
Motorsportgroßveranstaltungen	21.032.497
darunter Formel-1-Grand-Prix	8.550.123
Musikgroßveranstaltungen	10.807.730
darunter Rock'n'Heim 2014	2.335.275
Touristenfahrten/Fahrprogramme	653.525
Sonstige Tagesbesucher/Führungen	813.024
Summe	**36.771.875**

Für die Ermittlung der **Nettoumsätze** wird der Betrag der Mehrwert- bzw. Umsatzsteuer von den Bruttoumsätzen abgezogen. Mit dieser Steuer wird der Austausch von Leistungen, der vom Unternehmen erwirtschaftete Mehrwert, belastet, wobei der Endverbraucher die Mehrwertsteuer im vollen Umfang zu tragen hat. Je nach Branche bzw. Ausgabenart liegen in Deutschland unterschiedliche Mehrwertsteuersätze vor. Die meisten Produkte und Dienstleistungen werden mit 19 % besteuert. Der ermäßigte Mehrwertsteuersatz gilt für den Einkauf von Lebensmitteln, Büchern, Zeitungen, Briefmarken, Kunst- und Sammlergegenständen, Fahrten mit dem öffentlichen Personennahverkehr und Taxen, Eintritte in Schwimmbäder, Theater, Konzerte oder Museen. Darüber hinaus existieren Bereiche, die komplett von der Mehrwertsteuer befreit sind. Dazu gehören beispielsweise Jugendherbergen, Privatquartiere sowie Einrichtungen des Bunds, der Länder und der Gemeinden. Da die Ausgaben der Veranstaltungsbesucherinnen und -besucher nicht so detailliert vorliegen, dass diese genau einem Mehrwertsteuersatz zugeordnet werden können, wird der durchschnittliche Mehrwertsteuersatz für Baden-Württemberg in Höhe von 14,8 % von den Bruttoumsätzen abgezogen (Harrer & Scherr, 2013). Es ergibt sich ein Nettoumsatz von 31,3 Mio. Euro.

Zur Berechnung der **Nettowertschöpfung**, der Einkommenswirkungen der ersten Umsatzstufe, werden die Nettoumsätze mit branchenspezifischen Nettowertschöpfungsquoten multipliziert. Diese Quoten geben an, wie viele Prozent des Nettoumsatzes nach Abzug von Vorleistungen, Abschreibungen und indirekten Steuern unmittelbar zu Löhnen, Gehältern und Gewinnen, also zu Einkommen wird. Die an dieser Stelle verwendeten Wertschöpfungsquoten beruhen auf Werten, die durch das Deutsche Wirtschaftswissenschaftliche Institut für Fremdenverkehr an der Universität München (Harrer & Scherr, 2013) ermittelt wurden. Sie liegen für die Tourismusbranche in Baden-Württemberg bei 29,74 % für die erste Umsatzstufe. Für die Region Hockenheim ergibt sich ein zusätzliches **Einkommen** von rund 9,3 Mio. Euro auf der ersten Umsatzstufe.

Die durch Veranstaltungen auf dem Hockenheimring generierten Einkommen verursachen weitere Einkommen in vor- und nachgelagerten Bereichen. Unter diesen Multiplikatoreffekt fallen Vorleistungen, etwa die Lieferung eines Bäckers an ein Hotel mit Veranstaltungsgästen, sowie die zusätzlichen Umsätze und Einkommen durch die veranstaltungsbedingte Kaufkraftsteigerung. Die Einkommensanteile der Vorleistungen aus der ersten Umsatzstufe sind im Rahmen der zweiten Umsatzstufe zu berücksichtigen. Dazu wird die Differenz zwischen Nettoumsatz und Nettowertschöpfung der ersten Umsatzstufe mit einer durchschnittlichen Nettowertschöpfungsquote über alle Wirtschaftsbereiche von 30 % multipliziert (Harrer & Scherr, 2013). Für die Region Hockenheim ergibt sich ein zusätzliches Einkommen von rund 6,6 Mio. Euro auf der zweiten Umsatzstufe. Durch einfache Addition der Einkommen der ersten und zweiten Umsatzstufe erhält man das **Gesamteinkommen**, das durch die Aktivitäten auf dem Hockenheimring erzeugt wird. Für die Region Hockenheim liegt dies bei rund 15,9 Mio. Euro (◾ Abb. 10.3).

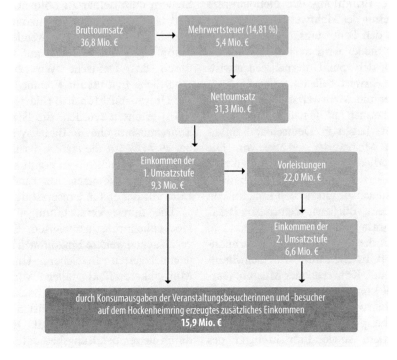

■ **Abb. 10.3** Durch Konsumausgaben der Veranstaltungsbesucherinnen und -besucher auf dem Hockenheimring erzeugtes zusätzliches Einkommen für die Region Hockenheim 2014. (Nach eigener Auswertung der Befragungen 2014)

10.4 Fazit

Die Konsumausgaben der Besucherinnen und Besucher der über 300 verschiedenen Veranstaltungen auf dem Hockenheimring haben im Jahr 2014 zu erheblichen regionalwirtschaftlichen Impulsen geführt. Insgesamt werden Bruttoumsätze in Höhe von 36,7 Mio. Euro für die Region Hockenheim gemessen. Erwartungsgemäß sind die Umsätze durch die Musik- und Motorsportgroßveranstaltungen, wie auch die Fallstudien Formel-1-Grand-Prix 2014 und Rock'n'Heim 2014 zeigen, am höchsten. Aber auch von Veranstaltungen mit wesentlich geringeren Zuschauerzahlen werden wichtige ökonomische Impulse gesetzt. Die Ausgaben der Tages- und Übernachtungsgäste beeinflussen Produktion, Beschäftigung, Einkommen und Steuereinnahmen. Mit der Multiplikatoranalyse konnte ein zusätzliches Einkommen von 15,9 Mio. Euro für die Region Hockenheim errechnet werden.

Die verschiedenen Formen der Wirkungsanalyse erfassen ausschließlich ökonomische Effekte einer Großveranstaltung. Soziale Wirkungen, beispielsweise die Stiftung einer regionalen Identität (▶ Kap. 18), werden mit dieser Methode nicht erfasst. Insbesondere bei großen Investitionsvorhaben ist es aber notwendig, auch die sozialen und ökologischen Wirkungen (▶ Kap. 24) zur erfassen, zu ordnen und zu bewerten (Gans et al., 2003).

❓ Übungs- und Reflexionsaufgaben

1. Wie können Umsätze, Wertschöpfungs- und Einkommenseffekte einer Sportgroßveranstaltung bestimmt werden?
2. Erläutern Sie die verschiedenen regionalökonomischen Effekte am Beispiel einer Sportgroßveranstaltung Ihrer Wahl!

Zum Weiterlesen empfohlene Literatur

Gans, P., Horn, M., & Zemann, C. (2003). *Sportgroßveranstaltungen – ökonomische, ökologische und soziale Wirkungen. Ein Bewertungsverfahren zur Entscheidungsvorbereitung und Erfolgskontrolle.* (Schriftenreihe des Bundesinstituts für Sportwissenschaft, 112). Hofmann.

Literatur

Fanelsa, D. (2002). *Regionalwirtschaftliche Effekte sportlicher Großveranstaltungen. Die Internationalen Galopprennen Baden-Baden.* (Karlsruher Beiträge zur wirtschaftspolitischen Forschung, 14). Nomos.

Feddersen, A. (2016). Die wirtschaftliche Bedeutung von Sportgroßevents: Ökonometrische Ex-post-Analysen. In C. Deutscher, G. Hovemann, T. Pawlowsk & L. Thieme (Hrsg.), *Handbuch Sportökonomik.* (Beiträge zur Lehre und Forschung im Sport, 190, S. 349–364). Hofmann.

Gans, P., Horn, M., & Zemann, C. (2003). *Sportgroßveranstaltungen – ökonomische, ökologische und soziale Wirkungen. Ein Bewertungsverfahren zur Entscheidungsvorbereitung und Erfolgskontrolle.* (Schriftenreihe des Bundesinstituts für Sportwissenschaft, 112). Hofmann.

Harrer, B., & Scherr, S. (2013). *Tagesreisen der Deutschen.* (dwif Schriftenreihe, 33). Deutsches Wirtschaftswissenschaftliches Institut für Fremdenverkehr e. V.

Hockenheimring GmbH. (2014). Daten und Fakten zum Hockenheimring Baden-Württemberg. http://www.hockenheimring.de/unternehmen-daten-und-fakten. Zugegriffen am 07.12.2014.

Horn, M. (2005). *Steigerung des Gemeinwohls durch die Ausrichtung einer Sportgroßveranstaltung. Entwicklung eines Bewertungsverfahrens zur Erfolgs-*kontrolle von sportlichen Großereignissen. (Mannheimer Geographische Arbeiten, 57). Geographisches Institut der Universität Mannheim.

Horn, M., & Gans, P. (2012). Sport als Wirtschafts- und Standortfaktor. *Geographische Rundschau, 64*(5), 4–10.

Horn, M., & Gans, P. (2018). Die ökonomische Bedeutung des Hockenheimrings für die Stadt und die Region Hockenheim. In G. Nowak (Hrsg.), *(Regional-)Entwicklung des Sports.* (Reihe Sportökonomie, 20, S. 17–36). Hofmann.

Horn, M., & Zemann, C. (2006). Ökonomische, ökologische und soziale Wirkungen der Fußball-Weltmeisterschaft 2006 für die Austragungsstädte. *Geographische Rundschau, 58*(6), 4–12.

Klein, M.-L. (1996). Der Einfluß von Sportgroßveranstaltungen auf die Entwicklung des Freizeit- und Konsumverhaltens sowie das Wirtschaftsleben einer Kommune oder Region. In G. Anders & W. Hartmann (Hrsg.), *Wirtschaftsfaktor Sport: Attraktivität von Sportarten für Sponsoren, wirtschaftliche Wirkungen von Sportgroßveranstaltungen. Dokumentation des Workshops vom 2. Juli 1996.* (Bundesinstitut für Sportwissenschaft, Berichte und Materialien, 15, S. 55–60). Sport und Buch Strauß.

Kurscheidt, M. (2016). Die wirtschaftliche Bedeutung von Sportgroßevents: Konsumausgaben und Ex-ante-Analysen. In C. Deutscher, G. Hovemann, T. Pawlowski & L. Thieme (Hrsg.), *Handbuch Sportökonomik.* (Beiträge zur Lehre und Forschung im Sport, 190, S. 365–381). Hofmann.

Maennig, W. (1998). Möglichkeiten und Grenzen von Kosten-Nutzen-Analysen im Sport. *Sportwissenschaft, 28*(3/4), 311–327.

Preuß, H. (1999). *Ökonomische Implikationen der Ausrichtung Olympischer Spiele von München 1972 bis Atlanta 1996.* (Olympische Studien, 3). Agon.

Rahmann, B., Weber, W., Groening, Y., Kurscheidt, M., Napp, H.-G., & Pauli, M. (1998). *Sozio-ökonomische Analyse der Fußball-Weltmeisterschaft 2006 in Deutschland. Gesellschaftliche Wirkungen, Kosten-Nutzen-Analyse und Finanzierungsmodelle einer Sportgroßveranstaltung.* (Bundesinstitut für Sportwissenschaft, Wissenschaftliche Berichte und Materialien, 4). Strauß.

Rütter, H., Stettler J., Amstutz, M., Birrer, D. & et al. (2002). Volkswirtschaftliche Bedeutung von Sportgroßanlässen in der Schweiz. Schlussbericht, KTI Projekt „Volkswirtschaftliche Bedeutung von Sportgrossanlässen in der Schweiz". Institut für Tourismuswirtschaft ITW, Hochschule für Wirtschaft HSW.

Schätzl, L. (1994). *Wirtschaftsgeographie 2. Empirie* (2. Aufl.). Schöningh.

Schwark, J. (2020). *Sportgroßveranstaltungen. Kritik der neoliberal geprägten Stadt*. Springer VS.

Stettler, J. (2000). *Ökonomische Auswirkungen von Sportgrossanlässen. Literaturstudie*. Institut für Tourismuswirtschaft ITW, Hochschule für Wirtschaft HSW.

Zemann, C., Lentz, S., & Schmidt, B. (2001). *Regional-wirtschaftliche Effekte von Sportgroßveran-staltungen – untersucht am Beispiel des Formel-1-Grand-Prix auf dem Hockenheimring* (Arbeitsberichte aus dem Geographischen Institut der Universität Mannheim, 18). Geographisches Institut der Universität Mannheim.

10

Sportbezogene Arbeitsmärkte

Pierre-André Gericke und Christian Zemann

Sportunterricht. (© Drazen/stock.adobe.com)

P. Gans et al. (Hrsg.), *Sportgeographie*, https://doi.org/10.1007/978-3-662-66634-0_11

Inhaltsverzeichnis

Einleitung

Sport in seinen vielfältigen Erscheinungsformen geht mit Nachfrage nach Waren und Dienstleistungen einher und beeinflusst damit Angebot und Nachfrage auf **Arbeitsmärkten**. Wo Arbeitskräfteangebot und -nachfrage zueinander finden, entsteht sportbedingte Ehrenamts- oder Erwerbstätigkeit. Letztere ist unter anderem in Vereinen und Verbänden, der öffentlichen Verwaltung sowie in privaten Unternehmen zu finden. Diese Institutionen beschäftigen Athletinnen und Athleten sowie Fachleute beispielsweise für Training, Betreuung und Unterricht, Forschung und Lehre, Management, Verwaltung, Sportartikelherstellung und -verkauf, Marketing, Berichterstattung. Daneben hat der Sport **Beschäftigungswirkungen** in nicht auf den Sport spezialisierten Branchen und Berufsfeldern, etwa wenn regelmäßiger Sportbetrieb oder Sportveranstaltungen zu zusätzlicher Nachfrage im Gastgewerbe, Einzelhandel oder Baugewerbe führen.

Sportbedingte **Erwerbstätigkeit** zu erfassen, erweist sich als schwierig, weil zahlreiche Institutionen nicht ausschließlich sportbezogene Waren produzieren oder entsprechende Dienstleistungen erbringen; die Sportbranche ist wirtschaftsfachlich nicht eindeutig abgrenzbar (▶ Kap. 12). Ansätze, Wirkungen des Sports auf Arbeitsmärkte indirekt oder durch Primärerhebungen zu ermitteln, sind aufwendig und stoßen bei der regionalen Betrachtung **sportbezogener Arbeitsmärkte** an ihre Grenzen. Die amtliche **Arbeitsmarktstatistik** kann in solchen Untersuchungen zu Erkenntnissen beitragen. Den Abgrenzungsschwierigkeiten steht der Vorteil von Vollerhebungen zentraler Bereiche des Arbeitsmarkts gegenüber, die fachlich und regional tief differenzierte Auswertungen ermöglichen.

Möglichkeiten und Grenzen der Arbeitsmarktstatistik zur Analyse sportbezogener Berufsfelder wurden bereits von Lück-Schneider (2007) und Gericke et al. (2012)

untersucht. Die folgende Betrachtung stellt anhand aktueller Daten und einer seit damals neu entwickelten Klassifikation die Entwicklung und Struktur sportbezogener Arbeitsmärkte in Deutschland dar. Dabei wird auf Ansätze der Regionalisierung eingegangen, um Möglichkeiten aufzuzeigen, wie Arbeitsmarkteffekte auch im Rahmen spezifischer, auf einzelne Regionen fokussierter Analysen und Planungen untersucht werden können.

11.1 Zusammenhänge zwischen Sport und Arbeitsmarkt

Die vielfältigen Formen aktiven Sportausübens und passiven Sportkonsums setzen fast allesamt bestimmte Kenntnisse, passende Infrastruktur, Ausrüstung oder Medien voraus und erzeugen deshalb Nachfrage nach Waren und Dienstleistungen. Die Bedarfe sind mannigfaltig und umfassen ein breites Spektrum von geeigneter Kleidung über Unterricht und Training bis zum komplexen Leistungsgefüge im Rahmen einer internationalen Sportgroßveranstaltung. Um nachfragegerechte **sportbezogene Güter** zu erzeugen, entsteht ein spezifischer **Bedarf an Arbeitskräften**. Dieser Bedarf kann von Individuen unmittelbar gedeckt werden (z. B. als selbstständige Personal Trainer), häufig wird er aber von Institutionen befriedigt, die z. B. als Verein, als Teil der öffentlichen Verwaltung oder als privates Unternehmen sportbezogene Leistungen (z. B. Sportstätten und Training, Unterricht, Beratung) anbieten und als Arbeitgeber auftreten. Letzteres macht sich auf Arbeitsmärkten entweder in Form einer befriedigten **Arbeitskräftenachfrage** (Beschäftigung) oder einem Nachfrageüberhang (offene Stellen) bemerkbar.

Der Nachfrage steht ein sportbezogenes **Arbeitskräfteangebot** gegenüber. Dieses wird von Menschen gebildet, die ihre Arbeitskraft sportbezogen einsetzen möchten, und die dafür in vielen Fällen eine passende formelle oder informelle Qualifikation erwerben (etwa durch Training, eine Aus- oder Weiterbildung oder ein Studium). Soweit Arbeitskräfteangebot und -nachfrage zueinander finden, entsteht Beschäftigung; ein Angebotsüberhang kann sich in Arbeitslosigkeit manifestieren.

Einkommen und Erwerbstätigkeit gehören zu den ökonomischen Effekten, die im Kontext von Sport im Allgemeinen und bei der Ex-ante- oder Ex-post-Bewertung konkreter sportbezogener Maßnahmen häufig untersucht werden (Horn, 2005; Zemann, 2005). Arbeitsmarktstrukturen und -entwicklungen werden dabei meist indirekt quantifiziert (▶ Kap. 12). So berechnen Ahlert et al. (2021) die sportbezogene Erwerbstätigkeit im Rahmen eines **Sportsatellitenkontos** der Volkswirtschaftlichen Gesamtrechnung auf Bundesebene und kommen dabei für 2018 auf rund 1,19 Mio. Personen, was einem Anteil von 2,6 % an den Erwerbstätigen entspricht. Die größten Anteile entfallen danach auf die Wirtschaftsbereiche öffentliche und personenbezogene Dienstleister, Handel sowie Verkehr und Gastgewerbe. Berechnungen wie diese stoßen bei regionalspezifischem und fachlich tiefer differenziertem Interesse schnell an Grenzen. Eine Regionalisierung etwa des Sportsatellitenkontos ist wenig

aussichtsreich (Ahlert, 2018). Regionale sportbezogene Beschäftigungswirkungen werden daher meist anhand von Umsatz und Wertschöpfung ermittelt, indem sportbedingte Einkommenssteigerungen in Beschäftigungsäquivalente umgerechnet werden (etwa mittels **Multiplikatoranalysen**; ▶ Kap. 10 und 12). Die dafür erforderlichen Größen sind jedoch nicht immer verfügbar, und auch mit diesen Verfahren lässt sich der Wunsch nach tieferer fachlicher Differenzierung häufig nicht erfüllen. Einen direkten analytischen Zugang zu sportbezogenen Strukturen und Entwicklungen auf Arbeitsmärkten eröffnen Daten der Arbeitsmarktstatistik.

11.2   Abgrenzung von Sport in der Arbeitsmarktstatistik

Um sportbezogene Arbeitsmärkte in Deutschland anhand amtlicher Statistiken zu untersuchen, sind Daten zur sozialversicherungspflichtigen und geringfügigen Beschäftigung, zur Arbeitslosigkeit und zu gemeldeten Stellen von besonderer Relevanz. Sie geben Einblick in Angebot und Nachfrage auf Arbeitsmärkten mit umfangreichen Möglichkeiten zur Differenzierung (▶ Box 11.1).

Box 11.1 Statistiken zu Beschäftigung, Arbeitslosigkeit und gemeldeten Stellen

Die **amtlichen Statistiken über den Arbeitsmarkt und die Grundsicherung für Arbeitsuchende** in Deutschland werden von der Statistik der Bundesagentur für Arbeit (BA) erstellt und veröffentlicht (statistik.arbeitsagentur.de). Dabei handelt es sich um **Sekundärstatistiken**, d. h. die Ergebnisse basieren auf Daten aus den Geschäftsprozessen der BA und der Jobcenter, aus dem Meldeverfahren zur Sozialversicherung sowie weiteren externen Quellen. Um Angebot und

Nachfrage auf Arbeitsmärkten zu beleuchten, sind die Statistiken zu **Arbeitslosen**, **gemeldeten Stellen** und zur **Beschäftigung** von besonderer Relevanz (Statistik der BA, 2018, 2022f, 2022g). Als arbeitslos gelten Personen, welche die gesetzlichen Kriterien des Sozialgesetzbuchs (SGB III oder II) erfüllen, d. h. unter anderem bei der BA oder einem Träger der Grundsicherung für Arbeitsuchende gemeldet und für den Arbeitsmarkt verfügbar sind. Unter gemeldeten Stellen werden sozialversicherungspflichtige, geringfügige und sonstige (z. B. Praktika) Arbeitsstellen mit einer vorgesehenen Beschäftigungsdauer von mehr als sieben Kalendertagen verstanden, die den Arbeitsagenturen sowie den Jobcentern in gemeinsamer Einrichtung von BA und Kommunen von Arbeitgebern zur Vermittlung gemeldet wurden. Die Beschäftigung umfasst **sozialversicherungspflichtig** und **geringfügig Beschäftigte** (SvB und GB). Der größte Teil der GB entfällt auf geringfügig entlohnt Beschäftigte

(GeB), d. h. Beschäftigte mit einem Minijob, bei dem das Arbeitsentgelt regelmäßig 520 € im Monat nicht überschreitet. SvB und GB decken den weitaus größten Teil der Erwerbstätigkeit in Deutschland ab (Anteil der SvB an den Erwerbstätigen 2021: 75 %, Anteil der ausschließlich GB an den Erwerbstätigen: 9 %; nicht enthalten sind vor allem Beamtinnen und Beamte sowie Selbstständige; Statistik der BA, 2022c). Die Statistiken liegen in tiefer fachlicher und regionaler Differenzierung vor.

Sportbezogene Arbeitsmärkte lassen sich wegen des oben beschriebenen Abgrenzungsproblems nur teilweise anhand von Wirtschaftszweigen identifizieren. In diesem Beitrag werden Arbeitsmärkte für Sport stattdessen berufs- bzw. tätigkeitsbezogen auf Basis der **Klassifikation der Berufe** (▶ Box 11.2) abgegrenzt. Bei den Arbeitslosen wird dabei auf den Zielberuf Bezug genommen, bei den Stellen auf die gewünschte Tätigkeit und bei den Beschäftigten auf die ausgeübte Tätigkeit (Statistik der BA, 2018, 2022f, 2022g).

Bei der Auswahl sportbezogener Berufe und der Bildung von Aggregaten wird den Überlegungen von Gericke et al. (2012) und Lück-Schneider (2007) gefolgt, allerdings

unter Verwendung der seitdem grundlegend neu aufgebauten Klassifikation der Berufe 2010. Dazu wurden zunächst Berufsuntergruppen ausgewählt, die ganz oder mit hohen Anteilen als sportbezogen gelten können. Daraus wurden anhand der berufsfachlichen Ähnlichkeit fünf **Aggregate** gebildet: „Pferde", „Konstruktion", „Management", „Unterricht" und „Berufssport" (◻ Tab. 11.1). Sportbezogene Berufe in Berufsuntergruppen, die nicht größtenteils dem Sport zuzurechnen sind, entziehen sich damit der Analyse (so ist z. B. der Beruf „Sportjournalist/in" nicht eigens ausweisbar, sondern in der Berufsuntergruppe „Redakteure/Redakteurinnen und Journalisten/ Journalistinnen" enthalten).

Box 11.2 Klassifikation der Berufe

Um die Vielfalt der Berufe in Deutschland abbilden zu können, werden sie mittels der Klassifikation der Berufe (KldB) systematisch gruppiert. Die aktuelle Systematik „KldB 2010 – überarbeitete Fassung 2020" (Statistik der BA, 2022d) ist hierarchisch und umfasst fünf Gliederungsebenen. Die strukturgebende Dimension ist die **Berufsfachlichkeit**. Das heißt, die Berufe sind auf den obersten vier Ebenen anhand der Ähnlichkeit der sie auszeichnenden Tätigkeiten, Kenntnisse und Fertigkeiten gruppiert. Auf

der fünften Ebene wird nach dem **Anforderungsniveau** gegliedert, das sich auf die Komplexität der Tätigkeit bezieht. Bei der Kategorisierung werden formelle Qualifikationen, die für die Ausübung eines Berufs erforderlich sind, herangezogen, aber auch informelle Bildung oder Berufserfahrung. Das Anforderungsniveau wird in vier Ausprägungen ausgewiesen: von Helfer- und Anlerntätigkeiten über fachlich ausgerichtete Tätigkeiten und komplexe Spezialistentätigkeiten bis zu hochkomplexen Tätigkeiten.

☐ Tab. 11.1 Sportbezogene Berufsaggregate auf Basis der Klassifikation der Berufe (KldB) 2010

Aggregat	Berufsuntergruppen	Berufe (Beispiele)
Pferde	1132 – Berufe in der Pferdewirtschaft – Reiten	Pferdewirt/in – Reiten
	1139 – Aufsichts- und Führungskräfte – Pferdewirtschaft	Pferdewirtschaftsmeister/in – Reitausbildung Gestütsverwalter/in
Konstruktion	2728 – Technisches Zeichnen, Konstruktion und Modellbau (sonstige spezifische Tätigkeitsangabe)	Sportgerätebauer/in Skimonteur/in Normungsexperte/-expertin Ingenieur/in – Sport Normeningenieur/in
Management	6312 – Sport- und Fitnesskaufleute, Sportmanager/innen	Sport- und Fitnesskaufmann/-frau Fachkraft – Sportmanagement Fachwirt/in – Sport Sportbetriebswirt/in Sportmanager/in, -ökonom/in Manager/in für Fitness- und Freizeitunternehmen
Unterricht	8450 – Sportlehrer/innen (ohne Spezialisierung)	Sportlehrer/in Berufstrainer/in – Sport Lizenztrainer/in Trainer/in – Leistungssport Sportwissenschaftler/in
	8453 – Tanzlehrer/innen	Tanzsporttrainer/in Tanz- und Gymnastiklehrer/in
	8454 – Trainer/innen – Ballsportarten	Tennislehrer/in Fußballtrainer/in
	8455 – Trainer/innen – Fitness und Gymnastik	Gymnastiklehrer/in Yogalehrer/in
	8458 – Sportlehrer/innen (sonstige spezifische Tätigkeitsangabe)	Segellehrer/in Karatelehrer/in Sporttauchlehrer/in
Berufssport	9424 – Athleten/Athletinnen und Berufssportler/innen	Fußballspieler/in Berufssportler/in Eislaufkünstler/in

11.3 Struktur und Entwicklung des Arbeitsmarkts Sportberufe

Entwicklung von Beschäftigung, Arbeitslosigkeit und gemeldeten Stellen

Im Folgenden werden Angebot und Nachfrage auf dem Arbeitsmarkt für Sportberufe anhand der in ◘ Tab. 11.1 dargestellten Berufsaggregate untersucht. ◘ Tab. 11.2 zeigt die Bedeutung der einzelnen Teilsegmente jeweils im Vergleich zur Gesamtzahl der Arbeitslosen, gemeldeten Stellen und Beschäftigten. Die Anteile der sportbezogenen Arbeitsmarktsegmente sind überwiegend gering (gemeldete Stellen 0,1 %, Arbeitslose und SvB jeweils 0,2 %). Ein bedeutenderer Anteil kommt den GeB in Sportberufen zu (1,0 %).

Der Arbeitsmarkt für Sportberufe in Deutschland entwickelt sich hinsichtlich der Arbeitslosigkeit und der gemeldeten Stellen schwächer als der Arbeitsmarkt insgesamt, bei der sozialversicherungspflichtigen Beschäftigung dagegen stärker (◘ Abb. 11.1, 11.2 und 11.3).[1] Die Entwicklung ist vor allem durch die beiden wichtigsten sportbezogenen Teilarbeitsmärkte „Unterricht" und „Management" geprägt (◘ Tab. 11.1 und 11.2).

Die Kräftenachfrage auf dem Arbeitsmarkt für Sportberufe scheint weniger stark auf konjunkturelle Entwicklungen zu reagieren als die Nachfrage auf dem Arbeitsmarkt insgesamt (◘ Abb. 11.1). Vor der Krise infolge der Corona-Pandemie lagen die Rückgänge der **Arbeitslosigkeit** bei Sportberufen mit 7,1 % seit 2013 deutlich unter dem Niveau des Gesamtmarktes mit 23,2 %. Dies könnte auf die in Dienstleistungssektoren üblicherweise geringere Konjunkturreagibilität der Arbeitskräftenachfrage zurückzuführen sein. Der sportbezogene Arbeitsmarkt scheint allerdings von der Pandemie stärker betroffen gewesen zu sein als der Gesamtmarkt. In ◘ Abb. 11.1 ist der Anstieg der Arbeitslosigkeit mit Einsetzen der Corona-Krise im Jahr 2019 deutlich zu erkennen und in Sportberufen mit 29,9 (von 92,9 auf 122,8) gegenüber 14,6

◘ **Tab. 11.2** Arbeitslosigkeit, gemeldete Stellen (Jahresdurchschnitte 2021) und Beschäftigte am Arbeitsort (30. Juni 2021) in sportbezogenen Berufssegmenten. (Nach Statistik der BA, 2022a, b)

Segment	Arbeitslose	Gemeldete Stellen	SvB	GeB
Alle Berufe	2.613.489	705.605	33.802.173	7.156.563
Sportberufe	6.354	690	67.669	74.217
Pferde	187	*	2.200	753
Konstruktion	34	*	2.923	279
Management	1.338	136	12.762	2.702
Unterricht	4.356	524	43.383	57.211
Berufssport	438	*	6.401	13.272

*Werte werden aus Gründen der statistischen Geheimhaltung nicht ausgewiesen.

---

1 Daten nach der KldB 2010 sind ab 2013 verfügbar.

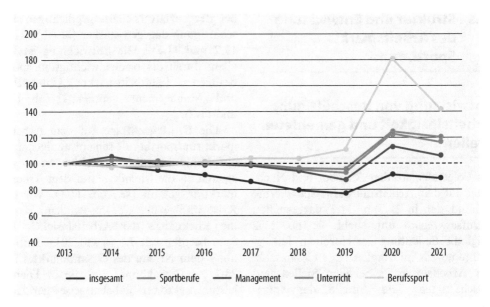

◧ Abb. 11.1 Arbeitslose insgesamt und in Sportberufen (Jahresdurchschnitte; Index, 2013 = 100 %).
(Wegen zu geringer Fallzahlen werden die Aggregate

„Pferde" und „Konstruktion" nicht einzeln
ausgewiesen, sind aber in „Sportberufe" enthalten.)
(Nach Statistik der BA, 2022b; eigene Berechnungen)

11

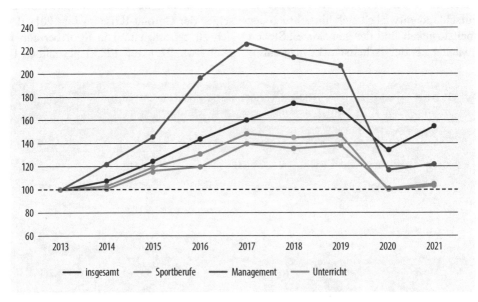

◧ Abb. 11.2 Gemeldete Stellen insgesamt und in
Sportberufen (Jahresdurchschnitte; Index, 2013 =
100 %). (Wegen zu geringer Fallzahlen werden die Aggregate „Pferde", „Konstruktion" und „Berufssport"

nicht einzeln ausgewiesen, sind aber in „Sportberufe"
enthalten.) (Nach Statistik der BA, 2022b; eigene Berechnungen)

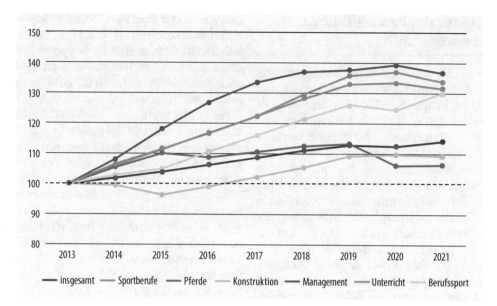

Abb. 11.3 SvB am Arbeitsort insgesamt und in Sportberufen (jeweils 30. Juni; Index, 2013 = 100 %). (Nach Statistik der BA, 2022a; eigene Berechnungen)

Prozentpunkten (von 76,8 auf 91,4) insgesamt deutlich stärker ausgeprägt.

Ähnliche Muster zeigen sich auch bei den **gemeldeten Stellen**, deren Entwicklung ein Indikator für die Entwicklung der Arbeitskräftenachfrage ist (Abb. 11.2). Die Stellenmeldungen in Sportberufen sind von 2013 bis zur Pandemie 2019 weniger stark angestiegen als die Stellenmeldungen auf dem Gesamtmarkt und danach stärker zurückgegangen. Zudem zeigen sich bei den sportbezogenen Stellenmeldungen entgegen der Entwicklung auf dem Arbeitsmarkt insgesamt bis Anfang 2021 kaum Konsolidierungstendenzen.

Die **sozialversicherungspflichtige Beschäftigung** in Sportberufen hat sich vor der Pandemie positiver entwickelt als der Gesamtmarkt mit Beschäftigungszuwächsen von 32,9 % gegenüber 12,8 % insgesamt (Abb. 11.3). Allerdings liegt die Zahl der SvB mit sportbezogenen Tätigkeiten aktuell noch unter dem Niveau zu Beginn der Pandemie. Die SvB insgesamt haben dieses Niveau bereits wieder überschritten. Ähnliches gilt für das Segment der **geringfügig entlohnten Beschäftigung** (Statistik der BA, 2022a).

Eine Erklärung für die überdurchschnittliche Zunahme der sportbezogenen Beschäftigung zwischen 2013 und 2019 bei unterdurchschnittlichem Rückgang der Arbeitslosigkeit könnte sein, dass die unterdurchschnittlichen Zuwächse bei der Arbeitskräftenachfrage (gemeldete Stellen) in Sportberufen von einer Zunahme des Kräfteangebots begleitet wurden. Gemäß dem einfachen **neoklassischen Arbeitsmarktmodell** (z. B. Borjas, 2020; Mankiw, 2001) folgen einer Nachfragezunahme an Arbeitskräften bei gleichzeitiger Ausdehnung des Angebots neben nachfrageinduzierten auch angebotsinduzierte Beschäftigungszuwächse. Gleichzeitig wird der Rückgang der Arbeitslosigkeit gebremst, weil der durch die zusätzliche Kräftenachfrage herbeigeführte Abbau der Arbeitslosigkeit durch das zusätzliche Kräfteangebot konterkariert wird.

Struktur der Beschäftigung in Sportberufen

Die Zahl der **sozialversicherungspflichtig Beschäftigten** in Sportberufen lag im Juni 2021 bei knapp 68.000 (0,2 % aller SvB). Die meisten davon sind als Lehrerinnen und Lehrer, Trainerinnen und Trainer sowie in der Sportwissenschaft tätig (Aggregat „Unterricht", rund 64 %), gefolgt vom Sportmanagement (ca. 20 %). Knapp 10 % der SvB mit sportbezogenen Tätigkeiten sind Athletinnen und Athleten (◘ Tab. 11.2). Die SvB in Sportberufen sind im Durchschnitt jünger als in anderen Berufen, üben Tätigkeiten mit einem höheren Anforderungsniveau aus (überwiegend Spezialisten) und sind häufiger in Teilzeit beschäftigt. Personen mit mittlerem Qualifikationsniveau sind bei den SvB in Sportberufen unterrepräsentiert, Akademikerinnen und Akademiker sowie Personen ohne abgeschlossene Ausbildung überrepräsentiert.

In Sportberufen ist **geringfügig entlohnte Beschäftigung** besonders häufig. Die Zahl der GeB mit sportbezogenen Tätigkeiten lag im Juni 2021 bei über 74.000 und damit höher als die Zahl der SvB; dies entspricht ungefähr 1 % aller GeB. In dieser Gruppe entfällt ein noch größerer Anteil auf das Aggregat „Unterricht" (rund 77 %), gefolgt von Athletinnen und Athleten (knapp 18 %) und im Sportmanagement Tätigen (ca. 4 %). Von den insgesamt knapp 20.000 beschäftigten Berufssportlerinnen und -sport-

lern sind somit über zwei Drittel geringfügig entlohnt beschäftigt (◘ Tab. 11.2). Das **Verhältnis von GeB zu SvB** ist in Sportberufen insgesamt mehr als fünfmal so hoch wie bei allen Beschäftigten (1,1 zu 0,2). Im Teilsegment „Berufssport" beträgt es sogar 2,1. Überdurchschnittliche GeB-SvB-Verhältnisse kommen in den Sportberufen – anders als bei den Beschäftigten insgesamt – eher bei Personen vor, die über eine abgeschlossene Berufsausbildung verfügen, Tätigkeiten mit gehobenem Anforderungsniveau ausüben (Spezialisten; ▶ Box 11.2) oder männlich sind. Im Berufsfeld Sport hat geringfügig entlohnte Beschäftigung damit eine außergewöhnlich hohe Relevanz, und die Gruppen der SvB und GeB unterscheiden sich strukturell nur wenig.

Die mittleren **Bruttoentgelte der sozialversicherungspflichtig Vollzeitbeschäftigten** in Sportberufen liegen insgesamt unter dem Durchschnitt (◘ Tab. 11.3), im Segment „Berufssport" aber deutlich darüber. Anders als die Entgelte insgesamt sind die Entgelte in Sportberufen von 2019 bis 2020 zurückgegangen. Dies könnte das Ergebnis des vermuteten, besonders ausgeprägten Rückgangs der sportbezogenen Arbeitskräftenachfrage im Zuge der Corona-Pandemie sein. Von 2013 bis 2019 betrug der Anstieg des mittleren Einkommens in Sportberufen 13 % (von 2.420 € auf 2.743 €; ◘ Tab. 11.3). Er lag damit unter dem durchschnittlichen Einkommensanstieg von 15 % über alle Berufe (von 2.954 € auf 3.401 €;

◘ **Tab. 11.3** Mediane der Bruttoentgelte sozialversicherungspflichtig Vollzeitbeschäftigter (jeweils 31. Dezember). (Nach Statistik der BA, 2022a)

Stichtag	Median in €						
	insgesamt	darunter Sportberufe					
		insgesamt	Pferde	Konstruktion	Management	Unterricht	Berufssport
2013	2.954	2.420	1.722	3.537	1.905	2.316	4.318
2019	3.401	2.743	2.135	3.881	2.362	2.612	5.536
2020	3.427	2.699	2.157	3.890	2.294	2.557	5.317

◘ Tab. 11.3). Dies stützt ebenfalls die oben angeführte Hypothese, dass im Berufssegment „Sport" zwischen 2013 und 2019 sowohl die Nachfrage als auch das Angebot an Arbeitskräften zugenommen haben. Eine lohnerhöhend wirkende Nachfragezunahme würde dann mit einer lohndämpfenden Angebotszunahme einhergehen. Das Lohnwachstum in Sportberufen kann daher schwächer ausfallen als auf dem Gesamtmarkt, obwohl die Beschäftigung in Sportberufen stärker gestiegen ist.

11.4 Regionale Bedeutung sportbezogener Beschäftigung

Räumliche Perspektiven der Analyse sportbezogener Beschäftigung

In ► Abschn. 11.3 wurde der Arbeitsmarkt für Sportberufe bezogen auf Deutschland beschrieben. Für spezifische Arbeitsmarktanalysen im Kontext Sport sollte dies nur der Ausgangs- oder Referenzpunkt regional tiefer gehender Untersuchungen sein, weil fachlich und räumlich *der* sportbezogene Arbeitsmarkt nicht existiert. Vielmehr sollte von einer Vielzahl sehr unterschiedlicher regionaler Arbeitsmärkte ausgegangen werden, die, der Forschungsfrage angemessen, inhaltlich oder räumlich zu definieren sind. So ist es z. B. für Wirkungsanalysen oder für Planungszwecke (► Kap. 10 und 21) essenziell, den Untersuchungsraum klar abzugrenzen.

Bei regionalen Analysen sportbezogener Beschäftigung liegt es zunächst nahe, Räume als Container aufzufassen (DGfG, 2002; ► Kap. 2) und die darin enthaltenen sportrelevanten Strukturen zu beschreiben. Tatsächlich kann diese Perspektive Erkenntnisse eröffnen, etwa wenn man bedenkt, dass Eigenschaften eines

Raums bezüglich Topographie, Klima, Vegetation, Demographie und Wirtschaft Einfluss darauf haben, ob Sportarten ausgeübt werden können – und sportbezogene Beschäftigung diesen Möglichkeiten häufig folgt (► Kap. 3). So können höhere Durchschnittstemperaturen zum Rückgang sportbezogener Beschäftigung in Skiregionen führen (► Kap. 7); Trainerinnen und Trainer in seltenen Sportarten finden leichter in verdichteten Räumen mit höherem Nachfragepotenzial Beschäftigung, und mobile Athletinnen und Athleten ziehen nicht selten an Standorte mit hohem sportlichem und wirtschaftlichem Potenzial großer Vereine (► Kap. 15).

Der Schritt von diesem Untersuchungsansatz zu solchen, die den Raum als System von Lagebeziehungen auffassen (DGfG, 2002; ► Kap. 2) liegt nahe. So sind bei der Analyse von Arbeitsmärkten funktionale Verflechtungen und Relationen zwischen Orten und Elementen sowie **Netzwerke** sinnvolle Untersuchungsgegenstände und können z. B. bei der Modellierung herangezogen werden. Im Segment „Sportmanagement" beispielsweise ist von (Agglomerations-)Effekten in Form von Austauschbeziehungen zwischen Hochschulen, Forschungseinrichtungen, Sportleistungszentren sowie öffentlichen wie privaten Arbeitgebern auszugehen, die sportbezogene Arbeitsmarktstrukturen ausbilden oder verstärken. Die Analyse sportbezogener Arbeitsmärkte im Kontext wahrgenommener und medial repräsentierter Räume (DGfG, 2002; ► Kap. 2) schließlich kann unter anderem dazu beitragen, berufs- oder ausbildungsbedingte Arbeitskräftemigration (► Kap. 15) oder Standortentscheidungen von Unternehmen besser zu verstehen.

In der Praxis fokussieren Wirkungsanalysen und Planungen im Kontext Sport oft auf konkrete und klar abgrenzbare Untersuchungs- bzw. Planungsräume, häufig mit Bezug zu bestimmten Primärimpulsen (Sportgroßveranstaltungen; Errichtung sportbezogener Infrastruktur; andere Maßnahmen

der Stadtentwicklung oder Sportstättenplanung; ▶ Kap. 8, 20, 21 und 22). Für entsprechende Fragestellungen können Daten
der amtlichen Arbeitsmarktstatistik Beiträge leisten (▶ Box 11.1 und 11.3). Die im
Folgenden beschriebenen Auswertungen
sollen zum einen im Sinne einer Annäherung
anhand ausgewählter Kennzahlen die
regionale Bedeutung sportbezogener Beschäftigung beschreiben. Zum anderen sollen sie beispielhaft Zugänge aufzeigen, die
Arbeitsmarktstatistiken für tiefer gehende
Analysen regionaler sportbezogener
Arbeitsmarkt(-effekte) eröffnen. Als räumliche Bezüge werden dabei überwiegend
Raumordnungsregionen, teilweise auch
Arbeitsmarktregionen, gewählt, wodurch
eine funktional-administrative Abgrenzung
zugrunde gelegt wird (▶ Box 11.3).

11

Box 11.3 Abgrenzung von Regionen in der Arbeitsmarktstatistik

Daten der Arbeitsmarktstatistik können nach
verschiedenen Systematiken regional differenziert werden (Statistik der BA, 2021, 2022e).
Als **administrative Abgrenzungen** stehen die
politische Gebietsstruktur (Bund, Länder,
Regierungsbezirke, Kreise, Gemeinden) sowie
die Verwaltungsgliederungen der BA und der
Grundsicherungsträger (Jobcenter) zur Verfügung. Bei **funktionalen Gliederungen** werden
Regionen zusammengefasst, die hinsichtlich
bestimmter Aspekte in enger Beziehung zueinander stehen. So stellen die Arbeitsmarktregionen (AMR) des Instituts für Arbeits-
markt- und Berufsforschung in sich weitgehend geschlossene regionale Arbeitsmärkte
dar. Die Abgrenzung ist funktional-
administrativ, denn es werden Kreise zusammengefasst, zwischen denen intensive Beziehungen in Form von Pendlerverflechtungen
bestehen (Kropp & Schwengler, 2011). Auch
die Raumordnungsregionen (ROR) des
Bundesinstituts für Bau-, Stadt- und Raumforschung (BBSR, 2022) sind das Ergebnis
einer funktional-administrativen Abgrenzung.
Ihnen liegen ebenfalls Pendlerverflechtungen
zugrunde; zur administrativen Abgrenzung
werden Kreise und die Planungsregionen der
Länder berücksichtigt. Unter dem Gesichtspunkt der **Homogenität** werden Regionen nach
der Ähnlichkeit hinsichtlich ausgewählter
Merkmale klassifiziert, etwa anhand ähnlicher
Ausprägungen bestimmter Arbeitsmarkt-
indikatoren. Schließlich besteht die Möglichkeit der Auswertung nach **geographischen
Gitterzellen**, welche die Fläche Deutschlands
in gleich große Quadrate einteilen.

Regionale Unterschiede sportbezogener Beschäftigung

Der Umfang der sportbezogenen Beschäftigung differiert regional erheblich. Die höchste Zahl an **Beschäftigungsverhältnissen** (BV; sozialversicherungspflichtig und geringfügig) in Sportberufen ist in den Regionen zu verzeichnen, wo auch die Gesamtbeschäftigung am höchsten ist. So sind die zehn **Raumordnungsregionen** mit den meisten BV insgesamt und in Sportberufen identisch; an der Spitze (in der Reihenfolge der sportbezogenen Beschäftigung) München (7.484 in Sportberufen; 1,85 Mio. insgesamt), Stuttgart (6.669; 1,58 Mio.) und Düsseldorf (6.096; 1,63 Mio.). Die Raumordnungsregionen mit der geringsten sportbezogenen Beschäftigung sind Anhalt-Bitterfeld-Wittenberg (280; 150.000), Nordthüringen (188; 138.000) und Altmark (73; 72.000). Ähnliches gilt für die Verteilung nach **Arbeitsmarktregionen**; hier sind die am stärksten besetzten Regionen Düsseldorf-Ruhr (17.213; 4,64 Mio.), München (14.859; 3,91 Mio.) und Stuttgart (12.198; 3,04 Mio.). Die BV in den drei am stärksten besetzten Sportberufssegmenten „Management", „Unterricht" und „Berufssport" zeigen einzeln jeweils Muster, die dieser Struktur ähneln (Statistik der BA, 2022a).

Um den Zusammenhang zwischen den Rängen von Regionen bei der sportbezogenen und der gesamten Beschäftigung mit Blick auf alle Regionen näher zu beleuchten, kann der **Rangkorrelationskoeffizient** nach Spearman (z. B. Bamberg et al., 2009) herangezogen werden. Der Rangkorrelationskoeffizient von Gesamtbeschäftigung und sportbezogener Beschäftigung (hier anhand der Zahl der **sozialversicherungspflichtig Beschäftigten** berechnet) für die ROR (N = 96) beträgt 0,91 und für die AMR (N = 50) 0,98. Es besteht also ein starker gleichsinniger Zusammenhang der Ränge bei der Gesamt-

beschäftigung und der sportbezogenen Beschäftigung für die beiden Regionstypen. Regionen mit hohem (niedrigem) Rang bei der Gesamtbeschäftigung weisen üblicherweise auch einen hohen (niedrigen) Rang bei der sportbezogenen Beschäftigung auf.[2]

Auch die einzelnen Segmente der sportbezogenen Beschäftigung lassen sich räumlich differenziert betrachten. Dabei wird deutlich, dass die Beschäftigung in den quantitativ bedeutsamsten Segmenten „Unterricht" und „Management" im Wesentlichen der Gesamtbeschäftigung folgt und sich auf Agglomerationsräume konzentriert. Gleiches gilt weitgehend für die Athletinnen und Athleten. Lediglich in den Segmenten „Pferde" und „Konstruktion" weicht die Verteilung der für die Beschäftigung bedeutsamen Regionen von diesem Muster ab. So findet sich beispielsweise eine besonders hohe Beschäftigung im Segment „Pferde" in der ROR Münster (Statistik der BA, 2022a).

Die regionale Bedeutung der sportbezogenen Beschäftigung kann auch als relative Häufigkeit interpretiert werden. Einen möglichen Indikator bildet dann der **Anteil der sportbezogenen Beschäftigung an der Gesamtbeschäftigung**. ◻ Tab. 11.4 zeigt die Regionen mit den höchsten Ausprägungen dieses Indikators.

Die Bedeutung der Sportberufe für die Gesamtbeschäftigung ist regional unterschiedlich. Differenziert nach Raumordnungsregionen liegt der Anteil der sportbezogenen

---

2 Da es sich bei der Beschäftigung um ein metrisches Merkmal handelt, kann auch die Korrelation zwischen gesamter und sportbezogener Beschäftigung ohne Berücksichtigung der Ränge ermittelt werden. Die hierfür zu ermittelnden Bravais-Pearson-Korrelationskoeffizienten fallen mit 0,99 bei den AMR und 0,91 für die ROR noch höher aus und deuten auf einen starken gleichsinnigen Zusammenhang bei den Beschäftigungsniveaus hin. Eine überdurchschnittliche (unterdurchschnittliche) Gesamtbeschäftigung geht üblicherweise auch mit einer überdurchschnittlichen (unterdurchschnittlichen) sportbezogenen Beschäftigung einher.

■ **Tab. 11.4** Regionen mit den höchsten Anteilen der sportbezogenen Beschäftigung an der Gesamtbeschäftigung (sozialversicherungspflichtige und geringfügige BV, 30. Juni 2021). (Nach Statistik der BA, 2022a; eigene Berechnungen)

Rang	Raumordnungsregion	Arbeitsmarktregion
1	Schleswig-Holstein Mitte	Konstanz
2	Ostwürttemberg	Freiburg i. Br.
3	Unterer Neckar	Saarbrücken
4	Emscher-Lippe	Mannheim
5	Hamburg-Umland-Süd	Braunschweig/Wolfsburg
6	Schleswig-Holstein Nord	Stuttgart
7	Oberland	Münster
8	Westpfalz	Hamburg
9	Südlicher Oberrhein	Osnabrück
10	Neckar-Alb	Hannover

Beschäftigung (**sozialversicherungspflichtige und geringfügige Beschäftigungsverhältnisse**) zwischen 0,10 und 0,47 %; der Median liegt bei 0,34 %. ■ Abb. 11.4 verdeutlicht regionale Unterschiede anhand der Quartilszugehörigkeit der ROR. Dabei wird deutlich, dass Regionen mit den höchsten Anteilen an Sportberufen ausschließlich in Westdeutschland und dort vor allem in Baden-Württemberg (sechs Regionen) sowie Schleswig-Holstein und Bayern (jeweils vier Regionen) zu finden sind. Überdurchschnittliche Beschäftigtenanteile in Sportberufen sind unter anderem dort zu vermuten, wo sich sportbezogene Arbeitskräftenachfrage konzentriert, die wiederum zum Teil durch natürliche Voraussetzungen, öffentliche und private Infrastruktur sowie Institutionen geschaffen oder gesteigert werden kann. So können hohe Anteile sportbezogener Beschäftigung in ROR wie Allgäu (0,41 %) und Schleswig-Holstein Nord (0,44 %) auf einen Zusammenhang mit der dortigen vergleichsweise hohen Bedeutung von Natursportarten (z. B. Wandern, Winter- oder Wassersport; ▶ Kap. 3) sowie des Tourismus hindeuten. Solche verallgemeinernden Überlegungen sollten bei konkreten regionalen Analysen immer mit tiefer gehenden Strukturuntersuchungen einhergehen, um spezifische Wirkungszusammenhänge zu erkennen.

Differenziert man nach sportbezogenen Teilsegmenten, fallen Regionen auf, in denen mehrere Segmente hohe relative Anteile an der jeweiligen Gesamtbeschäftigung ausmachen und in denen die relativen Beschäftigungsanteile im Berufsfeld Sport insgesamt besonders hoch sind (z. B. Ostwürttemberg, Unterer Neckar, Emscher-Lippe – Unterricht und Berufssport; Hamburg-Umland-Süd – Pferde und Unterricht; Oberland – Management und Unterricht; Westpfalz – Management und Berufssport). Davon lassen sich ROR unterscheiden, in denen nur einem sportbezogenen Berufssegment ein hoher relativer Anteil an der Gesamtbeschäftigung zukommt und die zu den Regionen mit den höchsten relativen Beschäftigungsanteilen im Berufsfeld Sport insgesamt zählen (z. B. Schleswig-Holstein Mitte, Schleswig-Holstein Nord, Neckar-Alb – Unterricht; Südlicher Oberrhein – Berufssport; Statistik der BA, 2022a; eigene Berechnungen).

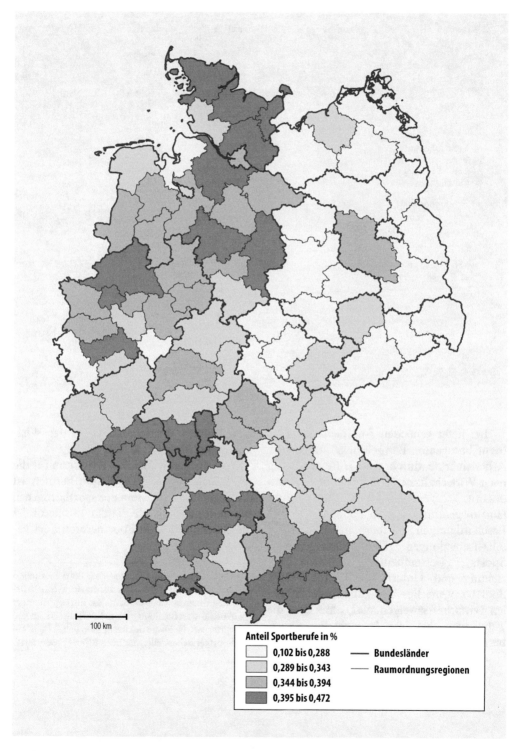

◻ Abb. 11.4 Bedeutung der Beschäftigung in Sportberufen nach Raumordnungsregionen (sozialversicherungspflichtige und geringfügige BV, 30. Juni 2021). (Nach Statistik der BA, 2022a; eigene Berechnungen)

◻ **Tab. 11.5** Beschäftigungsverhältnisse (sozialversicherungspflichtig und geringfügig) in ausgewählten Sportberufen nach ausgewählten Wirtschaftszweigen (30. Juni 2021). (Nach Statistik der BA, 2022a; eigene Berechnungen)

Wirtschaftsabteilung (2-Steller)/Wirtschafts- klasse (4-Steller)	insgesamt	darunter Sportberufe			
		insgesamt	Management	Unterricht	Berufssport
Insgesamt	41.951.866	148.102	15.920	105.345	20.556
85 Erziehung und Unterricht	1.647.102	23.734	1.610	21.207	407
86 Gesundheitswesen	3.160.966	9.440	1.024	8.352	3
93 Erbringung von Dienstleistungen des Sports, der Unterhaltung und der Erholung	299.589	96.562	11.537	65.415	19.095
9311 Betrieb von Sportanlagen	70.594	12.687	1.648	8.575	2.383
9312 Sportvereine	94.727	40.895	2.267	23.237	15.271
9313 Fitnesszentren	79.306	37.724	7.065	30.658	-
9319 Erbringung von sonstigen Dienstleistungen des Sports	15.771	4.191	469	2.097	1.397

11

Bei tiefer gehenden Analysen sollte die berufsbezogene Betrachtung regionaler Arbeitsmärkte durch eine Differenzierung nach **Wirtschaftszweigen** (Statistisches Bundesamt, 2022) erweitert werden. In Deutschland insgesamt entfallen hohe Anteile der Beschäftigung in Sportberufen auf die Wirtschaftsabteilungen „Dienstleistungen des Sports", „Gesundheitswesen" sowie „Erziehung und Unterricht" (◻ Tab. 11.5). Sportbezogene Beschäftigung findet in vielen Wirtschaftszweigen statt, ohne dass die Tätigkeiten den hier betrachteten Sportberufen zuzuordnen sind (z. B. in den hier aufgeführten Wirtschaftsklassen der Wirtschaftsabteilung 93; ◻ Tab. 11.5).[3]

Ein weiteres mögliches Kriterium für die regionale Bedeutung von Sportberufen ist das **regionale Wachstum der sportbezogenen Beschäftigung**. Nach diesem Indikator ist die Beschäftigung in Sportberufen dort be-

---

3   Dabei ist jedoch zu beachten, dass Betriebe anhand der Mehrzahl ihrer Beschäftigten Wirtschaftszweigen zugeordnet werden, dass also unbekannte Anteile der Beschäftigten möglicherweise andere wirtschaftsfachliche Schwerpunkte haben (z. B. ein Sportgerätehersteller, der auch Möbel produziert).

◘ **Tab. 11.6** Regionen mit dem höchsten Wachstum der sportbezogenen Beschäftigung von 2013 bis 2021 (sozialversicherungspflichtige und geringfügige BV, jeweils 30. Juni). (Nach Statistik der BA, 2022a; eigene Berechnungen)

Rang	Raumordnungsregion		Arbeitsmarktregion	
	ROR	**Beschäftigungs-wachstum in %**	**AMR**	**Beschäftigungs-wachstum in %**
1.	Schleswig-Holstein Ost	64,6	Konstanz	78,1
2.	Hochrhein-Bodensee	57,7	Freiburg i.Br.	45,6
3.	Altmark	55,3	Berlin	44,5
4.	München	52,5	München	44,1
5.	Hamburg	52,3	Osnabrück	43,2
6.	Berlin	51,6	Würzburg	43,1
7.	Emsland	51,5	Villingen-Schwenningen	42,9
8.	Schleswig-Holstein Mitte	48,3	Ulm	40,8
9.	Augsburg	46,2	Hamburg	39,8
10.	Oberland	45,7	Mannheim	38,0

sonders bedeutsam, wo sie in der jüngeren Vergangenheit besonders stark gestiegen ist. In ◘ Tab. 11.6 sind die Regionen mit der höchsten Beschäftigungsdynamik im Berufsfeld Sport dargestellt.

Typisierung regionaler Arbeitsmärkte für Sportberufe

Die oben dargestellten Variablen zur Bedeutung des Berufsfelds Sport können genutzt werden, um regionale Arbeitsmärkte hinsichtlich der sportbezogenen Beschäftigung zu typisieren. Die Anzahl der **Arbeitsmarkttypen** kann dabei beliebig festgelegt werden. Für jeden Arbeitsmarkttyp ist ein Wertebereich für die der Typisierung zugrunde gelegten Variablen zu definieren. Die Zahl der verwendeten Variablen hängt

von den Zielen der jeweiligen Analyse ab.[4] Wir folgen bei der Typisierung dem von Gericke et al. (2012) vorgeschlagenen Vorgehen und verwenden als **Indikatorvariablen** für die Bedeutung des Segments „Sport" die Veränderungsrate der Sportbeschäftigung sowie den Anteil der Sportbeschäftigung an der Gesamtbeschäftigung.

---

4 Wird beispielsweise eine Typisierung von Arbeitsagenturbezirken zum Zwecke des Benchmarkings vorgenommen, so sind alle Einflussgrößen auf die Zielgröße (z. B. die Integrationsquote) bei der Typisierung zu berücksichtigen. Blien und Hirschenauer (2017) beschreiben das Vorgehen bei der Vergleichstypisierung von Arbeitsagenturen und Jobcentern des IAB. Die statistisch signifikanten Einflussvariablen auf die Zielgröße regionale SGB-III-Integrationsquote wurden dabei im Rahmen einer multivariaten Regressionsanalyse ermittelt. Die Wertebereiche der Einflussvariablen für die Typisierung wurden mittels einer Clusteranalyse festgelegt.

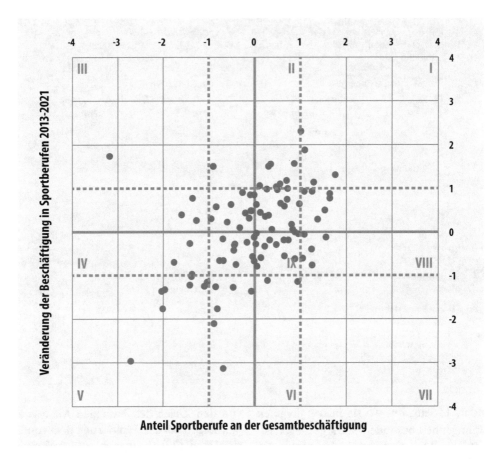

Abb. 11.5 Anteile und Veränderungsraten der sportbezogenen Beschäftigung nach Raumordnungsregionen. (Nach Statistik der BA, 2022a; eigene Berechnungen)

11

Abb. 11.5 stellt die beiden Indikatorvariablen und die sich ergebenden Arbeitsmarkttypen nach Raumordnungsregionen dar. Auf den Achsen sind die Abweichungen der jeweiligen Indikatorvariable vom Mittelwert angegeben, ausgedrückt in Standardabweichungen.[5] Die orangenen durchgezogenen Linien entsprechen damit den Mittelwerten der betrachteten Größen.

Punkte oberhalb (unterhalb) der waagerechten durchgezogenen Linie stellen Regionen dar, in denen die Veränderungsraten der Sportbeschäftigung zwischen 2013 und 2021 über (unter) dem Mittelwert liegen. Regionen rechts (links) der vertikalen durchgezogenen Linie stellen Regionen dar, in denen der Anteil der Sportbeschäftigung an der Gesamtbeschäftigung 2021 über (unter) dem Mittelwert liegt.

Die Graphik ist anhand gestrichelter Linien in neun Bereiche eingeteilt, die unterschiedliche Ausprägungen der beiden Indikatoren repräsentieren. Der Bereich I enthält ROR, bei denen sowohl das Wachstum als auch die Bedeutung der sportbezogenen Beschäftigung überdurchschnitt-

---

5   Da es hier um einen Vergleich von Regionen geht, hat jede Region bei der Bestimmung des Mittelwerts das gleiche Gewicht, unabhängig von der jeweiligen Beschäftigtenzahl. Damit weicht der Mittelwert der Indikatorvariablen über die Regionen vom Mittelwert der Indikatorvariablen über alle Beschäftigten ab.

lich hoch sind. Als überdurchschnittlich (unterdurchschnittlich) wird ein Indikatorwert bezeichnet, der um mehr als eine Standardabweichung über (unter) dem Mittelwert liegt. Weichen in einer Region beide Indikatoren um weniger als eine Standardabweichung vom Mittelwert ab, so liegt sie im Normalbereich (IX). Die Bereiche II bis VIII repräsentieren die verbleibenden möglichen Kombinationen von Ausprägungen der beiden Indikatoren. Die neun Bereiche spiegeln somit Unterschiede in der Bedeutung der sportbezogenen Beschäftigung wider und repräsentieren entsprechende unterschiedliche Arbeitsmarkttypen. Von besonderem Interesse sind die Regionen im Bereich I, die sowohl einen überdurchschnittlichen Beschäftigungsanteil als auch ein überdurchschnittliches Beschäftigungswachstum aufweisen. Es handelt sich dabei um die ROR Hochrhein-Bodensee, Oberland, Schleswig-Holstein Mitte und Schleswig-Holstein Ost (Statistik der BA, 2022a; eigene Berechnungen).

11.5 Fazit

Sport in seinen vielfältigen Erscheinungsformen erzeugt Nachfrage nach Waren und Dienstleistungen und damit nach Arbeitskräften. Diese Leistungen werden in Deutschland teilweise ehrenamtlich in den zahlreichen Sportvereinen erbracht, doch darüber hinaus besteht eine erhebliche weitere sportbezogene Arbeitskräftenachfrage. Dem hohen gesellschaftlichen Stellenwert von Sport entsprechend bildet auch die sportbezogene Beschäftigung ein wichtiges Arbeitsmarktsegment. Bei Untersuchungen zu dessen Umfang und Struktur, insbesondere bei regionalspezifischem und fachlich differenziertem Interesse können Daten der amtlichen Arbeitsmarktstatistik Erkenntnisse liefern. So lassen sich die

sportbezogene reale Beschäftigung ebenso wie Angebots- und Nachfrageüberhänge (Arbeitslosigkeit, offene Stellen) regional tief gegliedert untersuchen. Zugänge sind sowohl über sportbezogene Wirtschaftszweige als auch über berufliche Tätigkeiten möglich.

Die Ergebnisse der vorgestellten tätigkeitsbezogenen Analyse zeigen, dass sich der Arbeitsmarkt für Sportberufe in Deutschland hinsichtlich der Arbeitslosigkeit und der gemeldeten Stellen schwächer als der Arbeitsmarkt insgesamt entwickelt, bei der sozialversicherungspflichtigen Beschäftigung dagegen stärker. Beschäftigte in Sportberufen sind tendenziell jünger und besser qualifiziert, üben höherwertige Tätigkeiten aus und sind häufiger teilzeitbeschäftigt als der Durchschnitt aller Beschäftigten. Die Beschäftigung im betrachteten Arbeitsmarktsegment wird im Vergleich zum Gesamtmarkt weit stärker von geringfügig entlohnt Beschäftigten geprägt. Diese üben zu hohen Anteilen Tätigkeiten mit gehobenem Anforderungsniveau aus und weichen unter anderem damit von der durchschnittlichen Struktur der geringfügig entlohnten Beschäftigung ab. Im regionalen Vergleich zeigt sich, dass die Umfänge der sportbezogenen und der gesamten Beschäftigung stark korrelieren und dass die relativen Anteile der Beschäftigung in Sportberufen an der Gesamtbeschäftigung deutlich variieren. Die hier identifizierten Regionen mit überdurchschnittlichen Beschäftigungsanteilen in Sportsegmenten bieten sich für tiefer gehende Analysen an.

Struktur und Entwicklung regionaler Arbeitsmärkte können mit Daten der amtlichen Arbeitsmarktstatistik detailliert untersucht werden. Entsprechende Ansätze können sowohl hochaggregierte ökonomische Analysen des Sports auf Bundesebene als auch regionale Wirkungsanalysen und Planungen sinnvoll ergänzen.

❓ Übungs- und Reflexionsaufgaben

1. Erläutern Sie Herausforderungen und Möglichkeiten der Erfassung von Wirkungen des Sports auf Arbeitsmärkte auf regionaler Ebene.
2. Wählen Sie einen Untersuchungsraum und beschreiben Sie anhand statistischer Daten dessen Struktur, Entwicklung und mögliche Wirkungszusammenhänge im Kontext sportbezogener Erwerbstätigkeit.

Zum Weiterlesen empfohlene Literatur
Gans, P., Horn, M. & Zemann, C. (2003). *Sportgroßveranstaltungen – ökonomische, ökologische und soziale Wirkungen. Ein Bewertungsverfahren zur Entscheidungsvorbereitung und Erfolgskontrolle.* (Schriftenreihe des Bundesinstituts für Sportwissenschaft, 112). Hofmann.
Borjas, G. J. (2020). *Labor Economics* (8. Aufl.) McGraw-Hill Education.

11   Literatur

Ahlert, G. (2018). Möglichkeiten der Regionalisierung des Sportsatellitenkontos: Methodische Vorgehensweisen, Datenerfordernisse und Realisierungschancen. In: Nowak, G. (Hrsg.), *(Regional-)Entwicklung des Sports*. (Reihe Sportökonomie, 20, S. 37–51). Hofmann.

Ahlert, G., Repenning, S., & An der Heiden, I. (2021). *Die ökonomische Bedeutung des Sports in Deutschland – Sportsatellitenkonto (SSK) 2018*. (GWS-Themenreport, 2021/1). Gesellschaft für Wirtschaftliche Strukturforschung mbH.

Bamberg, G., Bauer, F., & Krapp, M. (2009). *Statistik* (15. Aufl.). Oldenbourg.

BBSR – Bundesinstitut für Bau-, Stadt- und Raumforschung. (2022). *Laufende Raumbeobachtung – Raumabgrenzungen. Raumordnungsregionen*. https://www.bbsr.bund.de/BBSR/DE/forschung/raumbeobachtung/Raumabgrenzungen/deutschland/regionen/Raumordnungsregionen/raumordnungsregionen.html. Zugegriffen am 07.11.2022.

Blien, U., & Hirschenauer, F. (2017). *Vergleichstypen 2018. Aktualisierung der SGB-III-Typisierung*. (IAB-Forschungsbericht 11/2017). Institut für Arbeitsmarkt- und Berufsforschung der Bundesagentur für Arbeit.

Borjas, G. J. (2020). *Labor Economics* (8. Aufl.). McGraw-Hill Education.

DGfG – Deutsche Gesellschaft für Geographie. (2002). *Grundsätze und Empfehlungen für die Lehrplanarbeit im Schulfach Geographie. Arbeitsgruppe Curriculum 2000+ der Deutschen Gesellschaft für Geographie (DGfG)*. DGfG. https://www.geographie.uni-jena.de/geogrmedia/startseite/lehrstuehle/didaktik/links/curriculum2000.pdf. Zugegriffen am 07.11.2022.

Gericke, P., Werth, S., & Zemann, C. (2012). Sportbezogene Arbeitsmärkte in Deutschland. *Geographische Rundschau, 64*(5), 28–34.

Horn, M. (2005). *Steigerung des Gemeinwohls durch die Ausrichtung einer Sportgroßveranstaltung. Entwicklung eines Bewertungsverfahrens zur Erfolgskontrolle von sportlichen Großereignissen*. (Mannheimer Geographische Arbeiten, 57). Geographisches Institut der Universität Mannheim.

Kropp, P., & Schwengler, B. (2011). Abgrenzung von Arbeitsmarktregionen – ein Methodenvorschlag. *Raumforschung und Raumordnung, 69*(1), 45–62.

Lück-Schneider, D. (2007). *Sportberufe im Kontext neuerer Sportentwicklungen. Analyse öffentlicher Arbeitsmarktdaten (1997–2006)*. Diss. Universität Potsdam. https://publishup.uni-potsdam.de/opus4-ubp/frontdoor/deliver/index/docId/1675/file/lueck_schneider_diss.pdf. Zugegriffen am 07.11.2022.

Mankiw, N. G. (2001). *Microeconomics* (2. Aufl.). Harcourt.

Statistik der BA. (2018). *Statistik der gemeldeten Arbeitsstellen*. Version 8.1. (Grundlagen: Qualitätsbericht). https://statistik.arbeitsagentur.de/DE/Statischer-Content/Grundlagen/Methodik-Qualitaet/Qualitaetsberichte/Generische-Publikationen/Qualitaetsbericht-Statistik-gemeldete-Arbeitsstellen.pdf. Zugegriffen am 07.11.2022.

Statistik der BA. (2021). *Abgrenzung von Regionen in der Arbeitsmarktstatistik*. (Grundlagen: Methodenbericht). https://statistik.arbeitsagentur.de/DE/Statischer-Content/Grundlagen/Methodik-Qualitaet/Methodenberichte/Uebergreifend/Generische-Publikationen/Methodenbericht-Regionsabgrenzung.pdf. Zugegriffen am 07.11.2022.

Statistik der BA. (2022a). *Beschäftigte und Beschäftigungsverhältnisse am Arbeitsort*. (Sonderauswertung).

Statistik der BA. (2022b). *Bestand an Arbeitslosen und gemeldeten Arbeitsstellen nach ausgewählten Berufen der KldB 2010* (Sonderauswertung).

Statistik der BA. (2022c). *Der Arbeitsmarkt in Deutschland 2021*. (Amtliche Nachrichten der Bundesagentur für Arbeit 69, Sondernummer 2. Berichte: Blickpunkt Arbeitsmarkt). https://statistik.arbeitsagentur.de/Statistikdaten/Detail/202112/ama/heft-arbeitsmarkt/arbeitsmarkt-d-0-202112-pdf. Zugegriffen am 07.11.2022.

Statistik der BA. (2022d). *KldB 2010 – überarbeitete Fassung 2020*. https://statistik.arbeitsagentur.de/DE/Navigation/Grundlagen/Klassifikationen/Klassifikation-der-Berufe/KldB2010-Fassung2020/KldB2010-Fassung2020-Nav.html. Zugegriffen am 07.11.2022.

Statistik der BA. (2022e). *Regionale Gliederungen.* https://statistik.arbeitsagentur.de/DE/Navigation/Grundlagen/Klassifikationen/Regionale-Gliederungen/Regionale-Gliederungen-Nav.html. Zugegriffen am 07.11.2022.

Statistik der BA. (2022f). *Statistik der Arbeitslosen, Arbeitsuchenden und gemeldeten erwerbsfähigen Personen.* Version 8.1. (Grundlagen: Qualitätsbericht). https://statistik.arbeitsagentur.de/DE/Statischer-Content/Grundlagen/Methodik-Qualitaet/Qualitaetsberichte/Generische-Publikationen/Qualitaetsbericht-Statistik-Arbeitslose-Arbeitsuchende.pdf. Zugegriffen am 07.11.2022.

Statistik der BA (2022g). *Statistik der sozialversicherungspflichtigen und geringfügigen Beschäftigung.* Version 7.12. (Grundlagen: Qualitätsbericht). https://statistik.arbeitsagentur.de/DE/Statischer-Content/Grundlagen/Methodik-Qualitaet/Qualitaetsberichte/Generische-Publikationen/Qualitaetsbericht-Statistik-Beschaeftigung.pdf. Zugegriffen am 07.11.2022.

Statistisches Bundesamt. (2022). *Klassifikation der Wirtschaftszweige, Ausgabe 2008 (WZ 2008).* https://www.destatis.de/DE/Methoden/Klassifikationen/Gueter-Wirtschaftsklassifikationen/klassifikation-wz-2008.html. Zugegriffen am 07.11.2022.

Zemann, C. (2005). *Erfolgsfaktoren von Sportgroßveranstaltungen. Entwicklung eines Verfahrens zur Ex-ante-Analyse sportlicher Großereignisse.* (Mannheimer Geographische Arbeiten, 58). Geographisches Institut der Universität Mannheim.

Ökonomische Effekte einer vitalen Sportstadt – das Beispiel Hamburg

Maike Cotterell und Henning Vöpel

Kajakfahrer auf der Binnenalster in Hamburg. (© powell83/stock.adobe.com)

P. Gans et al. (Hrsg.), *Sportgeographie*, https://doi.org/10.1007/978-3-662-66634-0_12

Inhaltsverzeichnis

Einleitung

Sport ist heute ein bedeutender Teil des gesellschaftlichen Lebens. Er ist in vielfältigen Dimensionen wertschöpfend präsent und damit ein zunehmend wichtiger Wirtschaftsfaktor. Gerade in den letzten Jahren haben sich sowohl der Sport als auch die Städte stark gewandelt. Dadurch hat sich auch die Interaktion zwischen Sport und Stadt verändert; die Wechselbeziehungen und Wechselwirkungen sind stärker und vielfältiger geworden (▸ Kap. 4 und 21). Parallel gedachte und integrierte Konzepte von **Stadtentwicklung** und Sport bergen Potenziale von Wohlstand, Gesundheit und Zufriedenheit. Unter dem Begriff der *urban happiness* hat sich sogar ein ganzer Forschungsbereich in der Stadtökonomik etabliert, der sich mit den Fragen beschäftigt, wie Menschen den städtischen Raum für ihre Lebenszufriedenheit besser und ganzheitlicher nutzen können (Bravo, 2018). Die ökonomischen Effekte einer vitalen Sportstadt zu untersuchen, erfordert daher zunächst, die potenziellen ökonomischen Effekte des Sports und seiner Funktionen im urbanen Umfeld zu identifizieren. Städte werden sich in Zukunft stark verändern – hin zu intelligent vernetzten und nachhaltigen Lebensräumen. Gerade diese Transformation bietet für den Sport vielfältige Chancen. Es geht bei den ökonomischen Effekten des Sports daher nicht allein um deren Messung, sondern vor allem darum, Entwicklungs- und Wertschöpfungsmöglichkeiten des Sports in urbanen Räumen neu zu denken.

In dem vorliegenden Beitrag werden die ökonomischen Effekte einer vitalen Sportstadt am Beispiel Hamburgs untersucht.[1] Der erste Teil befasst sich umfassend mit dem Sport und der Stadt im Wandel. Dabei werden die Interaktionsbeziehungen zwischen Sport und Stadt im Allgemeinen analysiert, anschließend die ökonomischen Effekte und die Wertschöpfung der Querschnittsbranche Sport herausgearbeitet sowie stadtbezogene Sporttrends beschrieben. Eine kurze Skizzierung des urbanen Ökosystems Sport in Hamburg mit seiner Infrastruktur und seinen Netzwerken bildet dann die Überleitung zum zweiten Teil: der Darstellung der ökonomischen Effekte durch Sport in Hamburg. Der Schwerpunkt liegt in diesem Teil auf einem erweiterten Wertschöpfungskonzept für Sportevents sowie den Berechnungen der ökonomischen Effekte und deren Bewertung. Die zukünftige Entwicklung von Städten legt nahe, dass der urbane Sport insbesondere bei den Wohlfahrtseffekten wie Lebenszufriedenheit, Gesundheit etc. die größten Wertschöpfungspotenziale hat. Dies gilt es integriert zu denken und zu entwickeln.

12.1 Sport und Stadt im Wandel

Interaktionsbeziehungen zwischen Sport und Stadt

Die räumlichen, sozialen und ökonomischen Beziehungen zwischen Sport und Stadt sind vielfältig (▸ Kap. 4, 17 und 22) und einem kontinuierlichen Wandel unterzogen, sodass sich die Interaktionen ebenfalls verändern. Die Motive der Sportausübung und die Funktionen des Sports lassen sich heute kaum mehr eindeutig bestimmen und abgrenzen. Das Sportangebot wird vielfältiger, die Sportnachfrage differenziert sich. Weil dies so ist, entstehen gerade in Städten neue Möglichkeiten der Sportentwicklung sowie Chancen der **integrierten Stadtentwicklung**, bei der der Sport als Teil der Lebensqualität immer wichtiger wird. Digitale Angebote

---

1 Die Inhalte dieses Beitrags basieren auf der Studie von Cotterell und Vöpel (2020), „Ökonomische Effekte einer vitalen Sportstadt am Beispiel Hamburgs", im Auftrag des Sportamts Hamburg.

machen eine Individualisierung und Personalisierung möglich. Sportnachfrage lässt sich stärker segmentieren, und Kundenzentrierung nimmt zu. Dadurch können individuelle, präferenzgerechte und niedrigschwellige Angebote gemacht werden, die neue Sportentwicklungsmöglichkeiten bieten. Sport- respektive Bewegungsangebote können unterschwellig in den Alltag „eingebaut" werden und schaffen so Anreize (*nudging*) zu Aktivität, Bewegung und Sport (▶ Kap. 21).

Die zunehmende Urbanisierung, die fortschreitende Individualisierung und eine sich intensivierende Vernetzung bieten zahlreiche Ansatzpunkte, den Sport in Städten neu zu interpretieren und urbane *touch points* zu entwickeln. Vor diesem Hintergrund kann die Transformation von traditionellen Städten zu **Smart Cities** bewusst genutzt werden, um neue Sportkonzepte zu integrieren. Die sogenannte **Active-City-Strategie** Hamburgs der Zukunftskommission Sport (2011, 2021) ist ein Ansatz (▶ Box 12.1), der bewusst die unterschiedlichen Sport- und Aktivitätspräferenzen einer diversen und modernen Stadtgesellschaft integriert, individuelle und situative Übergänge von Bewegung und Aktivität im Sport zulässt und dadurch eine breitere Basis für die langfristige strategische Entwicklung des Sports in Hamburg bereitstellt.[2]

Box 12.1 Die Active-City-Strategie der Stadt Hamburg

Nach der gescheiterten Kampagne zur Bewerbung um die Olympischen Sommerspiele 2024 fürchteten die verantwortlichen Entscheidungsträgerinnen und -träger im Hamburger Sport einen massiven Rückschlag für die Sportentwicklung in der Hansestadt und suchten nach einer neuen Strategie. Diese wurden in der **Active-City-Strategie** gefunden, ein Konzept, das stärker auf die Sportbedürfnisse der Menschen ausgerichtet ist und dadurch einen breiteren und zugleich nachhaltigeren Ansatz der Sportentwicklung verfolgt. Ein weiterer Aspekt ist die **Integration des Sports in die Stadtentwicklung**, um dem Sport im Lebensalltag der Menschen in einer Großstadt mehr Priorität und Raum zu geben. So wurde der neue Stadtteil Oberbillwerder so konzipiert, dass der Sport funktional von Anfang an mitgedacht worden ist. Der Co-Autor dieses Beitrags war außerdem bei der Konzeption einer Plattform beteiligt (MyMind&Body&Soul), die die Bedürfnisse des Geistes, des Körpers und der Seele in einer Stadt sichtbar und umsetzbar macht.

12

2   Hamburg ist im Jahr 2018 zu einer von weltweit sechs „Global Active Cities" durch die TASIFA (The Association for International Sport for All) ernannt worden, was zeigt, dass die zugrunde liegenden Ideen der Hamburger Strategie international diskutiert werden und darüber hinaus der Fortschritt Hamburgs auf diesem Gebiet anerkannt wird.

Insbesondere gilt es für Hamburg, die Transformation zu einer sogenannten **Smart City** mit dem Konzept der **Active City** funktional zu verbinden. Hierfür gibt es zahlreiche Ansatzpunkte, die Smart City für soziale Innovationen zu nutzen. Nicht zuletzt wird eine neue Qualität der Flexibilisierung des individuellen Lebens und der Synchronisierung von Aktivität innerhalb der Stadtgesellschaft möglich. Diese Verknüpfungen des **urbanen Sport-Ökosystems** mit den Gegebenheiten einer Smart City sind in ◐ Abb. 12.1 illustriert (▶ Box 12.2). Die veränderten individuellen Sportbedürfnisse der Bevölkerung Hamburgs können in einem *smart* wachsenden Hamburg durch erweiterte Community- und Infrastrukturangebote seitens der Stadt Nährboden finden.

Dadurch existieren deutlich mehr Ansatzpunkte für die Stadt, präferenzgerechte Anreize zu schaffen und das Sportangebot zu erweitern. Ist die Sportnachfrage seitens der Konsumenten nicht mehr nur Sport im klassischen Sinne, sondern eben auch Bewegung und Aktivität, braucht diese Erweiterung der Sportnachfrage auch das entsprechende Angebot. Aktivität und Bewegung finden ihre Räume direkt in der Stadt, losgelöst von institutionellen Strukturen (▶ Kap. 4).

Sport- und Stadtentwicklung können und müssen deshalb integriert gedacht werden. Bei strategischen Überlegungen zur Entwicklung des Sports sollten parallel die Ziele der Stadtentwicklung definiert und berücksichtigt werden, denn es existieren durch den Sport viele positive Rückkopplungseffekte auf die Stadtentwicklung, die auf wichtige Ziele, wie den Freizeitwert der Stadt oder das Image des Standorts, positiv wirken (▶ Kap. 13).

Wertschöpfung in der Querschnittsbranche Sport

Die **Sportwirtschaft** ist keine klassische Branche, sondern eine sogenannte Querschnittsbranche[3], ein System bzw. „Ökosystem" von Akteuren und Märkten, die eng

---

Box 12.2 Sport-Ökosystem

Ein Ökosystem bezeichnet ganz allgemein die Beziehungen und Wechselwirkungen zwischen den Akteuren eines gemeinsamen Lebensraums. Dieser Begriff wird zunehmend auch auf spezifische Bereiche von Gesellschaft und Wirtschaft bezogen, so ist etwa von „Start-up-Ökosystem" oder eben „Sport-Ökosystem" die Rede. Das Ökosystem ist zumeist ein offenes, sich wandelndes System, das dadurch auch die Beschreibung angrenzender Bereiche, informeller Strukturen und evolutorischer Entwicklungen zulässt.

---

3 Die statistische Erfassung dieser Querschnittsbranche erfolgt über das Sportsatellitenkonto. Die Methodik dahinter wird u. a. beschrieben in Ahlert et al. (2018).

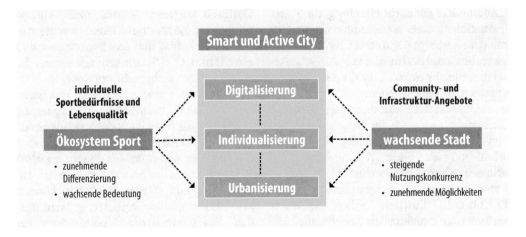

◻ Abb. 12.1   Verknüpfung von Smart City und Active City. (Nach Cotterell & Vöpel, 2020)

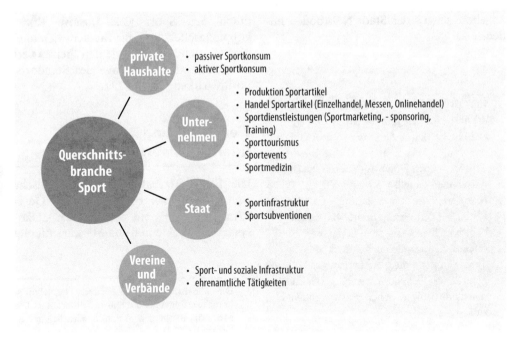

◻ Abb. 12.2   Querschnittsbranche Sport. (Nach Cotterell & Vöpel, 2020)

über Motive und Funktionen des Sports miteinander verbunden sind (◻ Abb. 12.2). Der ökonomische Bereich des Sports tangiert also viele einzelne Bereiche und Märkte einer Volkswirtschaft, lässt diese miteinander interagieren und führt somit zu einer vernetzten Wertschöpfung weit über einzelne Branchen hinaus (▸ Kap. 10). So hängt zum Beispiel aktiver Sportkonsum seitens der Haushalte direkt mit der Bereitstellung von Sportinfrastruktur durch den Staat zusammen. Zwischen den Unternehmen, den privaten Haushalten und dem Staat existiert zudem ein Arbeitsmarkt für die Querschnittsbranche Sport, ohne den sämtliche Bereiche nicht bedienbar wären

(► Kap. 11). Sportevents wären weiterhin ohne aktiven und passiven Sportkonsum im engeren Sinne und Sportmarketing bzw. Sportsponsoring etc. im weiteren Sinne nicht durchführbar.

Die **ökonomischen Effekte** des Sports sind mannigfaltig. Wertschöpfung entsteht überall dort, wo Sporttreiben im doppelten Sinne „Werte" schafft – im wirtschaftlichen wie im ideellen Sinne.[4] Bei der Berechnung von Einkommens- und Beschäftigungseffekten wird in direkte, indirekte und induzierte Effekte unterschieden. Die **direkten Effekte** beziehen sich auf den initialen Impuls der Nachfrage nach Sport selbst. Dieser Impuls löst vorgelagerte Einkommens- und Beschäftigungseffekte aus, die man als **indirekte Effekte** bezeichnet. Die direkten und indirekten Einkommens- und Beschäftigungseffekte führen zu weiteren Ausgaben, die zwar sachlich nichts mehr mit dem initialen Impuls zu tun haben müssen, jedoch durch diesen ausgelöst worden sind und in diesem Sinn **induzierte Effekte** sind.[5]

Darüber hinaus existieren Wechselwirkungen oder **Multiplikatoreffekte**, die auf den ersten Blick gar nicht mit dem Sport in Verbindung gebracht werden. Hierzu gehören Bekanntheits-, Marken- oder Imageeffekte, wie ein Imagegewinn für die Stadt

---

4 Die unterschiedlichen Quellen der Wertschöpfung im Sport werden ausführlich betrachtet in Breuer et al. (2014).

5 So steht beispielsweise am Anfang einer Wertschöpfungskette der eigentlich sportinduzierte Initialimpuls „Kauf einer Eintrittskarte" für ein Bundesligaspiel. Daraus entstehen direkte Einkommenseffekte durch die Erstellung des Produkts „Bundesligaspiel". Die daran hängenden Einkommen gehen an Spieler, Trainer und Ordner. Daneben konsumieren die Zuschauer neben dem eigentlichen Spiel weitere Dienstleistungen und Güter, zum Beispiel öffentlichen Transport sowie Nahrungsmittel und Getränke während des Spiels. Dadurch entstehen die sogenannten indirekten Effekte. Durch dieses indirekte Einkommen wird weiterer Konsum generiert. Dabei spricht man von induzierten Effekten.

Hamburg, der durch die Veranstaltung von Sportevents entsteht (► Kap. 13).

Einige **positive Effekte** des Sports lassen sich nicht direkt in Einkommens- und Beschäftigungseffekten wiedergeben, sie sind jedoch relevant für die allgemeine Lebensqualität und den individuellen Nutzen. In der Nutzentheorie lassen sich diese Effekte in Form von nutzenäquivalenten Einkommen messen, die nicht tatsächlich erzielt werden, aber einen entsprechenden Einkommensgegenwert generieren. Ein Beispiel ist die individuelle Gesundheit des Einzelnen, die allgemeine Wohlfahrtseffekte nach sich zieht.

In ◻ Abb. 12.3 sind diese unterschiedlichen Effekte und deren Zusammenhänge schematisch dargestellt. Räumlich besteht ein spezifischer Zusammenhang zwischen der Sportpräferenz der Bevölkerung, der Sporttradition der Region und der Sportförderung der Politik sowie den Wertschöpfungseffekten.

Stadtbezogene Sporttrends

Die vielfältigen Interaktionsbeziehungen zwischen **Sport und Stadt** werden von einigen wichtigen technologischen, sozialen und ökonomischen Trends beeinflusst und verändert. Gesellschaftlich lässt sich nach Nielsen Sports (2017) eine Tendenz zur Individualisierung des Sporttreibens beobachten. Die institutionellen Strukturen werden im Sinne eines **urbanen Sport-Ökosystems** zunehmend hybrider und informeller. War Sport früher über seine Akteure wie Vereine, Verbände, Fitnessstudios und Schulen stark institutionalisiert, sind heute die Barrieren gesunken. Spontane Sportmöglichkeiten und vielfältige Bewegungsmöglichkeiten werden für Menschen relevanter. Etablierte Modelle und Formen von Vereinen und Studios müssen weiterentwickelt werden und sich stärker auf individualisierte und somit flexibilisierte Lösungen einstellen (► Kap. 6 und 21). Dieser Trend spiegelt sich im Er-

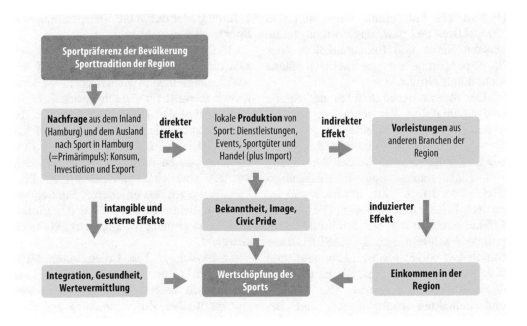

gebnis unter anderem darin wider, dass Sportstudios und Vereine in ihrem Portfolio auch weniger langfristige Verträge und städteübergreifende Mitgliedschaften anbieten. Hinzu kommt die Etablierung von Portalen, die diesen Trend zu kurzfristiger Vertragsbindung und diversifizierten Angeboten unterstreicht. Gegeben diese Präferenzänderungen, können und sollten die relevanten Anbieter des Sports, von den Vereinen über kommerzielle Studios bis hin zur Stadt, mit einer Anpassung ihrer Angebote und Entwicklungsstrategien reagieren.

Darüber hinaus entstehen auch in öffentlichen Räumen immer mehr Möglichkeiten für gemeinsamen Outdoor-Sport (▸ Kap. 4). Die Hürden für jeden Einzelnen, Sport zu treiben, respektive sich zu bewegen, sind dadurch gesunken. Das aggregierte Aktivitäts- und Sportniveau kann somit erhöht werden, zumal sich über die Zeit die Sportaffinität der Menschen steigern lässt. Die dynamischen Effekte sind gegenüber den statischen vermutlich die

weitaus größeren, weil verhaltensinduzierte Gewohnheitsänderungen Zeit erfordern.

Die weitestreichenden technologischen Entwicklungen bieten Angebote im Bereich **Digitalisierung** und Smartphone. Es drängen neue Akteure auf den Markt: freiberufliche Personal-Trainerinnen und -Trainer, Unternehmen mit Betriebs- und Gesundheitssportangeboten, sportaktive Gruppen, die sich über Social-Media-Kanäle, Apps oder auch Einzelhandelsgeschäfte respektive Gastronomie zusammenfinden. Mit diversen Apps lassen sich individuelle Aktivitäten dokumentieren und später in der Community vergleichen. Viele Nutzer sehen sich durch die Möglichkeiten dieser Apps bzw. Communitys motiviert, sportlich aktiv zu werden. Die Menschen nutzen Videos für individuelles Training, die Sportartikelindustrie hat diese Kanäle für Marketingzwecke entdeckt. Im Bereich des passiven Sports sind es vor allem Streamingdienste, die einen direkteren Kontakt der Fans zu ihrem Sport generieren. Die technologischen Möglichkeiten, insbesondere das Smartphone, lassen heute mehr als früher eine komplexe und diverse und somit stärker individualisierte Struktur an Sportmöglichkeiten zu.

Die **Corona-Pandemie** hat zusätzlich dazu beigetragen, ein neues Bewusstsein für Bewegung (als Ausgleich zum Homeoffice) und einen neuen Blick auf das Leben in der Stadt (soziale Interaktion) hervorgerufen. Dadurch haben sich strukturelle Veränderungsprozesse beschleunigt, und es hat sich die Nutzung der Stadt und ihrer Infrastrukturen verändert.

Das urbane Sport-Ökosystem in Hamburg: Infrastrukturen und Netzwerke

Hamburg ist mit rund 1,8 Mio. Einwohnern die zweitgrößte Stadt Deutschlands und die größte Stadt in Europa, die keine Hauptstadt ist. Kennzeichnend für die Stadt sind ihre Internationalität, Liberalität und Vielfalt. Als solche weist Hamburg alle Merkmale einer modernen Stadtgesellschaft mit ihren Chancen und Herausforderungen auf. Es wird erwartet, dass Hamburg insbesondere durch den anhaltenden Zuzug weiterhin wächst, laut Projektion bis zu rund 2 Mio. Einwohnern (BBSR, 2021).

Der Sport ist in einem solchen urbanen Umfeld auf vielfältigste Weise mit der Stadt und ihrer Infrastruktur und ihren Netzwerken verbunden und besser als ein offenes und dynamisches Ökosystem denn als abgeschlossene und statische Sportwirtschaft zu verstehen. Damit hat der Sport heute eine große und wachsende Bedeutung für das Leben und die Gesellschaft in Städten. Durch die Vertiefung und Verlängerung der Wertschöpfung im Sport existieren für Stadt und Unternehmen viele Möglichkeiten, um die ökonomischen Effekte durch den Sport in Hamburg positiv zu beeinflussen.

Eine Stadt kann vor diesem Hintergrund vieles tun, um das urbane Ökosystem Sport zu entwickeln. Es gibt hierfür diverse Ansatzpunkte und Instrumente. Selbst kleinere, aufeinander abgestimmte Maßnahmen können helfen, das **urbaneSport-Ökosystem** positiv zu gestalten und zu entwickeln. Es müssen heute angesichts der technologischen Möglichkeiten und gesellschaftlichen Veränderungen nicht mehr nur allein große Förderprogramme sein. Für die Sportentwicklung steht der urbane Raum mit seinen vielfältigen Möglichkeiten zum Sporttreiben zur Verfügung. So ist nicht zwingend eine Subventionierung von Vereinsmitgliedschaften das effiziente Mittel, die sportlichen Aktivitätsniveaus zu erhöhen, sondern effektiver kann die Etablierung spontaner Bewegungsmöglichkeiten, beispielsweise in Form von Treppenparcours, Stadtwanderwegen oder temporären Basketballkörben, sein (► Kap. 4).

Diese Idee eines **urbanen Sport-Ökosystems** findet sich in der **Active-City-Strategie** wieder (► Box 12.1). Dabei wurden alle Senatsbehörden für die Querschnittsaufgabe Sport geöffnet, der Sport soll bei allen Stadtthemen nachhaltig Gehör finden. Stadtteile sollen durch und mit dem Sport entwickelt werden. Ferner ist es wichtig, die unterschiedlichen Bereiche des Sports und die Zugänge zum Sport in ihren Wechselwirkungen zu verstehen und entsprechend zu nutzen. Die enge funktionale Interdependenz zwischen privatem, institutionalisiertem bzw. organisiertem Breitensport, Leistungssport und kommerziellem Sport ist vielfältig und bildet sich in einer räumlichen (Sporthallen, Plätze etc.), sozialen (Integration, Geselligkeit etc.) und institutionellen Infrastruktur (Sportförderung, Sportausbildung, Lizenzierung etc.) ab. Eine ganzheitliche Entwicklung des urbanen Ökosystems Sport kann im Sinne einer Active City alle diese Aspekte und Hebel zu einer Gesamtstrategie verbinden.

12.2 Ökonomische Effekte des Sports in Hamburg

Sportbezogene Wertschöpfung

Hamburg stellt mit seinen Akteuren, Institutionen, Traditionen und Strukturen ein komplexes urbanes Sportsystem dar. Entsprechend existieren vielfältige sportbezogene und sportangrenzende Märkte, über die die ökonomischen Effekte mehr oder weniger direkt gemessen werden können. Darüber hinaus entstehen jedoch weitere **intangible Effekte**, die zwar nicht direkt messbar, im Sport jedoch sehr bedeutsam sind, wie etwa positive Effekte auf Gesundheit oder Geselligkeit. Es sind private und soziale Nutzen bzw. kollektive Güter, die hier eine wesentliche Rolle spielen (▶ Box 12.3). Zudem sind in einer Stadt wie Hamburg die Organisationsformen des Sports sehr vielfältig.

Box 12.3 Tangible und intangible Effekte des Sports

Wertschöpfende Effekte des Sports sind direkt ökonomisch messbar, also in diesem Sinne **tangibel**, sofern sie auf Märkten entstehen. Andere Effekte sind monetär schwieriger zu beziffern und werden deshalb als **intangibel** bezeichnet. Grund dafür ist, dass für diese Effekte keine beobachtbaren Preise auf Märkten existieren, ihr Wert und Wertschöpfungsbeitrag also schwer zu ermitteln sind. Die tangiblen Effekte lassen sich unterteilen in Produktion von Sportartikeln, Handel mit Sportartikeln, Bau von Sportanlagen, Sportdienstleistungen (Organisation und Durchführung von Sportevents, Training, Personal Trainer), Sportwerbung, Sportsponsoring, Sporttourismus, Sportmedizin und Gesundheitssport, Arbeitsmarkt Sport (Erwerbsarbeit und Arbeitsspenden), sportinduzierte Steuereinnahmen, sportbezogene direkte Steuerausgaben. Zu den intangiblen positiven Effekten des Sports zählen Lebensqualität, Wert von sportinduzierten Emotionen und Verhaltensweisen, Bildung in Schulen und Hochschulen, Sportvereine, Sportverbände, soziale Kompetenzen, Demokratiefunktion, Wohlbefinden und Gesundheit (physische und psychische), Integration und Inklusion, Sozialkapital (Flatau & Rohkohl, 2017, S. 11 ff.). Intangible negative Effekte sind Zeitverluste infolge der Überlastung des Verkehrsnetzes, erhöhte Luftschadstoffimmissionen oder Entstehen eines sozialen Dissens über die Austragung der Sportveranstaltung.

Vor dem Hintergrund, dass 69 % der Sportlerinnen und Sportler ohne Verein und Studio trainieren (Statista Research Department, 2016), wird deutlich, dass ein Angebot an frei zugänglichen Trainingsstätten ein großer Nutzengewinn und Anreiz zum Sporttreiben ist (► Kap. 4). Diese Evidenz gibt Hinweis darauf, dass Sport- und Stadtentwicklung zum gegenseitigen Nutzen noch stärker integriert gedacht werden können und müssen, um die Stadt mit ihren Flächen in den Möglichkeiten ihrer Nutzung auszuschöpfen.

Hamburg hat sich neben den Profisportvereinen auch auf die Ausrichtung von Events im Bereich Ausdauersport fokussiert, in denen Breiten-, Leistungs- und Profisportlerinnen wie -sportler gemeinsam an den Start gehen.[6] Das Aktivitätsniveau der Hamburgerinnen und Hamburger ist nicht zuletzt altersstrukturell bedingt hoch. Für das Laufen und Radfahren als beliebte Outdoor-Sportarten – 42 % der Deutschen gaben an, regelmäßig Fahrrad zu fahren, an zweiter Stelle rangiert Joggen (Zeppenfeld, 2022) – nutzen die Bürgerinnen und Bürger die Flächen der Stadt als Trainingsstätte. Auch die vielen, für alle zugänglichen Sportveranstaltungen in Hamburg in den Bereichen Laufen, Radsport und Triathlon motivieren eine Vielzahl von Hamburgerinnen und Hamburgern zu regelmäßiger Bewegung.

Für das vitale **Sport-Ökosystem** Hamburg und dessen Wertschöpfung spielen die zahlreichen in der Stadt durchgeführten Ausdauerevents eine zentrale Rolle. Daher wird im Folgenden die Vertiefung und Verlängerung der Wertschöpfungskette in diesem wichtigen Teilbereich der Querschnittsbranche Sport näher betrachtet.

Erweitertes Wertschöpfungskonzept durch Ausdauersportevents

Bei der Entwicklung eines **Wertschöpfungskonzeptes** für die Ausdauersportevents in Hamburg wird noch einmal sehr deutlich, dass der Sport eine Querschnittsbranche ist. Gerade diese Events tangieren eine Vielzahl ökonomischer Bereiche und Branchen. Dabei verknüpfen sich tangible und intangible Effekte des Sports ebenso wie direkte, indirekte und induzierte Einkommenseffekte. Anders als beispielsweise im Bereich Profifußball hat die Stadt bei den Ausdauersportevents mit der Stadt als „Stadion" wesentlich mehr Möglichkeiten, die ökonomischen Effekte positiv zu beeinflussen und für eine Etablierung der Marke Hamburg als Hochburg des Ausdauersports zu nutzen. Dies liegt vor allem daran, dass die Wertschöpfungskette dieser Events länger und tiefer als die eines Bundesligaspiels ist.

Am Beispiel des Hamburg Triathlons[7] wird im Folgenden die **Wertschöpfungskette** dieses Events dargestellt, das die Verlängerung und Vertiefung der Wertschöpfungskette sehr gut verdeutlicht (◘ Abb. 12.4). Dem Event an sich sind Aktivitäten vorgelagert, die eindeutige direkte, positive ökonomische **Effekte** haben. Seine Planung und Konzeption hat positive Auswirkungen auf den Arbeitsmarkt, ebenso wie die Planung und Organisation von Sponsoring- und Marketingmaßnahmen (► Kap. 11). Die zukünftigen Teilnehmenden am Triathlon, die in Hamburg wohnen, bereiten sich in Hamburg auf dieses Event vor (aktiver Sportkonsum und Wertschöpfungsprozess). Dafür nehmen sie Trainerinnen und Trainer, Vereine und die öffentliche Infrastruktur in Anspruch, konsumieren Sportartikel sowie Sportmedien

---

6   Vor der Pandemie fanden in Hamburg neben diversen kleineren Ausdauersportevents jährlich ein Stadtmarathon, das Radrennen Cyclassics, ein ITU-Triathlon sowie ein IRONMAN statt. Bei allen Rennen waren neben Profis auch Jedermann-Sportlerinnen und -Sportler zugelassen.

7   Für weiterführende Informationen zu diesem Event siehe ► https://hamburg.triathlon.org. Zugegriffen: 31. März 2022.

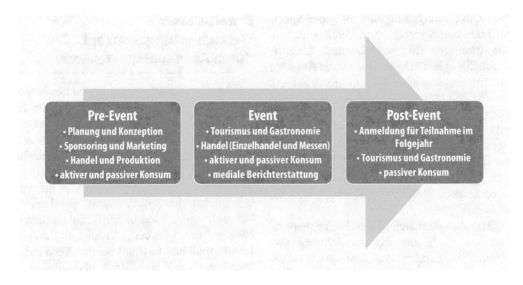

☐ Abb. 12.4   Verlängerung der Wertschöpfungskette. (Nach Cotterell & Vöpel, 2020)

12

und gehen zu Sportärztinnen und -ärzten (passiver Wertschöpfungsprozess).

Die positiven **direkten Effekte** an den Tagen des Events sind insbesondere in den Branchen Tourismus, Gastronomie und Einzelhandel zu finden. Ein Großteil der von außerhalb anreisenden Teilnehmenden, Zuschauerinnen und Zuschauer bleibt für mindestens eine Nacht in Hamburg, was sich positiv auf Tourismus und Gastronomie auswirkt. Aufgrund des längeren Aufenthalts und eines über mehrere Tage gestreckten Rahmenprogramms im Umfeld des Triathlons (Wettkampfbesprechung, Messe, Pasta-Party, Eventdauer über zwei Tage etc.) erhöht sich auch der passive Konsum von Sportartikeln und Sportdienstleistungen. Auch die mediale Berichterstattung bietet Hamburg ein großes Potenzial, um als Stadt auf sich aufmerksam zu machen. Die Einwände des Einzelhandels, zu viele Sportevents in der Innenstadt seien schlecht für das Geschäft, können empirisch nicht bestätigt werden. Zwar bestehen in einem gewissen Umfang Verdrängungseffekte. Im Saldo bleibt jedoch inklusive der **Nachholeffekte** eine positive Wirkung. Im Gegenteil: Die Innenstädte können durch spezielle Angebote, z. B. Gut-

scheine für Zuschauerinnen und Zuschauer, Nahverkehrstickets für Kundinnen und Kunden, die Erlöspotenziale selbst optimieren.

Die **nachgelagerten positiven Effekte** in der Zeit nach dem Triathlon umfassen in erster Linie die Anmeldung der Teilnehmenden für das Folgejahr – motiviert entweder durch aktive oder aber auch passive Teilnahme am eigentlichen Wettkampf. Zudem bestehen durch eine verlängerte Aufenthaltsdauer in Hamburg über das Event hinaus positive Effekte für Tourismus, Gastronomie und passiven Konsum.

Parallel zu der Verlängerung der Wertschöpfung vertieft sich diese, was sich insbesondere in den **indirekten** und **intangiblen Effekten** des Events Hamburg Triathlon zeigt. Diese Vertiefung der Wertschöpfungskette ist in ☐ Abb. 12.5 dargestellt: Das Training der Teilnehmenden wirkt sich in der Verlängerung der Wertschöpfung positiv auf Wohlbefinden und Gesundheit sowie Integration und Inklusion aus. Neben den dadurch entstehenden indirekten, intangiblen Effekten zieht dies positive Wohlfahrtseffekte nach sich. Auch im Bereich Bildung lassen sich positive Wirkungen feststellen. Beispielsweise hat die Sportart Tri-

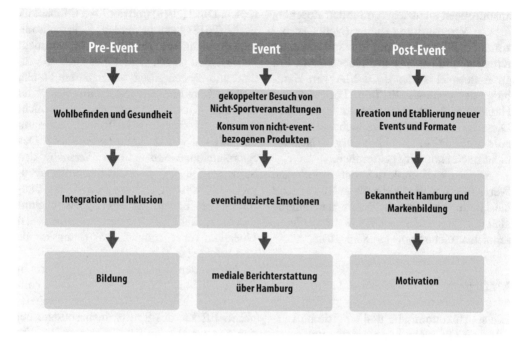

☐ **Abb. 12.5** Vertiefung der Wertschöpfungskette. (Nach Cotterell & Vöpel, 2020)

athlon mittlerweile Einzug in den Hamburger Schulsport gefunden. Die direkte Verknüpfung mit dem Event in Hamburg durch eine mögliche aktive Teilnahme von Schülerinnen und Schülern an der Veranstaltung schafft Stellschrauben für die Stadt, über die Schulen einen positiven Einfluss auf das Sport- und Gesundheitsinteresse von Kindern und Jugendlichen zu nehmen. Diese Vorgehensweise ist insbesondere vor dem Hintergrund positiv zu bewerten, dass sich die Entwicklung von Übergewicht und Adipositas bei Kindern und Jugendlichen zwar stabilisiert, aber auf hohem Niveau eingependelt hat. Kinder über sämtliche Schulformen und Einzugsgebiete hinweg zu einer ohne große Hürden zu praktizierenden Sportart wie Triathlon zu motivieren, lässt als präventive Maßnahme zukünftig weitere positive Effekte in vielen Bereichen erwarten.

Im direkten zeitlichen Umfeld der Triathlonveranstaltung entsteht eine Vertiefung der Wertschöpfung unter anderem mit dem Besuch anderer (kultureller) Veranstaltungen durch die Eventtouristen sowie den Konsum von nicht eventbezogenen Produkten. Darüber hinaus bedingen die eventbezogenen Emotionen von Zuschauerinnen und Zuschauern sowie Teilnehmenden positive Effekte für die Stadt Hamburg. Schlussendlich befasst sich die mediale Berichterstattung nicht ausschließlich mit den sportlichen Aspekten der Veranstaltung, sondern auch mit Hamburg als Stadt an sich. Dies kann positive Imageeffekte für Hamburg bedeuten (▶ Kap. 13).

Im Nachklang des Triathlons sind es vor allem Faktoren wie eine Steigerung der Bekanntheit der Marke Hamburg als Sportstadt sowie eine erhöhte Motivation der Hamburger Bevölkerung, sportlich aktiv zu werden, die eine Vertiefung der Wertschöpfungskette bedeuten. Je mehr Sportevents in Hamburg stattfinden und je größer der mediale Fokus ist, desto größer ist auch die Plattform, Hamburg als Sportstadt positiv zu verkaufen und andere Sportveranstaltungen anzuziehen oder den Zuschlag für die Veranstaltung dieser Events zu bekommen. Dies geht Hand in Hand mit einer Kreation und Etablierung neuer Events. Ein gutes Beispiel ist der IRONMAN in Hamburg, der erstmals 2017 im Portfolio von Hamburgs Ausdauerevents zu finden war. Diese Veranstaltung wäre sicher ohne die gute Reputation des Hamburg Triathlons nicht nach Hamburg gekommen.

Allein die Komplexität der räumlichen Wertschöpfung dieses einzelnen Events zeigt die Herausforderungen für die Berechnung aller ökonomischen Effekte der Querschnittsbranche Sport (▶ Kap. 10).

Methode

Die sportökonomische und empirische Literatur zur Quantifizierung der ökonomischen Bedeutung des Sports ist sehr umfangreich. Exemplarisch sollen hier nur die Ausführungen von Ahlert und An der Heiden (2015), Digel (2018) und der Investitionsbank Berlin (2018) genannt werden. Viele methodische Probleme sind jedoch nach wie vor nicht befriedigend gelöst. Oft fehlt es auch an validen und systematisch verfügbaren Daten, was auch darauf zurückzuführen ist, dass Sport eine Querschnittsbranche ist und nicht direkt über die Wirtschaftszweigsystematik ausgewiesen werden kann (▶ Kap. 11). Das **Sportsatellitenkonto** ist ein Versuch, den Sport als Querschnittsbranche sauber abzugrenzen. Eine Quantifizierung der ökonomischen Bedeutung des Sports beginnt daher zunächst mit einer systematischen Übersicht über mögliche Wirkungskanäle und Effekte (◻ Tab. 12.1).

Neben den Primäreffekten des Sports in der amtlichen Statistik müssen zur vollständigen Erfassung der volkswirtschaftlichen Effekte des Sports, insbesondere bei den Sportevents und den Sportstätten, die zum Teil öffentliche Investitionen darstellen, eine **Nutzen-Kosten-Analyse** und eine **Input-Output-Rechnung** durchgeführt werden.

12

◻ **Tab. 12.1**   Systematik der ökonomischen Effekte des Sports und von Sportevents. (Nach Cotterell & Völpel, 2020)

		Kurzfristig	Langfristig
Nutzen	Tangibel	Direkter Konsumnutzen (aktiver Sport, passiver Sport) Sport als Gut Sport als Dienstleistung Sport als Investition Einkommens- und Beschäftigungseffekte Fiskalische Effekte	Tourismus Sportinfrastruktur
	Intangibel	Externe Effekte: Stimmung Internationalität Begegnungen und Kontakte	Bekanntheit und Image (extern) Motivation und Identifikation (intern) Standortattraktivität Gesundheit Integration
Kosten	Tangibel	Planung und Durchführung Infrastrukturmaßnahmen	Instandhaltungskosten Rückbaumaßnahmen
	Tntangibel	Überfüllung Lärm	Opportunitätskosten Flächenkonkurrenz

Eine Nutzen-Kosten-Analyse stellt sämtliche Nutzen und Kosten gegenüber und bewertet somit den ökonomischen Nettoeffekt oder die Vorteilhaftigkeit von bestimmten Maßnahmen oder Investitionen gegenüber alternativen Verwendungen. Eine Input-Output-Rechnung zeigt, welche Gesamtwertschöpfung aus einem anfänglichen Primärnachfrageimpuls resultiert, was die-

ser also indirekt über vor- und nachgelagerte Produktionsstufen insgesamt an Wertschöpfung auslöst.

Ergebnisse

Die gesamten ökonomischen Effekte des Sports sind in ◻ Abb. 12.6 zusammen-

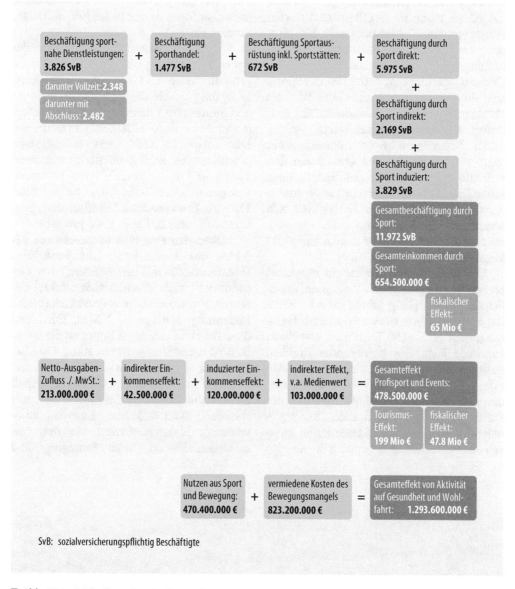

◻ **Abb. 12.6** Mehrdimensionale ökonomische Effekte des Sports in Hamburg. (Nach Cotterell & Vöpel, 2020)

gefasst und systematisch nach ihrer Entstehung dargestellt. An dieser Stelle ist es wichtig, darauf hinzuweisen, dass bei diesen Effekten Nichtadditivität gilt, d. h., die unterschiedlichen Effekte summieren sich nicht einfach zu dem Gesamteffekt. Vielmehr überlagern sich Effekte, die sich methodisch nicht separieren lassen und oft als vernetzte Wertschöpfung entstehen. Dies liegt zum Beispiel daran, dass bei Sportevents sportnahe Dienstleistungen anfallen, die jedoch schon in vorgelagerten Effekten erfasst wurden. Ebenso stecken in dem Nutzen aus Bewegung sportnahe Dienstleistungen, wie die Tätigkeit von Trainern. Der wirtschaftliche Gesamteffekt des Sports lässt sich demnach auch nicht ohne Weiteres als Anteil zum Bruttoinlandsprodukt darstellen. Das Verhältnis der Wertschöpfung durch Sport zum Bruttoinlandsprodukt stellt also einen unechten Quotienten dar, weil die Wertschöpfung des Sports keine echte Teilmenge des Bruttoinlandsprodukts ist. Der Gesamtwert des Sports lässt sich somit nicht als Anteil am („echte Quote"), aber als Relation zum Bruttoinlandsprodukt angeben.

Die Berechnungen sollen ein möglichst breites Bild möglicher sportbezogener **räumlicher Wertschöpfung** geben, ganz im Sinne des Konzepts einer vitalen Sportstadt Hamburg, dem eine breite Definition von Sport zugrunde liegt. Ein gravierendes Problem stellt jedoch – gerade für diesen breiten Ansatz – die Verfügbarkeit von validen Daten dar. Das **Sportsatellitenkonto** etwa wird nur auf Bundesebene erhoben, sodass auf regionaler oder Bundesländerebene kaum äquivalente Berechnungen angestellt werden

können. Daher ist zu empfehlen, ein datenbasiertes Monitoring des Sport- und Gesundheitsverhaltens auf regionaler Ebene in Form eines Panels aufzusetzen.

Zur Berechnung mussten daher viele Annahmen getroffen werden, die über Plausibilitätsprüfungen, Proxy-Variablen und Schätzungen aus der empirischen Literatur validiert wurden (▶ Box 12.4). Die Ergebnisse sind daher mit gebotener Vorsicht zu interpretieren, der Sache und der Dimension nach aber fügen sie sich in das Bild bisheriger Studien ein.

So sind die ökonomischen Effekte des Sports in Hamburg beträchtlich. Es werden pro Jahr rund 1,13 Mrd. Euro an Wertschöpfung durch die direkten, indirekten und induzierten Effekte des Sports generiert (654,5 Mio. Euro plus 478,5 Mio. Euro). Das entspricht einer sozialversicherungspflichtigen Beschäftigung (SvB) von rund 12.000 in Vollzeit beschäftigten Personen. Der gesamte fiskalische Effekt beträgt rund 110 Mio. Euro pro Jahr. Der Tourismus profitiert mit rund 200 Mio. Euro pro Jahr.

Neben den **tangiblen ökonomischen Effekten** des Sports haben die **intangiblen Wohlfahrtseffekte**, insbesondere die Gesundheits- und Produktivitätseffekte des Sports, eine wesentliche volkswirtschaftliche Bedeutung. Mit rund 1,3 Mrd. Euro sind diese für Hamburg sogar höher als die tangiblen Wertschöpfungseffekte: Rund 470 Mio. Euro an äquivalentem Einkommenswert kommen aus dem Nutzen, der aus dem Spaß an Bewegung und den Emotionen im Sport resultiert, rund 823 Mio. Euro an äquivalentem Einkommenswert aus den vermiedenen Kosten durch Bewegung und

Sport. Auch hier kann die **Active-City-Strategie** durch weitere Maßnahmen einen wirksamen Hebel für die Wohlfahrtseffekte des Sports für die Stadt bereitstellen und diesen zu einem der wesentlichen Faktoren für Lebensqualität in einer modernen, vitalen Stadt entwickeln.

Neben den hier erfassten und quantifizierten Effekten gilt es, auf weitere allgemeine **Wohlfahrtseffekte** des Sports hinzuweisen, die – wie oben beschrieben – mehrdimensional und zunehmend divers sind. So wird beispielsweise häufig argumentiert, dass Sport – gerade im Verein – bei Jugendlichen die Wahrscheinlichkeit verringert, kriminell zu werden oder „abzurutschen". Die Messung solcher Effekte ist schwierig und Gegenstand einer anderen Forschungsfrage, jedoch lassen sich solche Effekte nicht gänzlich von der Hand weisen. Aus verringerter Jugendkriminalität ergäben sich wiederum positive Produktivitätseffekte sowie vermiedene Kosten in der Kriminalitätsbekämpfung oder der Resozialisierung. Heutige Investitionen in den Sport erzeugen daher positive ökonomische Effekte, die häufig erst in der Zukunft anfallen.

> **Box 12.4 Methoden und Annahmen der Berechnung**
>
> Entscheidend für die Berechnung der ökonomischen Effekte ist einerseits, ihre Gesamtheit zu erfassen, und andererseits, sie von anderen Effekten abzugrenzen und zu isolieren, um die kausalen Ursache-Wirkung-Beziehungen zu identifizieren, denn die Berechnung bezieht sich auf jene Effekte, für die das Event oder die Branche ursächlich ist und ohne das es die Wirkungen nicht gäbe. Damit dies angesichts in der Realität komplexer und gegenseitiger Abhängigkeiten überhaupt näherungsweise möglich ist, müssen zur Identifikation kausaler Beziehungen bestimmte Annahmen über Wirkungszusammenhänge getroffen werden. Ein Beispiel dafür ist die Annahme, dass die Teilnehmerinnen und Teilnehmer eines Sportevents, die von außerhalb der Stadt kommen, ohne dieses Event nicht in die Stadt gekommen wären. Ein weiterer erschwerender Aspekt ist die Verfügbarkeit von Daten. Diese ist auf lokaler Ebene oft dürftig, sodass für die Kalibrierung des „Modells" aus der empirischen Literatur plausible Schätzungen für Parameter gefunden werden müssen. Ein Beispiel dafür ist die Schätzung des Anteils der aus Anlass eines Sportevents getätigten Konsumausgaben, der als Nettonachfrage, also nach Abzug der Vorleistungen, tatsächlich in der Stadt verbleibt.

12.3 Interpretation der Ergebnisse und Ausblick

Die Querschnittsbranche Sport hat, wie dargestellt, enormes ökonomisches Potenzial. In Hamburg wird dieses Potenzial durch spezifische Gegebenheiten wie Wasser- und Grünflächen sowie die sowohl sozioökonomisch als auch demographisch begründete hohe Sportaffinität der Bevölkerung flankiert. Vor diesem Hintergrund stellt sich die Frage, wie die ökonomischen Effekte des Sports durch effiziente und effektive Maßnahmen und Instrumente gezielt verstärkt werden können, um damit Wohlfahrtseffekte zu generieren.

Um das Potenzial des Sports auszuschöpfen, können Maßnahmen ergriffen werden, die sich in zwei Kategorien einteilen lassen: in direkte Maßnahmen zur Förderung des Sports (wie die Sanierung von Sporthallen und -plätzen) und in komplementäre und katalytische Maßnahmen, die die positiven Effekte des Sports in anderen Bereichen hebeln (wie Austauschprogramme zwischen Universitäten im Umfeld internationaler Sportwettkämpfe). Gerade in Hamburg bieten sich durch die Verknüpfung von Maßnahmen hohe Synergiepotenziale; das gilt besonders für die Integration von Sport in die allgemeine Stadtentwicklung.

Zur Förderung des Sports und seiner ökonomischen Bedeutung für die Stadt lassen sich im Wesentlichen zwei Kernstrategien identifizieren, die zum Teil schon erfolgreich umgesetzt werden: Als Basis dient die **Active-City-Strategie**, die durch ihre umfassende und holistische Interpretation des Sports auf dessen breite Entwicklung gerichtet und damit vor allem an seine intangiblen Effekte adressiert ist. Ergänzend dazu ist ein Profisport- und Eventkonzept sinnvoll, weil mit dieser Strategie noch deutliche vorhandene Potenziale in der Entwicklung des professionellen Sports sowie im Bereich der Sportevents auszuschöpfen sind. So hat Hamburg zwar eine Vielzahl von Bundesligateams in den zuschauer- und reichweitenstarken Sportarten wie Fußball, Handball, Eishockey und Basketball, jedoch existieren nichtstrukturelle Schwächen, weil deren Ursachen nicht in einem schwachen regionalwirtschaftlichen und soziodemographischen Umfeld liegen.

Begleitend zu diesen Kernstrategien bietet es sich an, Umsetzungskonzepte zu entwickeln, die darauf ausgerichtet sind, Maßnahmen gezielt und nachhaltig zu implementieren. Selbst und gerade innerhalb einer Stadt, in der soziale Spannungen und Unterschiede durch die Urbanisierung und die Einkommensentwicklung zunehmen, ist es wichtig, die Umsetzung von Maßnahmen an sozialen Milieus und Stadtteilen auszurichten (▶ Kap. 17), weil die Wirksamkeit und Effizienz hiervon wesentlich beeinflusst werden. Um diese zu stärken, ist eine Medien- und Kommunikationsstrategie ratsam, welche insbesondere zwei wesentliche ökonomische Effekte des Sports betrifft: die externe Markenbildung und Bekanntheit der Stadt durch den Sport sowie die interne Identifikation und Verbundenheit mit dem Sport.

Die vorangehende Analyse hat gezeigt, dass verschiedene methodische Schwierigkeiten bei der Erfassung ökonomischer Effekte des Sports auftreten. Zwar gibt es die Systematik eines Sportsatellitenkontos, diese ist jedoch aufgrund der Datenverfügbarkeit und Datenvergleichbarkeit nur auf Bundesebene sinnvoll anwendbar. Das Sportsatellitenkonto kann kaum spezifische Aussagen zu lokalen und regionalen Entwicklungen geben. Gerade die **Active-City-Strategie** der Stadt Hamburg gibt jedoch Anlass und Möglichkeit, deren Erfolg systematisch durch ein Monitoring zu begleiten. Das beobachtete Sportverhalten der Bevölkerung ist immer das Resultat von Sportangebot und Sportnachfrage. Zur Analyse, durch welche Form von Sportinfrastruktur und Sportangeboten die lokale Sportnachfrage am besten bedient werden kann, sollten beide Bereiche evaluiert werden. Die Erfassung entsprechender Daten ermöglicht, einerseits zielgerichtet die Angebote zu optimieren und andererseits Maßnahmen und Instrumente für die zielgruppenspezifische Sportförderung zu entwickeln (Freie und Hansestadt Hamburg, 2016; Hamburger Sportbund, 2018).

❓ Übungs- und Reflexionsaufgaben

1. Welche Erscheinungsformen und Funktionen hat der Sport in einer Großstadt – welche Rolle spielen informelle Formen und innovative Konzepte?

2. Wie lässt sich die gegenwärtige Transformation von Städten mit urbanen Sportkonzepten für mehr Lebensqualität miteinander verbinden?

Zum Weiterlesen empfohlene Literatur

Breuer, C., Wicker, P., & Orlowski, J. (2014). *Zum Wert des Sports. Eine ökonomische Betrachtung.* Springer Gabler.

Literatur

Ahlert, G., & An der Heiden, I. (2015). Die ökonomische Bedeutung des Sports in Deutschland Ergebnisse des Satellitenkontos 2010 und erste Schätzungen für 2012. *(GWS-Themenreport, 15/1)*. Gesellschaft für Wirtschaftliche Strukturforschung mbH.

Ahlert, G., An der Heiden, I., & Repenning, S. (2018). Die ökonomische Bedeutung des Sports in Deutschland – Sportsatellitenkonto (SSK) 2015. *(GWS Themenreport, 2018/1)*. Gesellschaft für Wirtschaftliche Strukturforschung mbH.

BBSR – Bundesinstitut für Bau-, Stadt- und Raumforschung. (2021). Raumordnungsprognose 2040. https://www.bbsr.bund.de/BBSR/DE/forschung/fachbeitraege/raumentwicklung/raumordnungsprognose/2040/04-downloads.html. Zugegriffen am 31.03.2022.

Bravo, L. (2018). Public urban happiness, that is the making of our own world. *The Journal of Public Space, 3*(2), 1–4.

Breuer, C., Wicker, P., & Orlowski, J. (2014). *Zum Wert des Sports. Eine ökonomische Betrachtung.* Springer Gabler.

Cotterell, M., & Vöpel, H. (2020). *Ökonomische Effekte der vitalen Sportstadt Hamburg.* Hamburg: HWWI. https://www.hamburg.de/contentblob/13487190/5e478023639d47b214880ad6fd076a68/data/neuer-inhalt.pdf. Zugegriffen am 31.03.2022.

Digel, H. (2018). Wirtschaftsfaktor Sport. SPORT NACHGEDACHT. https://sport-nachgedacht.de/wiss_beitrag/wirtschaftsfaktor-sport/. Zugegriffen am 30.03.2022.

Flatau, J., & Rohkohl, F. (2017). *Der Wert des Sports in Schleswig-Holstein, Wirtschaftliche und gesellschaftliche Aspekte.*

Freie und Hansestadt Hamburg (2016). *Masterplan Active City – Für mehr Bewegung in Hamburg.*

Hamburger Sportbund. (2018). Hamburg wächst – Sportvereine tun es auch. https://www.hamburger-sportbund.de/artikel/3942/hamburg-waechst-sportvereine-tun-es-auch. Zugegriffen am 02.01.2019.

Investitionsbank Berlin (Hrsg.). (2018). *Wirtschaftliche Effekte des Spitzen- und Breitensports in Berlin.*

Nielsen Sports. (2017). Commercial trends in sports 2017. https://www.nielsen.com/us/en/insights/report/2017/commercial-trends-in-sports-2017/#. Zugegriffen am 30.03.2022.

Statista Research Department. (2016). Bevorzugte Orte sportlicher Aktivitäten in Deutschland 2016. https://de.statista.com/statistik/daten/studie/176990/umfrage/bevorzugte-orte-sportlicher-aktivitaeten/. Zugegriffen am 31.03.2022.

Zeppenfeld, B. (2022). Lieblingssportarten der Deutschen 2018. https://de.statista.com/statistik/daten/studie/979334/umfrage/lieblingssportarten-der-deutschen/. Zugegriffen am 30.03.2022.

Zukunftskommission Sport & Behörde für Inneres und Sport (Hrsg.). (2011). *HAMBURGmachtSPORT. Eine Dekadenstrategie für den Hamburger Sport.*

Zukunftskommission Sport & Behörde für Inneres und Sport (Hrsg.). (2021). *Neunter Hamburger Sportbericht.*

Beziehungen zwischen Vereins- und Stadtimage – eine empirische Analyse am Beispiel von Borussia Mönchengladbach

Christina Masch

BORUSSIA-PARK – das vereinseigene Fußballstadion von Borussia Mönchengladbach. (© Christina Masch)

© Der/die Autor(en), exklusiv lizenziert an Springer-Verlag GmbH, DE, ein Teil von Springer Nature 2023
P. Gans et al. (Hrsg.), *Sportgeographie*, https://doi.org/10.1007/978-3-662-66634-0_13

Inhaltsverzeichnis

Einleitung

Die Bedeutung von professionellen Sportvereinen für ihren Standort wird bereits seit Jahrzehnten in der Fachliteratur diskutiert. Meist stehen die monetären Effekte der Vereine auf das Einkommen und die Beschäftigung in der Region im Fokus der Untersuchungen (z. B. Baade, 1994; Coates & Humphreys, 2003; ▶ Kap. 10). In den letzten Jahren wird das Augenmerk zudem auf intangible Effekte von professionellen Sportvereinen gelegt, insbesondere sind im Zuge des sich verschärfenden Standortwettbewerbs ihre Wirkungen auf Bekanntheitsgrad und Image der Standorte sowie auf das Ausmaß der Identifikation der Bevölkerung mit der jeweiligen Stadt oder Region von Interesse (Crompton, 2004; ▶ Kap. 18). Städte und Regionen müssen sich aufgrund des demographischen Wandels und Fachkräftemangels vermehrt um wichtige Zielgruppen, wie Einwohnerinnen und Einwohner, Unternehmen und Fachkräfte sowie Touristinnen und Touristen, bemühen, um diese an den eigenen Standort binden bzw. sie für den eigenen Standort gewinnen zu können. Sollten professionelle Sportvereine einen positiven Einfluss auf den Bekanntheitsgrad und das Image ihres Standorts nehmen, kann sich dies vorteilhaft auf die regionalwirtschaftliche Entwicklung der Stadt bzw. Region auswirken und das Stadt- und Regionalmarketing in ihren Tätigkeiten und Aufgaben unterstützen.

Der Beitrag geht daher der Frage auf den Grund, welche Rolle ein professioneller Sportverein für die Bekanntheit und das Image seines Standorts spielen kann. Als Fallbeispiel werden der Bundesligaverein Borussia Mönchengladbach und die Stadt Mönchengladbach genutzt.

13.1 Image und seine regionalökonomische Bedeutung

Beim **Standortimage** handelt es sich um ein komplexes Konstrukt (▶ Box 13.1), das durch viele verschiedene Faktoren beeinflusst wird. Diese reichen von der natürlichen und physischen Infrastruktur, wie der Lage, Topographie und markanten Bauwerken, über die historischen, politischen, sozialen und wirtschaftlichen Gegebenheiten am Standort bis hin zum Lebensstil der Einwohnerinnen und Einwohner sowie dem vorhandenen Kultur- und Freizeitangebot (Beerli & Martín, 2004; Kirchgeorg, 2005). Dabei spielen die einzelnen Faktoren je nach Zielgruppe eine unterschiedlich wichtige Rolle in der Imagebildung und bei der daraus resultierenden Entscheidung hinsichtlich des Standorts. Regionen müssen mit ihren Angeboten den verschiedenen Bedürfnissen der Zielgruppen gerecht werden, um auf sie attraktiv zu wirken. Für Einwohnerinnen und Einwohner schaffen Städte und Regionen zur Verbesserung der Lebensqualität Wohnraum, Arbeitsplätze, Bildungseinrichtungen oder Grünflächen, für Unternehmen Investitions- und Standortmöglichkeiten und für Besucherinnen und Besucher touristische Angebote (Govers, 2013). Das Image, das ein Standort innerhalb, aber auch außerhalb der Region genießt, kann ein ausschlaggebender Faktor dafür sein, dass sich Mitglieder einer Zielgruppe für diesen oder für einen anderen Standort entschließen. Diese Entscheidungen wiederum nehmen direkten Einfluss auf die wirtschaftliche Entwicklung des Standorts.

Box 13.1 Die Bedeutung von Image

Image kann allgemein definiert werden als „[…] die Gesamtheit von Gefühlen, Einstellungen, Erfahrungen und Meinungen bewusster und unbewusster Art, die sich eine Person bzw. eine Personengruppe von einem Meinungsgegenstand (z. B. einem Produkt, einer Marke, einem Unternehmen) macht. Es wird geprägt von soziokulturellen und subjektiven Momenten (Erfahrungen, Vorurteilen) und stellt eine stereotypisierende Vereinfachung eines objektiven Sachverhalts dar" (Essig et al., 2003, S. 21). Das Image lässt sich in Eigen- und Fremdimage unterscheiden. Bezogen auf eine Stadt bzw. Region versteht man unter Eigenimage das Bild, das die Einwohnerinnen und Einwohner von ihrem Wohnort bzw. ihrer Wohnregion haben. Das Fremdimage beschreibt hingegen das Image seitens auswärtiger Personen.

Die Standortentscheidungen von Unternehmen werden von einer Vielzahl harter und weicher **Standortfaktoren** beeinflusst (Grabow, 1994). Erstere wie Arbeitskräfte, Gewerbeflächen und Steuern beeinflussen die unternehmerische Tätigkeit direkt und nehmen bei den Entscheidungen meist die wichtigste Rolle ein (Grabow, 1994; Love & Crompton, 1999). Weiche Standortfaktoren, wie das Stadtbild, die Lebensqualität und das Image des Standorts, können entweder direkte Auswirkungen auf die unternehmerische Tätigkeit haben oder indirekt die Arbeits- und Wohnortwahl der Arbeitnehmer und/oder Arbeitgeber mitbestimmen. Wachsender Wohlstand, höhere Qualifikation der Arbeitskräfte, veränderte Arbeitszeitstrukturen (z. B. mehr Freizeit bei flexibleren Arbeitszeiten), steigende Frauenerwerbsquoten und die zunehmende Bedeutung des Familienlebens haben in den letzten Jahrzehnten zu einem Wertewandel mit der Folge geführt, dass weiche Standortfaktoren, wie die Wohnqualität und das Freizeit-, Kultur- und Bildungsangebot, für Beschäftigte, Arbeitgeberinnen und Arbeitgeber an Bedeutung gewonnen haben (Grabow et al., 1995; Masch, 2022).

Der Standortfaktor **Image** ist einer dieser weichen Faktoren. Er kann als Gesamteindruck eines Standorts verstanden werden (Kotler et al., 1993), der sich aus den verschiedenen lokalen Gegebenheiten zusammensetzt. Ist dieses übergeordnete Bild einer Stadt oder Region bereits negativ, wird sie wahrscheinlich gar nicht erst in die Standortentscheidung des Unternehmens einbezogen (Meester, 2004). Ein gutes Image kann hingegen dazu beitragen, dass Unternehmen den Standort in Betracht ziehen und sich schlussendlich im Auswahlprozess auch für ihn entscheiden. Studien bestätigen, dass das Standortimage als ein bedeutender Faktor bei Unternehmensentscheidungen angesehen wird (z. B. Eickelpasch et al., 2007; Hamm et al., 2013; Eickelpasch et al., 2016) und die Unternehmensansiedlungen beeinflusst (Delgado-García et al., 2018). Ein positiver Effekt eines professionellen Sportvereins auf den Bekanntheitsgrad und das Image seines Standorts wäre somit von Vorteil für die wirtschaftliche Entwicklung der jeweiligen Stadt bzw. Region.

13.2 Effekte eines professionellen Sportvereins auf seinen Standort

Die Effekte, die von einem professionellen Sportverein auf seinen Standort ausgehen, sind vielfältig und lassen sich in nachfrage- und angebotsseitige Faktoren unterteilen (z. B. Hamm, 1998; Hamm et al., 2014; ◻ Abb. 13.1). Die nachfrageseitigen Effekte sind monetär und daher meist gut messbar.

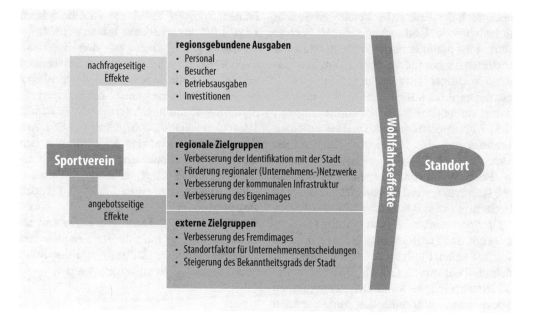

◘ Abb. 13.1 Regionalwirtschaftliche Effekte eines Sportvereins im Überblick. (Nach Hamm et al., 2014)

Sie umfassen die Betriebsausgaben und Investitionen des Vereins, sofern diese in der Region verausgabt werden. Hinzu kommen die Gehälter an das Personal sowie die Ausgaben, die Besucherinnen und Besucher der Heimspiele vor oder nach dem Spiel in der Region tätigen (▶ Kap. 10 und 12).

Neben diesen monetären Effekten gibt es weitere Faktoren von professionellen Sportvereinen, die sich positiv auf die regionalwirtschaftliche Entwicklung eines Standortes auswirken können (Baade & Dye, 1988; Crompton, 2004). Diese angebotsseitigen Effekte verbessern die Standortortvoraussetzungen und damit die Produktions- und Angebotsbedingungen (Hamm et al., 2006; Hamm et al., 2014). Ihre Messung gestaltet sich jedoch aufgrund ihrer Intangibilität oftmals schwieriger.

Zu diesen angebotsseitigen Effekten gehören die Stärkung der Identifikation mit dem Standort, die Förderung regionaler (Unternehmens-)Netzwerke sowie die Verbesserung der kommunalen Infrastruktur und des Eigenimages des Standorts. Hierbei nimmt der Sportverein einen Einfluss auf die

regionalen Zielgruppen, wie die Einwohnerinnen und Einwohner oder die ansässigen Unternehmen. Hinzu kommen Effekte auf externe Zielgruppen, wie potenzielle Einwohnerinnen und Einwohner, Unternehmen, Touristinnen und Touristen, die für den Standort gewonnen werden sollen. Diesbezüglich kann der Sportverein das Fremdimage des Standorts verbessern und zur Steigerung des Bekanntheitsgrads der Stadt beitragen. Darüber hinaus kann er einen relevanten Standortfaktor bei Unternehmensentscheidungen darstellen.

Im Folgenden liegt der Fokus auf den bekanntheitsgradsteigernden und imageverbessernden Effekten eines professionellen Sportvereins für seinen Standort. Inwieweit ein entsprechender Einfluss besteht, ist zum einen abhängig von der Sportart, ihrer Beliebtheit bei den Zuschauerinnen und Zuschauern und der Aufmerksamkeit, die diese Sportart durch die Medien erfährt. Ein Bundesligafußballverein beispielsweise genießt national wie international ein hohes mediales Interesse. Millionen von Fans verfolgen die Bundesliga. Zum anderen spielt aber auch der Erfolg des Vereins eine nicht unbedeutende Rolle. Angesehene Vereine sind meist häufiger in der Berichterstattung vertreten, insbesondere wenn es um den Gewinn wichtiger Turniere und Wettbewerbe geht. Die Bekanntheit des Vereins und die damit verbundene mediale Aufmerksamkeit sind Voraussetzungen dafür, dass er einen Einfluss auf das Standortimage ausüben kann.

Beim Standortimage handelt es sich um ein Konstrukt, welches von vielen Faktoren beeinflusst wird (▶ Box 13.1). Professionelle Sportvereine können als ein Freizeitangebot der Stadt gesehen werden und als solches einen Einfluss auf das Stadtimage nehmen. Crompton (2004) führt dafür verschiedene Gründe an. Zum einen können Sportvereine aufgrund der zunehmenden Freizeitorientierung der Gesellschaft zu den Imageträgern der Zukunft werden, wie es früher beispielsweise die ansässigen Industrien und Fabriken waren. Zum anderen kann die Platzierung des Vereins auch symptomatisch für die Stellung der Stadt gesehen werden (Siegfried & Zimbalist, 2000). Spielt der Verein in der ersten Liga, so spielt auch die Stadt in der obersten Liga der Städte. Dies birgt jedoch auch die Gefahr eines Imageverlusts, sollte der Verein die Klasse nicht halten können. Einwohnerinnen und Einwohner könnten dann auch das Gefühl bekommen, dass ihre Stadt im Ranking der Städte abgestiegen ist (Frick & Wicker, 2018). Inwieweit ein einzelnes Sportangebot das Standortimage überhaupt beeinflussen kann, hängt aber auch maßgeblich vom Gesamtangebot der Stadt ab (Crompton, 2004). In einer Stadt mit einem umfangreichen Kultur- und Freizeitangebot, wie Köln, München oder Berlin, stellt der professionelle Sportverein nur eines von vielen Angeboten dar. Die Wirkung auf das Standortimage ist dementsprechend eher gering. Befinden sich in der Stadt jedoch, wie in Bielefeld oder Mönchengladbach, nur wenige Sehenswürdigkeiten und Wahrzeichen, kann ein professioneller Verein in einer be-

liebten Sportart zu einem entscheidenden Faktor für das städtische Image werden.

Bisherige Studien zu den regionalökonomischen Effekten von Sportvereinen zeigen, dass die monetären Effekte alleine beispielsweise keine hohen Subventionen für Stadionneubauten rechtfertigen (z. B. Baade, 1994; Conejo et al., 2007; Coates, 2015). Aus diesem Grund wird das Augenmerk in den letzten Jahren zunehmend auf die angebotsseitigen Effekte gelegt, ob also ein professioneller Sportverein einen Einfluss auf den Bekanntheitsgrad und das Image seines Standorts ausübt. Diese Annahme soll im weiteren Verlauf mithilfe des Beispiels von Borussia Mönchengladbach und der Stadt Mönchengladbach untersucht werden.

13.3 Eine empirische Analyse am Beispiel von Borussia Mönchengladbach

Daten und Methodik

Die Stadt Mönchengladbach ist am Niederrhein gelegen und hat rund 270.000 Einwohner. Sie war einst einer der wichtigsten Standorte der Textil- und Bekleidungsindustrie in Deutschland. Der Strukturwandel und das Wegfallen dieser Branche haben die Stadt einem erheblichen ökonomischen und sozialen Anpassungsdruck ausgesetzt. Seit über 100 Jahren ist die Stadt Heimat des Fußballvereins Borussia Mönchengladbach. Der Verein wurde im Jahr 1900 gegründet und konnte insbesondere in den 1970er-Jahren große Erfolge feiern. Fünfmal gewann die Borussia in diesem Jahrzehnt die Deutsche Meisterschaft und zweimal den UEFA-Cup. Diese Erfolge machten den Fußballverein deutschlandweit und sogar über die Grenzen Deutschlands hinaus bei Fußballfans bekannt. Bis heute spielt der Verein mit wenigen kurzen Unterbrechungen in der ersten

Bundesliga und gehört mittlerweile zu den Traditionsvereinen der Liga.

Für die Messung des Images eines Meinungsgegenstands gibt es verschiedene Methoden. Zum einen kann die **Multi-Item-Methode** angewandt werden. In dieser quantitativen Vorgehensweise werden den Personen in einem Fragebogen verschiedene Attribute und Aussagen vorgelegt, die sie bewerten sollen. Der Vorteil liegt darin, dass viele Personen zu ihrer Meinung und Einschätzung des Images befragt werden können. Nachteilig ist jedoch, dass die Forscherinnen und Forscher bei dieser Methode die Attribute auswählen und vorgeben. Sie entsprechen deshalb vielleicht nicht unbedingt den Attributen und Eigenschaften, die die befragten Personen eigentlich mit dem Meinungsgegenstand verbinden würden (Geise & Geise, 2015).

Qualitative, offene Messverfahren, wie die Methode der **assoziativen Markennetzwerke**, können hingegen die unbeeinflusste Imageeinschätzung messen. Bei dieser Methode sollen die Befragten alle Assoziationen auflisten, die sie mit dem Meinungsgegenstand verbinden, und anschließend in eine Art Mindmap um den Markenknoten (= Meinungsgegenstand) anordnen. Die einzelnen Assoziationen werden anschließend auf einer Fünferskala von sehr positiv bis sehr negativ bewertet (Geise & Geise, 2015). Fügt man die assoziativen Markennetzwerke aller Probandinnen und Probanden dann in einem sogenannten **Makro-Markennetzwerk** zusammen, lässt sich daraus erkennen, welche Assoziationen besonders häufig mit dem Meinungsgegenstand verbunden werden und ob diese Assoziationen einen positiven oder negativen Einfluss auf das Image nehmen. Nachteilig an dieser Methode ist jedoch der hohe Aufwand, sodass nur eine geringe Anzahl an Personen befragt wird. Da beide Methoden über Vor- und Nachteile verfügen, wurden am Niederrhein Institut für Regional- und Strukturforschung im Rahmen umfangreicher Forschungsarbeiten zu diesem Thema beide Vorgehensweisen angewandt, um einen umfassenden Einblick in den Einfluss von Borussia Mönchengladbach auf das Image der Stadt Mönchengladbach zu gewinnen (Hamm et al., 2016; Fischer & Hamm, 2017; Fischer, 2018; Fischer & Hamm, 2019).

Im Herbst/Winter 2013 wurden verschiedene Befragungen organisiert. Bei drei Heimspielen der Borussia im BORUSSIA-PARK wurden vor Spielbeginn Stadionbesucherinnen und -besucher, 913 Heim- und Auswärtsfans, interviewt. Zudem wurden insgesamt 579 Passanten in der Mönchengladbacher Innenstadt und in den Zentren der umliegenden Städte (z. B. Viersen, Krefeld, Heinsberg) befragt. Eine Online-Erhebung mit 265 Teilnehmenden bezog auch Personen von außerhalb der Region ein. Insgesamt umfassten die Stichproben 1757 Personen, um den Einfluss der Borussia auf das Image der Stadt Mönchengladbach abzuschätzen. Von diesen Befragten waren 33 % weiblich und 67 % männlich. 40 % gaben an, Fan von Borussia Mönchengladbach zu sein, 19 % beschrieben sich als Sympathisanten des Vereins, und die restlichen 41 % verspürten keine emotionale Verbundenheit zum Verein. Von den Befragten lebte knapp die Hälfte (47 %) in der **Fanregion** von Borussia Mönchengladbach,[1] die Übrigen lebten im restlichen Deutschland und wenige im Ausland.

Es ist davon auszugehen, dass insbesondere die Fanbeziehung der Befragten

---

1 Im Vorfeld der Befragung wurde die **Fanregion** anhand der räumlichen Verteilung der Dauerkarteninhaber ermittelt. Das Ergebnis zeigte auf, dass die meisten Dauerkartenbesitzer aus der kreisfreien Stadt Mönchengladbach, dem Kreis Viersen, Heinsberg und dem Rhein-Kreis Neuss kamen. Personen aus diesen vier Kreisen zählen im Folgenden zur Fanregion der Borussia.

und ihre Herkunft einen Einfluss auf das Image des Vereins und des Standorts sowie den möglichen Imagetransfer vom Verein auf den Standort haben. Es ist zu erwarten, dass Fans der Borussia ein positiveres Image von der Borussia haben als Personen ohne emotionale Verbundenheit zum Verein. Personen aus der **Fanregion** kennen den Standort besser, weil sie ihn regelmäßig oder zumindest hin und wieder besuchen. Sie haben eigene Erfahrungen zur Stadt gesammelt, während Personen von außerhalb vermutlich über weniger gute Kenntnisse hinsichtlich der Gegebenheiten in Mönchengladbach verfügen. Die beiden Variablen „Fanbeziehung" und „Herkunft" wurden dazu genutzt, die Befragten in vier **Fangruppen** zu unterteilen. Die Heim-Fans machen 23 % der Befragten aus. Sie sind Fans von Borussia Mönchengladbach und leben in der sogenannten Fanregion. Die regionalen Nicht-Fans (12 %) kommen ebenfalls aus der Fanregion, haben aber keine emotionale Verbundenheit zur Borussia. Von außerhalb der Fanregion kommen die Satelliten-Fans (18 %), die Anhängerinnen und Anhänger von Borussia sind, und die Outsider (27 %), die keine emotionale Verbundenheit zu diesem Verein verspüren. Personen, die bei ihrer „Fanbeziehung" angaben, Sympathisant der Borussia zu sein, wurden in diesen Überlegungen nicht betrachtet.

Der Fragebogen umfasste mehrere Aspekte regionalwirtschaftlicher Effekte, die von Borussia Mönchengladbach ausgehen. Um das Image des Vereins und der Stadt zu bewerten, wurde u. a. mit der **Multi-Item-Methode** gearbeitet. Vorgegeben wurden sieben Attribute („sympathisch", „jung und dynamisch", „begeisternd", „familienfreundlich", „modern und weltoffen", „erfolgreich" und „langweilig"),[2] anhand derer die

Befragten den Verein und die Stadt auf einer dreistufigen Likert-Skala (1 – trifft nicht zu; 2 – trifft teilweise zu; 3 – trifft zu) beurteilen sollten. Neben deskriptiven Analysen wurde auch eine einfaktorielle Varianzanalyse angewandt (▶ Box 13.2), um zu testen, ob sich die Imagebewertungen der Attribute zwischen den vier Fangruppen signifikant voneinander unterscheiden. Zusätzlich wurden lineare Regressionsanalysen gerechnet, um den Imagetransfer vom Verein auf die Stadt zu untersuchen. Die sechs positiven Attribute wurden hinsichtlich der Stadt zu einem Stadtimage-Index,[3] hinsichtlich des Vereins zu einem Vereinsimage-Index zusammengefasst. Neben diesen beiden Variablen wurden weitere Variablen in den Regressionsanalysen getestet, um zu prüfen, welche anderen Charakteristika einen Einfluss auf den Imagetransfer zwischen Verein und Stadt haben (◻ Tab. 13.1).

dass das Image von Borussia Mönchengladbach insbesondere durch die Erfolge der „Fohlenelf" in den 1970er-Jahren geprägt wurde. Daher wurden die Attribute „jung und dynamisch", „begeisternd" und „erfolgreich" gewählt. Das Attribut „familienfreundlich" wurde zusätzlich ergänzt, weil die Borussia 2014 als besonders familienfreundlicher Verein ausgezeichnet wurde. Attribute wie „jung und dynamisch" und „modern und weltoffen" dürften zudem auch auf einen Hochschulstandort wie Mönchengladbach zutreffen. Das Attribut „sympathisch" diente dazu, die Grundeinstellung der befragten Personen zur Stadt und zum Verein zu ermitteln, während das negative Attribut „langweilig" eher als Kontrollvariable verstanden werden kann. Es sollte die Aufmerksamkeit der Befragten beim Ausfüllen des Fragebogens prüfen.

3   Berechnung der Indizes nach Hallmann (2010): („sympathisch" + „jung und dynamisch" + „begeisternd" + „familienfreundlich" + „modern und weltoffen" + „erfolgreich") – 6)/12*100. Die Variablen der positiven Attribute werden im ersten Schritt summiert. Um den Index am Nullpunkt zu verankern, wird die Variablenanzahl abgezogen. Das Ergebnis wird durch die höchstmögliche Zahl der Werte abzüglich der Anzahl der Variablen dividiert und abschließend mit 100 multipliziert.

2   Bei der Auswahl der Attribute wurde darauf geachtet, dass sie sowohl zu einer Stadt als auch zu einem Verein passen. Es ist davon auszugehen,

Box 13.2 Regressions- und Varianzanalyse (ANOVA) sowie Post-hoc-Test

Die Regressionsanalyse untersucht Beziehungen zwischen einer abhängigen und einer oder mehrerer unabhängigen Variablen. Grundsätzlich geht es bei der Regressionsanalyse um die Ermittlung von Kausalbeziehungen (Ursache-Wirkungs-Beziehungen). Sowohl die abhängige als auch die unabhängigen Variablen müssen dabei metrisch skaliert sein (Backhaus et al., 2016).

Das Verfahren der Varianzanalyse (ANOVA) ermöglicht, den Einfluss einer oder mehrerer unabhängiger Variablen auf eine abhängige Variable zu untersuchen. Die abhängigen Variablen müssen bei der Varianzanalyse eine metrische Skalierung aufweisen, während die unabhängigen Variablen auch nominal oder ordinal skaliert sein können. Im Anschluss an die Varianzanalyse können Post-hoc-Tests angewandt werden, um Auskunft darüber zu erhalten, welche Gruppen der unabhängigen Variablen einen Einfluss auf die abhängige bzw. die abhängigen Variablen ausüben (Backhaus et al., 2016).

◘ **Tab. 13.1** Beschreibung der Variablen in den Regressionsanalysen. (Nach Fischer & Hamm, 2019)

Variablen		Beschreibung
Abhängige Variable	Stadtimage	Stadtimage-Index
Unabhängige Variablen	Vereinsimage	Vereinsimage-Index
	Fan	Fanbeziehung zu Borussia Mönchengladbach (1 = Fan)
	Herkunft	Wohnort der Befragten (1 = Fanregion)
	Heim-Fans[a]	Heim-Fans (1 = ja)
	Satelliten-Fans[a]	Satelliten-Fans (1 = ja)
	regionale Nicht-Fans[a]	regionale Nicht-Fans (1 = ja)
	Outsider[a]	Outsider (1 = ja)
	Geschlecht	Geschlecht (1 = männlich)
	Alter	Alter (1 = 40 Jahre und älter – haben die erfolgreichen Zeiten des Vereins miterlebt)
	Interesse	Fußballinteresse (1 = großes Fußballinteresse)

[a] Die Referenzgruppe umfasst die Sympathisanten.

Neben den auf der Multi-Item-Methode basierten Befragungen wurden auch 63 assoziative Markennetzwerke von Einwohnerinnen und Einwohnern der Stadt Mönchengladbach (33) und auswärtigen Personen (30) im Herbst/Winter 2015 erhoben. Der Meinungsgegenstand war hier die Stadt Mönchengladbach. Die Probandinnen und Probanden sollten alle Assoziationen, die ihnen zur Stadt einfallen, auflisten, anordnen und bewerten. Bei der Zusammenstellung der Makronetzwerke wurde zwischen Einwohnerinnen und Einwohnern und Auswärtigen unterschieden, um prüfen zu können, ob sich das Image aufgrund des unterschiedlichen Kenntnisstands über die Stadt unterscheidet. Es wurde demnach ein Makronetzwerk zum Image seitens der Bevölkerung Mönchengladbachs erstellt und eines zum Image seitens der auswärtigen Personen.

Ergebnisse der Multi-Item-Befragungen

In einem ersten Schritt wurden die befragten Personen gebeten einzuschätzen, wie wichtig verschiedene Wahrzeichen und Institutionen als Imageträger für die Stadt Mönchengladbach sind (◘ Tab. 13.2). Sechs von ihnen sollten anhand einer fünfstufigen Likert-Skala von „1 – stimme überhaupt nicht zu" bis „5 – stimme voll zu" bewertet werden. Nahezu 90 % der Befragten waren der Überzeugung, dass Borussia Mönchengladbach ein wichtiger Imageträger für die Stadt Mönchengladbach ist. Knapp 60 % sahen diesen Imageeffekt bei Schloss Rheydt und dem Hockeypark. Bei den anderen Wahrzeichen und Institutionen lag die Zustimmung bei weniger als 50 %. Dieses Ergebnis zeigt, dass Borussia mit Abstand als wichtigster Imageträger für die Stadt Mönchengladbach angesehen wird. Ein Blick auf die Mittelwerte macht dieses Ergebnis zusätzlich deutlich (◘ Tab. 13.2). Im Gegensatz zu den anderen Wahrzeichen und Institutionen ist die Borussia überregional bekannt und genießt als Verein, der in der ersten Bundesliga spielt, eine hohe mediale Aufmerksamkeit. Der Verein fungiert damit als Aushängeschild für die Stadt, das nicht nur den Bekanntheitsgrad der Stadt erhöht, sondern auch einen Einfluss auf das städtische Image nehmen kann.

Ob sich dieser Effekt positiv oder negativ auf das Image der Stadt auswirkt (◘ Abb. 13.2), verdeutlichen die Bewertungen von

13

◘ **Tab. 13.2** Wichtige Imageträger der Stadt Mönchengladbach (Angaben in % und in Mittelwerten). (Nach Fischer & Hamm, 2019)

Wahrzeichen/Institutionen	stimme überhaupt nicht zu	stimme eher nicht zu	teilweise	stimme eher zu	stimme voll zu	Mittelwert der Likert-Ergebnisse
Borussia Mönchengladbach	1,7	2,5	6,1	21,0	68,7	4,53
Schloss Rheydt	3,9	11,5	25,2	40,0	19,3	3,59
Hockeypark	5,5	10,9	26,2	36,0	21,3	3,57
Hochschule Niederrhein	5,6	14,6	33,9	31,8	14,2	3,35
Kaiser-Friedrich-Halle	6,8	17,3	31,8	28,1	16,0	3,29
Museum Abteiberg	7,5	21,6	34,3	24,7	12,0	3,12

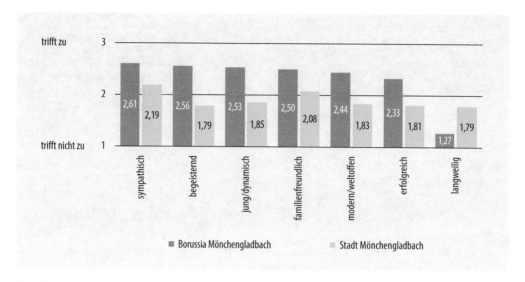

◻ Abb. 13.2 Bewertung von Verein und Stadt mithilfe der sieben Attribute (in Mittelwerten). (Nach Fischer & Hamm, 2019)

Stadt und Verein durch die Befragten (1 – trifft nicht zu; 2 – trifft teilweise zu; 3 – trifft zu). Bei allen Attributen fällt die durchschnittliche Bewertung der Stadt schlechter als beim Verein aus. Besonders deutlich sind die Unterschiede bei den Attributen „begeisternd" und „jung und dynamisch". Insgesamt hat der Verein ein deutlich besseres Image als sein Standort. Sollte ein Imagetransfer vom Verein auf die Stadt identifiziert werden, ist davon auszugehen, dass sich dieser positiv auf das Stadtimage auswirkt.

Dieser Imagetransfer dürfte insbesondere von der Fanbeziehung zum Verein und der Herkunft der Befragten beeinflusst werden (▶ Abschn. 13.1). In einem ersten Schritt wurden die durchschnittlichen Bewertungen von Verein und Stadt auf Grundlage der sieben Attribute entsprechend der vier **Fangruppen** (Heim-Fans, regionale Nicht-Fans, Satelliten-Fans und Outsider) mithilfe einer einfaktoriellen Varianzanalyse miteinander verglichen (▶ Box 13.2). Es ergaben sich signifikante Unterschiede zwischen den vier Fangruppen.

Um herauszufinden, zwischen welchen Gruppen es Unterschiede in den Bewertungen der einzelnen Attribute gibt,

wurde in einem zweiten Schritt ein Post-hoc-Test angewandt. Es wird angenommen, dass Fans bei einem positiven Imagetransfer sowohl den Verein als auch die Stadt besser bewerten als Nicht-Fans. Die Fanbeziehung macht damit den Unterschied aus. Daher wurden die Bewertungen der Heim-Fans mit den regionalen Nicht-Fans und die Bewertungen der Satelliten-Fans mit denen der Outsider verglichen (◻ Tab. 13.3). Die Ergebnisse zeigen, dass es bei allen positiven Attributen signifikante Unterschiede in der Bewertung der betrachteten Fangruppen gibt. Das positive Vorzeichen der mittleren Differenz macht deutlich, dass die beiden Gruppen von Borussia-Fans alle positiven Attribute als signifikant zutreffender für die Stadt Mönchengladbach beurteilen als die beiden Gruppen von Nicht-Fans. Fans des Vereins Borussia Mönchengladbach bewerten somit das Image der Stadt Mönchengladbach deutlich besser als die befragten Personen ohne emotionale Verbundenheit mit dem Verein. Es konnte somit bestätigt werden, dass die Fanbeziehung einen positiven Effekt auf das Stadtimage ausübt.

Um die Beziehung zwischen dem Stadt- und dem Vereinsimage sowie die möglichen

◘ **Tab. 13.3** Vergleich der Bewertungen von Verein und Stadt mittels der sieben Attribute zwischen Heim-Fans und regionalen Nicht-Fans sowie Satelliten-Fans und Outsidern (Post-hoc-Test). (Nach Fischer & Hamm, 2019)

	Fangruppen		Mittlere Differenz	95 %-Konfidenzintervall	
				Untergrenze	Ober-grenze
Sympathisch	Heim-Fans	Regionale Nicht-Fans	.41**	0.24	0.58
	Satelliten-Fans	Outsider	.61**	0.45	0.77
Modern/weltoffen	Heim-Fans	Regionale Nicht-Fans	.29**	0.11	0.47
	Satelliten-Fans	Outsider	.48**	0.30	0.65
Begeisternd	Heim-Fans	Regionale Nicht-Fans	.45**	0.27	0.64
	Satelliten-Fans	Outsider	.72**	0.54	0.90
Familienfreundlich	Heim-Fans	Regionale Nicht-Fans	.28**	0.10	0.46
	Satelliten-Fans	Outsider	.38**	0.20	0.56
Erfolgreich	Heim-Fans	Regionale Nicht-Fans	.26**	0.08	0.44
	Satelliten-Fans	Outsider	.59**	0.41	0.77
Jung/dynamisch	Heim-Fans	Regionale Nicht-Fans	.20*	0.01	0.39
	Satelliten-Fans	Outsider	.36**	0.17	0.55
Langweilig	Heim-Fans	Regionale Nicht-Fans	−0.18	−0.38	0.02
	Satelliten-Fans	Outsider	−.49**	−0.70	−0.29

*p-Wert < 5 %; **p-Wert < 1 %

Einflüsse zu bestimmen, wurden zusätzlich lineare Regressionsanalysen durchgeführt (◘ Tab. 13.4). Im ersten Modell wurde der **Stadtimage**-Index als abhängige und der **Vereinsimage**-Index als unabhängige Variable eingesetzt. Der Regressionskoeffizient ist mit 0,500 positiv und hochsignifikant.

Das bedeutet: Je besser das Vereinsimage bewertet wird, desto positiver wirkt es sich auf das Stadtimage aus. Es findet also ein positiver Imagetransfer vom Verein auf die Stadt statt.

Im zweiten Modell wurden zusätzlich die Fanbeziehung und die Herkunft der Be-

Tab. 13.4 Abhängigkeiten des Images der Stadt Mönchengladbach (Regressionsanalysen). (Nach Fischer & Hamm, 2019)

	Modell 1			Modell 2			Modell 3		
	Koeff.	Standardfehler	T	Koeff.	Standardfehler	T	Koeff.	Standardfehler	T
Konstante	7,008*	3,056	2,293	13,674**	3,503	3,904	4,599	4,828	0,953
Vereinsimage	0,500**	0,038	13,303	0,441**	0,047	9,356	0,460**	0,052	8,870
Fan				7,023**	2,232	3,147			
Herkunft				−10,888**	1,976	−5,511			
Heim-Fans[a]							4,505	2,916	1,545
Satelliten-Fans[a]							17,669**	3,324	5,316
Regionale Nicht-Fans[a]							1,593	3,692	0,431
Outsider[a]							9,667**	3,551	2,723
Geschlecht							−1,710	2,245	−0,762
Alter							−0,197	2,210	−0,089
Interesse							−0,405	2,842	−0,142
R^2	0,188			0,214			0,212		
F	176,969			61,813			22,500		

*p-Wert < 5 %; **p-Wert < 1 %; a = Referenzgruppe: Sympathisanten

fragten als Moderatorvariablen eingesetzt. Die Beziehung zwischen Stadt- und Vereinsimage bleibt dabei unverändert. Das Ergebnis zeigt darüber hinaus, dass sowohl die Fanbeziehung als auch die Herkunft einen Einfluss auf das Stadtimage nehmen. Der positive und signifikante Regressionskoeffizient der Variablen „Fan" unterstützt die bisherigen Analyseerkenntnisse, dass Fans das Stadtimage besser beurteilen als Nicht-Fans. Der Regressionskoeffizient der Variable „Herkunft" ist hingegen signifikant negativ. Die befragten Personen aus der Fanregion bewerten das Stadtimage schlechter als die Personen von auswärts. Das **Eigenimage** der Stadt Mönchengladbach scheint somit schlechter zu sein als das **Fremdimage** (▶ Box 13.1).

Im dritten Modell wurden noch weitere Moderatorvariablen getestet. Neben den vier Fangruppen wurden auch persönliche Faktoren wie das Geschlecht, das Alter und das Fußballinteresse berücksichtigt. Auch hier bestätigt der stabile und signifikante Koeffizient die festgestellte Beziehung zwischen Stadt- und Vereinsimage, während das Geschlecht, das Alter und das Fußballinteresse einer Person keinen signifikanten Einfluss auf die Bewertung des Images der Stadt Mönchengladbach ausüben. Die Befragten von außerhalb der Fanregion bewerten das Image der Stadt Mönchengladbach signifikant besser als die Personen, die innerhalb der Fanregion wohnen.

Die Kombination aus deskriptiven Auswertungen, Varianz- und Regressionsanalysen stützen die Hypothese, dass im Fall von Borussia Mönchengladbach ein Imagetransfer vom Verein auf die Stadt erfolgt. Der Verein hat einen positiven Einfluss auf das Image seines Standorts und stellt laut Einschätzung der Befragten den wichtigsten Imageträger für die Stadt Mönchengladbach dar.

Ergebnisse der assoziativen Markennetzwerke

Die Resultate der Multi-Item-Methode aus den Befragungen werden abschließend mit den Ergebnissen aus den assoziativen Markennetzwerken verglichen. ◨ Abb. 13.3 zeigt die erstellten Makronetzwerke für die befragten Einwohnerinnen und Einwohner der Stadt Mönchengladbach sowie für die befragten auswärtigen Personen. Die beiden Makronetzwerke geben Auskunft über das Image der Stadt Mönchengladbach und darüber, welche Rolle der Verein Borussia Mönchengladbach darin einnimmt. Die schwarzen Zahlen in den Feldern der einzelnen Assoziationen geben dabei an, wie häufig Assoziationen zu diesem Themenbereich genannt wurden. Die orangenen Zahlen zeigen, wie die jeweilige Assoziation durchschnittlich bewertet wurde. Dafür stand den Probandinnen und Probanden eine Fünferskala von „1 – sehr negativ" bis „5 – sehr positiv" zur Verfügung.

Bei den Makronetzwerken ist sofort ersichtlich, dass das Image der Stadt Mönchengladbach durch viele verschiedene Faktoren beeinflusst wird. Diese reichen von der Lage und Infrastruktur über Sehenswürdigkeiten und Institutionen bis hin zur Wirtschaft. Das Makronetzwerk der Einwohnerinnen und Einwohner ist umfangreicher und detaillierter als das der befragten auswärtigen Personen. Dieses Ergebnis war aufgrund des besseren Kenntnisstands über die Stadt zu erwarten. In beiden Makronetzwerken befinden sich zudem Assoziationen zu Borussia Mönchengladbach. Die Einwohnerinnen und Einwohner nannten insgesamt 22 Assoziationen, die direkt mit Borussia Mönchengladbach in Verbindung stehen. Bei den Auswärtigen waren es sogar 43 Assoziationen.

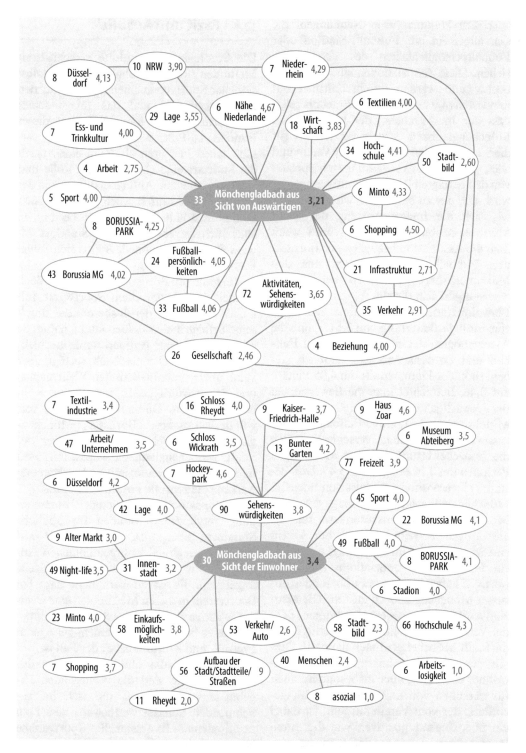

Abb. 13.3 Makro-Markennetzwerke zur Stadt Mönchengladbach. (Nach Fischer, 2018)

Hinzu kommen viele Nennungen, die sich allgemein auf Fußball, Stadion oder Fußballpersönlichkeiten des Vereins beziehen. Diese Assoziationen sind durchweg positiv und werden durchschnittlich mit mindestens 4,0 bewertet. Das Ergebnis zeigt, dass der Imagetransfer, der von Borussia Mönchengladbach ausgeht, vorteilhaft für die Stadt ausfallen muss, weil der Verein und alles, was damit in Verbindung steht, positiv von den befragten Personen wahrgenommen wird. Um das zu bestätigen, wurde geprüft, wie sich die Imagebewertung der Stadt Mönchengladbach verändern würde, wenn man die Assoziation bezüglich der Borussia und Fußball im Allgemeinen aus den Makronetzwerken entfernen würde. Zunächst ergibt sich für alle Assoziationen der Einwohnerinnen und Einwohner der Stadt eine mittlere Bewertung von 3,51. Ohne die Assoziationen, die in Verbindung mit Fußball und Borussia Mönchengladbach stehen, sinkt der Durchschnitt um 0,05 Punkte auf 3,46. Betrachtet man die Bewertungen der auswärtigen Personen, erhält man einen Mittelwert von 3,61. Ohne Fußball und Borussia Mönchengladbach verschlechtert sich die Imagebewertung bei den auswärtigen Personen um 0,16 Punkte auf 3,45. Dies bestätigt einen positiven Einfluss von Borussia Mönchengladbach auf das Image der Stadt Mönchengladbach. Insbesondere für die auswärtigen Befragten nimmt der Verein eine wichtige Rolle im Stadtimage ein. Rund ein Fünftel aller Assoziationen der Auswärtigen haben etwas mit Fußball oder Borussia Mönchengladbach zu tun. Die assoziativen Markennetzwerke bestätigen, dass der Verein einen wichtigen Imageträger für die Stadt Mönchengladbach darstellt. Dies gilt für die Einwohnerinnen und Einwohner der Stadt, aber insbesondere auch für Personen von außerhalb. Der Imageeinfluss, der vom Verein ausgeht, ist dabei ein überwiegend positiver, wie die guten Bewertungen der Assoziationen im Zusammenhang mit Borussia Mönchengladbach zeigen.

13.4   Fazit und Ausblick

Die Studie kommt mithilfe verschiedener Methoden zu dem Ergebnis, dass ein professioneller Sportverein einen Einfluss auf den Bekanntheitsgrad und das Image seines Standortes ausüben kann. Wie stark dieser Einfluss ausfällt, hängt jedoch von verschiedenen Faktoren ab. Zum einen spielt die Sportart eine entscheidende Rolle und damit die mediale Aufmerksamkeit, die der Verein und dadurch auch die Standortkommune erhält. Zum anderen bestimmen aber auch Gegebenheiten am Standort, inwieweit der professionelle Sportverein einen Einfluss ausüben kann.

Im Falle von Borussia Mönchengladbach handelt es sich um einen Sportverein mit langer Tradition, der insbesondere durch seine Erfolge in den 1970er-Jahren nationale und internationale Aufmerksamkeit erhielt. Die Stadt Mönchengladbach verfügt über keine überregional bekannten Wahrzeichen und Sehenswürdigkeiten, wie Berlin, Köln oder München. Dadurch ist es nicht verwunderlich, dass Borussia Mönchengladbach als wichtigster Imageträger der Stadt Mönchengladbach angesehen wird und auch in den assoziativen Markennetzwerken eine zentrale Position einnimmt.

Interessant wären in diesem Zusammenhang vergleichbare Studien für ähnliche Standorte, aber auch für Standorte mit einem überregional wahrgenommenen Angebot an weiteren Kultur- und Freizeitangeboten. Es ist zu vermuten, dass ein Sportverein in diesen Metropolen eine weniger wichtige Rolle für das Stadtimage innehat, als es bei Städten mit einem geringeren Freizeit- und Kulturangebot der Fall ist.

Für die Städte und insbesondere das Stadtmarketing sind die vorliegenden Ergebnisse von Interesse, um sich im zunehmenden Standortwettbewerb besser zu positionieren. Professionelle Sportvereine können zu einer Bekanntheitsgradsteigerung und Imageverbesserung des Standorts beitragen und so die Stadtverwaltung bei ihren

Bemühungen im Marketing unterstützen. Eine enge Zusammenarbeit zwischen Verwaltung, Stadtmarketing und Sportverein ist daher hilfreich, um die bestmöglichen Ergebnisse in der Vermarktung des Standorts für relevante Zielgruppen zu erzielen.

❓ Übungs- und Reflexionsaufgaben

1. Beschreiben Sie die verschiedenen nachfrageseitigen und angebotsseitigen Effekte, die von einem Sportverein auf seinen Standort ausgehen können.
2. Diskutieren Sie, ob es einen Unterschied zwischen dem Imageeffekt von Borussia Mönchengladbach auf die Stadt Mönchengladbach und dem Imageeffekt des FC Bayern München auf die Stadt München geben könnte. Wie könnte der Unterschied aussehen?

Zum Weiterlesen empfohlene Literatur
Fischer, C., & Hamm, R. (2019). Football clubs and regional image. *Review of Regional Research, 39*(1), 1–23. ▶ doi.org/10.1007/s10037-018-00129-5.

Hamm, R., Jäger, A., & Fischer, C. (2014). *Regionalwirtschaftliche Effekte eines Fußball-Bundesliga-Vereins. Dargestellt am Beispiel des Borussia VfL 1900 Mönchengladbach* (Mönchengladbacher Schriften zur wirtschaftswissenschaftlichen Praxis, 27). Cuvillier.

Literatur

Baade, R. A. (1994). Stadiums, professional sports, and economic development: Assessing the reality. *Heartland Policy Study, 62,* 1–39.

Baade, R. A., & Dye, R. F. (1988). An analysis of the economic rationale for public subsidization of sports stadiums. *The Annals of Regional Science, 22*(2), 37–47. https://doi.org/10.1007/BF01287322

Backhaus, K., Erichson, B., Plinke, W., & Weiber, R. (2016). *Multivariate Analysemethoden. Eine anwendungsorientierte Einführung.* (14., überarb. und aktual. Auflage). Springer Gabler. https://doi.org/10.1007/978-3-662-46076-4

Beerli, A., & Martín, J. D. (2004). Factors influencing destination image. *Annals of Tourism Research, 31*(3), 657–681. https://doi.org/10.1016/j.annals.2004.01.010

Coates, D. (2015). *Growth effects of sports franchises, stadiums, and arenas: 15 Years Later.* Mercatus Working Paper. Mercatus Center at George Mason University. https://www.mercatus.org/system/files/Coates-Sports-Franchises.pdf. Zugegriffen am 18.09.2022.

Coates, D., & Humphreys, B. R. (2003). The effect of professional sports on earnings and employment in the services and retail sectors in US cities. *Regional Science and Urban Economics, 33*(2), 175–198. https://doi.org/10.1016/S0166-0462(02)00010-8

Conejo, R. A., Baños-Pino, J., Canal Domínguez, J. F., & Rodríguez Guerrero, P. (2007). The economic impact of football on the regional economy. *International Journal of Sport Management and Marketing, 2*(5/6), 459–474. https://doi.org/10.1504/IJSMM.2007.013961

Crompton, J. L. (2004). Beyond economic impact. An alternative rationale for the public subsidy of major league sports facilities. *Journal of Sport Management, 18*(1), 40–58. https://doi.org/10.1123/jsm.18.1.40

Delgado-García, J. B., de Quevedo-Puente, E., & Blanco-Mazagatos, V. (2018). The impact of city reputation on city performance. *Regional Studies, 52*(8), 1098–1110. https://doi.org/10.1080/00343404.2017.1364358

Eickelpasch, A., Lejpras, A., & Stephan, A. (2007). *Hard and soft locational factors, innovativeness and firm performance: An empirical test of Porter's Diamond Model at the Micro-Level.* (Discussion Papers of German Institute for Economic Research, 723). DIW. Zugegriffen am 05.05.2017.

Eickelpasch, A., Hirte, G., & Stephan, A. (2016). Firms' evaluation of location quality. Evidence from East Germany. *Journal of Economics and Statistics, 236*(2), 241–273. https://doi.org/10.1515/jbnst-2015-1014

Essig, C., Soulas de Russel, D., & Semanakova, M. (2003). *Das Image von Produkten, Marken und Unternehmen.* Verlag Wissenschaft & Praxis.

Fischer, C. (2018). Beziehungen zwischen Vereins- und Stadtimage. In G. Nowak & G. Ahlert (Hrsg.), *(Regional-)Entwicklung des Sports.* (Sportökonomie, 20, S. 309–322). Hofmann.

Fischer, C., & Hamm, R. (2017). Imagetransfer zwischen Bundesligaverein und Stadt. Dargestellt am Beispiel von Borussia VfL 1900 Mönchengladbach und der Stadt Mönchengladbach. In G. Hovemann, J. Lammert & S. Adam (Hrsg.), *Sport im Spannungsfeld unterschiedlicher Sektoren.* (Sportökonomie, 18, S. 231–244). Hofmann.

Fischer, C., & Hamm, R. (2019). Football clubs and regional image. *Review of Regional Research, 39*(1), 1–23. https://doi.org/10.1007/s10037-018-00129-5

Frick, B., & Wicker, P. (2018). The monetary value of having a first division Bundesliga team to local residents. *Schmalenbach Business Review, 70*(1), 63–103. https://doi.org/10.1007/s41464-017-0044-9

Geise, W., & Geise, F. A. (2015). Die Konzept-Mapping-Methode als offener Ansatz zur Messung des Markenimages. In H. J. Schmidt & C. Baumgarth (Hrsg.), *Forum Markenforschung. Tagungsband der internationalen Konferenz „Der-Markentag 2014"* (S. 137–152). Springer Fachmedien Wiesbaden.

Govers, R. (2013). Why place branding is not about logos and slogans. *Place Branding and Public Diplomacy, 9*(2), 71–75. https://doi.org/10.1057/pb.2013.11

Grabow, B. (1994). Weiche Standortfaktoren. In J. Dieckmann & E. M. König (Hrsg.), *Kommunale Wirtschaftsförderung. Handbuch für Standortsicherung und -entwicklung in Stadt, Gemeinde und Kreis* (S. 147–163). Deutscher Gemeindeverlag.

Grabow, B., Henckel, D., & Hollbach-Grömig, B. (1995). *Weiche Standortfaktoren.* (Schriften des Deutschen Instituts für Urbanistik, 89). Kohlhammer.

Hallmann, K. (2010). *Zur Funktionsweise von Sportevents. Eine theoretisch-empirische Analyse der Entstehung und Rolle von Images sowie deren Interdependenzen zwischen Events und Destinationen.* Diss. Deutsche Sporthochschule Köln.

Hamm, R. (1998). Regionalwirtschaftliche Effekte eines Fußballbundesligisten. *Raumforschung und Raumordnung, 56*(1), 43–48. https://doi.org/10.1007/BF03183861

Hamm, R., Janßen-Timmen, R., & Moos, W. (2006). *Regionalwirtschaftliche Effekte eines Fußball-Bundesligavereins.* Hochschule Niederrhein.

Hamm, R., Wenke, M., Növer, R., & Werkle, G. (2013). *Wirtschaftliche Strukturen und Entwicklung im IHK-Bezirk Mittlerer Niederrhein.* (IHK-Schriftenreihe, 135). Zugegriffen am 22.02.2018.

Hamm, R., Jäger, A., & Fischer, C. (2014). *Regionalwirtschaftliche Effekte eines Fußball-Bundesliga-Vereins. Dargestellt am Beispiel des Borussia VfL 1900 Mönchengladbach.* (Mönchengladbacher Schriften zur wirtschaftswissenschaftlichen Praxis, 27). Cuvillier.

Hamm, R., Jäger, A., & Fischer, C. (2016). Fußball und Regionalentwicklung. Eine Analyse der regionalwirtschaftlichen Effekte eines Fußball-Bundesliga-Vereins – dargestellt am Beispiel des Borussia VfL 1900 Mönchengladbach. *Raumforschung und Raumordnung, 74*(2), 135–150. https://doi.org/10.1007/s13147-016-0389-4

Kirchgeorg, M. (2005). Identitätsorientierter Aufbau und Gestaltung von Regionenmarken. In H. Meffert, C. Burmann & M. Koers (Hrsg.), *Markenmanagement. Identitätsorientierte Markenführung und praktische Umsetzung: mit Best Practice-Fallstudien* (2. Aufl., S. 589–617). Gabler.

Kotler, P., Haider, D. H., & Rein, I. J. (1993). *Marketing places. Attracting investment, industry, and tourism to cities, states, and nations.* The Free Press.

Love, L. L., & Crompton, J. L. (1999). The role of quality of life in business (Re)location decisions. *Journal of Business Research, 44*(3), 211–222. https://doi.org/10.1016/S0148-2963(97)00202-6

Masch, C. (2022). Location factors in corporate location decisions – Is the relevance of soft factors really increasing? *Raumforschung und Raumordnung.* https://doi.org/10.14512/rur.100

Meester, W. J. (2004). *Locational preferences of entrepreneurs. Stated preferences in The Netherlands and Germany.* Physica-Verlag. https://doi.org/10.1007/978-3-7908-2687-6

Siegfried, J., & Zimbalist, A. (2000). The economics of sports facilities and their communities. *Journal of Economic Perspectives, 14*(3), 95–114. https://doi.org/10.1257/jep.14.3.95

13

Gesellschaft und Sport

Inhaltsverzeichnis

Soziokulturelle Veränderungsprozesse des Empowerments durch Frauenfußball

Janine Maier

Fußball spielende Mädchen im jordanischen Flüchtlingslager Zaatari. (© Janine Maier)

© Der/die Autor(en), exklusiv lizenziert an Springer-Verlag GmbH, DE, ein Teil von Springer Nature 2023
P. Gans et al. (Hrsg.), *Sportgeographie*, https://doi.org/10.1007/978-3-662-66634-0_14

Inhaltsverzeichnis

Einleitung

„Ging es anfangs darum, überhaupt spielen zu dürfen, streben die Frauen heute danach, als Profis anerkannt und als Spitzensportler angemessen bezahlt zu werden" (Martínez Lagunas, 2019). Diese Professionalisierung und Entwicklung des Frauenfußballs zeigen sich insbesondere im Leistungssport. Auf dieser Ebene erreichen die Diskussionen um gleichberechtigte Bedingungen weltweit einen neuen Höhepunkt. Doch auch abseits des Leistungssports werden eine zunehmende gesellschaftliche Akzeptanz und damit verbundene Entwicklungen durch den **Frauenfußball** deutlich, wie das gemeinsame Spiel eines deutschen und eines jordanischen Mädchens im Flüchtlingslager Zaatari zeigt (Kapiteleröffnungsbild). Sowohl in **Jordanien** als auch in **Deutschland** haben sich in den letzten Jahren die Einschränkungen für Fußballerinnen reduziert und sich persönliche, kulturelle und strukturelle Entwicklungen vollzogen. Die nach wie vor existierenden geschlechtsspezifischen Unterschiede im Fußballsport werden in Zeiten des gesellschaftlichen Wandels auf allen Ebenen neu verhandelt. Frauenfußball kann hier helfen, althergebrachte Rollenvorstellungen und eingeschränkte Freiräume aufzubrechen und neu zu justieren (▶ Kap. 9 und 16). Laut Scraton et al. (1999, S. 99) ist die zunehmende weibliche Beteiligung im Fußball ein Produkt des weiblichen Empowerments, das mit individuellen, gesellschaftlichen und institutionellen Entwicklungsmöglichkeiten gekoppelt ist: „Women's access to football can be seen as a political outcome of a liberal-feminist discourse that centres on equal opportunities, socialization practices and legal/institutional reform." Vor diesem Hintergrund erweist sich das Empowerment-Konzept als passendes Grundgerüst für die Analyse der Geschlechterungleichheiten im gesellschaftlichen Subsystem „Fußball" und der damit verbundenen Veränderungsprozesse (▶ Kap. 15).

14.1 Soziokulturelle Veränderungsprozesse des Empowerments

Zur Analyse des Wandels stehen insbesondere drei Ebenen des **Empowerments** im Fokus: die individuelle, gesellschaftlichkulturelle und organisational-strukturelle Ebene. Sie sind stets mit der Verbindung von Sport und Entwicklung zu denken. So entsteht ein Dreiklang aus dem Zusammenspiel von **Frauenfußball**, Entwicklung und Empowerment (◻ Abb. 14.1).

Der Begriff **Entwicklung** bündelt in diesem Zusammenhang die Vorstellungen von einer gewünschten Veränderungsrichtung in

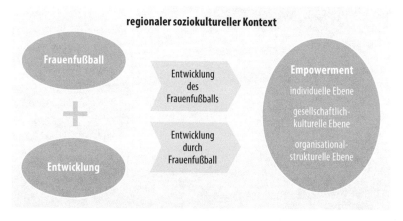

◻ **Abb. 14.1** Dreiklang: Frauenfußball – Entwicklung – Empowerment. (Nach Maier, 2020, S. 35)

diversen Bereichen (gesellschaftlich, wirtschaftlich, politisch, kulturell, ökologisch, individuell oder technologisch) und beinhaltet dabei Ziele wie die Respektierung der menschlichen Würde, Befriedigung der Grundbedürfnisse, Gleichberechtigung der Geschlechter oder wirtschaftliches Wachstum (Kevenhörster & van den Boom, 2009, S. 19). Kern des **Empowerment-Konzepts** ist es, dass Sportlerinnen und Sportler ein selbstbestimmtes Handeln sowie eine soziale und (sport-)politische Teilhabe erreichen und so die eigenen Interessen auf verschiedenen gesellschaftlichen Ebenen durchsetzen können. Dafür müssen grundlegende Entwicklungsvoraussetzungen wie Zugang zu Bildung und zu geschützten Räumen geschaffen werden. An dieser Stelle kann der **Sportraum** eine positive Wirkung entfalten (▶ Box 14.1).

Box 14.1 Sportraum

Dieser Beitrag versteht unter **Sportraum** ein sportartspezifisches Funktions-, Struktur-, Sportstätten- und Wahrnehmungsgefüge, welches durch die soziokulturellen Praktiken der darin interagierenden Akteurinnen und Akteure geprägt wird und ein sich veränderbares Konstrukt darstellt. Ein Sportraum kann sich auf verschiedene räumliche Dimensionen, z. B. lokal, regional, national, international, beziehen.

Diese Entwicklungen im Sport können sich auf zwei Arten vollziehen: Zum einen ist eine **Entwicklung des Sports** möglich, was die Weiterentwicklung des Sports, dessen administrative Organisation und Sportinfrastruktur meint. Zum anderen kann sich eine **Entwicklung durch Sport** vollziehen. Diese bezieht sich auf Sport als Instrument zur Erreichung sozialer, politischer und wirtschaftlicher Entwicklungsziele (Levermore & Beacom, 2012, S. 8). Vor diesem Hintergrund wird in diesem Beitrag die Annahme formuliert, dass Fortschritte im Frauenfußball nicht nur Veränderungsprozesse in der Sportart selbst auslösen, sondern ebenso bei den beteiligten Akteurinnen und in deren Umfeld. Eine Entwicklung des Frauenfußballs bedeutet gleichzeitig eine Entwicklung durch den Frauenfußball. Diese beiden Entwicklungsstränge manifestieren sich wiederum im **Empowerment** auf individueller, gesellschaftlich-kultureller und organisational-struktureller Ebene. ▶ Box 14.2 gibt einen Überblick, welche ausgewählten Elemente auf diesen drei Ebenen im Bereich Empowerment im Frauenfußball thematisiert werden können.

Individuelle Ebene

- Bedeutung von Körperlichkeit und persönlicher Bewegungserfahrung
- Persönliche Motivation und Leidenschaft für eine Sportart
- Individuelle(r) Leistungsanspruch und -fähigkeit (*Resources*)
- Bewusstsein für die gesellschaftliche Situation (*Conscientization*) und Handlungsfähigkeit (*Agency*)
- Bedeutung/Rolle von eigenen Vorbildern

Gesellschaftlich-kulturelle Ebene

- Gesellschaftliche Sichtweise auf den Körper und dessen mediale Darstellung sowie die Rolle der Kleidung
- Gesellschaftliche Bedeutung von Leistung und Rolle einer Sportart, geschlechtliche Zuschreibungen und Akzeptanz
- Soziale Gruppe/Mitstreiter, um gesellschaftliche Probleme zu verändern
- Sendezeiten/mediale Sichtbarkeit/Zuschauerresonanz und mediale Darstellung von Vorbildern

Organisational-strukturelle Ebene

- Vorhandensein von leistungsfördernden Strukturen: Schulsport (Möglichkeit, Bewegungserfahrung zu sammeln); Initiativen zur Gewinnung von Spielerinnen; Ligasystem; Profi- und Amateurvereine; Talentförderung/Scouting
- Bereitstellung von professionellen Rahmenbedingungen für den Leistungssport: Zeit für Training/Profitum; qualifizierte Trainerinnen und Trainer; qualitativ hochwertige Sportstätten; Reisebedingungen; Bezahlung/Sponsoring; Bereitstellung von professioneller Kleidung (Männer- oder Frauenschnitt von Sportausrüstung)
- Männer- und Frauenanteil in bestimmten Positionen (Möglichkeit der Aus- und Weiterbildung): Trainerwesen; Funktionärsebene; Führungspositionen in den Vereinen
- Organisation von nationalen Sportgroßveranstaltungen
- Mediale Berichterstattung/internationale Sichtbarkeit der Strukturen/Reichweite

Auf der individuellen Ebene wird jedes Individuum als Teil einer Gesellschaft mit festgelegten Normen verstanden. Diese „im Rahmen eines historisch gewachsenen, kulturell geprägten, interessensgeleiteten und machterfüllten räumlichen Kontexts" (Wastl-Walter, 2010, S. 12) entstandenen Normen werden im Rahmen der Sozialisierung vom Individuum verinnerlicht und prägen das Handeln der Person. Diese Normen können jedoch auch durch das Handeln einer Person geprägt werden. An diesem Punkt setzt das **Empowerment-Konzept** auf individueller Ebene an. *Power* kann hier als persönliche Stärke und Durchsetzungskraft im Alltag gedeutet werden und durch einen individuellen Einsatz mitunter auch zu gesellschaftlichen Veränderungen führen. Allerdings benötigt es hierzu sogenannte *Re-sources*, die materieller, sozialer oder menschlicher Natur sein können, wie Fähigkeiten, Wissen, Erwartungen oder Wahlmöglichkeiten (Herriger, 2006, S. 15). Ebenso ist die sogenannte *Agency* von Bedeutung. Es ist entscheidend, wie die eigenen Ressourcen genutzt werden und ob ein Mensch als handlungsfähige, eigenwillige und gestaltende Person agieren kann und in der Lage ist, eigene Vorstellungen über die Lebensbedingungen, Bedürfnisse und Interessen zu entwickeln und somit vom Objekt zum handelnden Subjekt wird (Herriger, 2006, S. 54). Dabei gilt es ein Bewusstsein für limitierende Faktoren zu erzielen, bestehende Muster zu durchbrechen und Neue zu implementieren. Hierfür sind grundsätzlich ein gewisses Maß an Selbstreflexion und eine Analyse der strukturellen Bedingungen des Umfelds notwendig (Herriger, 2006, S. 1). Dieser Prozess wird als *Conscientization* bezeichnet (Carr, 2003, S. 9). In diesem Kontext ist der Zugang zu Bildung und dem damit verbundenen Wissenstransfer unabdingbar. Für ein Empowerment auf individueller Ebene sind somit vielfältige persönliche Kompetenzen auf intrapersonaler und interaktionaler Ebene notwendig.

Auf der gesellschaftlich-kulturellen Ebene ist die Bedeutung einer Sportart, in der sich ein Empowerment vollzieht, von Relevanz. Fußball ist zwar weltweit eine beliebte Sportart, aber dessen Stellenwert ist nicht in jedem Land gleich hoch. In jedem nationalen **Sportraum** sind bestimmte Sportarten bedeutender als andere. Markovits (2006, S. 255) spricht hierbei von einer hegemonialen Sportkultur, die sozial konstruiert ist, über die in den Medien berichtet und in der Gesellschaft diskutiert wird und deren Inhalte sich in ihr historisches Gedächtnis einprägen. Das Ausmaß der öffentlichen Aufmerksamkeit ist für eine hegemoniale Stellung ausschlaggebend. Üblicherweise gibt es nur eine, maximal zwei hegemoniale Sportarten in einem Land. Weltweit betrachtet ist in den meisten Ländern Fußball die hegemoniale Sportart (Markovits, 2006, S. 255). Sich am Fußballsport aktiv oder passiv zu beteiligen, bedeutet somit in den meisten Fällen, in einem sozial bedeutenden Sportraum aktiv zu sein. Allerdings gilt dies nicht automatisch für alle Geschlechter zu gleichen Teilen. Je nachdem, ob eine Sportart als männlich oder weiblich konnotiert ist, sind hier Unterschiede möglich. In Gesellschaften, in denen Sportarten wie Fußball männlichen Konnotationen zugeschrieben werden und als „Arena der Männlichkeit" (Spitaler, 2006, S. 45) sozial konstruiert und etabliert sind, ist die aktive oder passive Teilnahme von Frauen im Fußballsport zumeist mit Problemen verbunden. Kulturelle, historische und religiöse Faktoren prägen den Grad der Geschlechterungleichheit. Um diesen Problemen begegnen zu können und einen Einfluss auf die *Community* zu erlangen, ist eine aktive Teilhabe, die *Participatory Competence*, notwendig (Schulz et al., 1995, S. 311). Insbesondere die Einbindung in eine Gruppe mit Gleichgesinnten und gleichen Werten kann Veränderungsprozesse beschleunigen. Die vormals gefühlte Isolation bzw. Unterlegenheit wird so durch die Gruppe reduziert und resultiert in gemeinsamen Aktivitäten (Herriger, 2006, S. 55 ff.). Durch das kollektive Handeln der Gruppe kann eine gesamtgesellschaftliche Wirkung erzielt werden, in dem sich die Mitglieder der *Community* dafür einsetzen, die Werte der Gruppe nach außen hin zu repräsentieren (Carr, 2003, S. 15).

Diese gemeinsamen Aktionen können auch einen Einfluss auf die organisationale und institutionelle Ebene haben und dort strukturelle Veränderungen erwirken. Auf sportpolitischer Ebene geht es dabei konkret um die Anpassung von Regeln und Strukturen in den jeweiligen Instanzen oder die Einflussnahme von Frauen als Entscheiderinnen. Allerdings spielen hierbei neben formalen Gesetzen auch häufig informelle Normen eine zentrale Rolle.

14.2 Soziokulturelle Veränderungsprozesse des Empowerments durch und im Frauenfußball

Die Entwicklungen auf den eben aufgeführten Ebenen können anhand eines ausgewählten regionalen soziokulturellen Kontexts thematisiert werden. Hierbei sind primär drei Entwicklungsstränge hervorzuheben. Die Betrachtung des Frauenfußballs in Deutschland und England kann stellvertretend für Länder stehen, in denen eine Etablierung unter der Vormachtstellung des Männerfußballs erforderlich war und sich trotz zwischenzeitlicher Verbote und erschwerter Bedingungen mittlerweile ein Aufschwung vollzogen hat. In den USA gelten seit Beginn an andere Bedingungen für den Frauenfußball. Hier nimmt der Männerfußball keine dominante Stellung ein, und der Frauenfußball konnte mit einem „amerikanischen Sonderweg" (Markovits, 2006, S. 271) erfolgreich eine vorhandene Nische besetzen. Neben diesem Umstand profitierte der Frauenfußball in den USA zudem von der Verabschiedung des *Title IX Federal Education Amendment* (▶ Box 14.3).

> **Box 14.3** *Title IX Federal Education Amendment* (1972)
>
> Dieses Gesetz verpflichtet alle vom Staat geförderten Bildungseinrichtungen in den USA, die Chancengleichheit beider Geschlechter zu gewährleisten (Markovits, 2006, S. 264). Dies ermöglichte es Mädchen, in wachsender Anzahl an den von Schulen und Colleges angebotenen Sportarten teilzunehmen. *Title IX* zeigt, dass Erfolge im Frauensport durch Reformen von oben möglich sind (Braun, 2016, S. 43).

Neben diesen Entwicklungssträngen ist weltweit eine Öffnung des zuvor für Frauen verschlossenen **Sportraums Fußball** zu beobachten (▶ Box 14.1). Stellvertretend dafür kann der Aufstieg des Frauenfußballs in arabischen Ländern genannt werden. In Jordanien beispielsweise haben die Aufhebung des Kopftuchverbots und die Unterstützung durch den dortigen Verbandspräsidenten, den ehemaligen FIFA-Vizepräsidenten und Halbbruder des Königs, Prinz Ali bin al-Hussein, für einen Aufschwung gesorgt (Lettenbauer, 2014). Auch in Saudi-Arabien haben Frauen in den vergangenen Jahren neue Freiheiten im Sport erhalten. Stadionbesuche und die aktive Sportausübung sind mittlerweile erlaubt. Durch Monika Staab, die seit 2021 als erste Trainerin der Frauenfußball-Nationalmannschaft von Saudi-Arabien fungiert, sollen neue Strukturen (z. B. Frauen- und U-Nationalmannschaften, Ligasystem) etabliert, mehr Spielerinnen für den Frauenfußball begeistert und die gesellschaftliche Akzeptanz erhöht werden (Strohschein, 2021). Vor dem Hintergrund der spezifischen Rahmenbedingungen im Nahen Osten, die Frauen bei der Sportausübung nach wie vor begegnen, wird auf der individuellen und gesellschaftlichen Ebene primär das Beispiel Jordaniens aufgegriffen. Hier wird eine **Entwicklung durch Frauenfußball** deutlich. Auf der organisational-strukturellen Ebene wird auf den europäischen Kontext näher eingegangen. Hier kann eine deutliche **Entwicklung im Frauenfußball** aufgezeigt werden.

Individuelle Ebene

Zunächst werden Prozesse des **Empowerments** im Frauenfußball thematisiert, die sich primär auf individueller Ebene vollziehen. Durch körperliche Aktivität können neue Bewegungserfahrungen gesammelt werden, die emotional und biographisch im Körpergedächtnis bleiben und die eigene Körperwahrnehmung sowie das Vertrauen in die eigenen Fähigkeiten beeinflussen. Eigenschaften, die hinzugewonnen werden können, sind mitunter Kampfgeist, Durchsetzungsvermögen, Selbstdisziplin und Wettbewerbsorientierung. Aber auch die Resilienz, d. h. die psychische Widerstandskraft, wird durch wiederholte Versuche, eine passende Strategie zu finden, verstärkt. Diese durch den Fußball hinzugewonnenen Erfahrungswerte und den Einfluss auf das weibliche Empowerment beschreibt auch Yanal Malkosh, lokaler Medienbeauftragter der Asian Football Confederation (AFC) und Abteilungsleiter Medien und Kommunikation im jordanischen Fußballverband während der U-17 Juniorinnen-Weltmeisterschaft 2016. „I think the girls develop their personality. Especially living in the Middle East most girls can't afford traveling. They are traveling with the team. They are meeting new cultures. That opens up their minds. They learn to take responsibility, to do their job and to plan their day. And they are learning to stand up for themselves, in trainings and competing against each other in the game. And competing in the sport, to be in the starting line-up. I think that is all empowering. So, football in Jordan is empowering girls" (Maier 2020, Interview 2, S. 124–127).

Diese gestärkten **Identitäten** sind nicht nur im Sport selbst, sondern auch im Umgang mit Alltagssituationen hilfreich. Hierbei bietet der Fußball zudem das Potenzial, gesellschaftlich produzierte Körperordnungen und Geschlechterzuordnungen zu verändern, was Brady (2005, S. 35 f.) bestätigt: „By seeing girls in this new action-oriented role, boys learn about the strengths, capabilities and contributions of girls and women, which in turn may begin to reshape male perception of appropriate roles for females." Neben dem Einfluss der sportlichen Betätigung auf die Beziehung zwischen den Geschlechtern vermittelt die Teamzuge-

hörigkeit den Spielerinnen ein stärkendes Gemeinschaftsgefühl und den Zugang zu neuen Netzwerken, was Brady (2007, S. 2) ebenso hervorhebt: „Affiliation with a recognized team or group provides girls with a sense of belonging, and their role as a team member offers an identity beyond the domestic realm. Participation in sports programs helps draw girls into a network of institutions, programs, and mentors to which they would otherwise not have access." Beispielsweise wurden in Jordanien zuletzt verstärkt ehemalige Spielerinnen in den Führungspositionen des Verbands und bei der Organisation der örtlichen Sportgroßveranstaltungen (z. B. FIFA U-17 Juniorinnen-Weltmeisterschaft 2016, Asian Cup 2018) eingebunden. Dies ist ein wichtiges Signal für Frauen in Führungspositionen in arabischen Ländern. Damit ist eine direkte Verknüpfung mit der gesellschaftlich-kulturellen Ebene gegeben.

Gesellschaftlich-kulturelle Ebene

Auch wenn Frauenfußball inzwischen verstärkt in von Männern dominierten Fußballräumen an Ansehen gewinnt, sind Widerstände in den verschiedensten Bereichen sichtbar (Hartmann-Tews & Pfister, 2003, S. 280). Der Grad des Widerstands und der **Geschlechterungleichheit** ist durch kulturelle, religiöse, politische und gesellschaftliche Gegebenheiten bedingt. Veränderungspotenziale sind abhängig davon, inwieweit und wie schnell die über lange Zeit verfestigten Normen veränderbar sind (Wastl-Walter, 2010, S. 12). In Ländern mit patriarchalisch und traditionell geprägten Gesellschaftsstrukturen sind die Widerstände zumeist deutlich größer als in modernen Gesellschaftsformen. In muslimisch geprägten Ländern war lange Zeit nicht an eine fußballerische Betätigung von Frauen zu denken. Trotz deutlicher Hürden haben sich in den verschiedenen Ländern des

Nahen Ostens (MENA)[1] Sportlerinnen über Restriktionen hinwegsetzen können, sich Strukturen für den Frauenfußball entwickelt, und es zeigt sich eine fortschreitende gesellschaftliche Akzeptanz (Hartmann-Tews & Pfister, 2003, S. 270–273). Diese gesellschaftlichen Entwicklungsschritte werden im haschemitischen Königreich Jordanien maßgeblich durch Königin Rania und Prinz Ali bin al-Hussein angestoßen. Monika Staab betont, dass der Frauenfußball in Jordanien vorangeht, weil die Königin diese Sportart unterstützt (Maier 2020, Interview 10, S. 22 f.), und Culpepper (2016) bezeichnet Prinz Ali als „supporter of women's soccer". Wichtig war Prinz Ali auch für die Spielerinnen im Kampf um das Kopftuchverbot der FIFA aus dem Jahr 2007. Hamzeh (2015, S. 526) hebt hervor, dass er den Protest und die Argumente der Spielerinnen ernst genommen hat und als wichtige Kontaktperson gegenüber der FIFA fungierte. Im Jahr 2011 begannen die jordanischen Nationalspielerinnen, das **Hijab-Verbot** der FIFA aktiv zu bekämpfen, und hatten 2012 mit Unterstützung der Vereinten Nationen Erfolg. Seitdem können muslimische Frauen auf dem Fußballplatz den Hijab, ein Kopftuch, das Gesicht und Nackenbereich verdeckt (Kay, 2006, S. 359), auf dem Fußballplatz tragen. Hamzeh (2015, S. 517) beschäftigt sich in einer Studie speziell mit diesem Kampf, und die Ergebnisse zeigen, dass „the Muslim female football players on the Jordanian national team exposed the FIFA's Islamophobic hijabophobia in its interpretation of Law 4. They acted with resilience and political savviness to regain the right to play while being Muslim female under FIFA's law. This suggests that Muslim females are active agents in their own lives and on a global level."

Ohne diesen Gruppenprotest der Spielerinnen und den Aufruf zu weltweiten Kampagnen wäre das FIFA-Verbot möglicherweise nicht aufgehoben worden, was nun ca. 600 Mio. muslimischen Frauen den Zugang zu Fußball auf internationaler Ebene ermöglicht (Hamzeh, 2015, S. 526). Dieses Beispiel zeigt, dass der Fußballplatz eine Arena sein kann, in der es möglich ist, zusammen mit einer Gruppe von Gleichgesinnten, traditionelle **Geschlechterrollen** und soziokulturelle Bedingungen für Frauen im Sport zu verändern. Durch das kollektive Handeln der Gruppe kann eine gesamtgesellschaftliche Wirkung erzielt werden (Carr, 2003, S. 15). Tiesler (2012, S. 110) spricht in diesem Zusammenhang vom Frauenfußball als Feld für *Gender Trouble* und von Frauen im Fußball, die als *Gender Trouble Maker* hegemonial etablierte Strukturen herausfordern. Der Kern des Wandels hat sich laut Mervat Abdullah, Mutter einer jordanischen Fußballnationalspielerin, insbesondere in den letzten Jahren vollzogen: „Since five years ago, we have witnessed a major change in society" (Culpepper, 2016). Maher Abu Hantash, Co-Trainer der U-17-Juniorinnen-Nationalmannschaft während der WM 2016, gibt einen Überblick zu diesen gesellschaftlichen Veränderungen: „It was a tough start. The biggest challenge was getting society to accept the idea of girls playing football. When we talked to families, many did not agree with it. But over time, as the game became popular in schools and universities and the national team began to do well, it started to become more normal" (N. N., 2015).

Jordanische Spielerinnen spielen nicht nur Fußball für sich selbst, sondern können durch ihr Handeln die Bedingungen für die aktuellen und zukünftigen Generationen nachhaltig beeinflussen. Dies ist insbesondere der Fall, wenn sie als Vorbild und Sprachrohr für Gefühls- und Meinungs-

---

1 MENA = Middle East and North Africa: Die von der UNWTO geführte Kategorie Middle East Region umfasst die Länder Ägypten, Bahrain, Irak, Jemen, Jordanien, Katar, Kuwait, Libanon, Libyen, Oman, Palästina, Saudi-Arabien, Syrien und die Vereinigten Arabischen Emirate, die Kategorie North Africa Region Algerien, Marokko, Sudan und Tunesien (UNWTO, 2019, S. 1, 4).

äußerungen fungieren und dadurch strukturelle Veränderungen erwirken.

Doch nicht nur auf Ebene der jordanischen Nationalmannschaften wird eine Entwicklung durch Sport forciert, sondern auch im Breitensport. Auch hier werden neben dem Selbstzweck der eigenmotorischen Aktivität die entwicklungsfördernden Eigenschaften von Fußball in physischer, psychischer und sozialer Hinsicht genutzt. So wird beispielsweise Sport in der Entwicklungszusammenarbeit im jordanischen Flüchtlingslager Zaatari eingesetzt. Von verschiedenen nationalen und internationalen Unterstützenden werden sowohl infrastrukturelle Investitionen getätigt als auch Maßnahmen des inszenierten Fußballs initiiert und finanziert. Diese Maßnahmen umfassen primär die Durchführung von Turnieren, angeleiteten Trainingseinheiten, die Bereitstellung und Schulung von Trainerinnen und Trainern, die effektive Koordination der örtlichen Sportplätze sowie die Planung von neuen Sportplätzen. Der bewusste Einsatz von Fußball macht die Fußballplätze in Zaatari so zu Lern- und Ablenkungsräumen.

Der norwegische Fußballverband hat beispielsweise in Zaatari und in jordanischen Gemeinden mehrere Fußballplätze finanziert. Eines davon ist das sogenannte Norway Football Field for Girls, ein Fußballplatz exklusiv für Mädchen mit Sichtschutz (◻ Abb. 14.2). Auf diesem steinigen und sandigen Sportplatz organisiert das Asian Football Development Project (AFDP) zusammen mit den nationalen Fußballverbänden Treffen zwischen Flüchtlingen und jordanischen sowie ausländischen Gruppen (z. B. Verbänden, Vereinen, Schulklassen). Ziel ist es, einen Austausch zwischen den Kindern zu erreichen und diese gegenseitig zu sensibilisieren (Maier 2020, S. 129–130).

◻ **Abb. 14.2** Mädchenfußball im Norway Football Field for Girls im jordanischen Flüchtlingslager Zaatari. (© Janine Maier)

Organisational-strukturelle Ebene

Neben den Entwicklungen durch Frauenfußball sind in der Folge auch die **Entwicklungen im Frauenfußball** zu betrachten, die sich insbesondere auf die organisationalstrukturelle Ebene beziehen. Auf dieser sind beispielsweise sportinterne Faktoren wie die Anzahl an qualifizierten Trainerinnen und Trainern, Strukturen auf Funktionärsebene, das Talentfördersystem, die Verfügbarkeit von angemessenen Sportstätten sowie die Professionalität von nationalen Ligen und den jeweiligen Vereinsstrukturen von Interesse (Digel, 1999, S. 86). Gerade in diesen Bereichen haben sich in den letzten Jahren Veränderungen im Frauenfußball vollzogen, die einen unmittelbaren Einfluss auf den Empowerment-Prozess haben, diesen begünstigen oder hemmen können. ◻ Tab. 14.1 zeigt anhand von fünf Säulen sportinterne Faktoren auf, die für eine strukturelle Entwicklung entscheidend sind und nachfolgend im Kontext des europäischen Frauenfußballs aufgezeigt werden.

Tab. 14.1 Zentrale Säulen der strukturellen Entwicklung des Frauenfußballs. (Nach Maier, 2020)

Säule 1	Professionalisierte Bedingungen für das Spiel selbst: nationale Liga und Vereinsstruktur
Säule 2	Vermarktung und Sponsoring sowie Erhöhung der Zuschauerakzeptanz
Säule 3	Talentförderung und Gewinnung von Nachwuchskräften; Schaffung zentraler Entscheidungs- und Wissenszentren
Säule 4	Erhöhung der Anzahl an Vertreterinnen und Vertretern in Entscheidungsgremien und zentralen Positionen des Sports
Säule 5	Events und Sportgroßveranstaltungen

Der **Frauenfußball in Europa** zeichnet sich durch eine ganz besondere Dynamik aus, in welcher sich die strukturellen Gegebenheiten stark verändern. Schumacher (2018) bezeichnet diese Entwicklung als „Europas Wettrüsten im Frauenfußball". Vormals führende europäische Frauenfußballnationen wie Deutschland oder Schweden werden hierbei durch eine neue Konkurrenz aus England, Frankreich und Spanien eingeholt und teils sogar überholt. Spielerinnen, die in diesen Ligen spielen, berichten häufig von Bedingungen in den dortigen Topclubs (z. B. Olympique Lyon, FC Chelsea, FC Barcelona), die denen des männlichen Profifußballs entsprechen. Am deutlichsten und umfangreichsten hat sich die strukturelle Entwicklung in England vollzogen.

Professionalisierte Bedingungen in einer Sportart werden mitunter durch die Rolle des nationalen Sportverbands geprägt. Am Beispiel des englischen Fußballverbands kann die Bedeutung eines zentralen Bekenntnisses für den Frauenfußball und eines konkreten nationalen Entwicklungsplans aufgezeigt werden. The Football Association (The FA) legte nach der Weltmeisterschaft 2015 in Kanada mit dem *Gameplan for Growth* eine konkrete Wachstumsstrategie mit ambitionierten Zielen vor. Diese beinhaltet beispielsweise die Erhöhung der Anzahl an Fußballerinnen im Nachwuchsbereich, Unterstützungen für eine Leistungssteigerung der nationalen Auswahlmannschaften und die Entwicklung der Vermarktungs- und Zuschauerzahlen der Women's Super League (WSL), die als einzige Frauenfußball-Profiliga in Europa gilt (Labbert, 2019). Um die Professionalisierung der Liga voranzutreiben, wurde die Anzahl der Teams reduziert, und den Clubs wurden bestimmte Auflagen für eine Teilnahme gesetzt. Für einen Platz in der Liga müssen die Vereine über ein bestimmtes Budget verfügen, die Frauen als Vollprofis beschäftigen, Trainerinnen und Trainer mit entsprechenden Lizenzen vorweisen, eine bestimmte Infrastruktur und Standards für Spiele, Trainingseinheiten und medizinische Versorgung gewährleisten sowie Nachwuchsakademien zur gezielten Talentförderung betreiben. Dieser Vorgabenkatalog ist ein Novum und sorgt für deutlich verbesserte strukturelle Rahmenbedingungen. Die Vorgehensweise des englischen Verbands kann als eine Art „**Entwicklungsvorgabe von oben**" gesehen werden und wird mittels einer Anreizfinanzierung und der damit verbundenen Bottom-up-Bewegung der Profivereine des Männerfußballs unterstützt. Der FC Chelsea, Manchester United, Arsenal London oder Manchester City sind Teil der WSL (Labbert, 2019). Mit diesem Kommittent gehen in England nicht nur finanzielle Investitionen in die Frauenmannschaft einher, sondern auch die Bereitstellung von professionellen Infrastrukturen. Die damit verbundenen finanziellen Mittel bedeuten gleichzeitig eine erhöhte Professionalität in den Frauenabteilungen der jeweiligen Clubs und für die einzelnen Spielerinnen. Der Status, als Profi den Sport auszuüben, fördert die individuelle Leistungsfähigkeit der Spielerinnen und führt zu einer deutlich ausgeglicheneren und attraktiveren Liga.

Durch eine erhöhte Anzahl an attraktiven Ligen erhöht sich die Mobilität der Spielerinnen. Für die internationale Rekrutierung gab es im Frauenfußball lange Zeit nur wenige Talentscouts und Manager. Daher wurde die internationale Migration von Fußballspielerinnen zumeist als *Labour Love* bezeichnet, was für „moving for the love of the game" steht (Tiesler, 2012, S. 118). Mittlerweile hat sich auch hier eine Professionalisierung vollzogen und ein globaler Arbeitsmarkt für Fußballspielerinnen herausgebildet (Pfister & Sisjord, 2013, S. 155).

Diese **Professionalisierungstendenzen** haben einen direkten Einfluss auf die zweite Säule, welche Bezug auf die Vermarktung, das Sponsoring und die Zuschauerakzeptanz nimmt (◘ Tab. 14.1). Hierbei kommt den Medien die Macht und ein Stück weit auch die soziale Verantwortung zu, als soziale Akteure bei der Transformation von sportlichen Bildern und weiblichen Sporterfahrungen zu agieren. In den meisten europäischen Ländern, so auch in Deutschland, ist jedoch im Hinblick auf die Berichterstattung eine Unterrepräsentation ersichtlich, weil primär die Großevents wie Welt- oder Europameisterschaften das Interesse der Medien wecken und dadurch keine regelmäßige Berichterstattung über den Frauenfußball stattfindet. Eine Veränderung an dieser Stelle kann eine entscheidende Rolle in einem fortschreitenden Empowerment-Prozess einnehmen (Skogvang, 2013, S. 106). Dass es möglich ist, dem Frauenfußball mehr medialen Raum zu geben, zeigt wiederum das Beispiel England. Im März 2021 hat The FA umfangreiche TV-Rechte an der FA Women's Super League an den Pay-TV-Sender Sky und die öffentlich-rechtliche Rundfunkanstalt BBC vergeben. Die damit verbundene Reichweite und die finanziellen Möglichkeiten sind ein Meilenstein, den es bislang so im europäischen Frauenfußball nicht gab. Die Rechteinhaber zahlen

hierfür insgesamt rund 10 Mio. Euro. BBC überträgt 22 Partien live in den Programmen BBC 1 und BBC 2, Sky 44 Partien zur besten Sendezeit. Damit wird der englische Frauenfußball nicht nur durch die Wahl der Sendezeit, sondern auch durch die Übertragungsprogramme einer breiten Öffentlichkeit präsentiert und die Sichtbarkeit revolutioniert. Neben einer gezielten Entwicklung in der Vermarktung und TV-Übertragung der Liga, hat die englische Frauenliga zudem auch ein Finanzunternehmen als Ligasponsor gewinnen können (Deutsche Welle, 2021).

Um im zunehmenden internationalen und innereuropäischen Wettbewerb weiterhin bestehen zu können, bedarf es einer nationalen **Talentförderstrategie** und entsprechender Trainings- und Wissenszentren, die eine fortschreitende Entwicklung ermöglichen (dritte Säule; ◘ Tab. 14.1). Auch auf Verbandsebene ist die Schaffung von professionellen Trainingsstrukturen für die Weiterentwicklung der Nationalmannschaften unerlässlich. Führende europäische Fußballnationen haben schon früh nationale **Fußball-Leistungszentren** aufgebaut, welche heute auch von den Nationalspielerinnen genutzt werden. In Italien entstand 1958 das Coverciano in Florenz, in Frankreich 1988 das Leistungszentrum Clairefontaine, in Spanien 2003 die Ciudad del Fútbol oder in England 2012 der *St. Georges Park* (DFB, o. J. a). Ein Projekt, welches in Deutschland zukünftig auch professionelle Trainingsbedingungen und die Integration aller Nationalmannschaften unter einem Dach vereinen wird, ist die DFB-Akademie in Frankfurt am Main. Damit könnten zukünftig der Frauen- und Männerfußball weiter enger miteinander verknüpft werden und diese voneinander strukturell profitieren (Gutsche, 2019). Neben der Bereitstellung der professionellen Leistungszentren sind eine strukturierte und professionell geführte Talentsuche, -auswahl und -förderung notwendig. Zahlreiche führende Frauenfußballländer haben begonnen, mehr Geld in das Mädchenprogramm zu investieren und es mit dem Jungenprogramm zu synchronisieren. In Deutschland werden Mädchen und Jungen mittlerweile gleichermaßen im DFB-Talentfördersystem gefördert, was ein deutlich engmaschigeres Sichtungsnetz sowie die frühzeitige Unterstützung durch qualifizierte Trainerinnen und Trainer an 366 Stützpunkten ermöglicht (DFB, o. J. b).

In der vierten Säule steht die Erhöhung der Anzahl an Vertreterinnen und Vertretern in Entscheidungsgremien und zentralen Positionen des Sports im Fokus (◧ Tab. 14.1). Hierbei fehlt es im Frauenfußball häufig noch an entsprechenden Entscheiderinnen. Helen Breit, ehemalige 1. Vorsitzende „Unsere Kurve", kritisierte diese Schieflage in Deutschland: „Die Mehrzahl der Delegierten im DFB-Bundestag sind Männer im fortgeschrittenen Alter. Ich will niemanden diffamieren, aber der Querschnitt der Bevölkerung bildet sich da nicht ab" (Hellmann, 2021). Diese Aussage zeigt, dass insbesondere auf der Ebene der Sportfunktionäre wichtige Strukturentscheidungen zumeist von Männern getroffen werden. Der Erhalt dieser Vormachtstellung ist durch die gezielte Wahl neuer Kollegen und Nachfolger möglich. Umgekehrt bedeutet dies auch, dass männliche Funktionäre eine Schlüsselrolle für die Veränderung der Situation innehaben. Sie haben die Positionen, diese Veränderungen zuzulassen oder aktiv zu fördern. Im Sinne des **Empowerments** ist es ein zentraler Baustein, Frauen auf allen Ebenen zu integrieren und so eine Veränderung zu fördern. Dies gilt nicht nur für weibliche Funktionäre, sondern auch für Trainerinnen. In den meisten Fällen haben diese im Leistungssport nur eine unterstützende und keine führende Position (Pfister & Sisjord, 2013, S. 73). Auch die deutsche Bundestrainerin merkt diesen Umstand an: „Im Männerfußball gibt's einfach noch keine Frauen in den wichtigen Bereichen. Da sollten wir sehen, dass wir nicht danach schauen, welches Geschlecht jemand hat, sondern welche Qualitäten" (Strasdas et al., 2021). Um das Empowerment in diesen Positionen zu fördern, wurden verstärkt nationale und internationale Führungsprogramme im Frauenfußball initiiert, um weitere Kompetenzen zu entwickeln.

Einen Entwicklungsschub können auch **Sportgroßveranstaltungen** auslösen (◧ Tab. 14.1). Sportstätten, in denen sie ausgetragen werden, können Erinnerungsorte sein, denen eine besondere symbolische Bedeutung zukommt. Insbesondere Fußball-Weltmeisterschaften, Europameisterschaften oder Olympische Spiele sind prädestiniert, solche Erinnerungsorte zu werden. Gerade für Ausrichter und für siegreiche Nationen haben diese nicht selten eine katalysierende Wirkung auf die Entwicklung einer Sportart und hinterlassen kollektive Erinnerungen. Eine solche Wirkung erzielte beispielsweise die 3. FIFA Frauen-Fußballweltmeisterschaft 1999 in den USA, welche ein Meilenstein für die Entwicklung des Frauenfußballs in der amerikanischen Sportlandschaft ist. Die Besonderheit liegt in der Reichweite dieses Events, in dem Umfang der Zuschauerkulisse, in dem bis dahin nicht gekannten finanziellen Ausmaß sowie in einem hierdurch entfachten landesweiten Optimismus. Die Sender ABC und ESPN übertrugen erstmalig alle Spiele, die amerikanischen Großunternehmen Coca-Cola und McDonalds engagierten sich als Hauptsponsoren, das Budget und die Siegprämie erreichten neue Höchstwerte. Die hohen Ausgaben rechtfertigten sich mit Rekordzuschauerzahlen in den Stadien und vor den Fernsehgeräten. Das im Rose Bowl Stadium in Pasadena (Texas) stattfindende Finale verfolgten 90.185 Stadionbesucherinnen und -besucher (Sportschau, 2019). So plante auch England 2022 die Europameisterschaft im eigenen Land zu einem wichtigen Meilenstein werden zu lassen. (Wrack, 2022). Dies verdeutlicht, wie essenziell die Vergabe einer Sportgroßveranstaltung für die Entwicklung des Frauenfußballs sein kann und welche

Macht gleichsam die Kontinentalverbände sowie die FIFA hierbei innehaben.

14.3 Entwicklungskick? – Potenziale und Grenzen von Empowerment im Frauenfußball

Der **Frauenfußball** hat sich auf der individuellen, gesellschaftlich-kulturellen und organisational-strukturellen Ebene weiterentwickelt und professionalisiert. Frauen finden jetzt zumeist deutlich bessere Rahmenbedingungen vor als noch ihre Vorgängerinnen. In Frankreich, England oder Spanien beispielsweise haben die Nationalverbände und Topclubs des männlichen Profifußballs stark in die nationalen Frauenfußballstrukturen investiert und gegenüber den bisherigen Frauenfußballzentren Deutschland und Schweden aufgeholt bzw. diese mittlerweile sogar überholt. Deutschland steht nun am Scheideweg, um nicht den Anschluss zu verlieren. Der Frauenfußball muss einen Weg finden, um die Strukturen im männlichen Profifußball für sich zu nutzen und die eigene Professionalität und Sichtbarkeit weiter zu erhöhen. Eine nächste Bühne bieten, nach der WM 2023 in Australien und Neuseeland, die EM 2025 in der Schweiz und die WM 2027. Hierfür sind Belgien, die Niederlande und Deutschland gemeinsame Kandidaten für die Ausrichtung (Sturmberg, 2023). Nicht nur in den führenden Frauenfußballnationen, sondern auch, in Anlehnung an den eingangs aufgezeigten Begriff des **Sportraums**, in sich neu entwickelnden Frauenfußballräumen wie in Jordanien, zeigen sich nach wie vor eine starke Dynamik und bisher nicht vollständig ausgeschöpfte Potenziale des Empowerments. Gerade in Ländern mit patriarchalisch und traditionell geprägten Gesellschaftsstrukturen verstärken sich die Widerstände von Sportlerinnen, die sich durch ein zunehmendes individuelles Empowerment

im Frauenfußball entwickeln und über Restriktionen hinwegsetzen können. Im Rahmen dieser Entwicklung durch Frauenfußball zeigt sich eine fortschreitende gesellschaftliche Akzeptanz, und es entwickeln sich neue Strukturen für den Frauenfußball. Entsprechende Unterstützer im eigenen Land bzw. Verband sind Katalysatoren in diesem Prozess. Deshalb wird es weiterhin spannend sein, die Entwicklungen des Frauenfußballs und die Entwicklungen durch Frauenfußball aus wissenschaftlicher Perspektive zu betrachten und die drei Ebenen des Empowerments in enger Verbindung zueinander zu sehen. Die damalige deutsche Spitzenschiedsrichterin Bibiana Steinhaus fasste das erklärte Kernziel eines weiblichen Empowerments im Fußball abschließend treffend zusammen: „Vor allem wünsche ich mir, dass sich jede Frau weltweit für einen Weg im Fußball frei entscheiden kann" (DFB, 2020).

? Übungs- und Reflexionsaufgaben

1. Welche Unterschiede und Gemeinsamkeiten lassen sich über verschiedene Frauenfußballnationen hinweg finden und vor dem Hintergrund geschlechtsspezifischer Entwicklungen aus sozialgeographischer Perspektive erläutern?
2. Auf welchen Ebenen kann sich ein Empowerment-Prozess im Frauenfußball vollziehen? Welche Entwicklungen auf diesen Ebenen haben sich bereits in führenden Frauenfußballnationen vollzogen oder sollten sich im Sinne des Empowerments noch vollziehen?

Zum Weiterlesen empfohlene Literatur
Referenzwerk zur Sportgeographie:
　Bale, J. (2003). *Sports Geography*. Routledge.
　Dissertation zur ausgewählten Beitragsthematik:

Maier, J. (2020). „Entwicklungskick" – Sporttraum und Sportraum im Wandel. Sozial-kulturelle Veränderungsprozesse des Empowerments durch Frauenfußball an Beispielen aus dem Globalen Norden und Süden. (Passauer Schriften der Geographie, 31). Selbstverlag Fach GEOGRAPHIE der Universität Passau.

Sozialwissenschaftliche Studie zum Frauenfußball:

Sobiech, G., & Ochsner, A. (2012). *Spielen Frauen ein anderes Spiel? Geschichte, Organisation, Repräsentationen und kulturelle Praxen im Frauenfußball.* Springer.

Literatur

Brady, M. (2005). Creating safe spaces and building social assets for young women in the developing world: A new role for sports. *Women's Studies Quarterly, 33*(1/2), 35–49.

Brady, M. (2007). Leveling the playing field: Building girls' sports programs in the developing world. https://t1p.de/ay5s. Zugegriffen am 18.04.2022.

Braun, A. (2016). Frauenfußball. Time to Shine. *FIFA 1904,* 44–45. https://t1p.de/bscm. Zugegriffen am 18.02.2022.

Carr, E. S. (2003). Rethinking empowerment theory using a feminist lens: The importance of process. *Affilia, 18*(1), 8–20.

Culpepper, C. (2016). In Jordan, soccer moms (and dads) are watching their daughters on the pitch with pride. The Washington Post. https://t1p.de/99sn. Zugegriffen am 18.04.2022.

Deutsche Welle. (2021). Millionenschwerer TV-Vertrag für Englands Frauenfußball. https://t1p.de/ll6b1. Zugegriffen am 02.06.2022.

DFB – Deutscher Fußballbund. (2020). Bibiana Steinhaus: „Das Umfeld war bereit". DFB. https://t1p.de/upfr6. Zugegriffen am 18.02.2022.

DFB – Deutscher Fußballbund. (o. J. a). Stadt, Land, Fußball: Trainingszentren in Europa. DFB. https://t1p.de/31gw. Zugegriffen am 18.02.2022.

DFB – Deutscher Fußballbund. (o. J. b). Talentförderprogramm. DFB. https://t1p.de/31gw. Zugegriffen am 18.02.2022.

Digel, H. (1999). Leistungssportsysteme in Europa. In D. H. Jütting (Hrsg.), *Sportvereine in Europa zwischen Staat und Markt* (S. 60–92). Waxmann.

Gutsche, T. (2019). In Deutschland mangelt es noch an Wertschätzung. Der Tagesspiegel. https://t1p.de/arf4. Zugegriffen am 18.02.2022.

Hamzeh, M. (2015). Jordanian national football Muslim players: Interrupting Islamophobia in FIFA's hijab ban. *Physical Education and Sport Pedagogy, 20*(5), 517–531.

Hartmann-Tews, I., & Pfister, G. (2003). Women's inclusion in sport: International and comparative findings. In I. Hartmann-Tews & G. Pfister (Hrsg.), *Sport and women. Social issues in international perspective* (S. 266–280). Routledge.

Hellmann, F. (2021). DFB benötigt Frauenpower: Ende der Hahnenkämpfe. https://t1p.de/hsy0t. Zugegriffen am 12.07.2023.

Herriger, N. (2006). *Empowerment in der Sozialen Arbeit. Eine Einführung.* Kohlhammer.

Kay, T. (2006). Daughters of Islam. Family influences on Muslim young women's participation in sport. *International Review of Sociology of Sport, 41*(3/4), 357–373.

Kevenhörster, P., & van den Boom, D. (2009). *Entwicklungspolitik.* Springer.

Labbert, A. (2019). Lieber Arsenal als Turbine Potsdam. DER SPIEGEL. https://t1p.de/ygdf1. Zugegriffen am 22.05.2022.

Lettenbauer, S. (2014). Nachwuchsfußball. Internationales Austauschprojekt im Frauenfußball. Deutschlandfunk. https://t1p.de/61bfb. Zugegriffen am 18.02.2022.

Levermore, R., & Beacom, A. (2012). *Sport and international development.* Palgrave Macmillan.

Maier, J. (2020). „Entwicklungskick" – Sporttraum und Sportraum im Wandel. Sozial-kulturelle Veränderungsprozesse des Empowerments durch Frauenfußball an Beispielen aus dem Globalen Norden und Süden. (Passauer Schriften der Geographie, 31). Selbstverlag Fach GEOGRAPHIE der Universität Passau.

Markovits, A. S. (2006). Fußball in den USA als prominenter Ort der Feminisierung: Ein weiterer Aspekt des „amerikanischen Sonderwegs". In E. Kreisky, G. Spitaler & G. Spitaler (Hrsg.), *Arena der Männlichkeit. Über das Verhältnis von Fußball und Geschlecht* (S. 255–277). Campus.

Martínez Lagunas, K. (2019). Frauenfußball. Können Fußballerinnen von ihrem Sport leben? Deutsche Welle. https://t1p.de/i4qp. Zugegriffen am 18.02.2022.

N. N. (2015). FIFA U-17 World Cup 2016: Empowering women in Jordan through football. *Arab News.* https://t1p.de/chk8. Zugegriffen am 18.04.2022.

Pfister, G., & Sisjord, M. K. (2013). *Gender and sport. Changes and challenges.* Waxmann Verlag.

Schulz, A. J., Israel, B. A., Zimmerman, M. A., & Checkoway, B. N. (1995). Empowerment as a multi-level construct: Perceived control at the individual, organizational and community levels. *Health Education Research, 10*(3), 309–327.

Schumacher, M. (2018). Manchester City, FC Barcelona, Paris St-Germain und Co. Europas Wettrüsten im Frauenfußball. Stuttgarter Zeitung. https://t1p.de/hvct. Zugegriffen am 18.02.2022.

Scraton, S., Fasting, K., Pfister, G., & Bunuel, A. (1999). It's still a man's game? The experiences of top-level European women footballers. *International Review for the Sociology of Sport, 34*(2), 99–111.

Skogvang, B. O. (2013). Players' and coaches' experiences with the gendered sport/media complex in elite football. In G. Pfister & M. K. Sisjord (Hrsg.), *Gender and sport. Changes and challenges* (S. 103–122). Waxmann Verlag.

Spitaler, G. (2006). Arena der Männlichkeit. Stichworte zum Verhältnis von Fußball, Männlichkeit, Politik und Ökonomie. *Bulletin Texte 33*, 45–53. https://www.gender.hu-berlin.de/de/publikationen/gender-bulletin-broschueren/bulletin-texte/texte-33. Zugegriffen am 18.04.2022.

Sportschau. (2019). Geschichte. USA 1999. Ein amerikanisches Sommermärchen. Sportschau.de. https://t1p.de/sdyq. Zugegriffen am 18.02.2022.

Strasdas, D., Roschitz, M., & Cassalette, M. (2021). Gewünscht, gefördert, gehasst – Frauen im Fußball-Geschäft. NDR-Sport. https://t1p.de/mh3b. Zugegriffen am 18.02.2022.

Strohschein, J. (2021). Monika Staab – auf neuer Mission in Saudi-Arabien. Deutsche Welle. https://t1p.de/byv2. Zugegriffen am 18.02.2022.

Sturmberg, J. (2023). Mit Belgien und den Niederlanden. DFB will Frauen-WM 2027 nach Deutschland holen. Deutschlandfunk. https://t1p.de/81uui. Zugegriffen am 12.07.2023.

Tiesler, N. C. (2012). Mobile Spielerinnen als Akteurinnen im Globalisierungsprozess des Frauenfußballs. In G. Sobiech & A. Ochsner (Hrsg.), *Spielen Frauen ein anderes Spiel? Geschichte, Organisation, Repräsentation und kulturelle Praxen im Frauenfußball* (S. 97–121). Springer.

UNWTO – World Tourism Organization. (2019). *Tourism in the MENA region.* UNWTO.

Wastl-Walter, D. (2010). *Gender Geographien. Geschlecht und Raum als soziale Konstruktionen.* Steiner Verlag.

Wrack, S. (2022). Women's Euro 2022 set for record crowds as England aim for home glory. *The Guardian.* https://t1p.de/geva. Zugegriffen am 18.04.2022.

14

Sport verbindet – Migration im Profisport

Sebastian Rauch

Fußballspieler bei Vertragsverhandlungen. (© Kzenon/stock.adobe.com)

© Der/die Autor(en), exklusiv lizenziert an Springer-Verlag GmbH, DE, ein Teil von Springer Nature 2023
P. Gans et al. (Hrsg.), *Sportgeographie*, https://doi.org/10.1007/978-3-662-66634-0_15

Inhaltsverzeichnis

Einleitung

Migration prägt das Bild des Sports, wie wir ihn heute kennen. Seit Mitte des 20. Jahrhunderts ist eine zunehmende internationale Migration von Sportlerinnen und Sportlern zu beobachten. Zurückzuführen ist dies auf eine Vielzahl unterschiedlicher interner und externer Einflüsse. Hierzu zählen vor allem die **Globalisierung**, die zunehmende Vernetzung von Regionen und Akteuren, aber auch die Rücknahme nationalstaatlich orientierter **Regulierungen**. Auch steigende Erwartungen an Sporttreibende und Standorte, ein hoher sportlicher **Wettbewerbsdruck** und das Erschließen neuer Absatzmärkte für die häufig als Wirtschaftsunternehmen geführten Vereine sind wichtige Treiber. **Die sportbedingte Migration** von Athletinnen und Athleten ermöglicht zum einen Standorten oder Vereinen, sich diesen Herausforderungen zu stellen, und zum anderen Sportlerinnen und Sportlern, sich selbst zu verwirklichen.

Ihre Migrationsbereitschaft – innerhalb eines Staats oder international – ist infolge des nahezu freien Austauschs von Informationen und geringer formaler Einschränkungen bei grenzüberschreitenden Wanderungen in den vergangenen Jahrzehnten stark gestiegen. Die Motivation zur Migration wird von einer Reihe komplexer, interdependenter Prozesse beeinflusst: die Chancen eines sozialen Aufstiegs, Weiterentwicklung sportlicher Fähigkeiten, Gewinn an Ansehen. Die Globalisierung erweitert die **Netzwerke** der in der Sportbranche aktiven Institutionen, wie Vereine oder Agenturen, und ermöglicht z. B. den Zugang zu neuen Märkten. International bekannte Sportlerinnen und Sportler steigern den Bekanntheitsgrad, neue Investoren und weitere Talente werden angezogen. Die Attraktivität eines Vereins hat positive ökonomische Effekte auf die jeweilige Region (► Kap. 10), stärkt ihr Image (► Kap. 13) und kann identitätsstiftend wirken (► Kap. 18).

Daraus ergeben sich vier zentrale **Faktoren sportbedingter Migration**, die im Beitrag als Erklärungsansätze näher beleuchtet werden: die historischen Verbindungen zwischen Quell- und Zielländern, die ökonomischen Anreize und individuellen Entwicklungsmöglichkeiten, der Einfluss formeller und informeller Netzwerke.

15.1 Geographie und sportbedingte Migration

Migration wird klassischerweise als räumliche Mobilität und Positionsänderung einer oder mehrerer Individuen verstanden und zeichnet sich durch eine Wohnortverlagerung aus. Räumliche Bewegungen von Menschen können in ihrer Ausprägung und Reichweite stark variieren und werden z. B. in Binnenwanderungen, die innerhalb eines Nationalstaats erfolgen, und internationale Migrationen, die nationale Grenzen queren, differenziert. Bei der Binnenwanderung kann zwischen Nah- bzw. intraregionaler Wanderung, die sich innerhalb einer kleineren administrativen Einheit, z. B. eines Landkreises oder einer Metropolregion, ereignet und Fern- bzw. interregionaler, Regionsgrenzen überschreitender Wanderung unterschieden werden (Pott & Gans, 2020, S. 995 f.). Es existieren zahlreiche unterschiedliche Formen der Migration, die im Wesentlichen nach ihren Ursachen gegliedert werden können. Eine dieser Formen ist die **sportbedingte Migration**, die einen sehr spezifischen Teil des allgemeinen Migrationsgeschehens umfasst und auf die räumliche Bewegung von Athletinnen und Athleten sowie weiteren, im Sportgeschehen teilhabenden Akteurinnen und Akteuren fokussiert (► Box 15.1).

Das Interesse an nationalen und internationalen sportbedingten Migrationen hat in den letzten Jahrzehnten z. B. in der Geographie, den Sportwissenschaften, der Soziologie und den Wirtschaftswissenschaften stark zugenommen. Die unterschiedlichen Perspektiven beschäftigten sich nicht nur mit dem „Von wo nach wo", sondern auch warum und unter welchen Umständen eine Migration erfolgte. Ein zentraler Untersuchungsgegenstand der **Sportmigrationsforschung** ist, welchen Einfluss sportbedingte Migration auf eine Sportart ausübt. Die Analysen sind sehr vielschichtig und befassen sich mit Fragestellungen auf der Mikro- und Meso-, nicht selten auch auf der Makroebene. Warum entscheiden sich Sportler und Sportlerinnen für eine Migration, und welche Wirkungen ergeben sich auf Herkunfts- und Zielregionen?

Erste Beiträge zur sportbedingten Migration reichen ins Jahr 1940 zurück, als Lehman (1940) die Herkunft von Baseballspielern der nordamerikanischen Ligen untersuchte. Die erste umfassende Arbeit im Feld der Sportmigration verfassten Maguire und Bale (1994), die zentrale Aspekte der Migration von Sportlerinnen und Sportlern formulierten. Dazu zählen z. B. der Zusammenhang zwischen **Globalisierung und Migration**, die Etablierung internationaler Sportorganisationen, die Entwicklung standardisierter Abläufe und Regeln sowie der wachsende globale Wettbewerb zwischen Sportlerinnen und Sportlern wie Vereinen. Bale (2003) arbeitete ein erstes theoretisches Fundament mit zentralen Fragestellungen aus, Poli (2010) und Carter (2011) schufen die Grundlage für das heutige Profil der Teildisziplin der Sportwissenschaften. Zunächst dominierten primär quantitative Analysen auf der Makroebene. Dann rückten individuelle Entscheidungen und Betrachtungsweisen auf der Mikroebene, die z. B. individuelle Bewegungsmuster zum besseren Verständnis grenzüberschreitender Bewegungen nutzen, zunehmend ins Zentrum der Sportmigrationsforschung. Poli (2010) betont zudem den Einfluss von **Globalisierungsprozessen**, und neuerdings tragen sozialwissenschaftliche Ansätze, wie die Netzwerk- und Biographieforschung, zu einer qualitativen sportbezogenen Migrationsforschung bei.

Box 15.1 Sportbedingte Migration

Sportbedingte Migration beschreibt und erklärt die räumliche Veränderung von Athletinnen und Athleten mit dem Ziel, die sportbezogenen Aktivitäten an einem anderen Ort auszuüben. Grundsätzlich ist eine kurzfristige, sportbedingte Mobilität von einer längerfristigen Migration zu unterscheiden. Kurzfristige sportbedingte Mobilität tritt dann auf, wenn zur Partizipation an einem Wettbewerb eine räumliche Veränderung durchgeführt werden muss. Dies trifft z. B. in Einzelsportarten wie Tennis oder Golf, aber auch in wettkampfbedingten Mannschaftsspielen zu. Ein prominentes Beispiel sind die Olympischen Spiele, die eine räumliche Mobilität zahlreicher Athletinnen und Athleten voraussetzen. Neben dieser Art von Mobilität ist vor allem die längerfristige Migration von Sportlerinnen und Sportlern wichtiger Bestandteil des heutigen Sportgeschehens. Sie zeichnet sich durch einen zeitlich begrenzten oder dauerhaften Wohnortwechsel der Athletin oder des Athleten aus.

15.2 Entwicklung der sportbedingten Migration

Bereits in der Antike gab es sportbedingte Migration. Ereignisse wie Olympia oder andere Turnierformate prägten seit etwa 700 v. Chr. die frühen Phasen des Sports. Als wesentlicher historischer Treiber gilt die **Professionalisierung** einer Sportart. Vor allem die Entwicklung und Etablierung der ersten professionellen Sportligen ab Mitte des 19. Jahrhunderts beeinflussten die Reichweite räumlicher Migration von Athletinnen und Athleten am nachhaltigsten. Dieser Prozess war sehr stark mit dem regionalen Interesse an einer Disziplin gekoppelt, weshalb sich in unterschiedlichen Regionen der Welt einzelne Sportarten schneller professionalisierten als in anderen. Cricket wies bereits im 19. Jahrhundert zahlreiche professionelle Sportler auf, die aber vornehmlich in internationalen Vergleichen zwischen heutigen Ländern des Commonwealth antraten (Hill, 1994). 1871 entstand in den USA die erste professionelle Baseball-Liga, 1898 die erste Basketball-Liga. Die Entwicklungen waren so divers, dass jede einzelne Disziplin einen Beitrag verdient hätte. Als eine der ältesten Sportligen der Welt gilt die englische Fußball-Liga, in der bereits in den 1880er-Jahren erste **sportbedingte Migration** dokumentiert wurde. Um Zugang zum Wettbewerb zu erhalten, zogen Talente aus umliegenden Dörfern und kleinen Städten in die damals zwölf Profistandorte. Zu diesen ersten intraregionalen Wanderungen kamen rasch auch erste interregionale Migrationen aus Wales und Schottland hinzu (Lanfranchi & Taylor, 2001). Auch wenn durchaus Unterschiede zwischen den britischen Verbänden bestanden, begünstigten geringere sprachliche und kulturelle Hürden und quasi keinerlei administrative Begrenzungen diese ersten räumlichen Beziehungen.

Vor dem Zweiten Weltkrieg sind nur wenige professionelle internationale Spielerbewegungen belegt. Politische Regime bestimmten das Bild der Ligen vor 1945. Während in den USA und in Kanada keine Restriktionen für Spielerinnen und Spieler mit ausländischer Staatsangehörigkeit existierten, wurde vor allem in Europa bei nationalen Wettbewerben die Teilnahme dieser Aktiven reglementiert. Als 1933 die Nationalsozialisten in Deutschland an die Macht kamen, untersagten sie jegliche Teilnahme ausländischer Spielerinnen und Spieler an nationalen Sportveranstaltungen. Auch in Italien wurden diese harten **Regelungen** etabliert, wenn auch eine Teilnahme an Wettbewerben für Personen mit doppelter Staatsbürgerschaft möglich war. Andere Nationen wie Frankreich führten die ersten zahlenmäßigen Begrenzungen für ausländische Akteure ein. So wurde dort den Fußball-Profivereinen zu dieser Zeit eine maximale Zahl von fünf ausländischen Spielern pro Match gestattet (Lanfranchi & Taylor, 2001). Auch in den 1960er-Jahren beschlossen zahlreiche, vornehmlich europäische Sportverbände eine feste „**Ausländerregelung**" zur **Regulierung des Wettbewerbs**. Derartige Restriktionen bestimmen bis in die heutige Zeit die Zusammensetzung professioneller Mannschaften und beeinflussen somit das Migrationsgeschehen in den unterschiedlichen Disziplinen maßgeblich. Ziel derartiger Regelungen war und ist die Gewährleistung der sportlichen Entwicklung der jeweiligen Disziplin und Aktiven eines Lands. Bis heute haben sich zahlreiche unterschiedliche Regelungen in den Sportarten etabliert. In den US-amerikanischen *Major Leagues* existieren weiterhin keinerlei Obergrenzen für ausländische Spielerinnen und Spieler. Dagegen galten im europäischen Sportgeschehen noch in den 1990er-Jahren begrenzende Regelungen. Jeder Sportverband bestimmte die Auslegung und die Obergrenzen souverän. Einen wesentlichen Einschnitt in diese Praktiken stellte das **Bosman-Urteil** von 1995 dar (▶ Box 15.2). Bis heute beeinflusst es Transferentscheidungen und die daraus resultierende Migrationsdynamik maßgeblich (◘ Abb. 15.1). Das Urteil sorgte nicht nur für eine Zunahme der Migration von Athletinnen und Athleten innerhalb Europas und daraus folgende höhere Anteile ausländischer Akti-

ver. Es war zudem zu beobachten, dass die interkontinentale Migration und insbesondere die Zahl der Spielerinnen und Spieler aus Südamerika und anderen Nicht-EU-Ländern zunahm. Diese Entwicklung resultierte in einer starken Heterogenität der Herkunftsregionen von Sportlerinnen und Sportlern, die in hochklassigen Profiligen, aber auch in weniger angesehenen Wettbewerben engagiert wurden (◘ Abb. 15.1, ◘ Tab. 15.1).

Box 15.2 Bosman-Urteil

Das im Jahr 1995 durch den Europäischen Gerichtshof getroffene Urteil hatte weitreichende Folgen, nicht nur für den Fußball, sondern für alle Profiligen innerhalb der Europäischen Union. Auslöser dieser weitreichenden Regelung war eine Klage des belgischen Fußballprofis Jean-Marc Bosman im Jahr 1990. Er sah seine Arbeitnehmerfreizügigkeit innerhalb Europas dadurch eingeschränkt, dass nach dem Ablauf seines Profivertrags beim RFC Lüttich eine zu hohe Ablöse veranschlagt wurde. Diese wollte sein neuer Verein nicht zahlen, was Bosman ohne Verein zurückließ. Er bekam von einem nationalen Gericht Recht zugesprochen. Daraufhin wurde das Urteil auf europäischer Ebene aufgenommen. Für den Sport wurden hier zwei wesentliche Aussagen getroffen: Erstens war es nicht mehr zulässig, nach Ablauf eines Arbeitsvertrags eine Transfersumme zu erheben. Zweitens durften fortan keine Restrik-

tionen für die Anstellung von EU-Bürgerinnen und -Bürgern in den nationalen Ligen existieren. Die übergeordnete Errungenschaft des Urteils durch den Europäischen Gerichtshof ist die Tatsache, dass Profisportlerinnen und -sportler als „normale" Arbeitnehmer und der Profimarkt als gängige ökonomische Aktivität innerhalb der Europäischen Union anzusehen sind und den Sportlerinnen wie Sportlern somit die festgeschriebene Freizügigkeit bei der Arbeitsplatzwahl zusteht. Neben einem fortan stetig wachsenden Anteil an professionellen Athletinnen und Athleten in den höchsten Spielklassen aus Ländern der EU stieg als Nebeneffekt auch der Anteil von nichteuropäischer Aktiven. Vor allem Talente aus Südamerika erwiesen sich als günstigere Alternativen mit hohem Entwicklungspotenzial und somit als sehr attraktiv für den Markt der nördlichen Hemisphäre (Lanfranchi & Taylor, 2001; ◘ Tab. 15.1, ◘ Abb. 15.2).

15

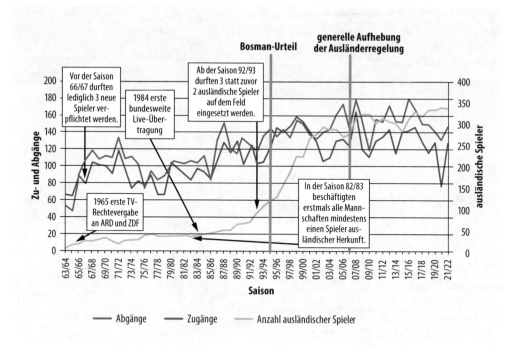

◨ **Abb. 15.1** Entwicklung des Anteils ausländischer Profispieler in der Fußball-Bundesliga der Männer (Die Anzahl ausländischer Spieler bezieht sich auf alle Mitglieder des Kaders in der jeweiligen Saison, auch Nachverpflichtungen. Zu- und Abgänge beziehen Leihen und Karriereende nicht mit ein. Auch werden Aufstiege von der ersten in die zweite Mannschaft eines Vereins nicht berücksichtigt.) (Nach Transfermarkt.de, 2022)

◨ **Tab. 15.1** Herkunft ausländischer Spieler der fünf größten Fußballligen Europas[*] (Angaben in %). (Nach Transfermarkt.de; Stand: 01.07.2022)

Liga	Afrika	Asien und Ozeanien	Ost-europa	West-europa	Latein-amerika	Nord-amerika	Gesamtzahl
Deutschland	12	8	17	55	5	3	298
England	13	3	8	57	18	2	371
Frankreich	43	3	9	30	14	1	300
Italien	14	3	28	37	17	0	363
Spanien	15	4	14	25	40	2	210

[*]Ausschlaggebend für die Zugehörigkeit eines Spielers ist die Nation, für deren Nationalverband er aktiv ist. Mehrfachstaatsangehörigkeiten werden folglich nicht berücksichtigt.

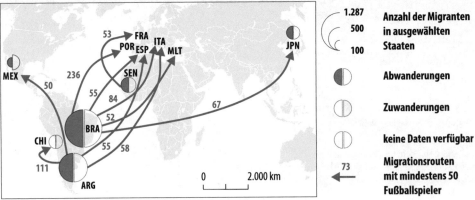

□ Abb. 15.2   Ausgewählte globale Migrationsrouten im Profifußball im Mai 2021. (Verändert nach Poli et al., 2021a)

Die Dynamik **sportbedingter Migration** verlief weitgehend parallel zu bekannten Prozessen im Zusammenhang mit **schrumpfenden Räumen** infolge von Innovationen in der Kommunikations- und Transporttechnologie (Harvey, 1990). Die Idee des freien Austauschs von Waren und Humankapital, welche sich im Kontext der **Globalisierung** ausbreitete, kann auch auf dem heutigen Sportmarkt, vor allem im Profisportbereich beobachtet werden. Zurückzuführen ist dies unter anderem auf die zunehmende Autonomie der Individuen und das Verschwinden räumlicher, aber auch politischer Barrieren. Dabei spielt nicht nur das leichtere Überwinden von weiten Distanzen eine entscheidende Rolle, sondern auch der intensivere Informationsaustausch sowie die stärkeren sozialen Vernetzungen, aber auch traditionelle Verflechtungen zwischen Staaten (▶ Abschn. 15.3).

Vor allem im **Fußball**, der gemessen an aktiven Spielerinnen und Spielern sowie weltweiten Einschaltquoten eine der wichtigsten Sportarten ist, zeichneten sich bereits früh die Mechanismen und Migrationsverflechtungen von Aktiven deutlich ab. Die Sportart ist wie kaum eine andere in globale Prozesse integriert und nimmt daher im **weltweiten Sportsystem** die dominierende Stellung ein. Daher eignet sich Fußball in besonderem Maße, die Entwicklung räumlicher Bewegungen von Sportlerinnen und Sportlern zu beleuchten. ◨ Abb. 15.1 dokumentiert exemplarisch die wachsende Zahl ausländischer Spieler in der Fußball-Bundesliga der Männer – im Folgenden kurz Bundesliga –, den Einfluss der Auflösung zentraler migrationsreglementierender Regelungen und die binnen- und internationale Migration durch die Frequenz von Zu- und Abgängen.

Seit Gründung der Bundesliga im Jahr 1963 ist eine steigende Migrationsaktivität zu erkennen. Die Aufhebung wesentlicher Restriktionen durch das Bosman-Urteil (▶ Box 15.2) sowie der generellen „**Ausländerregelung**" zog einen starken zahlenmäßigen Zuwachs ausländischer Spieler nach sich. Vereine nutzen offensichtlich die neu gewonnenen Möglichkeiten, Talente aus dem Ausland für ihre sportlichen Ziele zu gewinnen. Parallel zur fortschreitenden Internationalisierung in der Bundesliga stiegen auch die gesellschaftliche Aufmerksamkeit und folglich die mediale Präsenz des Sports, insbesondere des Fußballs. Fernsehanstalten investierten Jahr für Jahr mehr Geld, um sich die Übertragungsrechte zu sichern, mit dem Ziel, im Zuge des wachsenden Interesses auch höhere Werbeeinnahmen generieren zu können. 1965 erwarben ARD und ZDF die **TV-Rechte** ausgewählter Partien für 650.000 Deutsche Mark, schon in den 1980er-Jahren lagen die Preise bei bis zu 10 Mio. Mark. Bei weiterhin zunehmendem Interesse und gesteigertem Wettbewerb auf dem Übertragungsmarkt, befeuert durch zahlreiche private Anbieter, liegt der heutige Preis für die Rechte ca. 600-mal höher als 1965 bei über einer 1 Mrd. Euro (Ran, 2022). Die erhöhte Medienpräsenz des Fußballs und seine sich ausweitende Aufmerksamkeit lockten zusätzlich Kapitalanleger an, die einzelne Standorte unterstützten. Wesentlicher Treiber höherer Investitionen waren die Chancen, neue Absatzmärkte für Fanartikel und die eigenen Produkte zu erschließen und somit die eigene Sichtbarkeit zu erhöhen. Die sportbedingte Migration, vor allem die internationale, ist hier einer von zahlreichen Katalysatoren für gesteigertes finanzielles Interesse externer Unternehmen in privater wie staatlicher Hand.

Einen stetig wachsenden Anteil ausländischer Spieler verzeichnet nicht nur die Bundesliga. Im Jahr 2021 kamen zum ersten Mal in der Geschichte mehr als die Hälfte der Spieler in den fünf großen europäischen Ligen (Deutschland, England, Frankreich, Italien, Spanien) aus dem Ausland. In weniger wettbewerbsfähigen Ligen ist ein deutlich geringerer Anteil ausländischer Spieler zu verzeichnen (Poli et al., 2021b). Ein stärker internationalisierter Markt zeichnet somit erfolgreichere Ligen aus.

☐ Tab. 15.1 zeigt im Detail die Herkunft ausländischer Spieler in den fünf großen Herrenfußballligen, den Big Five Europas. Die Verteilung der Sportler verdeutlicht den Einfluss **historischer Beziehungen** zwischen Herkunfts- sowie Zielländern und verweist auf **Migrationssysteme**, die schon vor dem Auftreten sportbedingter Migration entstanden (☐ Abb. 15.2). Am klarsten spiegelt sich diese historische Komponente im überdurchschnittlichen Anteil der aus Lateinamerika stammenden Spieler in Spanien sowie an der hohen Zahl von Fußballern aus Brasilien in Portugal wider. Die Kolonialzeit, die sich bis ins 19. Jahrhundert erstreckte, prägte die **kulturelle Nähe** zwischen der Bevölkerung Lateinamerikas und der Iberischen Halbinsel. Mit ähnlichen Argumenten lässt sich der vergleichsweise hohe Anteil von Spielern afrikanischer Herkunft in Frankreich erklären. Diese Zuwanderung erhöhte sich zunächst infolge der Dekolonisation. Hinzu kommt, dass viele Spieler Nachkommen von Zuwanderinnen und Zuwanderern aus Afrika sind, in Frankreich geboren wurden und damit die französische Staatsbürgerschaft besitzen. Später, in den 1960/70er-Jahren, entwickelten sich im Zuge der Arbeitnehmeranwerbung zusätzlich **Migrationsrouten** zwischen Südeuropa sowie den Maghrebstaaten als Herkunfts- und den europäischen Ländern nördlich von Alpen wie Pyrenäen als Zielgebieten (Hillmann, 2008). Auch wenn im heutigen Profisport Transferbewegungen augenscheinlich losgelöst von diesen klassischen Strukturen sind, so ist eine hohe Anzahl an Akteurinnen und Akteuren aus bestimmten Quellländern in den jeweiligen Zielländern aktiv. Die allgemeine Zunahme der internationalen Spielerbewegungen nach dem Bosman-Urteil hat sich nicht in einer deutlichen räumlichen Diversifizierung der Transfernetze niedergeschlagen. Die **Routen** hängen nach wie vor stärker von Kriterien wie der geographischen

(z. B. Deutschland – Osteuropa und Italien – Südosteuropa) oder kulturellen wie sprachlichen Nähe (z. B. Spanien – Lateinamerika und Frankreich – ehemalige afrikanische Kolonien) ab (Poli, 2010). Neben der Bedeutung interkontinentaler Wanderungen fällt zudem auf, dass die räumliche und strukturelle Nähe der europäischen Wettbewerbe das heutige Transfergeschehen maßgeblich prägt. So ist ein **Subsystem** mit einer höheren Zahl sportbedingter Migration zwischen Irland und den Fußballverbänden in Großbritannien sowie den Beneluxländern und Frankreich zu erkennen. Bestehende Migrationsrouten beeinflussen Wanderungen nicht nur in eine Richtung. So wechselten 83 Spieler aus Deutschland und 54 Spieler aus Frankreich in die Türkei. Ob es sich dabei um Spieler mit türkischem Migrationshintergrund handelt, lässt sich an dieser Stelle nicht klären.

15.3 Netzwerke als Erklärungsansatz sportbedingter Migration

Die **Motive sportbedingter Migration** können sehr vielfältig sein. Sie zeichnen sich in hohem Maße durch proaktive Entscheidungsprozesse und autonomes Verhalten der jeweiligen Personen im Migrationsprozess aus. Athletinnen und Athleten zielen mit einer räumlichen Veränderung auf eine Verbesserung ihrer eigenen Situation ab. Ausschlaggebend für einen Wechsel sind primär ökonomische Faktoren. Im Profisport bezeichnet man dieses Phänomen auch als *follow the money* (Maguire & Pearton, 2000). Neben diesen finanziellen Aspekten spielen auch individuelle Fortschritte, erfolgversprechende Trainingsbedingungen oder verbesserte Aufstiegschancen eine zentrale Rolle im Entscheidungsprozess. Zusätzlich können auch soziale Aspekte, das familiäre Umfeld sowie der Ruf eines Zielorts ausschlaggebend für eine sportbedingte Migration sein.

Neben bekannten **Push- und Pull-Mechanismen** (▶ Box 15.3) ist die Migration im Sport stark geprägt von historischen Entwicklungen, individuellen Erfahrungen und Motiven, den sich daraus bildenden Netzwerken sowie dem ortsspezifischen sozialen Kapital. Diese formellen und informellen Konstrukte sind ein wesentlicher Faktor zur Erklärung sportbedingter Migration. Bestehende Netzwerke mit einem hohen sozialen Kapital erleichtern die Rekrutierung von Athletinnen und Athleten und fördern somit die sportbedingte Migration. Bei der Entscheidungsfindung von Profisportlerinnen und Profisportlern, eine Migration zu realisieren, sind Informationen und Beziehungen zu der Zielregion und zum Verein sehr wichtig. Auf allen Ebenen wird für jede Art der Migration die Rolle von Netzwerken betont.

Soziale Netzwerke (▶ Box 15.4) dienen in einer Vielzahl von theoretischen Überlegungen zur Migration als ein zentraler Erklärungsansatz. Der formelle und vor allem aber informelle Informationsaustausch zwischen Sportlerinnen sowie Sportlern und Institutionen ist grundlegend für den Entscheidungsprozess.

Die sozialen Interaktionen mit Akteuren am Zielort einer Migration können wesentlichen Einfluss auf das Wohlbefinden und die Leistungsfähigkeit von Athletinnen und Athleten haben und reziprok für den Erfolg eines Standorts stehen. Ein Blick auf die Netzwerke zwischen den unterschiedlichen Akteuren kann eine zusätzliche Erklärung für sportbedingte Migration liefern, die über die Darstellung historischer Verbindungen und ökonomischer Motive hinausgeht.

Box 15.3 Push- und Pull-Mechanismen sportbedingter Migration

Trotz der Vielschichtigkeit von Wanderungsmotiven können sie meistens in das klassische Schema der Push- und Pull-Mechanismen eingeteilt werden. Dieser Ansatz erklärt Wanderungsentscheidungen durch die vereinfachte, binäre Unterteilung von Motiven in „abstoßende" Faktoren der Quellregionen und „anziehende" Kräfte der Zielregionen. Trotz der aggregierten Betrachtung und Vernachlässigung individueller Motive ist diese Wanderungstheorie fester Bestandteil der Migrationsforschung (Hillmann, 2016; Pott & Gans, 2020). Proaktive Entscheidungsprozesse der nationalen und internationalen Migration sind stärker von Pull-Faktoren der jeweiligen Zielregionen geprägt. Vor allem nach beruflichem Aufstieg strebende Gruppen wie Profisportlerinnen und -sportler gehören hierzu. Reaktive Entscheidungen sind vorwiegend geprägt durch Push-Faktoren der Quellländer. ◻ Tab. 15.2 zeigt Beispiele aus klassischen Wanderungsmotiven sowie äquivalent geltende Motive sportbedingter Migration. Anzumerken ist, dass klassische Beispiele nicht sportbedingter Migration eher zur Beschreibung von Migrationsströmen, also einer Vielzahl Betroffener, entworfen wurden. Hingegen beschreiben die hier aufgezeigten Erklärungsansätze eher verhaltensorientierte Wanderungsmotive sportbedingter Migration, die zwar eine Vielzahl professioneller Akteurinnen und Akteure betreffen, jedoch fallspezifisch und individuell wirken.

◘ **Tab. 15.2** Beispiele sportbedingter und nicht sportbedingter Push- und Pull-Faktoren zur Erklärung von Migration. (Verändert nach Pott & Gans, 2020, S. 997)

		Erklärungsansätze für Migrationsentscheidungen	
		Push-Faktoren	Pull-Faktoren
Nicht sport-bedingte Migration	Ökonomische Gründe	Arbeitslosigkeit, geringe Verdienstmöglichkeiten	Chancen auf bessere Bildung und höhere Löhne
	Nichtöko-nomische Gründe	Krieg, Klimabedingungen, politische Verfolgung	Akzeptanz und Sicherheit, Familien-zusammenführung
Sportbedingte Migration		Geringer Verdienst und Aufstiegschancen, wenig Respekt und Einsatzzeit	Höhere Verdienst- und Entwicklungs-möglichkeiten, Ruf des Standorts und Prestige, höhere Einsatzchancen

Die Akteursstruktur im Profisport ist sportartenübergreifend sehr ähnlich. Zentrale Figuren sind neben den Athletinnen und Athleten selbst Trainerinnen und Trainer sowie Verantwortliche im Management eines Standorts. Es ergibt sich daraus ein Geflecht aus mehreren Personen, die Migration maßgeblich beeinflussen. Häufig überschneiden sich Interessen der Akteure am Standort, die vornehmlich auf den sportlichen Erfolg des Vereins fokussieren. Hinzu kommen Prestige, zusätzliche finanzielle Gewinne sowie die Außenwirksamkeit eines Standorts (► Kap. 13). Auch Athletinnen und Athleten zielen auf diesen Erfolg ab, konzentrieren sich aber vor allem auf die für sie besten finanziellen und sportlichen Entwicklungsmöglichkeiten. Diese beiden Faktoren sind ein wesentlicher Erklärungsansatz sportbedingter Migration.

In diesem Kontext wird im Spitzensport immer wieder die Rolle von **Agenturen** sowie Beraterinnen und Beratern betont. Ihre Aufgabe liegt darin, kulturelle und sprachliche Barrieren zu überwinden und Kommunikation zwischen allen für einen Vereinswechsel relevanten Akteurinnen und Akteuren aufzubauen und zu koordinieren. Dies umfasst zudem das Sichten neuer Sportlerinnen und Sportler sowie diverse mediale Angelegenheiten. Diese Institutionen sind in der heutigen Zeit in hohem Maße spezialisiert, um den komplexen Anforderungen der Transfermärkte gerecht zu werden (Poli, 2009). Sie bilden und formen aktiv Netzwerke und prägen Karriereverläufe und Migrationen maßgeblich (Maguire & Falcous, 2010). Die Fédération Internationale de Football Association (FIFA) etablierte 1991 das erste Lizensierungssystem für professionelle Agenturen. Beim Deutschen Fußball-Bund e. V. (DFB) sind beispielsweise 186 Agenturen registriert (Stand: August 2022). Auch in anderen Sportarten hat sich ein Lizensierungsverfahren für Vermittlerinnen und Vermittler etabliert. Beim deutschen Handballbund sind 21 Agentinnen und Agenten (Stand: Juli 2018), bei der Deutschen Eishockey Liga 51 und bei der Basketball-Bundesliga 153 lizensiert. Die Agenturen haben keineswegs alle ihren Sitz in Deutschland, zahlreiche agieren auf internationaler Ebene und vertreten Klientinnen und Klienten auf der ganzen Welt.

Zum Verständnis der Rolle der genannten Personen, Institutionen und Vereine innerhalb eines Netzwerks und ihres daraus wahrscheinlich resultierenden Einflusses auf den Migrationsprozess soll der Fußball der Herren aufgrund seiner Bedeutung im Sportgeschehen erneut als Beispiel herangezogen werden. Alle an entsprechenden Entscheidungen Beteiligten sind im hochklassigen Fußball aktiv und haben Zugriff auf Statistiken, Werdegängen und Videomaterial zu den infrage kommenden Spielern. Dennoch können letztendlich soziale Motive durchaus den Ausschlag zur Migration geben.

Nicht selten sind es **Vertrauensbeziehungen** zwischen Trainern und Spielern, die eine professionelle Karriere maßgeblich beeinflussen. Ein Beispiel ist Pep Guardiola, der Thiago Alcântara erst aus der zweiten Mannschaft des FC Barcelona in die erste berief und dann mit dem Spruch „Ich will Thiago und sonst nichts!" seinen Weg nach Deutschland ebnete. Eine vergleichbare Beziehung pflegt auch Trainer Jürgen Klopp, der Neven Subotić einst erst aus der zweiten Mannschaft des FSV Mainz 05 in die erste berief, bevor der Verteidiger ihm nach Dortmund folgte. Auch zwischen Trainer Jos Luhukay und Marcel Ndjeng besteht eine bemerkenswerte Beziehung, weil beide an vier unterschiedlichen Standorten gemeinsam aktiv waren. Es existieren zahlreiche Beispiele, in welchen neben monetärem Interesse auch soziale und räumliche Kriterien in die Entscheidungsprozesse einflossen. Der ehemalige Berater von Jogi Löw, Harun Arslan, gebürtiger Türke, der nun in Deutschland arbeitet, betreute neben Spielern mit türkischer Migrationsgeschichte auch Trainer türkischer Abstammung. Konstantinos Farras, der seinen Firmensitz in Bremen und griechische Wurzeln hat, ist Ansprechpartner zahlreicher griechischer Spieler. Hinzu kommt, dass er einige ehemalige Akteure des SV Werder Bremen vertritt. Zur kulturellen Nähe kommt hier also noch die räumliche, die die Bildung eines Netzwerks begünstigt.

Dass auch die sozialen Beziehungen zwischen Spielern einen wesentlichen Einfluss auf deren Migrationsverläufe haben, zeigt das Beispiel Pascal Groß und Marco Terrazzino. Die heute in den ersten Ligen Englands und Polens aktiven Fußballer wurden 1991 in Mannheim geboren und starteten ihre Karriere beim VfL Neckarau. Beide traten zeitgleich dem Jugendprogramm der TSG Hoffenheim bei und waren dort insgesamt dreieinhalb Jahre zusammen aktiv. Terrazzino wechselte dann zum Karlsruher SC, wohin ihm Groß nur kurze Zeit später folgte. Die enge soziale Beziehung und ein vermutlich fortwährender Austausch über Karriereentscheidungen resultiert auch daraus, dass die beiden zusammen aufgewachsen sind. Insgesamt waren beide Akteure 14 Jahre an gemeinsamen Standorten aktiv. Groß bezeichnete Terrazzino als „besten Kumpel" im professionellen Fußball (Roth, 2014). Beide waren Bestandteil eines systematischen Transfergeschäftes mit der TSG Hoffenheim, die 2007 sieben Spieler der B-Junioren aus Neckarau rekrutierte. Von Vereinsseite kann eine Intention dieses gezielten Transfergeschäfts ein gesteigertes Interesse am Erhalt der sportlichen Synergie und dem damit erhofften Erfolg gesehen werden. Auch die räumliche Nähe der Standorte ist sicherlich ein relevanter Faktor.

Auch in anderen Sportarten sind derartige Migrationsnetzwerke zu beobachten. Neben den genannten offiziellen Akteurinnen und Akteuren können auch Familienmitglieder oder Freunde eine entscheidende Rolle innerhalb eines Migrationsprozesses spielen. Die Netzwerke sind weder räumlich noch zeitlich statisch und können sich neuen Situationen anpassen. Das Ausscheiden und Hinzukommen neuer, zentraler Akteurinnen und Akteure führen zu einer Restrukturierung, zur Neubildung oder zur Auflösung des Netzwerks (▶ Box 15.4).

Box 15.4 Soziale Netzwerke und Migrationssysteme

Netzwerke besitzen in der Migrationsforschung eine große Relevanz und werden immer häufiger als eine zentrale Komponente im Wanderungsgeschehen gesehen. **Migrationsnetzwerke** sind dynamische Beziehungen zwischen Akteurinnen sowie Akteuren und Institutionen am Herkunfts- oder Zielort. Diese sozialen Arrangements können formeller oder informeller Natur sein und beeinflussen die Migrationserfahrung und -entscheidung von Individuen maßgeblich (Haug, 2000). Starke persönliche Netzwerke Wandungsinteressierter sorgen für einen intensiven Informationsaustausch und beeinflussen somit die Wahrscheinlichkeit für eine Migration. Auch fördern derartige soziale Konstrukte

Kettenmigrationseffekte zwischen zwei oder mehreren Regionen, die dadurch gekennzeichnet sind, dass Migrantinnen und Migranten der räumlichen Veränderung von Bekannten oder Verwandten in eine Zielregion folgen. Der Grad des sozialen Zusammenhalts innerhalb eines Netzwerks zwischen Akteurinnen und Akteuren wird als **soziales Kapital** bezeichnet (Hillmann, 2016). Nach Bourdieu (1983) ist soziales Kapital als Ressource zu verstehen, welche Mitglieder des Netzwerks durch soziale Beziehungen erzeugen und nutzen können. Diese Kapitalform hat einen hohen Einfluss auf Migrationsströme und die individuelle Handlungsfähigkeit innerhalb eines Wanderungsprozesses.

Gerade Kettenmigrationseffekte tragen in hohem Maße dazu bei, spezifische Migrationspfade zwischen zwei oder mehreren Regionen zu verstetigen. Entlang der **weltweiten Arbeitsmigrationsverflechtungen** oder großen Wanderungen haben sich zahlreiche Routen zwischen bestimmten Quell- und Zielländern entwickelt. Derartige **Migrationssysteme** basieren auf raumzeitlich stabilen Wanderungen mehrerer Akteure, sind Ausdruck historischer Beziehungen und werden durch Netzwerke aufrechterhalten und reproduziert. Der Migrationssystemansatz fokussiert nicht die einzelnen Entscheidungen der Individuen, sondern versteht sich vielmehr als holistischer Ansatz zur Beschreibung der beobachtbaren Dynamiken.

15.4 Kritik am System der internationalen sportbedingten Migration

Als Teil des globalen Sportprozesses wird Migration häufig als etwas Erfreuliches dargestellt, das das Recht des Einzelnen auf Mobilität widerspiegelt. Im Zuge dessen zeichnet sich ein Bild von **relativer Freizügigkeit**, scheinbar unbestreitbarem Erfolg, leicht verfügbarem Wohlstand. Negative Erfahrungen werden zumeist ausgeblendet und die Machtverhältnisse im Zusammenhang mit einem Vereinswechsel häufig übersehen. Im Vordergrund der Aufmerksamkeit stehen die **positiven Effekte** einer Migration, die im Zielland für die Sportlerin oder den Sportler zu erreichen sind. Zu diesen zählt unter anderem ein höheres sportliches Leistungsvermögen und die damit in Verbindung stehende erhöhte Erfolgswahrscheinlichkeit der Sportlerin oder des Sportlers bzw. der Mannschaft. Weiter sind auch passive, wie mediale, sowie soziale Effekte zu nennen und eine gesteigerte Aufmerksamkeit für den Standort. Nicht zu unterschätzen ist auch die identitätsstiftende Wirkung, die der Erfolg von Vereinen mit sich bringt (▸ Kap. 18).

Während sich vor allem für die Zielregionen derartige positive Folgen ergeben, zeigen sich einige **negative Effekte** in den Quellregionen. Zunächst können die positiven Faktoren, die sich für die Zielländer ergeben, reziprok als negativ für die Quellländer interpretiert werden. Die Ausbildung der Athletinnen und Athleten erfolgt zumeist im Heimatland. Durch die internationale Migration erfolgt eine Abwanderung dieses Talents. Dieses als **Deskillisierung** (oder auch *muscle drain*) bezeichnete Phänomen sorgt für eine systematische Reduzierung der Qualität im Ursprungsland und einen zunehmenden Identitätsverlust durch die Abwanderung heimischer Individuen (Maguire & Bale, 1994). In zahlreichen Sportarten hat sich dadurch heute ein kolonialähnliches System des Transfers entwickelt. Von diesen Strukturen profitieren vornehmlich westliche Regionen, die aufgrund ihrer finanziellen Ressourcen eine Machtposition im Sport behaupten. Aber auch die administrativen Zentren und deren Normen für das moderne Weltsystem haben ihren Ursprung in diesen Regionen (Eichberg, 1997; Rauch, 2020, 2022). Derartige Strukturen hemmen die finanzielle, aber vor allem auch die sportliche Entwicklung der Ursprungsregion.

Abhängigkeitsbeziehungen, denen kein historischer Hintergrund zugrunde liegt, sorgen aktuell umgekehrt in einigen Sportarten für neue Migrationsmuster von Spitzensportlerinnen und Sportlern. Die enorme finanzielle Zugkraft einzelner investitionsstarker Standorte und Nationen sind neu auftretende Faktoren für **sportbedingte Migration**. So zieht es einzelne Akteurinnen und Akteure (z. B. professionale Basketballerinnen aus den USA) saisonal in die Türkei oder nach Russland. Andere namhafte Athletinnen und Athleten suchen im späteren Verlauf ihrer Karriere nach zahlungskräftigen Standorten am Persischen Golf oder in Fernost. Ein weiteres prominentes Beispiel für die immense finanzielle Zugkraft im Sportgeschehen ist die Handballnationalmannschaft Katars, die 2015 mit mehreren eingebürgerten bezahlten Spitzensportlern Vizeweltmeister wurde (▸ Kap. 9).

Kritik kann weiter auch an Institutionen wie dem Internationalen Olympischen Komitee (IOK) geübt werden. Diese prägen durch **selektive Partizipationsmechanismen** für Individuen und bestimmte Sportarten das moderne Sportsystem maßgeblich (Eichberg, 1997). Derartige Mechanismen können nicht nur zwischen unterschiedlichen Nationen beobachtet werden, sondern auch zwischen Standorten innerhalb eines Lands. Die gravitative Wirkung finanziell und medial großer Standorte sorgt auch im regionalen Kontext für Deskillisierungstendenzen.

15.5 Fazit und Ausblick

Nur wenige Sportlerinnen und Sportler schaffen den Sprung in den Profisport. Die individuelle Leistungsfähigkeit ist ein wesentlicher Bestandteil innerhalb dieses Prozesses. Um die Chancen des Zugangs zu erhöhen, sind jedoch zahlreiche unterschiedliche Faktoren ausschlaggebend. **Sportbedingte Migration** wird heute von historischen Verflechtungen zwischen Quell- und Zielregionen, von individuellen sportlichen und finanziellen Entwicklungsmöglichkeiten sowie formellen und informellen Netzwerken beeinflusst.

Am Beispiel des Fußballs wurden diese Faktoren exemplarisch dargestellt. Auch wenn diese Sportart in besonders hohem Maße in globale Prozesse eingebettet ist, so sind die Einflüsse auf das Migrationsgeschehen auch auf andere Sportarten übertragbar, die bereits heute einen hohen Grad der Professionalisierung aufweisen oder diesen in der Zukunft erreichen werden. Diese Sportarten sehen sich somit den gleichen Mechanismen der sportbedingten Migration ausgesetzt. Globale Vernetzungen eröffneten zahlreiche neue Routen und Netzwerke, die es Sportlerinnen und Sportlern, Vereinen und Sponsoren ermöglichen, Zugang zu neuen Märken zu bekommen. Diese globalisierungsbedingten Strukturen prägen in hohem Maße das Erscheinungsbild des Profisports mit unterschiedlichen Folgen für Quell- und Zielregionen. Der Abzug von Talent (Deskillisierung) aus den Quellländern schwächt die Wettbewerbsfähigkeit der dortigen Vereine, und die internationale sportliche Leistungsfähigkeit wird im Wesentlichen durch die jeweilige Nationalmannschaft verdeutlicht. Die emigrierten Sportlerinnen und Sportler verfolgen primär ihre individuellen Interessen verbesserter Aufstiegs- und Verdienstmöglichkeiten. Aber auch die Herkunftsregion kann finanziell von der gesteigerten Aufmerksamkeit und zurückfließendem Kapital durch Werbeeinnahmen, Fanartikel und Ablösesummen profitieren. Auch können indirekte Effekte der Talentförderung entstehen, die den Wunsch nachfolgender Generationen, einen ähnlichen Karriereverlauf zu erreichen, erleichtert. Vereine und Standorte der Zielregionen verfolgen das primäre Ziel des sportlichen Erfolgs. Aufgrund der höheren Liquidität kann dieser durch eine breite Talentakquise erreicht werden. Neben den sportlichen Folgen können sich dadurch auch Chancen neuer Absatzmärkte für Fanartikel oder TV-Rechte ergeben, die Reichweite der Aufmerksamkeit wird vergrößert, und die Attraktivität für neue Investoren, aber auch weitere Talente kann gesteigert werden.

Dadurch ergibt sich für die künftige Forschung im Bereich der sportbedingten Migration eine Vielzahl unterschiedlicher Fragestellungen. Auf individueller Ebene der Athletinnen und Athleten ergibt sich folgende Fragen: Warum entscheiden sich Individuen, Profisportlerin oder -sportler zu werden? Wie gestaltet sich dieser Prozess, und welche Erfahrungen machen sie auf ihrem Weg? Im institutionellen Kontext hingegen kann die Frage aufgeworfen werden: Welche Inklusions- und Exklusionsmechanismen ergeben sich durch die formellen, aber vor allem informellen Netzwerke in der Sportwelt? Auch eine tiefer gehende Analyse der Wirkung sportbedingter Migration in Quell- und Zielregionen kann dabei unterstützen, die Prozesse sportbedingter Migration besser zu verstehen. Welche Faktoren spielen zukünftig eine zentrale Rolle für sportbedingte Migration?

❓ Übungs- und Reflexionsaufgaben

1. Neben den genannten Theorien liefern weitere Theorien und Ansätze der geographischen Migrationsforschung im Bereich der sportbedingten Migration Erklärungen. Wählen Sie geeignete aus und wenden Sie sie im Kontext der Sportmigration an.

2. Diskutieren Sie negative Aspekte der zunehmenden Internationalisierung der Sportmärkte im lokalen Kontext. Beleuchten Sie dabei nicht nur ökonomische Aspekte, sondern auch Fragen der lokalen Identifikation, Kultur und Entwicklung.

Zum Weiterlesen empfohlene Literatur
Einführung in die Netzwerkforschung:
Jansen, D. (2006). *Einführung in die Netzwerkanalyse: Grundlagen, Methoden, Forschungsbeispiele.* VS Verlag für Sozialwissenschaften.

Fuhse, J. A. (2016). *Soziale Netzwerke, Konzepte und Forschungsmethoden*. utb.

Stegbauer, C., & Häußling, R. (2010). *Handbuch Netzwerkforschung*. VS Verlag.

Studie zur Rolle von Netzwerken in der Sportmigration:

Elliott, R., & Maguire, J. (2008). Thinking outside of the box: Exploring a conceptual synthesis for research in the area of athletic labor migration. *Sociology of Sport Journal, 25*(4), 482–497.

Literatur

Bale, J. (2003). *Sports geography*. Routledge.

Bourdieu, P. (1983). Ökonomisches Kapital – Kulturelles Kapital – Soziales Kapital. In R. Kreckel (Hrsg.), *Soziale Ungleichheiten* (S. 183–198). Schwartz.

Carter, T. F. (2011). Re-placing sport migrants: Moving beyond the institutional structures informing international sport migration. *International Review for The Sociology of Sport, 48*(1). https://doi.org/10.1177/1012690211429211

Eichberg, H. (1997). Olympic sports: Neo-colonialism and alternatives. In H. Eichberg (Hrsg.), *Body Cultures. Essays on sport, space and identity* (S. 100–110). Routledge.

Harvey, D. (1990). *The condition of postmodernity*. Blackwell.

Haug, S. (2000). *Klassische und neuere Theorien der Migration* (Arbeitspapiere, Mannheimer Zentrum für Europäische Sozialforschung, 30). Mannheimer Zentrum für Europäische Sozialforschung.

Hill, J. (1994). Cricket and the imperial connection: Overseas players in Lancashire in the inter-war years. In J. Bale & J. Maguire (Hrsg.), *The global sports arena, athletic talent migration in an interdependent world* (S. 49–62). Taylor & Francis.

Hillmann, F. (2008). Das europäische Migrationssystem – Facetten einer neuen Geographie der Migration. *Geographische Rundschau, 60*(6), 12–19.

Hillmann, F. (2016). *Migration: Eine Einführung aus sozialgeographischer Perspektive*. Franz Steiner Verlag.

Lanfranchi, P., & Taylor, M. (2001). *Moving with the ball, the migration of professional footballers*. Berg.

Lehman, H. C. (1940). The geographic origin of professional baseball players. *The Journal of Educational Research, 34*(2), 130–138.

Maguire, J., & Bale, J. (1994). Sports labour migration in the global arena. In J. Bale & J. Maquire (Hrsg.), *The global sports arena, athletic talent migration in an interdependent world* (S. 1–24). Taylor & Francis.

Maguire, J., & Falcous, M. (2010). Introduction, borders, boundaries and crossings: Sport, migration and identities. In J. Maguire & M. Falcous (Hrsg.), *Sport and migration – Borders, boundaries and crossings* (S. 1–12). Routledge.

Maguire, J., & Pearton, R. (2000). The impact of elite labour migration on the identification, selection and development of European soccer players. *Journal of Sports Sciences, 18*(9), 759–769.

Poli, R. (2009). Agents and intermediaries. In S. Chadwick & S. Hamil (Hrsg.), *Managing football: An international perspective* (S. 201–216). Elsevier.

Poli, R. (2010). Understanding globalization through football: The new international division of labour, migratory channels and transnational trade circuits. *International Review for the Sociology of Sport, 45*(4), 491–506.

Poli, R., Ravenel, L., & Besson, R. (2021a). Expatriate footballers worldwide: Global 2021 study. *CIES Football Observatory Monthly Report, 65* (May 2021). https://football-observatory.com/IMG/sites/mr/mr65/en/. Zugegriffen am 10.08.2022.

Poli, R., Ravenel, L., & Besson, R. (2021b). Demographic changes and unconventional clubs in European football. *CIES Football Observatory Monthly Report, 69* (November 2021). https://football-observatory.com/IMG/sites/mr/mr65/en/. Zugegriffen am 10.08.2022.

Pott, A., & Gans, P. (2020). Geographien der Migration. In H. Gebhard, R. Glaser, U. Radtke, P. Reuber & A. Vött (Hrsg.), *Geographie. Physische Geographie und Humangeographie* (3. Aufl., S. 993–1014). Springer.

ran (2022). *ran Bundesliga is back! Die Geschichte der Bundesliga-TV-Übertragung*. https://www.ran.de/fussball/bundesliga/bildergalerien/ran-bundesligais-back-die-geschichte-der-bundesliga-tv-uebertragung. Zugegriffen am 03.10.2022.

Rauch, S. (2020). *Migration Hochqualifizierter am Beispiel des Profifußballs in Deutschland – Eine sportgeographische Untersuchung mithilfe methodischer Ansätze der sozialen Netzwerk- und raum-zeitlichen Pfadanalyse*. Diss. Universität Würzburg.

Rauch, S. (2022). Analysing long term spatial mobility patterns of individuals and large groups using 3D-GIS: A sport geographic approach. *Tijdschrift voor Economische en Sociale Geographie, 113*(3), 257–272. https://doi.org/10.1111/tesg.12513

Roth, N. (2014). *Bochumer Terrazzino erinnert sich an WG mit Pascal Groß*. https://www.donaukurier.de/sport/fussball/fcingolstadt04/fc04-berichte/FC04-Bochumer-Terrazzino-erinnert-sich-an-WG-mit-Pascal-Gross;art19158,2990318. Zugegriffen am 26.03.2020.

Transfermarkt.de. (2022). *Europäische Ligen & Pokalwettbewerbe*. https://www.transfermarkt.de/wettbewerbe/europa. Zugegriffen am 04.10.2022.

Soziale Integration von Kindern und Jugendlichen mit Migrationshintergrund im organisierten Sport – zwei Beispiele in der Schweiz

Jenny Adler Zwahlen

Kinder mit Migrationshintergrund im Sportverein. (© Bundesamt für Sport)

P. Gans et al. (Hrsg.), *Sportgeographie*, https://doi.org/10.1007/978-3-662-66634-0_16

Inhaltsverzeichnis

Einleitung

In der Schweiz leben derzeit etwa 57 % Kinder und etwa 55 % Jugendliche mit Migrationshintergrund, welche zukünftig die Gesellschaft mitgestalten werden (BFS, 2021). Ein Gesellschaftsbereich mit hohem sozial-integrativem Potenzial ist der organisierte Sport als soziale, gesellschaftliche und politische Sozialisationsinstanz (DOSB, 2014; Swiss Olympic, 2015). Für Kinder und Jugendliche ermöglichen insbesondere Sportvereine Sporttreiben als eine der beliebtesten Freizeitaktivitäten von Heranwachsenden (Adler Zwahlen et al., 2019). Man nimmt an, dass sich junge Migrantinnen und Migranten in Sportvereinen bei gemeinsamer Sportbetätigung (Kapiteleröffnungsbild), geselligem Miteinander, gegenseitiger Unterstützung und vereinspolitischen Tätigkeiten bewegungsbezogene Verhaltensweisen, gesellschaftlich verbindliche Werthaltungen und Umgangsformen aneignen, die für ihre ganzheitliche Entwicklung nützlich sind (Mutz, 2012; Zaccagni et al., 2017). Diese können gleiche Chancen und gelingende Teilhabe im Sportkontext sowie in außersportlichen Gesellschaftsbereichen ermöglichen (▶ Kap. 14), z. B. im Bildungssektor. Gleichwohl sprechen Erkenntnisse aus dem (inter-)nationalen Raum dafür, dass die Integration der jungen Menschen mit Migrationshintergrund nicht automatisch funktioniert: Studien verweisen auf Unterrepräsentation in Sportvereinen. Dies indiziert, dass immigrierte Kinder und Jugendliche entweder ihr Recht auf Sporttreiben selbst nicht wahrnehmen (können) oder dass keine Chancengleichheit beim Zugang zum organisierten Sport zwischen einheimischen und immigrierten Kindern und Jugendlichen besteht (z. B. Hoenemann et al.,

2021; Nobis et al., 2021; ▶ Kap. 17). Weiter zeigen Studien, dass bei organisierten Sportangeboten mit kulturell vielfältigen Teilnehmenden und Verantwortlichen Aggressionen, Stereotypisierungen, Diskriminierung, Fremdheitserfahrungen, rassistisch gefärbte Beschimpfungen, Konflikte bis hin zu Eskalationen auftreten (z. B. Janssens & Verweel, 2014; Nobis et al., 2021).

Ziel dieses Beitrags ist einerseits, wesentliche Begriffe und Forschungserkenntnisse in der Thematik soziale Integration im organisierten Sport bezogen auf Kinder und Jugendliche mit Migrationshintergrund vorzustellen. Andererseits sollen zwei Beispiele aus dem Schweizer Sport, die integrationsorientierte Bewegungs- und Sportangebote umsetzen, die Thematik verständlich machen.

16.1 Migration, organisierter Sport und soziale Integration

In den letzten Jahrzehnten hat sich die Bevölkerung in Europa sehr diversifiziert, sodass sich das Phänomen der internationalen Migration anhand des Kriteriums der Staatsangehörigkeit nur unzureichend analysieren lässt. Wissenschaftliche Untersuchungen arbeiten daher mit dem Konzept des Migrationshintergrundes (▶ Box 16.1). Zur Definition von Migrantin oder Migrant wird als Kriterium der Geburtsort einer Person verwendet, weil es die internationale Migrationserfahrung eines Menschen berücksichtigen kann.

Box 16.1 Bevölkerung mit Migrationshintergrund (nach BFS, 2021)

Das Konzept **Migrationshintergrund** ersetzt die Unterscheidung zwischen in- und ausländischer Bevölkerung. Der stetige Anstieg des Anteils der Bevölkerung in der Schweiz mit ausländischer Staatsangehörigkeit basiert nicht allein auf der Immigration von Menschen, sondern auch auf dem Familiennachzug sowie deren in der Schweiz geborenen Nachkommen. Entsprechend umfassen Menschen mit Migrationshintergrund solche, die außerhalb der Schweiz geboren (erste Generation) und die in der Schweiz geboren sind, aber mindestens ein Elternteil mit ausländischem Geburtsort haben (zweite Generation; BFS, 2021). In Abgrenzung zu Personen mit Migrationshintergrund umfassen Einheimische solche, die keine individuelle oder elterliche internationale Migrationserfahrung aufweisen.

Im Zusammenhang mit Förderung der sozialen Integration durch **organisierten Sport** stellt sich immer auch die Frage, wie und wo gemeinsames Sporttreiben organisiert werden kann. Dabei sind zum einen die Sportbiographie, Bedürfnisse und Möglichkeiten von Sporttreibenden zu berücksichtigen. Zum anderen ermöglichen vielfältige Institutionen mit unterschiedlichen organisationalen und strukturellen Rahmenbedingungen im Freizeitbereich für alle Bevölkerungsgruppen Bewegungs- und Sportangebote: (Ethnische) Sportvereine, Stiftungen, freiwilliger Schulsport, Tagesschulen oder Jugendorganisationen tragen mit attraktiven Sportangeboten zur sozialen Integration im Sport bei (zu Integrationsleistungen verschiedener Settings: Kleindienst-Cachay et al., 2012; Adler Zwahlen, 2018).

Bei der **sozialen Integration** von Menschen mit Migrationshintergrund interessiert insbesondere, wie eingebunden Migrantinnen und Migranten in private Bereiche der Aufnahmegesellschaft sind (Heckmann, 2015). Es handelt sich um einen komplexen, mehrdimensionalen Eingliederungsprozess, der Zeit benötigt und generationenübergreifend ist (Heckmann, 2015). Soziale Integration ist ein wechselseitiger Prozess. Einerseits richten Migrantinnen und Migranten ihr Verhalten in vielfältiger Weise auf soziale und politische Erwartungen der Aufnahmegesellschaft aus, ohne dabei eigene kulturelle Bezüge vollständig aufzugeben. Dadurch erhalten sie möglichst gleichwertige Zugangs- und Teilhabechancen zu wichtigen sozialen Ressourcen der Lebensführung – so auch zum Sport – wie die einheimische Bevölkerung (Esser, 2009). Andererseits ist eine offene Einstellung von Einheimischen der Aufnahmegesellschaft gegenüber kultureller Vielfalt gefragt, um Migrantinnen und Migranten gleichwertige Teilhabechancen zu ermöglichen.

Bezogen auf den organisierten Sport stellen die Teilnahme an Sportangeboten oder die bloße Mitgliedschaft im Sportverein bereits einfache Formen der **sozialen Integration** dar. Für eine gesamthafte soziale Integration von Sporttreibenden ist die Einbindung in vielfältige Kommunikations- und Handlungsgelegenheiten des organisierten Sports maßgebend (Esser, 2009; Heckmann, 2015). Inwieweit jemand im **organisierten Sport** integriert ist, lässt sich durch Mitgliedschaft, Häufigkeit und Umfang der Sportaktivität oder Anzahl der Freundschaften nur unzureichend feststellen. Vielmehr sind verschiedene Indikatoren notwendig, die die vier Dimensionen von sozialer Integration nach Esser (2009) darstellen (▶ Box 16.2).

Das vierdimensionale Konzept nach Esser (2009) wurde für die Integrationsforschung im organisierten Sport beispielsweise von Kleindienst-Cachay et al. (2012) oder Adler Zwahlen et al. (2018) und Albrecht (2020) modifiziert und angewandt:

- **Kulturation** impliziert u. a. das Beherrschen der Vereinssprache und den Erwerb sportmotorischer Fähigkeiten, Kenntnisse und das Respektieren der wichtigsten Sport- und Vereinsregeln sowie der Vereinswerte.

- **Interaktion** spiegelt sich u. a. in der sozialen Akzeptanz, im Aufbau funktionierender Freundschaften im Verein oder in der Teilhabe an geselligen Vereinsanlässen wider.

- **Identifikation** äußert sich u. a. in der emotionalen Bindung zum Verein, im Vereinsstolz oder Empfinden eines Wir-gefühls in der Sportgruppe.

- **Platzierung** umfasst u. a. die Übernahme von Ämtern und Positionen im Verein, vereinspolitisches Interesse oder das Nutzen des Wahl- bzw. Mitspracherechts.

16.2 Sportbeteiligung und Ausmaß der sozialen Integration im organisierten Sport

Sport- und Bewegungsverhalten der jungen Bevölkerung mit Migrationshintergrund

Kennzahlen zum Sport- und Bewegungsverhalten in der Schweiz zeigen, dass vier- bis neunjährige **Kinder** und zehn- bis 19-jährige **Jugendliche** mit **Migrationshintergrund** weniger Sport treiben und häufiger inaktiv sind verglichen mit einheimischen Gleichaltrigen (Bringolf-Isler et al., 2016; Lamprecht et al., 2021). Diesen Sachverhalt belegen auch Studien in weiteren europäischen Ländern wie in Deutschland (Hoenemann et al., 2021), Dänemark (Nielsen et al., 2013) oder Italien (Zaccagni et al., 2017). Ähnlich wie bei den immigrierten Erwachsenen mit Migrationshintergrund in der Schweiz variiert die Sportaktivität bei Kindern und Jugendlichen nach Herkunft,

insbesondere bei Mädchen und jungen Frauen. Allerdings bestehen je nach Herkunft zwischen den einzelnen Gruppen mit Migrationshintergrund z. T. erhebliche Unterschiede bzgl. der Intensität und Art der Sportaktivitäten (Hoenemann et al., 2021; Lamprecht et al., 2021).

Mit Blick auf die **Teilhabe am organisierten Sport** lässt sich anhand der Mitgliedschaftszahlen von Sportvereinen beobachten, dass Kinder und Jugendliche mit Migrationshintergrund in der Schweiz wie in anderen Ländern Europas im Vergleich zu einheimischen Kindern und Jugendlichen unterrepräsentiert sind (Bringolf-Isler et al., 2016; Lamprecht et al., 2021). Die Sportvereinspartizipation ist vor allem bei jungen Mädchen mit Migrationshintergrund wenig ausgeprägt (Zaccagni et al., 2017; Lamprecht et al., 2021): Sind immigrierte Jungen mit 61 % in Sportvereinen vertreten, so sind es nur 43 % bei immigrierten Mädchen. In diesem Zusammenhang ist interessant, dass immigrierte Mädchen an Sportangeboten des freiwilligen Schulsports im Gegensatz zu Sportvereinsangeboten überdurchschnittlich oft teilnehmen (Lamprecht et al., 2021).

Ausmaß der sozialen Integration im organisierten Sport

Bei der **sozialen Integration** in verschiedenen Settings des organisierten Sports ist zentral, inwiefern auf das bloße Sporttreiben im organisierten Sport auch eine Einbindung in vielfältige Kommunikations- und Handlungsgelegenheiten folgt.

Wissenschaftliche Befunde belegen anhand des vierdimensionalen Konzepts von sozialer Integration (▶ Box 16.2), dass die Bevölkerung mit **Migrationshintergrund** bis zu einem bestimmten Grad und unabhängig von der Altersgruppe vielfältig in Sportvereine integriert sein kann. Für die Dimension **Kulturation** zeigt sich, dass die **Teilhabe** am Vereinssport Wissen über vereinstypische Abläufe, Sport- und Leiterkompetenzen, Regelakzeptanz und Commitment generiert (z. B. Janssens & Verweel, 2014; Van der Roest et al., 2017). Zudem konnten sich gängige Geschlechterrollenvorstellungen annähern (Zender, 2015). Für die Dimension **Interaktion** wurde belegt, dass zwischen Vereinsmitgliedern unterschiedlicher Herkunft Fremdheit verringert und Vertrauen aufgebaut wurde (z. B. Janssens & Verweel, 2014; Flensner et al., 2022). Auch wurden neue Freundschaftsbeziehungen geknüpft (Van der Roest et al., 2017). Waren Freundschaften dauerhaft und regelmäßig, konnten (tiefe) interethnische Freundschaften entstehen (Mutz, 2012; Makarova & Herzog, 2014). Bezüglich der Dimension **Identifikation** äußerten Migrantinnen und Migranten, dass sie sich in einer Sportgruppe wohl und zugehörig fühlen. Sie entwickelten mit der Akzeptanz durch andere Vereinsmitglieder, durch Sporterfolge oder (konfliktfreie) Sportausübung Gefühle von Stolz und Zugehörigkeit zum Verein (Adler Zwahlen et al., 2019; Flensner et al., 2022). Hinsichtlich der Dimension **Platzierung** stellt die formale Vereinsmitgliedschaft bereits eine erste Form der vereinspolitischen Integration dar. Migrantinnen und Migran-

ten nutzen Mitentscheidungsmöglichkeiten, z. B. ihr Wahlrecht in der Generalversammlung, beteiligen sich aktiv durch ehrenamtliches Engagement und interessieren sich für die Mitgestaltung des Vereins (Kleindienst-Cachay et al., 2012; Van der Roest et al., 2017). Zwar besitzen Migrantinnen und Migranten Zugang zu sport- und verwaltungsbezogenen Funktionsrollen innerhalb des Vereins, sie sind allerdings in dessen Führung unterrepräsentiert (Elling & Claringbould, 2005; Wicker et al., 2022).

Adler Zwahlen et al. (2018) konnten zeigen, dass Sportvereinsmitglieder der ersten und zweiten Migrationsgeneration höhere Werte in Interaktion und Kulturation als in Identifikation und Platzierung aufweisen. Sie sind im Vergleich zu einheimischen Sportvereinsmitgliedern entlang der Dimensionen Kulturation, Interaktion und Platzierung etwas geringer sozial integriert. Die gleichartige Einbindung im organisierten Sport ist demnach nicht für alle Menschen mit Migrationshintergrund immer gegeben. Die Variationen resultieren aus unterschiedlichen individuellen Voraussetzungen und organisationalen Bedingungen, die die sozialen Integrationsprozesse beeinflussen.

16.3 Bedingungsfaktoren der sozialen Integration im organisierten Sport

Individuelle Bedingungsfaktoren der sozialen Integration bei Kindern und Jugendlichen

Die geringe Sportbeteiligung sowie das unterschiedliche Ausmaß der **sozialen Integration** von Heranwachsenden mit Migrationshintergrund können mit ihren Eigenschaften, Ressourcen und Kompetenzen zusammenhängen. Zudem fungieren in dieser jungen Altersgruppe die Eltern als Entscheidungsträger bzw. Türöffner für die **Teilhabe** an Bewegungs- und Sportangeboten.

Hinsichtlich **soziodemographischer Merkmale** kristallisieren sich Barrieren heraus, deren Ursachen im Alter, Geschlecht, niedrigen Bildungsniveau und in geringen finanziellen wie materiellen Ressourcen (u. a. der Eltern) liegen (Hoenemann et al., 2021; Lamprecht et al., 2021). Muslimische Religionszugehörigkeit und (ausgeprägte) Religiosität hindern insbesondere Mädchen und junge Frauen wegen zu befolgender Verhaltensnormen sowie Alltagsverpflichtungen am Sporttreiben (Zender, 2015; Adler Zwahlen et al., 2019).

Die Herkunft spielt eine grundlegende Rolle, weil sie über **soziokulturelle Merkmale** bei Integrationsprozessen im organisierten Sport zum Ausdruck kommt: Spezifische Einstellungen, Wert- und Handlungsorientierungen, die mit der Herkunft zusammenhängen, können von typischen Mustern der Aufnahmegesellschaft mehr oder weniger distanziert sein und die **sportbezogene Integration** beeinflussen (Mutz, 2012; Adler Zwahlen et al., 2019). Bedeutsam erweist sich die Identifikation mit der Herkunfts- und/oder Aufnahmegesellschaft, welche die Attraktivität einer Zugehörigkeit zu einer Sportgruppe bzw. einem Sportverein oder den Umgang mit Ausgrenzungs- und Isolationserfahrungen prägt (Maxwell et al., 2013; Burrmann et al., 2017). Die Sprachkompetenz und die Sprachverwendung im Freundeskreis sind teilweise Schlüsselfaktoren für die Sportvereinspartizipation (Adler Zwahlen et al., 2019; Flensner et al., 2022). Mit zunehmender Aufenthaltsdauer im Aufnahmeland gleichen sich Sportaktivitätsverhalten und soziale Integration in Sportvereinen denen der Einheimischen an (Mutz & Hans, 2015; Adler Zwahlen et al., 2018). Dabei ist auch die Rückkehrabsicht von jungen Migrantinnen und Migranten ins Herkunftsland zu

berücksichtigen (Gerber et al., 2012; Adler Zwahlen et al., 2019). Zudem sind soziokulturelle Merkmale und die Lebenssituation der Familie der Heranwachsenden zu betrachten: Relevant sind geringe Zeitressourcen der Eltern für die Begleitung zum Sportangebot infolge einer höheren Anzahl Kinder oder prekärer Formen elterlicher Erwerbstätigkeit (Gerber et al., 2012; Zaccagni et al., 2017), eine günstige Wohnlage oder -umgebung (Mutz, 2012; Zender, 2015), elterliche Überzeugungen über die Wichtigkeit von Sport und Bewegung und damit verbundene Unterstützungsleistungen (Zender, 2015; Stefansen et al., 2016).

Sportaktivitäts- und vereinsmitgliedschaftsbezogene Merkmale sind ebenfalls bedeutungsvoll: sportliche Vorerfahrungen, die Häufigkeit und Wettkampforientierung der Sportaktivität im Verein, das Leistungsniveau, die Mitgliedschaftsdauer und das ehrenamtliche Engagement im Verein (Adler Zwahlen et al., 2019; Buser et al., 2022). Wenige Studien untersuchten die Einstellung, mit der sich Heranwachsende im organisierten Sport integrieren. Sie präferieren eher eine bikulturelle Integrationsstrategie, d. h., sie orientieren sich an vereinstypischen Mustern, ohne jedoch eigene kulturelle Bezüge aufzugeben (Burrmann et al., 2017; Adler Zwahlen et al., 2019). Das Aktivitätsverhalten und die Teilhabe in Sportvereinen von immigrierten Kindern und Jugendlichen werden durch die Körper- und Bewegungspraktiken der Eltern oder Geschwister geprägt (Spaaij, 2013; Walseth & Strandbu, 2014), denn Eltern geben ihre Bewegungserfahrungen sowie sportspezifischen Kenntnisse an ihre Kinder weiter, erziehen diese eher sportbezogen oder sind Vorbild. In diesem Zusammenhang erweist sich die elterliche Sportaktivität (u. a. in Sportvereinen) als förderlich (Adler Zwahlen et al., 2019; Lamprecht et al., 2021).

Organisationale Bedingungsfaktoren der sozialen Integration

Neben den individuellen Bedingungsfaktoren der Heranwachsenden mit Migrationshintergrund beeinflusst auch das weitere soziale Umfeld, z. B. der Sportverein, ihre sportlichen Aktivitäten. Spezifische Programme und Angebote wie Zusatztrainings, außersportliche, teambildende Anlässe oder finanzielle und sprachliche Unterstützungsleistungen wirken sich günstig auf die **soziale Integration** aus (Braun & Finke, 2010; Lannen et al., 2021). Für solche Angebote fehlen allerdings oft finanzielle und infrastrukturelle Ressourcen (Witoszynskyj & Moser, 2010; Kleindienst-Cachay et al., 2012). Sind Sportangebote hinsichtlich der speziellen Bedürfnisse und Lebenslagen von jungen Migrantinnen und Migranten passend, so werden diese als attraktiv wahrgenommen, wie geschlechtergetrennte Sportgruppen, präferierte Sportarten oder flexible Bekleidungsregeln (Kleindienst-Cachay et al., 2012; Maxwell et al., 2013). Bestätigt hat sich, dass niederschwellige Sportangebote mit geringen sportmotorischen und sprachlichen Kompetenzen integrationsfördernd sind (Braun & Finke, 2010; Flensner et al., 2022). Solche Angebote sind zudem kostengünstig und können ohne Anmeldung und Verpflichtung besucht werden.

Die Gestaltung von Kommunikationswegen kann die soziale Integration fördern: ein Leitbild, das explizit auf die **Integrationsförderung** ausgerichtet ist, aktive Rekrutierung der zu erreichenden Zielgruppe, Vernetzung mit externen Organisationen, Partnern und Schlüsselpersonen, Informationsmöglichkeiten, vereinsinterne Kommunikation und einheitliches Integrationsverständnis (Lannen et al., 2021; Flensner et al., 2022).

Gemeinsames Sporttreiben ist kaum ohne **soziale Interaktionen** vorstellbar. Das ist ein Grund, warum personale Aspekte wie Trainingsleitende mit Migrationshintergrund oder Ämterbesetzung durch kultursensible Personen besonders relevant sind. Integrationsförderliche Einstellungen, ein bikulturelles Integrationsverständnis und Integrationsbemühungen seitens der Sportvereinsakteure begünstigen die soziale Integration von Kindern und Jugendlichen (Buser et al., 2022; Flensner et al., 2022). Zudem erweisen sich Möglichkeiten zur Kompetenzentwicklung für Trainingsleitende, z. B. durch sensibilisierende Aus- und Weiterbildungen, als nützlich (Braun & Finke, 2010; Lannen et al., 2021). Die Organisationskultur ist bedeutsam, weil sie sich als Willkommenskultur und Möglichkeit zum Aushandeln von Normen und kulturellen Spezifika zwischen Leitenden und jungen Sporttreibenden im Vereinssport positiv auf die soziale Integration auswirkt (Zender, 2015; Flensner et al., 2022).

Anhand der vielfältigen Bedingungsfaktoren, die in der Realität zusammenwirken, wird die empirisch schwierig zu erfassende Komplexität von sozialen Integrationsprozessen im organisierten Sport sichtbar. Entsprechend werden zur Erklärung der **Teilhabe** und der **sozialen Integration** von jungen Menschen mit Migrationshintergrund im organisierten Sport neben klassischen Theorien (z. B. soziale Ungleichheit, kulturelle Differenzen, Lebensstilansatz) vermehrt jüngere Ansätze aus anderen Wissenschaftsbereichen (z. B. *boundary work*, Intersektionalität, akteurtheoretischer Ansatz) angewendet (Adler Zwahlen, 2018).

Das **Netzwerk Miteinander Turnen** (MiTu) und das Bewegungsangebot **MidnightSports** sind zwei Beispiele für gute Integrationspraxis im organisierten Sport in der Schweiz. Sie nehmen forschungsbasierte Erkenntnisse auf und setzen diese für die soziale Integration von Kindern und Jugendlichen mit Migrationshintergrund erfolgreich um. Die folgenden Beschreibungen und Erläuterungen basieren auf Telefoninterviews mit Elias Vogel (Projektleiter MiTu) sowie Jana Köpfli (Fachspezialistin

Bewegung und Gesundheit bei IdéeSport) im Juni 2020 bzw. März 2022. Zusätzlich wurden Informationen der Webseiten ▶ www.mitu-schweiz.ch und ▶ www.idee-sport.ch, des MiTu-Evaluationsberichts und des *Stiftungsberichts 2020/21* der Stiftung IdéeSport (2021) verwendet.[1]

16.4 Netzwerk Miteinander Turnen

Organisation von MiTu

MiTu wird von dem Breitensportverband Sport Union Schweiz getragen und durch deren Vereine an momentan 22 Standorten in drei Sprachregionen der Schweiz mit 3500 teilnehmenden Familien umgesetzt. Ziel ist, die Vorschulturnangebote „Muki", „Vaki", „Elki" schweizweit zu nutzen, um Familien mit **Migrationshintergrund**, mit **sozioökonomischen Herausforderungen** und mit **beeinträchtigten Kindern** in die Gemeinde und in das Vereinsleben zu integrieren. Zentral ist das einstündige vielseitige und abwechslungsreiche **Bewegungsangebot** in Sporthallen, welches durch Vorschulturnleitende über 30 Wochen hinweg umgesetzt wird. Drei- bis fünfjährige Kinder können im Rahmen des Angebots zusammen mit ihren erwachsenen Bezugspersonen ihren Bewegungsdrang ausleben. Sie erhalten eine bewegungsbasierte Förderung von Sozialkompetenzen und Basiskompetenzen der Schulfähigkeit. Durch gemeinsames Bewegen werden nicht nur verschiedene Kulturen und Sprachen kennengelernt, sondern auch Vorurteile und Kontaktängste abgebaut. In den Erlebnislektionen des Bewegungsangebots wird meistens ein Jahresthema in Bewegungslandschaften mit Spiel und Spaß, Entdecken, Singen usw. umgesetzt. In den Bewegungsangeboten ist das Geschlechterverhältnis der teilnehmenden Kinder ausgeglichen. Etwa ein Drittel der teilnehmenden Kinder hat einen Migrationshintergrund.

Vorgehensweise von MiTu zur Förderung der Integration durch Sport

MiTu knüpft an drei zentrale Herausforderungen an:

1. **Erreichbarkeit der Kinder und Eltern mit Migrationshintergrund:** Bei MiTu sind **niederschwellige Sportangebote** wegweisend, um Kindern den Zugang zum **organisierten Sport** zu erleichtern. Die Teilnahmegebühr von 5 CHF pro Lektion (ca. 4,70 EUR) ist kostengünstig. Finanziell Bedürftige werden durch die „KulturLegi" der Caritas[2] und das Netzwerk unterstützt. Die **Bewegungsangebote** setzen bei den Kindern und Eltern keine besonderen sportmotorischen und sprachlichen Kompetenzen voraus. Sie zielen darauf ab, dass elementare motorische Fertigkeiten und Verhaltensweisen beim Sport erlernt werden. Eltern (oder Großeltern) werden direkt in MiTu einbezogen, indem sie ihren Kindern bei den Aktivitäten helfen und nicht zuschauend am Hallenrand sitzen (◘ Abb. 16.1). Damit wird die Beziehung zwischen Kind und Elternteil gefördert. Indem über die Dauer des Bewegungsangebots hinweg möglichst immer dasselbe Elternteil eines Kinds teilnimmt, dürften sich einerseits alle Kinder in der Gruppe vertraut und sicher fühlen.

---

1 Die Autorin bedankt sich bei Elias Vogel und Jana Köpfli für ihre Unterstützung.

2 Kinder und Erwachsene mit geringem Einkommen erhalten mit der „KulturLegi" finanzielle Unterstützung bei Aktivitäten in den Bereichen Freizeit, Kultur, Sport und Bildung (ähnlich dem Bildungs- und Teilhabepaket in Deutschland).

Abb. 16.1 Bewegungslandschaft für Kinder bei MiTu. (© Netzwerk Miteinander Turnen)

Andererseits werden Eltern miteinander vertraut und Brücken zwischen Familien gebaut. MiTu versucht, durch positive Bewegungserfahrungen sowie Informationsweitergabe an die Eltern hinsichtlich der Bedeutung des kindlichen Sporttreibens zu sensibilisieren.

Ein weiterer Aspekt ist die zugeschnittene Rekrutierungsstrategie von MiTu: Der Fokus liegt hierbei auf Visibilität und Kommunikation nach außen, damit Migrantenfamilien die Bewegungsangebote von MiTu überhaupt erst wahrnehmen. Sehr hilfreich ist der viersprachige Flyer mit Informationen zu MiTu und der 14-sprachige Flyer für jeden Projektstandort. Neben der Mund-zu-Mund-Propaganda sind weitere Informationskanäle bedeutsam: die MiTu-Webseite mit Podcast, eine Facebook-Seite, diverse Foren und die App „parentu" (in 13 Sprachen). Während der Corona-Pandemie konnten sich Interessierte zu Hause von Ideen zur Bewegung inspirieren lassen. Konkret erfolgte das mittels Videobeiträgen oder einer Linksammlung zu weiteren Videos, die für sämtliche Personen zugänglich waren.

Von hoher Wichtigkeit ist die Vernetzung von MiTu mit Gemeinden, Fachstellen, Sozialdiensten, diversen Fachpersonen, Kinderarztpraxen, Schu-

len, Hochschulen, Vereinen und Verbänden. MiTu ist zudem Teil diverser Netzwerke, was den Informationsaustausch bezweckt, Ressourcen durch die Nutzung von Synergien spart und die Verbreitung der Thematik in der Gesellschaft ermöglicht. Bedeutsam ist dabei die Zusammenarbeit mit Schlüsselpersonen, also zielgruppennahen Partnern.

2. **Zielgruppenspezifische Passung und Qualität der Bewegungsangebote:** Eine kultursensible Haltung der Vorschulturnleitenden spielt bei MiTu eine wichtige Rolle. Diese werden wie andere Vereinsakteure im alltäglichen Austausch sowie in der Ausbildung zum Umgang mit kultureller Vielfalt und zur Herausbildung einer integrationsförderlichen Haltung sensibilisiert. Es wird darauf geachtet, dass bei den Vorschulturnleitenden ein Bewusstsein für die speziellen Bedürfnisse, z. B. Sprachschwierigkeiten, körperliche Beeinträchtigung, und Voraussetzungen der Teilnehmenden vorhanden ist. Dadurch wird zum einen die Teilnahme der Kinder und deren Eltern (oder Großeltern) an den Bewegungsangeboten erleichtert, zum anderen erhöht sich die Chance, dass die Bewegungsangebote hinsichtlich ihrer Ziele wirksam sind.

Die Möglichkeit zum Erfahrungsaustausch und zur gegenseitigen Motivation, die Vernetzung unter Vorschulturnleitenden sowie die Gewährleistung der Qualität der Angebote sind weitere Schlüsselaspekte: Das „Web-Forum" dient als Austauschplattform für alle Vorschulturnleitenden. Das Forum „Vorschulturnleitende" auf Facebook wird genutzt, um die Meinung der Vorschulturnleitenden zu bestimmten Themen einzuholen. Im Forum „Weiterbildung MiTu" gehen Vorschulturnleitende mit der Gemeindevertretung und lokalen bzw. regionalen

Fachstellen zu den Themen **Inklusion** und interkulturelle Kommunikation in Dialog. Darüber hinaus unterstützt die Projektleitung die Vorschulturnleitenden bei Fragen und Anliegen fachlich oder liefert Hinweise.

MiTu besitzt eine eigene Ausbildungsstruktur mit dem dreitägigen Basiskurs „Vorschulturnen" und einem Weiterbildungstag für Vorschulturnleitende. Somit können die Bewegungsangebote kompetent geplant sowie qualitativ hochwertig durchgeführt werden. Ergänzend zur Ausbildung wurde ein Leitfaden mit Best-Practice-Übungen als Orientierungshilfe erarbeitet, um die Qualität auch bei wechselnden Vorschulturnleitenden zu sichern. Die Projektleitung besucht jährlich alle Umsetzungsstandorte von MiTu, erhält dadurch Einblick in die Lektionen, gibt Rückmeldungen und veranlasst nötige Optimierungen. Eine wissenschaftliche Fundierung des Projekts wird in zweierlei Hinsicht gewährleistet: Einerseits werden Erkenntnisse aus der Forschung allgemein und aus der externen Evaluation (Lannen et al., 2021) direkt in das Projekt integriert. Andererseits werden Forschungserkenntnisse über Weiterbildungen an Vorschulturnleitende vermittelt.

3. **Finanzierung der Bewegungsangebote:** MiTu erhält Fördergelder von diversen Stiftungen, der Gesundheitsförderung Schweiz, Bundesstellen und Kantonen. Lektionen können regelmäßig stattfinden, was wiederum die Migrantenfamilien an den organisierten Sport und an den Verein bindet.

16.5 MidnightSports

Organisation von MidnightSports

MidnightSports ist ein Programm der Stiftung **IdéeSport** für 13- bis 17-jährige Jugendliche. Mitglieder dieser Altersgruppe sollen unabhängig von Herkunft, Geschlecht, Religion oder anderen individuellen Merkmalen in einem sportlichen Rahmen Gesundheitsförderung, Partizipation und gesellschaftliche Integration erfahren. 2019 ermöglichten neben MidnightSports weitere Programme 131.000 Kindern und Jugendlichen Bewegung und Begegnung. Aktuell finden die Programme an 183 Standorten in allen Sprachregionen der Schweiz statt. Die 2540 Coachs werden für ihr ehrenamtliches Engagement entschädigt. In drei Regionalbüros arbeiten ca. 50 Festangestellte in einer agilen Organisationsform ohne Vorgesetzte und mit verteilten Führungsaufgaben. Fachlich und finanziell werden die Programme durch die öffentliche Hand wie Gemeinden, Kantone, Gesundheitsförderung Schweiz, Fachpartner, zahlreiche finanzielle Partner sowie über Fundraising unterstützt.

Bei MidnightSports treffen sich Jugendliche in den sonst leer stehenden Sporthallen ihrer Gemeinden während des Winterhalbjahres an jedem Samstag zwischen 20 und 23 Uhr zum freien Spiel (◻ Abb. 16.2), Sporttreiben und zu sozialen Interaktionen. Etwa ein Drittel aller Teilnehmenden sind junge Frauen (35 %). Unklar ist der Anteil an Jugendlichen mit Migrationshintergrund.

■ **Abb. 16.2** Beispiel für ein Bewegungsangebot bei MidnightSports. (© Stiftung IdéeSport: Christian Jaeggi)

Vorgehensweise von MidnightSports zur Förderung der Integration durch Sport

MidnightSports ist gekennzeichnet durch (1) eine dynamische Organisation mit zeitgemäßen Strukturen, (2) Bewegungsangebote, die spezielle Bedürfnisse und Lebenslagen der Jugendlichen berücksichtigen, und (3) außersportliche Möglichkeiten mit Potenzial zur vertieften Einbindung bei MidnightSports:

1. IdéeSport als dynamische Organisation mit zeitgemäßen Strukturen: Das Stiftungsziel der Integrationsförderung gibt Mitarbeitenden eine Orientierung für ihr Handeln. Die flexiblen Strukturen und Prozesse ermöglichten beispielsweise während der Corona-Pandemie die Weiterentwicklung von Angeboten. In kurzer Zeit erarbeiteten die Teams alternative Programme unter Berücksichtigung der lokal sehr unterschiedlichen und wechselnden Corona-Verordnungen. Daraus entstanden „Midnight U16" für Jugendliche, „Midnight Outdoor", „MidnightWeeks" (wochenweise während der Schulferien) und „Midnight Online Challenges" in den sozialen Medien.

Im Rahmen des Coach-Programms bei IdéeSport kooperieren Jugendliche mit der erwachsenen Projektleitung: Einerseits sind die Jugendlichen in der Regel aus der gleichen Region bzw. aus dem gleichen Schulkreis, und teilweise kennen sie sich. Somit können Coachs und Teilnehmende über bestehende Beziehungen in Kontakt treten. Andererseits organisieren die Coachs die Veranstaltungen mit, leiten Spiele und **Bewegungsangebote** an. Die Coachteams werden zum Umgang mit Konflikten und kultureller Vielfalt gezielt aus- und weitergebildet. Sie sind nach Herkunft, Alter, Persönlichkeit und Geschlechterverteilung heterogen zusammensetzt und bilden dadurch die Vielfalt der Teilnehmenden ab. Somit findet jeder Jugendliche eine passende Ansprechperson, und Hemmschwellen werden gegenüber Andersartigkeit abgebaut. Die verschiedenen Altersgruppen innerhalb des Coachteams ermöglichen Kontinuität über mehrere Saisons, sodass die Teilnehmenden bei MidnightSports mit den Coachs vertraut sind.

Mit dem Verhaltenskodex „Sicher, respektvoll und gewaltfrei" wird versucht, eine integrationsorientierte Haltung bei allen Beteiligten der IdéeSport-Programme zu verankern und ein Commitment zu schaffen. Vernetzung spielt eine wichtige Rolle: An den jeweiligen Standorten werden in die Projektgruppe Schlüsselpersonen aus Gemeinden, manchmal der Polizei und punktuell Eltern einbezogen. Die Vernetzung mit Sportvereinen, Schulen und zahlreichen Partnern von IdéeSport bedeutet, dass das interne Know-how erweitert bzw. fehlendes Know-how abgeholt wird. Mit Blick auf Erreichbarkeit der Jugendlichen sind Flyer in Schulen über das Angebot und Mund-zu-Mund-Propaganda zentral. Passend zu der Art und Weise wie die Jugendlichen im Alltag in Kontakt stehen, gibt es an den jeweiligen Standorten Whats-App-, Instagram- oder Facebook-Gruppen.

2. **Passende Bewegungsangebote: Bewegungsangebote** setzen an den Lebenswelten von Jugendlichen an und ermöglichen Bewegung, geselliges Miteinander, Knüpfen von Freundschaften und soziales Austauschen. Die Orte der Veranstaltungen sind Sporthallen von Schulen. Sie erleichtern den Zugang für Jugendliche, weil diese Orte bei vielen Teilnehmenden Vertrautheit erzeugen und dadurch ihr individuelles Sicherheitsgefühl stärken. Zudem finden die Veranstaltungen Samstagabend statt, und die regelmäßige Durchführung ab Mitte Oktober bis Ende März weckt bei vielen Jugendlichen ein großes Interesse an der Teilnahme.

Niederschwelligkeit ist auch bei MidnightSports ein Erfolgsfaktor: Die Teilnahme ist kostenlos und unverbindlich, eine Mitgliedschaft entfällt, Bekleidungsvorschriften (außer Hallenschuhe) bestehen nicht – genauso wenig wie Leistungsprinzip und Trainingscharakter. Sportmotorische Fähigkeiten, sportartspezifisches Können und ein bestimmtes Leistungsniveau spielen keine Rolle. Weiter wird kein Wissen über Abläufe beim Sporttreiben vorausgesetzt. Die Coachs leiten die Bewegungsangebote nur bei Bedarf an, somit ist freies Bewegen ohne oder mit eigenen Regeln möglich.

Eine weitere Besonderheit ist die **Partizipation** der jungen Teilnehmenden: Ihre Bedürfnisse und Wünsche werden durch das Coachteam direkt bei den jeweiligen Veranstaltungen einbezogen. Auf diese Art ist das **Bewegungsangebot** interaktiv und individuell inszeniert. Diese Mitbestimmung weckt zugleich die emotionale Zugehörigkeit der Jugend-

lichen. Zudem wird versucht, Teilnehmende für die Rolle als Coach zu gewinnen, auszubilden und somit längerfristig an MidnightSports zu binden.

Der **Peer-to-Peer-Ansatz**, bei dem Jugendliche für Jugendliche das Bewegungsangebot planen und betreuen, ist ein Schlüsselelement bei MidnightSports, denn jugendliche Coachs sprechen die gleiche „Sprache" wie die jugendlichen Teilnehmenden. Sie wissen am besten, was ihre Gleichaltrigen zum Mitmachen motiviert.

3. Außersportliche Möglichkeiten: MidnightSports bietet in den Sporthallen ergänzende außersportliche Angebote an, z. B. Chill-Ecke und Verpflegungsmöglichkeiten. Sie tragen mit den **Bewegungsangeboten** dazu bei, dass MidnightSports zu einem entwicklungsgemäß passenden sozialen Treffpunkt für Jugendliche wird.

16.6 Zur Integrationsleistung der Good-Practice-Beispiele

Der Beitrag von **MiTu** und **MidnightSports** für die **soziale Integration** von Kindern und Jugendlichen mit Migrationshintergrund im organisierten Sport wird abschließend anhand des vierdimensionalen Konzepts von sozialer Integration (▶ Abschn. 16.1) beispielhaft aufgezeigt:

Für **Kulturation** zeigt sich, dass bei MiTu die immigrierten Kinder mit ihren Eltern – mithilfe von kultursensiblen Leitenden – sportmotorische Fertigkeiten erlernen. Zudem sind sie hinsichtlich der Bedeutung von Bewegung für eine gesunde Entwicklung sensibilisiert. Teilnehmende bei MidnightSports kennen Regeln und Werte beim Sporttreiben, weil ein verbindlicher Verhaltenskodex gilt. Im Rahmen des Coach-Programms erhalten Jugendliche mit Migrationshintergrund nötige Leiterkompetenzen für den Umgang mit Konflikten sowie kultureller Vielfalt im Sport und nutzen diese bei den Veranstaltungen. Bei **Interaktion** zeigt sich, dass sich Familien durch die MiTu-Bewegungsangebote näher kennenlernen und auch in Zeiten, in denen keine Bewegungsangebote stattfinden können (Corona-Pandemie), per digitalen Inputs vernetzt bleiben. Der Verhaltenskodex bei MidnightSports begünstigt, dass Sporttreiben, Bewegen und Spielen weitestgehend konfliktfrei verläuft. Durch niederschwellige Rahmenbedingungen, gemeinsames Bewegen und geselliges Miteinander wird MidnightSports eine Art soziale Kontaktbörse und ein Ort der Alltagskommunikation für Jugendliche mit und ohne Migrationshintergrund. Für **Identifikation** lässt sich beobachten, dass sich Kinder und Eltern mit „ihrer" MiTu-Gruppe vertraut und zugehörig fühlen, dank der regelmäßig durchgeführten Bewegungsangebote bei gleichbleibenden Teilnehmenden und Leitungspersonen. Die Gewinnung von Jugendlichen bei MidnightSports auch als Coach sowie die gleichbleibende Teamzusammensetzung über längere Zeit bewirken eine tiefere (Ein-) Bindung an IdéeSport. Dies dürfte Stolz und ein emotionales Zugehörigkeitsgefühl zum Team seitens der Jugendlichen mit sich bringen. Hinsichtlich **Platzierung** sind die Position in einer MiTu-Gruppe und die regelmäßige Teilnahme von Kindern und ihren Eltern ein Zeichen für soziale Integration. Damit verbunden haben die Migrantenfamilien das Recht zur Teilnahme an den digitalen Inputs. Weiter engagieren sich Jugendliche freiwillig als Coach bei den MidnightSports-Veranstaltungen. Über den Peer-to-Peer-Ansatz werden bei MidnightSports Teilnehmende für Entscheidungen und Planung von Bewegungsangeboten einbezogen; sie haben Mitsprache.

Diese Beschreibungen verdeutlichen, dass Kinder und Jugendliche bei MiTu und MidnightSports vielfältig sozial integriert sind. Dies ist mitunter Ausdruck dafür, dass die Institutionen Netzwerk Miteinander Turnen und Stiftung IdéeSport Maßnahmen einsetzen und Rahmenbedingungen besitzen, die günstige Möglichkeiten zur sozialen Integration entlang der vier Dimensionen zulassen.

16.7 Zusammenfassung und Ausblick

In der Schweizer Bevölkerung nimmt der Anteil von Kindern und Jugendlichen mit Migrationshintergrund zu. Die Bedeutung des organisierten Sports aufgrund seines sozial-integrativen Potenzials wächst. Allerdings sind die Teilhabechancen am organisierten Sport nicht per se für alle Heranwachsenden gleich, denn Integrationsprozesse laufen im organisierten Sport unter vielfältigen Bedingungen ab. Die Good-Practice-Beispiele heben hervor: Bei der Inszenierung von integrationsorientierten Bewegungsangeboten ist zielführend, einzelne individuelle und organisationale Bedingungsfaktoren der sozialen Integration systematisch zu beachten und in Maßnahmen umzusetzen. Dadurch gelingt es dem Netzwerk Miteinander Turnen und der Stiftung IdéeSport, junge Migrantinnen und Migranten für ihre Bewegungsangebote zu erreichen und sie vielfältig zu integrieren. Die Ansätze der Good-Practice-Beispiele dürften auch chancenreich sein, um junge Heranwachsende mit Beeinträchtigungen im organisierten Sport zu integrieren. Auch für diese Zielgruppe ist der Zugang zu und die Teilnahme an Bewegungsangeboten erschwert, und die Bedingungsfaktoren ähneln denen junger Migrantinnen und Migranten (z. B. Elling & Claringbould, 2005; Albrecht, 2020).

Will man gemeinsames Sporttreiben schweizweit zumindest richtungsweise realisieren, dann liegt Potenzial darin, alternative Integrationssettings – neben Sportvereinen – herauszukristallisieren. Beispielsweise fördern Stiftungen, freiwilliger Schulsport, Kindertagesstätten oder Jugendorganisationen mit Bewegungsangeboten proaktiv die soziale Integration. Wünschenswert ist, diese

Settings dann auch stärker in der Öffentlichkeit und Sportpraxis anzuerkennen und zu fördern.

❓ Übungs- und Reflexionsaufgaben

1. Welche Besonderheiten gilt es, bei der Gestaltung von Sportangeboten für Kinder und Jugendliche mit Migrationshintergrund zu berücksichtigen?
2. Beschreiben Sie die Erfolgsfaktoren der beiden Bewegungsangebote MiTu und MidnightSports!

Zum Weiterlesen empfohlene Literatur
Umfassende Fachbücher zur Thematik:

Braun, S., & Nobis, T. (2011). *Migration, Integration und Sport. Zivilgesellschaft vor Ort*. VS Verlag.

Gerber, M., & Pühse, U. (2017). *Sport, Migration und soziale Integration. Eine empirische Studie zur Bedeutung des Sports bei Jugendlichen*. Seismo.

Zur historischen Entwicklung von Sportvereinen und der aktuellen Situation der Integrationsförderung im organisierten Sport in Europa:

Van der Werff, H., Hoekman, R., Breuer, C., & Nagel, S. (2015). *Sport clubs in Europe: A cross-national comparative perspective*. Springer International Publishing.

Literatur

Adler Zwahlen, J. (2018). *Soziale Integration von Menschen mit Migrationshintergrund im organisierten Vereinssport*. Dissertation, Universität Bern.

Adler Zwahlen, J., Nagel, S., & Schlesinger, T. (2018). Analysing social integration of young migrants in sports clubs. *European Journal for Sport and Society, 15*(1), 22–42.

Adler Zwahlen, J., Nagel, S., & Schlesinger, T. (2019). Zur Bedeutung soziodemographischer, sportbezogener und soziokultureller Merkmale für die soziale Integration junger Migranten in Schweizer Sportvereinen. *Sport und Gesellschaft, 17*(2), 125–154.

Albrecht, J. (2020). *Participation of people experiencing disabilities in organized sports*. Thesis, Universität Bern.

BFS – Bundesamt für Statistik. (2021). *Bevölkerung nach Migrationsstatus*. https://www.bfs.admin.ch/bfs/de/home/statistiken/bevoelkerung/migration-integration/nach-migrationsstatuts.html. Zugegriffen am 27.04.2022.

Braun, S., & Finke, S. (2010). *Integrationsmotor Sportverein. Ergebnisse zum Modellprojekt „spin – sport interkulturell"*. Springer VS.

Bringolf-Isler, B., Probst-Hensch, N., Kayser, B., et al. (2016). *Schlussbericht zur SOPHYA-Studie*. Swiss Tropical and Public Health Institute.

Burrmann, U., Brandmann, K., Mutz, M., & Zender, U. (2017). Ethnic identities, sense of belonging and the significance of sport: Stories from immigrant youths in Germany. *European Journal for Sport and Society, 14*(3), 186–204.

Buser, M., Adler Zwahlen, J., Schlesinger, T., & Nagel, S. (2022). Social integration of people with a migration background in Swiss sport clubs: A cross-level analysis. *International Review for the Sociology of Sport, 57*(4), 597–617.

DOSB – Deutscher Olympischer Sportbund (Hrsg.). (2014). *DOSB. Integration und Sport – Ein Zukunftsfaktor von Sportvereinen und Gesellschaft. Grundlagenpapier*. DOSB.

Elling, A., & Claringbould, I. (2005). Mechanisms of inclusion and exclusion in Dutch sports landscape: Who can and wants to belong? *Sociology of Sports Journal, 22*(4), 498–515.

Esser, H. (2009). Pluralization or assimilation? Effects of multiple inclusion on the integration of immigrants. *Zeitschrift für Soziologie, 38*(5), 358–378.

Flensner, K., Korp, P., & Lindgren, E.-C. (2022). Integration in and through sports? Sport-activities for migrant children and youth. *European Journal for Sport and Society, 18*(1), 64–81.

Gerber, M., Barker, D., & Pühse, U. (2012). Acculturation and physical activity among immigrants: A systematic review. *Journal of Public Health, 20*(3), 313–341.

Heckmann, F. (2015). *Integration von Migranten. Einwanderung und neue Nationenbildung*. Springer VS.

Hoenemann, S., Köhler, M., Kleindienst-Cachay, C., et al. (2021). Migration und Sport – eine empirische Studie zur Untersuchung der Partizipation von Jugendlichen mit Migrationshintergrund am organisierten Sport. *Prävention und Gesundheitsförderung, 16*(1), 53–61.

Janssens, J., & Verweel, P. (2014). The significance of sports clubs within multicultural society. On the accumulation of social capital by migrants in culturally „mixed" and „separate" sports clubs. *European Journal for Sport and Society, 11*(1), 35–58.

Kleindienst-Cachay, C., Cachay, K., Bahlke, S., et al. (2012). *Inklusion und Integration: Eine empirische Studie zur Integration von Migrantinnen und Migranten im organisierten Sport*. Hofmann.

Lamprecht, M., Bürgi, R., Gebert, A., & Stamm, H. P. (2021). *Sport Schweiz 2020: Kinder- und Jugendbericht*. Bundesamt für Sport BASPO.

Lannen, P., Gallego, I. R., & Staub, S. (2021). *Wissenschaftliche Begleitung und Evaluation von Miteinander Turnen MiTu* (Schlussbericht). Marie Meierhofer Institut für das Kind.

Makarova, E., & Herzog, W. (2014). Sport as a means of immigrant youth integration: An empirical study of sports, intercultural relations, and immigrant youth integration in Switzerland. *Sportwissenschaft, 44*(1), 1–9.

Maxwell, H., Foley, C., Taylor, T., & Burton, C. (2013). Social inclusion in community sport: A case study of Muslim women in Australia. *Journal of Sport Management, 27*, 467–481.

Mutz, M. (2012). *Sport als Sprungbrett in die Gesellschaft? Sportengagements von Jugendlichen mit Migrationshintergrund und ihre Wirkung*. Juventa.

Mutz, M., & Hans, S. (2015). Das Verschwinden der Unterschiede. Partizipation am Sportverein der 3. Einwanderungsgeneration in Deutschland. *German Journal of Sport Science, 45*(1), 31–39.

Nielsen, G., Hermansen, B., Bugge, A., Dencker, M., & Andersen, L. B. (2013). Daily physical activity and sports participation among children from ethnic minorities in Denmark. *European Journal of Sport Science, 13*(3), 321–331.

Nobis, T., Gomez-Gonzalez, C., Nesseler, C., & Dietl, H. (2021). (Not) being granted the right to belong-Amateur football clubs in Germany. *International Review for the Sociology of Sport*, 1–18. https://doi.org/10.1177/10126902211061303

Spaaij, R. (2013). Cultural diversity in community sport: An ethnographic inquiry of Somali Australians' experiences. *Sport Management Review, 16*(1), 29–40.

Stefansen, K., Smette, I., & Strandbu, Å. (2016). Understanding the increase in parents' involvement in organized youth sports. *Sport, Education & Society, 23*(2), 162–172.

Stiftung IdéeSport. (2021). *Stiftungsbericht 2020/21*. Stiftung IdéeSport.

Swiss Olympic. (2015). *Ethik-Charta im Sport*. https://www.swissolympic.ch/dam/jcr:836de380-4bdf-44be-b536-6132637f1235/Ethik_Charta_Sport_2015_DE.pdf. Zugegriffen am 17.01.2017.

Van der Roest, J.-W., Van der Werff, H., & Elmose-Østerlund, K. (2017). *Involvement and commitment of members and volunteers in European sports clubs* (Projektbericht). University of Southern Denmark.

Walseth, K., & Strandbu, Å. (2014). Young Norwegian-Pakistani women and sport. How does culture and religiosity matter? *European Physical Education Review, 20*(4), 489–507.

Wicker, P., Feiler, S., & Breuer, C. (2022). Board gender diversity, critical masses, and organizational problems of non-profit sport clubs. *European Sport Management Quarterly, 22*(2), 251–271. https://doi.org/10.1080/16184742.2020.1777453

Witoszynskyj, C., & Moser, W. (2010). *Integration und soziale Inklusion im organisierten Sport. Endbericht*. Sportministerium.

Zaccagni, L., Toselli, S., Celenza, F., Albertini, A., & Gualdi-Russo, E. (2017). Sports activities in preschool children differed between those born to immigrants and native Italians. *Acta Paediatrica, 106*(7), 1184–1191.

Zender, U. (2015). „Man muss einfach einiges opfern, wenn man einen bestimmten Glauben hat." – Zum Einfluss von Religion und Religiosität auf das Sportengagement von Mädchen mit türkischen Wurzeln. In U. Burrmann, M. Mutz & U. Zender (Hrsg.), *Jugend, Migration und Sport* (S. 291–312). Springer VS.

16

Sozialräumliche Analyse von Sporträumen in Stadtquartieren

Robin Kähler und Finja Rohkohl

Skateanlage am Rande einer Großstadt. (© Robin Kähler)

P. Gans et al. (Hrsg.), *Sportgeographie*, https://doi.org/10.1007/978-3-662-66634-0_17

Inhaltsverzeichnis

Einleitung

Die Covid-19-Pandemie in den Jahren 2020 und 2021 hat in Deutschland besonders Kinder, Jugendliche und ältere Menschen belastet, die in beengten räumlichen Verhältnissen leben und wenig Bewegungsgelegenheiten in ihrem Wohnumfeld vorfanden (Nowossadeck et al., 2021). Grundsätzlich sind Kinder in **benachteiligten Wohngebieten** einem höheren Gesundheitsrisiko ausgesetzt als Kinder, die zu Hause oder in ihrem Wohnumfeld anregende Bewegungsgelegenheiten vorfinden. In der Stadt Essen z. B. haben von den 71 % der im Zuge der Schuleingangsuntersuchungen gesundheitlich getesteten Kinder nur 58 % keine Gesundheitsstörungen (Stadt Essen, 2020). 70 % der Kinder mit entsprechenden Beeinträchtigungen haben Gewichtsprobleme. Zwei Drittel dieser Kinder leben in den eher „schlechteren" nördlichen Stadtbezirken, in denen die durchschnittliche Wohnungsgröße und die Fläche der öffentlichen Freiräume je Einwohnerin und Einwohner geringer sind als im Süden. Im Norden wohnen auch wesentlich mehr Menschen mit Migrationshintergrund und Menschen mit Bezug von Leistungen zur Existenzsicherung (bis zum Vierfachen; Stadt Essen, 2020). Es ist daher zu vermuten, dass eine als belastend erlebte räumliche Situation die **Gesundheit** der Menschen negativ beeinflussen kann. Am Beispiel **benachteiligter Wohnviertel** wird der Frage nachgegangen, ob sich in diesen Quartieren auch die Quantität und Qualität der **Sportstätten und -räume** im Vergleich zur Gesamtstadt schlechter darstellen. Wenn dies so wäre, erlebten die Menschen eine Umwelt, in der sie weniger Möglichkeiten haben, sich durch Bewegung in geeigneten Räumen gesund zu erhalten.

Nach der Erläuterung der zentralen Begriffe, theoretischen Grundlagen und Methoden werden anhand eines konkreten Beispiels die Lebenssituation der Menschen und die Gegebenheit der Sportstätten und -räume in ausgewählten Sozialräumen

aufgezeigt. Eine Empfehlung, welchen Beitrag die Sportentwicklungsplanung zur Herstellung **gleichwertiger Lebensverhältnisse** leisten könnte, schließt die Ausführungen ab.

17.1 Raum, Sportraum und Sozialraum

Raum

In Abhängigkeit von der Fragestellung einer wissenschaftlichen Untersuchung bzw. der Operationalisierung von Problemen auf Grundlage von Forschungsperspektiven und Fachdisziplin kann eine ganz unterschiedliche Auffassung von Raum Verwendung finden, die zu abweichenden Erklärungsansätzen führen kann (z. B. **Containerraum**, alltäglicher Raum, **relationaler Raum**, **sozialer Raum**, politisch-geographischer Raum, ästhetischer Raum, körperlicher, leiblicher und technischer Raum, **medialer Raum**, phänomenologischer Raum; Hasse, 2015; Drasdo, 2018). Zur Analyse der Verbindung von Menschen zu Sporträumen wird aus naheliegenden Gründen der **relationale, soziologisch geprägte Raumbegriff** von Löw (2015) gewählt (▶ Kap. 2). Dieser Raumbegriff ist prozessual und beschreibt den Raum als ein dynamisches Gebilde, das sich aus der Beziehung zwischen Menschen und ihrer Umwelt konstituiert. „Raum wird konstituiert als Synthese von sozialen Gütern [Produkten gegenwärtigen materiellen Handelns (z. B. Sportgerät, Mauer, Tor, Markierung) und symbolischen Handelns (z. B. Vorschriften, Werte)], anderen Menschen und Orten in Vorstellungen durch Wahrnehmungen und Erinnerungen [die in Sozialisations- und Bildungsprozessen entwickelt werden], aber auch im Spacing durch Platzierung (Bauen, Vermessen, Errichten) jener Güter und Menschen an Orten in Relation zu anderen Gütern und Menschen [z. B. das Aufstellen von Sportgeräten in einem Sportraum]" (Löw, 2015, S. 263; ▸ Kap. 2). Der Mensch erlebt diese Beziehung leiblich im Sinne eines gelebten Raums (Hasse, 2015, S. 31).

Der gewählte Raumbegriff hat das **Individuum**, seine **Wahrnehmung** und sein **Handeln** im Fokus. Räume entstehen folglich dadurch, dass Menschen aktiv nicht nur materielle und symbolische Dinge miteinander verknüpfen, sondern auch Menschen. Um aber Dinge und Menschen miteinander zu verknüpfen bzw. zu platzieren, muss es erstens einen konkreten, geographisch markierten Ort geben, an dem diese Platzierung möglich ist (z. B. die Sportstätte; ▸ Kap. 16). Und zweitens muss der Zugang zu den sozialen Gütern, die platziert werden sollen, gewährleistet sein. „Bereits die Zugangschancen [finanzielle Ausstattung, Bildung, sozioökonomischer Status, Zugehörigkeit] zu sozialen Gütern sind jedoch asymmetrisch verteilt. Damit sind auch die Möglichkeiten, Räume zu gestalten oder zu verändern, ungleich verteilt. […] Daher verfügen typischerweise höhere Klassen gegenüber niedrigeren Klassen, Männer gegenüber Frauen über bessere Möglichkeiten der Raumkonstitution" (Löw, 2015, S. 212 f.).

Sportraum

Bei einem weiten Verständnis von Sport[1] werden an einen **Sportraum** vielfältige Anforderungen vonseiten der Bevölkerung gestellt. Um diesen spezifischen Erwartungen

gerecht werden und entsprechende Angebote des Sportraums vorhalten zu können, ist es erforderlich, diesen Begriff ebenfalls weit zu fassen und die ganze Vielfalt an Spiel-, Sport- und Bewegungsräumen zu berücksichtigen (▸ Kap. 20). Neben den klassischen Sportstätten für den Schul-, Wettkampf- und Leistungssport (z. B. Sporthallen, Schwimmbäder, Leichtathletikanlagen) und den Sportanlagen für spezielle Sportarten (z. B. Bowling-, Kegelbahnen) sind es insbesondere die wohnortnahen Alltags- und Lebensräume, die von großem Interesse sind und in denen sich die Mehrzahl der sportlich aktiven Menschen (selbstorganisiert) bewegt (▸ Kap. 21). Diese Gelegenheiten zum Sporttreiben charakterisiert Lischka (2000, S. 23) als „Flächen, die ursprünglich nicht für sportliche Zwecke geschaffen wurden, aber dennoch räumlich und zeitlich Möglichkeiten für eine sportliche Sekundärnutzung bieten. Sie stehen allen Bürgerinnen und Bürgern, insbesondere für informelle [selbst organisierte] Sportaktivitäten, kostenlos zur Verfügung" (▸ Kap. 4). Beispiele für derartige **Sportgelegenheiten** sind Spielplätze, Schulhöfe, Bürgersteige, Fahrradwege, Wanderwege, Feldwege, Badeseen, Flussufer, Bolzplätze, Grünanlagen und Verkehrsflächen. In diesem Beitrag wird für alle genannten Variationen von sportlich nutzbaren Räumen der Oberbegriff **Sportstätte** verwendet.

Sozialraum und Segregation

Der Begriff **Sozialraum** ist aus territorialer Sicht ein klein- und nahräumlicher Begriff, der Nähe zu einer sozialen Gruppe oder Personen ausdrückt (Kessel, 2019, S. 17). Wenn der Raum sozial konnotiert ist, also erst durch die Art der sozialen Beziehungen der Menschen zueinander beschrieben wird, muss er eine eigene soziale Ordnung ausgebildet haben. So bezeichnet man beispielsweise ein städtisches Gebiet mit vielen Villen als Villenviertel und meint damit einen Ort,

17

---

[1]   Der weite Sportbegriff „[…] umfasst vielfältige Sportformen, an denen sich alle Menschen unabhängig vom Geschlecht, Alter, sozialer und kultureller Herkunft an unterschiedlichen Orten allein oder in Gemeinschaft mit anderen zur Verbesserung des physischen, psychischen und sozialen Wohlbefindens sowie zur körperlichen und mentalen Leistungssteigerung beteiligen können" (Wopp, 2012, S. 18; ▸ Kap. 1).

in dem wohlhabende Menschen leben. Die Menschen erleben den Sozialraum als ihren Lebensraum, den sie kennen, in dem sie einkaufen, wo ihre Kinder aufwachsen und möglicherweise auch ihr Sportverein liegt. Sie ordnen diesen Raum auch kulturell, indem sie ihm eigene Eigenschaften und wichtige räumliche Grenzen geben. Es ist ihr Wohnviertel. Der **Sozialraum** umschreibt ein lebensweltliches Areal, das den Menschen Identität und ein gewisses Heimatgefühl gibt. In der Sportwissenschaft betrachtet man Räume in diesem Sinne als lebensweltliche Sozial- und Bewegungsräume für die Bewegungspraxis (Bindel, 2011; Kähler, 2015, S. 54). Sie sind durch Raumstrukturen (Angebote) und durch Raumaktivitäten (Bewertung, Aneignung, Nutzung) konstituiert (Diketmüller, 2019).

Häußermann und Siebel (2004, S. 139) bezeichnen die Stadt als **Sozialraum**, der aufgrund von historischen Entwicklungen, Marktprozessen oder Machtstrukturen durch die räumliche Trennung der verschiedenen Schichten und Gruppen gekennzeichnet ist. „Die Konzentration bestimmter sozialer Gruppen in bestimmten Teilräumen einer Stadt oder einer Stadtregion" bezeichnen Häußermann und Siebel (2004, S. 140) mit **sozialer Segregation**. Zur Beschreibung der ungleichen räumlichen Verteilung von Bevölkerungsgruppen können Merkmale wie Alter, ethnische Zugehörigkeit, Herkunft, Bildung oder Einkommen in Betracht gezogen werden. Inhaltlicher Schwerpunkt des Beitrags sind benachteiligte Sozialräume, die im Vergleich zum Stadtgebiet beispielsweise von überdurchschnittlichen Anteilen unterer Einkommensgruppen, von Personen mit Migrationshintergrund oder mit niedrigem Bildungsniveau gekennzeichnet sind.

Welche Beziehung gibt es zwischen der sportlichen Aktivität und der erlebten, tatsächlichen Gesundheit des Menschen? Welchen Anteil daran hat die Qualität von Sportstätten in benachteiligten Sozialräumen?

17.2 Theoretischer Rahmen

Mensch-Raum-Beziehung

Es gibt verschiedene Ansätze zur Erklärung, wie Menschen mit Raum interagieren. Der *space-time path* von Hägerstrand (1970) geht der Frage nach, wie private Haushalte ihren Alltag organisieren und welche Bewegungen im Raum daraus resultieren. Andere Ansätze beschreiben hingegen, wie Menschen in Räumen handeln und welchen Einfluss ihr Handeln im Raum rückwirkend auf die eigene Identität hat. Es wird dargestellt, wie Menschen Räume wahrnehmen, was sie denken und was sie fühlen (z. B. der Ansatz *symbolic action theory*; Boesch, 1991). In Ergänzung dazu gibt es Theorien, die sich ganz konkret auf die Gedanken und Gefühle der Menschen zu einem Raum fokussieren (z. B. der Ansatz der Ortsbindung *place attachment*; Leyk, 2010; Hasse, 2015). In diesen Ansätzen wird beschrieben, welche Gedanken und Emotionen eine Person gegenüber einem Raum entwickeln kann und wie (stark oder schwach, positiv oder negativ) diese Emotionen ausgeprägt sind (z. B. Seamon, 2014). Baut eine Person eine positive Beziehung zu einem Raum auf, dann vermittelt dieser Raum u. a. das Gefühl von Sicherheit und/oder sozialer Zugehörigkeit.

Das Thema Sicherheit z. B. spielt bei Mädchen sowie Frauen und älteren Menschen eine besondere Rolle, wenn es darum geht, ob sie eine Sportstätte aufsuchen. Ungepflegte, schlecht belichtete, sozial wenig kontrollierbare Sportstätten werden von diesen Gruppen gemieden und als Störung erlebt. Mangelhafte oder ungeeignete Bewegungsräume können zu Unwohlsein, zu Störungen des Selbstwertgefühls bis hin zu Krankheiten führen (Wagner & Alfermann, 2006).

Der erlebte bzw. gelebte Raum „baut" die Seele des Menschen mit, könnte man wahrnehmungspsychologisch sagen (Hasse, 2015, S. 49). Damit ist gemeint, dass der

Raum mit seiner Atmosphäre (Weidinger, 2017) und Funktionalität unmittelbar auf die Empfindungen des Menschen wirkt. Gehl (2019, S. 31) bezeichnet Räume, in denen sich der Mensch aufgenommen und „verlockt" fühlt, sie aufzusuchen, als „bauliche Einladungen".

Häußermann und Siebel (2004, S. 160) sehen die räumliche Ungleichheit als ein wesentliches Glied in einer Wirkungskette der sozialen Segregation. Schlechte räumliche Rahmenbedingungen in Wohnquartieren trügen zu einem erlebten sozialen Abstieg der dort wohnenden Menschen ebenso bei wie soziale Ungerechtigkeiten. Es kommt zu einem „Fahrstuhleffekt", der das Gefühl der Menschen im Quartier, ausgegrenzt zu sein, verstärkt (◘ Abb. 17.1). Man kann annehmen, dass auch Sportstätten von schlechter Qualität, fehlende Sport- und Bewegungsräume im Wohn-quartier, nicht nutzbare Freiräume für Sport und Bewegung, keine vereinsbezogenen oder öffentlich zugänglichen Sportangebote für Kinder und Jugendliche, Mädchen und Frauen, Menschen mit Beeinträchtigungen von den Menschen als Bestätigung und Verstärkung ihrer ohnehin schon prekären Situation wahrgenommen werden.

Bewegungsräume sind auch Begegnungsräume. Sport ist ein geeignetes Mittel, dass Menschen sich nahekommen, kennenlernen, soziale Bindungen aufbauen und sich in einer Gruppe integrieren. Kinder und Jugendliche lernen im Spiel und Sport soziale Regeln und sammeln Kenntnisse in bestehenden sozialen Ordnungen (▶ Kap. 14 und 16). Begegnungen und interkulturelle Erfahrungen zwischen Menschen unterschiedlicher Nationalitäten gelingen im Sport leicht, weil Sprachbarrieren eine geringe Rolle spielen. Auch aus dieser Sicht ist

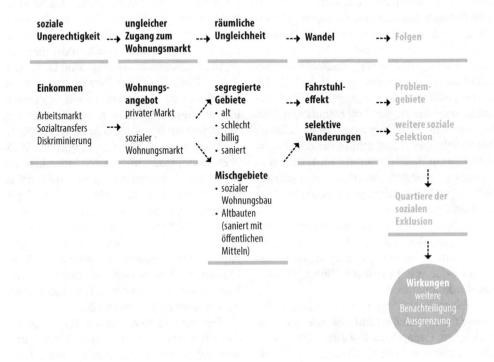

◘ Abb. 17.1 Wirkungsketten der sozialen Segregation. (Nach Häußermann & Siebel, 2004, S. 161)

es notwendig, darauf zu achten, dass Menschen in ihrem Wohnumfeld einladende Räume für Begegnungen vorfinden.

Zusammenhang von körperlicher Aktivität und Gesundheit

Die Lebensverhältnisse, in denen Kinder und Jugendliche aufwachsen, sind von zentraler Bedeutung für ihren **Gesundheitszustand** und ihr **Gesundheitsverhalten** im Erwachsenenalter (RKI, 2018). Die vielfältigen Erfahrungen und Erlebnisse, welche Kinder und Jugendliche in ihrer Herkunftsfamilie und ihrem sozialen Umfeld machen, beeinflussen maßgeblich ihr individuelles Gesundheitshandeln. Neben der Aneignung von u. a. gesundheitsrelevantem Wissen sind es auch die strukturellen und materiellen Bedingungen, welche den bewussten Umgang mit den Themen „Gesundheit und Krankheit" prägen (RKI, 2018, S. 46). Ob und wie häufig sich Kinder und Jugendliche in ihrem Alltag bewegen, ist beispielsweise davon abhängig, wie viele Spiel-, Bewegungs- und Sportmöglichkeiten es in der direkten Wohnumgebung bzw. Lebenswelt der Kinder und Jugendlichen gibt, wie diese gestaltet sind und in welchem Zustand sich diese befinden. Eine quantitativ und qualitativ (sehr) gute Ausstattung an Spiel-, Bewegungs- und Sporträumen kann somit zu einem gesundheitsförderlichen Verhalten führen und in der Folge den Gesundheitszustand verbessern (Farley et al., 2008; Kähler & Schröder, 2012).

Das Ermöglichen eines gesunden Lebensstils und insbesondere die Förderung von **körperlicher Aktivität** einer jeden Person sind (neben weiteren) zentrale Ziele des deutschen Gesundheitswesens (BMG, 2010; ▶ Kap. 12). Die körperliche Aktivität bzw. physische Bewegung sind eine effektive Maßnahme von zentralem Stellenwert, um die Inanspruchnahme von Gesundheitsleistungen im präventiven, kurativen und rehabilitativen Bereich zu reduzieren und um die stetig steigenden Gesundheitsausgaben (Statista, 2022) einzudämmen. Eine angemessene körperliche Bewegung kann dazu beitragen, physische und psychische Krankheiten zu vermeiden oder das Risiko, an diesen zu erkranken, zumindest zu minimieren (Alt et al., 2015).

Zu klären bleibt, was unter **adäquater Bewegung** zu verstehen ist und ab wann diese gesundheitsfördernd wirkt (Rütten & Pfeifer, 2016). Sie schließt grundsätzlich sportliche Aktivitäten, sofern sie der Gesundheit nutzen und gesundheitliche Gefährdungen vermeiden, ebenso ein wie Alltagsaktivitäten, z. B. Fahrradfahren oder Zufußgehen.

Eine zu **Bewegung** einladende und zu **körperlicher Aktivität** anregende Lebens- und Wohnumwelt sind ebenfalls Teilziele des nationalen Gesundheitsziels „Gesund aufwachsen" (BMG, 2010). So wird beispielsweise der Maßnahme, ausreichend Bewegungsräume für Kinder, insbesondere in städtischen Bereichen, bereitzustellen, um die gesundheitsfördernden Strukturen zu stärken, eine sehr große Bedeutung beigemessen. Denn Studien zeigen (Lampert, 2010), dass für gesundheitsbezogene Einstellungen und Verhaltensmuster im Erwachsenenalter oftmals die Weichen bereits im Kindes- und Jugendalter gestellt werden und dass der überwiegende Anteil der Kinder und Jugendlichen in Deutschland bereits gesund aufwächst. Allerdings weisen sozialepidemiologische Studien (z. B. Hanson & Chen, 2007; Lampert & Richter, 2009) auch darauf hin, dass es Unterschiede im Gesundheitsverhalten der Kinder und Jugendlichen, insbesondere vor dem Hintergrund ihrer sozialen Herkunft, gibt. So bestätigen Ergebnisse aus der KiGGS Welle 2, „dass sich 3- bis 17-jährige Kinder und Jugendliche mit niedrigem sozioökonomischem Status (SES) häufiger als Gleichaltrige aus sozial bessergestellten Familien ungesund ernähren, seltener Sport treiben[2] und häufiger übergewichtig oder adipös sind. […] Angesichts der bereits früh im Lebenslauf ausgeprägten sozialen Unterschiede im Gesundheitsverhalten sollten Maßnahmen noch stärker als bisher sozial benachteiligte Kinder und Jugendliche und deren Lebensbedingungen in den Blick nehmen" (RKI, 2018, S. 45).

Soziale Segregation und Raum

Der sozioökonomische Status einer Person ist ein wichtiger Faktor für ihre Gesundheit (RKI, 2015). Knapp 16 % der Bevölkerung sind gegenwärtig einem erhöhten Armutsrisiko ausgesetzt, was deutlich über dem Niveau Ende der 1990er-Jahre liegt (11 %). Kinder und Jugendliche sind von Armut überdurchschnittlich betroffen (Bertelsmann Stiftung, 2020). Nur wenige arme Kinder werden von den Sportangeboten der Vereine erreicht (Groos & Jehles, 2015; ▶ Kap. 16), weil sie häufig in einer Umgebung aufwachsen, in der sich nicht nur Armut konzentriert, sondern es auch an Spiel-, Sport- und **Bewegungsmöglichkeiten** im öffentlichen Raum mangelt. Soziale Kontakte sind bei Kindern mit Migrationsgeschichte und mangelnder Sport(vereins)erfahrung ohnehin erschwert. Fehlende Begegnungsmöglichkeiten im Sport verstärken bei ihnen das Gefühl, nicht integriert zu sein und keine sozialen Kontakte knüpfen zu können (Ungerer-Röhrich et al., 2006; ▶ Kap. 16).

Die materiellen Lebensverhältnisse der Menschen in diesen Quartieren, z. B. hinsichtlich Spiel-, Sport- und **Bewegungs-räumen** in Relation zur Einwohnerzahl, sind schlechter als in der Gesamtstadt gestellt. Die sozialen Lebensbedingungen sind beeinträchtigt, wie durch fehlende Sportvereine oder ungepflegte Bolzplätze. Die Verwahrlosung von Sportstätten kann Ausdruck des Wehrens, der Enttäuschung und Aggressivität der Menschen gegen die erlebten Zustände in ihrem Wohnviertel sein. Für Kinder und Jugendliche, die sich noch in der Entwicklung ihrer Fähigkeiten und Haltungen befinden, bedeuten diese negativen räumlichen und sozialen Erfahrungen eine erhebliche Störung ihrer Persönlichkeitsentwicklung (Häußermann, 2001). Sie kann möglicherweise gelindert werden, wenn es sozial engagierte Sportvereine im Viertel gibt, welche den Kindern und Jugendlichen positive Erfahrungen im Umgang mit Regeln, Fairness, Zusammenarbeit, Verarbeiten von Niederlagen und persönlicher Leistung vermitteln (▶ Kap. 16).

Die **Sportentwicklungsplanung als Element einer Stadtentwicklungsplanung** kann zur Verminderung sozialer und räumlicher Ungleichheit beitragen, z. B. im Bereich der Sportstätten und Bewegungsräume (▶ Kap. 21). Wie sieht die Realität in sozial benachteiligten Stadtvierteln aus? Mit welchen Verfahren lässt sich die derzeitige Situation bestimmen?

17.3   Methode

In **benachteiligten Quartieren** ist das Angebot von Infrastrukturen, Sport zu treiben, im Vergleich zur Gesamtstadt defizitär. Abträglich wirkt sich auf die Lebenswelt der Bewohnerinnen und Bewohner die symbolische (Image eines Stadtteils), strukturelle (wie unzureichende Anbindung an die Kernstadt, mangelhafte infrastrukturelle Ausstattung, klare räumliche Abgrenzung zu benachbarten Quartieren) und soziokulturelle (Unterversorgung an kulturellen Gütern, Einrichtungen und Räumen) **Benachteiligung** aus. Sie schränkt die Handlungsmöglich-

2   „Der Anteil der Kinder und Jugendlichen, die in ihrer Freizeit Sport treiben, nimmt mit steigendem SES zu. Während von den Kindern und Jugendlichen mit niedrigem SES 58 % sportlich aktiv sind, trifft dies auf rund drei Viertel der Gleichaltrigen aus der mittleren Statusgruppe und 83 % derjenigen mit hohem SES zu" (RKI, 2018, S. 51).

17

keiten der im Quartier lebenden Bevölkerung objektiv (stark) ein. Merkmale dieser Wohnviertel sind u. a. „überdurchschnittlicher Anteil von Haushalten, die Sozialhilfe erhalten; überdurchschnittlicher Anteil von Arbeitslosen; schlechte Ausstattung der Wohnungen; niedrige Schulbildung (hoher Anteil von Schulabbrechern); hohe Kriminalität; überdurchschnittlicher Anteil von Teenagern mit Kind" (Friedrichs & Blasius, 2000, S. 26). Die Ausstattung des Wohnumfelds mit **Spiel-, Sport- und Bewegungsräumen** kann einen Einfluss auf das individuelle (Gesundheits-)Verhalten und das Selbstwertgefühl der Menschen haben.

Als Bestandteil einer integrierten **Sport- und Sportstättenentwicklungsplanung** (Kähler, 2014) ist die **Sozialraumanalyse** eine geeignete Methode, um Zusammenhänge zwischen der Sportraumqualität und der Stadtquartiersstruktur zu erkennen (▶ Box 17.1). In diesem Beitrag ist sie eine Analyse der Situation der Sportstätten, der Bewegungsräume und der Sozialstruktur der Bevölkerung nach bestimmten Indikatoren. Die **Mängelanalyse** von Sportstätten zeigt die materiell-objektive Struktur der zu untersuchenden Sozialräume auf. Sie wird durch ein **Sozialmonitoring** erfasst (z. B. der Wohnsituation), das auch die (räumliche) spiel-, sport- und bewegungsbezogene Infrastruktur (beispielsweise die Anzahl und der Zustand von Spiel-, Sport- und Bewegungsräumen, die Anzahl an Sportangeboten) des jeweiligen Untersuchungsgebiets abbildet.

Box 17.1 Sozialraumanalyse

Die **Sozialraumanalyse** dokumentiert sowohl die physische Umwelt als auch die soziale Dimension von Räumen. Ihr Ziel in der Sportwissenschaft ist, vorhandene Strukturen und Ressourcen, Probleme und Herausforderungen sowie Potenziale und Bedarfsgruppen in Bezug auf das Themenfeld „Sport und Bewegung" zu identifizieren und zu beschreiben (Spatschek & Wolf-Ostermann, 2016, S. 26 f.). Durch die Analyse ist es möglich, politische Interventionen abzuleiten. Das heißt, die Sozialraumanalyse ist eine Art politische Entscheidungshilfe, um sozialraumplanerische Maßnahmen zu initiieren. Das Ziel dieser Maßnahmen ist es, sozialräumliche Probleme zu lösen, diese zu minimieren und/oder gänzlich zu vermeiden.

Um die subjektive Lebenswelt der in den städtischen Quartieren wohnenden Bevölkerung zu erfassen, werden qualitative und quantitative Methoden wie Befragungen, Beobachtungen, Bestandsaufnahmen, subjektive Landkarten, Spaziergänge und Beteiligungsverfahren (z. B. Zukunftswerkstätten) angewendet. Sie tragen dazu bei, mehr darüber zu erfahren, wie die Spiel-, Sport- und Bewegungsräume von verschiedenen Nutzergruppen wahrgenommen, bewertet und angeeignet werden.

Mängelanalyse bei Sportstätten

Die Aufnahme und Bewertung der Mängel von Sportstätten können auf verschiedene Art erfolgen[3]:

- **Bautechnische, administrative Erfassung:** In der Regel werden Mängel einer kommunalen Sportanlage durch die Mieter, Schulen oder Sportvereine der Stadt gemeldet, die dann, je nach Einschätzung der Dringlichkeit und der vorhandenen Finanzmittel, durch das eigene Personal oder durch Fachbetriebe die Mängel beheben lässt. Die Stadt stellt den Sanierungszustand fest, stimmt die Behebung intern oder mit den Ratsausschüssen ab und behebt die Mängel. Es gibt Verfahren, den Zustand einer Sportstätte aufgrund bestimmter Merkmale zu bestimmen (Wallrodt & Thieme, 2021).

- **Subjektive, erfahrungsgeleitete Beurteilung der Mängel:** Deren Bewertung aus Sicht derjenigen, welche die Sportanlage nutzen, geschieht aus einer praktischen, sportfunktionalen Perspektive. Sie zielt auf die Wirkungen ab, welche die Mängel in einer Sportstätte für das Sporttreiben bedeuten. Diese können am besten die Sporttreibenden selbst beurteilen. Deren Einschätzungen werden durch ausführliche schriftliche Befragungen zum Zustand der Sportstätte, zur Bewertung der Mängel nach bestimmten Qualitätsstufen, zur Zufriedenheit mit der Sportstätte und Empfehlung zu deren Weiterentwicklung erhoben. Die Sportstätte kann auf diese Weise sehr genau aus subjektiver, sportpraktischer Sicht bewertet werden. Diese Ein-

schätzung kann die bautechnisch erhobene Aufnahme der Mängel ergänzen. Da die subjektive Sicht der Sporttreibenden in einer ingenieurtechnisch ausgerichteten Kommunalverwaltung möglicherweise wenig Gewicht hat, kann eine Kombination aus den beiden genannten Verfahren nützlich sein.

- **Bautechnisch, sportfunktional-erfahrungsgeleitete Bewertung:** Die Begehung und Bewertung einer Sportstätte (z. B. Schulsporthalle, Schulhof, öffentlicher Freiraum) ist zwar sehr aufwendig, aber effektiv. Angehörige des Bau-, Grün-, Sport- und Schulamts, des organisierten Sports und bewegungswissenschaftlich sowie bautechnisch ausgerichtete Gutachterinnen und Gutachter bewerten gemeinsam vor Ort die bemängelte Sportstätte. Die festgestellten Defizite werden fotodokumentarisch und durch Tonbandprotokolle festgehalten. Die von den zuvor schriftlich befragten Nutzerinnen und Nutzern angegebenen Mängel in den Sportanlagen werden durch die Begutachtenden geprüft. Die als besonders sanierungsbedürftig eingeschätzten Anlagen, deren Schäden kurzfristig behoben werden können, um höhere Folgeschäden zu vermeiden, werden in eine Dringlichkeitsliste aufgenommen. Diese Anlagen werden daraufhin mit jenen verglichen, welche die Stadt im Rahmen einer eigenen Analyse selbst als sanierungsbedürftig eingestuft hat. Dieses Verfahren hat den Vorteil, dass die sozialen und sportbezogenen Wirkungen eines Mangels für den Sport und den Sozialraum am konkreten Objekt erklärt werden und erfahrbar gemacht werden können.

- **Sportpraktische Bewertung:** In der Annahme, dass Sporträume stets durch soziale Praktiken der beteiligten Akteurinnen und Akteure produziert, verändert und angeeignet werden (Löw, 2015), reicht zur Einschätzung der zu erhebenden Raumqualitäten eine rein quantita-

---

3   Diese Verfahren wurden von der Autorin und dem Autor in zahlreichen kommunalen Sportentwicklungsplanungen durchgeführt. Sie können im Internet auf der Website der jeweiligen Stadt unter dem Stichwort „Sportentwicklungsplanung" gefunden werden.

tive Methode (schriftliche Bewertung der Sportstätte) nicht aus. Für die Erforschung von Bewegungsraumqualitäten sollten daher zusätzliche Werkzeuge eingesetzt werden, welche insbesondere die nutzenden Personen von Bewegungsräumen selbst mit einbeziehen (z. B. das Tool „SpaceMark"; Ruhl & Rohkohl, 2016). Raumdimensionen wie „flexibel – fest" (z. B. „Auf welche Art und Weise ermöglichen die im Sportraum befindlichen Elemente, z. B. *Obstacles* in einem Skatepark, eine Neuanordnung zur Ausführung weiterer Bewegungsaktivitäten oder schränken diese ein, weil die Elemente zu schwer sind, sie jemand anderem gehören, sie fest installiert sind o. Ä.?"), „offen – hierarchisch" (z. B. „Auf welche Art und Weise, durch Markierungen am Boden, räumliche Grenzen wie Zäune und Türen, lädt der Raum Personen zur Nutzung ein?"), „anregend – zurückhaltend" (z. B. „Auf welche Art und Weise inspiriert der Raum, wie durch die Bereitstellung von verschiedensten Ressourcen und das Anregen aller Sinne, die die Nutzerinnen und Nutzer zur Ausführung (neuer) Bewegungsformen?") und „ganzheitlich – fokussiert" (z. B. „Auf welche Art und Weise ist der Raum u. a. bezüglich Erreichbarkeit, Aushang von Informationen oder Information über den Raum mit dem Wohnumfeld verbunden?") können dabei unterstützen, einen Raum im Hinblick auf seine aktuelle Qualität zu bewerten und ihn insbesondere hinsichtlich einer zukünftigen Nutzung auf die Bedürfnisse der zu nutzenden Personen ausgerichtet zu entwickeln bzw. zu gestalten.

Sozialmonitoring zur Feststellung der Sozialstruktur

Zur Erhebung der sozialstrukturellen Daten kann auf ein **Sozialmonitoring** zurückgegriffen werden. Dieses ist ein kleinräumliches System, das die Sozialstruktur der Bevölkerung betrachtet und jeweils unter dem Gesichtspunkt des Status quo und der Entwicklung in den vergangenen drei Jahren analysiert. Erfahrungsgemäß liegen einer Stadt, insbesondere den mittleren und kleineren Kommunen, keine umfassenden Daten zur Sozialstruktur der Bevölkerung vor. Folgende sechs **Indikatoren**, bezogen auf die wohnberechtigte Gesamtbevölkerung im Untersuchungsraum, werden bei den meisten Kommunen untersucht, weil sie auch Informationen zu Sozialtransferleistungen enthalten:

- Kinder mit Migrationshintergrund unter 18 Jahren
- Kinder von Alleinerziehenden unter 18 Jahren
- Empfängerinnen und Empfänger von Leistungen zur Grundsicherung nach dem SGB II
- Anteil der Arbeitslosen an der Bevölkerung im erwerbsfähigen Alter
- Nicht erwerbsfähige Hilfebedürftige unter 15 Jahren
- Empfängerinnen und Empfänger von Leistungen nach SGB XII

Die Daten werden zu einem Gesamtindex zusammengefasst, dessen Werteverteilung in einer Karte dargestellt wird. Sie wird als Basis für die Bewertung der Situation und Bedarfe im Sport herangezogen. Sowohl die quantitativ als auch die qualitativ erhobenen

Daten können in einem Geographischen Informationssystem erfasst, bearbeitet, ausgewertet und visualisiert werden. Aus ihnen lassen sich Maßnahmen zur Verbesserung der Spiel-, Sport- und Bewegungsraumqualität in den jeweiligen Sozialräumen ableiten.

Die theoretische Vermutung einer Benachteiligung der Menschen in sozial schlecht gestellten Wohnvierteln muss empirisch belegt werden. Sind in Wohnquartieren, in denen Menschen belastende soziale Lebensverhältnisse erleben, auch Sportstätten und Bewegungsräume in einem Zustand, welcher den Eindruck einer Geringschätzung der dort lebenden Menschen verstärkt oder bestätigt?

17.4 Anwendungsbeispiel

Das Ziel der Bundesstadt Bonn war es, bezogen auf die räumlichen Rahmenbedingungen des Sporttreibens, möglichst allen Menschen den Zugang zu Sport zu ermöglichen (Kähler et al., 2019a). Da sich die statistischen Bezirke einer Stadt wie Bonn aufgrund der verschiedenen Lebensbedingungen und der Chancen, die ihre Weiterentwicklung bieten, sehr unterschiedlich entfalten, wurden die Ergebnisse aus den Bestands- und Bedarfsanalysen (z. B. Befragung der Bevölkerung, Sportvereine, Schulen, Kindertagesstätten, Sportstättenuntersuchung) auch vor dem Hintergrund einer integrierten, stadtteilorientierten Untersuchung betrachtet (Kähler, 2014). Unter Hinzunahme einer sozialräumlichen Analyse sollte aufgezeigt werden, ob bestimmte statistische Bezirke als räumliche Grundlage von Bonn mit Sportstätten unterversorgt sind, ob sich deren Qualitäten unterscheiden und in welchen statistischen Bezirken sich die Bevölkerung so verändern wird, dass die Stadt auch im Bereich der Sportstätten Maßnahmen ergreifen und stadtentwicklungspolitische Handlungsbedarfe ableiten sollte.

In einem ersten Schritt wurde daher zunächst die soziale Lage der Bevölkerung aus sozialräumlicher Sicht untersucht (◘ Abb. 17.2). Ziel war es, die statistischen Bezirke Bonns hinsichtlich mehrerer Merkmale des Themenfelds „Soziale Ungleichheit" im gesamtstädtischen Vergleich zu identifizieren und zu analysieren. Insgesamt gibt es demnach sechs statistische Bezirke, die einen „sehr niedrigen" Statusindex aufweisen, und drei von ihnen weisen darüber hinaus eine „negative" Dynamik (d. h. eine negative Entwicklungstendenz in allen Indikatoren) in den letzten drei betrachteten Jahren auf (◘ Abb. 17.2).

Anhand des Datenmaterials aus den Bestands- und Bedarfsanalysen wurde die Qualität der Sporthallen und öffentlichen Freiräume in den statistischen Bezirken bewertet. Die meisten Anlagen wiesen erhebliche Mängel auf, die aus Sicht der Sportlerinnen und Sportler sowie Lehrenden die Ausübung des Sports deutlich beeinträchtigten oder sogar verhinderten und als Gesundheits- oder Verletzungsgefahr eingeschätzt wurden.[4] Auch die technischen Anlagen waren, soweit dies durch eine augenscheinliche Prüfung sichtbar war, einer dringenden erweiterten ingenieurtechnischen Prüfung auf Funktionsfähigkeit zu unterziehen. Mehrere Belüftungen waren defekt, Fenster undicht, Temperaturregulierungen kaum möglich und Isolierungen veraltet. Auch die Außenanlagen waren bis auf wenige Fälle in einem Zustand, der einen regelgerechten Sportunterricht oder ein Vereinstraining nicht möglich macht.

Die Kleinspielfelder (◘ Abb. 17.3) und leichtathletischen Anlagen waren größtenteils unbrauchbar, defekt, ungepflegt und veraltet, insbesondere die Kunststoffböden der älteren Spielfelder. Die Mängel hängen nicht nur vom Alter der Anlagen ab, sondern auch von der Fürsorge und Pflege

---

4   Die konkreten Mängel sind im Gutachten nachzulesen (Kähler et al., 2019a); zum Beispiel Augsburg (Kähler et al., 2017).

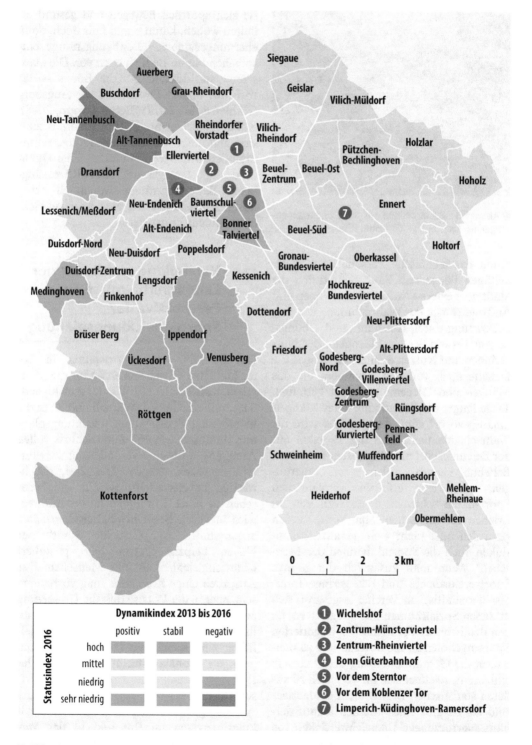

■ **Abb. 17.2** Räumliche Darstellung des Sozialmonitorings der Bundesstadt Bonn auf Grundlage der statistischen Bezirke. (Nach Kähler et al., 2019a)

◘ Abb. 17.3 Kleinspielfeld auf einer öffentlich zugänglichen Sportanlage. (© Robin Kähler)

sie sich sportlich bewegen und gesund erhalten wollen, kaum – und falls doch, dann eher ungeeignete – Bewegungsräume entsprechend ihren Bedürfnissen vor. Die „besseren" statistischen Bezirke Bonns – das trifft auf andere Großstädte wie Augsburg (Kähler et al., 2017), Berlin (Wopp, 2008), Köln (Kähler et al., 2019b) ebenfalls zu – sind mit ihrer anderen Bebauung, naturräumlichen Umgebung und höheren Qualität der Sportanlagen und öffentlich zugänglicher Bewegungsräume wesentlich privilegierter. Hierauf muss eine **Sportentwicklungsplanung** antworten.

durch das technische Personal, der regelmäßigen Pflege und Sauberkeit durch die Stadt oder externe Auftragnehmerinnen und Auftragnehmer, der Wahrnehmung der Verantwortung durch das Lehr- und Übungspersonal sowie der Nachlässigkeit der Nutzerinnen und Nutzer. Schließlich hängen die Defizite auch von den Abläufen, die das Mängel- und Pflegemanagement betreffen, ab. Je länger die Beseitigung eines Mangels hinausgezögert wird, desto größer wird die Wahrscheinlichkeit, dass das Problem mit der Zeit anwächst und die Kosten für dessen Behebung steigen werden. Wenn Sanierungen nicht zügig erfolgen, verwahrlosen Sportstätten schleichend. Sie verlieren im Erleben der Menschen ihren Wert, werden gemieden oder nicht mehr genutzt. Damit sinken auch die Sportaktivitäten der Menschen. Wenn man zusätzlich die geringe Sportvereinsdichte und das geringe Interesse der städtischen Vereine insgesamt, sich in diesen Sozialräumen mit integrativen, an den Bedürfnissen der Menschen orientierten Sportangeboten an die Bevölkerung zu richten, in die Gesamtbewertung der Quartiere einbezieht, zeichnet sich im Vergleich zu anderen statistischen Bezirken ein eindeutiges Bild ab. Es gibt eine räumlich identifizierbare, **sportbezogene Ungleichwertigkeit von Sportstätten und -räumen**. Die Menschen in den benachteiligten Quartieren finden, wenn

17.5 Herstellung gleichwertiger Lebensverhältnisse aus der Perspektive der Sportentwicklungsplanung

Die Situation der Sportstätten in benachteiligten Sozialräumen ist für die Menschen, insbesondere für Kinder und Jugendliche, unbefriedigend. Wie soll und kann die kommunale Sportstättenentwicklungsplanung darauf reagieren? Zum Schluss sollen Anregungen für eine Veränderung der Situation gegeben werden. Das Ziel, gleichwertige Lebensverhältnisse für die Menschen in einer Kommune herbeizuführen, wird in vielen **Stadtentwicklungskonzepten** angemahnt. Die „Gerechte Stadt" der Neuen Leipzig Charta 2020 postuliert Chancengleichheit für alle Menschen. Der Anspruch einer Kommune mag vorhanden sein, aber in der Praxis stößt die Umsetzung auch in Bezug auf den Bereich Sport oft an ihre Grenzen. Die Gründe hierfür sind vielfältig: eine schwierige Haushaltssituation, geringe Personalausstattung im Bereich der Projektsteuerung der Kommune, unwirtschaftliche Sanierung oder Modernisierung von mängelbehafteten Sportstätten, Partikularinteressen im Rat und in der Verwaltung der Stadt, geringe Unterstützung des Sports in Bevölkerung, Politik und Verwaltung, Konkurrenz um die knappen Flächen in der Kommune (▶ Kap. 21), keine passenden Förderprogramme zur Mitfinanzierung von Projekten, schlechte Erfahrungen der Kommune mit bestimmten Gruppen in Sozialräumen, keine Unterstützung seitens der Sportvereine, Probleme der Zuständigkeit innerhalb der Stadtverwaltung, nur um die wichtigsten zu nennen. Es gibt auch gelungene Beispiele dafür, wie die Sportraumsituation in benachteiligten Sozialräumen verbessert werden kann (Kähler et al., 2019b). Die Evaluation der Umsetzung dieser gelungenen Projekte hat gezeigt, dass es allerdings zusätzlich zur Bereitstellung von Bewegungsräumen in benachteiligten Sozialräumen eines sozialen Netzwerks von engagierten Menschen und Einrichtungen bedarf (▶ Kap. 16). Sie sorgen dafür, dass die Bewegungsräume dauerhaft sicher sind, gepflegt werden und auch allen Menschen zugänglich bleiben. Räumliche und soziale Fürsorge und Interventionen gehören in **benachteiligten Quartieren** zusammen.

❓ Übungs- und Reflexionsaufgaben

1. Identifikation von benachteiligten Sozialräumen: Wählen Sie begründet Sozialindikatoren zur Beschreibung der Sozialräume einer Stadt Ihrer Wahl nach Stadtteilen oder statistischen Bezirken aus. Ermitteln Sie die benachteiligten städtischen Quartiere. Durchstreifen Sie eines der identifizierten Viertel und dokumentieren Sie die dort gefundenen Sportstätten und Bewegungsräume mit Ihrem Smartphone. Bewerten Sie selbst, ob Sie sich dort wohlfühlen würden. Schicken Sie Ihre Daten und Bewertung, wenn Sie wollen, an die Stadt.
2. Suchen Sie im Internet nach kommunalen Sportentwicklungsplanungen der letzten fünf bis zehn Jahre. Prüfen Sie, ob darin das Thema „Sportstätten und -angebote in benachteiligten Soz-

ialräumen" im Detail bearbeitet und praktische Empfehlungen gegeben wurden. Fragen Sie bei der Stadt telefonisch nach oder prüfen Sie im Internet, ob die Empfehlungen des Gutachtens umgesetzt wurden – und wenn nicht, warum.

Zum Weiterlesen empfohlene Literatur
Häußermann, H., & Siebel, W. (2004). *Stadtsoziologie. Eine Einführung.* Campus.
Spatschek, C., & Wolf-Ostermann, K. (2016). *Sozialraumanalysen: Ein Arbeitsbuch für soziale, gesundheits- und bildungsbezogene Dienste.* UTB.

Literatur

Alt, R., Binder, A., Helmenstein, C., Kleissner, A., & Krabb, P. (2015). *Der volkswirtschaftliche Nutzen von Bewegung. Volkswirtschaftlicher Nutzen von Bewegung, volkswirtschaftliche Kosten von Inaktivität und Potenziale von mehr Bewegung* (Studie im Auftrag der Österreichischen Bundes-Sportorganisation (BSO) und Fit Sport Austria). SportsEconAustria. https://www.sportaustria.at/fileadmin/Inhalte/Dokumente/Initiative_Sport/Studie_Volkswirtschaftlicher_Nutzen_Sport.pdf. Zugegriffen am 24.05.2022.
Bertelsmann Stiftung. (2020). *Kinderarmut in Deutschland-Factsheet.* https://www.bertelsmannstiftung.de/fileadmin/files/BSt/Publikationen/GrauePublikationen/291_2020_BST_Facsheet_Kinderarmut_SGB-II_Daten__ID967.pdf. Zugegriffen am 24.06.2022.
Bindel, T. (2011). *Feldforschung und ethnographische Zugänge in der Sportpädagogik.* Shaker.
BMG – Bundesministerium für Gesundheit. (2010). *Nationales Gesundheitsziel. Gesund aufwachsen: Lebenskompetenz, Bewegung, Ernährung.* https://gvg.org/wp-content/uploads/2022/01/Nationales_Gesundheitsziel_Gesund_aufwachsen_2010.pdf. Zugegriffen am 25.04.2022.
Boesch, E. E. (1991). *Symbolic action theory and cultural psychology.* Springer.
Diketmüller, R. (2019). Zur Räumlichkeit des Sozialen in Bewegungs-/Raum-/Analysen und ihr Beitrag für sozial verantwortete Interventionen. In E. Balz & T. Bindel (Hrsg.), *Sport für den Men-*

schen – sozial verantwortliche Interventionen im Raum (S. 23–42). Feldhaus.

Drasdo, F. (2018). Der Mensch im Raum. Über verschiedene Verständnisse von Raum in Planung und Sozialwissenschaften und theoretische Ansätze zu Mensch-Raum-Beziehungen. Universität Stuttgart.

Farley, T. A., Meriwether, R. A., Baker, E. T., Rice, J. C., & Webber, L. S. (2008). Where do children play? Journal of Physical Activity and Health, 5(2), 319–331.

Friedrichs, J., & Blasius, J. (2000). Leben in benachteiligten Wohngebieten. Leske + Budrich.

Gehl, J. (2019). Städte für Menschen (5. Aufl.). Jovis.

Groos, T., & Jehles, N. (2015). Der Einfluss von Armut auf die Entwicklung von Kindern. https://www.bertelsmann-stiftung.de/fileadmin/files/BSt/Publikationen/GrauePublikationen/03_Werkstattbericht_Einfluss_von_Armut_final_Auflage3_mU.pdf. Zugegriffen am 03.08.2022.

Hägerstrand, T. (1970). What about people in regional science? Papers of the Regional Science Association, 24(1), 7–21.

Hanson, M., & Chen, E. (2007). Socioeconomic status and health behaviors in adolescence: A review of the literature. Journal of Behavioral Medicine, 30(3), 263–285.

Hasse, J. (2015). Was Räume mit uns machen – und wir mit ihnen. Kritische Phänomenologie des Raumes. Karl Alber.

Häußermann, H. (2001). Aufwachsen im Ghetto? In K. Bruhns & W. Mack (Hrsg.), Aufwachsen und Lernen in der Sozialen Stadt (S. 37–51). Springer.

Häußermann, H., & Siebel, W. (2004). Stadtsoziologie. Eine Einführung. Campus.

Kähler, R. (2014). Konzepte Integrierter Sportentwicklungsplanung. In A. Rütten, S. Nagel & R. Kähler (Hrsg.), Handbuch Sportentwicklungsplanung (S. 129–137). Hofmann.

Kähler, R. (2015). Grundlagen einer kommunalen Freiraumplanung für Spiel-, Sport- und Bewegungsräume. In R. Kähler (Hrsg.), Städtische Freiräume für Sport, Spiel und Bewegung (S. 49–68). Feldhaus.

Kähler, R., & Schröder, S. (2012). Gutachten für die Sportentwicklungsplanung der Landeshauptstadt Kiel. https://www.kiel.de/de/kultur_freizeit/sport_und_vereine/_dokumente_sportentwicklung/sportentwicklungsgutachten.pdf. Zugegriffen am 03.08.2022.

Kähler, R., Brandl-Bredenbeck, H. P., & Eger, F.-J. (2017). Sport- und Bäderentwicklungsplan der Stadt Augsburg. https://www.augsburg.de/fileadmin/user_upload/freizeit/sport/sbep/gutachten%20sport-%20und%20baeder-entwicklungsplan.pdf. Zugegriffen am 03.08.2022.

Kähler, R., Rohkohl, F., & Fischer, M. (2019a). Gutachten zur Sportentwicklung der Bundesstadt Bonn. https://www.bonn.de/bonn-erleben/aktiv--und-unterwegs/sportentwicklungsplan.php. Zugegriffen am 03.08.2022.

Kähler, R., Thieme, L., Brandl-Bredenbeck, H. P., & Fischer, M. (2019b). Gutachten Sportentwicklungsplanung. https://www.stadt-koeln.de/mediaasset/content/pdf52/20190121_gesamtdokument_m_anhang_klein_bfrei.pdf. Zugegriffen am 05.08.2022.

Kessel, F. (2019). Sozialraum oder pädagogischer Ort? Ein Versuch der Einordnung gegenwärtiger Raum-Konjunkturen. In E. Balz & T. Bindel (Hrsg.), Sport für den Menschen – sozialverantwortliche Interventionen im Raum (S. 13–22). Feldhaus.

Lampert, T. (2010). Frühe Weichenstellung. Zur Bedeutung der Kindheit und Jugend für die Gesundheit im späteren Leben. Bundesgesundheitsblatt – Gesundheitsforschung – Gesundheitsschutz, 53(5), 486–497.

Lampert, T., & Richter, M. (2009). Gesundheitliche Ungleichheit bei Kindern und Jugendlichen. In M. Richter & K. Hurrelmann (Hrsg.), Gesundheitliche Ungleichheit. Grundlagen, Probleme, Perspektiven (S. 209–230). Verlag für Sozialwissenschaften.

Leyk, M. (2010). Von mir aus … Bewegter Leib – Flüchtiger Raum. Studie über den architektonischen Bewegungsraum. Königshausen & Neumann.

Lischka, D. (2000). Sportgelegenheiten in Regensburg. Ein sportpädagogischer Beitrag zur Konzeption und Empirie der Sportstättenentwicklung. Diss. Universität Regensburg. https://epub.uni-regensburg.de/9895/1/Sportdiss.pdf. Zugegriffen am 25.06.2022.

Löw, M. (2015). Raumsoziologie. Suhrkamp.

Nowossadeck, S., Wettstein, M., & Cengia, A. (2021). Körperliche Aktivität in der Corona-Pandemie: Veränderungen der Häufigkeit von Sport und Spazierengehen bei Menschen in der zweiten Lebenshälfte. (DZA aktuell deutscher alterssurvey, 03/2021). https://www.dza.de/fileadmin/dza/Dokumente/DZA_Aktuell/DZA_Aktuell_03_2021_Koerperliche_Aktivitaet_in_der_Corona-Pandemie.pdf. Zugegriffen am 02.08.2022.

RKI – Robert Koch-Institut. (2015). Welche Faktoren beeinflussen die Gesundheit? https://www.rki.de/DE/Content/Gesundheitsmonitoring/Gesundheitsberichterstattung/GBEDownloadsGiD/2015/03_gesundheit_in_deutschland.pdf?__blob=publicationFile. Zugegriffen am 05.08.2022.

RKI – Robert Koch-Institut. (2018). Soziale Unterschiede im Gesundheitsverhalten von Kindern und Jugendlichen in Deutschland – Querschnittergebnisse aus KiGGS Welle 2. Journal of Health Monitoring, 3(2), 45–63.

Ruhl, E., & Rohkohl, F. (2016). SpaceMark – Ein Tool zur Analyse räumlicher Qualitäten von Lern-

17

räumen. In R. Hildebrandt-Stramann & A. Probst (Hrsg.), *Pädagogische Bewegungsräume – aktuelle und zukünftige Entwicklungen* (S. 104–110). Feldhaus.

Rütten, A., & Pfeifer, K. (Hrsg.). (2016). *Nationale Empfehlungen für Bewegung und Bewegungsförderung* (Sonderheft 03 – Forschung und Praxis der Gesundheitsförderung). Bundeszentrale für gesundheitliche Aufklärung.

Seamon, D. (2014). Place attachment and phenomenology, the synergistic dynamism of place. In L. C. Manzo & P. Devine-Wright (Hrsg.), *Place attachment, advances in theory, methods and applications* (S. 11–22). Routledge.

Spatschek, C., & Wolf-Ostermann, K. (2016). *Sozialraumanalysen: Ein Arbeitsbuch für soziale, gesundheits- und bildungsbezogene Dienste*. UTB.

Stadt Essen. (2020). *Handbuch Essener Statistik Soziales – Gesundheit 1987–2020*. https://media.essen.de/media/wwwessende/aemter/12/handbuch/Soziales_Gesundheit.pdf. Zugegriffen am 04.08.2022.

Statista. (2022). *Jährliche Gesundheitsausgaben in Deutschland in den Jahren von 1992 bis 2020*. https://de.statista.com/statistik/daten/studie/5463/umfrage/gesundheitssystem-in-deutschland--ausgaben-seit-1992. Zugegriffen am 25.04.2022.

Ungerer-Röhrich, U., Sygusch, R., & Bachmann, M. (2006). Soziale Unterstützung und Integration. In K. Bös & W. Brehm (Hrsg.), *Handbuch Gesundheitssport* (S. 369–378). Schorndorf.

Wagner, P., & Alfermann, D. (2006). Allgemeines und physisches Selbstkonzept. In K. Bös & W. Brehm (Hrsg.), *Handbuch Gesundheitssport* (S. 334–345). Schorndorf.

Wallrodt, S., & Thieme, L. (2021). *Grundlagen für einen digitalen Sportstättenatlas*. Bundesinstitut für Sportwissenschaft.

Weidinger, J. (2017). Zum Erleben räumlicher Atmosphären und den sich daraus eröffnenden Potenzialen, qualitätsvolle Bewegungsangebote im städtischen Raum umzusetzen. In H. Wäsche, G. Sudeck, R. Kähler, L. Vogt, & A. Woll (Hrsg.), *Bewegung, Raum und Gesundheit* (S. 13–21). Feldhaus.

Wopp, C. (2008). *Sportentwicklungsplanung in Berlin*. Universität Osnabrück. https://lsb-berlin.net/fileadmin/redaktion/doc/downloads/sportentwicklungsberichte/Sportentwicklungsplanung_Berlin_2008.pdf. Zugegriffen am 06.08.2022.

Wopp, C. (2012). *Orientierungshilfe zur kommunalen Sportentwicklungsplanung*. Landessportbund Hessen e. V.

Die identitätsstiftende Wirkung von Sportstätten und Sportvereinen – der Hockenheimring und der 1. Fußballclub Kaiserslautern

Paul Gans und Michael Horn

Identifikationsobjekt im Stadtbild von Kaiserslautern. (© Paul Gans und Michael Horn)

P. Gans et al. (Hrsg.), *Sportgeographie*, https://doi.org/10.1007/978-3-662-66634-0_18

Inhaltsverzeichnis

Einleitung

Sportveranstaltungen prägen je nach ihrer Größe, ihrem Prestige und der Reichweite ihrer **Ausstrahlung** den Bekanntheitsgrad des Austragungsorts und auch der Region, in der er liegt (▶ Kap. 13). Diese Außenwahrnehmung kann zusätzlich von den zur Organisation der Events erforderlichen Infrastrukturen befördert werden. Sie ermöglichen beispielsweise in Abhängigkeit von ihrer Gestaltung ein breit gefächertes Angebot sportlicher wie auch nichtsportlicher Aktivitäten und erreichen dadurch eine hohe Nutzungsintensität. Schon allein die Architektur des Stadions oder der Sporthalle (▶ Kap. 23) sowie die Geschichte der Sportstätte können das Ansehen des Orts erhöhen, ebenso Vereine oder Sportlerinnen und Sportler, die nationale oder internationale Erfolge erzielten. Der daraus resultierende **Bekanntheitsgrad**, der Ruf des Orts, beeinflusst seine **Wahrnehmung**, stärkt das Selbstwertgefühl der Einwohnerinnen und Einwohner und festigt ihre Bindung an den Ort. Hochwertige Sportstätten und -veranstaltungen, Persönlichkeiten im Sport wie erfolgreiche Vereine können zu konstitutiven Komponenten der **regionalen Identität** werden. Dieser Aussage wird am Beispiel des Hockenheimrings und des Fußballclubs 1. FC Kaiserslautern nachgegangen.

Nach einer kurzen Einführung des Begriffs „regionale Identität" werden Ergebnisse zweier empirischer Studien zu den beiden Fallbeispielen vorgestellt. Eine vergleichende Betrachtung schließt den Beitrag ab.

18.1 Regionale Identität

Zu den **sozialen Wirkungen**, die mit der Durchführung von Sportgroßveranstaltungen seitens der Besucherinnen und Besucher entstehen können, zählen die sportliche Unterhaltung, die Entstehung eines Gemeinschaftsgefühls innerhalb der Gruppen von Zuschauerinnen und Zuschauern, die Förderung der Gesundheit durch Motivation zu eigener sportlichen Betätigung und die Vermittlung von (sportlichen) Werten. Aber auch unabhängig von einem Besuch der Veranstaltung oder der Sportstätte können sich soziale Effekte seitens der Bevölkerung einstellen, wenn die Austragung eines sportlichen Spitzenereignisses oder das Vorhandensein eines Vereins identitätsstiftend wirkt (Gans et al., 2003; Horn & Gans, 2012).

Im Duden wird **Identität** als völlige Übereinstimmung von Personen oder Objekten definiert. Diese Wesensgleichheit zu erkennen, setzt die Identifizierung von Subjekten oder Gegenständen voraus. Dazu ist ein Set zahlreicher „kontext- und situationsspezifischer Merkmale" (Weichhart, 2018, S. 910) zur Beschreibung der Unverwechselbarkeit der Untersuchungsobjekte unabdingbar (Wachter, 2016, S. 8). **Regionale Identität** basiert demnach auf dem Identifikationsprozess einer Person, der die kognitive Erfassung eines Raumausschnitts umfasst und dazu führen kann, dass sich diese Person mit einem Ort oder einer Region identifiziert. Raumbezogene Identifikation entspricht somit der gedanklichen Beschreibung und emotionalen Beurteilung jener Elemente in der als räumlich wahrgenommenen Lebensumwelt, die ein Individuum in seinem Bewusstsein oder eine Gruppe in der gemeinsamen Einschätzung einbezieht (Weichhart, 2018, S. 911 f.).

Die Beschäftigung der Bevölkerung mit ihrer Lebensumwelt verdichtet im Laufe der Zeit regionales Wissen. Die Qualität der kognitiven Komponente bessert sich, das alltägliche Leben kann entsprechend den individuellen Bedürfnissen optimiert werden, die Zufriedenheit der Bewohnerinnen und Bewohner, in diesem Ort oder dieser Region zu leben, erhöht sich gewöhnlich. Mit dieser Entwicklung geht eine enger werdende emotionale Bindung einher, eine affektive Identifikation, die letztendlich im aktiven Engagement für den Ort oder die Region münden kann. Diese konative Artikulation steht für den Zugehörigkeitswillen einer Person zur Region (Lindstaedt, 2006, S. 88) und verdeutlicht nachdrücklich den Einfluss der **Innenwahrnehmung** durch den Lebensalltag auf die Ausformung wie den Grad der Bindung einer Person an einen Ort oder eine Region. Hierzu tragen Stärken der Region wie die dortige Lebensqualität, national oder gar international bekannte Institutionen, Vereine oder Persönlichkeiten bei.

Nach Schmidt und Bergmann (2013) verlieren allerdings tradierte gesellschaftliche, politische und soziale Einrichtungen in der Bevölkerung zunehmend ihre identitätsstiftende Wirkung, während der Bereich Sport noch an Bedeutung gewinnt. So können die großen Sportverbände in Deutschland (DFB und DOSB) und die großen Fußballvereine ihre Mitgliederzahlen steigern, während z. B. Gewerkschaften, Parteien und Kirchen Mitglieder verlieren.

Die Bedeutung des Fußballsports wurde als **identitätsstiftender Faktor** für die Bevölkerung vielfach untersucht, und es wurde die These vertreten, dass gerade in strukturschwachen Regionen mit einer hohen Arbeitslosigkeit das Vorhandensein eines Bundesligavereins einen wichtigen Identifikationspunkt darstellen kann (▶ Kap. 13). Ebenso kann die Ausrichtung eines herausragenden Sportereignisses identitätsstiftend auf die Bevölkerung wirken, wenn Stolz darüber erzeugt wird, dass die eigene Nation, Region und Stadt als Austragungsort für eine bedeutende Veranstaltung ausgewählt wurde, wenn die lokalen kulturellen Traditionen der Weltöffentlichkeit präsentiert werden, wenn man Gastgeber von vielen ausländischen Sportlern, Journalisten und Besuchern ist und wenn man mit einer gelungenen Organisation der Veranstaltung die eigene Leistungsfähigkeit demonstriert (Klein, 1996; Schmidt & Bünning, 2012). Ein bekanntes Beispiel dafür ist die FIFA Fußball-Weltmeisterschaft 2006, welche nicht nur das Bild Deutschlands in der Welt

positiv verändert hat, sondern auch zu einem neuen positiveren Selbstverständnis der in Deutschland lebenden Menschen beitrug (BMI & DOSB, 2021). Dementsprechend gehört zu den Subzielen der Nationalen Strategie Sportgroßveranstaltungen, die gemeinsam von dem Bundesministerium des Innern und für Heimat (BMI) und dem Deutschem Olympischen Sportbund (DOSB) erarbeitet wurde, „[…] die Identifikation mit Deutschland zu erhöhen und damit den geselllschaftlichen Zusammenhang zu stärken" (BMI & DOSB, 2021, S. 17).

Zur Verbesserung des Zusammengehörigkeitsgefühls ist allerdings erforderlich, dass innerhalb der Bevölkerung eine gewisse Einigkeit besteht und zumindest eine Mehrheit der Einwohnerinnen und Einwohner der Ausrichtung einer Sportgroßveranstaltung (▶ Kap. 12) oder dem Bau einer Sportstätte zustimmt (▶ Kap. 23). Dies kann nicht immer vorausgesetzt werden. Die Durchführung einer Veranstaltung kann etwa wegen Bedenken hinsichtlich des Umweltschutzes oder zu starker Kommerzialisierung auf Widerstand treffen und einen sozialen Dissens hervorrufen (Horn & Zemann, 2006; Schallhorn, 2020). Als ein Beispiel für die Stärkung des Zusammengehörigkeitsgefühls werden in der Literatur die Olympischen Spiele von Barcelona 1992 genannt. Die offensichtlich sportlich und organisatorisch erfolgreichen Spiele sollen eine Annäherung zwischen Katalanen und Spaniern bewirkt haben (Garcia, 1993; Ferrando & Hargreaves, 2001, S. 63).

18.2 Hockenheimring und 1. FC Kaiserslautern als regionale Identifikationsobjekte – ein Vergleich

Im Mai 1932 wurde der Hockenheimring, damals eine Strecke aus unbefestigten Waldwegen, mit einem Motorradrennen vor

60.000 Zuschauerinnen und Zuschauern eröffnet. Bis heute erhielten Um- und Ausbaumaßnahmen die Attraktivität des Rings für den Motorsport. 1970 gastierte der Formel-1-Grand-Prix erstmals auf dem Ring, und von 1977 bis 2008 fand alljährlich der medienwirksame Große Preis von Deutschland statt, seit 2009 im Wechsel mit dem Nürburgring. 2019 war die letzte Austragung infolge der mit dem Rennen verbuchten finanziellen Verluste. Die Hockenheim-Ring GmbH hatte als Betreiberin das Eventangebot frühzeitig diversifiziert. Regelmäßige Veranstaltungen sind z. B. Motorradrennen, die NitrOlympiX seit 1986, die Public Race Days seit 1995, das Eröffnungsrennen wie das Finale der Deutschen Tourenwagen-Meisterschaft (DTM) seit 2000, der BASF Firmencup seit 2003, ein Laufwettbewerb, an dem sich mehr als 750 Unternehmen beteiligen, oder das Formula Student Germany seit 2007 (Hockenheim-Ring GmbH, 2021; ▶ Kap. 10).

Der 1. FC Kaiserslautern wurde 1900 als Sportverein gegründet. Bekannt wurde er durch seine Fußballer, vor allem durch Fritz Walter, die den Kern der Weltmeistermannschaft 1954 stellten. Der Verein zählte zu den Gründungsmitgliedern der 1. Fußball-Bundesliga, war viermal Deutscher Meister und zweimal Pokalsieger. Nach mehreren sportlichen Abstiegen aus erster und zweiter Bundesliga konnte der Verein im Mai 2022 den Wiederaufstieg in die 2. Fußball-Bundesliga feiern. Der 1. FC Kaiserslautern gehört mit ca. 17.000 Mitgliedern zu den mitgliederstärksten Vereinen Deutschlands und kann auch in der 2. und 3. Liga vergleichsweise hohe Zuschauerzahlen bei seinen Heimspielen begrüßen. Der Verein mit dem Fritz-Walter-Stadion auf dem Betzenberg ist ein Symbol für den Fußball in der Pfalz (1. FC Kaiserslautern GmbH & Co. KGaA, 2022).

Die Stadt Hockenheim und der Hockenheimring

Die Stadt Hockenheim mit knapp 22.000 Einwohnerinnen und Einwohnern (Ende 2021) wird mit Motorsport identifiziert. Der Hockenheimring steht symbolisch für diese Wahrnehmung. Die Stadt pflegt diese **Assoziation** und bezeichnet sich auf ihrer Webseite als „Rennstadt Hockenheim". Allerdings wirbt sie auch für das vor fast 60 Jahren eingeweihte Aquadrom u. a. mit dem größten Außenwellenbecken Deutschlands oder mit dem alljährlichen Rockevent auf dem Hockenheimring (Stadt Hockenheim, 2022). Welche Assoziationen verknüpft die Bevölkerung mit dem Ring? Wirkt die Rennstrecke identitätsstiftend? Welchen Stellenwert ordnen die Einwohnerinnen und Einwohner dem Ring für die Außenwahrnehmung Hockenheims zu?

Zur Beantwortung dieser Fragen wurde 2014 im Rahmen einer Erhebung zum Hockenheimring eine schriftliche Befragung von Einwohnerinnen und Einwohnern Hockenheims organisiert. Hierzu zog die Stadtverwaltung aus dem Melderegister eine Zufallsstichprobe von 1.500 Personen. Auf Grundlage der vorliegenden Anschriften wurde ein standardisierter Fragebogen mit geschlossenen wie offenen Fragen postalisch verschickt, in denen die Befragten ihre persönliche Meinung zum Ausdruck bringen konnten. Der Rücklauf umfasste 400 auswertbare Fragebögen, sodass die Quote 26,7 % erreichte. Die Kernfragen beziehen sich auf die Nennung der Stärken und Schwächen der Stadt Hockenheim, auf die Teilnahme an Veranstaltungen in der Stadt und die Art des Nutzens, den der Hockenheimring für die Stadt hat (Horn & Gans, 2018).

Die Bewohnerinnen und Bewohner Hockenheims fühlten sich in der Lebensumwelt, die ihnen die Stadt bietet, wohl. Die hohe Zufriedenheit spiegelt sich in den Antworten zu Stärken und Schwächen der Kommune wider. Bei bis zu drei möglichen Nennungen war die Summe der positiven Wertungen mit 719 Angaben deutlich größer als die negativen Beurteilungen mit 467 (◙ Tab. 18.1 und 18.2). Bei den Stärken haben unterschiedlichste Freizeitangebote einen hohen Stellenwert. Beliebt waren kulturelle Veranstaltungen im Pumpwerk oder in der Stadthalle und das Aquadrom, das vielfältige Aktivitäten wie Schwimmen, Wellenbaden, Sauna oder Schnorcheln ermöglicht. Die Nähe zu Pfälzer Wald oder Odenwald, die Wälder vor Ort sowie Rad- und Wanderwege in der unmittelbaren Umgebung stärken zusätzlich die Attraktivität der Stadt als Wohnstandort. Dazu tragen auch die Aktivitäten der Vereine sowie die Charakterisierung Hockenheims als „Stadt der kurzen Wege" bei. Die Befragten hoben die verkehrsgünstige Lage der Stadt hervor. Sie beurteilten sowohl die Anschlüsse mit ÖPNV als auch die Anbindung an das regionale wie überregionale Straßennetz als positiv, sodass z. B. die Erreichbarkeit der rechtsrheinischen großstädtischen Zentren in der Metropolregion Rhein-Neckar,

Mannheim und Heidelberg als insgesamt gut bezeichnet wurde.

Im Vergleich zu den bisher aufgeführten Stärken fiel angesichts der offiziellen Außendarstellung Hockenheims die Zahl der positiven Nennungen zum „Hockenheimring" mit gut 10 % deutlich geringer aus. Auf den ersten Blick mag diese Zurückhaltung überraschen, doch verweisen Stellungnahmen in der abschließenden offenen Frage auf eine hohe emotionale Bindung der Einwohnerinnen und Einwohner mit der Rennstrecke: „Ich bin stolz auf unseren Hockenheimring. Durch den Hockenheimring sind wir weltbekannt" und „Der Hockenheimring ist ein Teil von Hockenheim und bleibt aufgrund seiner Geschichte untrennbar mit der Stadt verbunden". Diese Aussagen vermitteln – trotz auch geäußerter kritischer Positionen – eine gemeinsame Einschätzung, ein **Wir-** und **Zusammengehörigkeitsgefühl** der Bevölkerung, das der **identitätsstiftenden Wirkung** des Rings Nachdruck verleiht. Die Rennstrecke ist für die Bewohnerinnen und Bewohner ein Alleinstellungsmerkmal von Hockenheim, nicht zuletzt wegen ihrer überragenden Bedeutung für die Außenwahrnehmung: „Der Ring ist für Hockenheim

◙ **Tab. 18.1**   Stärken der Stadt Hockenheim. (Nach eigener Auswertung der Bevölkerungsbefragung 2014)

Stärken	Erste Nennung		Alle Nennungen	
	abs.	in %	abs.	in %
Freizeitangebote	50	15,5	126	17,5
Gute Verkehrsanbindung	49	15,2	86	12,0
Lage, Erreichbarkeit	40	12,4	60	8,3
Hockenheimring	36	11,1	73	10,2
Aquadrom	32	9,9	60	8,3
Naherholung im Grünen	26	8,0	90	12,5
Sonstige Angaben	90	27,8	224	31,2
Summe	323	100,0	719	100,0
Keine Angabe	77	–	481	–

18

◘ **Tab. 18.2** Schwächen der Stadt Hockenheim. (Nach eigener Auswertung der Bevölkerungsbefragung 2014)

Schwächen	Erste Nennung		Alle Nennungen	
	abs.	in %	abs.	in %
Innenstadt	60	21,7	83	17,8
Freizeitangebote	43	15,6	63	13,5
Lärm	39	14,1	57	12,2
Einkaufsmöglichkeiten	24	8,7	46	9,9
ÖPNV	20	7,2	32	6,9
Hockenheimring	12	4,3	20	4,3
Sonstige Angaben	78	2,3	166	35,5
Summe	276	100	467	100,0
Keine Angabe	124	–	733	–

wie ein Wahrzeichen, wie der Eiffelturm in Paris." Darüber hinaus wurden auch Überzeugungen geäußert, dass ohne den Ring trotz der Lärm- und Verkehrsbelastungen im Zusammenhang mit den dortigen Großveranstaltungen die Lebensqualität in der Stadt leiden könnte: „Hockenheim ohne den Ring wäre ein unbedeutender Marktflecken und hätte keine Arbeitsplätze vor Ort. Die Kultur wäre nicht in solchem Maße zu finanzieren, z. B. Stadthalle, Pumpwerk, Sportvereine."

Die 30- bis 50-Jährigen und Befragte, die sich in der Stadt wohlfühlen, beurteilten den Hockenheimring besonders positiv. Die teilweise hohe Akzeptanz des Rings verdeutlicht folgende Stellungnahme: „Ich lebe selbst seit 46 Jahren in Hockenheim und bin hier aufgewachsen. Für mich gehört der Ring dazu. Er hat uns seit Jahrzehnten weltweit bekannt gemacht. Sicher kommt es schon immer zu gewissem Lärm und Beeinträchtigungen bei Großveranstaltungen. Aber im Prinzip weiß das jeder, der hier lebt bzw. sich für Hockenheim und Umgebung als Wohnort entscheidet. Deshalb kann ich persönlich das Gemeckere nicht nachvollziehen."

Sehr negativ bewertete Komponenten der Lebensumwelt waren Innenstadt und Einkaufsmöglichkeiten, großteils bedingt durch die zum Zeitpunkt der Befragung stattfindenden umfangreichen Maßnahmen zur Neugestaltung des zentral gelegenen Einkaufsbereichs (◘ Tab. 18.2). Befragte verwiesen auf die „Verödung der Innenstadt" oder auf das „Sterben des Einzelhandels" und beklagten in diesem Zusammenhang ein schlechtes Angebot im Einzelhandel. Die geringe Attraktivität der Innenstadt dokumentiert sich zudem in Äußerungen wie „fehlende Fachgeschäfte", „kein Flair", „geringe Ausgehmöglichkeiten" und in Verbindung damit die schwach bewertete Aufenthaltsqualität in der Innenstadt. Besonders bemängelt wurden zudem Gelegenheiten und Infrastrukturen für Kinder (z. B. Bolzplätze) und Jugendliche (z. B. Kino).

Zur Verbesserung der Situation erkennen Bürgerinnen und Bürger durchaus Potenziale, die sich auch aus dem Hockenheimring ergeben könnten: „Die Bekanntheit des Hockenheimrings hat eben ihren Preis (Lärm, Schmutz, Verkehrsbehinderungen). Schön wäre es, wenn durch den Hockenheimring die Innenstadt wieder belebter wäre." Allerdings bleibt zu vermuten, dass entsprechende Maßnahmen eine Zunahme von Verkehrs- und Lärmbelastungen bedeuten und damit eine oftmals genannte Schwäche eher noch verstärkt werden würde, denn als Lärmquellen werden vor allem Pkw- und Zugverkehr genannt und weniger die Veranstaltungen auf dem Hockenheimring.

Nur 4,3 % der befragten Bürgerinnen und Bürger stuften den Hockenheimring in der ersten Nennung wie bei der Berücksichtigung aller Fälle als eine Schwäche der Stadt ein. Im Umkehrschluss bedeutet dieses Ergebnis, dass die große Mehrheit der Befragten im Grundsatz eine eher positive Einstellung gegenüber dem Ring hat und wohl auch überzeugt ist, dass die Stadt ohne diese Infrastruktur mit den dort organisierten überwiegend sportlichen, aber auch kulturellen Veranstaltungen im Hinblick auf ihre ökonomische Basis wie ihres **Image** deutlich schlechter in der Metropolregion positioniert wäre: „Sehe den Ring positiv. Probleme gibt es aber genug: Dauerlärm, Dreck, Finanzen wegen Formel-1" oder: „Bin froh, dass es den Ring gibt, davon profitieren alle. Es wäre schön, wenn es in Zukunft mehr Konzerte geben würde. Der Ring soll lieber die Formel-1 abgeben, da wird eh nur Verlust gemacht." Aus diesem Grund finden seit 2020 keine Formel-1-Grand-Prix statt.

Insgesamt ist die Aufgeschlossenheit der Befragten gegenüber dem Ring hoch. So waren etwas mehr als 5 % der Befragten in Veranstaltungen auf dem Hockenheimring eingebunden, und ein Viertel wünschte sich eine stärkere Mitwirkung. Darin spiegelt sich die Kooperation zwischen Hockenheim-Ring GmbH und Sportvereinen vor Ort wider. Deren Mitglieder engagieren sich ehrenamtlich bei der Durchführung von Veranstaltungen, und als Gegenleistung unterstützt die Betreiberin des Rings die Vereine. Dieses aktive Engagement lässt eine enge **emotionale Bindung** zumindest von

Teilen der Bevölkerung zum Hockenheimring deutlich werden und kommt auch im wiederholt geäußerten Wunsch zum Ausdruck, Bürgerinnen und Bürger bei der Planung von Veranstaltungen stärker zu beteiligen und – mit Verweis auf das Konzert der Böhsen Onkelz 2014 – die Bevölkerung auch bei der Entscheidung, welche Musikgruppe auftreten soll, einzubeziehen. Vorteilhaft wäre zudem die Einbindung des Gemeinderats, die Berücksichtigung der Interessen des Einzelhandels und mehr Informationen für die Bevölkerung über Ablauf oder mögliche Verkehrsbehinderungen bei Veranstaltungen. 45 Befragte oder knapp 14 % wünschten sich in ihren schriftlichen Ausführungen zur Form der Einbindung seitens der Hockenheim-Ring GmbH verbilligte Eintrittspreise zu den Veranstaltungen für Hockenheimer Bürgerinnen und Bürger. Als Begründung wurde ein Ausgleich zu Lärmbelästigung und Verkehrsbehinderungen oder zur fehlenden Kapazitätsauslastung angegeben.

Die **emotionale Bindung** und damit die **affektive Identifikation** mit der Rennstrecke zeigt sich auch darin, dass trotz aller Kritik 2014 fast die Hälfte der Befragten eine Veranstaltung auf dem Ring besucht hat und fast jeder achte mindestens fünfmal bei einem Event war. In der Beliebtheit – gemessen durch den Anteil der Besuche – rangierten Konzerte, Formel-1-Grand-Prix und DTM sowie der BASF Firmencup als ein Ereignis des Breitensports ganz vorn. Auch das Motorsportmuseum erfreute sich einer gewissen Beliebtheit. Bürgerinnen und Bürger der Stadt, die sich in Hockenheim sehr wohl fühlten, waren besonders aufgeschlossen gegenüber den Veranstaltungen auf dem Ring. So besuchte 2014 jeder Fünfte Rock'n'Heim sowie den DTM-Saisonstart, immerhin 18 % den Formel-1-Grand-Prix und fast 17 % den Auftritt der Böhsen Onkelz.

Die Mehrheit der Befragten – unabhängig davon, ob sie sich in Hockenheim wohl fühlen – war überzeugt, dass der Ring einen

Nutzen für die Stadt hat. Sie verdankt ihm ein positives Image und weltweite Bekanntheit. Nur 24 Befragte haben ergänzende Informationen zu den entsprechenden standardisierten Fragen festgehalten. Anmerkungen wie „Stadt Hockenheim erwacht bei großen Veranstaltungen zum Leben" oder „Endlich mal was los", aber auch kritische Untertöne „Das Potential wird viel zu wenig ausgeschöpft" sind zu lesen, ohne jedoch mögliche Maßnahmen zu erläutern, die den Nutzen noch steigern könnten. Die Atmosphäre bei den Veranstaltungen hat die überwiegende Zahl der Befragten positiv beschrieben. Ihre Stellungnahmen verdeutlichen eine hohe **emotionale Bindung** mit dem Hockenheimring: „Bei Rock'n'Heim, DTM, Formel-1 super Stimmung und eine ganz gute Organisation" oder „Es ist immer interessant, bei Veranstaltungen den vorderen Bereich des Rings zu besuchen, man trifft immer nette Leute". Die Erfahrungen der Befragten mit Besucherinnen und Besuchern der Veranstaltungen waren zwar mehrheitlich positiv, die schriftlichen Anmerkungen zum Verhalten der Besucherinnen und Besucher verdeutlichen aber eine große Bandbreite von einer stark ablehnenden Haltung bis zu einer fast begeisterten Position: „Ich habe schon vielfach Randale beobachtet", „Lärm bis tief in die Nacht, Abfall", „nette Gespräche, internationales Publikum", „Die Besucher sind meistens richtig nett und freundlich sowie gut gelaunt" oder „alkoholisierte, grölende Menschen in der Stadt, aber auch freundliche Menschen in der Stadt".

Fasst man die Ergebnisse für Stärken und Schwächen zusammen, beziehen sich die häufigsten Nennungen auf Aspekte zur Bewältigung des alltäglichen Lebens wie Einkaufen, Freizeitangebote, Naherholung oder Teilnahme am Verkehr. In dieser Hinsicht spielt der Hockenheimring eine untergeordnete Rolle. Trotzdem hat er im Bewusstsein der Bevölkerung ein insgesamt sehr positives **Image**. Den dortigen Ver-

anstaltungen verdankt Hockenheim seine weltweite Bekanntheit. Der Hockenheimring ist eine Stärke der Stadt mit einer ausgeprägten identitätsstiftenden Wirkung auf die Bevölkerung, die Mehrheit ist stolz auf den Ring.

Sie ist sich der Einschränkungen, insbesondere Lärmbelästigungen und Verkehrsbehinderungen während der Großveranstaltungen, bewusst. Immerhin äußert sich ein Drittel der Befragten reserviert bis sogar ablehnend dem Ring gegenüber, da sie sich in ihren alltäglichen Aktivitäten eingeengt fühlen. Zur Beseitigung dieser Mängel erhoffen sie sich, dass die Bevölkerung stärker in die Planungen der Veranstaltungen eingebunden wird. „Der Hockenheimring gehört seit meiner Kindheit zu Hockenheim dazu – irgendwie ist man stolz. Im Großen und Ganzen sind die Veranstaltungen gut organisiert, mir fehlt jedoch gerade bei den Konzerten die Vielfalt. Müssen es immer Heavy Metal/Rock'n'Heim/Böhse Onkelz sein? Warum nicht mal ein normales Popkonzert, zu dem man vielleicht auch mal als Einwohner selbst gehen würde und somit das Angebot vor Ort nutzt? Nachts immer mehr Lärmbelästigung durch Böller. Ich wünsche mir auch Infos über die Befragungsergebnisse." Trotz aller Kritik bleibt festzuhalten, dass die Befragten die Veranstaltungen auf dem Hockenheimring besuchen, was die Akzeptanz des Hockenheimrings in der Bevölkerung, ihre **emotionale Bindung** an die Sportstätte und deren **identitätsstiftende Wirkung** unterstreicht.

Großstadt Kaiserslautern und der 1. FC Kaiserslautern

Die Stadt Kaiserslautern, in der Ende 2021 knapp 100.000 Menschen lebten, beschreibt sich auf ihrer Webseite mit „modern und zukunftsorientiert", „kulturträchtig und traditionell", „liebenswert und weltoffen", „eine Stadt mit Charakter, Flair und Herz". Eine Bildergalerie zeigt das Kulturzentrum

Kammgarn, den Kaiserbrunnen oder die Pfalzgalerie (Stadt Kaiserslautern, 2022). Welche Stärken und Schwächen hat die Stadt? Welche Assoziationen verknüpft die Bevölkerung mit Kaiserlautern? Welche Bedeutung hat der 1. FC Kaiserlautern in der Wahrnehmung der Stadt durch ihre Bewohnerinnen und Bewohner? Wirkt er auf sie identitätsstiftend?

Zur Beantwortung dieser Fragen wurde im Januar 2022 eine standardisierte Online-Befragung von Einwohnerinnen und Einwohnern Kaiserslauterns durchgeführt. Allerdings war eine einfache Zufallsstichprobe anhand des Melderegisters nicht möglich, sodass zunächst 13 Straßen aus dem Straßenverzeichnis der Stadt zufällig ausgewählt wurden. In diesen und in anliegenden Straßen, die durch eine Laufregel bestimmt wurden, wurden 4.500 Flyer mit Informationen zur Studie und zu einem Link für den Zugang der Online-Erhebung in Briefkästen von privaten Haushalten verteilt. In der Erhebung gab es offene und ge-schlossene Fragen, in denen die Befragten ihre persönliche Meinung zum Ausdruck bringen konnten. Insgesamt wurden 325 Fragebögen vollständig und auswertbar von Bewohnerinnen und Bewohnern beantwortet.

Wie in der Studie zum Hockenheimring konnten die Befragten jeweils bis zu drei Stärken und Schwächen angeben. Insgesamt sind 579 positive und 488 negative Beurteilungen gelistet (◻ Tab. 18.3 und 18.4). Die Stärken sind geprägt von hohen Anteilen zugunsten „Pfälzer Wald" und „FCK", die gemeinsam bei der ersten Nennung fast 56 % und bei allen Angaben gut 40 % erreichen. Das Biosphärenreservat und größte zusammenhängende Waldgebiet Deutschlands wird von der Bevölkerung Kaiserslauterns hochgeschätzt, wie in den Erläuterungen „zahlreiche Ausflugs- und Wanderziele", „Nähe zur Natur" oder „sehr gute Luft" zum Ausdruck kommt. Allerdings zeichnen sich auch andere Kommunen durch diese Stärke aus, sodass die Nennung

◻ **Tab. 18.3** Stärken der Stadt Kaiserslautern. (Nach eigener Auswertung der Bevölkerungsbefragung 2022)

Stärken	Erste Nennung		Alle Nennungen	
	abs.	in %	abs.	in %
Pfälzer Wald	90	31,4	142	24,5
1. FC Kaiserslautern	70	24,4	99	17,1
Keine Stärke	18	6,3	18	3,1
TU Kaiserslautern	17	5,9	44	7,6
Stadtgröße	14	4,9	34	5,9
Naherholung	13	4,5	27	4,7
Kulturangebote	13	4,5	53	9,2
Freizeitangebote	12	4,2	37	6,4
Einzelhandel	8	2,8	18	3,1
Sonstige Angaben	32	11,1	107	18,5
Summe	287	100,0	579	100,0
Keine Angabe	38	–	396	–

18

◻ **Tab. 18.4** Schwächen der Stadt Kaiserslautern. (Nach eigener Auswertung der Bevölkerungsbefragung 2022)

Schwächen	Erste Nennung		Alle Nennungen	
	abs.	in %	abs.	in %
Verkehrsinfrastruktur	44	15,7	73	15,0
Kulturangebot	24	8,6	35	7,2
Freizeitangebot	10	3,6	31	6,4
Einzelhandel	12	4,3	21	4,3
Innenstadt	12	4,3	17	3,5
Stadtbild	17	6,1	34	7,0
Sozialstruktur	21	7,5	56	11,5
Verschuldung	17	6,1	34	7,0
Verschmutzung	25	8,9	41	8,4
Kriminalität	14	5,0	25	5,1
1. FC Kaiserslautern	17	6,1	24	4,9
Stadtpolitik	17	6,1	36	7,4
Sonstige Angaben	26	9,3	61	12,5
Summe	280	100,0	488	100,0
Keine Angabe	45	–	487	–

„Pfälzer Wald" im Gegensatz zu „FCK" nur bedingt als Alleinstellungsmerkmal der Stadt bewertet werden kann. Ein knappes Viertel der Befragten nannten den 1. FC Kaiserlautern als Stärke. Sie sind überzeugt, dass der Verein die **Außenwahrnehmung** der Stadt beeinflusst, wie die Aussagen „1. FC Kaiserslautern als DAS Zugpferd für die Stadt" oder „Man hat mit dem FCK einen international bekannten Fußballverein" dokumentieren. Es scheint ein breiter Konsens in der Bevölkerung darin zu bestehen, dass der FCK den **Bekanntheitsgrad** der Stadt steigert. 193 oder 71 % von 269 Befragten stimmten dieser Aussage voll und ganz zu – darunter 130 Personen, die den „FCK" nicht zu den Stärken Kaiserslauterns zählen. Das heißt, 40 % der Befragten erkennen die Bedeutung des FCK für die Außenwahrnehmung Kaiserslauterns zwar an, sind aber zugleich überzeugt, dass vom Verein bestenfalls geringe Effekte auf die Stadt ausgehen. Doch geht eine positive Stimmung von den „Fußballspielen auf dem Betzenberg", wo sich das Fritz-Walter-Stadion befindet, und vom „Support der Fans" aus. Mit 6,3 % der Angaben folgt an dritter Position „keine Stärken". Die Information „Ehrlich gesagt, fällt mir dazu nichts ein" drückt eine gewisse Unzufriedenheit der Bevölkerung mit ihrer Stadt aus. In Übereinstimmung mit dieser Aussage fühlen sich nur 82 % der Befragten „sehr wohl" oder „eher wohl", und auch die Zahl der genannten Stärken zur Zahl der Schwächen fällt im Vergleich zu Hockenheim geringer aus. Als Stärke wird auch die TU Kaiserslautern wahrgenommen, der eine Ausstrahlung nach innen wie nach außen unterstellt wird: „Universität und Fraunhofer Institute mit vielen Start-ups sind gut für die Region" oder „TU Kaiserslautern als Top-Standort für Elektrotechnik und Mathematik in Deutschland". Stärken, die für das Alltagsleben von Bedeutung sind, spielen zahlenmäßig eine untergeordnete Rolle. Bezüglich Einkaufsmöglichkeiten gibt es durchaus positive Stimmen, wie „Kaiserslautern hat alles, was man braucht"; auch das Kulturzentrum Kammgarn oder das Pfalztheater werden wegen der dortigen Veranstaltungen als Stärke betrachtet.

Die von den Befragten genannten Schwächen beziehen sich vor allem auf Angebote der Daseinsversorgung für die Bevölkerung. Bemängelt wird die Verkehrsinfrastruktur mit ihren Defiziten beim ÖPNV, bei der Parkplatzsituation und beim Ausbau des Radwegenetzes. Häufiger als Schwäche denn als Stärke wird das Kulturangebot eingestuft, das Jugendliche und junge Erwachsene zu wenig anspricht und als „einseitig", „verschlafen" oder „nicht alternativ" beschrieben wird. Auch die Einkaufsmöglichkeiten schneiden schlecht ab. Es fehlen Möglichkeiten, „in der Innenstadt niveauvoll einzukaufen", der „Einzelhandel könnte vielfältiger sein" und „Ständig wechseln die Geschäfte in der Innenstadt". Sie wird als wenig attraktiv wahrgenommen, als „desolat und unschön" oder ungepflegt. Dieser Eindruck spiegelt sich in der negativen Bewertung des Stadtbilds wider. Die Befragten setzen sich auch kritisch mit der angespannten sozialen und finanziellen Situation in Kaiserslautern auseinander. Die Schwäche „Sozialstruktur" fasst Nennungen wie „Armut", „Arbeitslosigkeit", „sehr strukturschwach" oder „soziale Brennpunkte" zusammen und wird als eine Ursache für die hohe Schuldenlast Kaiserslauterns wahrgenommen, die „eine Entwicklung der Stadt nicht mehr zulässt" und „zu immer mehr Einsparungen in der öffentlichen Daseinsvorsorge" zum Nachteil der Lebensqualität der Bevölkerung führt.

Trotz der großen Zustimmung, die der FCK erfährt, ordnen 6,1 % der Befragten den Verein als Schwäche ein (◻ Tab. 18.4). Die in dieser Bewertung zum Ausdruck kommende Kritik richtet sich jedoch weniger gegen den FCK, sondern vielmehr gegen die Politik der Stadt. Am häufigsten verweisen die Befragten auf die hohe finanzielle Förderung des Vereins durch die Stadt Kaiserslautern trotz ihrer Schuldenlast: „Ein Großteil des Geldes fließt zum FCK", „Der Nutzen des Vereins für die Stadt wird überbewertet", „Arme Stadt, völlige Übergewichtung des 1. FCK", „Fokus auf Tradition (FCK) statt auf Innovation" oder „zu großer Fokus auf dem FCK": Die Befragten werfen der Stadt vor, die ihr zur Verfügung stehenden knappen Mittel in nicht ausreichendem Maße zur Überwindung der wirtschaftlichen Strukturschwäche mit ihren sozialen Folgen einzusetzen und damit mittelfristig eine Verbesserung der kommunalen Haushaltssituation zu erreichen. Es kann nicht überraschen, dass „Stadtpolitik" 17-mal als Schwäche und nicht einmal als Stärke genannt wird (◻ Tab. 18.4). Trotz der wirtschaftlichen und finanziellen Problematik der Stadt befürworten 122 oder 43 % von 283 Befragten Investitionen der Stadt in das Fritz-Walter-Stadion. Etwa die Hälfte von ihnen ist überzeugt, dass der Spielbetrieb Arbeitsplätze in Kaiserslautern schafft und sich finanziell positiv auf den städtischen Haushalt auswirkt.

Die Akzeptanz des FCK als eine Stärke der Stadt ist in der Bevölkerung weit verbreitet. Sie ist beispielsweise in allen Altersgruppen vorzufinden, mit einem Drittel am höchsten bei den 30- bis unter 50-Jährigen, mit 16,5 % am geringsten bei den mindestens 50-Jährigen. Die Zustimmung schwankt unabhängig von der Wohndauer der Befragten in Kaiserslautern zwischen 20 und 26 %. 102 Personen fühlen sich in Kaiserslautern „sehr wohl", und 37 von ihnen betrachten den FCK als Stärke der Stadt – häufiger als den Pfälzer Wald mit 27 Nennungen. 108 Befragte besuchen oft oder (fast) jedes Heimspiel des Vereins. 47 % dieser Fußballbegeisterten sind überzeugt, dass der FCK eine Stärke der Stadt ist und in die-

◘ **Tab. 18.5** Ausmaß erwarteter negativer und positiver Auswirkungen, falls es den FCK nicht mehr geben würde. (Nach eigener Auswertung der Bevölkerungsbefragung 2022)

		Erste Nennung		Alle Nennungen	
		abs.	in %	abs.	in %
Auswirkungen auf die Stadt	positive	40	16,5	64	18,3
	negative	48	19,8	93	26,6
Auswirkungen auf die Befragten	positive	5	2,1	11	3,1
	negative	62	25,5	83	23,7
	keine	72	29,6	74	21,1
Sonstige Angaben		16	6,6	25	7,1
Summe		243	100,0	350	100,0

sem Sinne weit vor dem „Pfälzer Wald" mit 16,6 % der Nennungen rangiert.

Insgesamt zeigt die Erhebung eine hohe **emotionale Bindung** der Bevölkerung Kaiserslauterns an den FCK. Diese Schlussfolgerung bestätigt sich in den Antworten zur abschließenden Frage der Interviews: „Stellen Sie sich vor, es würde den FCK nicht mehr geben. Würde sich für Sie etwas persönlich ändern?" Bis zu drei Nennungen wurden erfasst (◘ Tab. 18.5).

Die Effekte eines solchen Szenarios werden für die Stadt insgesamt negativ eingeschätzt. Die Befragten sind mit großer Mehrheit überzeugt, dass „die Identifikation mit der Stadt abnehmen" und sie an „Attraktion" verlieren bzw. „einen Imageverlust" erleiden würde. Die Zahl sozialer Kontakte würde reduziert und das Gefühl der Zusammengehörigkeit geschwächt werden. Vereinzelt wird sogar eine Verschlechterung der Lebensqualität erwartet. Die Antworten zu den positiven Auswirkungen sind differenzierter. Sie betreffen „die finanzielle Entlastung der Stadt", Probleme während eines Spiels wie „keine störenden Fans" oder „Entlastung des Verkehrs" und die Möglichkeit der „Umnutzung des Stadions" zur Ausweitung von Freizeitangeboten. Immerhin

wünschen sich 156 von 279 Befragten nicht nur Fußballspiele im Fritz-Walter-Stadion, sondern auch weitere Veranstaltungen wie Musikkonzerte. Die Lebensqualität in Kaiserslautern könnte sich erhöhen.

Die meisten Befragten erwarten „keine bzw. geringe Veränderung" für ihre Person, wenn es den FCK nicht mehr geben würde. Positive Auswirkungen auf die persönlichen Belange der Befragten sind vernachlässigbar, die vor allem den Wegfall verschiedener Einschränkungen durch den Spielbetrieb (Verkehr, Fans, Lärm, Vandalismus) begrüßen. Diese negativen Begleiterscheinungen mit Spielen des Vereins nimmt nur ein kleiner Teil der Befragten wahr. So fühlen sich an Spieltagen 16 % aufgrund des hohen Polizeiaufgebots und 13 % wegen der Anwesenheit gegnerischer Fans unwohl. 18 % planen ihre Erledigungen so, dass sie bei Heimspielen zu Hause bleiben können.

Rund ein Viertel der Befragten würde für sich unliebsame und teilweise tiefgreifende Folgen für ihre Person erwarten: „Mein ganzes Leben würde sich verändern" (insgesamt 14 Nennungen), „unvorstellbar" (28 Nennungen) oder „Trauer, Verlust" (44 Nennungen). Sechs Befragte könnten sich sogar vorstellen, die Stadt zu verlassen.

Der hohe Stellenwert des FCK für die überregionale Bekanntheit der Stadt Kaiserslautern ist unter den Befragten allgemein anerkannt. Aus dieser Einigkeit lässt sich allerdings kein **Wir-** oder **Zusammengehörigkeitsgefühl** ableiten, denn eine **identitätsstiftende Wirkung** des Vereins mit einer **emotionalen Bindung** an die Stadt ist nur in Teilen der Bevölkerung – dann aber in durchaus hohem Maße – ausgeprägt. Die Einstellungen unterscheiden sich in ihrer jeweiligen Position zur Politik der Stadt. Dieser wird von Kritikern vorgeworfen, dass sie den Verein finanziell zu sehr unterstützt, wodurch finanzielle Mittel nicht zur Verfügung stehen, um der wirtschaftsstrukturellen Schwäche Kaiserslauterns gegenzusteuern oder das Niveau der Daseinsvorsorge und damit der Lebensqualität zu erhalten. Auch negative Begleiterscheinungen, wie sie an Spieltagen des Vereins vorkommen, spielen für die teilweise ablehnende Haltung gegenüber dem FCK eine Rolle.

18.3   Fazit

Die hohe identitätsstiftende Wirkung des Hockenheimrings basiert auf einer beeindruckenden **Identifikation** der Bevölkerung mit der Rennstrecke. Sie ist das **Alleinstellungsmerkmal** der Stadt und prägt ihre weltweite Bekanntheit. Trotz kritischer Äußerungen bzgl. Lärm- und Verkehrsbelastung sowie auch Vandalismus infolge von Veranstaltungen auf der Rennstrecke vermitteln die Aussagen der Befragten eine ausgesprochen positive Einschätzung, ein **Wir-** und **Zusammengehörigkeitsgefühl** und somit eine enge emotionale Bindung an den Ring. Dieses Ausmaß der Identifikation resultiert u. a. aus seiner Geschichte, den Motorradrennen, die mit Beginn von Zehntausenden besucht wurden, oder vom Formel-1-Grand-Prix seit den 1970er-Jahren. Allerdings diversifizierte die Hockenheim-Ring GmbH seit Mitte der 1986er-Jahre ihr alljährliches Veranstaltungsangebot, nach der Jahrtausendwende mit Events des Breitensports sowie der Kultur. Diese vielfältige Nutzung und der Wegfall des Formel-1-Grand-Prix haben Ansehen und Rückhalt des Rings in der Einwohnerschaft verbessert, die identitätsstiftende Wirkung gestärkt.

Im Vergleich zum Hockenheimring ist die Einschätzung des 1. FC Kaiserslautern nicht so einhellig. Die **identitätsstiftende Wirkung** des Vereins ist weniger stark als die der Rennstrecke. Weitgehende Einigkeit besteht zwar in der Bedeutung des FCK für die **Außenwahrnehmung** der Stadt, unter den Befragten kristallisieren sich allerdings zwei Gruppen heraus. Die eine bewertet den Verein als eine finanzielle Last für die Stadt. Nach Überzeugung dieser Gruppe kommen dem FCK zu hohe Mittel der Stadt zugute, die letztlich der Stadt fehlen, um der wirtschaftsstrukturellen Schwäche der Stadt gegenzusteuern oder das Niveau beim Freizeitangebot zu erhalten. Zur anderen Gruppe zählen die Anhänger des Vereins, die die Spiele besuchen und überzeugt sind, dass vom FCK positive Effekte auf Kaiserslautern ausgehen und eher dadurch eine Stärke für die Stadt ist. Im Vergleich zu Hockenheim ist das **Wir-** und **Zusammengehörigkeitsgefühl** in Kaiserslautern deutlich schwächer ausgeprägt, die **emotionale Bindung** der Bevölkerung an den Verein weniger stark und letztendlich die **identitätsstiftende Wirkung** geringer als die des Hockenheimrings. Mit dem Aufstieg des 1. FC Kaiserslautern 2022 in die 2. Fußball-Bundesliga könnte sich die finanzielle Situation des Vereins merklich verbessern, und die Argumente gegen den Verein könnten an Gewicht verlieren und das Wirgefühl der Bevölkerung und damit ihre emotionale Bindung an den 1. FCK stärken.

Die Unterschiede in den identitätsstiftenden Wirkungen vom Hockenheimring und 1. FC Kaiserslautern liegen in der Größe, im Prestige und in der Ausstrahlung der jeweiligen Veranstaltungen. Im Vergleich zum Spielbetrieb des FCK zählen die Events auf dem Hockenheimring deutlich mehr Besucher, es finden seit Jahrzehnten Auto- und Motorradrennen von nationaler und internationaler Bedeutung statt, und dementsprechend besitzen die Veranstaltungen eine Ausstrahlung mit großer Reichweite. Zu berücksichtigen ist zudem, dass die wirtschaftliche und finanzielle Situation der beiden Städte merklich auseinanderliegt.

❓ Übungs- und Reflexionsaufgaben

1. Was versteht man unter regionaler Identität, und wie entsteht diese?
2. Entwerfen Sie eine Methodik zur Analyse der identitätsstiftenden Wirkung einer von Ihnen ausgewählten Sportstätte oder eines Sportvereins.

Zum Weiterlesen empfohlene Literatur
Gans, P., Horn, M., & Zemann, C. (2003). *Sportgroßveranstaltungen – ökonomische, ökologische und soziale Wirkungen. Ein Bewertungsverfahren zur Entscheidungsvorbereitung und Erfolgskontrolle* (Schriftenreihe des Bundesinstituts für Sportwissenschaft, 112). Hofmann.

Literatur

1. FC Kaiserslautern GmbH & Co. KGaA. (2022). *Mitgliedschaft – FCK DE.* https://fck.de/de/fck-der-club/mitgliedschaft/. Zugegriffen am 06.06.2022.

BMI – Bundesministerium des Innern und für Heimat, & DOSB – Deutscher Olympischer Sportbund. (2021). *Nationale Strategie Sportgroßveranstaltungen.* BMI.

Ferrando, M. G., & Hargreaves, J. (2001). Das Olympische Paradox und Nationalismus: Der Fall der Olympischen Spiele in Barcelona. In K. Heinemann & M. Schubert (Hrsg.), *Sport und Gesellschaft* (Studien zur Sportsoziologie, 31, S. 63–85). Hofmann.

Gans, P., Horn, M., & Zemann, C. (2003). *Sportgroßveranstaltungen – ökonomische, ökologische und soziale Wirkungen. Ein Bewertungsverfahren zur Entscheidungsvorbereitung und Erfolgskontrolle* (Schriftenreihe des Bundesinstituts für Sportwissenschaft, 112). Hofmann.

Garcia, S. (1993). Barcelona und die Olympischen Spiele. In H. Häußermann & W. Siebel (Hrsg.), *Festivalisierung der Stadtpolitik* (Leviathan Sonderheft, 13, S. 251–277). Springer Fachmedien.

Hockenheim-Ring GmbH. (2021). *Geschichte – Hockenheimring.* https://www.hockenheimring.de/infos/hockenheimring/geschichte/ Zugegriffen am 06.06.2022.

Horn, M., & Gans, P. (2012). Sport als Wirtschafts- und Standortfaktor. *Geographische Rundschau, 64*(5), 4–10.

Horn, M., & Gans, P. (2018). Die ökonomische Bedeutung des Hockenheimrings für die Stadt und die Region Hockenheim. In G. Nowak (Hrsg.), *(Regional-)Entwicklung des Sports* (Reihe Sportökonomie, 20, S. 17–36). Hofmann.

Horn, M., & Zemann, C. (2006). Ökonomische, ökologische und soziale Wirkungen der Fußball-Weltmeisterschaft 2006 für die Austragungsstädte. *Geographische Rundschau, 58*(6), 4–12.

Klein, M.-L. (1996). Der Einfluß von Sportgroßveranstaltungen auf die Entwicklung des Freizeit- und Konsumverhaltens sowie das Wirtschaftsleben einer Kommune oder Region. In G. Anders & W. Hartmann (Hrsg.), *Wirtschaftsfaktor Sport: Attraktivität von Sportarten für Sponsoren, wirtschaftliche Wirkungen von Sportgroßveranstaltungen. Dokumentation des Workshops vom 2. Juli 1996* (Bundesinstitut für Sportwissenschaft, Berichte und Materialien, 15, S. 55–60). Sport und Buch Strauss.

Lindstaedt, T. (2006). *Regionsmarketing und die Bedeutung regionsbezogener Identität. Der Übergangsbereich der Verdichtungsräume Rhein-Main und Rhein-Neckar als Beispiel.* Diss. Darmstadt.

Schallhorn, C. (2020). Internationale Imagebildung durch Sportgroßereignisse. In R. Streppelhoff & A. Pohlmann (Hrsg.), *Sportgroßveranstaltungen in Deutschland. Band 1. Bewegende Momente* (S. 47–59). Sonderpublikationen des Bundesinstituts für Sportwissenschaft.

Schmidt, S. L., & Bergmann, A. (2013). *Wir sind Nationalmannschaft. Analyse der Entwicklung und gesellschaftlichen Bedeutung der Fußball-Nationalelf.* (ISBS research series 7).

Schmidt, S. L., & Bünning, F. (2012): *Die Stadt und ihr Profifußball. Eine ganz normale Beziehung.* (ISBS research series 5).

Stadt Hockenheim. (2022). *Startseite.* https://www.hockenheim.de/startseite.html. Zugegriffen am 06.06.2022.

Stadt Kaiserslautern. (2022). *Tourismus – Stadt Kaiserslautern.* https://www.kaiserslautern.de/tourismus_freizeit_kultur/tourismus/index.html.de. Zugegriffen am 06.06.2022.

Wachter, M. (2016). *Die Einführung von Themenorten und ihr Einfluss auf örtliche gemeinschaftsfördernde Aktivitäten als Indikatoren regionaler Identität.* Masterarbeit.

Weichhart, P. (2018). Identität, raumbezogene. In ARL – Akademie für Raumforschung und Landesplanung (Hrsg.), *Handwörterbuch der Stadt- und Raumentwicklung* (S. 908–914). ARL.

Sporttourismus – Reisemotivation von deutschen Fußballfans bei der WM 2014 in Brasilien

Fabio P. Wagner und Julian M. L. Wilsch

Vor Christo Redentor in Rio de Janeiro, Brasilien: Fußballfans beanspruchen den FIFA-WM-Pokal für sich. (© Fabio P. Wagner)

P. Gans et al. (Hrsg.), *Sportgeographie*, https://doi.org/10.1007/978-3-662-66634-0_19

Inhaltsverzeichnis

Einleitung

„Fußball erlangt auf allen Kontinenten gesellschaftliche Bedeutung und fußballerische Großereignisse wie die vierjährlich stattfindenden Weltturniere machen die Menschheit zu Bewohnern eines globalen Dorfes" (Schulze-Marmeling, 2000, S. 9). Das weltumfassende Phänomen Fußball hat sich durch seine Beliebtheit zu einem der populärsten Kulturerscheinungen entwickelt und somit eine enorme soziale Bedeutung (▶ Kap. 15 und 18). Alle vier Jahre findet das Fußballspektakel FIFA[1] **Fußball-Weltmeisterschaft**™ der Männer (WM) seinen Höhepunkt, „nicht zuletzt, weil es das größte Sportpublikum der Welt anzieht" (Kfouri, 2014, S. 33). Mehrere Millionen Menschen lassen sich im jeweiligen Gastgeberland oder Zuhause bei den Live-Übertragungen in den Bann des Megaevents ziehen. Das mediale Interesse erreicht immense Ausmaße und schenkt folglich dem Gastgeberland vor und während des Turniers eine enorme internationale Aufmerksamkeit (Haferburg & Steinbrink, 2010; ▶ Kap. 9).

Bereits 2009 erhielt Brasilien den Zuschlag für die Austragung der WM 2014 und damit auch gleichzeitig für den als Generalprobe geltenden FIFA Confederations Cup 2013. Allerdings berichtete die *FAZ* im Juli 2013 von einer chaotischen Veranstaltung, die teils von gewalttätigen Demonstrationen geprägt war. Diejenigen Personen, die zu dieser Zeit „ihre Entscheidung treffen, ob sie denn zur WM fliegen wollen oder nicht, sind durch die Bilder von brennenden Autoreifen und fliegenden Molotow-Cocktails abgeschreckt worden" (Käufer, 2013). Dennoch waren viele Menschen bereit, in das größte Land des südamerikanischen Kontinents zu reisen und dabei erhebliche finanzielle Aufwendungen und mehrere Tausend Kilometer Wegstrecke auf sich zu nehmen. „Wer das Abenteuer WM 2014 plant, braucht starke Nerven und ein gutes strategisches Konzept" (Käufer, 2013). Welche Motive haben deutsche Fußballfans, nach Brasilien zur WM zu reisen, und aus welchen Beweggründen wählen sie als Unterkunft ein vom Deutschen Fußball-Bund e. V. (DFB) organisiertes Fancamp?

19.1 Sporttourismus

„Sport-Tourismus ist das vorübergehende Verlassen des gewöhnlichen Aufenthaltsortes sowie der Aufenthalt in der Fremde aus sportlichen Motiven" (Freyer, 2002, S. 20). In diesem Rahmen muss zwischen zwei grundlegenden Reisearten unterschieden werden. Zum einen gibt es eine Form des sportlichen Aktivurlaubs, zum anderen die **des sportorientierten Event- und Veranstaltungstourismus** (◘ Abb. 19.1). Wenn im Urlaub selbst aktiv Sport getrieben wird und dies große Teile der Urlaubsgestaltung einnimmt, kann von einem sportlichen Aktivurlaub gesprochen werden. Im Gegensatz dazu steht beim sportorientierten Veranstaltungsurlaub der Besuch einer oder mehrerer Sportveranstaltungen, welche nachgängig thematisiert werden, im Vordergrund (Brösle, 2002; Opaschowski, 2002).

Vor diesem Hintergrund generiert Freyer (2002) zwei weitere Definitionen des **Sporttourismus**. Die wesentliche Definition für diese Studie bezieht sich auf den sportorientierten Veranstaltungsurlaub. Er beschreibt ihn als „Sport-Tourismus von sport-passiven Personen, insbesondere Reisen von Sport-Zuschauern: Sie verlassen ihren gewöhnlichen Aufenthaltsort und reisen in eine Destination, um sich dort Sport anzuschauen" (Freyer, 2002, S. 29). Die Reisenden können bei dieser Form des Urlaubs als Sportzuschauerinnen und -zuschauer betrachtet werden, weil sie passiv am Sportgeschehen teilnehmen. Ihr Ziel ist, mittels ihrer Reiseaktivität eine Sportveranstaltung live und hautnah mitzuerleben. In diesem Fall kann von Event- oder

---

1   Fédération Internationale de Football Association.

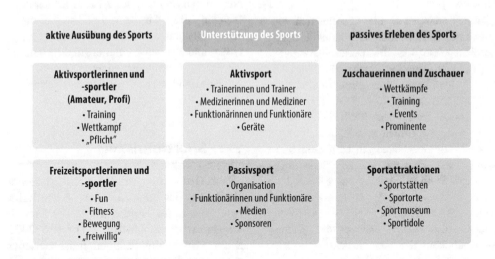

aktive Ausübung des Sports	Unterstützung des Sports	passives Erleben des Sports
Aktivsportlerinnen und -sportler (Amateur, Profi) • Training • Wettkampf • „Pflicht"	**Aktivsport** • Trainerinnen und Trainer • Medizinerinnen und Mediziner • Funktionärinnen und Funktionäre • Geräte	**Zuschauerinnen und Zuschauer** • Wettkämpfe • Training • Events • Prominente
Freizeitsportlerinnen und -sportler • Fun • Fitness • Bewegung • „freiwillig"	**Passivsport** • Organisation • Funktionärinnen und Funktionäre • Medien • Sponsoren	**Sportattraktionen** • Sportstätten • Sportorte • Sportmuseum • Sportidole

☐ **Abb. 19.1** Mögliche Systematisierung des Sporttourismus. (Nach Freyer, 2002, S. 22)

Veranstaltungstouristen gesprochen werden. Kristallisiert sich der sportliche Wettbewerb als Hauptreisemotiv des Reisenden heraus, so ist dies neben der Einzigartigkeit und Zeitbegrenztheit der Veranstaltung ein Indikator für ein sporttouristisches Event (Kähler, 2014). Lohmann (2002) stellt weiter fest, dass folglich der Sport die Form des Urlaubs der Reisenden bestimmt. Es kann festgehalten werden, dass die Reise zur WM in Brasilien dem **sportorientierten Veranstaltungsurlaub** zuzuordnen ist. Weiter kann angenommen werden, dass die Reisenden als Event- oder Veranstaltungstouristen gesehen werden können, wenn sie Spiele der WM live im Stadion besuchen. Abzuwarten bleibt hingegen, ob sich der sportliche Wettbewerb, also das Fußballturnier, als Hauptmotiv herausstellt.

19.2 Reisemotivation

„Warum verreisen Menschen? Diese Frage ist so alt wie die Menschheit, denn seit es sie gibt, sind die Menschen auch gereist" (Mundt, 2001, S. 109). Motivation, so unterschiedlich die Ursprünge und so vielfältig deren Charakteristik auch sein mögen, bildet stets die Grundlage für jegliches Handeln. Wird die Reisemotivation untersucht, lässt sich Folgendes feststellen: Zu Beginn stehen zahlreiche Motive, die sich in Ausprägung und Intensität unterscheiden. Vereint bilden die Motive ein Konglomerat, das letztendlich als die Reisemotivation bezeichnet werden kann.

Reisemotivforschung

Die Tourismuspsychologie beschäftigt sich ausführlich mit der Frage, warum sich Menschen aus reinem Vergnügen von einem Ort zum anderen bewegen (▶ Box 19.1). Dementsprechend befasst sich die Forschung mit den Motiven, die die Menschen zum Reisen bewegen. Genauer sollte jedoch von Urlaubsreisemotiven gesprochen werden, weil die Motive von Geschäftsreisen im Folgenden keine Berücksichtigung finden (Braun, 1993a, S. 200).

Box 19.1 Urlaubsreisemotivation

» „Unter Urlaubsreisemotiven verstehen wir die Gesamtheit der individuellen Beweggründe, die dem Reisen zugrunde liegen. Psychologisch gesehen handelt es sich um Bedürfnisse, Strebungen, Wünsche, Erwartungen, die Menschen veranlassen, eine Reise ins Auge zu fassen bzw. zu unternehmen. Wie andere Motive auch sind sie individuell verschieden strukturiert und von der soziokulturellen Umgebung beeinflusst." (Braun, 1993a, S. 199).

Als Pionierstudie der empirischen Urlaubsreisemotivforschung gilt die Studie von Hartmann (1962, zitiert in Braun, 1993a), die vier Gruppen von **Reisemotiven** unterscheidet:

- Erholungs- und Ruhebedürfnis: Ausruhen, Abschalten, keine Hast und Hetze etc.
- Bedürfnis nach Abwechslung und Ausgleich: Veränderung des Gewohnten, sich selbst entfalten etc.
- Befreiung von Bindungen: Befreiung von Pflichten, sich ungezwungen bewegen etc.
- Erlebnis- und Interessenfaktoren: Sensationslust, Interesse an fremden Kulturen etc.

Opaschowski (2002, S. 91) ist der Auffassung, dass sich aus dem Hauptmotiv Erholung infolge einer Mischung von insgesamt zehn Motiven ein mehrdimensionales Bündel bildet:

- „Sonne, Ruhe und Natur,
- Kontrast, Kultur, Kontakt und Komfort,
- Spaß, Freiheit und Aktivität"

Eine eindeutige Hierarchie der Urlaubsmotive lässt sich in der Studie nicht finden. Als Hauptfaktor unter den Reisemotiven gilt aber das Erholungsmotiv. Was Erholung für eine Person darstellt, ist jedoch schwer zu definieren (Kleinsteuber & Thimm, 2008). Denn jegliche Urlaubsmotivation unterliegt soziologischen, sozialpsychologischen, entwicklungs- und persönlichkeitspsychologischen Bezügen (Schmitz-Scherzer & Rudinger, 1974).

Nach dem Verständnis von Braun (1993a) erscheint dies klar, denn jedes Individuum steht in einem anderen soziokulturellen Bezugsrahmen und wird hierbei unter dem Motiv „Erholung" eine einzigartige Wahrnehmung aufweisen. Zu klären ist, ob diese klassischen **Reisemotive** auch auf die Reisenden zur WM nach Brasilien zutreffen.

Reiseentscheidungen

Das soziale Umfeld, das Einkommen, der persönliche Besitz und die Lage der Konjunktur beeinflussen die Menschen in ihren **Reiseentscheidungen**. Ferner spielen hierbei die persönlichen Reisemotive, Reiseerfahrungen, soziale Werte und Vorabinformationen über das Reiseziel eine Rolle. Wie der verwendete Plural deutlich machen soll, gibt es nicht eine Reiseentscheidung, sondern vielmehr eine Aneinanderreihung von Teilentscheidungen, die die Wahl der Art und Weise des Reisens bestimmen (Braun, 1993b).

Wann, wie, wie lange und wohin gereist werden soll, sind die elementaren Fragen der Reiseentscheidung. Der zugrunde liegende Prozess durchläuft verschiedene Phasen, in denen die einzelnen Teilentscheidungen getroffen werden, die aufeinander aufbauen und sich bedingen können. Zu Beginn werden der Reisezeitpunkt und das **Reiseziel** festgelegt, ehe die Dauer der Reise bestimmt wird. Nachrangig finden Preis, Unterkunft, Verkehrsmittel und Organisationsform der Reise ihre Beachtung (Braun, 1993b). Freyer (2011) und Mundt (2001) sehen hingegen

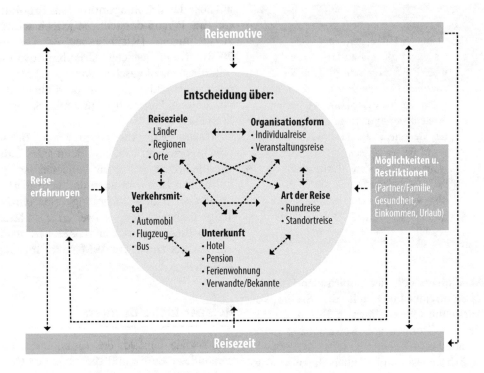

Abb. 19.2 Rahmenbedingungen der Reiseentscheidungen. (Nach Mundt, 2001, S. 148)

keine hierarchische Reihenfolge der einzelnen Elemente zur Reiseentscheidung. Sie gehen vielmehr davon aus, dass sich die Teilentscheidungen wechselseitig beeinflussen.

Abb. 19.2 macht deutlich, dass die **Reisemotive** im Gefüge der Rahmenbedingungen erheblichen Einfluss auf die Reiseentscheidungen nehmen, weil die Motive direkt auf die Reisezeit und -ziele, Organisationsform, Verkehrsmittelwahl, Unterkunft sowie Reiseart wirken. Diese bedingen sich untereinander und zeigen die Komplexität des Geflechts von Teilentscheidungen innerhalb der Reiseentscheidung. Auf die Motive selbst wirken wiederum die persönlichen oder berichteten Reiseerfahrungen, wie auch Einschränkungen und Möglichkeiten beispielsweise bezüglich Familie, Gesundheit oder Einkommen.

19.3   Fußballfans und Weltmeisterschaft 2014 in Brasilien

Fans

Die Faszination Fußball besteht zum einen aus der eigenen aktiven Ausübung des Fußballsports, zum anderen mobilisiert es Millionen von Menschen, den Sport vor Ort, in den Stadien oder in den Medien zu verfolgen (► Box 19.2). Durch die Etablierung des Fußballs als Zuschauersport mit hoher Anziehungskraft kann er als „kontinuierliches schichtübergreifendes Massenphänomen" (Fürtjes, 2012, S. 65) verstanden werden. Die am Fußball interessierten Personen zeichnen sich nicht durch eine homogene

Struktur aus. Eine wichtige Gruppe sind die **Fans**, die sich zum einen durch Leidenschaft für die Sache oder Person und die Identifikation damit, zum anderen durch das eingebrachte Engagement in Form von Zeit und/oder Geld hervorheben (Duttler, 2015).

In Bezug auf den Fußball sind diejenigen Menschen als **Fußballfans** zu bezeichnen, deren Fanobjekte ein Verein oder eine Mannschaft (beides kollektive Objekte) sind. Darüber hinaus können einzelne Spieler einer Mannschaft zum personalen Fanobjekt werden. Als Investition von Geld können Eintrittskarten für Spiele, das Bezahlen von Pay-TV-Sendern oder Fanartikeln gesehen werden. Ein Tagesausflug zum Auswärtsspiel oder die 90 Minuten vor dem Fernseher können als zu investierende Zeit verstanden werden.

Aus den obigen Ausführungen lässt sich für den vorliegenden Beitrag die deutsche Fußball-Nationalmannschaft als kollektives Fanobjekt verstehen. Personen mit einer leidenschaftlichen Bindung an die Nationalmannschaft können aufgrund ihres Engagements, mehrere Tage zur WM nach Brasilien zu reisen, somit als deutsche Fußballfans typisiert werden.

Box 19.2 Megaevent

Nach Preuß et al. (2009) sind es fünf Merkmale, die zur Abgrenzung eines **Megaevents** dienen:

» „(1) Veranstaltungsturnus (aus Sicht des Austragungsorts), (2) Event-Konzeption (zentrale Produkt- bzw. Markenmerkmale zur Erzeugung eines Wiedererkennungswerts unter Wahrung der Einzigartigkeit der jeweiligen Ausrichtung), (3) Zeit (Event-Dauer und Intensität des Programmablaufs), (4) Austragungsinhalt (sportlich, kulturell, sonstig), (5) Größe (als qualitatives Bedeutungsmaß)." (Preuß et al., 2009, S. 26)

Als Megaevents sollten schließlich nur Olympische Winter- und Sommerspiele, Fußball-Weltmeisterschaften und EXPO-Weltausstellungen bezeichnet werden (Preuß et al., 2009, S. 28).

Fan Club Nationalmannschaft

Der Fan Club Nationalmannschaft (FCN) soll der sicht- und hörbaren Unterstützung der deutschen Nationalmannschaft dienen und wurde vom DFB gemeinsam mit Coca-Cola 2003 ins Leben gerufen. Er sieht seine Ziele in der „Förderung der Fankultur und […] Verbesserung der Atmosphäre und der Sicherheit im Stadion sowie im Umfeld der Spiele der deutschen Fußball-Nationalmannschaften" (DFB, 2022a). Der FCN zählt mehr als 50.000 Mitglieder. „Der DFB erwartet, dass diese Fans durch ihr Auftreten und ihr Verhalten das Erscheinungsbild der deutschen Fußball-Nationalmannschaften und des DFB positiv beeinflussen und gegen Diskriminierung, Rassismus und Gewalt sowie für Toleranz und Fairness eintreten" (DFB, 2022a). Um Mitglied zu werden, bedarf es einer einmaligen Zahlung sowie eines jährlichen Beitrags. Außerdem müssen die Teilnahmebedingungen akzeptiert, Angaben zur eigenen Person zugänglich gemacht und die Ermächtigung für das SEPA-Lastschriftverfahren erteilt werden.

Neben den Erlebnisgefühlen von Leidenschaft, Gemeinschaft und Emotion wird unter anderem mit folgenden Leistungen geworben: „Exklusive Ticketverkaufsphasen, Welcome-Package, Abonnement DFB-Journal, 20 % Rabatt im DFB-Fanshop, vergünstigter Eintritt im Deutschen Fußballmuseum" (DFB, 2022b).

Der FCN trat aus einem entscheidenden Grund als wichtiger Akteur in allen Reiseplänen deutscher Fußballfans in den Vordergrund: Erstmals hatten ausschließlich Mitglieder des Fanclubs die Möglichkeit, Tickets für Spiele der WM in Brasilien zu erwerben.

Fußball-Weltmeisterschaft 2014 in Brasilien

Die 20. WM der Männer wurde zwischen dem 12. Juni und 13. Juli 2014 auf dem südamerikanischen Subkontinent in Brasilien ausgetragen. Brasilien ist die größte Volkswirtschaft der südlichen Hemisphäre. Nichts scheint „den jüngsten Aufstieg Brasiliens zum Global Player symbolträchtiger zu belegen als die Gastgeberrolle für die Fußball-WM 2014 und für die Olympischen Spiele 2016" (Dilger, 2014, S. 40).

Trotz des wirtschaftlichen Aufstiegs ist das Land nach wie vor von außerordentlich hohen **sozialen Ungleichheiten** geprägt, nicht nur ein Erbe der Sklaverei, die erst 1888 abgeschafft wurde. Aufgrund dieser Gegensätze befürchteten viele Brasilianerinnen und Brasilianer, dass sich die finanziellen Folgen einer WM negativ auf ihre Lebensverhältnisse auswirken würden. So kam es während des FIFA Confederations Cup 2013 zu zahlreichen Protesten mit teils gewalttätigen Demonstrationen seitens der brasilianischen Bevölkerung. Die ablehnende Haltung richtete sich zu großen Teilen gegen die FIFA, aber auch gegen die brasilianische Regierung. Die Menschen wollten auf die sozialen Disparitäten des Lands aufmerksam machen und forderten ein besseres Gesundheits- und Bildungssystem sowie den Ausbau des öffentlichen Nahverkehrs (Schütte, 2015). Laut Dilger (2014) waren es die größten Straßenproteste seit Ende der Diktatur 1985. Als Auslöser des Widerstands gegen die WM gilt das Publikwerden der horrenden Kosten für die WM-Stadien. Die 64 Spiele der Endrunde fanden in zwölf verschiedenen Austragungsorten statt. In acht WM-Städten wurden die Stadien anlässlich der WM neu errichtet. Eine Rundumerneuerung erhielten die Stadien in Fort-

aleza, Rio de Janeiro, Curitíba und Porto Alegre (◼ Abb. 19.3). Laut einer Studie des brasilianischen Bundessenats beliefen sich die Kosten für das Land Brasilien auf 40 Mrd. Dollar; somit prognostizierte Kfouri (2014), dass die WM in Brasilien die bis dato teuerste aller Zeiten werden würde.

Die Fußball-WM bewirkte auch positive wirtschaftlichen Effekte. Am Beispiel der Anzahl touristischer Ankünfte in Brasilien zeigt sich, dass sie sich von 2009 bis 2013 um jährlich 0,25 Mio. auf 5,81 Mio. erhöhte und 2014, im Jahr der Fußball-WM, die Zunahme mit einem Plus von 0,62 Mio. deutlich höher ausfiel. Bis 2019 (6,35 Mio.) verblieb die Zahl der touristischen Ankünfte etwa auf diesem Niveau, was sicherlich auch auf die Olympischen Spiele 2016 in Rio (6,55 Mio.) zurückzuführen ist (World Tourism Organization, 2021, S. 20).

Fancamp

Durch die Zusammenarbeit des FCN mit dem DFB-Reisebüro entstand für Mitglieder das Angebot, in das Fancamp in Itamaracá, Brasilien, zu reisen. Dieses diente als Basisquartier für Fans der deutschen Nationalmannschaft während der Vorrunde. Die Ilha de Itamaracá ist eine Insel des brasilianischen Bundesstaats Pernambuco und liegt rund 50 km nördlich der Landeshauptstadt Recife (◼ Abb. 19.3). Im Süden der Insel liegt die Hotelanlage Orange Praia, welche zum Fancamp umfunktioniert wurde und exklusiv für bis zu 350 Mitglieder des FCN reserviert war (◼ Abb. 19.4). Das Hotel selbst ist knapp 60 km vom Guararapes International Airport Recife und ebenso weit vom WM-Stadion Arena Pernambuco, in der fünf Spiele der Vorrunde ausgetragen wurden, entfernt.

Die Mitglieder hatten die Möglichkeit, drei aufeinander aufbauende „Pakete" zu buchen, die aus jeweils vier bzw. fünf Tagen Unterkunft bestanden. Optional kam ein Bustransfer zu den Vorrundenspielen der

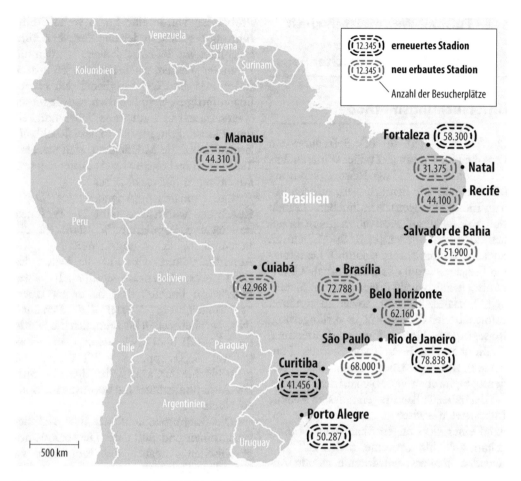

■ Abb. 19.3 Spielorte der Fußball-WM in Brasilien. (Nach eigener Zusammenstellung)

■ Abb. 19.4 Außenbereich des Fancamps. (© Fabio P. Wagner)

deutschen Mannschaft hinzu. Die Tickets für die Spiele waren über die FIFA-Online-Plattform zu erhalten. Da 8 % des Gesamt-

kontingents an die Fans der jeweiligen Verbände gingen, war die Wahrscheinlichkeit, Tickets zu bekommen, hoch. An- und Abreise von und nach Deutschland konnten wahlweise selbst organisiert oder mitgebucht werden. Am An- und Abreisetag bot der FCN einen kostenfreien Transfer zum Flughafen an.

Bis zu acht Mitarbeiterinnen und Mitarbeiter des FCN waren während des gesamten Zeitraums im Hotel vor Ort und standen den Mitgliedern beratend und unterstützend zur Verfügung. Außerdem bot der FCN diverse Angebote zur Freizeitgestaltung (Ausflüge, Beachsoccer etc.) an.

19.4 Fußball-Weltmeisterschaft 2014 in Brasilien: Reisemotive deutscher Fans

Untersuchungsmethode

Die Studie basiert auf der Befragung von Personen im **Fancamp**. Zunächst interessierten Umfang und Art der Reisevorbereitung (direkte/indirekte Erfahrungen, Informationen, Einschätzungen). Anschließend fanden sich Variablen zur Motivation, nach Brasilien zu reisen, wieder (z. B. Sport, Kultur, Soziales, Klima, Natur, Bildung). Dem folgten Fragen, warum das Fancamp als Unterkunft gewählt wurde (Organisation, Sicherheit, Soziales, Tickets), sowie zu weiteren Informationen der Reise (z. B. Verlängerung, Reisegruppe, Unterbringung, Reisedauer, Stadionbesuche, Besuch von Städten, Fanmeilen). Abschließend wurden die soziodemographischen Variablen erfragt.

Bei nahezu allen Fragen mussten sich die Interviewten zwischen „ja/nein" oder anhand einer vierstufigen Skala von „stimme genau zu" bis „stimme nicht zu" entscheiden. Bewusst wurde eine gerade Anzahl an Antwortmöglichkeiten gewählt, um das Phänomen „Tendenz zur Mitte" zu vermeiden. Offene Fragen, welche keine festen Antwortkategorien hatten, wurden lediglich zweimal gestellt. Im Falle der Gründe für die Reise dienen die aus ▶ Abschn. 19.2 bekannten **Reisemotive** von Hartmann (1962, zitiert in Braun, 1993a) und Opaschowski (2002) als Ausgangspunkt.

Vor der eigentlichen Untersuchung wurde ein Pretest mit der Reisegruppe der Autoren durchgeführt. In Brasilien selbst fand die Erhebung an mehreren Tagen auf dem Gelände des Fancamps statt, um möglichst viele Untersuchungsteilnehmerinnen und -teilnehmer erreichen zu können. Den Probanden wurde eine kurze verbale Einführung gegeben, in der das Vorhaben kurz geschildet wurde. Anschließend wurden die Personen gebeten, einen Fragebogen auszufüllen. Als die FCN-Mitglieder den Fragebogen fertig ausgefüllt hatten, wurde dieser eingesammelt und auf seine Vollständigkeit und Plausibilität geprüft. Diese Rücklaufkontrolle bot die Möglichkeit, sich einzelne Teile des Fragebogens von den Interviewten, falls nötig, ergänzen zu lassen.

Laut offiziellen Angaben des DFB-Reisebüros waren insgesamt 278 Personen im **Fancamp** (Population, N = 278). Für die Beschreibung der Zusammensetzung nach Aufenthaltsdauer wird auf die Daten des DFB-Reisebüros zurückgegriffen. 16 % der Population buchten drei bis sechs Übernachtungen, ein Viertel der Personen (N = 74) blieb sieben bis zehn, fast die Hälfte (N = 134) elf bis 14 Nächte, und am kleinsten war die Gruppe (N = 25), die 15 und mehr Nächte im Camp verbrachte. Die mittlere Aufenthaltsdauer lag bei etwas mehr als elf Nächten.

Die Stichprobe umfasste n = 123 Besucherinnen und Besucher. Die soziodemographischen Angaben der Probanden zu Alter, Familienstand und Beruf zeigten, dass es sich bis auf die Geschlechterverteilung (rund 90 % männlich) um eine eher heterogene Reisegruppe handelte. Die Mehrheit (56 %) der 123 Befragten war während der gesamten Urlaubsreise im Fancamp untergebracht, 44 % besuchten während ihres Reiseaufenthalts in Brasilien auch andere Ziele, weil sie ihre Reise bereits vor der Zeit im Camp begonnen bzw. danach fortgesetzt haben. Die durchschnittliche Aufenthaltsdauer in Brasilien lag im Median bei 17 Tagen. Fast alle befragten Fans (n = 122) gaben an, Eintrittskarten für WM-Spiele zu besitzen. Die Mehrheit (rund 62 %) hatte Tickets für drei bis fünf Begegnungen.

19

Reisevorbereitung und Berichterstattung

Reiseerfahrung kann Einfluss auf die **Reiseentscheidung** nehmen. Positive Erfahrungen, die teils selbst gemacht (n = 13, positive/eher positive) oder aber von Bekannten berichtet wurden (n = 70, positiv/eher positiv; n = 4 eher negativ), könnten dazu beigetragen haben, dass diese befragten Personen zur Fußball-WM nach Brasilien gereist sind. Trotzdem bliebe eine gewisse Unsicherheit bezüglich des Reiseziels bestehen. Rund 90 % nahmen die Berichterstattung im Vorfeld der WM als eher negativ bzw. negativ wahr. Etwas mehr als ein Drittel der befragten Personen wurde dadurch auch in ihrem Reisevorhaben verunsichert. Vermutlich spielte dabei die Berichterstattung in den deutschen Medien zu den Protestwellen im Vorfeld der WM eine besondere Rolle. Der Widerstand war teilweise von kriminellen und gewalttätigen Übergriffen begleitet und wurde als eher negativ bzw. negativ empfunden. Als Gründe der Verunsicherung gaben die Probanden soziale Unruhen, Sicherheitsbedenken, Kriminalität, Gewalt und sonstiges (z. B. ungutes Gefühl) an.

Vor Reiseantritt informierten sich 85 % der Besucherinnen und Besucher im Fancamp zu Brasilien. Rund 92 % der befragten Fans erkundigten sich über das vorherrschende Klima, einschließlich der unterschiedlichen klimatischen Gegebenheiten zwischen Deutschland und Brasilien. Auch die weiten Entfernungen zwischen den Spielorten, die in verschiedenen Klimazonen mit variierenden Witterungsverhältnissen lagen, könnten Anlass für das Interesse gewesen sein. Knapp 86 % verschafften sich einen Überblick über die sozialen Gegebenheiten, und weitere fast 82 % beschäftigten sich mit der Größe von Brasilien, was in Verbindung mit den geplanten Reisen zu den jeweiligen Spielen gesetzt werden kann. Etwa zwei Drittel der Probanden gaben an, sich über die politische und wirtschaftliche Situation kundig gemacht zu haben. Weniger als die Hälfte befasste sich hingegen mit dem Naturraum (◙ Abb. 19.5).

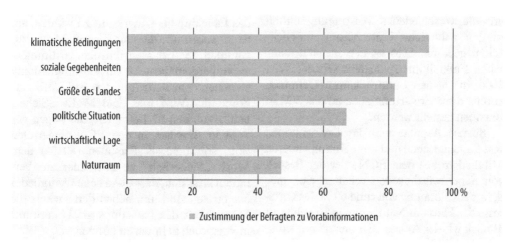

■ Zustimmung der Befragten zu Vorabinformationen

◙ **Abb. 19.5** Vorabinformationen zu Brasilien nach verschiedenen Themen, n = 104. (Nach Daten der eigenen Erhebung 2014)

Reisemotive: Wieso nach Brasilien zur Fußball-Weltmeisterschaft?

Die drei am häufigsten genannten Reisemotive der Befragten sind das „Sportevent Fußball-Weltmeisterschaft" (alle stimmen zu/eher zu), „Stadionbesuche" (96 % stimmen zu/eher zu) und das Ziel, die „Nationalmannschaft zu unterstützen" (94 % stimmen zu/eher zu; ◘ Abb. 19.6). Es sind keine klassischen **Reisemotive**, was belegt, dass der Besuch der **Fußball-Weltmeisterschaft** für die Fans keine normale Urlaubsreise ist. Dagegen erfährt der Beweggrund „Erholung", der immer individuell definiert wird und den Hauptanlass von Urlaubsreisen darstellt (▶ Abschn. 19.2), nur eine mäßige Zustimmung (54 %). „Erholung" spielt unter den Motiven der Befragten eine eher untergeordnete Rolle (◘ Abb. 19.6).

Statt „Erholung" erfahren eher konträre Motive wie „Party" und „Abenteuer erleben" Zustimmung. Eine Fußball-WM als Megaevent geht in der Regel mit einem vielfältigen Begleitprogramm einher. Die Verantwortlichen bemühen sich um eine Feieratmosphäre. Auf den Fanmeilen und rund um die verschiedenen Austragungsstätten werden zahlreiche Unterhaltungsmöglichkeiten geboten. Dies ist den meisten deutschen Fußballfans spätestens seit der WM 2006 im eigenen Land bekannt. Demnach konnte diese Erwartung auch an die WM in Brasilien gestellt werden.

Soziale Aspekte wie das Kennenlernen von Einheimischen und ihrer Kultur, anderen Mitgliedern aus dem FCN oder der Besuch von Sehenswürdigkeiten erhalten eine moderate Zustimmung von rund 60 %. Das Interesse der Fans am Naturraum in Brasilien ist ähnlich wie der Anlass „Erholung" mit lediglich etwa 47 % schwach ausgeprägt. Für ein Fünftel der Befragten stellt er kein Motiv dar, nach Brasilien zu reisen. Das Lernen oder Verbessern der portugiesischen Sprache erweist sich mit 89 % Ablehnung als Motiv mit der geringsten Ausprägung (◘ Abb. 19.6).

Reisemotive: Wieso ins Fancamp des Fan Club Nationalmannschaft?

Die drei Motive der FCN-Mitglieder mit der höchsten Zustimmung für die Unterbringung im **Fancamp** sind „Mehr Sicherheit" (80 % der Befragten), „Rundumorganisation" (85 %) und die Gewissheit, „Ansprechpartner vor Ort" kontaktieren zu können (84 %; ◘ Abb. 19.7). Zu diesen Angaben passt die in Teilen negative mediale Berichterstattung über die Fußball-WM in Brasilien in Deutschland. Die damit einhergehende Verunsicherung der Probanden könnte sich im Verlangen nach mehr Sicherheit ausdrücken und letztendlich beim Prozess der Reiseentscheidung zum Entschluss führen, die Unterbringung im Fancamp zu wählen. Diese Annahme bestätigt sich im Zusammenhang zwischen denjenigen Personen, die sich durch die Berichterstattung in ihrem Reisevorhaben verunsichert fühlten, und dem Reisemotiv „Sicherheit". Von den 43 „verunsicherten" Befragten sahen alle, bis auf eine Person, Sicherheit als einen wesentlichen Grund für die Entscheidung, das Fancamp als Unterkunft zu wählen, an. 63 % gaben an, dass sie diesem Motiv zustimmen, 35 %, dass sie ihm eher zustimmen.

Außerdem besteht ein Zusammenhang zwischen dem Beitritt in den Fan Club aufgrund der WM und dem Motiv „Sicherheit". Von den 61 Befragten, die wegen der WM in Brasilien in den FCN eingetreten sind, stimmten 49 Personen (80 %) dem Motiv „Sicherheit" zu oder eher zu. Vermuten lässt sich, dass diese neuen Mitglieder beigetreten sind, um neben den Tickets die Möglichkeit des Fancamps als Unterkunft in Anspruch nehmen zu können.

Die „Rundumorganisation" erfährt als **Reisemotiv** ebenfalls eine große Zustimmung. Verantwortung bezüglich der Reise abzugeben, entspricht dem klassischen Reisemotiv „Befreiung von Pflichten" und „sich ungezwungen bewegen" (▶ Abschn. 19.2).

19

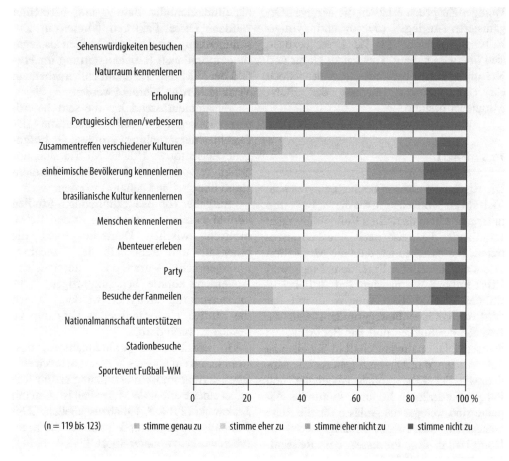

Abb. 19.6 Motive der Reise nach Brasilien. (Nach Daten der eigenen Erhebung 2014)

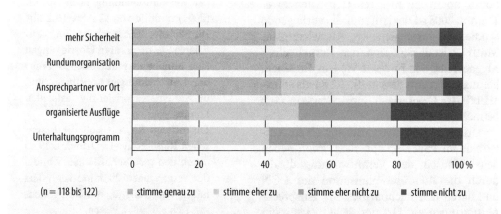

Abb. 19.7 Motive für den Aufenthalt im Fancamp. (Nach Daten der eigenen Erhebung 2014)

Weniger Zuspruch erhalten die Motive „Organisierte Ausflüge" (50 %) und „Unterhaltungsprogramm" (41 %). Diese bezogen sich überwiegend auf Themen zu Natur und Kultur des Gastgeberlandes, an denen jedoch ein eher geringes Interesse der FCN-Mitglieder bestand.

19.5   Fazit

Die Ergebnisse machen deutlich, dass es eine Vielzahl an Motiven gibt, die die im Fancamp untergebrachten deutschen Fußballfans dazu veranlasste, die Reise nach Brasilien anzutreten. Festzustellen ist, dass die Motivation in erster Linie darin liegt, dem Megaevent FIFA Fußball-Weltmeisterschaft 2014 beizuwohnen. Andere bedeutungsvolle, mit der WM verbundene Beweggründe stellen die Besuche der Stadien und das Bedürfnis, die deutsche Nationalmannschaft in Brasilien zu unterstützen, dar. Diesen folgen soziale Motive wie der Drang nach Abenteuer und Party. Naturräumliche und kulturelle Aspekte sind weniger als Anlässe für die Reise anzusehen. Insgesamt bestätigt sich die Komplexität des Prozesses der Reiseentscheidung (◘ Abb. 19.2).

In der Urlaubs- und Reisemotivforschung gilt die Erholung stets als Hauptfaktor unter den Motiven (Kleinsteuber & Thimm, 2008). Dies trifft auf die vorliegende Studie allerdings nicht zu. Als wichtigstes Motiv kristallisiert sich der Besuch eines Megaevents, der Fußball-WM in Brasilien, heraus, aufgrund dessen die Reise als **sportorientierter Eventurlaub** (Opaschowski, 2002) betrachtet werden kann.

Unter den Motiven, die für einen Aufenthalt im Fancamp sprechen, kann neben dem Wunsch der Verantwortungsabgabe durch die Rundumorganisation des FCN und deren Ansprechpartner und Ansprechpartnerinnen vor Ort der Sicherheitsaspekt als fundamentaler Beweggrund betrachtet werden. Diese Faktoren können in Zusammenhang mit der zum Großteil als negativ empfundenen Berichterstattung im Vorfeld der WM und der damit einhergehenden Verunsicherung gebracht werden.

Zusammenfassend hat die sehr heterogene Reisegruppe (mit Ausnahme der Geschlechterverteilung) größtenteils homogene Reisemotive. Etliche Motive sind unabhängig von Alter, Beruf oder Familienstand übergreifend genannt worden.

Aufgabe von weiterführenden Studien könnte es sein, Unterschiede in den Reisemotiven zwischen Deutschlandfans, die innerhalb und außerhalb des Fancamps untergebracht waren, zu untersuchen. Außerdem könnte bei zukünftigen Weltmeisterschaften analysiert werden, ob sich die Motive, ein organisiertes Fancamp zu besuchen, verändern.

In Brasilien war wahrzunehmen, dass wohl kaum ein anderes Megaevent solch eine Begeisterung und Unterstützung erfuhr, wie es bei einer Fußball-WM der Fall ist. Um mit Jankowski (2014, S. 13) abzuschließen: „Der Fußball verzaubert und fasziniert die Menschen wie kein anderer Sport."

? Übungs- und Reflexionsaufgaben

1. Wenden Sie die Rahmenbedingungen der Reiseentscheidung nach Mundt (2001) mithilfe von ◘ Abb. 19.2 auf Ihr nächstes Reisevorhaben an. Verifizieren Sie, ob in Ihren Überlegungen eine aufeinander aufbauende Folge der Entscheidungen stattfindet und ob Sie eine Priorisierung feststellen können.

2. Diskutieren Sie, ob sich die klassischen Reisemotive (▶ Abschn. 19.2) durch den gesellschaftlichen Wandel der vergangenen 20 Jahre verändert haben und, falls ja, welche Tendenzen sich erkennen lassen.

Zum Weiterlesen empfohlene Literatur

Fritz, G. (2019). *Fanclubs der National-mannschaften im deutschen Teamsport. Value Co-Creation zwischen Kommerzia-lisierung und Fankultur.* Springer.

Literatur

Braun, O. L. (1993a). (Urlaubs-) Reisemotive. In H. Hahn & H. J. Kagelmann (Hrsg.), *Tourismus-psychologie und Tourismussoziologie. Ein Hand-buch zur Tourismuswissenschaft* (S. 199–207). Quintessenz.

Braun, O. L. (1993b). Reiseentscheidung. In H. Hahn & H. J. Kagelmann (Hrsg.), *Tourismuspsychologie und Tourismussoziologie. Ein Handbuch zur Tourismuswissenschaft* (S. 302–307). Quintessenz.

Brösle, J.-J. (2002). Die Bedeutung des Sportreise-marktes für Reiseveranstalter. In A. Dreyer (Hrsg.), *Tourismus und Sport. Wirtschaftliche, soziologische und gesundheitliche Aspekte des Sport-Tourismus* (S. 199–205). Springer.

DFB – Deutscher Fußball-Bund e. V. (2022a). *Teil-nahmebedingungen Fan Club Nationalmannschaft.* Offizielle Webseite des DFB. https://www.dfb.de/agb/agb-fan-club-nationalmannschaft/. Zugegrif-fen am 06.03.2022.

DFB – Deutscher Fußball-Bund e. V.(2022b). *Jetzt Mitglied werden.* Offizielle Webseite des DFB. https://fanclub.dfb.de/mitglied-werden/. Zugegrif-fen am 06.03.2022.

Dilger, G. (2014). Brasilien vor der WM: Geburts-wehen einer Großmacht. In G. Dilger et al. (Hrsg.), *Fußball in Brasilien: Widerstand und Uto-pie. Von Mythen und Helden, von Massenkultur und Protest* (S. 40–45). VSA.

Duttler, G. (2015). Fußballfans – Kernthemen und theoretische Bezüge. In M. Lames et al. (Hrsg.), *Fußball in Forschung und Lehre. Beiträge und Ana-lyse zum Fußballsport XIX* (S. 27–46). Feldhaus.

Freyer, W. (2002). Sport-Tourismus – Einige An-merkungen aus Sicht der Wissenschaft(en). In A. Dreyer (Hrsg.), *Tourismus und Sport. Wirtschaftliche, soziologische und gesundheitliche Aspekte des Sport-Tourismus* (S. 1–26). Springer.

Freyer, W. (2011). *Tourismus-Marketing: Markt-orientiertes Management im Mikro- und Makrobereich der Tourismuswirtschaft* (7. Aufl.). Oldenbourg.

Fürtjes, O. (2012). Der Fußball und seine Kontinuität als schichtenübergreifendes Massenphänomen in Deutschland. *SportZeiten, 12*(2), 55–72.

Haferburg, C., & Steinbrink, M. (2010). WM 2010 – Kick-Off für Südafrika und Anstoße für die Stadtentwicklung. In C. Haferburg & M. Stein-brink (Hrsg.), *Mega-Event und Stadtentwicklung im globalen Süden: die Fußballweltmeisterschaft 2010 und ihre Impulse für Südafrika* (S. 10–25). Brandes & Apsel.

Jankowski, T. (2014). *Matchplan Fußball. Mit der rich-tigen Taktik zum Erfolg.* Meyer & Meyer.

Kähler, R. (2014). Überall und nirgendwo: Sind sport-touristische Eventräume temporäre Nicht-Orte? In H. Wäsche & T. Schmidt-Weichmann (Hrsg.), *Stadt, Land, Sport. Urbane und touristische Sport-räume* (S. 130–141). Feldhaus.

Käufer, T. (2013). *Confed-Cup in Brasilien. Probleme, Pannen, Proteste.* Frankfurter Allgemeine Zeitung. http://www.faz.net/aktuell/sport/fussball/con-fed-cup-in-brasilien-probleme-pannenproteste-12266242.html. Zugegriffen am 08.02.2022.

Kfouri, L. (2014). Lula, Dilma und die WM. In G. Dilger et al. (Hrsg.), *Fußball in Brasilien: Widerstand und Utopie. Von Mythen und Helden, von Massenkultur und Protest* (S. 35–39). VSA.

Kleinsteuber, H. J., & Thimm, T. (2008). *Reise-journalismus. Eine Einführung* (2. Aufl.). VS.

Lohmann, M. (2002). Sport *light* – Der Stellenwert des Sports im Urlaubstourismus. In A. Dreyer (Hrsg.), *Tourismus und Sport. Wirtschaftliche, soziologische und gesundheitliche Aspekte des Sport-Tourismus* (S. 175–180). Springer.

Mundt, J. W. (2001). *Einführung in den Tourismus.* Ol-denbourg.

Opaschowski, H. (2002). *Tourismus. Eine systemati-sche Einführung. Freizeit- und Tourismusstudien* (3. Aufl.). Leske + Budrich.

Preuß, H., Kurscheidt, M., & Schütte, N. (2009). *Öko-nomie des Tourismus durch Sportgroßveran-staltungen: eine empirische Analyse zur Fuß-ball-Weltmeisterschaft 2006.* Gabler.

Schmitz-Scherzer, R., & Rudinger, G. (1974). Motive, Erwartungen, Wünsche in Bezug auf Urlaub und Verreisen. In R. Schmitz-Scherzer (Hrsg.), *Frei-zeit* (S. 369–380). Akademische Verlagsgesell-schaft.

Schulze-Marmeling, D. (2000). *Fußball. Zur Ge-schichte eines globalen Sports.* Die Werkstatt.

Schütte, N. (2015). Die Wirkung der sozial-ökonomischen Proteste gegen die Fußballwelt-meisterschaft 2014 auf ihre Legacy – Eine sozio-logische ex-ante Betrachtung. In M. Lames et al. (Hrsg.), *Fußball in Forschung und Lehre. Beiträge und Analyse zum Fußballsport XIX* (S. 202–206). Feldhaus.

World Tourism Organization. (2021). *International tourism highlights. 2020 Edition.* UNWTO.

Sport, Planung und Politik

Inhaltsverzeichnis

Sportstättenentwicklungsplanung: Künftiger Sportstättenbedarf unter Berücksichtigung demographischer Veränderungen

Robin Kähler

Trendsport Pumptrack. (© Robin Kähler)

P. Gans et al. (Hrsg.), *Sportgeographie*, https://doi.org/10.1007/978-3-662-66634-0_20

Inhaltsverzeichnis

Einleitung

Die Sportstättenentwicklungsplanung führt mitten in das Zentrum der Existenz des Sports: Der Sport braucht Räume, ohne Raum gibt es keinen Sport. Das Thema kommt dabei zur rechten Zeit, denn die Sportstättenentwicklungsplanung befindet sich mitten in einem Wandel von einer bisher infrastrukturbezogenen Objektplanung hin zu einer integrierten, gesamtgesellschaftlichen, bedarfsgerechten Raum- und Stadtplanung (▶ Kap. 21). Viele der Sportanlagen, die sich bisher am Bedarf des Schulsports sowie des organisierten Spitzen- und Breitensports der 1980er-Jahre orientierten, stimmen im 21. Jahrhundert nicht mehr mit den Vorstellungen, Wünschen und Bedürfnissen der heutigen und zukünftigen Bevölkerung überein (Eckl, 2010, S. 127; ▶ Kap. 4). Der demographische Wandel bringt mit seinen Auswirkungen neue Aufgaben für Staat, Gesellschaft und Wirtschaft, beeinflusst und verändert nahezu alle Lebensbereiche der Menschen. Es ist daher aus Sicht einer Sportstättenentwicklungsplanung zu fragen, inwiefern der demographische Wandel zu einer Veränderung des Sportverhaltens der Menschen und der Nachfrage nach neuen oder anderen Sportstätten führt (Wopp, 2012, S. 43 ff.; Ott, 2015, S. 2). Werden die Anteile des informellen, selbstbestimmten Sports der Bevölkerung und neue Trends im Sport zunehmen? Wie soll man mit den bestehenden Sportstätten in Zukunft umgehen – sanieren, modernisieren, abbauen?

Der Schwerpunkt des Beitrags liegt zum einen auf der Darstellung des Zusammenhangs zwischen dem demographischen Wandel, den sportlichen Aktivitäten der Bevölkerung und dem Sportstättenbedarf, zum anderen auf der Beschreibung, wie eine Sportstättenentwicklungsplanung in der kommunalen Praxis verläuft. Zunächst werden die zentralen Begriffe definiert und das Verfahren eines Planungsprozesses vorgestellt. Hiernach werden der Zusammenhang zwischen dem demographischen Wandel, dem aktuellen Sportverhalten der Menschen und dem Sportstättenbedarf erläutert und daraus Schlüsse für die Zukunft der Sportstätten gezogen. Die praktische Umsetzung von Infrastrukturmaßnahmen wird zum Schluss des Beitrags thematisiert.

20.1 Sport und Sportstätte

Unter **Sport** wird in diesem Beitrag alles das, was der Mensch unter seinem Sport selbst sieht, verstanden. Das kann das selbstbestimmte Wandern im Gebirge, das Radfahren im öffentlichen Verkehrsraum, das wettkampforientierte Fußballspiel auf dem Sportplatz im Verein oder der kommerziell angebotene Fitnesssport im Studio sein. Der Begriff **Sportstätte** wird in der Sportwissenschaft aus anderen Blickwinkeln als in der Geographie diskutiert (Funke-Wienecke & Klein, 2008; Wetterich et al., 2009; Kähler, 2012, 2020a). Aus Sicht einer Raumsystematik der Geographie kann die Sportstätte als physischer „Container", als Realien und als System von Lagebeziehungen verstanden werden (Wardenga, 2002; DGfG, 2014; Fögele, 2016; ▶ Kap. 2). Sportstätten sind in diesem Sinne physische und gesellschaftlich wirkliche Ausübungsorte für die Sportarten, welche die Menschen betreiben (An der Heiden et al., 2012, S. 12). In der Sportwissenschaft wird zwischen **Sportstätte**, **Sportraum** und **Bewegungsraum** unterschieden. Die Sportstätte ist die normgebundene Anlage (Dreifach-Sporthalle, Stadion), der Sportraum beschreibt die nicht normgerechten, informell aber immer noch mit Blick auf geregelte Sportarten genutzten Räume (Skateanlage, Tanzsaal), und der Begriff „Bewegungsraum" wird im Kontext von freier ungeregelter, nicht zweckungebundener Bewegung verwendet, z. B. in der kindlichen Entwicklung (Spielplatz). Im Folgenden werden die Begriffe „Sportstätte" und „Sportraum" sowie „Bewegungsraum" synonym für alle physischen sportlich genutzten Räume und die von den Menschen als Sport- und Bewegungsräume gedeuteten, selbst gemachten Räume verwendet. Der öffentliche Raum als die Gesamtheit aller Flächen in einem Gemeindegebiet, die für die Allgemeinheit zugänglich sind, ist nur dann Gegenstand des Beitrags, wenn er auch als Sportstätte genutzt wird, wie es bei den BMX-Trails im Wald der Fall ist. Im Fokus stehen die kommunalen Sportstätten (▶ Kap. 21). **Sportstätten** sind erlebte und physische Räume, in denen Menschen sich in Form geregelter oder selbst gewählter Sportarten oder -formen bewegen. **Sport** ist das, was die Menschen selbst darunter verstehen.

20.2 Prozesse einer kommunalen Sportstättenentwicklungsplanung

In der Vergangenheit wurden verschiedene Verfahren einer **Sportstättenentwicklungsplanung** angewandt.[1] Das politisch-strategische Ziel dieser Konzepte war aus Sicht des institutionalisierten Sports, den Bedarf an Sportstätten quantitativ zu sichern (▶ Kap. 21). In der heutigen Zeit wird ein integrierter, gesamtstädtisch ausgerichteter Planungsprozess angewandt (Kähler, 2014, S. 129; Kähler, 2020b; ◘ Abb. 20.1). Nach einer Analyse des **Sportverhaltens** der Bevölkerung, der Sportvereine, Schulen wie anderer Einrichtungen und aller Sportstätten der Kommune werden die Ergebnisse bilanziert. Danach erfolgt eine Bewertung der gewonnenen Ergebnisse im Hinblick auf die Entwicklung der Kommune. Das Verfahren einer **integrierten Sportentwicklungsplanung** berücksichtigt die „Eigenlogik" einer Kommune (Löw & Terizakis, 2011) und entwirft eine Sportstättenentwicklungsplanung aus Sicht der Stadtentwicklung. Hierdurch gelingt es, externe Einflüsse, wie den demographischen Wandel, auf die Stadt und dann auf das Sportverhalten der Bevölkerung genauer und praxisbezogener zu erfassen. Im Rahmen dieses Konzepts leitet sich eine Planung für Sportstätten logisch aus den gesamtstädtischen Entwicklungsperspektiven und Schlüsseltrends einer Stadt ab, die für die Lebensbedingungen der Menschen in Zukunft besonders relevant sind. Daraus lassen sich wiederum sportbezogene Perspektiven und Leitziele für eine Sport- und Bewegungsraumplanung für bestimmte Bauvorhaben bestimmen, die zu praktischen Maßnahmen führen.

Dieser integrierte Planungsansatz für Sportstätten bezieht das Mensch-Umwelt-System der Stadt auf allen Ebenen ein, soweit hierfür Unterlagen seitens der Stadt zur Situation und Entwicklung der Bevölkerung, zu Bildungseinrichtungen, zur sozialen, wirtschaftlichen und gesundheitlichen Situation der Menschen, der Sportorganisationen, des Verkehrs, der Politik, der Verwaltungsstruktur und des Finanzhaushalts der Stadt vorliegen. Bei Fragen zur Lage, Situation, Erreichbarkeit und Nutzung der Sportstätten kann auf georeferenzierte Daten zurückgegriffen werden (Rohkohl & Flatau, 2015; ▶ Kap. 17). Erst nach einer ausführlichen Analyse dieser Daten und der Ziele einer Kommune lässt sich das Leitbild für die **Sportstättenentwicklungsplanung** einer Kommune festlegen. Daraus lassen sich, erstens, mögliche Schwerpunkte für eine wissenschaftliche Untersuchung der Situation des Sports in der Kommune ableiten, zweitens, die Stärken und Schwächen des Sports identifizieren, drittens, hinsichtlich der Chancen und Risiken seiner Weiterentwicklung bewerten und, viertens, strategische Handlungsziele und -felder ableiten. Diese Schritte münden in den wichtigsten Teil des Planungsprozesses, gemeinsam mit den einzubindenden Sportakteuren konkrete Maßnahmen für die politischen Entscheidungen des Rats einer Kommune zu bestimmen.

---

1   Einen Überblick über die bisher angewendeten Verfahren findet man bei Göring et al. (2018).

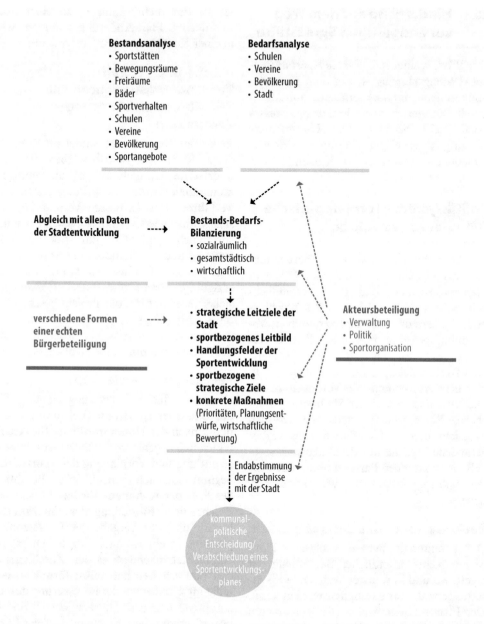

Bestandsanalyse
- Sportstätten
- Bewegungsräume
- Freiräume
- Bäder
- Sportverhalten
- Schulen
- Vereine
- Bevölkerung
- Sportangebote

Bedarfsanalyse
- Schulen
- Vereine
- Bevölkerung
- Stadt

Abgleich mit allen Daten der Stadtentwicklung

Bestands-Bedarfs-Bilanzierung
- sozialräumlich
- gesamtstädtisch
- wirtschaftlich

verschiedene Formen einer echten Bürgerbeteiligung

- **strategische Leitziele der Stadt**
- **sportbezogenes Leitbild**
- **Handlungsfelder der Sportentwicklung**
- **sportbezogene strategische Ziele**
- **konkrete Maßnahmen** (Prioritäten, Planungsentwürfe, wirtschaftliche Bewertung)

Akteursbeteiligung
- Verwaltung
- Politik
- Sportorganisation

Endabstimmung der Ergebnisse mit der Stadt

kommunalpolitische Entscheidung/ Verabschiedung eines Sportentwicklungsplanes

■ **Abb. 20.1** Verfahren einer kommunalen Sportentwicklungsplanung. (Nach Rütten, 2001; Kähler 2014)

20.3 Hindernisse auf dem Weg zur endgültigen Sportstätte

Der Prozess einer **integrierten Sportstätten-entwicklungsplanung** ist mit dem Ende des kooperativen, intersektoral und interdisziplinär ausgerichteten Planungsprozesses noch nicht beendet. Die Umsetzungsplanung ist ein eigenes Verfahren, das verschiedene Systeme tangiert (Kähler, 2020a):

Politiksystem – formalpolitische Beteiligungsverfahren

Die oben skizzierte intergierte Sportstättenentwicklungsplanung ist nur ein informelles Planungsinstrument ohne Rechtsverbindlichkeit (Kähler, 2020a). Bis zum Ratsbeschluss finden innerhalb eines demokratischen Abstimmungsprozesses je nach Größe und Verwaltungsstruktur einer Kommune weitere, rechtsverbindliche Verfahrensschritte (z. B. förmliche Abstimmung des Vorhabens in den Fachausschüssen und auf Stadtteil-/Bezirksebene, Ratsbeschluss) statt. Sie eröffnen Möglichkeiten (und Gefahren), das vorher gefundene Ergebnis aus Partikularinteressen, z. B. der politischen Parteien und interessierten Sportorganisationen, wieder zu verändern.

Rechtssystem – das Baugesetzbuch

Der kommunale Bebauungsplan (B-Plan) ist ein rechtsverbindlicher Bauleitplan. Er regelt, wo und in welcher Weise eine Sportstätte gebaut oder geschaffen werden kann. Der Flächennutzungsplan (FNP) ist hierzu ein vorbereitender Bauleitplan, der den vorhandenen und voraussichtlichen Flächenbedarf, z. B. für Sportstätten, ordnet. Eine geplante Sportstätte muss daher zunächst durch Ratsbeschlüsse in den FNP aufgenommen und dann im B-Plan verankert worden sein, bevor sie gebaut werden kann. Ist sie das nicht, kann es zu einer notwendigen B-Plan-Änderung kommen, was in einer Kommune Jahre dauern kann.

Politik- und Verwaltungssystem – Verhandlungsverfahren mit Teilnahmewettbewerb für Architekten

Bevor der Bau beginnt, findet im Rahmen eines Realisierungswettbewerbes für die Sportstätte ein mehrstufiges, aufwendiges, kommunalinternes, verwaltungsgesteuertes Verfahren statt. In dessen Verlauf können sich immer wieder Änderungen an der ursprünglich geplanten Baustruktur, Ausstattung und am Standort der Sportstätten ergeben. Der Einfluss der Politik auf das endgültige Planungsergebnis ist zwar gesichert, weil der Rat das Projekt beschließen muss. Allerdings sind die Projekte verwaltungsintern bereits so vorbereitet worden, dass keine Einwände zu erwarten sind.

Rechtssystem – die HOAI

Die verbindliche Umsetzungsplanung für den Bau einer Sportstätte (Leistungsphase 1 und 2 nach der Honorarordnung für Architekten und Ingenieure (HOAI): Grundlagenermittlung und Vorplanung der Sportstätte) beginnt erst nach dem offiziellen Beschluss des Rats der Kommune für das Projekt bei gleichzeitiger Einstellung der Finanzmittel hierfür und der Vergabe der Umsetzungsplanung an ein Architekturbüro. Dieses ist verpflichtet, nachdem es den Zuschlag für den Bau erhalten hat, selbst förmliche Beteiligungsrunden mit der Bevölkerung durchzuführen, um den „tatsächlichen" Sportbedarf festzustellen. Erst dann darf das Büro eine erste Entwurfsplanung der Sportstätte skizzieren. Das Ergebnis dieser gesetzlich geregelten förmlichen Planung kann von den im ersten, informellen Beteiligungsverfahren gefundenen Ideen für eine Sportstätte abweichen.

Politiksystem – Förderprogramme für Sportstätten

Die Kommunen sind je nach ihrer Haushaltslage auf Förderungen durch die Landes- und Bundesregierung angewiesen. Der Fördermittelgeber stellt den Kommunen eine Mitfinanzierung ihrer Bauprojekte auf der Grundlage von Gesetzen und politischer Vorgaben (Förderungskriterien) in Aussicht und entscheidet selbst über die Zuwendung der Mittel. Geförderte Projekte werden daher primär nicht auf kommunaler Ebene, nach den dort bekannten Sportbedürfnissen der Menschen entschieden, sondern nach den meist politischen Interessen der Mittelgeber.

Der erste Schritt einer integrierten, gesamtgesellschaftlichen Sportstättenplanung beginnt mit einer Analyse der Rahmenbedingungen für den Sport. Welchen Einfluss hat der demographische Wandel auf die Entwicklung der Gesellschaft?

20.4 Demographischer Wandel und gesellschaftliche Entwicklungen in Deutschland

Der demographische Wandel und seine Folgen stellen eine der wichtigsten gesellschaftlichen und ökonomischen Herausforderungen des 21. Jahrhunderts dar und gehören zu den bedeutungsvollsten Entwicklungen in den kommenden Jahren. Der Begriff „demographischer Wandel" beschreibt Struktur und Entwicklung der Bevölkerung und wird mit den Kriterien Altersstruktur, kleiner werdende private Haushalte, Geburtenhäufigkeit und Sterblichkeit, wachsende Anteile von Personen mit unterschiedlichem Migrationshintergrund, Immigration und Emigration, Zu- und Fortzüge innerhalb Deutschlands erfasst.

Der **demographische Wandel** ist in Deutschland wesentlich von einer Alterung der Bevölkerung infolge einer niedrigen Geburtenhäufigkeit und einem überdurchschnittlichen Anstieg der Lebenserwartung älterer Menschen gekennzeichnet (Schreiber-Rietig & Latzel, 2007, S. 7; Gans et al., 2019, S. 63 ff.). Mit steigender Lebenserwartung und einem längeren gesunden Leben wächst auch der Wunsch der Menschen, durch Bewegung und Sport körperlichen Einschränkungen entgegenzuwirken. Auch die jährliche Nettozuwanderung von ca. 300.000 Menschen aus dem Ausland wirkt sich auf die sportlichen Aktivitäten aus (Statistisches Bundesamt, 2022). Viele der Immigrantinnen und Immigranten haben in der Regel keine Sportvereinsbiographie und keinen Schulsport erlebt, wie sie vergleichsweise bei Menschen, die in Deutschland aufgewachsen sind, vorliegen. Des Weiteren werden die nachrückenden Alterskohorten kleiner, sodass die Anzahl der jungen Erwachsenen sinken wird. Diese Gruppe zählt zu den sportlich Aktivsten der Gesellschaft, was wiederum eine rückläufige Sportnachfrage zur Folge hat.

Ein weiterer Faktor, der sich auf das Sportverhalten der Bevölkerung auswirkt, ist das seit etwa 2000 zu beobachtende **Wachstum der Städte**. Sie profitieren von ihren Urbanisationsvorteilen wie dem leichten Zugang zur Verkehrsinfrastruktur, der Nähe zu sozialen, kulturellen und konsumtiven Angeboten, zu Arbeitsplätzen und Arbeitsstätten und können dadurch die Lebensbedürfnisse unterschiedlichster Gruppen erfüllen (Gans et al., 2019, S. 100). Zudem kommt der in vielfältiger Weise strukturierte Wohnungsbestand der Nachfrage unterschiedlicher Gruppen nach Wohnungen entgegen. Mit dem gesellschaftlichen Wandel und der zunehmenden Verdichtung der Städte werden sich auch das Sportbedürfnis der städtischen Bevölkerung und das hierzu benötigte Raumangebot verändern (Wopp, 2012, S. 32; ► Kap. 4).

Neben den Wachstumsräumen gibt es auch Gebiete mit anhaltend rückläufiger Bevölkerungsentwicklung. Betroffen sind strukturschwache Städte und ländliche Räume (Henkel, 2012, S. 130; Haimann, 2014). Vor allem junge Menschen verlassen diese Regionen wegen geringer beruflicher Perspektiven. Im ländlichen Raum können Infrastrukturen wie Schulen und Sportstätten als Folge zurückgehender Bevölkerungsentwicklung kaum mehr unterhalten werden (Wetterich et al., 2009, S. 33).

Die Globalisierung hat seit den 1970er-Jahren den wirtschaftlichen Strukturwandel vorangetrieben. Deutlich zugenommen haben Beschäftigungsverhältnisse im Dienstleistungssektor, während sich die Zahl der Industriearbeitsplätze verringerte. Mit der damit einhergehenden Veränderung der beruflichen Tätigkeiten haben sich auch die **Motive für das Sporttreiben** verändert. Die Stärkung von Fitness und Gesundheit, noch vor Entspannung und Spaß, sind die zentralen Motive für das Sporttreiben der meisten Menschen (Europäische Kommission, 2018, S. 51). Auch stieg mit der sich ausweitenden Erwerbstätigkeit von Frauen deren Interesse, Sport zu treiben und zu konsumieren (Preuß et al., 2012). Die Entwicklung von Informations- und Kommunikationstechnologien führte einerseits z. B. zu neuen **digitalen Sportangeboten**, die auch im privaten Bereich realisiert werden können, andererseits zu einem Rückgang von Sportaktivitäten bei Jugendlichen infolge steigender Nutzung sozialer Medien (Albert et al., 2019, S. 213 ff.).

Die insgesamt positive Entwicklung der Berufs- und Einkommenssituation vieler Menschen in Deutschland geht zeitgleich mit einem höheren Armutsrisiko von Familien mit mehreren Kindern, Alleinerziehenden und Menschen mit geringerer formaler Bildung einher. Die Möglichkeit dieser Gruppen, überhaupt oder regelmäßig Sport zu treiben, ist aus wirtschaftlichen und sozialen Gründen gering. Das Thema Sportstättenentwicklung und -räume ist daher auch unter gesellschaftlichem und sozialräumlichem Blickwinkel zu sehen (Kähler, 2017; ▶ Kap. 16 und 17).

Die Lebenssituation vieler Menschen hat sich gewandelt. Zeigt sich die Vielfalt auch am Sportverhalten der Menschen? Im zweiten Planungsschritt werden die Beziehungen zwischen dem demographischen Wandel und anderen Faktoren einerseits und dem Sportverhalten und den Sportbedürfnissen der Menschen andererseits erläutert.

20.5 Auswirkungen demographischer Veränderungen auf das Sportverhalten der Menschen und die Sportstätten

Als Konsequenz aus den beschriebenen gesellschaftlichen Veränderungen hat sich das Sportverhalten der Menschen seit den 1990er-Jahren erheblich gewandelt. Bis zur Wiedervereinigung 1989 prägte noch die staatliche Haltung zum Sport ein Sportverständnis, das dem traditionellen, leistungsbezogenen Wettkampfsport der Sportfachverbände und -vereine entsprach. Vereine und die Bildungseinrichtungen lehrten und betrieben hauptsächlich die klassischen, normgerechten Sportarten Geräteturnen, Leichtathletik, Schwimmen oder Mannschaftssportarten. Auch wenn bereits in den 1970er- und 1980er-Jahren mit der fortschreitenden Individualisierung und Freizeitorientierung der Menschen *New Games* (kooperative Spiele aus der Friedensbewegung der 1970er-Jahre) und neue Individualsportarten wie Tennis und Fitness auf den Markt kamen, haben sich erst mit der zunehmenden Kommerzialisierung des Sports mit Beginn der 1990er-Jahre das Sportangebot und das Sportverhalten der Menschen weitgehend verändert (Wopp, 2012, S. 43).

Der Wandel ist auf Änderungen von Wert und Motiven zurückzuführen (Wetterich et al., 2009, S. 37; ◻ Abb. 20.2, ▶ Kap. 4). Er zeigt sich mit zunehmendem Alter der

Rang-platz	unter 18 Jahre	18 bis unter 30 Jahre	30 bis unter 65 Jahre	mindestens 65 Jahre
1	Fußball (17,3)	Fitness (16,4)	Schwimmen (14,6)	Fahrradfahren (16,3)
2	Schwimmen (14,5)	Joggen (14,2)	Fahrradfahren (13,7)	Schwimmen (14,4)
3	Joggen (7,3)	Schwimmen (8,5)	Joggen (13,7)	Gymnastik (10,5)
4	Fahrradfahren (6,4)	Fahrradfahren (7,5)	Fitness (12,4)	Fitness (9,6)
5	Tennis (6,4)	Fußball (6,7)	Yoga (3,9)	Nordic Walking (7,3)
6	Badminton (5,9)	Krafttraining (4,0)	Tennis (3,7)	Joggen (5,8)
7	Fitness (4,5)	Tanzen (3,0)	Wandern (3,3)	Tennis (5,8)
8	Basketball (3,2)	Yoga (3,0)	Nordic Walking (2,9)	Wandern (3,5)
9	Handball (3,2)	Basketball (2,0)	Krafttraining (2,9)	Aquagymnastik (2,9)
10	Turnen (3,2)	Klettern (2,0)	Gymnastik (2,5)	Krafttraining (2,9)
11	Tanzen (2,7)	Squash (2,0)	Fußball (2,4)	Tanzen (2,6)
12	Leichtathletik (1,8)	Badminton (1,7)	Tanzen (2,0)	Yoga (2,2)
13	Reiten (1,8)	Leichtathletik (1,5)	Pilates (1,4)	Golf (1,6)
14	Volleyball (1,8)	Gymnastik (1,2)	Badminton (1,2)	Fußball (1,3)
15	Bouldern (1,4)	Reiten (1,2)	Golf (1,2)	Rehasport (1,3)

◻ Abb. 20.2 Rangfolge der Top 15 betriebenen Sportarten der Befragten, differenziert nach Altersgruppen (n = 1073; Angaben in %). (Nach Kähler et al., 2019, S. 21)

Menschen in einer Abkehr von traditionellen Werten wie Wettkampforientierung, Leistungsbereitschaft oder Pflichtbewusstsein und Hinwendung zu neuen Werten wie Selbstentfaltung, Gesundheitsorientierung und Erholung (▶ Kap. 12). Da die persönliche Gesundheit im höheren Alter ein knappes Gut wird, gewinnen in einer älter werdenden Bevölkerung die Motive Gesundheit und Wohlbefinden eine wachsende Bedeutung (Breuer, 2018, S. 50). Sportarten wie Gymnastik, Walking, Radfahren, Schwimmen können auch im höheren Alter noch betrieben werden und tragen zum Erhalt bzw. zur Förderung der individuellen Gesundheit bei (Wopp, 2012, S. 39; An der Heiden et al., 2014, S. 12). ◻ Abb. 20.2 zeigt am Beispiel der repräsentativ befragten Bevölkerung der Stadt Bonn, welche Sportarten die Menschen in welchem Alter ausüben. Gefragt wurde nach den drei wichtigsten selbst ausgeübten Sportarten (Kähler et al., 2019, S. 21).

Die Jugendlichen und insbesondere diejenigen, die Mitglied in einem Sportverein sind, betreiben überwiegend noch die traditionellen, regelgerechten Sportarten wie Fußball, Tennis, Basketball und Handball in den funktional hierfür vorgesehenen Normsportstätten (◻ Abb. 20.2). Mit fortschreitendem

Alter gewinnen **Individualsportarten, fitness-
und gesundheitsorientierte Sportarten
und -formen** an Bedeutung, die weitestgehend
informell und selbstbestimmt im öffentlichen
Raum (z. B. Bolzplatz, Park, Joggrouten,
Skateanlage, Outdoor-Fitnessanlagen, Trails,
Rad- und Wanderwege, Wasserflächen,
Berge; ▶ Kap. 4 und 21) oder in privatwirtschaftlichen Einrichtungen (z. B. Kampf-
sport-, Fitness-, Tanz-, Gesundheitsstudios,
Meditationszentren, Kletter-, Eis-, Beach-,
Reitsportanlagen, Bäder) ausgeübt werden.
In allen Altersgruppen sind die Sportarten
Joggen, Schwimmen und Fahrradfahren beliebt. 80 % der Bevölkerung schätzen sich
selbst als sportlich aktiv ein, 60 % davon treiben regelmäßig Sport (Wopp, 2012, S. 43). In
den Altersgruppen weichen die Aktiven-
zahlen der Sportarten mitunter deutlich voneinander ab, weil manche Sportarten z. B.
häufiger von jüngeren als von älteren Sporttreibenden ausgeübt werden. Zwei Drittel der
städtischen Bevölkerung üben mittlerweile
außerhalb von Sportorganisationen im öffentlichen Raum ihren Sport aus und wählen
dafür **Sportformen**, die meist keinen Normen
folgen und an unterschiedlichsten, sportlich
nutzbaren Orten ausgeübt werden (▶ Kap. 4).
Verkehrsräume werden z. B. zum Skaten, Inlineskaten, Joggen, Nordic Walking,
BMX-Freestyle, Radsport oder Parkour aufgesucht. Durch die technische Weiterentwicklung der Sportgeräte entstehen neue
Ausdifferenzierungen der genannten Sportformen (Trends). Auf offenen Schulhöfen
werden je nach deren Gestaltung Kinder-
spiele, Ballsportarten wie Streetball, Tisch-
tennis sowie Rad- und Rollsportarten ausgeübt, während die regelgerechten, meist
kommunalen Sportanlagen – wie eine öffentlich zugängliche Sportanlage mit Laufoval
und Rasenplatz – zum Joggen, Lauftraining,
Fußballspielen, Bolzen, Yoga oder auch zum
Fitnesstraining genutzt werden. Eine Be-
achanlage wird auch zum Beach-Fuß-
ball, -Tennis, -Frisbee, -Volleyball, -Boule
und -Handball verwendet.

Freiräume lassen weitaus mehr Möglichkeiten für eigene Nutzungsideen zu als ge-
normte Sportstätten. Man trifft hier auf
Fangspiele, Rückschlagspiele (z. B. Feder-
ball), Torschussspiele (z. B. Fußball), auf
Streetball (3 × 3), auf Spiele mit Holzkegeln
oder Kugeln (z. B. Boule) oder auf eine Slackline, auf der balanciert wird. **Naturräume**
werden als **Bewegungsraum** für Ausdauer-
sportarten wie das Joggen, zum BMX-Fah-
ren, Klettern, Wandern, Radfahren und im
Winter für Schneesportarten aufgesucht
(▶ Kap. 3). **Industriebrachen**, unbenutzte
Gebäude, Garagen u. a. werden zu temporären Bewegungsräumen umfunktioniert, zum
Teil auch im Do-it-yourself-Verfahren selbst
hergestellt (▶ Kap. 4). Jugendliche suchen
zum Skaten, Parkour-Sport, BMX-Freestyle
innerhalb ihrer Szenen abseits der öffentlich
kontrollierbaren Räume abgelegene Orte auf
und eignen sich diese temporär an (Kähler,
2015). Gelegentlich entwickeln sich auch daraus selbstverwaltete Gruppen mit festen Regeln und Verantwortlichkeiten für das an-
geeignete Gelände. Die öffentlich nutzbaren
Geräteparks mit Outdoor-Fitnessgeräten
(z. B. Calisthenics-Anlagen) findet man auf
Grünflächen (▶ Kap. 4).

Mädchen und Frauen unterscheiden sich
hinsichtlich der ausgeübten Sportarten und
der Bedeutung, die sie ihrem Sport geben,
von Jungen und Männern. Die geschlechtsspezifischen Unterschiede äußern sich darin,
dass Männer eher die wettkampf- und
leistungsorientierten Mannschaftssportarten, z. B. Fußball und Volleyball, das
sportliche Radfahren, Krafttraining und
Wintersport, bevorzugen, während Frauen
Fitnesssport, Schwimmen, Wandern, Yoga,
Pilates, Tanzen, Gymnastik und Nordic
Walking präferieren (Eckl et al., 2005).

Sport und sportliche Aktivität ist auch
ethnisch geprägt (Breuer, 2018, S. 52). So

konnten Breuer und Wicker (2008) zeigen, dass unabhängig von Bildung oder Einkommen Bürgerinnen und Bürger türkischer oder südeuropäischer Herkunft signifikant seltener sportlich aktiv sind als die Bevölkerung insgesamt. Die sportlich Aktiven unter den Personen mit Migrationshintergrund bevorzugen diejenige Sportart, die aus ihrer ethnisch-kulturellen Sicht eine Bedeutung und Tradition hat (z. B. Cricket in England oder Pelota im Baskenland). Der Fußballsport ist bei den Jüngeren mit nichtdeutschen Wurzeln sehr beliebt. Die **Planung von Sportstätten** muss in Städten mit einem hohen Anteil von Menschen mit Migrationshintergrund diese Zusammenhänge berücksichtigen.

Das **Sportverhalten** und die Sportstättensituation stellen sich in ländlichen Räumen anders dar als in Ballungsräumen (Henkel, 2012). Die Ursachen liegen zum einen in einer unterschiedlichen Lebenssituation der Dorfbevölkerung im Vergleich zu den Einwohnerinnen und Einwohnern in den Städten, zum anderen im Angebot von Sportstätten und Sportarten (Schreiber-Rietig & Latzel, 2007, S. 16). Die Bevölkerung in einem Dorf will aber das bestehende Sportangebot und die älteren, selbst erbauten Sportstätten erhalten. Derzeit gibt es daher im ländlichen Raum ein Überangebot von Fußballplätzen. Für Jugendliche im ländlichen Raum ist das Sportangebot allerdings unmodern, sie finden kaum Räume für ihre Sportarten wie Skateboardfahren, Inlineskaten, Outdoor-Fitness, Schwimmen oder Mountainbike. Eine kommunale Sportstättenplanung für ländlich geprägte Regionen muss daher die Einstellungen und Interessen aller dort lebenden Menschen bei der Weiterentwicklung der Sportstätten berücksichtigen.

Das **Sportverhalten** der Menschen und das Sportstättenangebot unterscheiden sich auch zwischen den Kommunen unterschiedlicher Größe und zwischen den Stadtteilen in größeren Städten. Diese Differenzierung hängt von der Zusammensetzung der Bevölkerung, der Tradition in der Kommune,

vom lokalen Sportangebot der Sportvereine und von den vorhandenen Sportstätten ab. Bei mangelndem Sportangebot einer kleineren Kommune kommt eine **interkommunale Kooperation** bei der Sportstättennutzung und -planung in den Blick. Wenn es in einer Kommune keine Sportstätten oder zu wenige Sporttreibende gibt, stellt sich für die Versorgung mit Sportangeboten und -stätten die Frage, ob Nachbarkommunen geeignete Sportstätten haben, die mitgenutzt werden können. Im Fußballsport ist das bereits üblich. Auch zwischen Stadtteilen einer größeren Stadt kann es erhebliche Versorgungsunterschiede geben (▶ Kap. 17). Das Angebot von nutzbaren Sportstätten ist in verdichteten Wohngebieten und in Stadtteilen mit einer hohen Anzahl von Menschen, die von Transferleistungen leben, meist geringer als in Stadtteilen mit mehr Freiräumen und höherer Wohnqualität (Kähler, 2017).

An der Heiden et al. (2014, S. 6) und das BMWi (2021, S. 14) schließen aus der Bevölkerungsentwicklung, dass sich in Zukunft bestimmte Sportarten mehr, andere weniger entwickeln werden. Das trifft insbesondere für die Ballsportarten zu (−15 %). Die Häufigkeit von Schwimmen und Radfahren bleibt dagegen stabil, der Gesundheitssport mit Gymnastik, Wandern, Nordic Walking nimmt sogar zu. Insgesamt würde aber keine Sportstätte ein „demographisches Wachstum" erwarten (An der Heiden et al., 2014, S. 5). Weiß und Norden (1999, S. 43) gehen davon aus, dass sich das einheitliche Bild des Sports im Zusammenhang mit einer zunehmenden Individualisierung, Pluralisierung, Differenzierung und dem Verlust des Organisations- und Deutungsmonopols der Sportvereine weiter diversifizieren wird (▶ Kap. 4).

Die Sportbedürfnisse der Menschen haben sich in den letzten Jahrzehnten verändert. Auf welche Sportstättensituation treffen diese Wünsche? Entspricht die Beschaffenheit der Sportstätten in Deutschland diesen Wünschen? Der dritte Schritt des Planungsprozesses beschreibt deren derzeitige Situation.

20.6 Zur derzeitigen Sportsituation in Deutschland

Das **Sportverhalten** und der **Bedarf an Sportstätten** haben sich mit dem demographischen Wandel erheblich verändert. Die Nachfrage trifft in Deutschland auf derzeit 228.800 Sportstätten (hinzu kommen noch 381.900 km Sportwege; Statistisches Bundesamt, 2012), die von ihrer Struktur, Qualität und Nutzung die gewandelten Bedürfnisse nur teilweise erfüllen können. Es gibt einen erheblichen Modernisierungsbedarf. Diese große Zahl signalisiert allerdings zunächst, dass es ausreichend Sportstätten für die Menschen zu geben scheint. Deren Quantität ist aber nicht das zentrale Problem der Sportstättenentwicklung, sondern die Qualität und Struktur. Die meisten Sportanlagen sind in der Zeit des ersten, zweiten und dritten Memorandums zum *Goldenen Plan* (DOG, 1961) in den Jahren 1961 bis 1992 gebaut worden.[2] 1992 folgte auch ein *Goldener Plan Ost* für die östlichen Bundesländer (▶ Kap. 21). Zwei Drittel von ihnen, überwiegend sind es Schulsportanlagen, befinden sich aus hoheitlichen Gründen im Besitz der Kommunen, ein Viertel sind in der Verantwortung der Sportvereine, der Rest sind überwiegend privatwirtschaftliche Anlagen.

Die Standorte der Sportstätten orientierten sich bisher einerseits hauptsächlich am Bedarf an Sportanlagen für die normgerechten, wettkampftauglichen Grundsportanlagen (Ballsportarten, Geräteturnen, Leichtathletik, Schwimmen), andererseits an städtebaulichen Richtwerten (Quadratmeter pro Einwohner), weil die Sportvereine diese Sportanlagen außerhalb der schulischen Zeiten für das Training in den regelgerechten

◪ Abb. 20.3 Innovative Schulsporthalle in Dänemark. (© Keingart)

Sportarten mitnutzen.[3] Für den Sportunterricht und die Sportangebote der Grundschulen und Sekundarstufe I und für Schülerinnen und Schüler im Ganztagsbetrieb sind andere, pädagogische Sportstätten sinnvoll, die einen vielseitigen erfahrungs- und kompetenzorientierten Sportunterricht erlauben (◪ Abb. 20.3). Nur der Sportunterricht der Sekundarstufe II braucht regelgerechte Sportanlagen. Freie, nichtorganisierte Gruppen der Bevölkerung können nur in Ausnahmefällen die kommunalen Sportanlagen anmieten. Für Menschen mit Behinderungen sind die meisten kommunalen Sportstätten nicht barrierefrei.

Die Standardisierung der Maße und Ausstattung der Sportstätten ist durch Industrienormen für den Sportanlagenbau festgelegt. Hierzu gehören die DIN-18032 für Sporthallen, die DIN-18035 für Sportplätze und die DIN EN 15288 für Bäder. Weitere Regelsätze legen viele Details der Ausstattung, z. B. Barrierefreiheit, Sportböden und energetische Bewertungen, fest. Die Normen werden für die finanzielle Förderung des Staats zugrunde gelegt, was dazu

---

2   Der Lebenszyklus einer Sportstätte beträgt etwa 40 bis 50 Jahre.

3   Dabei benötigen Schulsportstätten für die Grundschulen und Schulen der Sekundarstufe I laut Lehr- und Bildungsplan der Länder keine genormten Einfach-, Zweifach-, Dreifachhallen oder eine Wettkampf-Leichtathletikanlage Typ C, auf der alle leichtathletischen Disziplinen wettkampfmäßig gelehrt werden können.

führt, dass es kaum Abweichungen von der standardisierten Ausstattung und räumlichen Anordnung gibt.

Der Sanierungsbedarf der kommunalen Sportstätten (Sporthallen, -plätze und Bäder) beläuft sich nach Schätzungen des Deutschen Olympischen Sportbunds und der kommunalen Spitzenverbände auf 31 Mrd. Euro (DOSB, 2018). Die Höhe des Sanierungsstaus ist von Kommune zu Kommune allerdings verschieden. Bäder weisen einen sehr hohen Sanierungsbedarf auf, Sportplätze haben mehr Mängel als Sporthallen. **Klimaneutralität** und **Nachhaltigkeit** sind hierbei noch gar nicht im Blick. Diese Themen werden die Entwicklung der Sportstätten zukünftig wesentlich bestimmen (Eßig et al., 2015).

Der informell betriebene, selbst organisierte Sport der Bevölkerung (z. B. Radfahren, Joggen, Gymnastik, Schwimmen) ist auf sportlich nutzbare Flächen im öffentlichen Raum, auf Bäder und kommerzielle Sporteinrichtungen angewiesen. Der öffentliche Raum ist in verdichteten urbanen Zentren sehr begrenzt und steht für sportliche Zwecke kaum zur Verfügung. Die Sicherung vorhandener Freiräume für Menschen ist hier das größte Problem einer Sportstättenentwicklungsplanung (▶ Kap. 21).

20.7 Die Stadt als einladender Bewegungsraum

Wenn das staatliche Ziel, gleichwertige Lebensverhältnisse für die Menschen zu schaffen, auch für das sportlich aktive Leben der Menschen gelten soll, dann müssen auch alle Menschen, unabhängig von ihrem Alter, Glauben, Geschlecht, Einkommen, ihrer Behinderung, Migrationsgeschichte und Bildung geeignete Sporstätten und Bewegungsräume vorfinden. Es braucht hierfür zwar auch normgerechte, spezialisierte Sportstätten, die für Sporttreibende in den

organisierten Sportarten geeignet sind, aber diese werden nur von einem geringen Teil der Bevölkerung erwünscht und gebraucht. Mit einem gewachsenen Bedürfnis der Menschen nach einem gesunden, selbstbestimmten, verantwortungsbewußten und bewegungsaktiven Leben kommen völlig neue Ideen für Räume in den Blick. Zum einen sind es sportlich vielseitig nutzbare, öffentlich zugängliche, atmosphärisch anregende, einladende und nachhaltig umweltschonende Sportstätten und -räume, wie Grünflächen mit Outdoor-Fitnessgeräten, Skateanlagen oder Radwege. Zum anderen wird die räumliche Gestaltung der Stadt sich grundsätzlich auf die gewachsenen Bewegungsbedürfnisse der Menschen neu einstellen müssen, denn wenn die Bewegung für das körperliche, seelische und soziale Wohlbefinden des Menschen aus dessen Sicht lebenswichtig ist, muss die Stadt sich selbst zu einem bewegungsfreundlichen Lebensraum weiterentwickeln – von einer automobilen zu einer autonom mobilen, einladenden, gesunden Stadt.

? Übungsaufgaben

1. Sie werden von Ihrer Heimatgemeinde gebeten abzuschätzen, welche Sportstätten diese in Zukunft benötigt. Entwerfen Sie hierfür ein Planungskonzept unter Berücksichtigung der derzeitigen Bevölkerungs-, Schul-, Sport- und Vereinsentwicklung Ihrer Kommune.

2. Sie sind Skater oder Skaterin und wünschen sich in Ihrer Gemeinde eine Skateanlage. Sie haben hierfür schon eine Interessengruppe mit anderen Interessierten gebildet und wollen nun die Politik davon überzeugen, dass eine Anlage gebraucht wird. Sie planen hierfür eine Präsentation, um für Ihre Idee zu werben. Mit welchen Argumenten werden Sie versuchen, Ihr Projekt durchzusetzen?

Zum Weiterlesen empfohlene Literatur

Rütten, A., Nagel, S., & Kähler, R. (Hrsg.) (2014). *Handbuch Sportentwicklungsplanung*. Hofmann.

Funke-Wienecke, J., & Klein, G. (Hrsg.) (2008). *Bewegungsraum und Stadtkultur*. Transcript.

Literatur

Albert, M., Quenzel, G., Hurrelmann, K., & Kantar, P. (2019). *Jugend 2019. Eine Genration meldet sich zu Wort*. 18. Shell Jugendstudie. Beltz.

An der Heiden, I., Meyrahn, F., Huber, S., Ahlert, G., & Preuß, H. (2012). *Die wirtschaftliche Bedeutung des Sportstättenbaus und ihr Anteil an einem zukünftigen Sportsatellitenkonto*. https://www.bmwk.de/Redaktion/DE/Publikationen/Studien/abschlussbericht-sportstaettenbau.pdf?__blob=publicationFile&v=7. Zugegriffen am 31.08.2022.

BMWi – Bundesministerium für Wirtschaft und Energie (Hrsg.). (2021). *Sportwirtschaft, Fakten & Zahlen Ausgabe 2021*. https://sportsatellitenkonto.de/wp-content/uploads/2021/11/19_sportwirtschaft-fakten-und-zahlen-2021.pdf. Zugegriffen am 31.08.2022.

Breuer, C. (2018). Demographische Entwicklungen im Sport. In U. Granacher, H. Mechling & C. Voelcker-Rehage (Hrsg.), *Handbuch Bewegungs- und Sportgerontologie* (S. 50–63). Hofmann.

Breuer, C., & Wicker, P. (2008). Demographic and economic factors influencing inclusion in the German sport system – A microanalysis of the years 1985 to 2005. *European Journal for Sport and Society, 5*(1), 33–42. https://doi.org/10.1080/16138171.2008.11687807

DGfG – Deutsche Gesellschaft für Geographie (Hrsg.). (2014). *Bildungsstandards im Fach Geographie für den mittleren Schulabschluss*. Selbstverlag DGfG. https://geographie.de/wp-content/uploads/2014/09/geographie_bildungsstandards.pdf. Zugegriffen am 31.08.2022.

DOG – Deutsche Olympische Gesellschaft (Hrsg.). (1961). *Der Goldene Plan in den Gemeinden. Ein Handbuch*. Eigenverlag.

DOSB – Deutscher Olympischer Sportbund, Deutscher Städtetag & Deutscher Städte- und Gemeindebund. (2018). *Bundesweiter Sanierungsbedarf von Sportstätten. Kurzexpertise*. https://cdn.dosb.de/alter_Datenbestand/fm-dosb/arbeitsfelder/umwelt-sportstaetten/Downloads/Sanierun

gsbedarf_DOSB-DST-DStGB.pdf. Zugegriffen am 14.09.2022.

Eckl, S. (2010). Sportstätten der Zukunft" vs. „Bau- und Planungsrecht. In Deutscher Olympischer Sportbund, Deutscher Städtetag & Deutscher Städte- und Gemeindebund (Hrsg.), *Kongress „Starker Sport – starke Kommunen": Wege für eine zukunftsfähige Partnerschaft* (S. 127–130).

Eckl, S., Gieß-Stüber, P., & Wetterich, J. (2005). *Kommunale Sportentwicklungsplanung und Gender Mainstream*. Lit.

Eßig, N., Lindner, S., Magdolen, S., & Siegmund, W. (2015). *Leitfaden nachhaltiger Sportstättenbau. Kriterien für den Neubau nachhaltiger Sporthallen*.

Europäische Kommission (Hrsg.). (2018). *Special Eurobarometer 472 – Sport and physical activity*. https://sport.ec.europa.eu/news/new-eurobarometer-on-sport-and-physical-activity. Zugegriffen am 31.08.2022.

Fögele, J. (2016). *Entwicklung basiskonzeptionellen Verständnisses in geographischen Lehrerfortbildungen*. Verlagshaus Monsenstein und Vannerdat. https://www.uni-muenster.de/imperia/md/content/geographiedidaktische-forschungen/pdfdok/gdf_61_f__gele.pdf. Zugegriffen am 31.08.2022.

Funke-Wienecke, J., & Klein, G. (Hrsg.). (2008). *Bewegungsraum und Stadtkultur*. Transcript.

Gans, P., Schmitz-Veltin, A., & West, C. (2019). *Bevölkerungsgeographie*. 3., aktualisierte und neu bearbeitete Aufl. Westermann.

Göring, A., Hübner, H., Kähler, R. S., Weilandt, M., Rütten, A., & Wetterich, J. (2018). *Memorandum zur kommunalen Sportentwicklungsplanung*. 2., überarb. Fassung. dvs. https://www.sportwissenschaft.de/fileadmin/pdf/download/2018_Memorandum-2-SEP_web.pdf. Zugegriffen am 14.09.2022.

Haimann, R. (2014). *Senioren lösen neue Wanderungsbewegung aus*. https://www.welt.de/finanzen/immobilien/article125578580/Senioren-loesen-neue-Wanderungsbewegung-aus.html. Zugegriffen am 31.08.2022.

Henkel, G. (2012). *Das Dorf: Landleben in Deutschland – gestern und heute*. Konrad Theiss.

Kähler, R. (2012). Konstanz und Wandel: Sporträume unter dem Aspekt von Zeit und Entwicklung. In R. Kähler & J. Ziemainz (Hrsg.), *Sporträume neu denken und entwickeln* (S. 121–137). Feldhaus.

Kähler, R. (2014). Konzepte Integrierter Sportentwicklungsplanung. In A. Rütten, S. Nagel, & R. Kähler (Hrsg.), *Handbuch Sportentwicklungsplanung* (S. 129–137). Hofmann.

Kähler, R. (2015). Grundlagen einer kommunalen Freiraumplanung für Spiel-, Sport- und Bewegungsräume. In R. Kähler (Hrsg.), *Städtische Freiräume für Sport, Spiel und Bewegung* (S. 49–68). Feldhaus.

Kähler, R. (2017). Stadtentwicklung als Gesundheitsprävention – Sozialräumliche Analyse von Sporträumen in segregierten Stadtquartieren. In H. Wäsche, G. Sudeck, R. Kähler, L. Vogt & A. Woll (Hrsg.), *Bewegung, Raum und Gesundheit* (S. 22–31). Feldhaus.

Kähler, R. (2020a). *Bericht über den Prozess der Sportentwicklungsplanung der Landeshauptstadt München.* https://www.muenchen-transparent.de/dokumente/5995504/datei. Zugegriffen am 31.08.2022.

Kähler, R. (2020b). Gesundheit – nur ein Wunsch? Wie eine städtische Raumplanung zu gesunden Sport- und Bewegungsräumen gelangt. *Informationen zur Raumentwicklung, 2020*(1), 120–131.

Kähler, R., Rohkohl, F., & Fischer, M. (2019). *Gutachten zur Sportentwicklung der Bundesstadt Bonn.* https://www.bonn.de/bonn-erleben/aktiv-und-unterwegs/sportentwicklungsplan.php. Zugegriffen am 31.08.2022.

Löw, M., & Terizakis, G. (2011). *Städte und ihre Eigenlogik.* Campus.

Ott, P. (2015). *Sportanlagen für eine dynamische Sportentwicklung. Osnabrücker Sportplatztage 2015.* Hochschule Osnabrück. https://www.stb-hsos.de/fileadmin/HSOS/Homepages/ILOS/pdf/Publikation_Ott.pdf. Zugegriffen am 31.08.2022.

Preuß, H., Alfs, C., & Ahlert, G. (2012). *Sport als Wirtschaftsbranche.* Springer Gabler.

Rohkohl, F., & Flatau, J. (2015). Der Einsatz von Geographischen Informationssystemen (GIS) zur Darstellung raumbezogener Daten – Wie ein ganzer Kreis sportinfrastrukturell erfasst wurde. In R. Kähler (Hrsg.), *Städtische Freiräume für Sport, Spiel und Bewegung* (S. 151–162). Feldhaus.

Rütten, A. (2001). Kooperative Planung. In A. Hummel & A. Rütten (Hrsg.), *Handbuch Technik und Sport, Sportgeräte. Sportausrüstungen – Sportanlagen* (S. 317–326). Hofmann.

Schreiber-Rietig, B., & Latzel, K. (2007). *Demographische Entwicklung in Deutschland: Herausforderung für die Sportentwicklung. Materialien – Analysen – Positionen.* https://cdn.dosb.de/alter_Datenbestand/fm-dosb/arbeitsfelder/Breitensport/demographischer_wandel/Demographischer_Wandel_Internet.pdf. Zugegriffen am 31.08.2022.

Statistisches Bundesamt. (2012). *Anzahl der Sportstätten in Deutschland nach Anlagentypen.* https://de.statista.com/statistik/daten/studie/204702/umfrage/anzahl-der-sportstaetten-in-deutschland--nach-anlagentypen/. Zugegriffen am 14.09.2022.

Statistisches Bundesamt. (2022). *Wanderungen zwischen Deutschland und dem Ausland, 1991–2021.* https://www.destatis.de/DE/Presse/Pressemitteilungen/2022/06/PD22_268_12411.htm. Zugegriffen am 31.08.2022.

Wardenga, U. (2002). Räume der Geographie und zu Raumbegriffen im Geographieunterricht. *Wissenschaftliche Nachrichten, 120*, 47–52. https://www.eduacademy.at/gwb/pluginfile.php/14582/mod_resource/content/3/Wardenga_Ute_Raeume_der_Geographie_und_zu_Raumbegriffen_im_Unterricht_WN_%20120_2002.pdf. Zugegriffen am 31.08.2022.

Weiß, O., & Norden, G. (1999). *Einführung in die Sportsoziologie.* Waxmann.

Wetterich, J., Eckl, S., & Schabert, W. (2009). *Grundlagen zur Weiterentwicklung von Sportanlagen.* Sportverlag Strauß.

Wopp, C. (2012). *Orientierungshilfe zur kommunalen Sportentwicklungsplanung* (Zukunftsorientierte Sportstättenentwicklung, Sportinfrastruktur 16). Landessportbund Hessen.

Sport und urbanes Grün – Bewegungsraum-Management in der kommunalen Freiraumplanung

Holger Kretschmer

Sport in urbanem Grün. (© Holger Kretschmer)

© Der/die Autor(en), exklusiv lizenziert an Springer-Verlag GmbH, DE, ein Teil von Springer Nature 2023
P. Gans et al. (Hrsg.), *Sportgeographie*, https://doi.org/10.1007/978-3-662-66634-0_21

Inhaltsverzeichnis

Einleitung

Die Nachfrage nach sportlichen Aktivitäten hat sich in den vergangenen Jahrzehnten stark verändert. Neben den klassischen, anlagengebundenen Sportarten lässt sich ein deutlicher Trend zur freien, nicht organisierten Sportausübung erkennen (Digel, 2009; ▶ Kap. 4). Aktivitäten wie Laufen, Radfahren oder Spazierengehen sind längst fester Bestandteil der urbanen Erholungsaktivitäten und finden vor allem auf den urbanen Grün- und Freiflächen statt (Eckl, 2012). Durch die veränderte Nachfrage stößt der Sport in Räume vor, die ohnehin schon intensiv für andere Zwecke genutzt werden. So sind urbane Grünflächen nicht nur Orte der Erholung und Sportausübung, sondern leisten auch einen Beitrag zur Verbesserung der Luftqualität und des Stadtklimas, fördern die Biodiversität und tragen zum Artenschutz bei (BMUB, 2015). Urbanes Grün wirkt positiv auf allen Ebenen der nachhaltigen Stadtentwicklung und trägt zum Wohlbefinden der Bevölkerung, zur Lebensqualität in den Städten und zu deren Attraktivität als Wohnstandort bei. Diese Multifunktionalität führt in der Praxis zu erheblichen Konflikten, da sich die einzelnen Funktionen räumlich überlagern, inhaltlich jedoch sehr unterschiedliche Anforderungen an urbanes Grün stellen können. Neben dieser internen Funktionskonkurrenz gerät das urbane Grün auch von außen zunehmend unter Druck. Gerade die Planungsstrategie „Innen- vor Außenentwicklung", die die Ausweitung der Siedlungsfläche reduzieren soll und damit eine intensive Nachverdichtung in den Städten fördert (Reiß-Schmidt, 2018), kollidiert immer wieder mit den Forderungen nach einem Mehr an urbanem Grün. Die Diskussion um den Wert von Ökosystemdienstleistungen (Kirchhoff, 2019) und die Etablierung des Begriffs der grünen Infrastruktur sind ein deutliches Indiz dafür, dass sich urbanes Grün immer wieder gegen Ansprüche von außen behaupten muss (Heiland et al., 2017). Eine umfassende Koordination der einzelnen Nut-

zungen scheint daher zwingend notwendig. Dabei gilt es, die oftmals sehr unterschiedlichen Perspektiven und Zielsetzungen der einzelnen Fachplanungen bezüglich des urbanen Grüns sinnvoll aufeinander abzustimmen. Der Schlüssel für eine erfolgreiche Koordination liegt hierbei weniger in sektoralen Planungen, sondern in einer integrierten Planung, die eine ressortübergreifende Perspektive auf Stadtplanung und Stadtentwicklung einnimmt (BMUB, 2007).

Als ein wichtiger Akteur auf urbanen Grünflächen sollte der Sport ein fester Bestandteil dieser integrierten Planung sein. Die aktuelle Sportentwicklungsplanung tut sich allerdings mit der konzeptionellen Einbindung der freien Sportausübung auf urbanen Grünflächen noch immer schwer. Sie fokussiert traditionell den anlagengebundenen Sport, weil die Erfassung der Sportnachfrage abseits der Sportanlagen und der etablierten Vereinsstrukturen eine erhebliche Herausforderung darstellt, gleichzeitig aber die Voraussetzung für eine bedarfsorientierte Planung ist (▶ Kap. 4 und 20). Durch eine Neuausrichtung der Sportentwicklungsplanung in Richtung eines integrierten, flexiblen Bewegungsraum-Managements (Klos et al., 2008) könnte die Sportentwicklung nicht nur dem geänderten Sportverhalten gerecht werden, sondern auch im Rahmen einer gesamtstädtischen integrierten Planung von der Fachkompetenz anderer Planungsressorts profitieren und zugleich als Impulsgeber für die Entwicklung von urbanem Grün und der Steigerung der Lebensqualität in Städten dienen.

Der Beitrag zeigt die Möglichkeiten auf, die ein Bewegungsraum-Management im Rahmen einer **integrierten Planung** bietet. Hierzu wird zunächst die Bedeutung von urbanen Grünflächen für das Leben in der Stadt skizziert, bevor die Auswirkungen der veränderten Sportnachfrage auf das urbane Grün beschrieben werden. Die folgende Betrachtung von Stärken und Schwächen der aktuellen Ansätze zur Sportentwicklungsplanung mündet in die strukturelle Darstellung eines Bewegungsraum-

21

Managements, das eine umfassende Planung von Sport und Bewegung im Rahmen einer **integrierten Stadtentwicklung** ermöglichen könnte.

21.1 Planung und urbanes Grün

Das 21. Jahrhundert wird gemeinhin als das Jahrhundert der Städte bezeichnet, weil der globale Urbanisierungsgrad rasant ansteigt (WBGU, 2016). Der Trend zur Stadt als bevorzugte Form des gesellschaftlichen Zusammenlebens ist in Europa und speziell in Deutschland nicht neu und der Urbanisierungsprozess weit fortgeschritten. Die großen Urbanisierungsphasen haben hier bereits zur Zeit der Industrialisierung stattgefunden und sich im Zuge der Suburbanisierung in den 1970er- und 1980er-Jahren gefestigt. Mit einem Anteil der städtischen Bevölkerung von 77,4 % (World Bank, 2021) darf der Urbanisierungsgrad in Deutschland als hoch eingestuft werden. Vor diesem Hintergrund kommt dem **urbanen Grün** eine wachsende Bedeutung für die Lebensqualität in deutschen Städten zu und erzeugt positive Effekte auf allen Ebenen der Nachhaltigkeit. Aus ökologischer Perspektive leisten urbane Grünflächen, z. B. als Rückzugsräume für die städtische Flora und Fauna, einen maßgeblichen Beitrag zur Biodiversität. Darüber hinaus sind sie durch ihre klimatische und hydrologische Pufferfunktion ein wichtiger Bestandteil des städtischen Klimaschutzes (Greiving et al., 2011). Aus ökonomischer Perspektive steigert urbanes Grün die Lebensqualität in und damit die Attraktivität von Städten und fungiert als weicher Standortfaktor wie eine Triebfeder für eine positive ökonomische Entwicklung (Willen, 2020). Nicht zuletzt erfüllt urbanes Grün eine erhebliche soziale Funktion, indem es ein Ort der gesellschaftlichen Begegnung und Kommunikation ist. Als Erholungsfläche wirkt es dabei nicht nur gesundheitsfördernd (Claßen et al., 2012), sondern bringt die städtische Bevölkerung auch in Kontakt mit der Natur (BMUB, 2015). Wie wichtig der direkte Kontakt mit urbanem Grün für die städtische Bevölkerung ist, hat sich zuletzt während der **Corona-Pandemie** gezeigt. Bislang liegen nur wenige belastbare Studien zur verstärkten Nutzung der öffentlichen Grünflächen vor, doch scheint ein Bedeutungsgewinn des urbanen Grüns in Zeiten der Lockdowns nachweisbar (Dosch & Haury, 2020; Thorn et al., 2020). Dies gilt vor allem für städtische Quartiere mit einer hohen Bevölkerungsdichte, in denen es nur wenige private Grünräume, wie Hausgärten, gibt (▶ Kap. 17).

Der Begriff **urbanes Grün** ist in der Stadtentwicklung sehr breit angelegt und beschreibt nicht nur die größeren Erholungsflächen, die für sportliche Aktivitäten von besonderer Bedeutung sind, sondern umfasst unterschiedliche Skalen, welche von einzelnen Bäumen über kleinere Grünflächen bis hin zu ausgedehnten Stadtwäldern oder Ackerflächen reichen. Böhm et al. (2019, S. 17) summieren unter urbanem Grün „alle Formen temporärer und permanenter städtischer Grünräume sowie städtischer Grünstrukturen an Gebäuden". Hierzu zählen „u. a. öffentliche Parks und Gärten, Alleen, Grüngürtel, Stadtwälder, Friedhöfe, Ruderalflächen, ruderalisierte Brachflächen, wohnbezogene Grünanlagen, Klein-, Mieter- und Gemeinschaftsgärten, Hof-, Dach- und Fassadenbegrünung, grüne Zwischennutzungen" (Böhm et al., 2019, S. 17). Dabei kann der Begriff „urbanes Grün" im weitesten Sinne mit dem Begriff **Stadtnatur** gleichgesetzt werden. Als Stadtnatur gelten in diesem Zusammenhang „alle Lebewesen, Lebensgemeinschaften und ihre Lebensräume in Städten" (Breuste, 2016, S. 7), ganz gleich ob sie spontan entstehen oder durch Menschen geplant eingebracht werden (z. B. Bäume, Pflanzungen). Beide Definitionen unterstreichen die Vielfalt von urbanem Grün und die Bedeutung selbst kleinster Einheiten für die Lebensqualität in Städten.

Trotz der Bedeutung für Nachhaltigkeit und Lebensqualität steht **urbanes Grün** immer wieder zur Disposition. Hier ist in erster Linie die gestiegene Nachfrage nach Siedlungsflächen, welche mit dem anhaltenden Urbanisierungstrend einhergeht, als Hauptkonkurrent zu nennen. Zusätzlich führt die Planungsmaxime „Innen- vor Außenentwicklung" zwar grundsätzlich zu einer Reduktion der neu beanspruchten Siedlungsfläche, erhöht aber gleichzeitig den Druck auf das bestehende urbane Grün. Zum einen kommt es durch die Nachverdichtung zu einer Steigerung der Einwohnerdichte und damit zu einer erhöhten Nachfrage nach Erholungsflächen. Dies ist besonders in den Quartieren problematisch, in denen ohnehin bereits ein Defizit an Grünflächen besteht (Willen, 2020). Zum anderen werden im Zuge der Nachverdichtung existierende Freiflächen, z. B. ruderalisierte Brachflächen, bebaut, was nach der oben genannten Definition einem Verlust von urbanem Grün gleichkommt. Die Grünflächenplanung sieht sich also immer wieder in der Situation, das bestehende Grün gegen andere Nutzungen „verteidigen" zu müssen und die Bedeutung urbanen Grüns herauszustellen. Dieser Rechtfertigungsdruck mündet aktuell in die Diskussion um die sogenannte **Ökosystemdienstleistungen**, ein Konzept, das im Kern auf eine Monetarisierung der Funktionen von urbanem Grün abzielt (Kirchhoff, 2019). Durch die Bewertung der Ökosystemdienstleistungen bleibt der Wert des urbanen Grüns nicht länger abstrakt, sondern kann mit anderen Parametern der Stadtentwicklung verglichen werden. Hierdurch erfährt das urbane Grün einen Bedeutungsgewinn, der sich auch im Begriff der **grünen Infrastruktur** widerspiegelt. Der Begriff trägt der Erkenntnis Rechnung, dass „Ökosysteme und ihre Leistungen […] ebenso wie ‚graue, also technische Infrastruktur' für die Entwicklung eines Landes unverzichtbar sind" (BfN, 2022, o. S.). Mit der Gleichsetzung von urbanem Grün mit anderen Infrastruktureinrichtungen, wie Straßen, Schulen oder Krankenhäusern, erfolgt eine planerische Verankerung von Grün als Teil der Daseinsvorsorge. **Urbanes Grün** ist damit ein essenzieller Bestandteil für das Funktionieren des städtischen Zusammenlebens und muss bei planerischen Aktivitäten berücksichtigt werden. Die Entwicklung von **grüner Infrastruktur** soll dabei fünf Prinzipien (Hansen et al., 2018) folgen:

1. Qualitäten von Grün- und Freiflächen verbessern,
2. vernetzte Grünsysteme schaffen,
3. Mehrfachnutzung und Funktionsvielfalt fördern,
4. grüne und graue Infrastrukturen zusammen entwickeln und
5. Kooperationen und Allianzen anregen.

Für die Umsetzung dieser Kriterien ist ein integrierter Planungsansatz notwendig, da einzelne Fachplanungen die genannten Prinzipien nicht allein umsetzen können. Im Rahmen einer **integrierten Stadtentwicklung** könnte der Sport aktiv an der Entwicklung von urbanem Grün mitwirken, denn als maßgeblicher Teil der Naherholung wird das urbane Grün intensiv durch Sporttreibende genutzt. Vor allem die Vernetzung, Mehrfachnutzung und Erreichbarkeit sind zentrale Ansatzpunkte, durch die die Sportentwicklungsplanung profitieren und gleichzeitig zur Flächensicherung beitragen könnte. Eine fehlende Einbindung des Sports kann hingegen nachteilige Effekte mit sich bringen, weil ein fehlendes Angebot nicht selten zu einer unbeabsichtigten, ggf. sogar illegalen Raumnutzung durch sportlich Aktive führen kann (▶ Box 21.1).

21

Box 21.1 Konflikte bei der Nutzung urbanen Grüns

Wie wichtig die Berücksichtigung von Sport und Bewegung auf **urbanem Grün** ist, zeigt sich oft in Konfliktsituationen. Diese treten in der Regel dann auf, wenn kein ausreichendes oder koordiniertes Angebot zur Verfügung steht und die Bürgerinnen und Bürger eigenständig Sporträume schaffen (▶ Kap. 3). Die Spanne dieser Räume reicht hierbei von der ganzjährigen Nutzung ebener Rasenflächen für den Freizeitfußball (inkl. wöchentlicher, privater Mäharbeiten) bis zum Bau von Mountainbike-Downhill-Strecken mit einer Vielzahl von Hindernissen, die z. T. größere Erdbewegungen mit sich bringen (◻ Abb. 21.1). Diese Nutzungen werfen, je nach Standort, nicht nur naturschutzfachliche Fragen auf (Landschaftsschutzgebiet; ▶ Kap. 6), sondern bereiten den Städten als Grundstückseigentümerinnen vor allem versicherungstechnische Probleme. Selbst eine Beseitigung von zweifelsfrei illegalen Anlagen stellt dabei nur eine temporäre Lösung

◻ **Abb. 21.1** Illegale Downhill-Strecke im Äußeren Grüngürtel der Stadt Köln. (© Holger Kretschmer)

dar. Die weiterhin bestehende Nachfrage führt in der Regel zur Entstehung neuer Strecken und kann nur durch die Schaffung eines attraktiven, legalen Angebots befriedigt werden.

21.2 Sport und urbanes Grün – Veränderung der Nachfrage

Die verstärkte Nachfrage nach Sport- und Bewegungsangeboten auf urbanen Grünflächen resultiert aus einem veränderten gesellschaftlichen Sportverständnis. Das Resultat dieses Wandels ist eine Aufweitung der **Sportdefinition**, die grundsätzlich in zwei Kategorien eingeteilt werden kann. In der ersten Kategorie finden sich Festlegungen, die den Wettkampfcharakter des Sports in den Vordergrund stellen. So erläutert Tiedemann (2021, o. S.) den **Sport** als ein „kulturelles Tätigkeitsfeld, in dem Menschen sich freiwillig in eine Beziehung zu anderen Menschen begeben, um ihre jeweiligen Fähigkeiten und Fertigkeiten in der Bewegungskunst zu vergleichen – nach selbst gesetzten oder übernommenen Regeln und auf Grundlage der gesellschaftlich akzeptierten ethischen Werte". Tiedemann

(2021) adressiert damit traditionelle Wettkampfsportarten, die vorwiegend, wenn auch nicht ausschließlich, in Sportvereinen ausgeübt werden. Eine vergleichbare Definition findet sich beim Deutschen Olympischen Sportbund (DOSB), bei der die im Verband organisierten Sportarten neben der Einhaltung ethischer Werte auch Regeln und/oder ein System von Wettkampfeinteilungen haben müssen (DOSB, 2018, S. 3). Die Festlegungen dieser ersten Kategorie gelten als **Sportdefinitionen im engeren Sinne** und haben den Sport und sportbezogene Planungen lange Zeit dominiert.

Zur zweiten Kategorie der Begriffsbestimmung von **Sport** zählen solche, die ein weites Verständnis des Sportbegriffs haben. In diese Kategorie fällt z. B. die Definition von Wopp (2011, S. 19), der unter dem Begriff Sport „vielfältige Bewegungs-, Spiel- und Sportformen" fasst, „an denen sich alle Menschen unabhängig von Geschlecht,

Alter, sozialer und kultureller Herkunft an unterschiedlichsten Orten allein oder in Gemeinschaft mit anderen zur Verbesserung des physischen, psychischen und sozialen Wohlbefindens sowie zur körperlichen und mentalen Leistungssteigerung beteiligen können". Zusätzlich bringt Wopp (2011) bei seiner Abgrenzung die Innenansicht der Sporttreibenden ein, indem er jede Bewegungsaktivität als **Sport** klassifiziert, die von den Aktiven selbst als Sport betrachtet wird. Die Notwendigkeit einer Aufweitung des Sportbegriffs ergibt sich aus einer zunehmenden Ausdifferenzierung des Sports. Sport hat sich zu einem Massenphänomen mit einer Vielzahl von Sportmodellen und -formen entwickelt (Krüger et al., 2013, S. 388), was gemeinhin mit gesamtgesellschaftlichen Individualisierungs- und Pluralisierungstendenzen in Verbindung gebracht wird. Durch die Entstehung neuer Sportarten, die nicht ausschließlich mit Wettkampfcharakter betrieben werden, sondern sich anderer Motive bedienen, deckt die enge Definition nicht mehr alle Sportaktivitäten ab. Darüber hinaus hat sich auch das gesellschaftliche Verständnis von Sport gewandelt. **Sport** ist als Teil von Fitness und Gesundheit ein anerkannter und nicht selten essenzieller Bestandteil unterschiedlicher Lebensstile geworden (▶ Kap. 4 und 12).

In der Planung kommt sowohl der engere als auch der weitere Sportbegriff zur Anwendung. Das Bundesministerium für Verkehr, Bau und Stadtentwicklung (BMVBS) unterscheidet zwischen Sportarten und Sportformen. **Sportarten** haben ein eindeutig definiertes und messbares Ziel, unterliegen einem Regelwerk und sind in Wettkämpfen organisiert. **Sportformen** können hingegen vielfältige Ziele haben und sind nicht an die Einhaltung von Regeln im Wettkampf gebunden (Hendricks et al., 2011). Die Unterscheidung im engeren und weiteren Sinne ist nicht nur von akademischer Natur, sondern hat maßgebliche räumliche Auswirkungen (▶ Kap. 3 und 4). **Sportarten** benötigen in der Regel normierte Sport-

anlagen, damit die festgesetzten Regeln anwendbar und Wettkämpfe regelgerecht durchführbar sind. Für die Ausübung von Sportformen kommen hingegen auch nichtnormierte Räume infrage, wie die urbanen Grünflächen. Diese Trennung in Sportanlagen und andere Sporträume spiegelt sich auch in der Organisationsform der Sportausübung wider. Da der Zugang zu normierten Sportanlagen oftmals nur über die Mitgliedschaft in einem Sportverein oder bei einem kommerziellen Anbieter möglich ist, werden Sportarten zumeist „organisiert", also mit einer institutionellen Anbindung, ausgeübt. Diese Mitgliedschaft ist bei der Ausübung von **Sportformen** nicht notwendig, da die Sporträume frei zugänglich sind und die Sportausübung daher eigenständig organisiert werden kann.

Der Anteil der über 16-jährigen Sportlerinnen und Sportler, die eigenständig organisiert Sport treiben, beträgt in der Bundesrepublik Deutschland etwa 72 % (Repenning et al., 2019). Die verbleibenden 28 % gehen mindestens einer sportlichen Aktivität in einem Sportverein nach. Das schließt jedoch nicht aus, dass zumindest Teile dieser Gruppe auch selbst organisiert Sport treiben. Mit Blick auf die fünf beliebtesten Sportarten (Radsport, Schwimmen, Fitness, Laufen, Wandern) fällt auf, dass nur ein geringer Prozentsatz von 1–7 % diese Aktivitäten in einem Sportverein ausübt (Repenning et al., 2019). Dennoch wird in der Literatur immer wieder betont, dass den über 90.000 Sportvereinen in Deutschland eine hohe Bedeutung bei der Sportentwicklung zukommt. Sie leisten einen wichtigen Beitrag zur Vermittlung von gesellschaftlichen Werten und damit auch für den sozialen Zusammenhalt, insbesondere für die Altersgruppe der Kinder und Jugendlichen, bei denen der Organisationsgrad, also die Mitgliedschaft in einem Verein, überproportional höher ist als bei den über 16-Jährigen. Durch die Ausdifferenzierung des Sportsystems vertreten die Sportvereine nur noch einen Teil der sportlich aktiven

21

Bürgerinnen und Bürger. Diese Verschiebung wird bei der Planung von Sport und Bewegung auf kommunaler Ebene bislang nur unzureichend berücksichtigt, da sich die etablierten Ansätze der **Sportentwicklungsplanung** auf die Planung von Sportanlagen fokussieren (▶ Kap. 4).

21.3 Sport und kommunale Planung

Obwohl die Planung von Sport- und Bewegungsanlagen keine staatliche Aufgabe ist, sind die Themenbereiche Sport und Stadt eng miteinander verbunden. Sowohl im Bildungsbereich (Schulsport) als auch in der Freiflächenplanung (Freizeitsport) oder in der Stadtentwicklung (wohnortnahe Erholung) werden sportbezogene Themen bereits berücksichtigt. Aus dem System Sport haben sich in den vergangenen 60 Jahren unterschiedliche Ansätze und Empfehlungen entwickelt, die ein Mindestmaß an Sport- und Bewegungsräumen sicherstellen sollten. Den Beginn dieser Entwicklung markiert der *Goldene Plan* für Sportstättenentwicklung der Deutschen Olympischen Gesellschaft (DOG; ▶ Kap. 6), der in den frühen 1960er-Jahren veröffentlicht wurde und eine flächendeckende Versorgung der bundesdeutschen Bevölkerung mit Sportanlagen initiieren sollte. Der *Goldene Plan* war ein richtwertorientierter Ansatz, der bestimmte Sportflächen je Anlagentyp (Sporthallen, Sportfreianlagen und Schwimmbäder) pro Einwohner vorsah (DOG, 1961). Durch die einfache Anwendung der Richtwerte wurde der Plan von den Kommunen aufgegriffen und führte vor allem in den ersten Jahren nach seiner Veröffentlichung zu einem starken Anstieg der Sportstättenzahl. Die letzte Fassung mit dem Titel *Goldener Plan Ost* stammt aus dem Jahr 1992 und nahm vor allem die nachholende Sportentwicklung in den ostdeutschen Bundesländern nach der Wiedervereinigung in den Blick. Die Leitlinien des überarbeiten

Plans gingen „von der Annahme aus, dass in den neuen Bundesländern eine den alten Bundesländern entsprechende Sportentwicklung stattfinden würde" (BISp, 2022). Die Neuauflage ignorierte damit die zunehmende Kritik am *Goldenen Plan*, die bereits Ende der 1980er-Jahre laut wurde. Durch die zunehmende Individualisierung und Ausdifferenzierung des Sportsystems konnte die starre Richtwertplanung die Veränderungen im Sportverhalten nicht mehr adäquat abbilden und ging oftmals an der Nachfragerealität vorbei (▶ Kap. 4 und 20). Darüber hinaus stellte die flächendeckende Versorgung mit Sportanlagen die Städte und Gemeinden zunehmend vor finanzielle Probleme. Besonders die Instandhaltung und Sanierung der bestehenden und in die Jahre gekommenen Sportanlagen belasteten die ohnehin unterfinanzierten kommunalen Haushalte stark und stellt in vielen Kommunen bis heute ein gewichtiges Problem dar. So wurde, nicht zuletzt auch durch die knapper werdenden finanziellen Mittel, die Forderung nach stärker nachfrageorientierten Ansätzen laut, die vor allem einen bedarfsgerechten Einsatz von Finanzmitteln ermöglichen sollten.

Ein erster Versuch, die Planung an der Nachfrage auszurichten, wurde mit dem **Leitfaden für die Sportstättenentwicklungsplanung** des Bundesinstituts für Sportwissenschaft (BISp) unternommen. Der Anfang der 1990er-Jahre erstmals veröffentlichte und bis zum Jahr 2000 weiterentwickelte Leitfaden sollte mit einer quantitativen Bestands- und Bedarfsanalyse auf Basis einer repräsentativen Bevölkerungsbefragung die Grundlage für eine nachfrageorientierte Sportentwicklungsplanung legen (Köhl, 2006). Wie der Titel bereits vermuten lässt, fokussierte auch dieser Ansatz fast ausschließlich Sportanlagen. Allerdings berücksichtigte der Leitfaden in Teilen die Diversifizierung des Sportangebots, indem die Bedarfsanalyse eine sehr große Anzahl an Sportarten berücksichtigte und auch nichtnormierte Anlagen, wie Skateparks, einbezog. Die wesentliche Innovation des Leitfadens war allerdings die Etablierung von neun Planungsschritten, die sich in den Punkten Zielformulierung, Bilanzierung von Angebot und Nachfrage, Zustandsbewertung der Anlagen, Maßnahmenformulierung, Erfolgskontrolle und Fortschreibung zusammenfassen lassen. Diese Strukturierung findet sich auch in nachfolgenden Konzepten, wie der kooperativen und integrierten Sportentwicklungsplanung, wieder.

Der gegen Ende der 1990er-Jahre entwickelte Ansatz zur **kooperativen Sportentwicklungsplanung** ersetzt die streng quantitative Bedarfsanalyse des Leitfadens durch eine eher qualitativ ausgerichtete Komponente. Den Kern des Ansatzes bildet eine Planungsgruppe, die alle Akteure der Sportentwicklung zusammenführen soll und die Sportentwicklungsplanung dialogorientiert angeht. Die Planungsgruppe steuert den Prozess der Sportentwicklung von der Bedarfsanalyse über die Maßnahmenentwicklung bis zur Umsetzung. Teil der Planungsgruppe sind nicht nur die kommunalen Akteure, sondern auch externe Expertinnen und Experten, die die Kommune bei der Erarbeitung eines Sportentwicklungsplans beraten und begleiten. Die Einbindung der externen Perspektive soll eine objektive und wissenschaftlich fundierte Bewertung der lokalen Situation sicherstellen. Durch diesen Schritt der Qualitätssicherung kann die Sportentwicklungsplanung nach dem **Kooperativen Ansatz** allerdings nicht mehr eigenständig von der Kommune durchgeführt werden, wie dies beim *Goldenen Plan* oder der **Leitfadenmethode** möglich war.

Des Weiteren stellen Rütten und Ziemainz (2009) bei ihrer Analyse unterschiedlicher Sportentwicklungskonzepte heraus, dass der Zusammensetzung der Planungsgruppe im **kooperativen Ansatz** eine große Bedeutung zukommt. So ist die Planungsgruppe prinzipiell intersektoral zusammengesetzt, bietet also die Möglichkeit, auch Akteurinnen und Akteure, deren Tätigkeiten

inhaltlich einen geringen Bezug zu Sportentwicklungsplanung haben, wie aus dem Naturschutz oder nichtorganisierten Sport, einzubinden. Dementgegen haben Meinungen und Positionen von Akteuren, die nicht in der Planungsgruppe vertreten sind, keine Chance, an der Sportentwicklung zu partizipieren. Um die Stärken der beschriebenen Ansätze zusammenzuführen und ein breites Bild des Sportbedarfs zu erstellen, schlagen Rütten und Ziemainz (2009) vor, den Leitfaden und die kooperative Planung in einem integrierten Ansatz zusammenzuführen. Dieser basiert auf einer Bestands- und Bedarfsanalyse nach der Leitfadenmethode, die dem kooperativen Planungsprozess vorgeschaltet wird (Rütten & Ziemainz, 2009). Das Problem der fehlenden Einbindung von Sport und Bewegung auf urbanem Grün lösen sie damit jedoch nicht.

Ein wesentliches Problem bei der Einbindung von freien Sportangeboten lässt sich am Beispiel der Planungsgruppe darstellen. Während für nahezu alle Akteure der Sportentwicklung, z. B. ein lokaler Sportbund und Planungsämter, zentrale Ansprechpartner existieren, kann es für den nichtorganisierten Sport eine solche Interessenvertretung jedoch nicht geben. Damit gestaltet sich eine institutionalisierte Einbindung von rund 75 % der Sporttreibenden außerhalb des organisierten Sports schwierig. Auch eine quantitative Erhebung des Bedarfs stößt hier aufgrund der Diversifizierung im Sport an ihre Grenzen. Möglich wäre eine Einbindung mittels offener Partizipation, z. B. über Planungswerkstätten. Allerdings ist diese Form der Partizipation und Bedarfsermittlung ebenfalls aufwendig und kostenintensiv. Vor dem Hintergrund einer angespannten Haushaltslage fokussieren sich viele Kommunen mit ihrer Sportentwicklung daher auf den messbaren Bedarf im Bereich der Sportanlagen und die etablierten Strukturen der Sportentwicklung. Eine **Sportentwicklungsplanung**, die das erweiterte Sportverständnis bei der Pla-

21

nung berücksichtigen möchte, wird zukünftig dennoch auf einen **integrierten Planungsansatz** setzen müssen. Der Begriff „integriert" meint in diesem Zusammenhang nicht allein die Zusammenführung bestehender Planungsansätze, sondern insbesondere die Überwindung der sektoralen Planungsprozesse hin zu einer ganzheitlichen Planung. Sportentwicklungsplanung muss also als integraler Bestandteil einer gesamtstädtischen Planung verstanden werden (Heinrich-Böll-Stiftung, 2022). Damit zielt Sportentwicklung nicht nur auf ein fixes und punktuelles Ziel in Form eines Sportentwicklungsplans ab, sondern wird als partizipativer, fortgeschriebener Prozess verstanden, der auf Veränderungen reagieren und sowohl im Ziel als auch bei der Zielerreichung flexibel angepasst werden kann und muss (Kähler, 2016).

21.4 Sportentwicklungsplanung als integriertes Bewegungsraum-Management

Eine solch flexible Herangehensweise zeigen Klos et al. (2008) mit dem Konzept eines **Bewegungsraum-Managements**. Dabei betonen sie, dass das Konzept nicht in Konkurrenz zu bestehenden und etablierten Planungsprozessen tritt, sondern „als ein Ablaufschema zu verstehen [ist], das bestehende Strukturen aufgreift und vor dem Hintergrund einer Nachhaltigen Entwicklung [...] [neu] zusammenführt" (Klos et al., 2008, S. 46). Ziel des Bewegungsraum-Managements ist also die Kombination unterschiedlicher Kompetenzen, um eine ganzheitliche Sportentwicklung in den Blick zu nehmen (▶ Kap. 17 und 20). Damit folgt es im Grundsatz der **integrierten Planung**, wie sie in der **Leipzig Charta** definiert ist (BMUB, 2007). Das Bewegungsraum-Management umfasst fünf Bausteine (Kommunalpolitik

und Koordinierung – Bestands- und Bedarfsanalyse – Angebotsentwicklung – Planung, Umsetzung, Weiterentwicklung – Erfolgskontrolle und Evaluation; ☐ Abb. 21.2), die eine kontinuierliche Planung und Entwicklung von Sport und Bewegungsangeboten ermöglichen sollen (Klos et al., 2008). Auf den ersten Blick unterscheidet sich das Bewegungsraum-Management in seiner Struktur nur marginal von den bereits vorgestellten Planungsansätzen zur Sportentwicklungsplanung. Auch im Bewegungsraum-Management finden sich kooperative Ansätze, eine Bilanzierung von Angebot und Nachfrage sowie eine Maßnahmenentwicklung. Der wesentliche Unterschied liegt in der prozesshaften Betrachtung der Sportentwicklung (☐ Abb. 21.2), die auf eine kontinuierliche und von der Kommune eigenständig umzusetzende Sportentwicklung angelegt ist. Diese wird zwar auch von anderen Ansätzen aufgenommen (Göring et al., 2018), aber noch nicht immer konsequent umgesetzt.

Die Grundlage des **Bewegungsraum-Managements** bildet ein politischer Handlungsrahmen, der die Bedeutung von Sport und Bewegung für die städtische Bevölkerung anerkennt und die Sportentwicklungsplanung in eine, idealerweise bereits bestehende, integrierte Planungspolitik einbindet. Durch die Verwendung eines weiten Sportbegriffs wird hierbei nicht nur dem traditionellen Sport, sondern auch den Sport- und Bewegungsaktivitäten im öffentlichen Raum eine besondere Bedeutung zugewiesen (▶ Kap. 4 und 6). Das „Bekenntnis zum Sport" wird in einer Absichtserklärung, z. B. einer Charta oder einem Leitbild, festgeschrieben und in Form einer „Koordinierungsstelle für Sport und Bewegung" institutionalisiert. Diese bildet den operativen Kern der **Sportentwicklungsplanung** und treibt eigene Ziele im Rahmen des gesamtstädtischen Leitbilds voran (Bau und Sanierung von Sportanlagen, Einrichtung von nichtnormierten Bewegungsräumen etc.), während sie gleichzeitig Ansprechpartner

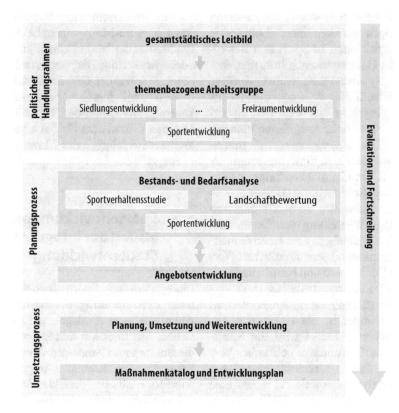

Abb. 21.2 Integriertes Bewegungsraum-Management. (Nach Klos et al., 2008)

für sportbezogene Planungen anderer Instanzen (z. B. Siedlungsentwicklung, Grünflächenplanung, Gesundheitsvorsorge, Schulentwicklung) ist (▶ Kap. 12).

Wie bei den bestehenden Ansätzen zur Sportentwicklungsplanung stellen die **Bestands- und Bedarfsanalyse** auch im Rahmen des Bewegungsraum-Managements die Datengrundlage für zukünftige Planungen bereit (▶ Kap. 20). Dabei sollen sowohl die klassischen Erhebungsmethoden (repräsentative Befragungen) als auch offene Formate (Workshops, Bürgerwerkstätten, Onlinebefragungen) Berücksichtigung finden. So entsteht ein umfassendes Bild der Sportnachfrage, das perspektivisch weiterentwickelt wird. Die offenen Formate sollten während des Aufbaus eines Bewegungsraum-Managements noch spezieller auf Sport und Bewegung ausgerichtet sein. In der Weiter-

entwicklung kann die Sportentwicklung auch als Teil anderer Partizipationsprozesse, z. B. im Zuge einer Quartiersentwicklung (▶ Kap. 17), aufgegriffen und die Bedarfsanalyse fortgeschrieben werden. Darüber hinaus sollte bei der Bestandserhebung auch das Wissen anderer Fachplanungen eingebunden werden. Für die Planung auf urbanen Grünflächen kann z. B. das in vielen Kommunen bereits etablierte digitale Grünflächenkataster Auskunft über geeignete Räume für freie Sportangebote geben. Ferner können Informationen über Boden- und Vegetationsschäden ein erstes Bild von der Verteilung bereits etablierter, aber ggf. unerwünschter Aktivitätsräume geben. Bei einer Verlagerung von Aktivitätsräumen, z. B. aus Gründen des Naturschutzes, kommt der zuvor genannten Koordinierungsstelle die Aufgabe zu, Alternativen zu bewerten sowie mit anderen Fachplanungen abzustimmen. Langfristig sollten Informationen zu Sport und Bewegung in einem Geographischen Informationssystem (GIS) zusammengeführt werden. Dies gilt sowohl für die Sportanlagen als auch für Angebote jenseits der Sportanlagen. Im Sinne einer integrierten Planung muss das GIS „Bewegungsraum" mittelfristig an bestehende digitale Informationssysteme, z. B. ein Grünflächenkataster oder einen digitalen Stadtzwilling (Hälker & Ziemer, 2020), angebunden werden. Nur durch die zentrale Bereitstellung von Daten verfügen die Fachplanungen über einen einheitlichen Kenntnisstand zur räumlichen Verteilung von Funktionen und können dadurch eine integrierte Planung betreiben.

Die Bilanzierung von Angebot und Nachfrage mündet in die eigentliche **Angebotsentwicklung**. Dabei wird die Sportentwicklung auf Grundlage politischer Vorgaben und unter Berücksichtigung der Nachfrageanalyse ausgerichtet und eine Umsetzungsstrategie entwickelt. Idealerweise kommt es hierbei durch den **integrierten Planungsansatz** zu einem Abwägen unterschiedlicher Interessen, sodass „im optimalen Fall ein interdisziplinärer Konsens" (Klos et al., 2008, S. 49) entsteht.

In der folgenden **Planungs- und Umsetzungsphase** werden die Einzelmaßnahmen priorisiert und in die Praxis umgesetzt. Bei der Priorisierung spielt eine Vielzahl von Faktoren, wie die Budgetierung, zeitliche Entwicklungsperspektiven oder übergeordnete Projekte, eine Rolle. Da im Bereich der Planung von Sport und Bewegung auf urbanem Grün aufgrund mangelnder Erfahrung zumeist große Unsicherheit über den Erfolg einzelner Maßnahmen besteht, sollte hier mit kleineren und kostengünstigen Maßnahmen begonnen werden. Darüber hinaus sollten die Kommunen in einen Austausch mit anderen Städten und Gemeinden treten, um von deren Erfahrungen zu profitieren.

Ein unverzichtbarer Baustein im Bewegungsraum-Management ist eine zeitnahe Evaluation der Maßnahmen, um den Erfolg oder Misserfolg der Sportentwicklungsstrategie sowie der Organisationsstruktur zu bewerten. Mit dem letzten Baustein, **Erfolgskontrolle und Evaluation**, legt die Kommune also den Grundstein für die kontinuierliche Weiterentwicklung des Bewegungsraum-Managements.

21.5 Sportentwicklungsplanung als Teil der integrierten Stadtentwicklung

Eine moderne Sportentwicklungsplanung muss sich zukünftig als Bestandteil einer gesamtstädtischen integrierten Planung verstehen. Mit Blick auf den Sport selbst sollen die Städte und Gemeinden dem veränderten Sportverhalten Rechnung tragen und auch Angebote abseits der klassischen Sportanlagen entwickeln. Ein Beispiel für einen solch umfassenden Ansatz stellt der aktuelle Sportentwicklungsplan der Stadt Köln dar (Kähler et al., 2019). Er zeigt, wie in einer Millionenstadt eine integrierte Sportentwicklungsplanung mit einer breiten Beteiligung der Bürgerinnen und Bürger realisiert werden kann. Allerdings ist der Ausgang dieses Experiments noch ungewiss und eine Bewertung der Ergebnisse erst in einigen Jahren möglich. Die Sportentwicklungsplanung kann aber durchaus mehr zur gesamtstädtischen Entwicklung beitragen, als nur passgenaue Sportangebote zu entwickeln. Durch die vielfältigen Anknüpfungspunkte der Sportentwicklungsplanung an andere Bereiche der Stadtplanung (Freiraumplanung, Schulentwicklung, Siedlungsentwicklung, Gesundheit etc.) kann die Sportentwicklungsplanung in Form eines **integrierten Bewegungsraum-Managements** ein effizientes Erreichen von gesamtstädtischen Zielen unterstützen. Hierzu muss sie allerdings die Nische der Fachplanungen verlassen und sich als wertvoller Partner der Stadtentwicklung in die Planungen einbringen.

❓ Übungsaufgaben

1. Nennen Sie die grundlegenden Schwächen der traditionellen Sportentwicklungsplanung.
2. Was unterscheidet eine integrierte Planung von einer sektoralen Planung?

Zum Weiterlesen empfohlene Literatur

BfN – Bundesamt für Naturschutz (2008). *Menschen bewegen – Grünflächen entwickeln. Ein Handlungskonzept für das Management von Bewegungsräumen in der Stadt.* ▶ https://www.bfn.de/sites/default/files/2021-07/Menschen_bewegen.pdf. Zugegriffen: 08.06.2022.

Göring, A., Hübner, H., Kähler, R. S., Weilandt, M., Rütten, A., & Wetterich, J. (2018). *Memorandum zur kommunalen Sportentwicklungsplanung.* ▶ https://cdn.dosb.de/user_upload/www.dosb.de/Sportentwicklung/Sportentwicklungsplanung/2018_Memorandum-2-SEP_web.pdf. Zugegriffen: 08.06.2022.

Klos, G., Kretschmer, H., Roth, R., & Türk, S. (2008). *Siedlungsnahe Flächen für Erholung, Natursport und Naturerlebnis.* Landwirtschaftsverlag.

Literatur

BfN – Bundesamt für Naturschutz. (2022). *Bundeskonzept Grüne Infrastruktur.* https://www.bfn.de/bundeskonzept-gruene-infrastruktur. Zugegriffen am 08.06.2022.

BISp – Bundesinstitut für Sportwissenschaft. (2022). *Der Goldene Plan Ost.* https://www.bisp.de/DE/50_Jahre/Artikel/DigitAusst_1992.html#_ncjm1ufb6. Zugegriffen am 08.06.2022.

BMUB – Bundesministerium für Umwelt, Naturschutz, Bau und Reaktorsicherheit (Hrsg.). (2015). *Grün in der Stadt – für eine lebenswerte Zukunft.*

Grünbuch Stadtgrün. https://www.bbsr.bund.de/BBSR/DE/veroeffentlichungen/ministerien/bmub/verschiedene-themen/2015/gruenbuch2015-dl.pdf?__blob=publicationFile&v=2. Zugegriffen am 05.06.2022.

BMUB – Bundesministerum für Umwelt, Naturschutz, Bau und Reaktorsicherheit (Hrsg.). (2007). *LEIPZIG CHARTA zur nachhaltigen europäischen Stadt.* https://www.bmuv.de/fileadmin/Daten_BMU/Download_PDF/Nationale_Stadtentwicklung/leipzig_charta_de_bf.pdf. Zugegriffen am 05.04.2022.

Böhm, J., Böhme, C., Bunzel, A., Kühnau, C., Landua, D., & Reinke, M. (2019). *Urbanes Grün in der doppelten Innenentwicklung.* (BfN Skripten, 444). https://www.bfn.de/sites/default/files/BfN/service/Dokumente/skripten/skript444.pdf. Zugegriffen am 02.03.2022.

Breuste, J. (2016). Was sind die Besonderheiten des Lebensraumes Stadt und wie gehen wir mit Stadtnatur um? In J. Breuste, S. Pauleit, D. Haase & M. Sauerwein (Hrsg.), *Stadtökosysteme: Funktion, Management und Entwicklung* (S. 85–128). Springer.

Claßen, T., Heiler, A., & Brei, B. (2012). Urbane Grünräume und gesundheitliche Chancengleichheit – längst nicht alles im „grünen Bereich". In G. Bolte, C. Bunge, C. Hornberg, H. Köckler & A. Mielck (Hrsg.), *Umweltgerechtigkeit durch Chancengleichheit bei Umwelt und Gesundheit: Konzepte, Datenlage und Handlungsperspektiven* (S. 113–123). Huber.

Digel, H. (2009). *Gesellschaftlicher Wandel und Sportentwicklung.* Meyer & Meyer.

DOG – Deutsche Olympische Gesellschaft. (1961). *Der Goldene Plan in den Gemeinden. Ein Handbuch.* Eigenverlag.

DOSB – Deutscher Olympischer Sportbund. (2018). *Aufnahmeordnung des DOSB.* https://cdn.dosb.de/user_upload/www.dosb.de/uber_uns/Satzungen_und_Ordnungen/aktuell_Aufnahmeordnung_2018_.pdf. Zugegriffen am 08.06.2022.

Dosch, F., & Haury, S. (2020). Städtisches Grün in Pandemiezeiten: Beobachtungen, Erkenntnisse und Herausforderungen für die Zukunft. *Informationen zur Raumentwicklung, 47*(4), 68–81.

Eckl, S. (2012). Sport im Wandel – Bewegungsräume im Wandel. *Forum Wohnen und Stadtentwicklung, 2012*(6), 287–290.

Göring, A., Hübner, H., Kähler, R. S., Weilandt, M., Rütten, A., & Wetterich, J. (2018). *Memorandum zur kommunalen Sportentwicklungsplanung.* https://cdn.dosb.de/user_upload/www.dosb.de/Sportentwicklung/Sportentwicklungsplanung/2018_Memorandum-2-SEP_web.pdf. Zugegriffen am 06.06.2022.

Greiving, S., Fleischhauer, M., & Lindner, C. (2011). *Klimawandelgerechte Stadtentwicklung: Ursachen und Folgen des Klimawandels durch urbane Konzepte begegnen.* (Forschungen, 149). BBSR.

Hälker, N., & Ziemer, G. (2020). Digitale Stadtpolitiken. Wie Daten Städte steuern. In I. Breckner, A. Göschel, & U. Matthiesen (Hrsg.), *Stadtsoziologie und Stadtentwicklung: Handbuch für Wissenschaft und Praxis* (S. 117–128). Nomos.

Hansen, R., Born, D., Lindschulte, K., Rolf, W., Bartz, R., Schröder, A., Becker, C. W., Kowarik, & Pauleit, S. (2018). *Grüne Infrastruktur im urbanen Raum: Grundlagen, Planung und Umsetzung in der integrierten Stadtentwicklung. Abschlussbericht zum F+E-Vorhaben „Grüne Infrastruktur im urbanen Raum: Grundlagen, Planung und Umsetzung in der integrierten Stadtentwicklung".* (BfN-Skripten, 503). https://www.bfn.de/sites/default/files/BfN/service/Dokumente/skripten/skript503.pdf. Zugegriffen am 08.06.2022.

Heiland, S., Mengel, A., Hähnel, K., Geiger, B., Arndt, P., Reppin, N., & Opitz, S. (2017). *Bundeskonzept Grüne Infrastruktur. Fachgutachten.* (BfN-Skripten, 457). https://www.bfn.de/sites/default/files/2021-07/Skript457.pdf. Zugegriffen am 08.06.2022.

Heinrich-Böll-Stiftung. (2022). *Integrierte Stadtentwicklung.* https://kommunalwiki.boell.de/index.php/Integrierte_Stadtentwicklung. Zugegriffen am 04.06.2022.

Hendricks, A., Klaus, S., Kocks, M., Tibbe, H., Wopp, C., & Zarth, M. (2011). *Sportstätten und Stadtentwicklung – ein Projekt des Forschungsprogramms „Experimenteller Wohnungs- und Städtebau (ExWoSt)".* (Werkstatt: Praxis, 73). Bundesministerium für Verkehr, Bau und Stadtentwicklung.

Kähler, R. (2016). Integrierte Stadtentwicklung und Sport. Kommunale Herausforderungen und Lösungen. *Forum Wohnen und Stadtentwicklung, 2012*(6), 287–293.

Kähler, R., Thieme, L., Brandl-Bredenbeck, H. P., & Fischer, M. (2019). *Gutachten Sportentwicklungsplan Sport in Köln – Lebensfreude in Bewegung.* https://www.stadt-koeln.de/mediaasset/content/pdf52/20190121_gesamtdokument_m_anhang_klein_bfrei.pdf. Zugegriffen am 05.06.2022.

Kirchhoff, T. (2019). Ökosystemdienstleistungen. In O. Kühne, F. Weber, K. Berr, & C. Jenal (Hrsg.), *Handbuch Landschaft* (S. 807–822). Springer Fachmedien Wiesbaden.

Klos, G., Kretschmer, H., Roth, R., & Türk, S. (2008). *Siedlungsnahe Flächen für Erholung, Natursport und Naturerlebnis.* Landwirtschaftsverlag.

Köhl, W. W. (2006). *Leitfaden für die Sportstättenentwicklungsplanung: Kommentar.* Bundesinstitut für Sportwissenschaft.

Krüger, M., Emrich, E., Meier, H. E., & Daumann, F. (2013). Bewegung, Spiel und Sport in Kultur und Gesellschaft – Sozialwissenschaften des Sports. In A. Güllich & M. Krüger (Hrsg.), *Sport: Das Lehrbuch für das Sportstudium* (S. 337–393). Springer.

Reiß-Schmidt, S. (2018). Innenentwicklung. In ARL – Akademie für Raumforschung und Landesplanung (Hrsg.), *Handwörterbuch der Stadt- und Raumentwicklung* (S. 995–1000). ARL.

Repenning, S., Meyrahn, F., An der Heiden, I., Ahlert, G., & Preuß, H. (2019). *Sport inner- oder außerhalb des Sportvereins: Sportaktivität und Sportkonsum nach Organisationsform: Aktuelle Daten zur Sportwirtschaft; Februar 2019.* Bundesministerium für Wirtschaft und Energie.

Rütten, A., & Ziemainz, J. (Hrsg.). (2009). *Sportentwicklung: Grundlagen und Facetten.* Meyer & Meyer.

Thorn, M., Betker, F., Müller, C., & Wilhelm, R. (2020). Sozial-ökologische Forschung in der COVID-19-Pandemie. Forschungen für nachhaltige Wege aus der Krise. *GAIA – Ecological Perspectives for Science and Society, 29*(3), 206–208.

Tiedemann, C. (2021). *„Sport" – Vorschlag einer Definition.* https://sport-geschichte.de/tiedemann/documents/sportdefinition.html. Zugegriffen am 08.06.2022.

WBGU – Wissenschaftlicher Beirat der Bundesregierung Globale Umweltveränderungen. (2016). *Der Umzug der Menschheit: die transformative Kraft der Städte.* WBGU.

Willen, L. (2020). Urbanes Grün – der Wert von Stadtgrün. In I. Breckner, A. Göschel & U. Matthiesen (Hrsg.), *Stadtsoziologie und Stadtentwicklung: Handbuch für Wissenschaft und Praxis* (S. 719–728). Nomos.

Wopp, C. (2011). Die Karriere des Freizeitsports und seine gesellschaftlichen Rahmenbedingungen. In B. Schulze (Hrsg.), *Gesellschaftlicher Wandel und Sportentwicklung. Bilanz und Perspektiven* (S. 17–29). Waxmann.

World Bank. (2021). *World development indicators from World Bank.* https://databank.worldbank.org/source/world-development-indicators. Zugegriffen am 08.06.2022.

Olympische Spiele als Impulsgeber für eine nachhaltige Stadterneuerung? Das Beispiel Tokio

Thomas Feldhoff

Sportmetropole Tokio: Blick von Shibuya Sky in Richtung Norden auf das Nationalstadion Yoyogi (im Bild vorne links) und das neue Olympiastadion (im Bild hinten rechts). (© Thomas Feldhoff)

P. Gans et al. (Hrsg.), *Sportgeographie*, https://doi.org/10.1007/978-3-662-66634-0_22

Inhaltsverzeichnis

Einleitung

Olympische Spiele haben in der öffentlichen Wahrnehmung nicht nur in Deutschland und nicht erst neuerdings einen schweren Stand: überdimensioniert und teuer, kommerzialisiert und korrupt, umweltzerstörerisch, anfällig für nationalistische Instrumentalisierung, zusammenfassend: alles andere als nachhaltig – so die Gegner von Olympiabewerbungen, die einer Studie von Cottrell und Nelson (2010) zufolge seit dem Beginn der modernen **Olympischen Spiele** einen immer stärkeren Zulauf erfahren haben (Singler, 2020; ▶ Kap. 8 und 9). Tokio war nichtsdestotrotz 2020/21 bereits zum zweiten Mal nach 1964 Austragungsort, die Ausgangsbedingungen aber waren durchaus verschieden.

Die 1960er-Jahre waren die Hochzeit des japanischen Wirtschaftswunders, der schier grenzenlosen Technologie-Euphorie und der architektonischen Aufbrüche. Die Metabolisten um Kenzo Tange erarbeiteten seinerzeit zukunftsweisende städtebauliche Entwürfe, u. a. für das Nationalstadion Yoyogi (Kapiteleröffnungsbild). Japan spielte außerdem eine zentrale Rolle in den US-amerikanischen Strategien zur Eindämmung des Kommunismus in Ost- und Südostasien. Insofern waren die Spiele, die damals die ersten in dieser Region überhaupt waren, auch Ausdruck der neuen weltwirtschaftlichen und weltpolitischen Rolle Japans. Der von Tokio ausgehende Hochgeschwindigkeitszug Shinkansen war das wichtigste Symbol der Modernität der Metropole und der neuen Zeit, die das Inselreich als eine der global führenden Wirtschafts- und Technologienationen emporsteigen ließ.

Nach einer langen Phase der wirtschaftlichen Krise bzw. Stagnation, die mit dem Platzen einer Immobilien- und Aktienmarktblase Anfang der 1990er-Jahre ihren Ausgang genommen hatte, waren die Spiele 2020/21 eine Gelegenheit, der Welt zu demonstrieren, dass mit Japan als Innovationsstandort noch zu rechnen ist. Zu den Themenfeldern für die Entwicklung und Anwendung urbaner Innovationen gehörten wieder Mobilitätslösungen, mehr noch grüne Energien und grünes Bauen, grüne und blaue Infrastrukturen, Umweltmonitoring, Gesundheitsmanagement, Videoüberwachungs- und Sicherheitssysteme. Das waren zugleich auch zentrale Themenfelder der „Tokyo Vision 2020", des Entwicklungsleitbilds der Präfekturregierung Tokio, das die globale Wettbewerbsfähigkeit der „Urban Technology Metropolis" (Kassens-Noor & Fukushige, 2018) unterstützen sollte. Unverändert wichtig geblieben ist die japanische Sicherheitspartnerschaft mit den USA, die angesichts des Weltmachtanspruchs Chinas aber auch eine neue Qualität erreicht hat.

Die Erfahrungen zeigen, dass **Stadtplanung** und **Städtebau** immer Ausdruck gesellschaftlicher Abstimmungs- und Entscheidungsprozesse sind, in denen Ziele und Strategien der Entwicklung neu bestimmt werden. Für **städtebauliche Großprojekte** ist die starke symbolische Aufladung als Zukunftsentwurf für Problemlösungen kennzeichnend – ihre Sicht- und Wahrnehmbarkeit hat demonstrativen Charakter (▶ Kap. 23). So sollte auch Olympia 2020/21 in Tokio als Katalysator für die längst als notwendig erkannte städtebauliche und infrastrukturelle Erneuerung wirken, der Positionierung Tokios im globalen Metropolenwettbewerb um Kapital und Talente Auftrieb verleihen, Aufbruchstimmung und einen neuen Optimismus verbreiten. Dabei lassen sich die symbolischen und langfristigen Wirkungen eines solchen Großevents und seiner Strahlkraft weder im Vorhinein noch im Nachhinein einfach bemessen (Selle, 2005; Baade & Matheson, 2016).

Der Beitrag erarbeitet am Beispiel der jüngeren projektorientierten Entwicklung Tokios zentrale Herausforderungen einer nachhaltigen Stadtentwicklung, die über die kurzfristigen Aufmerksamkeits-, Wirtschafts- und Sportsverbandsinteressen hinausreichen. Die

Einzelfallstudie stellt den prozesshaften Charakter der urbanen Transformation Tokios in den Mittelpunkt des Interesses. Sie ist eingebettet in die Forschung zu Großprojekten, die spätestens mit David Harveys (1989) Grundlegung des Ansatzes der unternehmerischen Stadt bzw. der neoliberalen Urbanisierung (Moulaert et al., 2001; Swyngedouw et al., 2002) auch eine wichtige theoretische Konzeptionalisierung erfahren hat. Darüber hinaus liegen zahlreiche Studien zur Quantifizierung der Nutzen und Kosten von Großprojekten, auch in vergleichender Perspektive, vor (Flyvbjerg et al., 2002; Flyvbjerg, 2007; Flyvbjerg & Stewart, 2012; Vöpel, 2014; Flyvbjerg et al., 2021). Sie deuten auf die große Bedeutung „strategischer Verfälschungen" hin, d. h. politökonomisch bedingter Schönrechnereien im Rahmen der Projekteinwerbung (Selle, 2005, S. II). Der nicht zuletzt deshalb umstrittene Charakter der **Olympischen Spiele** überschattet oft schon den Auswahlprozess – und damit auch das künftige Ereignis selbst, das zugleich immer stärker herausgelöst aus dem lokalen Kontext als Teil einer globalisierten und kommerzialisierten Sportindustrie erscheint (Chappelet, 2016; Andranovich & Burbank, 2021).

Entscheidend für die Einschätzungen und Bewertungen des Erfolgs von Großprojekten ist im vorliegenden Beitrag das Nutzenkriterium nach Groth (1992). Einzelne Maßnahmen der **Stadtpolitik** sollen demnach für die Menschen auch langfristig direkten oder zumindest indirekten Nutzen entfalten und Möglichkeiten für eine lebendige und gerechte Stadt schaffen (auch Baade & Matheson, 2016, S. 216). Der Beitrag analysiert damit Aspekte der Gleichzeitigkeit, des Wechselspiels, des Ineinandergreifens, des Nebeneinanders und der Konfliktpotenziale von endogen und exogen induzierten urbanen Transformationsprozessen – und ihre Auswirkungen auf das „Raummachen" in Japans Hauptstadt. Die **Olympischen Spiele** als exogener Treiber haben dabei der in erster Linie profitorientierten **Stadterneuerung** einen zu-

sätzlichen Antrieb und neue Dynamik verliehen, sie sind aber nicht ursächlich dafür, denn Stadterneuerung ist eine Daueraufgabe für Metropolen im Wettbewerb um Renommee und Wertzuwächse aus Investitionen – und keine Einmallösung.

22.1 Stadtentwicklung mit Großprojekten

Großprojekte als Instrument von Stadtentwicklung sind immer auch Ausdruck gesellschaftlicher Veränderungsdynamiken; sie werden durch Akteursbündnisse auf Zeit interessenorientiert gestaltet (Huning & Peters, 2003; Dziomba & Matuschewski, 2007; Adam & Fuchs, 2012). Die kapitalistische Grundstücksverwertung ist dabei vom Streben nach Ertragsmaximierung und Spekulation bestimmt. Großprojekte sind außerdem abhängig vom Staatsverständnis im Spannungsverhältnis zwischen Top-down- und Bottom-up-Ansätzen sowie vom Selbstverständnis der Planer und Architektinnen, einschließlich ihrer Handlungsorientierungen. Aufgrund positiver Wirkungserwartungen und starker politischer Einflussnahmen billigen die Entscheidungträger hohe Kosten und damit verbundene Risiken (▶ Kap. 8). Ob und wie Großprojekte in den Dienst einer Nachhaltigkeitstransformation gestellt werden können, ist dort besonders umstritten, wo die Abhängigkeit der Kommunen von privaten Investoren groß ist, denn diese agieren in der Regel in einem befristeten Realisierungszeitraum marktorientiert, nutzungsspezifisch und räumlich punktuell (Mayer, 2008).

Typische Kennzeichen einer solchermaßen projektorientierten Entwicklungsstrategie sind (nach Mayer, 2008, S. 132):
1. Die thematische Schwerpunktsetzung, um richtungsweisende Problemlösungen für die künftige Stadt- und Regionalentwicklung beispielhaft zu erproben

2. Die räumliche Schwerpunktsetzung im Hinblick auf die Auswahl von Flächen und Objekten und damit verbunden die Schaffung privilegierter Orte („Oaseneffekte")
3. Die zeitlich begrenzte Bündelung wesentlicher personeller, finanzieller und materieller Kapazitäten

Öffentlich-private Partnerschaften spielen bei Entwurf, Planung, Einrichtung und Erstellung städtebaulicher Großprojekte zumeist eine zentrale Rolle als Organisationsform.

Während (Sport-)**Infrastrukturprojekte** in der Regel durch öffentlich-private Stadtumbaukoalitionen umgesetzt werden und als bauliche Highlights eine dauerhafte Wirksamkeit entfalten, bedeutet die **Festivalisierung** von Stadt ihre zeitlich limitierte medienwirksame Inszenierung (Adam & Fuchs, 2012, S. 566). Zugleich geht es dabei um langfristige Wirkungserwartungen im Sinne von Identifikation, Bekanntheits- und Imagegewinnen (◻ Tab. 22.1 und 12.1, ▶ Kap. 12). Damit ist häufig die Verdrängung stadtteilorientierter kleiner Kulturen und die

Transformation des Charakters von Städten hin zu einer „inszenatorischen Praxis von Urbanität" (Klein, 2004) verbunden, denn die Stadtpolitik stellt im Wettbewerb um die Austragung von Großveranstaltungen die sozialräumlichen Bedingungen für die Festivalisierung urbaner Bewegungskulturen erst her (Klein, 2004). Der Umbau der betreffenden Stadtbereiche, die Erneuerung von Infrastrukturen und die Aufwertung des öffentlichen Raums sind damit wichtige Ansatzpunkte **urbaner Transformationsprozesse**. Und das nicht erst heute: Die Bezüge zwischen Großveranstaltungen und großstädtischer Infrastrukturentwicklung beschreibt Lenger (2014) bereits in seinen Betrachtungen zu europäischen Metropolen der Moderne (1850–1900) an den Beispielen Barcelona und Paris (auch Van Laak, 2018, S. 196).

Im Rahmen der langfristig wirksamen **Stadtentwicklungskonzepte** werden **Großereignisse** idealerweise zu einem Projekt, das der ausrichtenden Stadt oder Region insgesamt zum Vorteil gereicht und sozialräumliche Fragmentierungsprozesse zumindest nicht verstärkt. Durch entsprechende Strate-

◻ **Tab. 22.1** Nutzen und Kosten der Olympischen Spiele. (Verändert nach Vöpel, 2014, S. 7)

		Kurzfristig	**Langfristig**
Nutzen	Tangibel	Einkommenseffekte Beschäftigungseffekte Fiskalische Effekte Schaffung von Wohnraum	Tourismus Innenentwicklung Sportinfrastruktur Öffentliche Infrastrukturen
	Intangibel	Internationalität Netzwerke und Kontakte	Extern: Bekanntheit und Image Intern: Motivation, Mobilisierung und Identifikation Standortattraktivität
Kosten	Tangibel	Bewerbungsverfahren Planung und Durchführung Infrastrukturmaßnahmen	Instandhaltungskosten Rückbaumaßnahmen
	Intangibel	Überfüllung Lärm	Opportunitätskosten durch Mittelkonzentration Flächennutzung

gien zur Einbettung des Events in ein Gesamtkonzept für eine menschenfreundliche Stadt kann Oaseneffekten und der Schaffung privilegierter Orte präventiv begegnet werden. Im Falle der Olympischen Spiele in London 2012 war die Kritik an der *state-led gentrification* (Watt, 2013) und damit einhergehenden **Verdrängungsprozessen** groß (Giulianotti et al., 2015). Sie waren das Ergebnis von Kontroll- und Partizipationsdefiziten, „weil die Prozeduren lokaler Demokratie mit der Eigendynamik solcher Projektentwicklungen nicht Schritt halten können" (Selle, 2005, S. II). Auch systematische **Kostenunterschätzungen** bei Großereignissen (Flyvbjerg & Stewart, 2012; Flyvbjerg et al., 2021) und Großinfrastrukturprojekten (Flyvbjerg, 2007) sind ein wichtiges Thema der **Governance**-Forschung, weil sie auf enge Zusammenhänge zwischen Stakeholder-Interessen und Macht und daraus resultierende strategische Verfälschungen verweisen (▶ Kap. 8).

Hohe Eigendynamiken, kaum zuverlässig prognostizierbare Planungsfolgen und nicht erkennbare Verantwortlichkeiten in einem komplexen „Geflecht von Rollen, Interessen und Aktivitäten" (Selle, 2011) – in Verbindung mit hohen Kosten – bedeuten auch hohe politische Risiken (Selle, 2005). Kritische Fragen nach der Organisation und Legitimität von **Stadtentwicklung** und ihrem öffentlichen Nutzen sind deshalb umso dringlicher zu stellen. Hierbei kommt den unabhängig von anderen staatlichen Einrichtungen agierenden Kontrollinstanzen, etwa den Rechnungshöfen, eine besondere Verantwortung zu. Allerdings geht es bei der Argumentation für Großprojekte nicht nur um Kosten-Nutzen-Rechnungen, sondern auch um die Bewertung der neuen Chancen zur individuellen Teilhabe und Aneignung urbaner Räume, der Vielfalt und Offenheit ihrer Nutzungsmöglichkeiten.

22.2 Die unternehmerische Stadt und der Preis für Olympia

Die Ausrichtung der **Stadtplanung** an privatwirtschaftlichen Interessen hat in Japan eine lange Tradition und ist in den letzten zwei Jahrzehnten mit einem weiteren politisch gestützten Bedeutungszuwachs projekt- und marktförmiger Steuerungsprinzipien im Städtebau einhergegangen (Feldhoff, 2020, 2021). Die Entwicklung einer unternehmerischen Stadtpolitik (Harvey, 1989) hängt dabei eng mit Strategien zur Förderung der Wettbewerbsfähigkeit der Global City Tokio in Anbetracht eines scharfen internationalen Standortwettbewerbs zusammen. Und sie unterstreicht zugleich den flüchtigen, transitorischen Charakter des Metropolraums und die Beschleunigung des Wandels der Maßstäbe moderner Urbanität (Hanakata, 2020, S. 107).

Besonders hervorzuheben unter den veränderten institutionellen Rahmenbedingungen ist das im Jahr 2002 erlassene Sondermaßnahmengesetz zur **städtischen Revitalisierung**, welches die Ausweisung sogenannter *Urban Regeneration Areas of Urgent Needs*, ab 2003 auch der *High-rise Residential Building Promotion Districts* vorsah. Mit der Novellierung des Gesetzes wurden ab 2011 *Special Urban Regeneration Areas of Urgent Needs* festgelegt. Hauptanreizinstrument für private Investoren war und bleibt die **Planungsderegulierung**, insbesondere die Deregulierung der Geschossflächenzahlen, die zu einer dramatischen Zunahme der **Stadtumbauprojekte** mittels des Hoch- und Tiefgeschossbaus im Kernbereich der Metropole geführt hat (Feldhoff, 2020; Hanakata, 2020, S. 107; Tanaka et al., 2020; ◻ Abb. 22.1). Das gilt auch für andere staatliche Programme wie die *Special Zones for Corporate Asian Headquarters* (2011) oder die *National Strategic Special Zones*

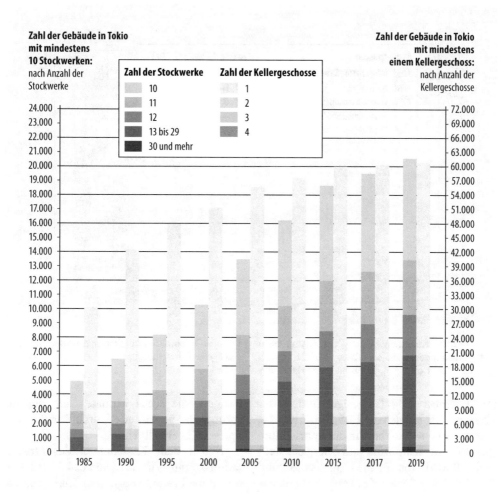

◘ Abb. 22.1 Entwicklung des Hoch- und Tiefgeschossgebäudebaus in den 23 Stadtbezirken Tokios, 1985–2019. (Nach Tokyo Metropolitan Government; versch. Jahre)

(2013). Diese sind am internationalen Standortmarketing orientiert und zielen darauf ab, Tokios Weltläufigkeit zu betonen und seine innerstädtische Attraktivität für Wohlhabendere, Kreative und High Potentials zu verbessern – und damit einen Beitrag zur wirtschaftlichen Revitalisierung Japans insgesamt zu leisten. Die Folge dieses *state-led urban renewal* (Mori, 2017, S. 289) ist eine intensivere Privatisierung, Kommerzialisierung und Überwachung innerstädtischer Räume.

Die Ausbreitung kontrollierter Erlebnis- und Konsumräume ist auch ein Ergebnis der Ausrichtung der **Olympischen Spiele** – eine kosteneskalierende Angelegenheit, wie der Blick auf die geplante und tatsächliche Mittelmobilisierung zeigt (◘ Abb. 22.2). Das jüngste offizielle Budget für die verschobenen Spiele 2020 beläuft sich nach Angaben des Organisationskomitees auf 1,453 Bio. Yen (11,1 Mrd. Euro, Wechselkurs am 31.12.2021), verglichen mit einem ursprünglichen Budget von knapp 830 Mrd. Yen. Das

22

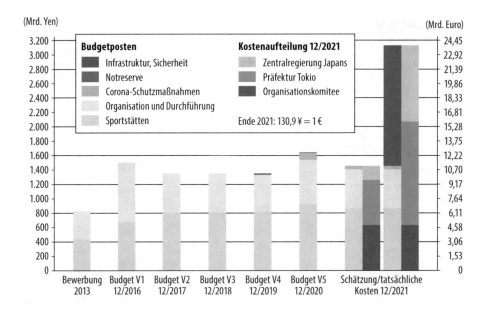

☐ Abb. 22.2 Kostenentwicklung der Olympischen und Paralympischen Spiele Tokio 2020/21. (Nach Board of Audit of Japan, 2019, und Unterlagen des Tokioter Organisationskomitees; eigene Berechnungen und eigene Darstellung)

im Dezember 2017 festgelegte Budget der Version 2 in Höhe von 1,35 Bio. Yen, das sich aus 810 Mrd. Yen für die Sportstätten (permanente, temporäre und Energiekosten) und 540 Mrd. Yen für die Organisation und Durchführung der Spiele (Transport, Sicherheit, Technologie und Betrieb, Marketing, Kommunikation und allgemeine Ausgaben) zusammensetzte, wurde in den Versionen 3 und 4 im Wesentlichen beibehalten, weil sich Erhöhungen und Kürzungen in den verschiedenen Teilen des Budgets ausglichen. Im Vergleich zum Zeitpunkt der Bewerbung haben sich die Schätzungen der Aufwendungen aber fast verdoppelt – nach Einschätzungen vieler Beobachter Schönrechnerei, um die öffentliche Zustimmung und die Wahrscheinlichkeit der Projektgenehmigung zu erhöhen (Baade & Matheson, 2016, S. 208; Marikova Leeds, 2020). Die **Corona-Pandemie** führte schließlich zu einem größeren Sprung in der Version 5 des

Budgets, die sechs Monate nach der ursprünglich geplanten Durchführung der Spiele 2020 erstellt wurde.

Neben dem Kostenanteil des Organisationskomitees in Höhe von 634,3 Mrd. Yen tragen die Präfekturregierung Tokio und die japanische Zentralregierung die tatsächlichen Kosten (☐ Abb. 22.2), wobei zusätzliche Aufwendungen für weitergehende Investitionen in die öffentliche Infrastruktur (*wider capital costs*) sowie Kosten, die in direktem Zusammenhang mit den Spielen stehen, wie Polizei- und Sicherheitskosten außerhalb der olympischen Stätten, noch nicht einberechnet sind (Budgetposten „Infrastruktur, Sicherheit" in ☐ Abb. 22.2). Im Dezember 2019 hatte der japanische Rechnungshof einen Bericht über seine Untersuchung der Ausgaben im Zusammenhang mit den Spielen veröffentlicht. Demnach summierten sich in den Jahren 2013 bis 2018 die Kosten der Zentralregierung bereits auf rund 1,06 Bio. Yen – statt der offiziell genannten 150 Mrd. Yen (Board of Audit of Japan, 2019). Die Regierung wurde aufgefordert, ein höheres Maß an Kostentransparenz herzustellen. Da außerdem die Präfekturregierung bereits angekündigt hatte, etwa 810 Mrd. Yen für olympiabezogene Projekte getrennt vom V3-Budget auszugeben, dürften die tatsächlichen Ausgaben bei deutlich über 3 Bio. Yen liegen. Das zeigt, dass es bei den strategischen Orientierungen der beteiligten Akteure nicht nur um die Spiele als solche, sondern auch um die Ausnutzung der Sonderbedingungen zur Durchführung von **Infrastruktur-** und **Stadtumbaumaßnahmen** im weiteren Sinne ging – und dass die nachträgliche Bilanzierung von Großprojekten selbst unter Einbeziehung externen Sachverstands nur näherungsweise möglich ist. Auf der Nutzenseite ist die Symbol- bzw. Ausstrahlungskraft der **Olympischen Spiele** in Verbindung mit der kommerziellen Präsentation von Urbanität kaum zu monetarisieren.

Dabei fällt die **Kostenentwicklung** in Tokio, wenn die offiziellen Angaben des Tokioter Organisationskomitees zugrunde gelegt werden, nicht aus dem internationalen Vergleichsrahmen: Den Berechnungen von Flyvbjerg et al. (2021) zufolge wurden die Kosten der Olympischen Sommerspiele zwischen 1960 und 2016 gemessen an den ursprünglichen Budgets durchschnittlich um 213 % überschritten. Sie weisen damit die höchste durchschnittliche Kostenüberschreitung aller Arten von Megaprojekten auf (Flyvbjerg et al., 2002). Flyvbjerg et al. (2021, S. 249) sprechen vom *Eternal Beginner Syndrome* als einer Hauptursache, das heißt fehlender Expertise der Erstaustragungsorte und entsprechender Reibungsverluste in der Projektorganisation und Stadtplanung, die aus dem Wechselmodell resultieren.

22.3 Olympisches Dorf, Sportstätten- und Infrastrukturprojekte

Mehr Lebensqualität durch neue Sport- und Freizeitstätten – das war eines der Hauptversprechen, mit denen die Organisatoren das bauliche, ökonomische und soziale Erbe der Olympischen Spiele (*Legacy*) angepriesen hatten (▶ Kap. 8 und 24). Neben acht komplett neuen Sportstätten und zehn temporären Anlagen wurden in Tokio auch 25 bereits bestehende Anlagen in das Konzept eingebunden und für die Spiele teilweise modernisiert. Dazu gehören etwa die Kampfsporthalle Nippon Budokan und das von Kenzo Tange entworfene Nationalstadion Yoyogi als besonderes architektonisches Highlight der 1960er-Jahre. Das Stadion war seinerzeit Ausdruck der von Zukunftsoptimismus angetriebenen Metabolistenbewegung japanischer Architekten (▶ Kap. 23), die unter Annahme der Planbarkeit von Gesellschaft umfassende urbane Zukunftsutopien von Großbauten und Megastrukturen entwickelt hatten – Technikutopien, die die Grundlage für städtebauliche Konzepte wie Tanges „A Plan for Tokyo, 1960" bildeten (Cho, 2018).

Diese Vision einer kolossalen *Floating City* in der Bucht von Tokio wurde zwar nie realisiert, aber die schrittweise Gewinnung von Neuland in der Bucht weiter intensiviert – und das damals noch avantgardistische Konzept des urbanen Lebens auf dem Wasser hat sich infolge des Klimawandels und des damit einhergehenden Meeresspiegelanstiegs längst als *Travelling Concept* in der Stadtplanung etabliert. Dieses Neuland bildete zudem eine wichtige Grundlage für das moderne **Waterfront Development**, das als „Tokyo Bay Zone" (◘ Abb. 22.4) auch Teil des Raumkonzepts der Spiele wurde. Hier befinden sich zahlreiche der neu gebauten Wettkampfstätten, die mit ihren Nachnutzungskonzepten zugleich die **Nachhaltigkeit** der Spiele demonstrieren: die Ariake Arena, das Kasai Canoe Slalom Centre, das Aquatics Centre oder der Sea Forest Waterway. Die Paralympics konnten weitestgehend in denselben Einrichtungen durchgeführt werden; einige mussten nur im Hinblick auf die besonderen Anforderungen der Athletinnen und Athleten, Zuschauerinnen und Zuschauer, beispielsweise an die Barrierefreiheit, modifiziert werden.

Im Übergangsbereich zwischen der „Tokyo Bay Zone" und der „Heritage Zone", in der sich hauptsächlich die Sportstätten befinden, die bereits bei den Spielen 1964 genutzt worden waren, liegt das **Olympische Dorf**. Sein Bau war mit dem Ziel verbunden, so heißt es in den Bewerbungsunterlagen: „The Olympic Village will become an urban residential ‚smart city pioneer model', where Japanese technologies are assembled." Die Anlage befindet sich auf einer ursprünglich in den 1930er- bzw. 1960er-Jahren geschaffenen Neulandinsel von rund 13 ha Größe im zentralen Stadtbezirk Chuo (Distrikt Harumi 5). Auf der seither mindergenutzten Fläche wurden 21 Wohnblöcke mit 14 bis 18 Geschossen gebaut, einschließlich Einzelhandelsflächen. Die gesamte Geschossfläche beträgt rund 690.000 m^2, die Investitionskosten belaufen sich auf 207 Mrd. Yen (1,58 Mrd. Euro). Dieses Investment tätigte ein Konsortium von sechs Immobilienentwicklern, das den Boden zu einem vergünstigten Preis von der Stadt erworben hatte. Nach den Spielen sollen noch zwei weitere jeweils 50 Etagen hohe Gebäude im Zentrum des unter dem Namen Harumi Flag vermarkteten Geländes als Leuchttürme des **Waterfront Development** realisiert werden. Insgesamt werden so bis 2024 insgesamt 23 neue Gebäude und 5.650 neue Wohneinheiten entstanden sein – das entspricht etwa 30 % des jährlichen Wohnungsneubaus in den 23 Stadtbezirken Tokios (Feldhoff, 2020, S. 47 f.).

Die günstige Lage zur Shoppingmeile Ginza (2,5 km) bzw. zum Bahnhof Tokio (3,3 km) und die guten Versorgungsmöglichkeiten sprechen für das neue Quartier. Ein Standortnachteil im Vergleich zu anderen Projekten des Stadtumbaus ist hier allerdings der **ÖPNV-Zugang** zum Stadtzentrum. Derzeit verfügt Harumi Flag noch nicht über einen praktischen, zeitsparenden Bahnzugang. Während der Spiele war ein Bus-Rapid-Transit-(BRT-)System eingerichtet worden, um die Athletinnen und Athleten zum Festland zu transportieren. Aber die Frage, ob der BRT den Anforderungen des postolympischen Alltags gerecht werden kann, muss sich erst noch erweisen, wenn die projektierten Bevölkerungszuwächse realisiert sind. Dieses insbesondere durch den Zuzug junger Familien der oberen Mittelschicht und Hochqualifizierter bedingte Wachstum bringt weitere Probleme mit sich: eine Überlastung der öffentlichen Infrastruktur, insbesondere fehlende Plätze in Kinderbetreuungseinrichtungen und Schulen, schließlich Immobilienpreissteigerungen auch in angrenzenden Wohngebieten. Damit verbunden sind *new-build gentrification*-Phänomene (Mori, 2017), die zur weiteren Attraktivitätssteigerung der **Waterfront** beitragen werden – und dies ungeachtet des Umstands, dass die früher für Tokio typische Vielfalt der Stadtmorphologie zunehmend einer an internationalen Standards orientierten Gleichförmigkeit gewichen ist.

Die baulichen Highlights der Spiele sind mit ihren repräsentativen Elementen wichtig für die Selbstdarstellung nach innen und außen. Als Sehenswürdigkeiten entfalten sie an sich dauerhaft Attraktivität, vermitteln Bekanntheit und Image (Vöpel, 2014; ▶ Kap. 23). Unter den olympianahen Infrastrukturprojekten, die der Allgemeinheit zugutekommen, ist die weitere Verbesserung des **öffentlichen Nahverkehrssystems** hervorzuheben, vor allem die Erneuerung des Bahnhofs Tokio. Hier im Central Business District (CBD) der Metropole kreuzen sich zahlreiche Linien des innerstädtischen und des Intercity-Verkehrs, im Umfeld sind im Zuge des von Mitsubishi Estate bewerkstelligten Stadtumbaus attraktive Aufenthaltsflächen entstanden. Außerdem wurde die Erreichbarkeit der „Bay Zone" durch Erweiterungen bestehender Bahnlinien und die Einrichtung neuer Bahnhöfe verbessert. Im Bereich des Straßenverkehrs wurden der Bau der zentralen Shinagawa-Route des Metropolitan Expressway (Eröffnung 2015) und der Harumi-Route, der Nationalstraßen 357 und 14 sowie der Nord-Süd-Route der Bayshore Road zur Entlastung des Verkehrs realisiert, ferner der Ausbau der Harumi-Route des Tokyo Metropolitan Expressway als Zufahrtsstraße zum Athletendorf und weiter seewärts gelegener Neulandgebiete. Weniger erfreulich für die Bevölkerung im Zentrum war der Umstand, dass neue Anflugrouten des Flughafens Haneda über dicht bebautes Siedlungsgebiet geführt und die Anzahl der insgesamt an den beiden internationalen Flughäfen Haneda und Narita erlaubten Flugbewegungen deutlich ausgeweitet wurde. Tanaka et al. (2020, S. 39) stellen als Folge davon Immobilienpreisrückgänge fest, beispielsweise in Daikanyama und Shirogane für Eigentumswohnungen um bis zu 25 %.

Klimaschutzmaßnahmen zur Emissionsreduzierung und **Klimaanpassungsmaßnahmen** durch grünes Bauen für mehr ökologische Qualität und mehr Lebensqualität im Stadtraum sind weitere wichtige Handlungsfelder (▶ Kap. 8). Dabei geht es um beispielhafte Demonstrationsprojekte von Technologieführerschaft: So wurde das Athletendorf in Harumi als erste „Wasserstoffstadt" der Welt propagiert. Dazu gehörte die Installation von Wasserstofftankstellen, die langfristig zu einem flächendeckenden System weiterentwickelt werden und damit zu einer Mobilitätswende beitragen sollen. Ein anderes Projekt ist der bereits erwähnte

Sea Forest, der auf einer aus Müll aufgeschütteten Neulandinsel (Distrikt Aomi 3) entstanden ist: Grünflächen mit Pinienwäldern in Kombination mit Sport- und Freizeiteinrichtungen. So kommen durch die Begrünung und gleichzeitige Förderung von Sport und Bewegung zwei wichtige Elemente urbaner Gesundheit zusammen (▶ Kap. 12 und 21). Die größte Herausforderung im öffentlichen Raum ist allerdings die **Barrierefreiheit**, vor allem der Schienenbahnhöfe. Diesbezüglich sollten die Paralympics Maßstäbe setzen, um zu zeigen, wie soziale **Inklusion** gelingen kann und wie Menschen mit Behinderungen mehr Selbstständigkeit bei der Bewältigung ihres Alltags erlangen können. Neben der Realisierung zum Teil lange überfälliger Bahnhofserneuerungen wurde hauptsächlich der Einsatz behindertengerechter Taxis gefördert, beispielsweise für die Rollstuhlbeförderung. Diese Maßnahmen waren auch für Japans schnell alternde Gesellschaft und die gesellschaftlichen Teilhabemöglichkeiten der Senioren von großer Bedeutung.

Stadtumbaumaßnahmen in Tokio hängen immer auch mit Verbesserungen des Katastrophenschutzes zusammen, weil sie beispielsweise neueste Bautechnologie und die Schaffung öffentlich zugänglicher Freiflächen mit einbeziehen. Im Zuge der Olympischen Spiele wurden zahlreiche Projekte zur Verbesserung des Küstenschutzes und des Informationsmanagements im Katastrophenschutz, einschließlich des kostenlosen öffentlichen WLAN-Netzes, sowie Maßnahmen zum Infektionsschutz und zur Einreisekontrolle umgesetzt. Speziell für das Athletendorf wurden Hochwasserbarrieren und Videoüberwachungssysteme (auch zur Terrorabwehr) installiert, außerdem Projekte zur Verbesserung der Cybersicherheit finanziert. Angesichts der Dichte der Bebauung und des hohen Marktwerts von Grundstücken ist die Schaffung zusätzlicher öffentlicher Freiflächen in Kombination mit der Neuordnung von Evakuierungskonz-

22

epten mit Fluchtwegen und Sammelplätzen eine wichtige Maßnahme, die sich die Privatinvestoren freilich durch zusätzliche Geschossflächen kompensieren lassen. Die neuen Gebäude gelten als erdbeben- und feuerresistent – und tragen in Kombination mit Maßnahmen zur Luftverbesserung (insbesondere Feinstaubreduzierung und klimafreundliche Mobilität) auch dazu bei, ein sicheres Umfeld für Bevölkerung, Touristinnen und Touristen sowie Investoren zu schaffen. Gebiete mit Neubauten zeichnen sich daher durch besonders hohe Immobilienpreise aus, was Tendenzen zu einer kleinräumigen sozialen Segmentierung der Stadt weiter verstärkt hat (Tanaka et al., 2020, S. 42 ff.).

22.4 Stadtumbau und Bevölkerungsverlagerungen

Im Zuge der Vergabe der Spiele 2013 an Tokio sind zahlreiche Leuchtturmprojekte und Schaufensterzonen einer **unternehmerischen Stadtpolitik** entstanden, die die sichtbaren Zeichen einer vom Hochhausbau getriebenen Reurbanisierung sind. Intrametropolitane Bevölkerungsverlagerungen zugunsten der zentralen Stadtbezirke Chuo, Chiyoda und

Minato sowie des Waterfront-Bereichs des Stadtbezirks Koto sind allerdings kein neues Phänomen (◘ Abb. 22.3) – sie sind bereits seit den frühen 2000er-Jahren festzustellen und haben durch den Stadtumbauboom seit 2013 eine zusätzliche Dynamik erfahren (Hanakata, 2020). Die Wohnungsbauaktivitäten des Privatsektors konzentrieren sich im inneren Stadtgebiet auf prestigeträchtige, verkehrsgünstige Lagen mit guter Anbindung an ein attraktives Bahnhofsubzentrum (z. B. Aoyama Park Tower und Shibuya Scramble Square in der Nähe von Shibuya, Tokyo Midtown Hibiya in der Nähe von Yurakucho).

Da das neue Wohnungsangebot überwiegend in Hochhäusern mit mindestens 20 Stockwerken mit einem Schwerpunkt auf Eigentumsbildung entstanden ist (◘ Abb. 22.1), sind kleinräumige Bevölkerungsverlagerungen festzustellen (◘ Abb. 22.4). Hanakata (2020, S. 204) spricht von *Manshon Urbanization*. Die Neubaugebiete sind häufig mit dem Ausbau neuer ÖPNV-Angebote verbunden (z. B. der Yurikamome- oder der Rinkai-Linie) und finden sich punktuell längst auch in der Unterstadt (Shitamachi) östlich des Sumida-Flusses – einem Gebiet, das Hanakata (2020, S. 140) noch als „the guardian of the city's old traditions" bezeichnet. Unter Aspekten der soziokulturellen **Nachhaltigkeit**

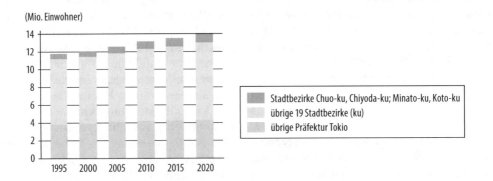

◘ **Abb. 22.3** Bevölkerungsentwicklung Tokios: Präfektur (Tokyo-to), 19 Stadtbezirke und vier zentrale Stadtbezirke (Chuo, Chiyoda, Minato, Koto), 1995– 2020. (Nach Statistiken des Tokyo Metropolitan Government; eigene Berechnungen und Darstellung)

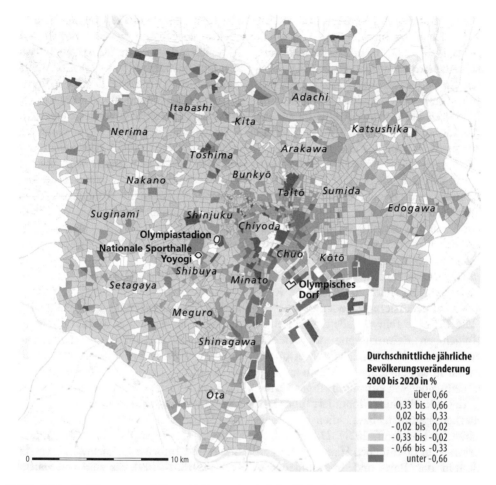

Durchschnittliche jährliche Bevölkerungsveränderung 2000 bis 2020 in %

- über 0,66
- 0,33 bis 0,66
- 0,02 bis 0,33
- -0,02 bis 0,02
- -0,33 bis -0,02
- -0,66 bis -0,33
- unter -0,66

■ **Abb. 22.4** Bevölkerungsentwicklung Tokios auf Stadtviertelebene, 2000 bis 2020 (in %). (Nach Volkszählungsdaten; ► https://www.toukei.metro.tokyo. lg.jp/juukiy/jy-index.htm; Berechnungen und Kartographie: Roman Fritz)

sind diese Entwicklungen bedenklich, weil für renditeorientierte Investoren und Eigentümer die Grundstücke und Gebäude in erster Linie Anlageobjekte sind, die Bauwirtschaft an lukrativen Aufträgen interessiert ist, während stadtteilorientierte kleine Kulturen verschwinden (Marikova Leeds, 2020).

Dass ein räumlicher Schwerpunkt der neuen Sportanlagen und auch des privatwirtschaftlichen Investments an der **Waterfront** liegt, lässt sich mit der Attraktivität wassernaher Lagen und auch mit dem Umstand erklären, dass es sich hier in der Regel um regelmäßig parzellierte Neulandflächen mit übersichtlichen Besitzverhältnissen handelt. Das heißt, die Developer können zeit- und kostenintensive Aushandlungsprozesse mit einer Vielzahl von Grundbesitzern, die typisch für Umbauprojekte im Bestand sind, vermeiden. Das gilt auch für größere innerstädtische Brachflächen, ehemalige Hafenareale und Gelände erneuerungsbedürftiger öffentlicher Wohnanlagen, die nicht nur für neue Wohnungen, sondern auch für Gewerbeflächen für kreative Berufe (z. B. Videogaming im Stadtbezirk Ota) umgenutzt wurden (Hanakata, 2020, S. 190 f.).

22

Die Attraktivität des Mikrostandorts ist aus der Sicht der Investoren also letztlich entscheidend für **Stadterneuerungsmaßnahmen**, der konkrete Bezug zu den Olympischen Spielen nachrangig. Ziel ist die Errichtung multifunktionaler Quartiere, zum Teil in Verbindung mit Maßnahmen zur Verbesserung der Sicherheit durch die Beseitigung dicht bebauter Bereiche mit Holzgebäuden und/oder schlechter Wohnqualität, auf der Grundlage einer funktionalen Nutzungs- und Bodenpreisdifferenzierung in der Vertikalen. Neben der Symbolkraft der besonderen architektonischen Gestaltung zielen Vermarktungskampagnen über Images auf qualifizierte Gruppen der Gesellschaft. Damit verbunden ist auch die weitere Entwicklung der Stadt zur Bühne im Rahmen von **Festivalisierungstendenzen**.

Die Projekte führen außerdem zu einer großflächigen **Privatisierung** des öffentlichen Raums im Kernbereich der Metropole, der zwar in weiten Teilen allgemein zugänglich bleibt, aber von konsumkräftigen Gruppen der Gesellschaft dominiert und von Sicherheitssystemen bzw. -diensten überwacht wird (Feldhoff, 2021). Die enge Kooperation der öffentlichen Hand mit starken Akteuren der Bau- und Immobilienwirtschaft sowie die geschickte gemeinsame Instrumentalisierung des Narrativs der nachhaltigen Spiele waren entscheidend für die Vermeidung größerer Konflikte bei der Planung und Umsetzung. Auf informellen Aushandlungsprozessen basierende kooperative Verhandlungssysteme sowie marktförmige Steuerungsprinzipien, insbesondere Anreizsysteme für Geschossflächenboni, sind weiterhin entscheidende Instrumente des Stadtumbaus.

Aufgegriffen wurden aber zunehmend olympische **Nachhaltigkeitsthemen** wie urbanes Grün in Form begrünter Häuserfassaden und Dächer oder öffentlich zugänglicher Parkanlagen, möglichst in Kombination mit vernetzenden blauen Infrastrukturen. Die wertvollen Funktionen **urbaner Grün- und Wasserflächen** im Hinblick auf durch den Klimawandel verstärkte urbane Hitzeinseleffekte werden unter dem Begriff **Ökosystemdienstleistungen** (*ecosystem services*) zusammengefasst (Albert et al., 2022). Probleme aufgrund altersselektiver Fortzüge und steigender Leerstandsquoten ergeben sich hingegen in weniger attraktiven Quartieren. Betroffen sind davon vor allem Wohnungen in Mietshäusern in Holz- oder Leichtmetallbauweise sowie suburbane Außenbereiche des Metropolraums in weniger verkehrsbegünstigten Lagen mit Wohnungsbeständen, die den Familienlebenszyklus durchlaufen haben.

22.5   Fazit und Ausblick

Kenzo Tanges visionäre Vorstellungen von der Stadt als vernetztes System für Mobilität, Fluidität und Interkonnektivität haben an Aktualität nichts verloren. In gewisser Weise scheint Tanges Plan für die Bucht von Tokio in aktuellen Diskursen über die Smart City ein Vermächtnis zu finden, weil er bereits Architektur und Stadt als Ausdruck intelligent vernetzter Verkehrs-, Kommunikations- und Informationsnetzwerke verstand (Cho, 2018, S. 149). Sie sind von zentraler Bedeutung für den modernen **Stadtumbau**, wobei das Bemühen der Akteure unverändert auf eine möglichst effiziente Ausnutzung des knappen Bodens gerichtet ist. Das bedeutet konkret ein primär an den Interessen der Bau- und Immobilienwirtschaft ausgerichtetes Streben nach vertikaler Expansion im Kontext von Reurbanisierung und kompakter Multifunktionalität.

Dagegen haben zivilgesellschaftliche Eigeninitiative und Partizipation im Quartier im Kontext des die Olympischen Spiele begleitenden Stadtumbaus praktisch keine Rolle gespielt. Die Entstehung von „privatized, commercial, and sanitized post-industrial spaces", die Giulianotti et al. (2015, S. 103) im Londoner Osten beobachtet haben (▶ Kap. 8), findet sich heute auch in großer Zahl in Tokio. Auseinandersetzungen um die Nutzungs-

und Aneignungsweisen städtischer Räume haben keine breitenwirksame Bedeutung erlangt, weil offenbar die langfristigen Vorteile für die Bewohnerschaft im Sinne des Nutzenkriteriums nach Groth (1992) überwiegen und zugleich die positiven Botschaften der Handlungsnarrative des Stadtumbaus den öffentlichen Diskurs bestimmen. Die „Demonstration des Machbaren" hat insofern auch in Tokio politische Mehrwerte erzeugt (Van Laak, 2018, S. 196).

Dabei bieten die bereits vorhandene Funktionsmischung und die Umnutzung innerstädtischer Brachflächen gute Voraussetzungen für eine **nachhaltige Stadtentwicklung**: durch die Bereitstellung innerstädtischen Wohnraums, die Umsetzung des Leitbildes einer Stadt der kurzen Wege, hervorragende **ÖPNV-Anbindungen**, durchaus noch erweiterungsfähige Bindungspflichten zur Sicherung sozialer und ökologischer Belange. Insofern ist das Bemühen erkennbar, die Wohn- und Lebensqualität in den Quartieren auch durch eine spürbare Verbesserung ihrer ökologischen Qualitäten zu erhöhen. Investitionen in **urbanes Grün** werden für die Gesundheit der Menschen aufgrund des zunehmenden urbanen Hitzestresses weiter an Bedeutung gewinnen. Derzeit sind diese Bemühungen zwar noch eher kleinteilig im Sinne grüner Imageprojekte wahrnehmbar, sie gehen aber über die traditionellen *Pocket Park*- und Topfgartenkulturen hinaus und positionieren Tokio als Reallaboratorium zukunftsgerichteter Problemlösungsversuche.

Die angesprochenen Konzentrationsprozesse innerhalb des Agglomerationsraums haben zur Folge, dass Ballungsrisiken und Probleme einer auf Katastrophenschutz ausgerichteten Stadtplanung (Freiflächen, Brand- und Hochwasserschutz) noch zunehmen werden. Der Mangel an innerstädtischen Freiräumen ist schon lange als Problem im Hinblick auf Erdbebengefahr und Katastrophenprävention erkannt, aber der Gestaltungsspielraum der Stadtplanung ist eingeschränkt, weil Eigentums- und Finanzierungsfragen Hindernisse aufwerfen. Die innere Stadterweiterung durch Nachverdichtung und Ausweichen in die Vertikale bedeutet zudem aufgrund der Vielzahl gleichförmiger Projekte und des demographischen Wandels mittelfristig möglicherweise eine Immobilienblase, heute schon einen Bedeutungsverlust der Stadterhaltung. Es entstehen neue Bevölkerungsschwerpunkte mit gesellschaftlichen Exklusionstendenzen, die von kleinräumig wirksamen soziotechnischen Transformationsprozessen profitieren, in deren Zuge auch die der natürlichen Alterung unterliegenden Infrastrukturen erneuert werden. Die Olympischen Spiele haben diese bereits laufenden Prozesse beschleunigt und zugleich die Gefahr des breitenwirksamen Hervortretens einer kritischen Öffentlichkeit, die sich gegen Auswüchse der unternehmerischen Stadt wendet, abgewehrt.

❔ Übungs- und Reflexionsaufgaben

1. Warum ist Tokio ein besonders gutes Beispiel für das Konzept der unternehmerischen Stadt?
2. Wie bewerten Sie die Nachhaltigkeit des Stadtumbaus in Tokio im Kontext der Olympischen Spiele?

Zum Weiterlesen empfohlene Literatur

Browne, J., Frost, C., & Lucas, R. (Hrsg.) (2019). *Architecture, Festival and the City*. Routledge.

Gold, J. R., & Gold, M. M. (Hrsg.) (2017): *Olympic Cities: City Agendas, Planning and the World's Games, 1896–2020*. Routledge.

Literatur

22

Adam, B., & Fuchs, J. (2012). Projekte in der Stadtentwicklung – Eigenschaften und Handlungsempfehlungen. *Informationen zur Raumentwicklung, 11*(12), 563–574.

Albert, C., et al. (2022). Applying the ecosystem services concept in spatial planning – ten theses. *Raumforschung und Raumordnung, 80*(1), 7–21.

Andranovich, G., & Burbank, M. J. (2021). *Contesting the Olympics in American cities. Chicago 2016, Boston 2024, Los Angeles 2028*. Palgrave Macmillan.

Baade, R. A., & Matheson, V. A. (2016). Going for the gold: The economics of the Olympics. *Journal of Economic Perspectives, 30*(2), 201–218.

Board of Audit of Japan. (2019). *Tôkyô orinpikku pararinpikku kyôgi taikai ni muketa torikumi jôkyô nado ni kan suru kaikei kensa no kekka ni tsuite* (Ergebnisse der Rechnungsprüfung über den Stand der Vorbereitungen für die Olympischen und Paralympischen Spiele in Tokio). https://report.jbaudit.go.jp/org/h30/YOUSEI3/2019-r01--Y1000-0.htm. Zugegriffen am 10.03.2022.

Chappelet, J.-L. (2016). From Olympic administration to Olympic governance. *Sport in Society, 19*(6), 739–751.

Cho, H. (2018). Kenzo Tange's *A Plan for Tokyo, 1960*: A plan for urban mobility. *arq, 22*(2), 139–145.

Cottrell, M., & Nelson, T. (2010). Not just the games? Power, protest and politics at the Olympics. *European Journal of International Relations, 17*(4), 729–753.

Dziomba, M., & Matuschewski, A. (2007). Großprojekte der Stadtentwicklung – Konfliktbereiche und Erfolgsfaktoren. *disP – The Planning Review, 43*(171), 5–11.

Feldhoff, T. (2020). Metropole Tokyo: Transformationsprozesse im Kontext der Olympischen Spiele 2020. *Geographische Rundschau, 72*(6), 44–49.

Feldhoff, T. (2021). Stadtumbau in Tokio und die Entstehung vertikaler, multifunktionaler Städte in der Stadt. *Geographische Rundschau, 73*(4), 30–33.

Flyvbjerg, B. (2007). Policy and planning for large-infrastructure projects: Problems, causes, cures. *Environment and Planning B: Planning and Design, 34*(4), 578–597.

Flyvbjerg, B., & Stewart, A. (2012). *Olympic proportions: Cost and cost overrun at the Olympics 1960–2012*. Saïd Business School working papers, June 2012. University of Oxford.

Flyvbjerg, B., Holm, M. K., & Buhl, S. L. (2002). Underestimating costs in public works projects: Error or lie? *Journal of the American Planning Association, 68*(3), 279–295.

Flyvbjerg, B., Budzier, A., & Lunn, D. (2021). Regression to the tail: Why the Olympics blow up. *Economy and Space, 53*(2), 233–260.

Giulianotti, R., Armstrong, G., Hales, G., & Hobbs, D. (2015). Sport mega-events and public opposition: A sociological study of the London 2012 Olympics. *Journal of Sport and Social Issues, 39*(2), 99–119.

Groth, K.-M. (1992). „Sozial und ökologisch orientierter Umbau" in Berlin – was heißt das? In S. Bochnig & K. Seile (Hrsg.), *Freiräume für die Stadt. Sozial und ökologisch orientierter Umbau von Stadt und Region. Bd. 1: Programme, Konzepte, Erfahrungen* (S. 183–189). Bauverlag.

Hanakata, N. C. (2020). *Tokyo: An urban portrait. Looking at a megacity through its differences*. Jovis.

Harvey, D. (1989). From managerialism to entrepreneurialism: The transformation in urban governance in late capitalism. *Geographiska Annaler, Series B, 71*(1), 3–17.

Huning, S., & Peters, D. (2003). *Mega-Projekte und Stadtentwicklung*. In U. Altrock, S. Ghüntner, S. Huning & D. Peters (Hrsg.), *Mega-Projekte und Stadtentwicklung* (S. 5–14). Verlag Uwe Altrock.

Kassens-Noor, E., & Fukushige, T. (2018). Tokyo 2020 and beyond: The urban technology metropolis. *Journal of Urban Technology, 25*(3), 83–104.

Klein, G. (2004). Marathon, Parade und Olympiade: Zur Festivalisierung und Eventisierung der postindustriellen Stadt. *Sport und Gesellschaft, 1*(3), 269–280.

Lenger, F. (2014). Europäische Metropolen der Moderne (1850–1900). *Denkströme. Journal der Sächsischen Akademie der Wissenschaften, 12*, 49–59. Universitätsverlag.

Marikova Leeds, E. (2020). Tokyo 2020: Public cost and private benefit. *The Asia-Pacific Journal – Japan Focus, 18*(5), 5362.

Mayer, H.-N. (2008). Mit Projekten planen. In A. Hamedinger, O. Frey, J. S. Dangschat & A. Breitfuss (Hrsg.), *Strategieorientierte Planung im kooperativen Staat* (S. 128–150). VS Verlag für Sozialwissenschaften.

Mori, C. (2017). Social housing and urban renewal in Tokyo: From post-war reconstruction to the 2020 Olympic games. In P. Watt & P. Smets (Hrsg.), *Social housing and urban renewal* (S. 277–309). Emerald Publishing.

Moulaert, F., Swyngedouw, E., & Rodriguez, A. (2001). Large scale urban development projects and local governance: From democratic urban planning to besieged local governance. *Geographische Zeitschrift, 89*(2/3), 71–84.

Selle, K. (2005). Stadtentwicklung durch Events? In Deutscher Kultur Rat (Hrsg.), *Europa Kultur Stadt. Ausgabe V*. Beilage zur Zeitschrift Politik & Kultur Nr. 04/05 Juli/August 2005, S. I–III.

Selle, K. (2011). Große Projekte – nach Stuttgart. Herausforderungen der politischen Kultur. *Raumplanung, 156/157*, 126–132.

Singler, A. (2020). *Tokyo 2020: Olympia und die Argumente der Gegner* (2. Aufl.). BoD.

Swyngedouw, E., Moulaert, F., & Rodriguez, A. (2002). Neoliberal Urbanization in Europe: Large-scale Urban Development Projects and the New Urban Policy. In N. Brenner & N. Theodore (Hrsg.), *Spaces of neoliberalism: Urban restructuring in North America and Western Europe* (S. 195–229). Blackwell.

Tanaka, H. et al. (2020). *Manshon rankingu 1410: jishin, suigai ni tsuyoku, shisan kachi ha sagari ni kui* (Manshon-Ranking: Hohe Immobilienpreise bei hoher Widerstandsfähigkeit gegen Erdbeben und Überschwemmungen) (in Japanisch). *Weekly Diamond* 29.02.2020, 28–87.

Tokyo Metropolitan Government. (verschiedene Jahre). *Tôkyô tôkei nenran* (Tokyo statistical yearbook). https://www.toukei.metro.tokyo.lg.jp/tnenkan/tn-index.htm. Zugegriffen am 10.03.2022.

Van Laak, D. (2018). *Alles im Fluss: Die Lebensadern unserer Gesellschaft*. S. Fischer.

Vöpel, H. (2014). *Olympische Spiele in Hamburg – produktive Vision oder teure Fiktion? HWWI Policy Paper 84*. Hamburgisches WeltWirtschaftsInstitut.

Watt, P. (2013). „It's not for us": Regeneration, the 2012 Olympics and the gentrification of East London. *City, 17*(1), 99–118.

Stadtentwicklung und Stadionarchitektur

Gabriel M. Ahlfeldt und Wolfgang Maennig

Max-Schmeling-Halle und Velodrom in Berlin an der Landsberger Allee im Prenzlauer Berg, Stadtbezirk Pankow. (© Bernd Clemens/euroluftbild.de/ZB/picture alliance)

P. Gans et al. (Hrsg.), *Sportgeographie*, https://doi.org/10.1007/978-3-662-66634-0_23

Inhaltsverzeichnis

Einleitung

Spätestens seit der Fußball-Weltmeisterschaft 2006 stecken deutsche Stadien voller technischer Innovationen und werden hohen Anforderungen an Komfort und Sicherheit gerecht. Dagegen bleibt ihr Design meist konventionell und funktional.

Dabei zeigen internationale Beispiele, wie unkonventionelle, teils **ikonische Stadionarchitektur** dazu genutzt werden kann, neue Wahrzeichen zu erzeugen und erfolgreiche Stadtentwicklungspolitik zu betreiben. Die empirische Evidenz deutet darauf hin, dass gelungene Architektur nicht nur eine betriebswirtschaftliche Komponente hat, sondern auch positive **Ausstrahlungseffekte** beinhaltet.

Dieser Beitrag diskutiert den derzeit beobachtbaren Wandel in der internationalen Stadionarchitektur und zeigt wichtige Strömungen anhand ausgewählter Beispiele auf. Zudem wird ein Zugang zur Quantifizierung von **Wohlfahrtseffekten** gebauter Umwelt vorgestellt und ein Überblick über die empirische Evidenz für Ausstrahlungseffekte gebauter Umwelt im Allgemeinen und Sportstätten im Besonderen gegeben.

23.1 Status quo der Stadionarchitektur

Oftmals hat die Bevölkerung einer Stadt, beispielsweise aufgrund sportlicher Erwägungen, insgesamt eine positive Haltung zu einem Stadion. Allerdings gilt dies weniger in der Wahrnehmung der unmittelbaren Anwohnerinnen und Anwohner der Stadionneubauten; letztere werden regelmäßig von Bürgerprotesten begleitet: ein typischer *Not in my Backyard*-Fall (NIMBY)? „Ein Stadion – gerne, aber nicht bei uns"? Beispielsweise schildert Tu (2005), wie der Neubau des FedExField, heute Heimstätte der Washington Commanders, einem National-Football-League-Team in den USA, erst im vierten ernsthaften Anlauf und auch dann nur gegen den Willen der Anwohnerinnen und Anwohner durchzusetzen war.

Offensichtlich sind die verschiedenen wirtschaftlichen und sozialen Wirkungen eines Stadionneubaus in der unmittelbaren Umgebung in der Wahrnehmung der dort wohnenden Bevölkerung oft negativ. Wesentliche Gründe mögen ein erhöhtes Verkehrsaufkommen und andere Begleiterscheinungen eines Massenbesuchs von Sportfans sein (▶ Kap. 18 und 24). Und diese negativen Wirkungen werden offensichtlich nicht immer durch die Ausstrahlungseffekte einer gelungenen Architektur und/oder die dadurch in der Umgebung geschaffenen Aufenthaltsqualitäten ausgeglichen.

Beispiel Deutschland: Zwar liegt die Schönheit immer auch im Auge des (liebenden) Betrachters – aber in Deutschland sind seit der Wiedervereinigung nur wenige herausragende Stadionarchitekturen mit überregionaler Strahlkraft und städteplanerischer Ästhetik entstanden. Dies gilt auch für die bislang letzte große deutsche Chance, die Fußball-WM 2006 – von der **Münchner Allianz Arena (**◘ Abb. 23.1) vielleicht abgesehen.

Den Clubmanagern ist dabei weniger ein Vorwurf zu machen: Sie haben die Aufgabe, die Budgets für ihre Mannschaften zu maximieren. Hierzu müssen sie ihre Ausgaben auf das beschränken, was zur Zufriedenheit der Fans nötig ist. Ihre Aufgabe ist es auch nicht, Stadt- und Regionalpolitik zu betreiben, eine städteplanerisch interessante Architektur zu machen und regionalwirtschaftliche externe Effekte zu realisieren, von denen ihre Vereinskasse nichts hat.

Verantwortlich für solche stadtentwicklungsbezogenen Ambitionen sind die kommunalen Entscheidungsträger, die gegebenenfalls auch für die Finanzierung etwaiger Mehrkosten für eine anspruchsvollere Architektur (und ggf. bessere Standorte) sorgen sollten. Notabene: Mün-

23

Olympiastadion München

Architekten:
Behnisch & Partner

Eröffnung 1972

(© Hans und Christa Ede /
stock.adobe.com)

Allianz Arena München

Architekten:
Herzog & de Meuron

Eröffnung 2005

(© uslatar /
stock.adobe. com)

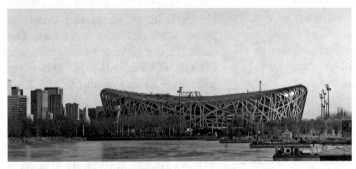

National Stadium Beijing

Architekten:
Herzog & de Meuron

Eröffnung 2008

(© calvin86 /
stock.adobe.com)

Moses Mabhida Stadium Durban

Architekten: gmp
Gerkan, Marg und Partner

Eröffnung 2009

(© ShDrohnenFly /
stock.adobe.com)

Abb. 23.1   Beispiele ikonischer Stadionarchitektur

chens Arena hat rund 280 Mio. Euro ge-
kostet, während der Durchschnitt der restlichen WM-Stadien bei rund 100 Mio. Euro
lag (Ahlfeldt et al., 2010). Angesichts der
leeren kommunalen Kassen und der in der
Bevölkerung vermehrt anzutreffenden Haltung, dass man den Fußball-Millionarios
keine öffentliche Unterstützung geben solle,
fallen derartige Zuschüsse den Politikern allerdings schwer.

23.2 Ikonische Architektur

Die Zurückhaltung bei den gestalterischen
Ambitionen von Stadionbauten in Deutschland verwundert vor dem Hintergrund, dass
sich in den letzten drei Dekaden weltweit ein
breiter architektonischer Trend zu ikonischen
Bauten aller Nutzungsarten mit positiver
Ausstrahlung und überregionaler Anziehungskraft materialisiert, der den Wirkungen des
Opernhauses in Sydney, des Centre Pompi-
dou in Paris oder des Guggenheim-Museums
in Bilbao nacheifert.

Aufbauend auf Jencks (2005, 2006, 2007),
McNeill (1999, 2007) und Sklair (2005,
2006), stellen wir in ◻ Tab. 23.1 eine kurze
und nicht erschöpfende Liste der wesentlichen Hauptmerkmale **ikonischer Gebäude**
zusammen: Die Bauwerke befinden sich in
der Regel in fußläufiger Entfernung zum
Stadtzentrum und oft an einem Gewässer.
Sie zeichnen sich durch eine Architektur aus,
die zumindest zum Zeitpunkt der Planung
höchst innovativ, oft scheinbar unpraktikabel
und nicht funktional, aber einzigartig ist. Oft
sind die Pläne so unkonventionell, dass sich
unter den Bürgern wütender Widerstand
aufbaut, der aber allmählich in ein Gefühl
von regionalem Stolz und Identifikation um-
schlägt (▶ Kap. 18). In jedem Fall zielen die
Städte darauf ab, sich „auf die Landkarte zu
setzen", und damit auf ein Image, dessen Effekte zu langfristigen Steigerungen im
Tourismus und damit einhergehenden steti-

◻ **Tab. 23.1**   Ikonische Gebäudemerkmale.
(Nach Jencks, 2005, 2006, 2007; McNeill,
1999, 2007; Sklair, 2005, 2006)

Architektur	Innovatives und verdichtetes Erscheinungsbild, bewusst abweichend von existierenden Gebäuden, oft hoch in figuraler Form
Reminiszenz	Metaphorischer Charakter, Gemeinsamkeiten mit Dingen, die das Gebäude und die Umgebung repräsentieren
Städtebau	Dominiert die umgebende Bausubstanz
Standort	In der Regel an exponierten, zentralen Standorten, oft an Wasserfronten
Prominenz des Architekten	Hohe Reputation durch gewonnene Preise und Medienpräsenz, weniger durch Umsätze
Nutzung	Traditionell öffentliche Nutzung, insbesondere von Kunst und Kultur, aber auch von Verwaltung und Kirchen, zunehmend private Nutzung, vor allem für Büros, neuerdings Sportarenen
Planungsziele	Strategie der Stadtentwicklung, oft im Zusammenhang mit Stadtsanierung, Schaffung von globalen Referenzen, Attraktion von Touristen

gen Einnahmen führen können (▶ Kap. 13).
Sklair (2005) stellt fest, dass sich auf seiner
Liste von 27 ausgewählten ikonischen Gebäuden, die von Pritzker-Preisträgern im
Zeitraum 1979 bis 2004 entworfen wurden,
13 auf Gebäude für Kunst und Kultur beziehen, neun öffentliche Einrichtungen oder
Non-Profit-Institutionen, z. B. Kirchen und
Schulen beherbergen, während nur fünf Gebäude ein eindeutig kommerzielles Profil
haben. Zu den Beispielen ikonischer Architektur gehören auch kulturelle Wahrzeichen
wie die Elbphilharmonie in Hamburg und

23

der Erweiterungsbau der Tate Modern in London (beide vom Architekturbüro Herzog & de Meuron entworfen), die zur Aufwertung der HafenCity in Hamburg bzw. der South Bank in London beitragen sollen.

23.3 Stadionarchitektur im Wandel

Auch wenn aufregende, innovative Architektur immer noch in erster Linie mit repräsentativen Kulturprojekten assoziiert wird, bleibt sie keineswegs darauf beschränkt. Das **Olympiastadion in München** (von Behnisch & Partner) ist eines der berühmtesten Symbole der Stadt (◘ Abb. 23.1); auf der Brache des ehemaligen Flughafengeländes ist ein beliebtes Wohn- und Gewerbegebiet entstanden.[1] Der Palau Sant Jordi in Barcelona (von Arata Isozaki), das neue Wembley-Stadion in London (Architekturbüro Foster and Partners), **Moses Mabhida Stadium** in Durban (Architekturbüro gmp) sowie das **Beijing National Stadium** (Architekturbüro Herzog & de Meuron; ◘ Abb. 23.1) bedienen sich ikonischer Elemente, um einen Wiederkennungswert für die Stadien und neue Wahrzeichen für ihre Städte zu schaffen.

Unter den deutschen WM-Stadien hat die **Münchner Allianz Arena** eine Sonder-

rolle inne (◘ Abb. 23.1).[2] Als Leuchtkörper, der die Vereinsfarben der (damaligen) Heimmannschaften FC Bayern und TSV 1860 München aufnimmt, erstrahlt sie einerseits unverwechselbar und weithin sichtbar an der Einfahrt zur Stadt München (▸ Kap. 2). Weitgehend freistehend bekommt die Arena einen monolithischen Charakter, der die Wirkung noch unterstützt. Andererseits ist die Isolation des Stadions die große Schwäche des Standorts. An der urbanen Peripherie gelegen, nur umgeben von Autobahnen und Entsorgungsinfrastrukturen, müssen Entwicklungsimpulse in die Umgebung weitgehend verpuffen.

Es gibt aber Beispiele für eine gelungene Integration in die Stadtstrukturen wie die Sportstätten für die **Olympischen Spiele 1992 in Barcelona**. Architekten wie Calatrava (Fernmeldeturm Montjuic), Gregotti (Wiederaufbau des Montjuic-Stadions), Pei (Internationales Handelszentrum) und Isozaki (Palau Sant Jordi) wurden für die Gestaltung der olympischen Wettkampfstätten und der begleitenden Projekte ausgewählt. Viele Vorhaben wurden im Hinblick auf die Zeit nach den Spielen optimiert (Brunet, 1993), sodass ein eindrucksvolles Beispiel entstand, wie Megasportereignisse für Stadtentwicklung genutzt werden können

---

1   Interessante Stadionprojekte aus dem frühen oder mittleren 20. Jahrhundert sind die La Bombonera in Buenos Aires, die Azteca in Mexiko-Stadt oder das Maracanã in Rio de Janeiro. Zahlreiche Beispiele finden sich bei Nerdinger (2006) und Stürzebecher und Ulrich (2002), die auch interessante Beispiele der Architektur von Sportstätten diskutieren.

---

2   Auch das Kölner RheinEnergieSTADION ist hervorzuheben. Der von gmp gestaltete Neubau folgt in seiner puristischen Materialauswahl und funktionalen Form den Idealen der klassischen Moderne. Das Dach wird von vier in den Tribünenecken platzierten 72 m hohen stählernen Gitter-Pylonen getragen, die mit Hängeseilen miteinander verbunden sind und sich bei Dunkelheit in helle Leuchtkörper verwandeln. Zur Weihnachtszeit, wenn die Leuchtpylonen passend zur Adventszeit geschaltet werden, wird das RheinEnergieSTADION zu Deutschlands größtem Adventskranz.

(▶ Kap. 8, 9 und 21). Barcelonas Engagement für Architektur und Stadtentwicklung hat das Royal Institute of British Architects überzeugt, mit seinen seit 1848 geltenden Grundsätzen zu brechen und (s)eine königliche Goldmedaille an eine Stadt und nicht an eine Einzelperson zu verleihen.

Auch das **Moses Mabhida Stadium** in Durban, ein Stadion für bis 70.000 Zuschauer, das für die Fußball-Weltmeisterschaft 2010 in Südafrika errichtet wurde, nimmt explizit Bezüge zur Stadtstruktur auf (Maennig & Schwarthoff, 2006). Das Moses Mabhida Stadium wurde als Keimzelle für die Entwicklung eines städtischen Areals betrachtet und sollte Durban zu einer der führenden Sportstädte des afrikanischen Kontinents entwickeln. Hierzu konzipierte das beauftragte Architekturbüro gmp das ikonische Element des monumentalen Bogens, welcher das Stadion der Länge nach überspannt und die Dachkonstruktion trägt. Indem sich der Bogen in seinem Verlauf teilt, zitiert er die Flagge der Republik Südafrika und bietet sich als Symbol nationaler Identitätsstiftung an. Der Bogen ist begehbar, womit das Stadion auch unabhängig von großen Sportevents als Anziehungspunkt für Touristenströme wirken und damit zur Belebung des gesamten städtischen Areals beitragen soll.

In solchen Fällen sollen die Stadien das fragile urbane Gleichgewicht nicht sprengen, sondern sich in bestehende Stadtstrukturen einfügen und diese behutsam bereichern. Die Architektur kann sich selbst zurücknehmen und im Detail dennoch auf Qualität setzten. Damit wird die Architektur in gewisser Weise funktional, jedoch nicht im betriebswirtschaftlichen Sinne, sondern indem sie die örtlichen Zwänge annimmt und die Bedürfnisse der Anwohnerinnen und Anwohner adressiert. Gerade in dicht besiedelten innerstädtischen Gebieten hat es bisweilen Sinn, urbane Räume zu schaffen oder zu verbinden, anstatt dominante

Monolithen – und seien sie ästhetisch auch noch so anspruchsvoll – zu platzieren.

Weitere Beispiele sind hier die **Berliner „Olympiahallen"**, welche im zeitlichen Zusammenhang mit Berlins Bewerbung für die Olympischen Spiele 2000 als Wettkampfstätten für Radrennen sowie Box- und Schwimmwettkämpfe konzipiert wurden (Kapiteleröffnungsbild). Innerstädtische Areale in Berlin, wie Prenzlauer Berg, die zu Beginn der 1990er-Jahre in einem desolaten baulichen Zustand waren, wurden als Standorte für die Hallen ausgewählt. Aus internationalen Wettbewerben gingen Entwürfe als Sieger hervor, die erstaunliche Gemeinsamkeiten aufweisen. Dominique Perrault (Velodrom und Schwimmhalle), der mit seinem Entwurf für die französische Nationalbibliothek bekannt wurde, und das damals weitgehend unbekannte Team um Albert Dietz und Jörg Joppien (Max-Schmeling-Halle) setzten unabhängig voneinander auf ein Konzept, das die Architektur verschwinden lässt, indem die Hallen zum großen Teil in die Erde versenkt wurden. Dies geschah nicht aus wirtschaftlichen Zwängen – die Projekte wiesen vielmehr besonders hohe Baukosten auf.[3]

Es ging den Architekten darum, in einem dicht besiedelten Gebiet Berlins neue öffentliche Räume zu schaffen und die Hallen in ein (Grün-)Flächenkonzept einzubetten. Die **Max-Schmeling-Halle** besitzt lediglich nach Norden eine klassische Glasfassadenfront, während ihre Südseite in einen begrünten Schuttberg eingebettet ist und nach Westen und Osten die ebenfalls begrünte Dachstruktur bogenförmig in die umliegenden Parkanlagen übergeht. Von der Straße aus betrachtet sind **Velodrom** und

---

3 Die Baukosten betrugen 205 Mio. DM für die Max-Schmeling-Halle sowie 545 Mio. für das Velodrom (Myerson & Hudson, 2000; Perrault & Ferré, 2002).

Schwimmhalle kaum sichtbar, weil sie in ein künstlich angelegtes 17 m hohes Tableau eingelassen sind und dieses nur um jeweils 1 m überragen. Erst nach Betreten dieses Tableaus, das von einer mehrere Hundert Meter langen Treppe eingerahmt wird und dem Vorbild der Nationalbibliothek entliehen ist, eröffnet sich dem Besucher der Anblick der in eine metallische Außenhaut gekleideten Hallen. Diese sind in eine parkähnliche Landschaft mitsamt 350 teils deutschen, teils französischen Apfelbäumen eingebettet.

Perraults Pläne für Velodrom und Schwimmhalle wurden 1999 von der Jury des Deutschen Architekturpreises mit dem zweiten Platz belohnt. Zwei Jahre später erhielt die Max-Schmeling-Halle eine IOC/IAKS-Goldmedaille, die vom Internationalen Olympischen Komitee sowie der Internationalen Vereinigung Sport- und Freizeiteinrichtungen e. V. für herausragendes Design und Funktionalität vergeben wird.

Ein letztes Beispiel für moderne, ästhetisierte, stadtorientierte Stadionarchitektur ist der St. Jakob-Park in Basel (Architekturbüro Herzog & de Meuron), wo das Stadion hinter einer zeitlos schlichten Fassade verschwindet, die das Stadion von außen kaum noch als solches erkennbar macht und sich damit nahtlos in die Stadtstruktur einfügt. Einen ikonischen Charakter bekommt dieses Stadion bei Dunkelheit, wenn die Galerie entweder in den Vereinsfarben des FC Basel erstrahlt oder weiße Schweizerkreuze vor rotem Hintergrund zeigt. Die selbst strahlende Fassade wurde von denselben Architekten auch in anderen Projekten wie der Allianz Arena aufgenommen.

23.4 Ausstrahlungseffekte gebauter Umwelt – empirische Messungen

◙ Tab. 23.2 fasst die im vorigen Abschnitt beschriebenen erwarteten externen Kosten und Nutzen, ihre möglichen Wirkungsbereiche sowie die Variablen zusammen, durch die Effekte messbar werden können. Für die monetären **externen Effekte**, welche durch die **ikonische Stadionarchitektur** hervorgerufen werden können, eignen sich Analysen der lokalen Einkommens- und Beschäftigungsstatistiken. Für die oft als **intangibel** genannten **Ausstrahlungseffekte** eignen sich insbesondere Analysen von Immobilienpreisen und von Volksabstimmungen.

◙ **Tab. 23.2**   Externe Effekte von ikonischen Stadionbauten

	Architektur	Sonstiges	Ökonomische Messvariablen
Monetäre Effekte (lokal und auf Ebene der Metropolregion)	Ausgaben von Touristen, die ikonische Architektur besuchen	Baubedingte Mehreinnahmen der lokalen Bauindustrie; Opportunitätskosten der Investitionen	Einkommen, Beschäftigung
Intangible wirtschaftliche Effekte (lokal und auf Ebene der Metropolregion)	Ausstrahlungseffekte der gebauten Umwelt; Imageeffekt; erhöhte Identifikation von Bürgern und Fans; Stolz auf ein neues Wahrzeichen	Aufbruchsignale für zukünftige Entwicklungen	Immobilienpreise, Ergebnisse von Abstimmungen

Mit der Realisierung solch anspruchsvoll gestalteter Sportanlagen gehen vergleichsweise große Investitionsvolumen einher, die kaum rein privat finanzierbar sind. Der Einsatz öffentlicher Mittel muss wohlfahrtsökonomisch gerechtfertigt werden, insbesondere wenn darunter die Finanzierung anderer Belange im Gesundheitswesen oder im Bildungsbereich oder auch im Breitensport leidet (▶ Kap. 2, 10, 12 und 22).

Können also vor diesem Hintergrund erhöhte Investitionen in die Architektur moderner Sportarenen gerechtfertigt werden? Sind die dafür ausschlaggebenden Ausstrahlungseffekte gebauter Umwelt im Allgemeinen und anspruchsvoll gestalteter Sportanlagen im Besonderen überhaupt messbar? Die Quantifizierung dieser externen Effekte ist aus ökonomischer Sicht zum einen über die Preise möglich, welche Informationen über die Zahlungsbereitschaft der Marktteilnehmer für sämtliche Attribute einer Immobilie inklusive ihrer Lage beinhalten. Nach den in der empirischen Stadt- und Immobilienökonomie üblichen Annahmen **hedonischer Modelle** (Rosen, 1974) beinhalten die Gleichgewichtspreise von Immobilien Informationen über die Zahlungsbereitschaft für alle Attribute einer Immobilie einschließlich ihrer Lage. Erhöht sich die Lageattraktivität infolge einer städtebaulichen Maßnahme, so erhöhen sich monetär messbare Werte.

Box 23.1 Multivariate Verfahren – hedonische Modelle

Hedonische Preismodelle bzw. -schätzungen von Immobilien sind multivariate Regressionsschätzungen, die versuchen, alle wesentlichen Einflüsse auf den Wert einer Immobilie zu berücksichtigen. Üblicherweise werden diese Faktoren in die sogenannten Strukturdeterminanten (Größe, Anzahl der Zimmer, Existenz eines Balkons, Baujahr etc.), die Lagedeterminanten (Entfernung vom Zentrum, von der nächsten Grünfläche, von der ÖPNV-Haltestelle, von Wasserflächen, Luftqualität etc.) sowie soziodemographische Determinanten (z. B. Alter, Bildungsniveau, Einkommensniveau, Migrationshintergrund der benachbarten Bevölkerung) eingeteilt. Hedonische Preisschätzungen basieren auf beobachteten Transaktionen (manchmal auch auf Angebots-

daten) und erfassen somit die Zahlungsbereitschaft der Käufer. Als Vorteil kann gesehen werden, dass Immobilienwerte auf der Grundlage konkreter Kaufentscheidungen geschätzt werden und die benötigten Daten in vielen Regionen relativ gut verfügbar sind. Die Methode bzw. die Auswahl der zu testenden Determinanten kann relativ leicht auf neue Fragestellungen angepasst werden. Als Nachteil wird gesehen, dass solche statistischen Modelle und ihre Ergebnisse manchen Beteiligten weniger verständlich sind als Methoden, in welche weniger Informationen einfließen; beispielsweise gelingt es aufgrund politischer Wiederstände in Deutschland nur in wenigen Städten, hedonische Modelle als Grundlage für die Erstellung von Mietspiegeln zu verwenden.

Derartige – aus Sicht des Stadions – externen Wertzuwächse können wohlfahrtsökonomisch eine Intervention des Staats rechtfertigen. Zwar lässt sich architektonische Qualität nicht ohne Weiteres als Variable in einem empirischen Modell berücksichtigen, aber man kann die durch ein empirisches Modell nicht erklärte Preisvariation auf systematische Beziehungen zur gebauten Umwelt hin untersuchen. Finden sich anderweitig nicht erklärbare Preissprünge in der unmittelbaren Umgebung eines Stadionneubaus, die in zeitlicher Nähe der Fertigstellung auftreten, dann bedeutet dies bei umfassender Berücksichtigung der Umgebungsfaktoren ein Indiz für einen sachlogischen Zusammenhang. Schwierigkeiten bereitet es jedoch, die Wirkungen eines Stadions in seiner Funktion als Sportstätte von denen seiner Architektur zu trennen. Im Falle der von Ahlfeldt und Maennig (2009) untersuchten und oben näher beschriebenen **Berliner „Olympiahallen"** können diese Faktoren als Quelle potenzieller Ausstrahlungseffekte weitgehend ausgeschlossen werden. Zum einen wurden die Standorte explizit aufgrund der guten infrastrukturellen Anbindung ausgewählt, sodass keine besonderen Investitionen in die Verkehrsinfrastruktur getätigt wurden – und sich die Lagewertigkeit auf diese Weise verbessert hat. Zum anderen dienen die Hallen nicht als regelmäßige Spielstätten bekannter Sportvereine, sodass keine nennenswerten ökonomischen Impulse wie verbesserte Beschäftigungsmöglichkeiten in der Umgebung zu erwarten sind. Wie aus ◨ Tab. 23.3 ersichtlich, legen empirische Untersuchungen nahe, dass die Umsatzwirkungen auf lokale Betriebe generell eher zu vernachlässigen sind.

Ahlfeldt und Maennig (2009, 2010a) stellen unter Verwendung eines umfassenden **multivariaten Modells** (▶ Box 23.1) signifikant erhöhte Grundstückspreise in einer Umgebung von bis zu 3.000 m fest, die auf eine höhere Lageattraktivität infolge der neu geschaffenen Stadträume schließen lassen.

Bei näherer Betrachtung von ◨ Abb. 23.2 zeigt sich jedoch ein Unterschied zwischen den Preisen in den Umgebungen von Max-Schmeling-Halle am Mauerpark und dem Velodrom-Sportkomplex an der Landsberger Allee (Kapiteleröffnungsbild). Im zuletzt genannten Fall werden in unmittelbarer Nähe Preisaufschläge von bis zu 8 % realisiert, die sich mit zunehmender Entfernung verringern. Während die Preiseffekte in der Umgebung der Max-Schmeling-Halle in mittlerer Entfernung vergleichbar hoch ausfallen, sind in der unmittelbaren Nähe keine signifikanten Aufschläge sichtbar.

◨ Abb. 23.3 verdeutlicht die Unterschiede der geschätzten Preiswirkungen, die sich aus parametrischen Regressionsmodellen mit quadratischen Entfernungsspezifikationen ergeben. Die deutlich größeren Preiswirkungen des von Tu (2005) untersuchten **FedExField** können dadurch erklärt werden, dass es sich um ein – deutlich größeres – American-Football-Stadion handelt. Relativ gesehen ähneln sich jedoch die Preiswirkungen von FedExField und Velodrom. Umso erstaunlicher sind, in Anbetracht der ähnlichen Größen und Konzeptionen, die Unterschiede in den Ausstrahlungseffekten zwischen Velodrom und Max-Schmeling-Halle innerhalb einer Entfernung von 1.500 m. Eine naheliegende Erklärung ist, dass die (ähnlichen) positiven Impulse aufgrund der attraktiven Architekturen durch verschieden ausfallende entgegengerichtete Einflüsse zu unterschiedlichen externen Gesamteffekten führen: Die Max-Schmeling-Halle wird als multifunktionale Arena mit einem breiten Spektrum an Veranstaltungen genutzt. Zum damaligen Untersuchungszeitraum diente die Max-Schmeling-Halle den Füchsen Berlin sowie Alba Berlin als Heimspielstandort für Handball- bzw. Basketballspiele. Der regelmäßige Besuch (ungeliebter) **Fangruppen** bzw. deren negative externe Effekte können preismindernde Auswirkungen in der Nähe der Max-Schmeling-Halle auslösen. Zu diesen externen Effekten gehören nicht nur Geräusch-

◻ **Tab. 23.3** Empirische Belege für die Wirkung von Stadien (▶ Box 23.1 und 23.2)

Autoren	Stadien	Daten	Methoden	Ergebnisse
Carlino & Coulson (2004)	Querschnitt der NFL-Stadien	Mieten	Hedonisch	8 % Anstieg in den Stadtkernen
Tu (2005)	FedExField, Football	Immobilientransaktionen	Hedonisch, diff-in-diff	13 % max. Anstieg, mit der Entfernung abnehmend, Wirkungsbereich von 3 Meilen
Coates & Humphreys (2006)	Lambeau Field, Football	Anteil der Ja-Stimmen	OLS	7 % max. Erhöhung, Bereich zwischen 1,06 und 2,31 Meilen
Coates & Humphreys (2006)	Neues Basketballstadion	Anteil der Ja-Stimmen	OLS	27 % max. Erhöhung, ausgleichende externe Effekte
Dehring et al. (2007)	Neues Footballstadion für Dallas Cowboys	Immobilientransaktionen	Dif-in-diff	−1,5 % Ankündigungseffekt
Ahlfeldt & Maennig (2009)	Max-Schmeling-Halle, Handball, Basketball	Bodenrichtwerte	Dif-in-diff	2,5 % aggregierte Effekte
Ahlfeldt 6 Maennig (2009)	Velodrom, Radfahren, Schwimmen (keine regelmäßigen Sportveranstaltungen)	Bodenrichtwerte	Dif-in-diff	15 % aggregierte Effekte
Ahlfeldt & Maennig (2010b)	Max-Schmeling-Halle, Handball, Basketball	Bodenrichtwerte	Hedonisch	3,5 % max. Erhöhung, Wirkungsbereich von 3 km, ausgleichende externe Effekte
Ahlfeldt & Maennig (2010b)	Velodrom, Radfahren, Schwimmen (keine regelmäßigen Sportveranstaltungen)	Bodenrichtwerte	Hedonisch	8 % max. Effekte, mit der Entfernung abnehmend, Wirkungsbereich von 3 km
Feng & Humphreys (2012)	Alle NFL-, NBA-, MLB- und NHL-Stadien 1990 und 2000	Immobilienbewertungen	Hedonisch	Eine Erhöhung der Entfernung um 1 Meile verringert Immobilienwerte um 0,5 %.

(Fortsetzung)

◻ Tab. 23.3 (Fortsetzung)

Autoren	Stadien	Daten	Methoden	Ergebnisse
Kavetsos (2012)	Olympiapark in London	Immobilien-transaktionen	Dif-in-diff	Positiver Ankündigungseffekt von 2,1–3,3 %
Ahlfeldt et al. (2014)	Allianz Arena, Fußball	Anteil der Ja-Stimmen	OLS, SAR, binäre Wahl	−50 % max. Effekte, mit der Entfernung abnehmend, Wirkungsbereich von 4,3 km
Ahlfeldt et al. (2014)	Allianz Arena, Fußball	Anteil der Ja-Stimmen	OLS, SAR, binäre Wahl	Milieus als wesentlicher Bestimmungsgrund der Wahlentscheidung
Ahlfeldt & Kavetsos (2014)	Wembley, Fußball	Immobilien-transaktionen	Dif-in-diff	17,8 % max. Erhöhung, Wirkungsbereich von 5 km
Ahlfeldt & Kavetsos (2014)	Schließung von Arsenal Stadium, Öffnung von Emirates Stadium, Fußball	Immobilien-transaktionen	Dif-in-diff	Durch den Umzug verursachte Verdopplung der Distanz zum Stadion verringert Preise um ca. 20 %, ausgleichende externe Effekte
Harger et al. (2016)	Stadionbauten in 12 Städten in den USA.	Unternehmens-umsätze	Dif-in-diff	Keine signifikanten Effekte auf Unternehmensumsätze
Humphreys & Nowak (2017)	Wegzug zweier NBA-Mannschaften in Seattle und Charlotte	Immobilien-bewertungen	Dif-in-diff	Aufwertung durch den Wegfall ausgleichender externer Effekte
Feng und Humphreys (2018)	Nationwide Arena, NHL Crew Stadium, Fußball	Immobilien-transaktionen	Hedonisch	Erhöhung der Entfernung vom Stadion um 10 % verringert die Preise um 1,75 %
Stitzel & Rogers (2019)	Umzug einer Mannschaft in die Chesapeake Energy Arena	Unternehmens-umsätze	Dif-in-diff	Positiver, jedoch nicht signifikanter Effekt auf Umsätze von Unternehmen in der Unterhaltungsbranche innerhalb von 5 Meilen

NFL National Football League, *NBA* National Basketball Association, *MLB* Major League Baseball, *NHL* National Hockey League

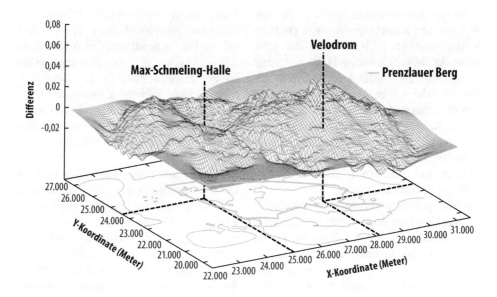

Abb. 23.2 Geschätzter Einfluss der Max-Schmeling-Halle und des Velodroms auf die Immobilienpreise. (Nach Ahlfeldt & Maennig, 2010a, S. 223)

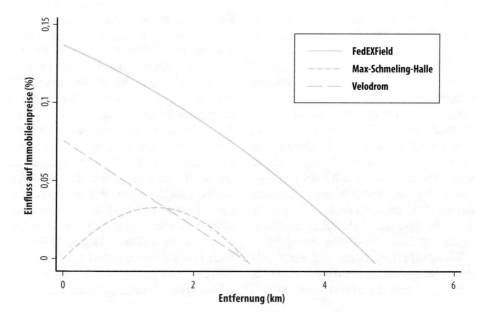

Abb. 23.3 Geschätzter Einfluss der Berliner „Olympiahallen" und des FedExField auf Immobilienpreise im näheren Umfeld. (Nach Ahlfeldt & Maennig, 2010b, S. 638)

23

und andere Belästigungen durch Fans, sondern auch die **Parkraumproblematik** (▶ Kap. 18). Die positiven Preiseffekte in der Umgebung der Max-Schmeling-Halle aufgrund ihrer Qualität der Architektur und ihrer gelungenen städtischen Einbindung wurden durch diese negativen externen Effekte kompensiert. Anders bei der Schwimmhalle und dem Velodrom: Hier entfallen solche negativen Einflüsse aufgrund des Ligabetriebs; es verbleiben die positiven Stadtentwicklungseffekte der beiden Hallen.

Solche positiven Wirkungen ikonischer Stadionarchitektur sind auch international nachgewiesen. Ahlfeldt und Kavetsos (2014) finden – auch im Vergleich zu anderen untersuchten Stadien – auffällig positive Immobilienpreisentwicklungen infolge des 2007 fertiggestellten Neubaus des **Wembley-Stadions**. Wie bereits in ▶ Abschn. 23.3 erwähnt, wurde das neue Wembley-Stadion vom weltberühmten Architekten Norman Foster mitgestaltet. Es ist durch einen ikonischen 133 m hohen Bogen weithin sichtbar. Da das neue Wembley-Stadion das alte an gleicher Stelle und in gleicher Funktion ersetzt, ist es wahrscheinlich, dass die Preiswirkung in erster Linie auf das veränderte Erscheinungsbild zurückzuführen ist.

Was die Nutzung der Ergebnisse von Volksabstimmungen als Indikator für die externen Effekte von Stadionneubauten betrifft, geht die politische Ökonomie davon aus, dass Wählerinnen und Wähler ihren (erwarteten) Nutzen aus der Wahlentscheidung maximieren. Umgekehrt ermöglicht die empirische Analyse des Wahlverhaltens Rückschlüsse auf den erwarteten Nettonutzen der Wählerschaft in Bezug auf einen Abstimmungsgegenstand, darunter auch zu Gütern, zu denen der Markt kaum Signale

bzgl. damit verbundener Zahlungsbereitschaften anbietet. Hierzu mögen Imageeffekte für die Stadt und deren Bevölkerung, Identifikationsmöglichkeiten etc. gehören. In der angelsächsischen Literatur werden diese Effekte teilweise als *non-use values* bezeichnet, weil sie auch denjenigen Bewohnerinnen und Bewohnern zukommen, welche die Stadien nicht besuchen (Johnson & Whitehead, 2000).

Coates und Humphreys (2006) zeigen für zwei Stadionprojekte in den USA, wo Bürgerentscheide zu Stadionsubventionen relativ häufig vorkommen, dass die Zustimmung zu den Projekten in der räumlichen Nähe erhöht war, was auf positive räumlich beschränkte externe Effekte der Arenen hindeutet. Ahlfeldt et al. (2010, 2014) untersuchten den ersten „Stadion"-Bürgerentscheid in Deutschland aus dem Jahr 2001 zum Neubau der Allianz Arena in München. Sie zeigen, dass – zumindest nach den Erwartungen der Anwohnerinnen und Anwohner – die Proximitätskosten eines Stadions dessen Proximitätsnutzen übersteigen können: Die Ablehnung des Stadionbaus war in den Wahlkreisen um den Bauplatz besonders hoch.

Als Schwäche der Analyse von Volksabstimmungen wird jedoch oft genannt, dass kaum eine Ex-post-Analyse möglich ist und die Bevölkerung in der näheren Umgebung die gesamte Bandbreite positiver und negativer Effekte, einschließlich derer, die sich aus der Stadionarchitektur und dem Stadtdesign ergeben, nicht angemessen antizipieren können. Hintergrund ist, dass sie die Wertigkeit entsprechender Gebäude unter Umständen (noch) nicht erfahren haben. ◻ Tab. 23.3 fasst den Erkenntnisstand zu den externen Effekten von Stadien mit besonderer architektonischer Gestaltung zusammen.

Box 23.2 Multivariate Verfahren (diff-in-diff, OLS, SAR, binäre Wahl)

Der diff-in-diff- oder Differenz-von-Differenzen-Ansatz ist eine multivariate Regressionsschätzung, bei der die Wachstumsraten der Werte eingehen, und zwar in der Differenz zu vergleichbaren Gruppen. Das Verfahren ist in der Pharmaforschung seit Langem bewährt: Hier wird die Veränderung des Gesundheitsstatus einer Gruppe, die ein (neues) Medikament erhält, mit der Veränderung des Gesundheitstaus einer Gruppe verglichen, die kein Medikament oder ein Placebo erhält. Die Immobilien im Einzugsgebiet des Stadionneubaus können als behandelte Gruppe interpretiert werden, die Immobilien beispielsweise in einer vergleichbaren Stadt als nicht behandelte Gruppe.

Ordinary Least Squares (OLS) oder Kleinstquadratemethode ist das am häufigsten angewandte lineare Regressionsverfahren. Die Regressionsgleichung zwischen dem Wert der Immobilie und den ihn beeinflussenden Faktoren wird so bestimmt, dass die Summe der quadrierten Differenzen zwischen geschätzten und beobachteten Werten minimiert wird.

Räumliche autoregressive Modelle (*spatial autoregressive models*, SAR-Modelle) berücksichtigen eine mögliche räumliche Autokorrelation der beobachteten Werte der erklärten Variablen mit denen räumlich benachbarter; beispielsweise mag der Wert einer Immobilie vom Wert der benachbarten Immobilien abhängen.

Modelle binärer Wahl erklären und prognostizieren Entscheidungen zwischen zwei Alternativen, z. B. eine Ja-Stimme in einer Abstimmung zu einem Stadionneubau oder eine Nein-Stimme. Diese Modelle stehen im Gegensatz zu Standardregressionsmodellen, bei denen der Wertebereich jeder Variable als kontinuierlich angenommen wird.

23.5 Fazit

Eine Reihe von empirischen Studien legt nahe, dass Stadionneubauten ein probates Mittel sein können, um Stadtentwicklungspolitik auf Stadtteilebene durchzuführen. Dabei können entweder städtische Areale um einen Stadionneubau neu ausgerichtet werden oder Sportstätten in ein räumliches Konzept eingebettet werden, das sich komplementär zu den bestehenden Strukturen verhält. Allerdings muss dafür erstens der Standort geeignet sein, um Interaktionen mit gebauter Umwelt zu ermöglichen, zweitens muss die übliche, von betriebswirtschaftlichen Zwängen geprägte Investorenarchitektur überwunden und in Richtung einer stadtraumorientierten Architektur abgelöst werden.

Die internationale Stadionarchitektur hat einen kräftigen Bedeutungsgewinn erlebt. International renommierte Architekten wurden weltweit beauftragt, aus Stadien unverwechselbare Wahrzeichen für ihre Städte zu formen, so wie es bislang vor allem für repräsentative Kulturprojekte typisch war. Ikonische Formen sollen für internationale Aufmerksamkeit sorgen und so den Städten im internationalen Wettbewerb um den Tourismus einen Vorteil verschaffen.

Ein metaphorischer Charakter erleichtert die Identifikation der Bürgerinnen, Bürger und Sportfans mit „ihrem" Stadion. Sogar im Rahmen vorsichtiger, umgebungsorientierter Architekturstrategien lassen sich ikonische Elemente einbringen, wie das Velodrom in Berlin zeigt. Weitere interessante Beispiele sind das RheinEnergieSTADION in Köln und der St. Jakob-Park in Basel. Grundsätzlich modernistisch und zurückhaltend in der Form, gewinnen sie bei Bedarf und nach Einbruch der Dunkelheit durch den Einsatz charakteristischer Lichtelemente einen ikonischen Charakter. Damit wird demonstriert, wie markante, auf wichtige und besonders brisante Abendspiele ausgerichtete Bilder erzeugt werden können, ohne dass die Stadien ihre Umgebung völlig dominieren.

Die empirischen Ergebnisse zeigen, dass die gebaute Umwelt von Marktteilnehmern als signifikante Wertdeterminante wahrgenommen wird. Beispielsweise beweisen die Berliner „Olympiahallen", dass Sportarenen, wenn sie architektonisch anspruchsvoll gestaltet sind und ihre Umgebung in ein städtebauliches Konzept einbeziehen, zu einer Erhöhung der Attraktivität des umgebenden Raums beitragen können.

Auch wenn der Wandel im Verständnis von Stadionarchitektur mittlerweile eingesetzt hat, wird es dauern, bis die Skepsis von Anwohnerinnen und Anwohnern gegenüber benachbarten Sportstätten nachlässt. Gerade wenn öffentliche Mittel eingesetzt werden, sollten die Planungsbehörden darauf achten, dass die Stadien nicht nur unter dem Gesichtspunkt der Gewinnmaximierung für den jeweiligen Sportverein entworfen werden, sondern auch einem ganzheitlichen Konzept folgen, das die Kosten für die Nachbarschaft minimiert. Zusätzlich kann eine unkonventionelle Stadionarchitektur eingesetzt werden, deren Formensprache entweder der Sanierung des Gebiets oder der Verstärkung von Image- und Ausgabeneffekten dient.

❓ Übungs- und Reflexionsaufgaben

1. Erläutern Sie, welche (Gruppen von) Determinanten den Wert einer Immobilie beeinflussen.

2. Welche Wirkungen gehen von Stadionneubauten auf die Nachbarschaft aus? Wovon hängt es ab, wo in der Nachbarschaft die Gesamtwirkungen positiv oder negativ wahrgenommen werden?

Zum Weiterlesen empfohlene Literatur
Ahlfeldt, G. M., Maennig, W., & Scholz, H. (2010), Erwartete externe Effekte und Wahlverhalten. Das Beispiel der Münchener Allianz-Arena. *Jahrbücher für Nationalökonomie und Statistik, 230*(1), 2–26.

Tu, C. C. (2005). How does a new sports stadium affect housing values? The case of FedExField. *Land Economics, 81*(3), 379–395.

Literatur

Ahlfeldt, G. M., & Kavetsos, G. (2014). Form or function?: The effect of new sports stadia on property prices in London. *Journal of the Royal Statistical Society: Series A (Statistics in Society), 177*(1), 169–190.

Ahlfeldt, G. M., & Maennig, W. (2009). Arenas, arena architecture and the impact on location desirability: The case of 'olympic arenas' in Prenzlauer Berg, Berlin. *Urban Studies, 46*(7), 1343–1362.

Ahlfeldt, G. M., & Maennig, W. (2010a). Impact of sports arenas on land values: Evidence from Berlin. *The Annals of Regional Science, 44*(2), 205–227.

Ahlfeldt, G. M., & Maennig, W. (2010b). Stadium architecture and urban development. *International Journal of Urban and Regional Research, 334*(3), 629–646.

Ahlfeldt, G. M., Maennig, W., & Scholz, H. (2010). Erwartete externe Effekte und Wahlverhalten. Das Beispiel der Münchener Allianz-Arena. *Jahrbücher für Nationalökonomie und Statistik, 230*(1), 2–26.

Ahlfeldt, G. M., Maennig, W., & Ölschläger, M. (2014). Measuring and quantifying lifestyles and their impact on public choices: The case of professional football in Munich. *Journal of Economic and Social Measurement, 39*(1/2), 59–86.

Brunet, F. (1993). *Economy of the 1992 Barcelona Olympic games.* International Olympic Committee.

Carlino, G., & Coulson, N. E. (2004). Compensating differentials and the social benefits of the NFL. *Journal of Urban Economics, 56*(1), 25–50.

Coates, D., & Humphreys, B. R. (2006). Proximity benefits and voting on stadium and arena subsidies. *Journal of Urban Economics, 59*(2), 285–299.

Dehring, C. A., Depken, C. A., & Ward, M. R. (2007). The impact of stadium announcements on residential property values: Evidence from a natural experiment in Dallas-Fort Worth. *Contemporary Economic Policy, 25*(4), 627–638.

Feng, X., & Humphreys, B. (2018). Assessing the economic impact of sports facilities on residential property values: A spatial hedonic approach. *Journal of Sports Economics, 19*(2), 188–210.

Feng, X., & Humphreys, B. R. (2012). The impact of professional sports facilities on housing values: Evidence from census block group data. *City, Culture and Society, 3*, 189–200.

Harger, K., Humphreys, B. R., & Ross, A. (2016). Do new sports facilities attract new businesses? *Journal of Sports Economics, 17*(5), 483–500.

Humphreys, B. R., & Nowak, A. (2017). Professional sports facilities, teams and property values: Evidence from NBA team departures. *Regional Science and Urban Economics, 66*(September), 39–51.

Jencks, C. (2005). *The iconic building: The power of enigma*. Frances Lincoln.

Jencks, C. (2006). The iconic building is here to stay. *City. Analysis of Urban Change, Theory, Action, 10*(1), 3–20.

Jencks, C. (3. April 2007). Interview by Paul Comstock. *California Literary Review*.

Johnson, B. K., & Whitehead, J. C. (2000). Value of public goods from sports stadiums: The CVM approach. *Contemporary Economic Policy, 18*(1), 48.

Kavetsos, G. (2012). The impact of the London Olympics announcement on property prices. *Urban Studies, 49*(7), 1453–1470.

Maennig, W., & Schwarthoff, F. (2006). Stadium architecture and regional economic development: international experience and the plans of Durban. In D. Torres (Hrsg.), *Major sports. Events as op-* *portunity for development waterfronts and major nautical events – Sport events city network investigation 2006* (S. 120–129). Valencia Summit Publishing.

McNeill, D. (1999). *Urban change and the European Left: Tales from the New Barcelona*. Routledge.

McNeill, D. (2007). Office buildings and the signature architect: Piano and Foster in Sydney. *Environment and Planning, A, 39*(2), 487–501.

Myerson, J., & Hudson, J. (2000). *International interiors*. Laurence King.

Nerdinger, W. (Hrsg.). (2006). *Architektur+Sport*. Edition Minerva.

Perrault, D., & Ferré, A. (2002). *Dominique Perrault – Nature-Architecture: Velodrom and Swimming Arena, Berlin*. Actar.

Rosen, S. (1974). Hedonic prices and implicit markets: Product differentiation in pure competition. *Journal of Political Economy, 82*(1), 34–55.

Sklair, L. (2005). The transnational capitalist class and contemporary architecture in globalizing cities. *International Journal of Urban & Regional Research, 29*(3), 485–500.

Sklair, L. (2006). Iconic architecture and capitalist globalization. *City. Analysis of Urban Change, Theory, Action, 10*(1), 21–47.

Stitzel, B., & Rogers, C. L. (2019). NBA sweet spots: Distance-based impacts on establishment-level sales. *Growth and Change, 50*(1), 335–351.

Stürzebecher, P., & Ulrich, S. (2002). *Architecture for sport*. Wiley-Academy.

Tu, C. C. (2005). How does a new sports stadium affect housing values? The case of FedExField. *Land Economics, 81*(3), 379–395.

Nachhaltigkeit, Innovation und Vermächtnis: FIS Alpine Ski-Weltmeisterschaften St. Moritz 2017

Jürg Stettler, Anna Wallebohr und Sabine Müller

Blick auf die Schneelandschaft von St. Moritz, Schweiz. (© mikefuchslocher/stock.adobe.com)

© Der/die Autor(en), exklusiv lizenziert an Springer-Verlag GmbH, DE, ein Teil von Springer Nature 2023
P. Gans et al. (Hrsg.), *Sportgeographie*, https://doi.org/10.1007/978-3-662-66634-0_24

Inhaltsverzeichnis

Einleitung

Sportgroßveranstaltungen gelten insbesondere in der Politik, Wirtschaft und im Sport als Chance für die gastgebende Destination. Städte, Regionen und Länder erwarten von der Durchführung einer Großveranstaltung kurz- und auch langfristig **positive Effekte**, die zu einem sogenannten **Vermächtnis** (*Legacy*) führen und die Investitionen in die Austragung der Veranstaltung rechtfertigen. In Bezug auf die Größe kann vermutet werden: je größer die Veranstaltung, desto größer das potenzielle Vermächtnis. Daher ist es nicht verwunderlich, dass Austragungsorte erheblich in die Kandidatur zur Durchführung von Welt- und Europameisterschaften, insbesondere in den populären Sportarten wie Fußball, Leichtathletik oder Ski Alpin, investieren. Laut Preuss (2006) liegt einer der Hauptgründe darin, dass sportliche Großveranstaltungen erhebliche wirtschaftliche Vorteile mit sich bringen können. Dies sind beispielsweise Investitionen in Infrastruktur in Bereichen wie Transport, Wohnen, Telekommunikation sowie Sport und Unterhaltung (▶ Kap. 8, 9 und 22). Darüber hinaus können sportliche Großereignisse zu positiven immateriellen Effekten in den Bereichen Image, Know-how, Netzwerke, Kultur, Identität etc. führen (▶ Kap. 13 und 18).

Allerdings stehen diesen Vorteilen auch Nachteile, das heißt **negative Effekte**, gegenüber. Die Literatur zeigt auf, dass Sportgroßveranstaltungen nicht zwangsläufig zu einem positiven Vermächtnis, sondern möglicherweise auch zu langfristigen negativen Auswirkungen führen können. Die Gastgeber laufen Gefahr, Kosten zu überschreiten (Preuss, 2007; Baade & Matheson, 2016; Flyvbjerg et al., 2016). Potter (2016) meint, Großveranstaltungen führen zu Ungleichheit, weil ausgewählte Anspruchsgruppen von der Durchführung profitieren, während die allgemeine Bevölkerung die Kosten trägt. Entsprechend der Ausführungen ist die Durchführung einer Großveranstaltung mit Vor- und Nachteilen verbunden. Schlussendlich ergibt sich ein **Nettoeffekt**, der zu einem positiven oder negativen Vermächtnis führt.

Das Vermächtnis von Sportgroßveranstaltungen wurde bereits anhand verschiedener Studien untersucht. So zeigen Jago et al. (2010) auf, dass eine sorgfältige Planung und Verwaltung wichtige Voraussetzungen sind, um den Nettobeitrag von **Megaevents** zu maximieren. Um den Nutzen für gastgebende Destinationen zu optimieren, muss *Legacy* substanziell in die Planung von Megaevents einfließen (Jago et al., 2010). Girginov (2012) bezieht sich insbesondere auf die Olympischen Spiele 2012 in London (▶ Kap. 8) und nennt Governance als wichtigen Faktor zur Erzielung eines positiven Vermächtnisses. Rogerson (2016) analysiert die Erfahrungen von Glasgow als Gastgeberstadt für die XX. Commonwealth-Spiele im Jahr 2014. Leopkey und Parent (2017) untersuchen in einer weiteren Studie die Managementansätze für die Olympischen Spiele 2000 in Sydney (▶ Kap. 8) und die Olympischen Winterspiele 2010 in Vancouver (▶ Kap. 7).

Die Erkenntnisse aus der Umsetzung der Bemühungen von Veranstaltern, kurz- wie auch langfristig positive Effekte durch eine Großveranstaltung zu erzielen, sind in die Entwicklung des NIV-Konzepts eingeflossen, das im Beitrag vorgestellt wird. Zum besseren Verständnis werden im Folgenden zunächst die wichtigsten Begriffe diskutiert.

24.1 Nachhaltigkeit, Innovation und Vermächtnis (NIV)

Nachhaltigkeit

1987 stellte die Weltkommission für Umwelt und Entwicklung (World Commission on Environment and Development, WCED) im sogenannten Brundtland-Bericht (WCED, 1987) das Konzept der nachhaltigen Entwicklung vor. Seither gab es zahlreiche Versuche, eine einheitliche Definition der Nachhaltigkeit zu formulieren (Waseem & Kota, 2017). Waseem und Kota (2017, S. 361) spezifizieren **Nachhaltigkeit** als „eine Fähigkeit zur Erhaltung oder ein Zustand, der lange auf dem gleichen Niveau fortgesetzt werden kann". Holmes et al. (2015) bezeichnen Nachhaltigkeit als einen stabilen Zustand, in dem Verbrauch und Erneuerung von Ressourcen in einem Gleichgewicht stehen, welches die Bedingungen für das menschliche Überleben aufrechterhält. Mit anderen Worten: Nachhaltige Entwicklung kann die heutigen Bedürfnisse erfüllen, ohne die Möglichkeiten künftiger Generationen zur Deckung ihrer eigenen Bedürfnisse einzuschränken. Dieses Prinzip beruht auf wirtschaftlichen, sozialen und ökologischen Komponenten (Holmes et al., 2015; Waseem & Kota, 2017). Die drei genannten Komponenten bzw. Säulen bilden auch die Grundlage der **Sustainable Development Goals** (SDGs). Auf dem Earth Summit in Rio de Janeiro 1992 wurden die 17 SDGs der Vereinten Nationen vorgestellt und von den Teilnehmerstaaten anerkannt. Sie bilden einen gemeinsamen Rahmen zur Bewältigung der wichtigsten globalen Nachhaltigkeitsherausforderungen. Explizit ist in Absatz 37 der UN-Agenda 2030 für nachhaltige Entwicklung erwähnt: „Sport ist auch ein wichtiger Motor für nachhaltige Entwicklung. Wir erkennen den wachsenden Beitrag des Sports zur Verwirklichung von Entwicklung und Frieden durch die Förderung von Toleranz und Respekt und die Beiträge, die er zur Stärkung von Frauen und jungen Menschen, Einzelpersonen und Gemeinschaften sowie zu Zielen in den Bereichen Gesundheit, Bildung und soziale Inklusion leistet" (Vereinte Nationen, 2015).

Seitdem ist das Thema der nachhaltigen Entwicklung auch für alle Akteure im Sport von zentraler Bedeutung. Aus diesem Grund hat auch das International Olympic Committee (IOC) die Anforderungen an die Bewerberstädte von Olympischen und Paralympischen Spielen entsprechend geändert (IOC, 2021; ► Kap. 8).

Innovation

Innovationen finden in allen Bereichen und Branchen statt. Dies erklärt, warum Neuerungen Gegenstand verschiedener Forschungsarbeiten, aber auch von hoher unternehmerischer Relevanz sind. Im Rahmen dieses Beitrags wird der Schwerpunkt auf Innovationen gelegt, die sich vor allem auf Veranstaltungen beziehen.

In Bezug auf den Tourismus und öffentliche Veranstaltungen definieren Yang und Tan (2017, S. 862) Innovationen wie folgt: „Innovation bezieht sich auf die Generierung, Akzeptanz und Umsetzung neuartiger Ideen, die neue Produkte, Dienstleistungen oder Liefersysteme ermöglichen" (auch Hjalager, 2010; Chen, 2011). Darüber hinaus werden Innovationen in der Literatur als eine Wettbewerbskraft erster Größenordnung bezeichnet (Yang & Tan, 2017).[1]

Speziell für Veranstaltungen zeigen Yang und Tan (2017), dass Innovationen in zweierlei Hinsicht ein Schlüsselfaktor sind. Zum einen erhöhen sie den Wert einer Veranstaltung. Zum anderen können Unternehmen oder eine Organisation Innovationen als Instrument zur Markenbildung und zum Aufbau von Unternehmensloyalität einsetzen. Allgemein formuliert, implizieren Innovationen für Veranstalter die Möglichkeit, neue Produkte und Dienstleistungen in den Nachhaltigkeitsdimensionen Wirtschaft, Gesellschaft und Kultur sowie Umwelt auszulösen.

---

1   Für eine Diskussion und einen Überblick über Innovation s. auch Krizaj et al. (2014).

Vermächtnis

Gemäß Davies (2017) ist das **Vermächtnis** (*Legacy*) von Sportveranstaltungen ein weit gefasstes Konzept mit mehreren Dimensionen, Bedeutungen und Interpretationen. Es geht der Frage nach, was nach der Veranstaltung übrig bleibt (Girginov, 2012). Die Literatur veranschaulicht das theoretische Konstrukt des Vermächtnisses als einen dreidimensionalen Würfel. Die drei Dimensionen stellen drei unterschiedliche Kategorien von Wirkungen dar: positive und negative, geplante und ungeplante sowie materielle und immaterielle (Preuss, 2007). Im Allgemeinen stellt ein Vermächtnis jede positive oder negative dauerhafte Veränderung der Umwelt dar, die sich aus einem Ereignis ergibt und über den Zeitraum des Ereignisses hinausgeht. Diese positiven oder auch negativen Veränderungen können in verschiedenen Bereichen auftreten (◘ Abb. 24.1). Im Folgenden werden die wichtigsten Chancen und Risiken bei der Durchführung einer Sportgroßveranstaltung aufgezeigt. Eine detaillierte Erläuterung der Chancen und Risiken bei der Durchführung von Olympischen und

Paralympischen Winterspielen liefern Stettler et al. (2017b).

Eine Großveranstaltung löst **wirtschaftliche Impulse** aus, insbesondere in der Austragungsregion. In der Regel hält dieser Impuls nur kurz an. Darüber hinaus kann die Wirtschaft aber auch langfristig von einem Großanlass profitieren. Insbesondere für den **Tourismus** bietet sich die Möglichkeit, die Bekanntheit durch die verstärkte Medienpräsenz zu steigern, das Image positiv zu beeinflussen und dadurch langfristig von der Austragung einer Großveranstaltung zu profitieren. Auch der Sport kann eine Veranstaltung als Plattform nutzen und positive Wirkungen im Spitzen-, Nachwuchs- und auch Breitensport auslösen. Schlussendlich können auch in vielen weiteren Bereichen Innovationsprozesse ausgelöst werden (z. B. Baugewerbe, Logistik, Kommunikation, Energieeffizienz oder Ressourcennutzung) und damit langfristig zu positiven Wirkungen führen.

Eines der größten Risiken bei der Durchführung Olympischer und Paralympischer Winterspiele bilden **Kosten** und **Finanzierung**, d. h. Kostenüberschreitungen und die

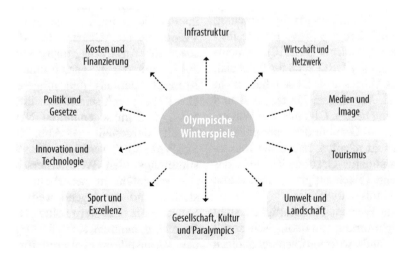

◘ **Abb. 24.1** Übersicht über die Vermächtnisdimensionen von Olympischen Winterspielen. (Nach Stettler et al., 2017b)

damit zusammenhängende Frage, wer diese finanziert. Zudem besteht auch ein Investitionsrisiko infolge von Fehlinvestitionen. Ein weiteres großes Risiko besteht in Bezug auf die internationale Sicherheitslage und die Kosten, um dieser angemessen zu begegnen. Weitere potenzielle Risiken sind Probleme in der Organisation der Spiele, schlechtes Wetter, Dopingskandale sowie eine negative Berichterstattung durch die Medien. Um Chancen zu nutzen und die aufgeführten Risiken zu minimieren, wurde das sogenannte **NIV-Konzept** entwickelt, welches im folgenden Abschnitt näher erläutert wird.

24.2 Das NIV-Konzept

Ursprung des Konzepts

Die Fußball-Europameisterschaft 2008 in der Schweiz und in Österreich (kurz EURO 2008) war neben der Fußball-Weltmeisterschaft 2006 die erste große Fußballveranstaltung, die das Thema „Nachhaltige Entwicklung" prominent in den Vordergrund rückte und das Nachhaltigkeitsmanagement in die Organisation der Veranstaltung integrierte (UEFA, 2008). Langfristig betrachtet, konnten jedoch kaum positive Effekte festgestellt werden (Müller et al., 2010). Dementsprechend hat die EURO 2008 ihr Potenzial, ein positives Vermächtnis zu schaffen, nicht ausgeschöpft. Vor diesem Hintergrund und der Bestrebung bei den Olympischen Winterspielen 2022 in Graubünden, ein positives Vermächtnis zu schaffen, haben die Initianten der Kandidatur Graubünden 2022 das NIV-Konzept (Nachhaltigkeit, Innovation und Vermächtnis) entwickelt.

Das erste Element **Nachhaltigkeit** steht für die Durchführung von ökologisch, sozial verträglich und wirtschaftlich ergiebigen Spielen (Lacotte et al., 2013). Das heißt, im Sinne der Definition von Nachhaltigkeit, in allen Dimensionen die Bedürfnisse der Gegenwart zu befriedigen, ohne die Bedürfnisse künftiger Generationen zu gefährden. Darüber hinaus verfolgt das NIV-Konzept den Ansatz, eine Sportgroßveranstaltung als Plattform zu nutzen, um technologische, organisatorische, ökologische oder gesellschaftliche **Innovationen** auszulösen (z. B. neue Geschäftsmodelle, die Nutzung von digitalen Technologien). Das Ergebnis aus diesen Bestrebungen ist ein positives **Vermächtnis** für den Austragungsort, die Bevölkerung aber auch für die Politik, Wirtschaft sowie die Umwelt (Stettler et al., 2017b).

Obwohl die Kandidatur für Graubünden 2022 zurückgezogen wurde, konnte das NIV-Konzept für die Alpinen Ski-Weltmeisterschaften St. Moritz 2017 adaptiert und erstmals umgesetzt werden. Sowohl das Konzept als auch die Erkenntnisse aus der Prozessbegleitung und Umsetzung St. Moritz 2017 werden in den folgenden Abschnitten vorgestellt und diskutiert.

Das NIV-Konzept der Alpinen Ski-Weltmeisterschaften St. Moritz 2017

Das NIV-Konzept der Ski-WM 2017 beinhaltet vier zentrale Elemente. Dies sind die **Vision**, die **NIV-Charta**, die **NIV-Projekte** sowie die **Anspruchsgruppen** der Ski-WM 2017, mit denen gemeinsam das NIV-Konzept adaptiert und umgesetzt wurde. Das Konzept mit seinen einzelnen Bestandteilen wird im sogenannten NIV-Gebäude visuell dargestellt (◘ Abb. 24.2). Die Ski-WM 2017 verfolgte die Vision von stimmungsvollen Weltmeisterschaften, die das **Wirgefühl** in der Austragungsregion stärken und die Jugend weltweit für den Schneesport begeistern sollten (▶ Kap. 18). Weiterhin nahmen sich die Organisatoren der Veranstaltung vor, die für die Wettkämpfe notwendige Infrastruktur nachhaltig zu nutzen und Innovationen in der Region und im Sport zu fördern.

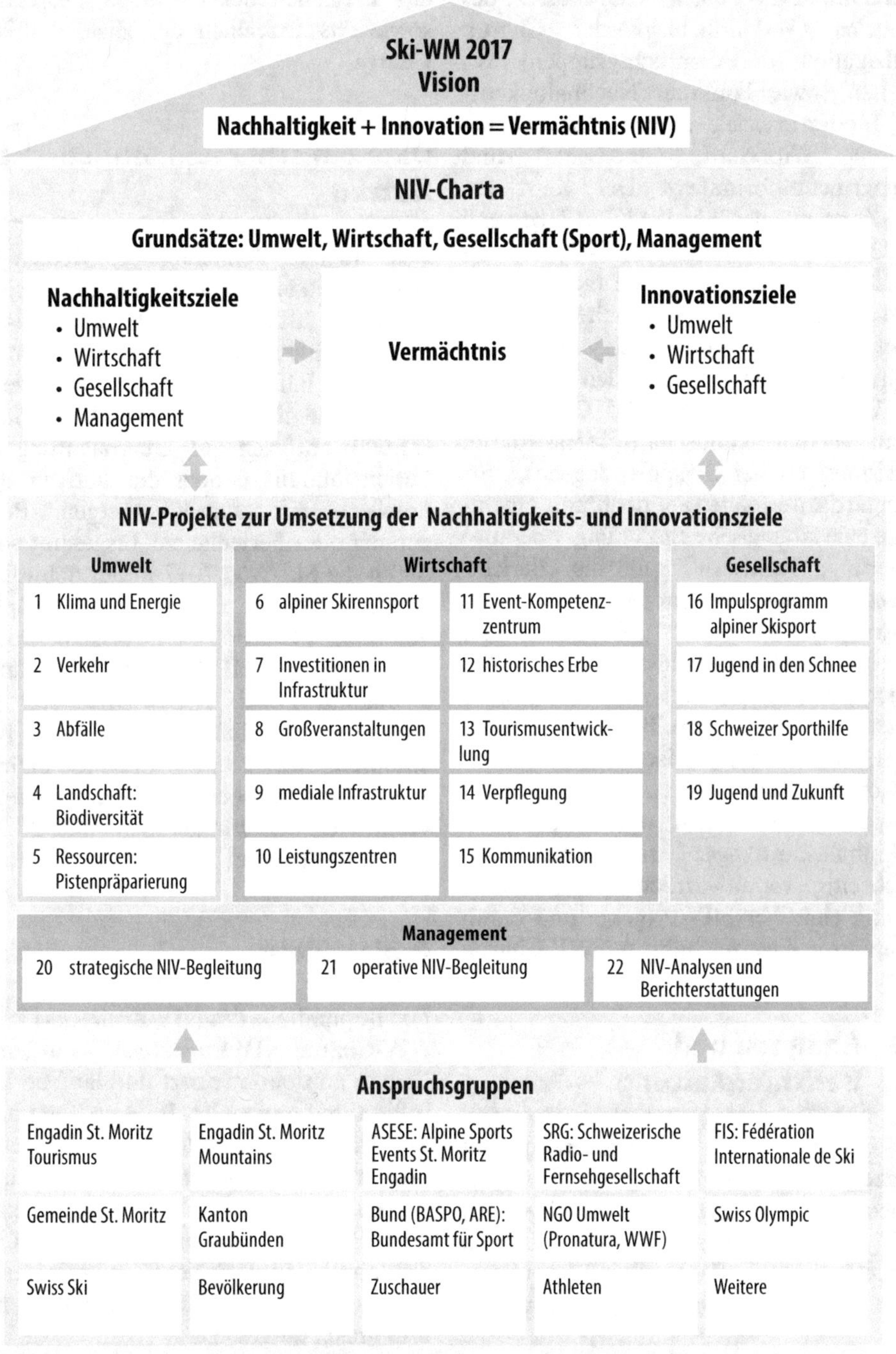

Ski-WM 2017
Vision

Nachhaltigkeit + Innovation = Vermächtnis (NIV)

NIV-Charta

Grundsätze: Umwelt, Wirtschaft, Gesellschaft (Sport), Management

Nachhaltigkeitsziele
- Umwelt
- Wirtschaft
- Gesellschaft
- Management

Vermächtnis

Innovationsziele
- Umwelt
- Wirtschaft
- Gesellschaft

NIV-Projekte zur Umsetzung der Nachhaltigkeits- und Innovationsziele

Umwelt	Wirtschaft		Gesellschaft
1 Klima und Energie	6 alpiner Skirennsport	11 Event-Kompetenz-zentrum	16 Impulsprogramm alpiner Skisport
2 Verkehr	7 Investitionen in Infrastruktur	12 historisches Erbe	17 Jugend in den Schnee
3 Abfälle	8 Großveranstaltungen	13 Tourismusentwicklung	18 Schweizer Sporthilfe
4 Landschaft: Biodiversität	9 mediale Infrastruktur	14 Verpflegung	19 Jugend und Zukunft
5 Ressourcen: Pistenpräparierung	10 Leistungszentren	15 Kommunikation	

Management		
20 strategische NIV-Begleitung	21 operative NIV-Begleitung	22 NIV-Analysen und Berichterstattungen

Anspruchsgruppen

Engadin St. Moritz Tourismus	Engadin St. Moritz Mountains	ASESE: Alpine Sports Events St. Moritz Engadin	SRG: Schweizerische Radio- und Fernsehgesellschaft	FIS: Fédération Internationale de Ski
Gemeinde St. Moritz	Kanton Graubünden	Bund (BASPO, ARE): Bundesamt für Sport	NGO Umwelt (Pronatura, WWF)	Swiss Olympic
Swiss Ski	Bevölkerung	Zuschauer	Athleten	Weitere

Abb. 24.2 NIV-Gebäude. (Nach Stettler et al., 2017a)

Um die Vision umzusetzen, wurden in der sogenannten **NIV-Charta** die Grundsätze des Handelns (Verbindlichkeit der Charta, Partizipation von Anspruchsgruppen) festgehalten sowie konkrete Nachhaltigkeits- und Innovationsziele in den Dimensionen Umwelt, Wirtschaft, Gesellschaft und Management formuliert. Der Kern des NIV-Konzepts der Ski-WM 2017 bestand aus 22 **NIV-Projekten** (◻ Abb. 24.2). Sie sollten sicherstellen, dass die Grundsätze und Ziele der NIV-Charta eingehalten bzw. erreicht werden. So widmete sich jedes Projekt einem bestimmten Thema in den Dimensionen Umwelt, Wirtschaft und Gesellschaft (z. B. Verkehr, Landschaft, Infrastruktur, Tourismus, alpiner Skisport, Jugend).[2] Ergänzend dazu erfolgten auf der Managementebene eine strategische Begleitung, operative Steuerung, Analysen und die Berichterstattung zum Gesamtprojekt.

Erarbeitet wurden die NIV-Charta und die NIV-Projekte gemeinsam mit den **Anspruchsgruppen** der Ski-WM 2017. Dies waren Akteure aus den Bereichen Politik, Sport, Wirtschaft/Tourismus sowie Umweltschutz (◻ Abb. 24.2). Die Anspruchsgruppen wurden nicht nur in die Entwicklung einbezogen, sie waren auch gleichzeitig verantwortlich für die Umsetzung einzelner NIV-Projekte und damit auch für die Zielerreichung der NIV-Charta.

24.3 Analysen und Berichterstattung

Um den Erfolg bei der Umsetzung des Konzepts zu überprüfen, wurden verschiedene Wirkungsanalysen durchgeführt und in einem abschließenden Bericht dokumentiert (Stettler et al., 2017a). Untersucht wurden der ökonomische und touris-

tische **Nutzen** der Sportgroßveranstaltung, das Erreichen der einzelnen Projektziele sowie das Erreichen der Ziele der **NIV-Charta**.

Ökonomischer und touristischer Nutzen

Zuschauende, Teilnehmende, Medien und weitere Personengruppen lösten durch die Ski-WM 2017 insgesamt rund 144.000 Logiernächte im Kanton Graubünden aus. Rund die Hälfte wurde in der Hotellerie verbracht. Die übrigen 50 % der Logiernächte (71.000) entfielen auf Übernachtungen in Ferienwohnungen oder der übrigen Parahotellerie wie Jugendherbergen, Privatzimmer oder Ferienheime. Insgesamt wurde durch die Ski-WM 2017 in der Schweiz direkt und indirekt eine **Bruttowertschöpfung** von rund 142 Mio. CHF ausgelöst, davon etwa 49 Mio. CHF bzw. 35 % im Kanton Graubünden (▶ Kap. 10). Dabei betrug im Kanton Graubünden die **direkte Wertschöpfung** rund 23 Mio. CHF, die **indirekte Wertschöpfung** über die Vorleistungen, Investitionen und Einkommen rund 26 Mio. CHF (Stettler et al., 2017a).

Projektziele

Die Bestandteile des NIV-Konzepts (Vision, NIV-Charta, NIV-Projekte etc.) wurden von Beginn an dokumentiert und laufend kontrolliert und angepasst. Im Anschluss an die Ski-WM 2017 erfolgte eine Überprüfung, inwieweit die Projektziele erreicht wurden. Gemessen an den Zielvorgaben der einzelnen Projekte wurden 14 NIV-Projekte erfolgreich, fünf Projekte teilweise erfolgreich sowie drei Projekte nicht oder nicht erfolgreich umgesetzt.

Als sehr erfolgreich und innovativ wurde das Projekt 7 „**Investitionen in alpine Ski-Infrastruktur**" eingestuft. Ziel des Projekts war es, permanente Bauten langfristig

---

2   Details zu den einzelnen Projekten finden sich im NIV-Bericht der Ski-WM 2017 (Stettler et al., 2017a).

für den Tourismus und den Wintersport zu nutzen und bei temporären Bauten darauf zu achten, dass sie schnell wieder zurückgebaut werden können und das Landschaftsbild und die Landschaftsfunktion nicht beeinträchtigen. Weiterhin sollten flankierende Maßnahmen zur Förderung der Biodiversität und Aufwertung der Lebensräume durch Revitalisierungsmaßnahmen umgesetzt werden. Sämtliche Maßnahmen konnten wie geplant und termingerecht umgesetzt sowie Erfahrungen aus der Umsetzung abgeleitet werden (Stettler et al., 2017a).

Ebenfalls sehr erfolgreich war das Projekt 16 „**Wintersport: Impulsprogramm alpiner Skisport**". Ziel des Projekts war es, im alpinen Skisport der Schweiz Impulse zu setzen und den Grundstein für den sportlichen Erfolg der Schweizer Athleten und Athletinnen während und nach der Ski-WM 2017 zu legen. Der Schneesport in der Schweiz sollte langfristig von der Ausstrahlung der Ski-WM 2017 und dem Erfolg der Schweizer Athleten und Athletinnen profitieren. Es wurden verschiedene Maßnahmen im Bereich Breitensport, Trainerbildung, Nachwuchssport und Leistungssport umgesetzt. Der Aufbau eines erfolgreichen Technikteams im Spitzensport stand im Vordergrund. Mit sieben Medaillen während der Ski-WM 2017 (vier davon von Athletinnen und Athleten aus dem Technikteam) konnten die anvisierten Ziele kurzfristig erreicht werden. Auch in den Folgejahren ist es gelungen, internationale sportliche Erfolge zu erzielen.

Nur teilweise erfolgreich umgesetzt werden konnte das Projekt 14 „**Verpflegung: Bio, Fairtrade und regionale Produkte**". Das Ziel, mehr als die Hälfte der Produkte im Bereich Verpflegung von lokalen und regionalen Betrieben zu beziehen, wurde erreicht (85 % der Produkte kamen aus dem Engadin respektive dem Kanton Graubünden). Die Realisierung eines regionalen „Marktplatzes" sowie die Lancierung eines Slow-Food-Premium-Produkts konnte nicht umgesetzt werden. Die Ideen erwiesen sich in der Praxis als nicht ausführbar.

Das Projekt 1 „**Klima und Energie**" hatte zum Ziel, bei regionalen Unternehmen im Hinblick auf die Ski-WM 2017 den Energieverbrauch mit konkreten Maßnahmen zu reduzieren. Die eingesparte Energie (Effizienzzertifikate) sollte an die Ski-WM 2017 abgegeben werden. Die Unternehmen hätten damit zur Stärkung und Positionierung der gesamten Region im Nachhaltigkeitsbereich langfristig beigetragen. Ihr Engagement wäre durch ein Zertifikat „Energiepartner der Ski-WM 2017" honoriert worden. Das Projekt konnte jedoch nicht umgesetzt werden. In der zweijährigen Vorbereitungszeit wurde die Projektidee Schritt für Schritt konkretisiert. Es entstand ein durchdachtes Konzept, das sich auf andere Großveranstaltungen übertragen ließe. Da aufgrund langer Entscheidungsprozesse die Exklusivitätsfrage im Energiesektor lange nicht geklärt war, konnte das Projekt nicht rechtzeitig vorangetrieben werden.

Insgesamt zeigte sich bei der Analyse der Projekte, dass aus unterschiedlichen Gründen Projekte nicht oder weniger erfolgreich abgeschlossen werden konnten. Die Folgerungen daraus sind in den ▶ Abschn. 24.4 eingeflossen.

NIV-Charta

Im Anschluss an die Analyse der einzelnen Projekte wurde überprüft, inwieweit die Ziele der **NIV-Charta** erreicht wurden (Stettler et al., 2017a):

1. Alle durchgeführten Projekte haben einen Bezug zu mindestens einer der drei Nachhaltigkeitsdimensionen und konnten größtenteils erfolgreich oder teilweise erfolgreich umgesetzt werden (19 von 22 Projekten). Damit konnten die Veranstalter den Anspruch auf **Nachhaltigkeit** erfüllen.

2. Nur zehn der insgesamt 22 NIV-Projekte hatten jedoch einen substanziellen **Innovationsgehalt**, wovon zudem einzelne Projekte nicht oder nur teilweise erfolgreich durchgeführt werden konnten. Daher wurden die Weltmeisterschaften nur bedingt zum Auslösen von technologischen, organisatorischen, ökologischen und gesellschaftlichen Innovationen genutzt.

3. Potenzial für ein **Vermächtnis** hatten 18 der 22 Projekte. Da aber vier dieser 18 Projekte nicht erfolgreich umgesetzt wurden, resultierte nur aus 14 Projekten ein Vermächtnis. Dies sind konkret:

  - Langfristige Kraftstoffeinsparungen bei Pistenfahrzeugen (Projekt 5)
  - Nationale Lösung zur Lagerung des Rennmaterials (Projekt 6)
  - Breitere Pistenunterführung (Projekt 7)
  - Erneuerung der medialen Infrastruktur (Projekt 9)
  - Historisches Erbe aufbereitet und neu geschaffen, wie Infotafeln zum historischen Erbe, renovierter Eispavillon Hotel Kulm und neu die Skulptur Edy (Projekt 12)
  - Impulsprogramm alpiner Skisport, Nachwuchs- wie Leistungssport (Projekt 16)
  - Schaffung eines Jugend-Organisationskomitees, das weiterhin tätig sein wird (Projekt 19)
  - Erkenntnisse für andere Sportgroßveranstaltungen (Projekt 20 und 21)

Die systematische Konkretisierung und Operationalisierung der Vision Ski-WM 2017 mithilfe der NIV-Charta sowie NIV-Projekten führte zu einer hohen normativen Verbindlichkeit. Eine deutlich geringere Verbindlichkeit zeigte sich jedoch in der operativen Umsetzung der NIV-Projekte. Dank des systematischen Einbezugs der Anspruchsgruppen bei der Entwicklung und Begleitung des NIV-Konzepts und der NIV-Projekte, diverser Workshops sowie der regelmäßigen Informationsveranstaltungen konnte der Partizipationsanspruch erfüllt werden.

Erkenntnisse aus der Anwendung des NIV-Konzepts

Die Umsetzung des NIV-Konzepts am Beispiel der Ski-WM 2017 lieferte wertvolle Erkenntnisse über das NIV-Konzept als solches, den Prozess sowie für die Bereiche Organisation und Governance sowie Finanzierung:

  - **NIV-Konzept:** Das ursprünglich für Graubünden 2022 entwickelte NIV-Konzept hat sich bei der Durchführung der Ski-WM 2017 bewährt. Ein gemeinsames Verständnis der Beteiligten über die Kernbestandteile und Inhalte des NIV-Konzepts und der damit verbundenen Begriffe bildet die Grundlage für den Prozess. Vermächtnisziele können materieller (Infrastruktur) oder immaterieller (Wissen) Natur sein und nach innen (Stärkung des Zusammenhalts) oder nach außen (Imageförderung) wirken. Innovationsziele sollten von Anfang an die wirtschaftliche Umsetzung und den Beitrag zum Erbe berücksichtigen. Das NIV-Gebäude bietet eine klare und verständliche Visualisierung und Kommunikation des NIV-Konzepts nach innen (Veranstalter) und nach außen (Stakeholder, Medien etc.). Durch konkrete NIV-Projekte ist es möglich, das NIV-Konzept mit den Zielen der NIV-Charta zu operationalisieren. Diese Operationalisierung ist eine wesentliche Voraussetzung für die Umsetzung und Zielerreichung der NIV-Ziele. Es hat sich jedoch gezeigt, dass die Vision und die Ziele stärker an einer übergeordneten Strategie (z. B. der Destination/Region) und der Größe der Veranstaltung ausgerichtet werden sollten (▶ Abschn. 24.4).

- **Prozess:** Die erfolgreiche Umsetzung einzelner NIV-Projekte und des Gesamtansatzes erfordert einen frühzeitigen Einbezug der wichtigsten Interessengruppen. Verbindliche Vereinbarungen und eine enge Zusammenarbeit zwischen den Akteuren sowie ein systematischer und konsequenter Austausch sind wesentliche Erfolgsfaktoren für eine erfolgreiche Umsetzung des NIV-Konzepts.
- **Organisation und Governance:** Beinhaltet das NIV-Konzept langfristige Projekte und Ziele, die über die operative Durchführung der Veranstaltung hinausgehen, ist die Umsetzung der Projekte für den Veranstalter anspruchsvoll und selten finanzierbar. Aus diesem Grund sollte die Verantwortung für den gesamten Prozess bei der öffentlichen Hand oder einer übergeordneten Dachorganisation (z. B. Sportverband) liegen. Darüber hinaus kann eine externe strategische Unterstützung genutzt werden, um den Managementprozess oder Analysen durchzuführen, welche prüfen, ob die Großveranstaltung nachhaltig war und zu einem Vermächtnis führt oder nicht. Für die konkrete Umsetzung sowie das Monitoring und Controlling der Projekte ist es entscheidend, ein operatives NIV-Management durch eine starke Persönlichkeit im Organisationskomitee zu verankern. Um die Interessen der Stakeholder zu berücksichtigen, sind eine frühzeitige Einbindung, eine enge Zusammenarbeit und verbindliche Absprachen zentrale Erfolgsfaktoren.
- **Finanzierung:** Auf der finanziellen Seite ist es zwingend erforderlich, das NIV-Budget für den Managementprozess und die Projekte frühzeitig festzulegen. Die zeitnahe Sicherstellung eines NIV-Budgets ist für die Implementierung des NIV-Managements (Prozess) und der NIV-Projekte (Umsetzung) von hoher Relevanz und sollte an den Zielen ausgerichtet sein. Dabei sind nicht nur die finanziellen, sondern auch die personellen Ressourcen für das strategische und operative NIV-Management zu berücksichtigen. Finanzielle Reserven ermöglichen, offen auf Projektideen zu reagieren, die erst in der Vorbereitung einer Großveranstaltung entstehen.

Abschließend kann festgehalten werden, dass die Ski-WM 2017 für Veranstalter und Austragungsorte wertvolle Erkenntnisse zu den Möglichkeiten und Grenzen des NIV-Ansatzes lieferte. Die Erfahrungen haben gezeigt, dass es mit einem bei den Anspruchsgruppen breit abgestützten **NIV-Konzept** sowie konkreten Projekten möglich ist, eine Großveranstaltung als Plattform zu nutzen, um ein positives Vermächtnis für den Sport und die Austragungsregion zu schaffen. Dafür müssen jedoch folgende Voraussetzungen erfüllt sein:

1. Frühzeitiger Einbezug und enge Zusammenarbeit der Stakeholder
2. Breit abgestütztes NIV-Konzept
3. Verbindliche, aufeinander abgestimmte und messbare Ziele
4. Konkrete Projekte und Maßnahmen zur Erreichung der Ziele
5. Verbindliche Leistungsaufträge für die Stakeholder
6. Klare Verantwortlichkeiten und Rollen
7. Sicherstellung der Finanzierung (abgestimmt auf Ziele und Projekte)
8. Konsequente Umsetzung und laufendes Controlling

24.4 Anwendbarkeit des NIV-Konzepts für Sportgroßveranstaltungen

Das NIV-Konzept eignet sich grundsätzlich für alle Großveranstaltungen. Es hat sich jedoch gezeigt, dass die Größe der Veranstaltung respektive das Budget darüber entscheidet, in welchem Umfang und in welchen Bereichen langfristige Wirkungen er-

24

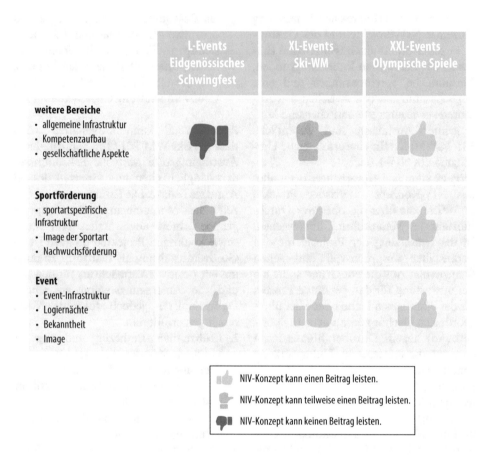

	L-Events Eidgenössisches Schwingfest	XL-Events Ski-WM	XXL-Events Olympische Spiele

weitere Bereiche
- allgemeine Infrastruktur
- Kompetenzaufbau
- gesellschaftliche Aspekte

Sportförderung
- sportartspezifische Infrastruktur
- Image der Sportart
- Nachwuchsförderung

Event
- Event-Infrastruktur
- Logiernächte
- Bekanntheit
- Image

NIV-Konzept kann einen Beitrag leisten.

NIV-Konzept kann teilweise einen Beitrag leisten.

NIV-Konzept kann keinen Beitrag leisten.

☐ **Abb. 24.3** Zusammenhang zwischen Veranstaltungsgröße und Beitrag zur Realisierung von NIV-Potenzialen. (Nach Stettler et al., 2017a)

zielt werden können. Die Möglichkeiten und Grenzen des NIV-Konzepts in Bezug auf die Veranstaltungsgröße werden in ☐ Abb. 24.3 veranschaulicht.

Bei Sportveranstaltungen kann in Anlehnung an Stettler et al. (2011) zwischen kleinen und mittleren Veranstaltungen (XS, S und M) und Sportgroßveranstaltungen (L, XL und XXL) unterschieden werden. Sportgroßveranstaltungen zeichnen sich unter anderem durch ein Budget von über 1 Mio. CHF (L), über 50 Mio. CHF (XL) oder über 1 Mrd. CHF (XXL) aus (▶ Abschn. 24.3).

Veranstaltungen der Größe L können langfristig positive Wirkungen in den Bereichen Event (z. B. Infrastruktur) und Tourismus (Bekanntheit, Image etc.) hervorrufen. Bei XL-Veranstaltungen wie einer Ski-WM trägt das NIV-Konzept zusätzlich zur Sportförderung bei, was bei Veranstaltungen der Größe L selten oder nur teilweise möglich ist. Ein Beispiel für erfolgreiche Sportförderung über eine Veranstaltung der Größe L ist die Leichtathletik-Europameisterschaft 2014 in Zürich (Leichtathletik EM 2014 AG, 2015).

Das Auslösen eines Vermächtnisses in weiteren Bereichen wie Infrastruktur, Kompetenzaufbau oder Gesellschaft ist nur bei XXL-Veranstaltungen wie Olympischen und Paralympischen Spielen der Fall.

24.5 Ausblick

Ein wichtiges **Vermächtnis** der Ski-WM 2017 für die Sport- und Veranstaltungsbranche liegt in den Erfahrungen und Erkenntnissen, die bei der Umsetzung des NIV-Konzepts und der einzelnen Projekte gesammelt wurden. Diese wurden zum einen im NIV-Bericht der Ski-WM 2017 festgehalten (Stettler et al., 2017a), zum anderen flossen die Erkenntnisse in die Erarbeitung des **NIV-Leitfadens** ein. Dieser hilft Veranstaltern, Austragungsregionen, aber auch Sportverbänden, eine Großveranstaltung nachhaltig durchzuführen und als Plattform zu nutzen, um **Innovationen** auszulösen, die langfristig zu positiven Wirkungen und einem Vermächtnis führen. Die Entwicklung innovativer Konzepte und Geschäftsmodelle fordert nicht nur Kreativität und Mut, sondern auch eine konstruktive Zusammenarbeit mit relevanten Anspruchsgruppen, um Prozesse anzustoßen, Ideen zu entwickeln und umzusetzen sowie damit Innovationen zu fördern. Aus diesem Grund verfolgt der NIV-Leitfaden den Ansatz, dass eine enge Zusammenarbeit der drei wichtigsten **Anspruchsgruppen** (Veranstalter, Austragungsort und Verband) eine notwendige Grundvoraussetzung ist (Handlungsfeld 1 des Leitfadens). Entlang von neun weiteren Handlungsfeldern werden im NIV-Leitfaden Ziele definiert, notwendige Schritte und Hilfsmittel erläutert und dadurch das NIV-Konzept Schritt für Schritt konkretisiert (Stettler et al., 2019).

Neben Erkenntnissen aus der Begleitung von einmaligen Sportgroßveranstaltungen zeigt die Analyse der Sporteventförderung in der Schweiz, dass neben der langfristigen und strategischen Planung wiederkehrende Events eine Schlüsselrolle bei der Schaffung eines **Vermächtnisses** einnehmen. Ohne einen wiederkehrenden Anlass als Anker fällt es dem nationalen Sportverband oder möglichen Initianten einer Kandidatur häufig schwer, eine einmalige Sportgroßveranstaltung, wie eine Welt- oder Europameisterschaft, in das Austragungsland zu holen. Reputation, Image und die Bekanntheit der Sportart oder Destination im In- und Ausland, was über wiederkehrende Veranstaltungen erreicht werden kann, spielen eine entscheidende Rolle bei den Vergabeprozessen. Weiterhin findet über die Durchführung von wiederkehrenden Sportveranstaltungen ein Kompetenzaufbau statt, der für die Durchführung von einmaligen Großveranstaltungen unabdingbar ist. Das Schaffen eines Vermächtnisses für den Sport und die Austragungsregion ist nur über ein langfristig geplantes und strategisches Eventportfolio des Sportverbands möglich. Dies sollte neben wiederkehrenden Veranstaltungen als Anker einmalige Sportgroßveranstaltungen beinhalten. Ebenso relevant sind Veranstaltungen im Nachwuchs- und Breitensport, um den Sport in all seinen Facetten zu fördern. Dies gilt nicht nur für die Sportförderung, auch die Regionalplanung sollte die Förderung der verschiedenen Eventtypen in allen Bereichen (Kunst, Kultur, Sport etc.) langfristig planen und strategisch zur Erreichung von definierten Zielen einsetzen.

❓ Übungs- und Reflexionsaufgaben

1. Welches Vermächtnis haben Sportgroßveranstaltungen in der Vergangenheit ausgelöst? Wo wurde das vorhandene Potenzial nicht voll ausgeschöpft?
2. In welchen Bereichen sind in der Zukunft Innovationen bei Sportgroßveranstaltungen zu erwarten? (◘ Abb. 24.1).

Zum Weiterlesen empfohlene Literatur

Alana, T., Graham, C., Kristine, T., Millicent, K., Paul, B., & Liz, F. (2019) Sport event legacy: A systematic quantitative review of literature. *Sport Management Review, 22*(3), 295–321.

Literatur

Baade, R. A., & Matheson, V. A. (2016). Going for the gold: The economics of the Olympics. *Journal of Economic Perspectives, 30*(2), 201–218.

Chen, W.-J. (2011). Innovation in hotel services: Culture and personality. *International Journal of Hospitality Management, 30*(1), 64–72.

Davies, L. (2017). Sustainable urban legacies of hosting the Olympic Games. In K. U. Storm, K. Nielsen & U. Wagner (Hrsg.), *When sport meets business: Capabilities, challenges, critiques.* Sage.

Flyvbjerg, B., Stewart, A., & Budzier, A. (2016). *The Oxford Olympics Study 2016: Cost and Cost Overrun at the Games.* Said Business School Working Paper 2016–20. University of Oxford. https://arxiv.org/ftp/arxiv/papers/1607/1607.04484.pdf. Zugegriffen am 21.06.2022.

Girginov, V. (2012). Governance of the London 2012 Olympic Games legacy. *International Review for the Sociology of Sport, 47*(5), 543–558.

Hjalager, A.-M. (2010). A review of innovation research in tourism. *Tourismusmanagement, 31*(1), 1–12.

Holmes, K., Hughes, M., Mair, J., & Carlsen, J. (2015). *Events and sustainability.* Routledge.

IOC – The International Olympic Committee. (2021). *Olympic agenda 2020+5.* Lausanne.

Jago, L., Dwyer, L., Lipman, G., van Lill, D., & Vorster, S. (2010). Optimising the potential of mega-events: An overview. *International Journal of Even and Festival Management, 1*(3), 220–237.

Krizaj, D., Brodnik, A., & Bukovec, B. (2014). A tool for measurement of innovation newness and adoption in tourism firms. *International Journal of Tourism Research, 16*(2), 113–125.

Lacotte U., Reber D., & Schmid, V. (2013). *NIV Bericht für Graubünden 2022.* St. Moritz & Davos. http://www.event-analytics.ch/wp-content/uploads/2013/11/w-itw-niv-bericht-gr2022130206.pdf. Zugegriffen am 25.05.2022.

Leichtathletik EM 2014 AG (2015). Nachhaltigkeitsreport der Leichtathletik Europameisterschaften Zürich 2014. Zürich.

Leopkey, B., & Parent, M. M. (2017). The governance of Olympic legacy: Process, actors and mechanisms. *Leisure Studies, 36*(3), 438–451.

Müller, H., Rütter, H., & Stettler, J. (2010). *UEFA EURO 2008™ und Nachhaltigkeit: Erkenntnisse zu Auswirkungen und Erkenntnissen in der Schweiz.* Forschungsinstitut für Freizeit und Tourismus der Universität Bern.

Potter, J. M. (2016). Publicly subsidized sports events and stadiums: Have economists done justice to the impact on inequality? *Managerial Finance, 42*(9), 879–884.

Preuss, H. (2006). Impact and Evaluation of Major Sporting Events. *European Sport Management Quarterly, 6*(4), 313–316.

Preuss, H. (2007). Die Konzeptualisierung und Messung von Vermächtnissen von Mega-Sportereignissen. *Zeitschrift für Sport und Tourismus, 12*(3/4), 207–227.

Rogerson, R. J. (2016). Re-defining temporal notions of event legacy: Lessons from Glasgow's Commonwealth Games. *Annals of Leisure Research, 19*(4), 497–518.

Stettler, J., Herzer, C., Hausmann, C., Rütter, H., Kemp, H., & Gnädinger, J., (2011). *Analyse der Sporteventförderung der öffentlichen Hand.* https://docplayer.org/76686483-Analyse-der-sportevent foerderung-der-oeffentlichen-hand.html. Zugegriffen am 25.06.2022.

Stettler, J., Müller, H., & Wallebohr, A. (2017a). *FIS Alpine Ski WM St. Moritz 2017: Nachhaltigkeit + Innovation = Vermächtnis (NIV).* https://www.hslu.ch/de-ch/hochschule-luzern/forschung/projekte/detail/?pid=144. Zugegriffen am 21.06.2022.

Stettler, J., Rütter, H., Hoff, O., Egli A., Schwehr, T., & Hellmüller, P. (2017b). *Olympische Winterspiele 2026 in der Schweiz: Eine Vorabschätzung der möglichen volkswirtschaftlichen Wirkungen sowie des langfristigen Vermächtnisses (Legacy).* https://www.hslu.ch/de-ch/hochschule-luzern/forschung/projekte/detail/?pid=3688. Zugegriffen am 20.05.2022.

Stettler J., Wallebohr A., & Müller, H. (2019). *Leitfaden: Nachhaltigkeit, Innovation und Vermächtnis von Grossveranstaltungen (NIV).* https://www.hslu.ch/de-ch/wirtschaft/institute/itm/themen/sport-economics/niv/. Zugegriffen am 02.06.2022.

UEFA – Union of European Football Associations. (2008). *Nachhaltigkeitsbericht der UEFA EURO 2008™.* http://www.uefa.com/MultimediaFiles/Download/Competitions/EURO_/77/42/52/774252_DOWNLOAD.pdf. Zugegriffen am 01.06.2022.

Vereinte Nationen. (2015). *Transformation unserer Welt: die Agenda 2030 für nachhaltige Entwicklung*. Resolution der Generalversammlung. 4. Plenarsitzung, 25. September 2015 (70/1). https://www.un.org/depts/german/gv-70/band1/ar70001.pdf. Zugegriffen am 25.06.2022.

Waseem, N., & Kota, S. (2017). Sustainability definitions – An analysis. In A. Chakrabarti & D. Chakrabarti (Hrsg.), *Research into design for communities*. Proceedings of ICoRD 2017, 2 (S. 361–371). Springer.

WCED – Weltkommission für Umwelt und Entwicklung (1987). *Unsere gemeinsame Zukunft*. Oxford University Press. http://www.un-documents.net/wced-ocf.htm. Zugegriffen am 21.06.2022.

Yang, F. X., & Tan, S. X. (2017). Event innovation induced corporate branding. *International Journal of Contemporary Hospitality Management, 29*(3), 862–882.

Serviceteil

Stichwortverzeichnis

Printed in the United States
by Baker & Taylor Publisher Services